基础有机合成反应

Fundamental Organic Synthesis Reaction

孔祥文　编著

化学工业出版社

·北京·

全书共9章，分别为氧化反应、还原反应、成烯反应、取代反应、偶联反应、缩合反应、成环反应、重排反应及杂环合成，涵盖有机化学中常用的、硕士研究生入学考试常考的99个有机化学反应。每类反应包括反应概述、反应通式、反应机理详解、精选的历年研究生入学考试真题及解答、公开发表的有关有机合成反应实例、参考文献等内容。

本书对从事化学化工及相关行业的科研技术人员有重要的参考价值，可作为化学、化工、轻工、石油、药学、材料、环境、生物、食品、安全、制药、皮革、冶金、农学等专业高年级本科生和研究生的教学参考用书，特别适合于报考硕士研究生的考生复习参考之用。

图书在版编目（CIP）数据

基础有机合成反应/孔祥文编著. —北京：化学工业出版社，2014.1（2022.1重印）

ISBN 978-7-122-19197-7

Ⅰ.①基… Ⅱ.①孔… Ⅲ.①有机合成-化学反应 Ⅳ.①O621.3

中国版本图书馆CIP数据核字（2013）第286863号

责任编辑：宋林青　　文字编辑：向　东

责任校对：陶燕华　　装帧设计：史利平

出版发行：化学工业出版社（北京市东城区青年湖南街13号　邮政编码100011）

印　　装：北京科印技术咨询服务有限公司数码印刷分部

787mm×1092mm　1/16　印张23　字数579千字　2022年1月北京第1版第3次印刷

购书咨询：010-64518888　　售后服务：010-64518899

网　　址：http://www.cip.com.cn

凡购买本书，如有缺损质量问题，本社销售中心负责调换。

定　　价：**69.00元**

前　言

有机合成化学是有机化学的重要组成部分和有机合成工业的基础。21 世纪的有机合成化学面临着新的机遇和挑战，从概念、理论、方法等方面丰富、发展有机合成化学是生命科学、材料科学以及环境科学对有机合成化学提出的新要求。而有机合成的基础是各种各样的基元合成反应（碳-碳键的形成、断裂、重组和官能团的转换等）。

教学中，学生们经常问“有机化学怎么这么难学?”“这个反应的机理看不懂”“这个反应的产物是什么呢?”“合成一个化合物，不知道怎么下手”“复习很充分，怎么考试时感到力不从心?”“考试后感觉很好，但是分数却不高?”；科研工作中，研究生常说“这个反应，按照文献的方法怎么合成不出产物?”；在企业，经常有人问“反应产物的收率怎么这么低?含量又不高”等。为了帮助读者解决工作和学习中遇到的困难与疑问，笔者结合多年来的有机化学、有机合成化学课程教学和有机合成科研、生产工作经验编写了本书，具有很强的针对性。本书不仅能让读者加强对有机化学的学习，而且还能帮助考研学生了解到真题的题型与难度，拓展解题思路，帮助读者解决科研工作中遇到的实际问题，提高分析问题和解决问题的能力。

全书共分 9 章，包括氧化反应、还原反应、成烯反应、取代反应、偶联反应、缩合反应、成环反应、重排反应及杂环合成，涵盖有机化学中常见的、硕士研究生入学考试常考的 99 个有机化学反应。每个反应的讲解由“问题提出”“反应内容”“反应机理”“练习”“参考文献”五部分组成。“问题提出”部分选择了反应的典型实例；“反应内容”详尽叙述了反应由来、发展、过程、通式、应用等；“反应机理”部分首先用化学反应方程式描述反应机理，然后用文字对反应机理进行详尽表述，以培养读者分析问题、解决问题和创新的能力；“练习”部分选择了一些有代表性的习题，特别是部分高校历年来的考研真题，题型广泛，有选择和填空、简答、分离与鉴定、机理、合成、结构推测等，并给出了详细的答案，还说明了推理和分析过程，旨在帮助读者建立合理的解题思路，提高解题技巧；“参考文献”部分给出了反应最原始的文献及相关文献，有助于读者的科研工作。书末有模拟考题和考研真题各 1 套，并附有参考答案。

在本书编写过程中，笔者参阅了国内外的专著和教材，化学工业出版社的编辑对本书的出版付出了辛勤的劳动，在此特致以衷心的谢意。

限于笔者的水平，疏漏和不妥之处在所难免，衷心希望各位专家和使用本书的读者予以批评指正，在此致以最真诚的感谢。

孔祥文

2013 年 9 月 16 日于沈阳化工大学

目 录

第 1 章　氧化反应

Baeyer-Villiger 氧化

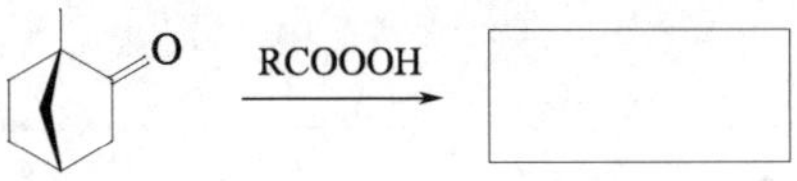

RCOOOH　（中国科学技术大学，2010）

1-甲基二环［2.2.1］庚-2-酮用过氧酸处理得 1-甲基-2-氧杂二环［3.2.1］辛-3-酮，其结构式为：。这种酮被过氧酸或其他过氧化物氧化，在羰基旁边插入一个氧原子生成酯的反应称为 Baeyer-Villiger 氧化反应[1]，在易带正电荷的烷基一侧形成酯基。反应通式为：

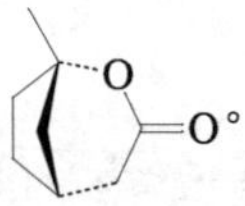

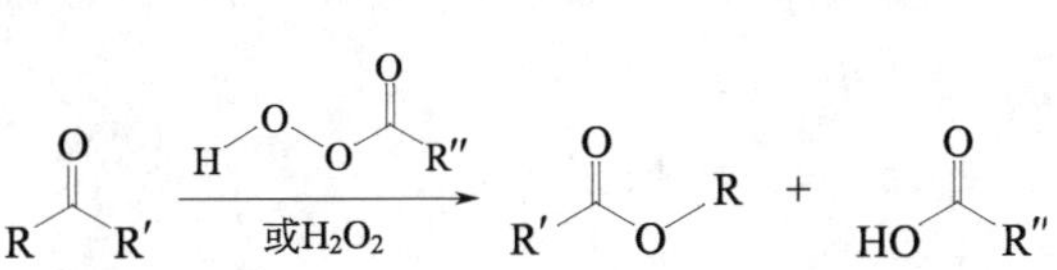

或H_2O_2

反应机理：

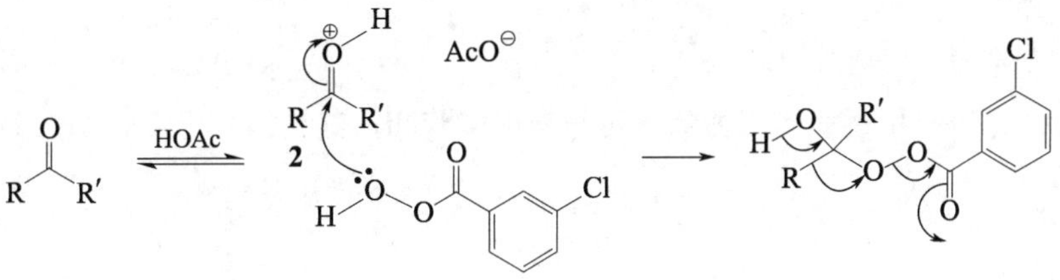

HOAc　$AcO^{\ominus}$　烃基迁移

1　2　3　4 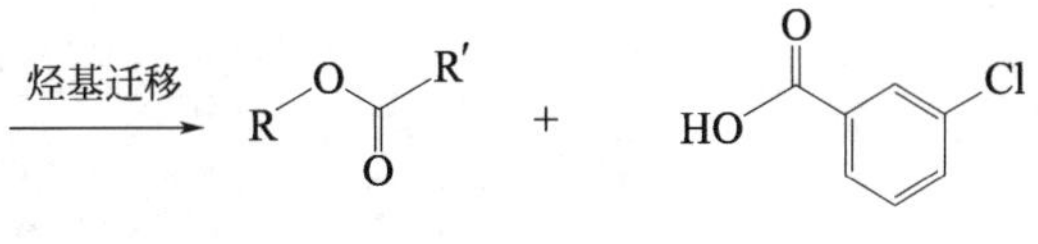　5　6

首先酮（**1**）在乙酸存在下羰基和氢离子形成㒲盐（**2**），增加羰基碳原子的亲电性，然后 **2** 与间氯过氧苯甲酸（**3**）作用，发生亲核加成形成 *α*-羟基烷基间氯过氧苯甲酸酯（**4**）；接着 **4** 中原酮羰基上的一个烃基（R—）带着一对电子迁移到—O—O—基团中与原羰基碳原子直接相连的氧原子上，同时发生 O—O 键异裂，形成酯（**5**）和间氯苯甲酸（**6**）。因此，这是一个重排反应。

不对称的酮氧化时，在重排步骤中，两个基团均可迁移，但是还是有一定的选择性，按迁移能力其顺序为[2]：

$$R_3C\text{—} > R_2CH\text{—},\ \text{环己基—} > PhCH_2\text{—} > Ph\text{—} > RCH_2\text{—} > CH_3\text{—}$$

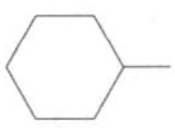

p-MeO—Ar＞p-Me—Ar＞p-Cl—Ar＞p-Br—Ar＞p-O_2N—Ar

氧化剂过氧酸可以是过氧乙酸、过氧苯甲酸、间氯过氧苯甲酸、三氟过氧乙酸等。其中三氟过氧乙酸最好。反应温度一般在10～40℃之间，产率高。

Baeyer-Villiger 反应经常用于由环酮合成内酯，内酯是分子内的羧基和羟基进行酯化失水的产物。

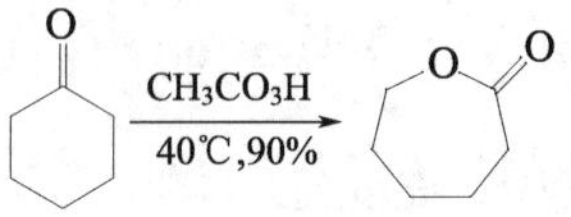

$$\text{环己酮} \xrightarrow[40℃,90\%]{CH_3CO_3H} \text{己内酯}$$

练习 1

$$C_6H_5(H)(CH_3)C—\overset{O}{\overset{\|}{C}}—CH_3 \xrightarrow{C_6H_5CO_3H} \boxed{\quad}$$

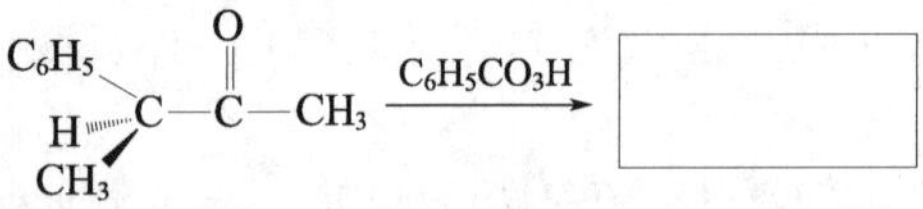

［答案］ 具有光学活性的3-苯基丁酮和过氧苯甲酸反应生成α-甲基苄基乙酸酯，其结构式为：$C_6H_5(H)(CH_3)C—O—\overset{O}{\overset{\|}{C}}—CH_3$。重排产物手性碳原子的构型保持不变，说明反应属于分子内重排。

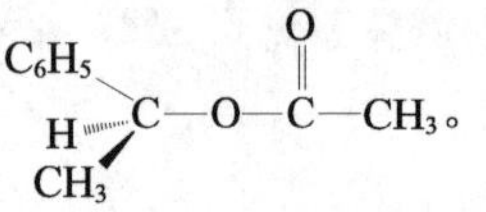

练习 2

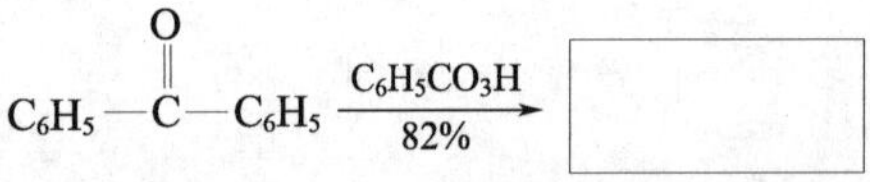

$$C_6H_5—\overset{O}{\overset{\|}{C}}—C_6H_5 \xrightarrow[82\%]{C_6H_5CO_3H} \boxed{\quad}$$

［答案］ 二苯甲酮用过氧苯甲酸氧化可得苯甲酸苯酯，其结构式为：$C_6H_5—\overset{O}{\overset{\|}{C}}—OC_6H_5$。

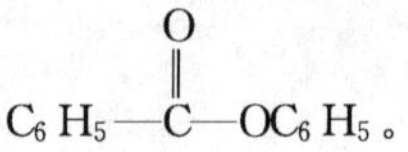

练习 3

$$\text{1-(1-环己烯基)吡咯烷} \xrightarrow[2.\ H_2O]{1.\ CH_3I} \boxed{\quad} \xrightarrow{CH_3CO_3H} \boxed{\quad}$$

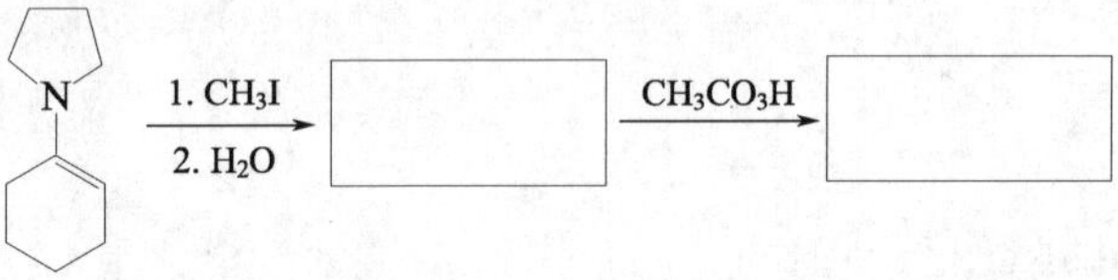

（兰州大学，1999）

［答案］

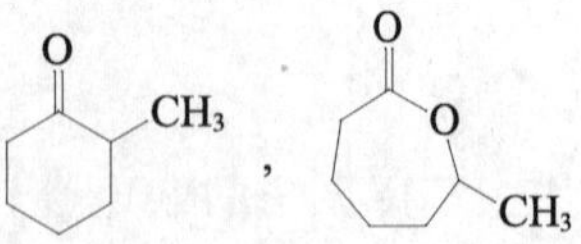

2-甲基环己酮（CH_3），7-甲基己内酯（CH_3）

第一步：烯胺 ⟶ 亚胺正离子/碳负离子（$\oplus N$，$\ominus$） $\xrightarrow{CH_3I}$ $\oplus N$=环己基—CH_3 $\xrightarrow{H_2O}$ 2-甲基环己酮（CH_3）

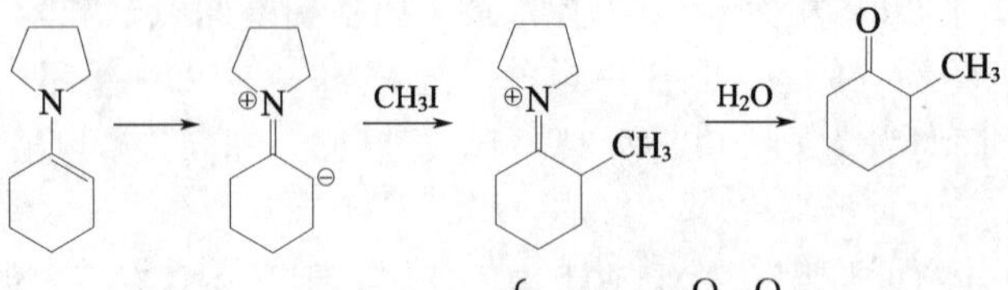

第二步为氧化反应：$—\overset{O}{\overset{\|}{C}}—CH_2—$ $\begin{cases} \xrightarrow{SeO_2} —\overset{O}{\overset{\|}{C}}—\overset{O}{\overset{\|}{C}}— \\ \xrightarrow{RCO_3H} —\overset{O}{\overset{\|}{C}}—O—CH_2— \end{cases}$

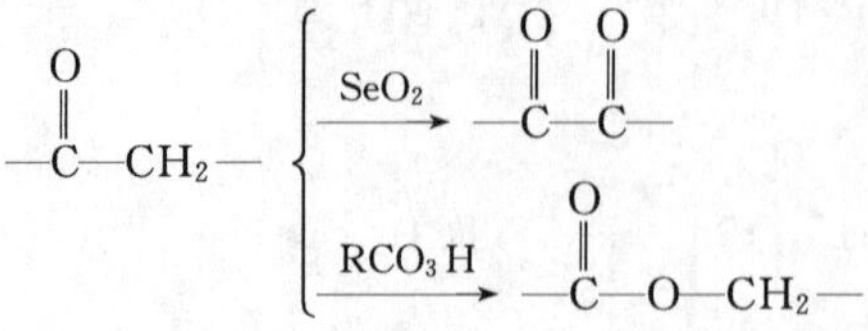

练习 4

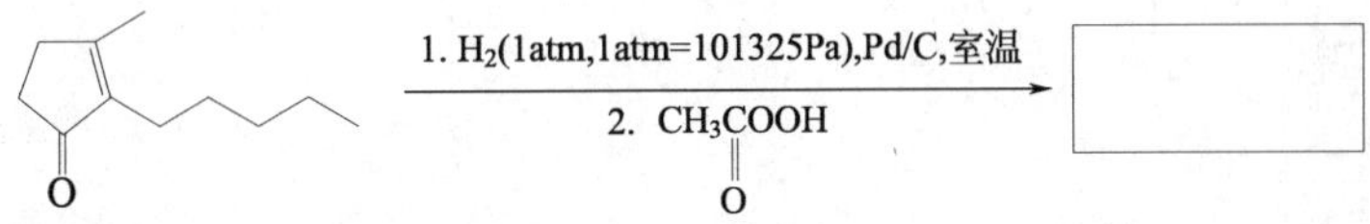

O

1. H_2(1atm,1atm=101325Pa),Pd/C,室温
2. $CH_3\overset{O}{\overset{\|}{C}}OOH$

（复旦大学，2004）

[答案]

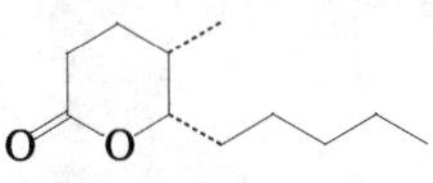

O　O

顺式

练习 5[3]

2　3　7　1　6　4　5　O

$\xrightarrow[H_2O_2]{CH_3COOH}$

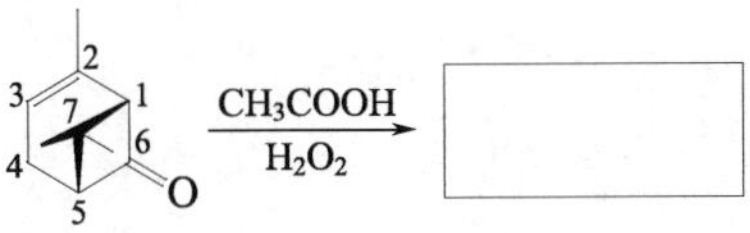

[答案] 由(＋)-菊花烯酮 **7** 在过氧化氢与醋酸存在下进行 Baeyer-Villiger 氧化反应，结果得到光学活性内酯 **8**，反应过程如下：

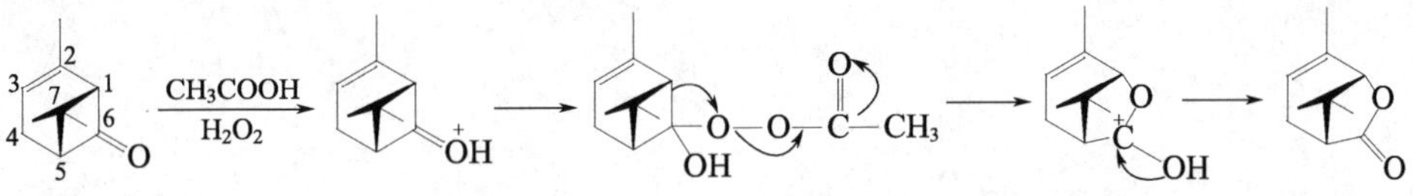

2　3　7　1　6　4　5　O　$\xrightarrow[H_2O_2]{CH_3COOH}$　$\overset{+}{O}H$　⟶　O—O—$\overset{O}{\overset{\|}{C}}$—$CH_3$　OH　⟶　O　$\overset{+}{C}$　OH　⟶　O　O

7　　　　　　　　　　　　　　　　　　　　　**8**

实验结果表明，氧原子插入在 C1—C6 之间，而未插入到 C5—C6 之间，这可以解释为含有烯丙基的仲碳转移比含有烷基的仲碳转移更迅速，为了进一步证明上面所示的反应过程，用化学方法确认内酯 **8** 水解得到光学活性产物 2,2,4-三甲基-3-羟基-4-环己烯基甲酸

(**9**)　OH　COOH 。

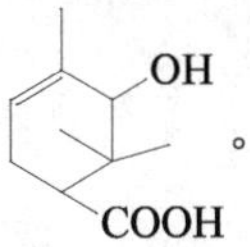

练习 6[4]　合成

Cl　$\underset{CH_3}{\underset{|}{C}}HCH_2CH_2\overset{O}{\overset{\|}{C}}Cl$　⟶　OH　Cl　$\underset{CH_3}{\underset{|}{C}}HCH_2CH_2\overset{O}{\overset{\|}{C}}—OH$

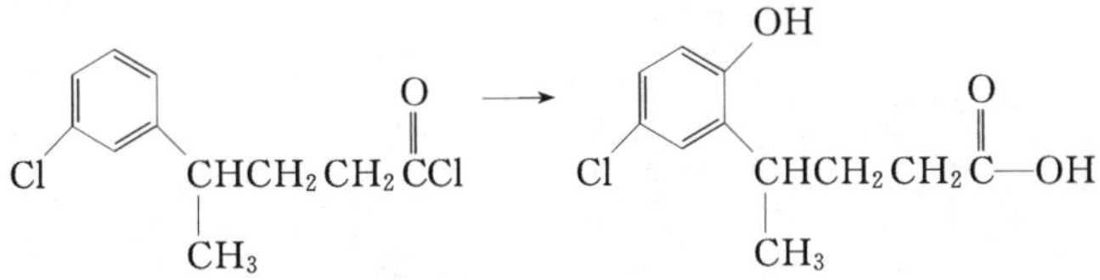

（南开大学，2003）

[答案] 由所要合成的目标分子分析可知，产物可由相应的内酯水解而来。内酯由环酮氧化得到，环酮由起始原料经酰基化反应而得。

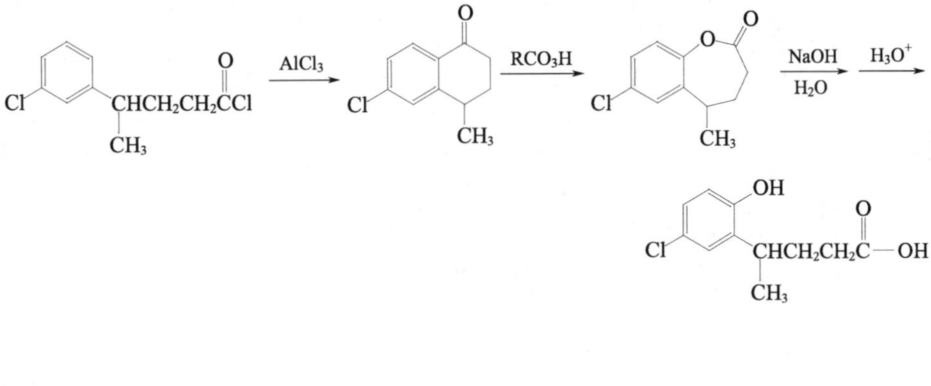

Cl　$\underset{CH_3}{\underset{|}{C}}HCH_2CH_2\overset{O}{\overset{\|}{C}}Cl$　$\xrightarrow{AlCl_3}$　O　Cl　CH_3　$\xrightarrow{RCO_3H}$　O　O　Cl　CH_3　$\xrightarrow[H_2O]{NaOH}$　$\xrightarrow{H_3O^+}$

OH　Cl　$\underset{CH_3}{\underset{|}{C}}HCH_2CH_2\overset{O}{\overset{\|}{C}}—OH$

练习 7[5] 合成

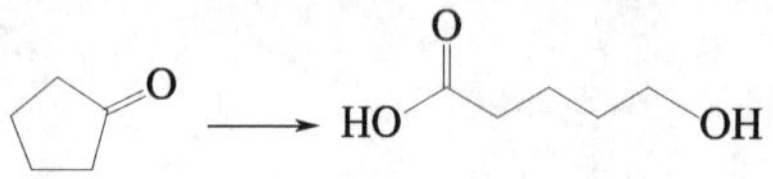

（中国科学技术大学，2002）

［答案］ 羟基戊酸由相应的内酯水解而来，内酯则由环戊酮氧化得到。

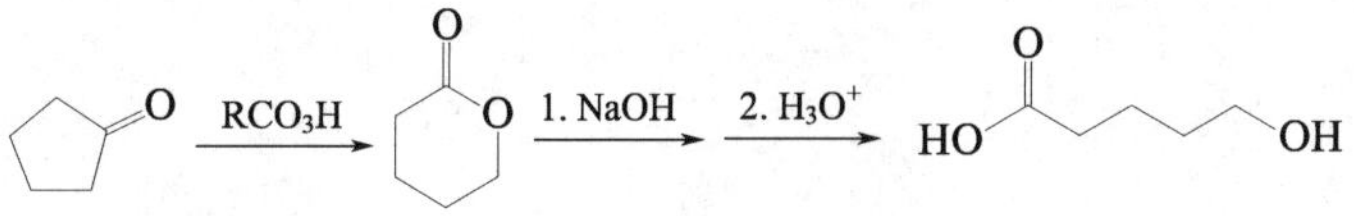

$\xrightarrow{RCO_3H}$ $\xrightarrow{1.\ NaOH}$ $\xrightarrow{2.\ H_3O^+}$ HO ... OH

练习 8

$O_2N-C_6H_4-CO-C_6H_4-OCH_3 \xrightarrow{CF_3CO_3H}$ □

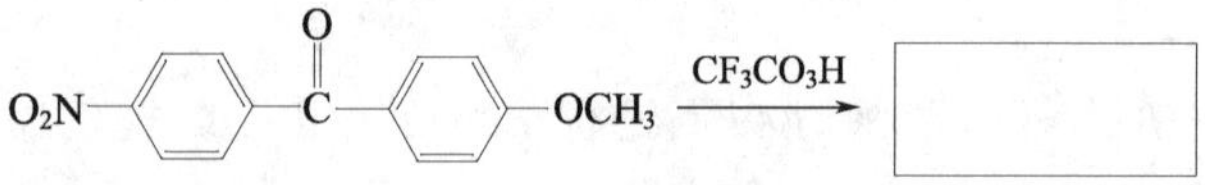

（南京大学，2005）

［答案］

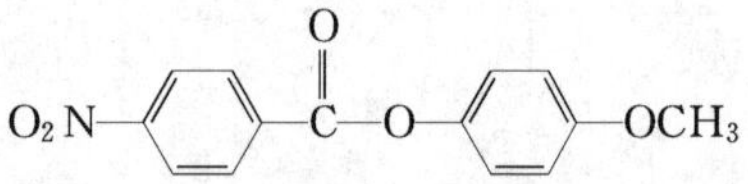

$O_2N-C_6H_4-C(=O)-O-C_6H_4-OCH_3$

练习 9 合成以下化合物并注意立体化学、反应条件和试剂比例。

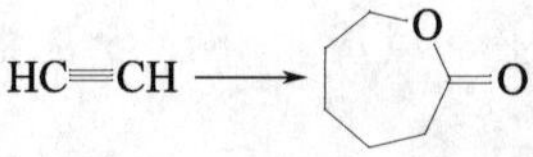

$HC\equiv CH \longrightarrow$

（中国科学院，2009）

［答案］ 双烯合成得到环己烯、环己酮后发生 Baeyer-Villiger 氧化：

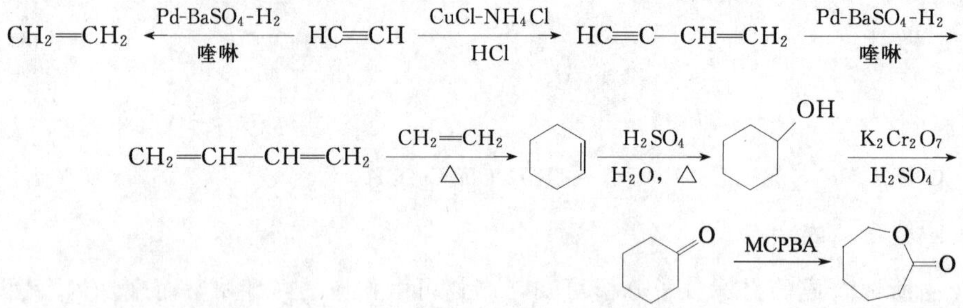

$CH_2{=}CH_2 \xleftarrow[\text{喹啉}]{Pd\text{-}BaSO_4\text{-}H_2} HC\equiv CH \xrightarrow[HCl]{CuCl\text{-}NH_4Cl} HC\equiv C-CH{=}CH_2 \xrightarrow[\text{喹啉}]{Pd\text{-}BaSO_4\text{-}H_2}$

$CH_2{=}CH-CH{=}CH_2 \xrightarrow[\triangle]{CH_2{=}CH_2}$ $\xrightarrow[H_2O,\ \triangle]{H_2SO_4}$ OH $\xrightarrow[H_2SO_4]{K_2Cr_2O_7}$

$\xrightarrow{MCPBA}$

练习 10

$\xrightarrow{PhCOOOH}$ □

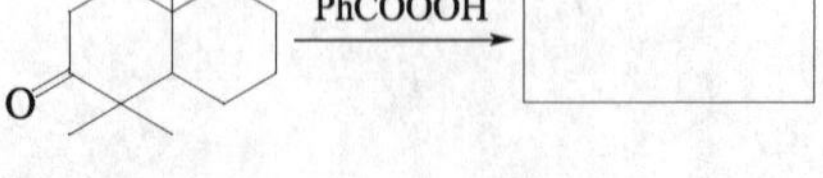

（吉林大学，2005）

［答案］ 1,5,5-三甲基二环［4.4.0］癸-4-酮用过氧苯甲酸处理得 1,6,6-三甲基-5-氧杂二环［5.4.0］十一-4-酮，其结构式为：。

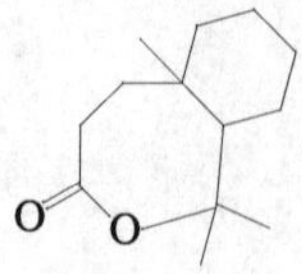

练习 11

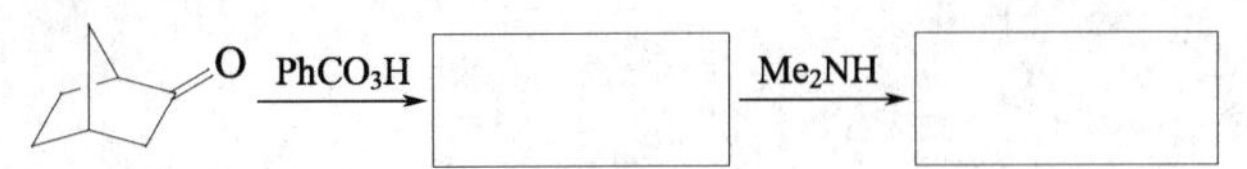

（南开大学，2009）

[答案]

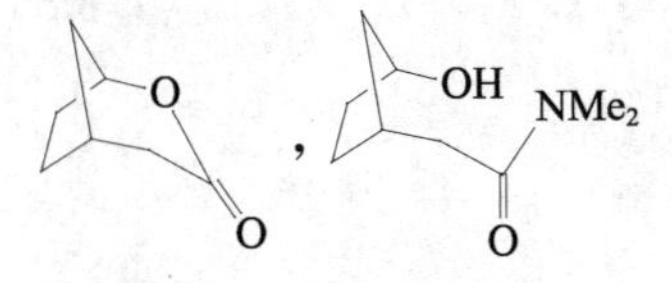

练习 12

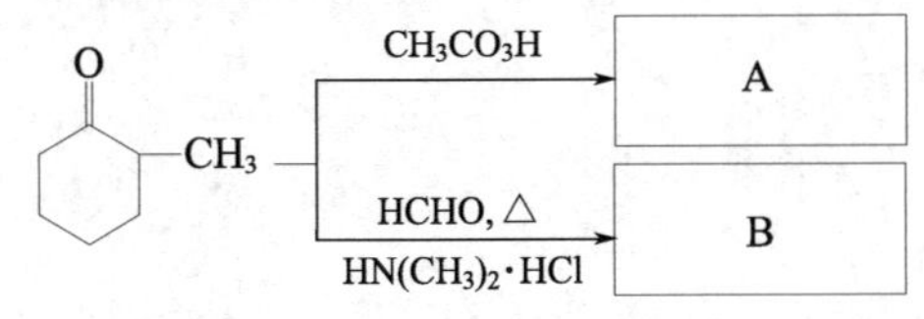

[答案]

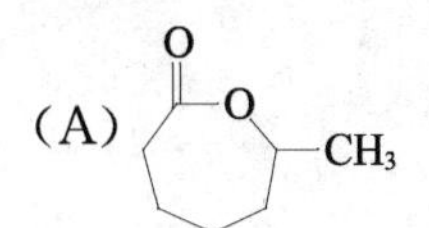

(B)

练习 13

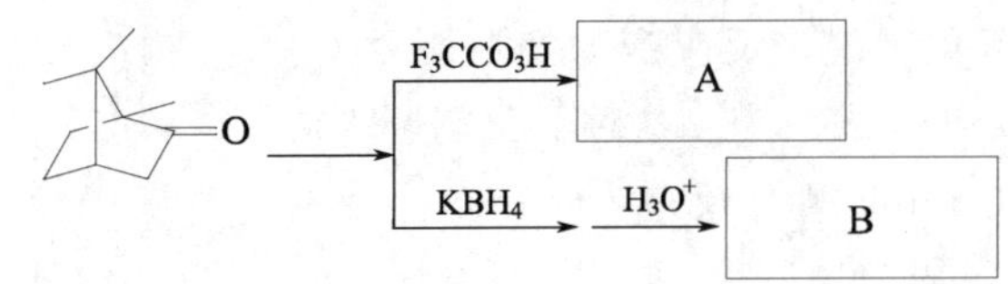

[答案]

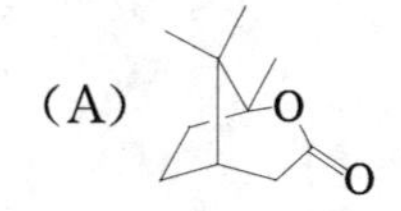

(B)

练习 14

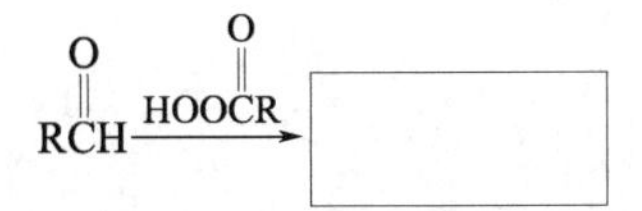

[答案]

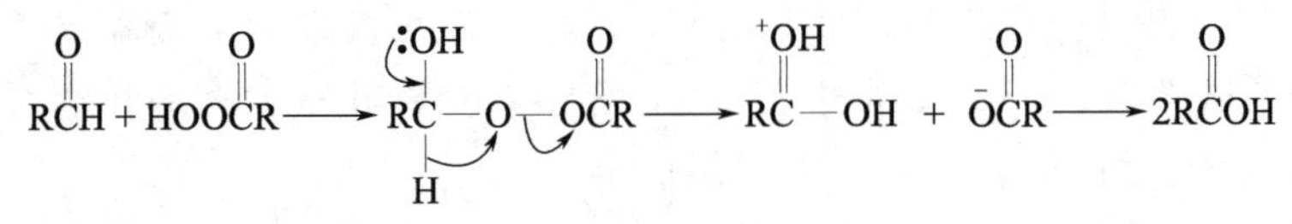

醛氧化的机理与此相似，但迁移的是氢负离子，得到羧酸。

练习 15

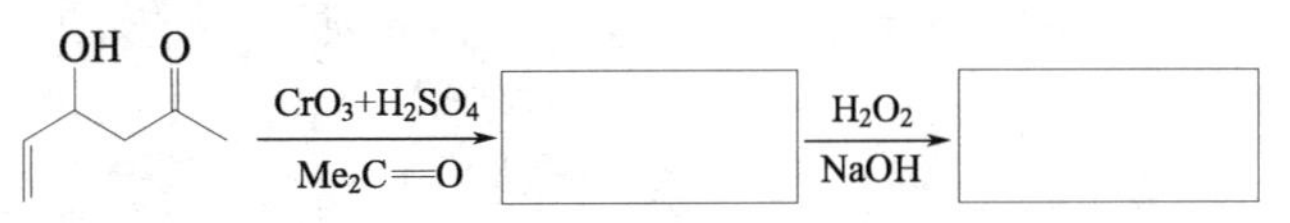

（中国科学院，2009）

[答案]

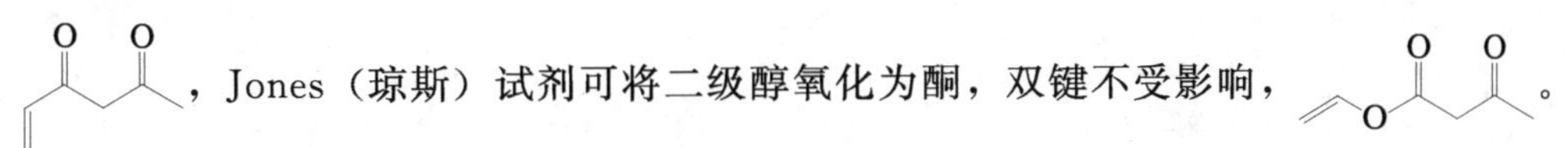

，Jones（琼斯）试剂可将二级醇氧化为酮，双键不受影响，。

参考文献

[1] Baeyer V A，Villiger V. Ber Dtsch Chem Ges. 1899，32：3625-3633.

[2] Jie Jack Li. Name Reaction. 4th ed. Berlin Heidelberg：Springer-Verlag，2009：12.

[3] 宋志光，李静，刘庆文等．(＋)-菊花烯酮的 Baeyer-Villiger 反应．高等学校化学学报，2005，26 (12)：2264-2266.

[4] 吴范宏．有机化学学习与考研指津．2008 版．上海：华东理工大学出版社，2008：101.

[5] 邢其毅，徐瑞秋，周政等．基础有机化学．第 2 版．北京：高等教育出版社，1993：490.

Collins 氧化

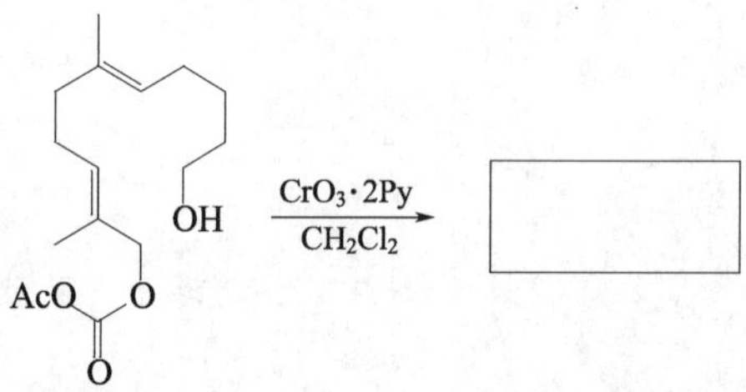

OH　$\xrightarrow[CH_2Cl_2]{CrO_3 \cdot 2Py}$　[　　　]

AcO　O　O

二氯甲烷溶剂中，伯醇经 $CrO_3 \cdot 2Py$ 氧化得醛，反应产物如右所示[1]。该反应中使用的氧化剂 $CrO_3 \cdot 2Py$，称为 Collins 试剂[2]。这种氧化剂可将伯醇氧化为醛、仲醇氧化为酮，此反应称为 Collins 氧化反应[3]。$CrO_3 \cdot 2Py$ 为吸潮性红色结晶，一般在非极性溶剂如二氯甲烷中使用。

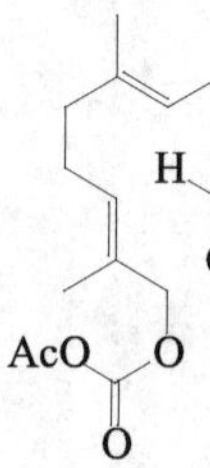

H　O　AcO　O　O

$$CrO_3\text{（无水）} + 2Py\text{（无水）} \longrightarrow CrO_3 \cdot 2Py\downarrow$$

Collins 氧化法是 Sarett 氧化法（以吡啶为溶剂）的改进[4,5]。

$CrO_3 \cdot 2Py$ 的二氯甲烷溶液称为“Collins 试剂”。

$$2\,C_5H_5N + CrO_3 \longrightarrow (C_5H_5N^+)_2Cr(O^-)_2{=}O \quad \text{（Collins 试剂）}$$

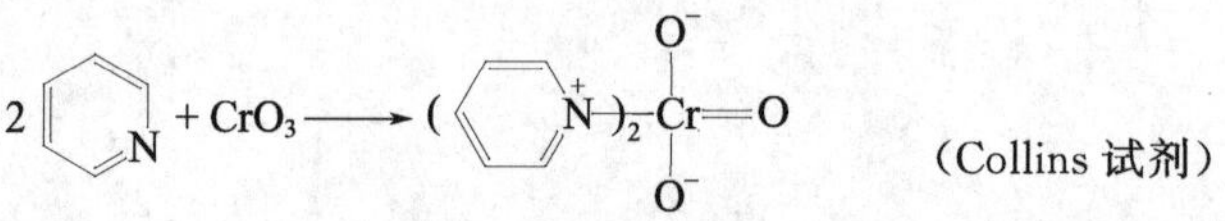

Collins 试剂较 Sarett 试剂的一个优势是制备方便和安全，室温搅拌下慢慢将 1mol 的三氧化铬加入到 2mol 的吡啶的二氯甲烷溶液中即可。此外，使用二氯甲烷作为溶剂和化学计量的吡啶使得 Collins 试剂的碱性较 Sarett 试剂弱。因此，大多数对酸和碱敏感的底物可以被 Collins 试剂氧化，而 Sarett 试剂和 Jones 试剂有局限性[6]。

由于 Collins 试剂不含水（比较 Jones 试剂），不像 Sarett 试剂具有吸湿性，该氧化剂特别适合氧化伯醇为醛，但痕量的水可以导致过度氧化[6]。

注意：有二氯甲烷溶液的为 Collins 试剂，性质较稳定；无二氯甲烷的为 Sarett 试剂；含水的为 Corforth 试剂。

练习 1[7]

$$CH_3(CH_2)_5CH_2OH \xrightarrow[CH_2Cl_2,\ 25℃]{(C_5H_5N)_2 \cdot CrO_3} \boxed{}$$

［答案］ $CH_3(CH_2)_5CHO$

练习 2[7]

$$CH_3(CH_2)_4C\equiv CCH_2OH \xrightarrow[CH_2Cl_2,25℃]{(C_5H_5N)_2\cdot CrO_3} \boxed{\quad}$$

［答案］ $CH_3(CH_2)_4C\equiv CCHO$

练习 3

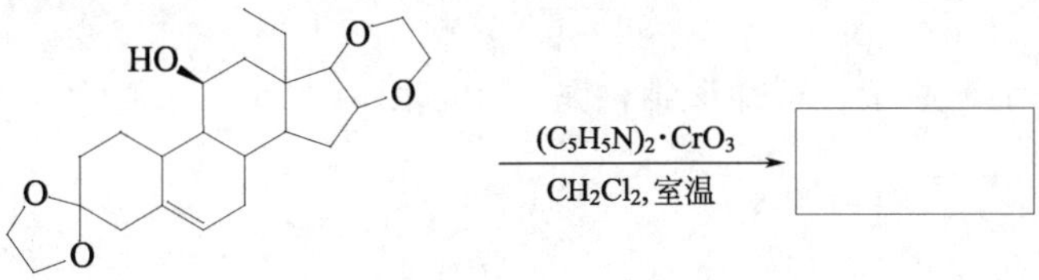

$$\xrightarrow[CH_2Cl_2,\text{室温}]{(C_5H_5N)_2\cdot CrO_3} \boxed{\quad}$$

［答案］

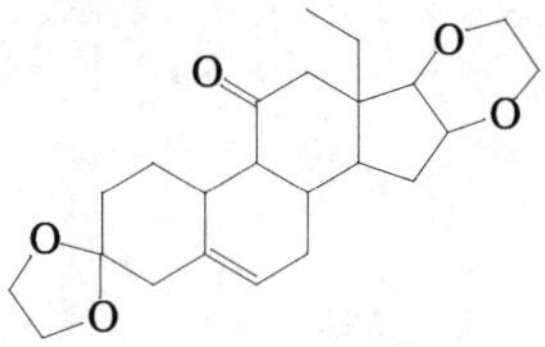

(90%)

(去氧孕烯中间体)

练习 4

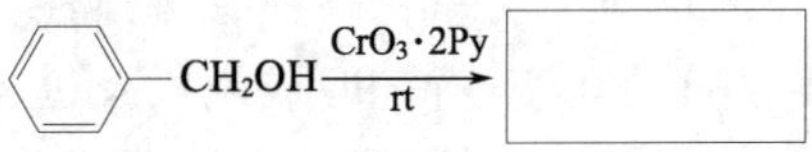

$$C_6H_5CH_2OH \xrightarrow[rt]{CrO_3\cdot 2Py} \boxed{\quad}$$

［答案］

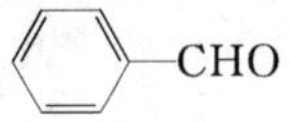

C_6H_5—CHO

练习 5

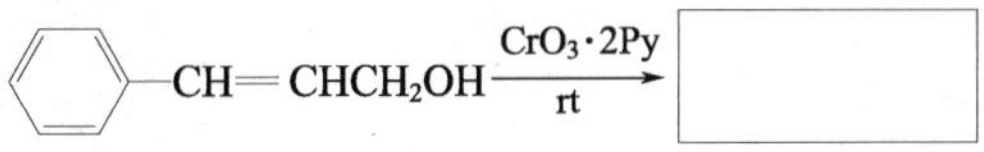

$$C_6H_5CH=CHCH_2OH \xrightarrow[rt]{CrO_3\cdot 2Py} \boxed{\quad}$$

［答案］

C_6H_5—CH=CHCHO

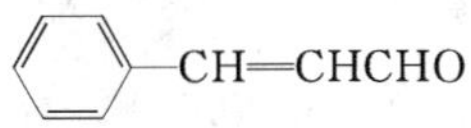

参考文献

[1] J Am Chem Soc，1969，91：44318.

[2] Collins J C. Tetrahedron Lettters. 1968：3363.

[3] Poos G I，Arth G E，Beyler R E，Sarett L H. J Am Chem Soc，1953，75：422.

[4] Collins J C，Hess W W. Org Syn，1972，52：5.

[5] Ratcliffe R W. ibid，1976，55：84.

[6] Oxidation of Alcohols to Aldehydes and Ketones. Berlin：Springer，2006：1-97.

[7] 邢其毅，裴伟伟，徐瑞秋等．基础有机化学．第 3 版．北京：高等教育出版社，2005：401.

Criegee 臭氧化

某烯烃经过催化加氢得到2-甲基丁烷，加HCl得到2-甲基-2-氯丁烷，如经臭氧化并在锌粉存在的条件下水解可得到丙酮和乙醛，写出该烯烃结构及各步反应[1]。

（南京航空航天大学，2008）

已知经臭氧化还原反应，RCH═结构可转变成RCHO(醛)，R_2C═结构可转变成R_2C═O(酮)。由题意可知，该化合物有5个碳原子，可知该结构是：$CH_3CH{=}C(CH_3){-}CH_3$。

$$CH_3CH{=}C(CH_3){-}CH_3 \xrightarrow{H_2/Pt} CH_3CH_2CH(CH_3){-}CH_3$$

$$CH_3CH{=}C(CH_3){-}CH_3 \xrightarrow{HCl} CH_3CH_2C(CH_3)(Cl){-}CH_3$$

$$CH_3{-}C(CH_3){=}CH{-}CH_3 \xrightarrow[2.\ H_2O,Zn]{1.\ O_3} CH_3{-}C(CH_3){=}O + O{=}CH{-}CH_3$$

烯烃的臭氧化反应[2~4]（ozonization reaction）是指在液体烯烃或烯烃的非水溶液中通入含有6%～8%臭氧的氧气流，烯烃被氧化成臭氧化物的反应。臭氧化物具有爆炸性，不能从溶液中分离出来。臭氧化物在还原剂存在下直接用水分解，生成醛和/或酮以及过氧化氢，这步反应称为臭氧化物的分解反应。为了避免水解中生成的醛被过氧化氢氧化成羧酸，臭氧化物可以在还原剂如锌粉存在下进行分解。

$$>C{=}C< \xrightarrow{O_3} [\text{分子臭氧化物}] \rightarrow [\text{臭氧化物}] \xrightarrow[Zn]{H_2O} >C{=}O + O{=}C<$$

烯烃　　分子臭氧化物　　臭氧化物

广泛被接受的反应机理称为Criegee机理，由德国人Rudolf Criegee于1953年提出。臭氧与烯烃先是发生1,3-偶极环加成反应生成初级的分子臭氧化物1,2,3-三氧五环，它非常不稳定，重排生成相对比较稳定的次级臭氧化物1,2,4-三氧五环。反应结束后，用还原剂（如锌粉、二甲硫醚、三苯基膦等）处理，次级臭氧化物即分解生成两分子的醛(或酮)。

分子臭氧化物　　臭氧化物

臭氧化物在H_2、$LiAlH_4$存在下分解，则得到醇。

$$RCH{=}C(R')(R'') \xrightarrow{O_3} \text{臭氧化物} \begin{cases} \xrightarrow[H_2O]{Zn} RCHO + O{=}CR'R'' + Zn(OH)_2 \\ \xrightarrow{CH_3SCH_3} RCHO + O{=}CR'R'' + CH_3SOCH_3 \\ \xrightarrow[Pd/C]{H_2} RCH_2OH + HO{-}CHR'R'' + H_2O \\ \xrightarrow[\text{或}NaBH_4]{LiAlH_4} RCH_2OH + HO{-}CHR'R'' \end{cases}$$

例如：

$$\text{R—CH(臭氧化物)C(R')(R'')} \xrightarrow{LiAlH_4} RCH_2OH + R''{-}CH(R')OH$$

如果双键在碳环内，氧化产物为二醛或二酮。例如：

$$\text{环己烯} \xrightarrow[2.\ Zn+H_2O]{1.\ O_3} OHC(CH_2)_4CHO$$

烯烃臭氧化物的还原水解产物与烯烃结构的关系为：

烯烃结构	臭氧化还原水解产物
$CH_2{=}$	HCHO(甲醛)
$RCH{=}$	RCHO(醛)
$R_2C{=}$	$R_2C{=}O$(酮)

由于生成物醛或酮的羰基正好是原料烯烃双键的位置，根据生成醛和酮的结构，就可推断烯烃的结构，因此可通过烯烃的臭氧化物分解的产物来推测原烯烃的结构。

炔烃与臭氧反应，亦生成臭氧化物，后者用水分解则生成 α-二酮和过氧化氢，随后过氧化氢将 α-二酮氧化成羧酸。

$$-C{\equiv}C- \xrightarrow{O_3} [\text{臭氧化物}] \xrightarrow{H_2O} -\overset{O}{\overset{\|}{C}}-\overset{O}{\overset{\|}{C}}- + H_2O_2 \longrightarrow -COOH + HOOC-$$

例如：

$$CH_3CH_2CH_2C{\equiv}CCH_3 \xrightarrow[2.\ H_2O]{1.\ O_3} CH_3CH_2CH_2COOH + CH_3COOH$$

臭氧是亲电试剂，所以反应活性：碳碳双键＞碳碳叁键。臭氧除和碳碳叁键以及双键反应以外，和其它官能团很少反应，分子的碳架也很少发生重排，故此反应可根据产物的结构推测重键的位置和原化合物的结构。

臭氧化反应用于由烯烃合成醛酮，有时也可由炔烃合成羧酸；可以用来使原料中的碳链缩短[5]。该反应的优点是可以选择氧化，主产品得率高；氧化温度低，在常温下氧化能力也较强，可以节约燃料和动力；氧化能力强，反应速度快，可以定量地氧化；使用方便，可以现场制造；反应终了后，臭氧本身没有残留，后处理简单，对环境无污染。但缺点是臭氧发生器投资大，运行费用高。

芥酸、亚油酸、蓖麻酸等脂肪酸或其酯衍生物均可以被臭氧分解制备各种产品。也可以用混合脂肪酸为原料，各种脂肪酸独立反应互不影响。如用蓖麻酸制备 (E)-2-壬烯醛。用甲醇与蓖麻酸进行酯交换反应得到甲酯，在甲醇中用含 5% O_3 的氧气进行臭氧化，然后用二甲硫醚还原，最后用稀硫酸脱水，经分离纯化所得产物收率为 80%，纯度为 99 %。合成路线如下[6]：

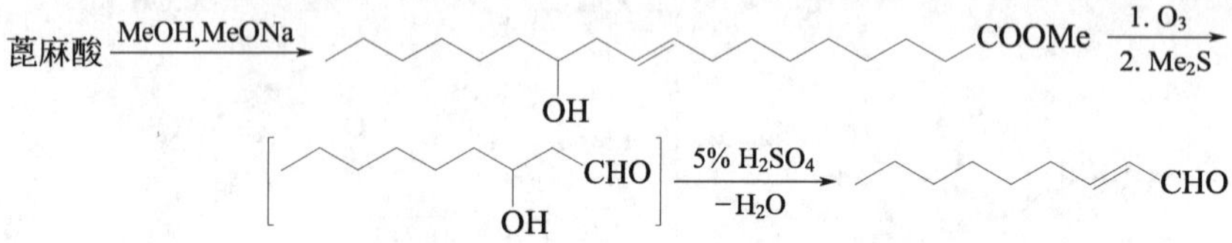

蓖麻酸 $\xrightarrow{MeOH,MeONa}$ (OH)…COOMe $\xrightarrow[2.\ Me_2S]{1.\ O_3}$ [(OH)…CHO] $\xrightarrow[-H_2O]{5\%\ H_2SO_4}$ …CHO

练习 1[7]

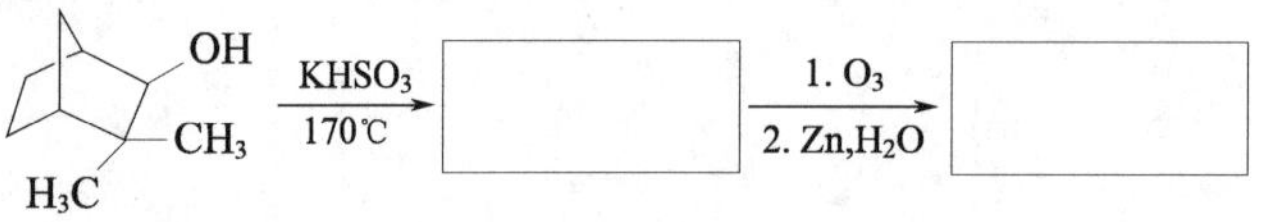

$\xrightarrow[170℃]{KHSO_3}$ □ $\xrightarrow[2.\ Zn,H_2O]{1.\ O_3}$ □ （兰州大学，2001）

［答案］

CH_3, CH_3 ， O O

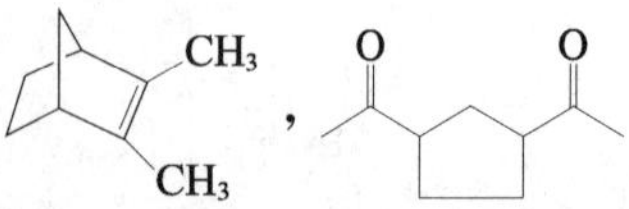

第一步为 E1 反应历程，反应过程中发生碳正离子重排，生成较为稳定的消除产物。

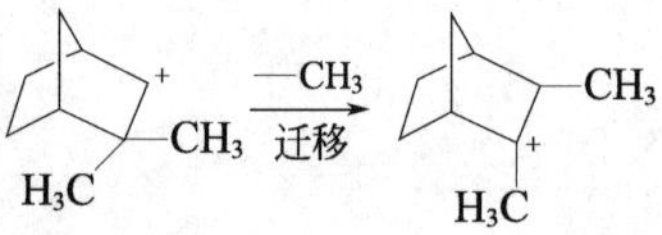

CH_3 H_3C $\xrightarrow[迁移]{—CH_3}$ CH_3 H_3C

练习 2

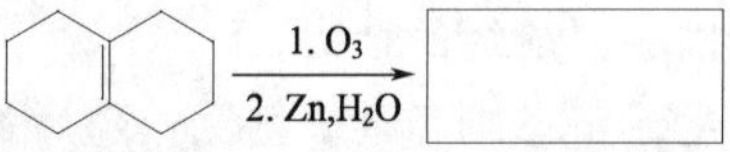

$\xrightarrow[2.\ Zn,H_2O]{1.\ O_3}$ □ （浙江大学，2005）

［答案］

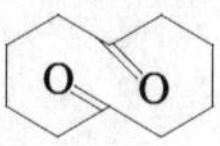

O O

练习 3

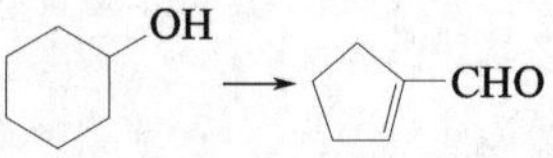

OH ⟶ CHO （复旦大学，2005）

［答案］

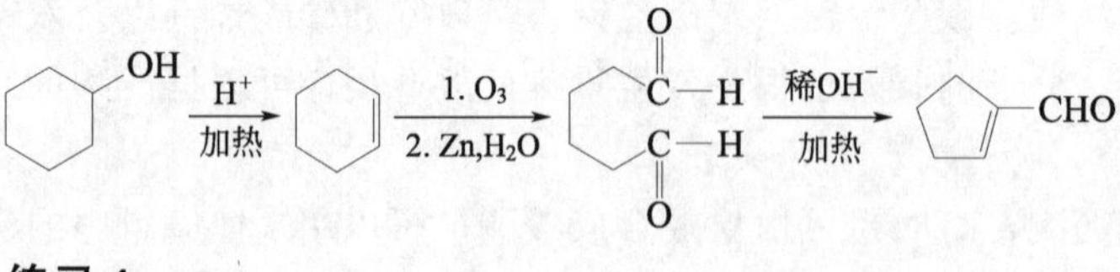

OH $\xrightarrow[加热]{H^+}$ $\xrightarrow[2.\ Zn,H_2O]{1.\ O_3}$ C—H C—H (O O) $\xrightarrow[加热]{稀OH^-}$ CHO

练习 4

以 (环己烯) 和 (OH, CHO) 为基本原料合成 (OCH_3, O, CH_3) （中山大学，2006）

［答案］

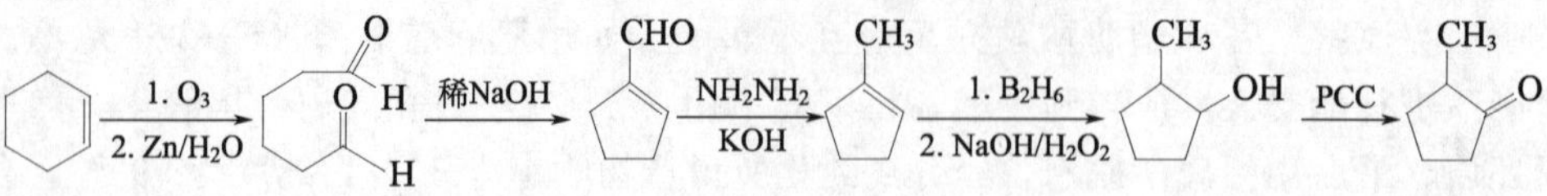

$\xrightarrow[2.\ Zn/H_2O]{1.\ O_3}$ (O H, O H) $\xrightarrow{稀NaOH}$ CHO $\xrightarrow[KOH]{NH_2NH_2}$ CH_3 $\xrightarrow[2.\ NaOH/H_2O_2]{1.\ B_2H_6}$ CH_3 OH $\xrightarrow{PCC}$ CH_3 O (A)

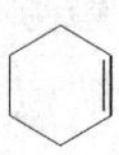

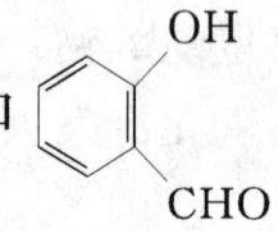

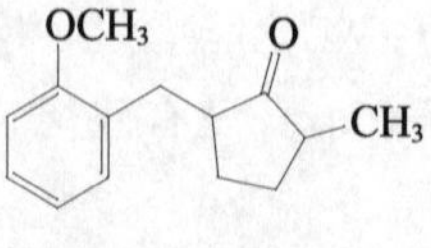

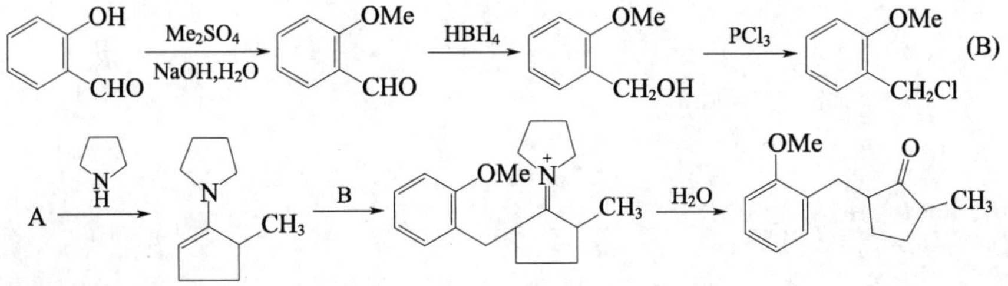

OH, CHO → (Me_2SO_4 / $NaOH, H_2O$) → OMe, CHO → (HBH_4) → OMe, CH_2OH → (PCl_3) → OMe, CH_2Cl (B)

A → (吡咯烷, N-H) → 烯胺, CH_3 → (B) → OMe, N^+, CH_3 → (H_2O) → OMe, O, CH_3

练习 5[8]

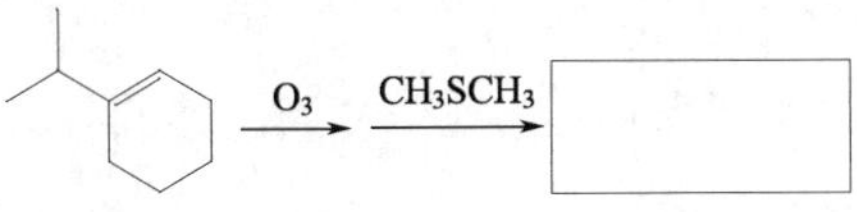

$\xrightarrow{O_3}\xrightarrow{CH_3SCH_3}$ [　　　]

[答案]

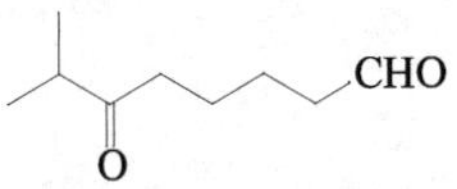

CHO, O

练习 6

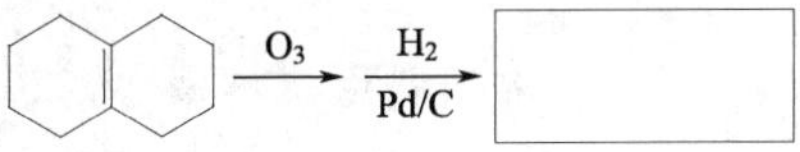

$\xrightarrow{O_3}\xrightarrow[Pd/C]{H_2}$ [　　　]

[答案]

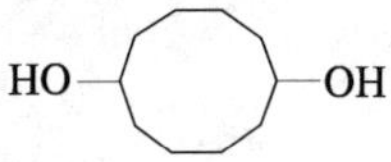

HO—(环辛烷)—OH

练习 7

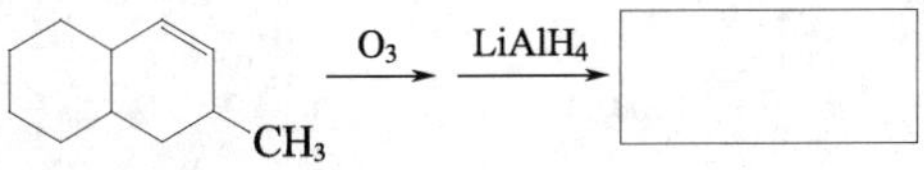

CH_3 $\xrightarrow{O_3}\xrightarrow{LiAlH_4}$ [　　　]

[答案]

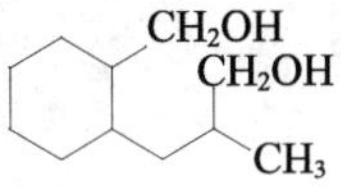

CH_2OH, CH_2OH, CH_3

练习 8

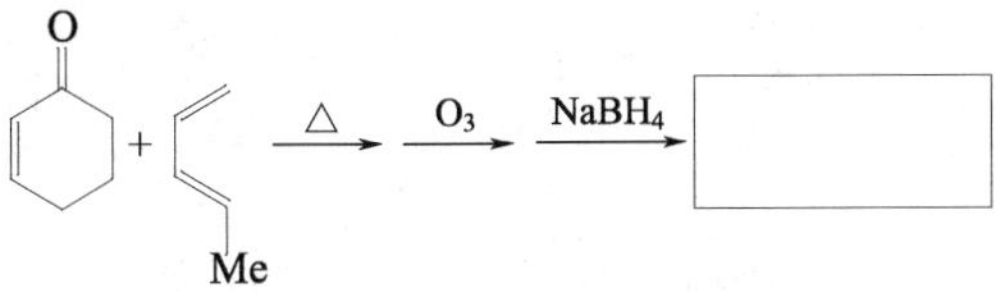

O + Me $\xrightarrow{\triangle}\xrightarrow{O_3}\xrightarrow{NaBH_4}$ [　　　]　（中国科学技术大学，2010）

[答案]

Me, H, OH, HO, HO, H

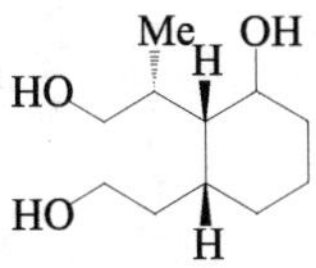

练习 9

$CH_3CH_2C{\equiv}CCH_2CH_3 \xrightarrow{(\quad)}$ *cis*-$CH_3CH_2CH{=}CHCH_2CH_3 \xrightarrow{(\quad)} CH_3CH_2CHO \xrightarrow[ether]{LiAlH_4}$ [　　　]

（湖南大学，2004）

[答案]　H_2/Lindlar；(1)O_3，(2)Zn/H_3O^+；$CH_3CH_2CH_2OH$。

练习 10

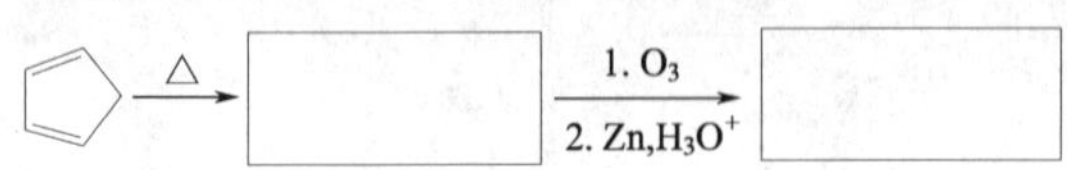

（中山大学，2005）

［答案］

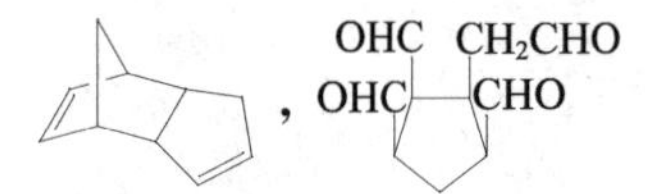

练习 11

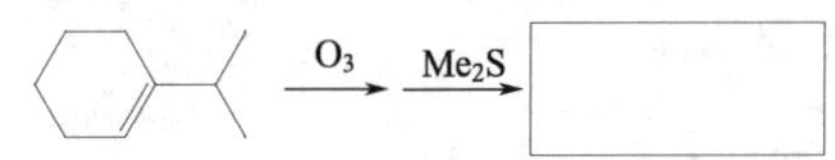

（中国科学院，2009）

［答案］

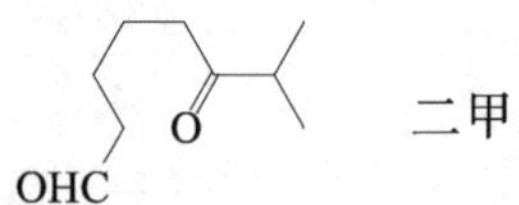

二甲基硫醚和 Zn/HCl 可达到同样的效果。

练习 12

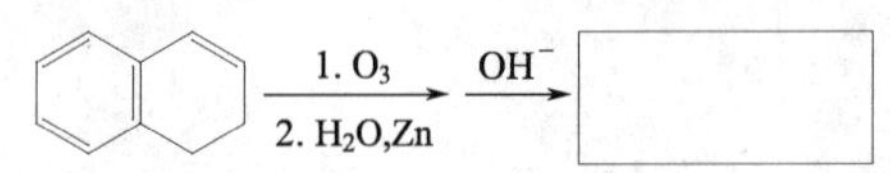

（中国科学技术大学，2011）

［答案］

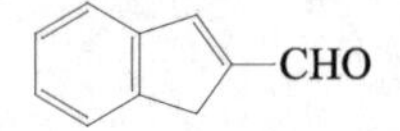

参考文献

［1］金圣才．有机化学名校考研真题详解．北京：中国水利水电出版社，2010：54.

［2］Criegee R，Wenner G. Ann Chem，1949，564：9-15.

［3］Criegee R. Rec Chem Prog，1957，18：111-120.

［4］Criegee R. Angew Chem，1975，87：765-771.

［5］孔祥文．有机化学．北京：化学工业出版社，2010：114.

［6］李志伟，李英春．臭氧化反应的研究与应用．化工纵横、化工时刊，2003，17（2）：3-15.

［7］吴范宏．有机化学学习与考研指津．2008 版．上海：华东理工大学出版社，2008：61.

［8］裴伟伟．基础有机化学习题解析．北京：高等教育出版社，2006：210.

Criegee 邻二醇裂解

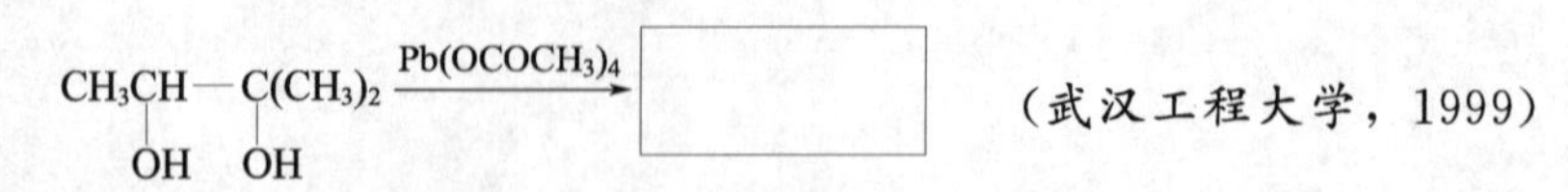

（武汉工程大学，1999）

产物结构式为[1]：$H_3C—\overset{\overset{O}{\|}}{C}H + H_3C—\overset{\overset{O}{\|}}{C}—CH_3$ 。

四乙酸铅［$Pb(OCOCH_3)_4$］在冰醋酸或苯等有机溶剂中，可氧化 α-二醇生成羰基化合物[2,3]。

反应通式：

$$\underset{\mathrm{OH}\quad\mathrm{OH}}{\mathrm{RCH{-}CHR'}} \xrightarrow{\mathrm{Pd(OCOCH_3)_4}} \mathrm{RCHO + R'CHO + Pd(OCOCH_3)_2 + 2CH_3COOH}$$

$$\mathrm{CH_2{=}CH(CH_2)_8}\underset{\mathrm{OH}\quad\mathrm{OH}}{\mathrm{CH{-}CH_2}} \xrightarrow[\mathrm{CH_3COOH,50^\circ C}]{\mathrm{Pd(OCOCH_3)_4}} \mathrm{CH_2{=}CH(CH_2)_8CHO + HCHO}$$

反应机理[4]：

AcO—Pb(OAc)$_3$ (11) + 10 $\xrightarrow{-\mathrm{HOAc}}$ 12 $\xrightarrow{-\mathrm{HOAc}}$ 13 $\xrightarrow{-\mathrm{Pb(OAc)_2}}$ R^1COR^2 (14) + R^3COR^4 (15)

邻二醇（**10**）的一个羟基首先进攻四乙酸铅（**11**）的铅原子，发生取代反应，离去一分子乙酸形成 *β*-羟基酯（**12**），然后 **12** 的 *β*-羟基进攻分子中的铅原子，发生取代反应，离去一分子乙酸形成环状酯中间体（**13**），最后 **13** 的邻二醇碳-碳键断裂，消去乙酸铅，得到相应的醛或酮（**14**）和（**15**）。

反应是定量的，通常在乙酸或苯溶液中进行，可用于邻二醇的定量分析。

$Pb(OCOCH_3)_4$ 溶于有机溶剂，不溶于水，而 HIO_4 溶于水，不溶于有机溶剂，因此它们在应用中可以相互补充。

α-氨基醇、*α*-羟基酸、*α*-氨基酸、*α*-酮酸和乙二胺等也可发生类似反应，*β*-二醇和 *γ*-二醇等均不发生上述反应。

练习 1

反-9,10-二羟基十氢萘 $\xrightarrow{\mathrm{Pb(OAc)_4}}$ [　　]

［答案］

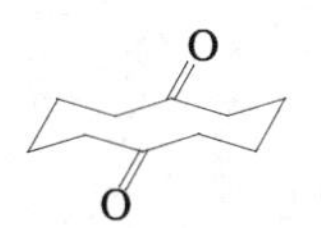

四乙酸铅可氧化邻二醇为羰基化合物，而且尽管顺式的邻二醇反应速率快，但反式的仍可反应，如本题的反-9,10-二羟基十氢萘的氧化。

反式邻二醇的氧化可能为消除过程：

AcO—Pb(OAc)$_3$ + 反式邻二醇 ⟶ AcO—Pb(OAc)$_2$ 中间体 ⟶ R^1COR^2 + R^3COR^4

练习 2[5]

$$\text{(环己烯基)}\underset{}{\overset{\mathrm{OH}}{\mathrm{CH}}}\mathrm{{-}CH_2OH} \xrightarrow[\text{苯}]{\mathrm{Pb(OAc)_4}} [\quad]$$

［答案］

(环己烯基)—CHO + HCHO

练习 3[5]

$$H_3C, H_3C\text{-取代环己烷-1,2-二醇(OH, OH)} \xrightarrow[\text{苯}]{Pb(OAc)_4} \boxed{\quad}$$

[答案]

$$\begin{array}{c} CH_2CHO \\ CH_3 \!-\!\!\!+\!\!\!- H \\ H \!-\!\!\!+\!\!\!- CH_3 \\ CH_2CHO \end{array}$$

练习 4[5]

$$(CH_3)_2CH-\overset{O}{\overset{\|}{C}}-\overset{OH}{\overset{|}{CH}}-CH_2CH_3 \xrightarrow[\text{苯}]{Pb(OAc)_4} \boxed{\quad}$$

[答案]

$$(CH_3)_2CH-\overset{O}{\overset{\|}{C}}OH + CH_3CH_2CHO$$

练习 5[5]

$$C_6H_5\overset{O}{\overset{\|}{C}}CH_2OH \xrightarrow[\text{苯}]{Pb(OAc)_4} \boxed{\quad}$$

[答案]

$$C_6H_5\overset{O}{\overset{\|}{C}}OH + HCHO$$

参考文献

[1] 吴范宏．有机化学学习与考研指津．2008 版．上海：华东理工大学出版社，2008：76.

[2] 孔祥文．有机化学．北京：化学工业出版社，2010，2：206，250，48，207.

[3] Criegee R Ber，1931，64：260-266.

[4] Jie Jack Li. Name Reaction. 4th ed. Berlin Heidelberg：Springer-Verlag，2009：159.

[5] 裴伟伟．基础有机化学习题解析．北京：高等教育出版社，2006：211.

环氧化反应

$$CH_2{=}CH_2 + \frac{1}{2}O_2 \xrightarrow[Ag]{250℃} \boxed{\quad}$$

乙烯在活性银催化下用空气氧化得到环氧乙烷 $\underset{\diagdown O \diagup}{CH_2-CH_2}$ 。

这是工业上合成环氧乙烷的主要方法。用活性银（含氧化钙、氧化钡和氧化锶）作催化剂。此反应是特定反应、专有工业反应，不能类推用于制备其他环氧化物。如要将其他烯烃氧化成环氧烷烃，则要用过氧酸来氧化。

烯烃在惰性溶剂（如氯仿、二氯甲烷、乙醚、苯）中与过氧酸生成环氧化合物的反应称为环氧化反应（epoxidation）[1~3]。实验室中常用有机过氧酸（简称过酸）作环氧化试剂，烯烃反应生成 1,2-环氧化物。常用的过氧酸有过氧甲酸、过氧乙酸、过氧苯甲酸、间氯过氧苯甲酸、过氧三氟乙酸等。例如：

$$C_3H_7CH{=}CH_2 + F_3CCOOOH \xrightarrow[\text{二氯甲烷}]{Na_2CO_3} C_3H_7\underset{\diagdown O \diagup}{CH{-}CH_2} + F_3CCOOH \quad 80\%$$

过氧酸分子中含有吸电子取代基时，它的反应活性则远比烷基过氧酸活泼。过氧酸的氧化性顺序为：

过氧三氟乙酸＞间氯过氧苯甲酸＞过氧苯甲酸＞过氧乙酸

有时用 H_2O_2 代替过酸。例如：

$$CH_3(CH_2)_5CH{=}CH_2 + H_2O_2 \xrightarrow{\text{二氯甲烷}} CH_3(CH_2)_5\underset{\diagdown O \diagup}{CH{-}CH_2} \quad 80\%$$

过氧酸氧化烯烃时，过氧酸中的氧原子与烯烃双键进行立体专一的顺式加成。

$$\text{环辛烯} + CH_3\overset{}{C}(=O){-}OOH \longrightarrow \text{顺式环氧环辛烷} + CH_3{-}C(=O){-}OH$$

烯烃与过氧酸的反应机理表示如下：

$$\underset{\mathbf{16}}{\text{R—C(=O)—O—O—H（分子内氢键）}} \rightleftharpoons \underset{\mathbf{17}}{\left[R{-}C(={\overset{+}{O}}H){-}O{-}O^- \longleftrightarrow R{-}\overset{+}{C}(OH){-}O{-}O^-\right]}$$

$$\underset{\mathbf{17}}{R{-}\overset{+}{C}(OH){-}O{-}O^-} + \underset{\mathbf{18}}{>C{=}C<} \xrightarrow{\text{慢}} \underset{\mathbf{19}}{\text{1,2-二氧五环}} \xrightarrow{\text{快}} \underset{\mathbf{20}}{R{-}C(=O){-}OH} + \underset{\mathbf{21}}{\text{环氧化合物}}$$

过氧酸（**16**）通过分子内氢键异构为碳正离子（**17**），然后 **17** 与烯烃（**18**）经亲电加成环化形成 1,2-二氧五环（**19**），**19** 不稳定开环生成羧酸（**20**）和目标产物环氧化合物（**21**）。

过氧酸是亲电试剂，双键碳原子连有供电基时，连接的供电基越多反应越容易进行。

$$CH_3CH{=}CH{-}C{\equiv}C{-}C{\equiv}C{-}CH{=}CHCH_3 \xrightarrow{C_6H_5CO_3H} CH_3\underset{\diagdown O \diagup}{CH{-}CH}{-}C{\equiv}C{-}C{\equiv}C{-}\underset{\diagdown O \diagup}{CH{-}CH}CH_3$$

烯烃进行环氧化的相对活性次序是：

$$R_2C{=}CR_2 > R_2C{=}CHR > RCH{=}CHR, R_2C{=}CH_2 > RCH{=}CH_2 > CH_2{=}CH_2$$

如果两个不同的烯键存在于同一分子中，电子云密度较高的烯键容易氧化；当烯键与羰基共轭或连有其它强吸电子基团时，它的活性很低，只有用氧化性很强的过氧酸如三氟过氧乙酸时，才能把它成功地环氧化。

环氧化反应一般在非水溶剂中进行，反应条件温和，产物容易分离和提纯，产率较高，是制备环氧化合物的一种很好的方法。

练习 1

（中山大学，2006）

[答案]

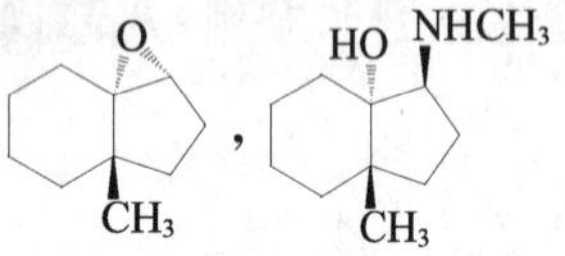

过氧酸从位阻小的一侧进攻，得到环氧化合物。CH_3NH_2 反式亲核进攻。

练习 2

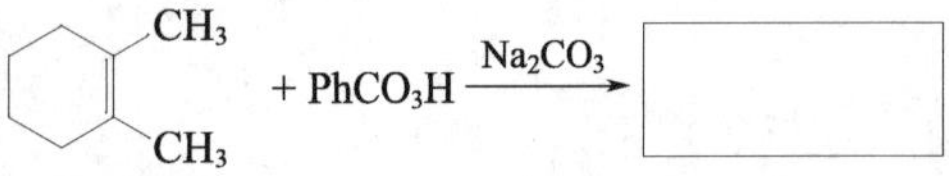

$+ PhCO_3H \xrightarrow{Na_2CO_3}$

[答案]

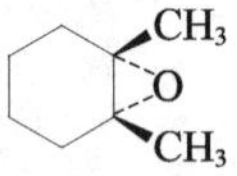

环氧化反应是顺式加成，所以环氧化合物的构型与原料烯烃的构型保持一致，如果在反应体系中加入不溶解的弱碱如 Na_2CO_3 中和产生的有机酸，则可得环氧化物[4,5]。

练习 3[6]

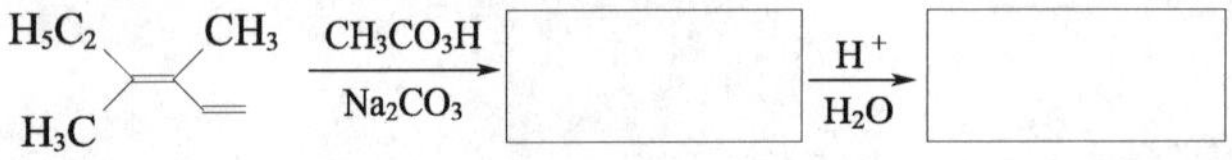

$\xrightarrow[Na_2CO_3]{CH_3CO_3H}$ $\xrightarrow[H_2O]{H^+}$

[答案]

(±)，(±)

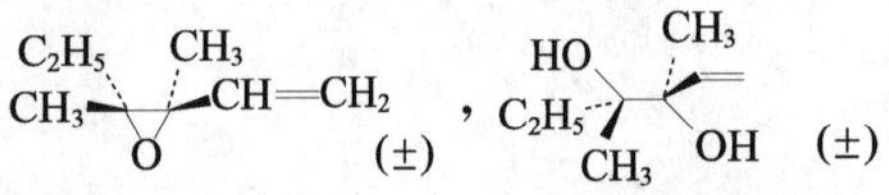

因为环氧化反应可以在双键平面的任一侧进行，所以当平面两侧空阻相同、而产物的环碳原子为手性碳原子时，产物是一对外消旋体。

如环氧化反应体系中有大量醋酸与水，环氧化物可进一步发生开环反应，得羟基酯，羟基酯可以水解得羟基处于反式的邻二醇。

练习 4[6]

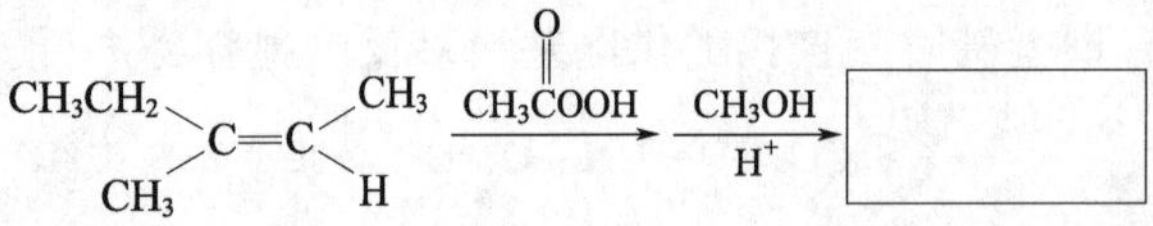

$CH_3CH_2(CH_3)C{=}C(CH_3)H \xrightarrow{CH_3COOOH} \xrightarrow[H^+]{CH_3OH}$

[答案]

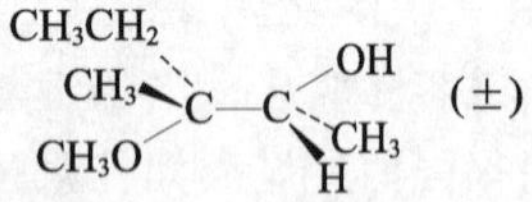

(±)

练习 5

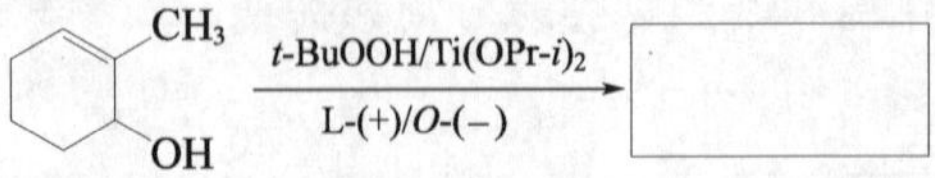

$\xrightarrow[L\text{-}(+)/O\text{-}(-)]{t\text{-}BuOOH/Ti(OPr\text{-}i)_2}$ （华东理工大学，2006）

[答案]

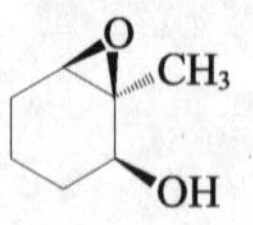

分子内具有烯丙醇基时，加成是在羟基的同一侧发生，比较下述反应：

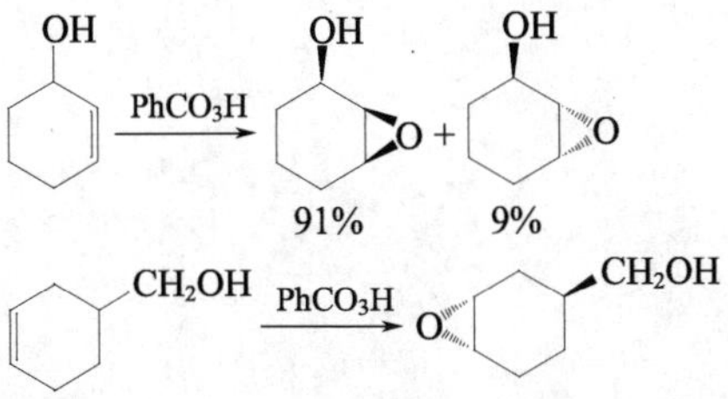

$\xrightarrow{PhCO_3H}$　91%　9%

$\xrightarrow{PhCO_3H}$

练习 6[6]

写出 (*R*)-1,4-二甲基环己烯与过乙酸反应及其水解的立体化学过程（用构象式描述）。

[答案]

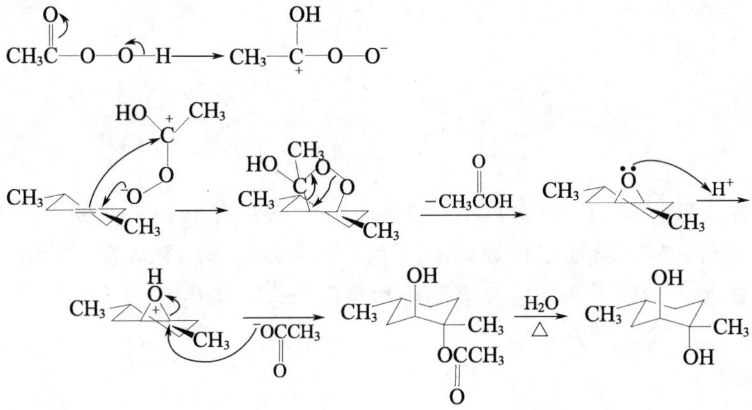

练习 7

试以苄基溴和乙炔为原料及不多于 2 个碳的烷烃合成 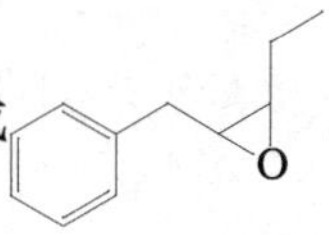　。

（中国科学技术大学，2010）

[答案]

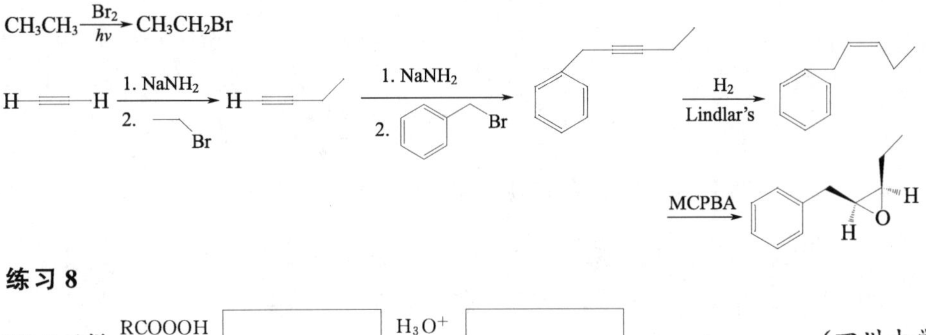

$CH_3CH_3 \xrightarrow[h\nu]{Br_2} CH_3CH_2Br$

1. $NaNH_2$　2. Br　1. $NaNH_2$　2. Br　H_2 Lindlar's　MCPBA

练习 8

(*E*)-3-己烯 $\xrightarrow{RCOOOH}$ [　　] $\xrightarrow{H_3O^+}$ [　　]　（四川大学，2002）

[答案]

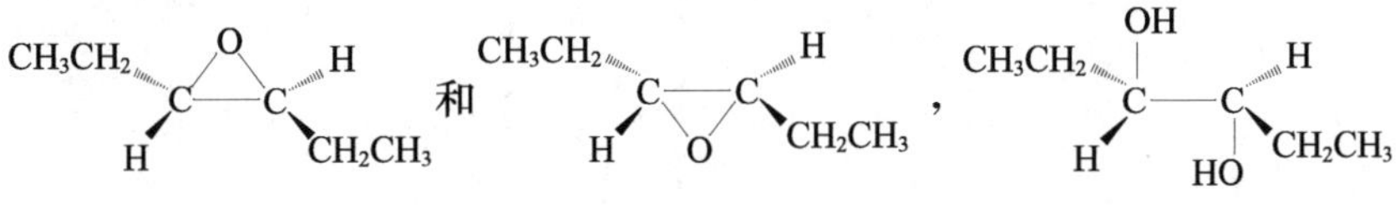

和　，

练习 9

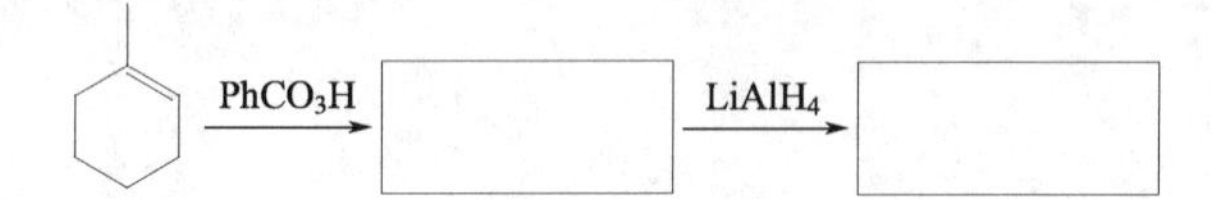

［答案］ 烯烃经环氧化、氢化铝锂还原制备醇。

(1-甲基环己烯) $\xrightarrow{PhCO_3H}$ (环氧化物，O) $\xrightarrow{LiAlH_4}$ (1-甲基环己醇，OH)

练习 10

(环氧化物，O，D，H，$C(CH_3)_3$) $\xrightarrow{LiN(Et)_2}$ □

［答案］

(HO，H，$C(CH_3)_3$)

在强碱试剂如二烷基胺的锂盐作用下，环氧化合物协同发生α-质子的除去和开环，从而形成烯丙醇，立体化学表明与环氧成顺式的质子选择性离去。该反应用于乙环氧化合物为原料合成烯丙醇。

练习 11

$R-\underset{\diagdown O \diagup}{CH-CH_2}$ $\xrightarrow{BF_3}$ □

［答案］ 用 Lewis 酸处理环氧化合物则转变成羰基化合物。

$R-CH-CH_2$ (O) $\xrightarrow{BF_3}$ $R-\overset{H}{CH}-CH$ ($\overset{+}{O}-\overset{-}{B}F_3$) $\longrightarrow R-CH_2-CH=\overset{+}{O}-\overset{-}{B}F_3 \xrightarrow{-BF_3} R-CH_2-\overset{O}{\overset{\|}{C}}-H$

练习 12

$R-HC-CH-R'$ (O) $\xrightarrow{\bar{O}-\overset{+}{S}(CH_3)_2}$ □

［答案］ 用二甲基亚砜处理环氧化合物则得到α-羟基酮。

$R-HC-CH-R'$ (O) + $\bar{O}-\overset{+}{S}(CH_3)_2$ $\longrightarrow R-\underset{\bar{O}}{CH}-\overset{O-\overset{+}{S}(CH_3)_2}{\underset{R'}{C}}-H \longrightarrow R-\underset{OH}{CH}-\overset{O}{\overset{\|}{C}}-R' + CH_3SCH_3$

参考文献

［1］孔祥文．有机化学．北京：化学工业出版社，2010.
［2］Prilezhaeva E N．The Prilezhaeva Reaction Electrophilic Oxidation．Moscow：Izd Nauka，1974.
［3］Voge H H，Adams C R．Adv Catal，1967，17：151.

[4] 吴范宏．有机化学学习与考研指津．2008 版．上海：华东理工大学出版社，2008：63.
[5] 邢其毅，裴伟伟，徐瑞秋等．基础有机化学．第 3 版．北京：高等教育出版社，2005：327.
[6] 裴伟伟．基础有机化学习题解析．北京：高等教育出版社，2006：157-159.

(高碘酸) 氧化

$$CH_3CH(OH)—C(OH)(CH_3)_2 \xrightarrow{KIO_4} \boxed{\quad}$$

（武汉工程大学，1999）

2-甲基-2,3-丁二醇经高碘酸氧化得乙醛和丙酮[1]，$CH_3CHO + (CH_3)_2CO$。

2-甲基-2,3-丁二醇分子中的两个羟基连在相邻的碳原子上，这样的二元醇叫做邻二醇，亦称 α-二醇。高碘酸 HIO_4 可使邻二醇中连有羟基的相邻碳原子之间的键断裂，伯醇或仲醇的反应产物为醛，叔醇的反应产物为酮。邻羟基醛酮也可以被 HIO_4 氧化断裂，醇变成醛或酮，醛、酮变成羧酸。如果连三醇与 HIO_4 反应，相邻两个羟基之间的 C—C 键都可以被氧化断裂，中间的碳原子被氧化为羧酸。非邻位二醇不起反应[2]。例如：

$$R—CH(OH)—CH(OH)—R' + HIO_4 \longrightarrow RCHO + R'CHO + HIO_3 + H_2O$$

$$R—CH(OH)—C(=O)—R' + HIO_4 \longrightarrow RCHO + R'COOH + HIO_3$$

$$RCH(OH)—CH(OH)—CH(OH)R' \xrightarrow{HIO_4} RCHO + HCOOH + R'CHO$$

反应机理：

高碘酸是氧化邻二醇温和的氧化剂，由于顺式邻二醇的反应速率大于其反式异构体（刚性环上的反式邻二醇不反应），所以一般认为该反应经过环内酯过程。

$$R_2C(OH)—C(OH)R_2 + IO_4^- \longrightarrow [R_2C—O—I(O^-)(OH)_2(=O)—O—CR_2 \text{ 环状高碘酸酯}] \longrightarrow 2R_2C{=}O + IO_3^- + H_2O$$

在反应混合物中加入 $AgNO_3$，根据是否有碘酸银的白色沉淀生成（$Ag^+ + IO_3^- \longrightarrow AgIO_3\downarrow$），可以判断反应是否进行。此反应是定量进行的，因而可以用于 α-二醇的定量测定。

练习 1[3]

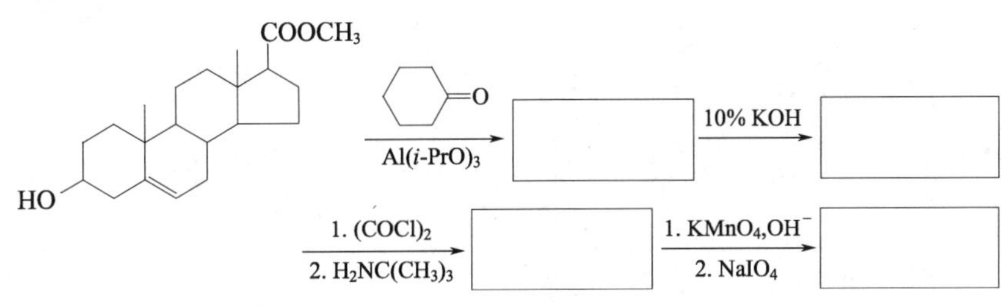

[答案]

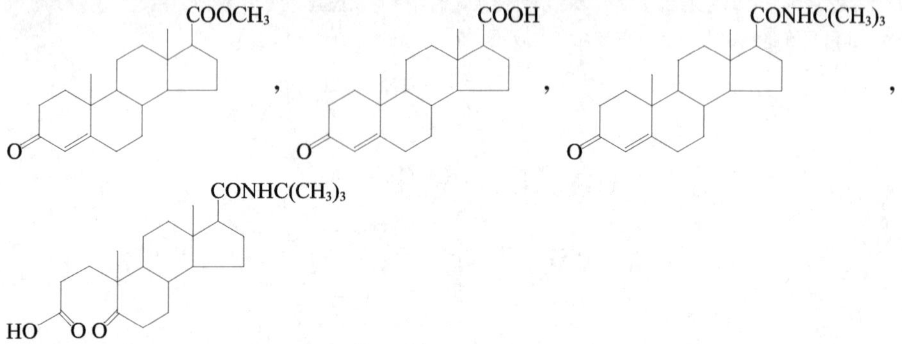

COOCH$_3$, COOH , CONHC(CH$_3$)$_3$,

CONHC(CH$_3$)$_3$

HO O O

练习 2

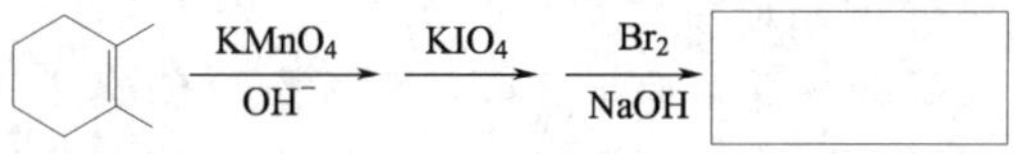

$\xrightarrow[OH^-]{KMnO_4}$ $\xrightarrow{KIO_4}$ $\xrightarrow[NaOH]{Br_2}$

[答案]

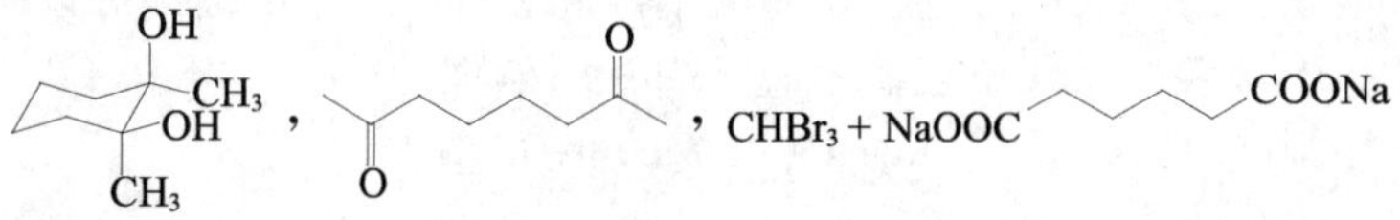

OH CH$_3$ OH CH$_3$, O O , $CHBr_3 + NaOOC$ COONa

练习 3

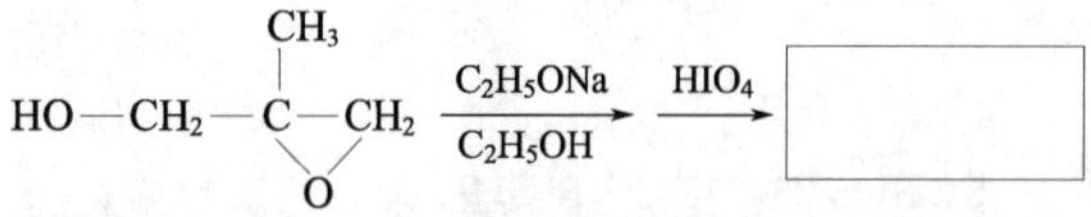

$HO-CH_2-\overset{CH_3}{C}-CH_2$（O 环氧） $\xrightarrow[C_2H_5OH]{C_2H_5ONa}$ $\xrightarrow{HIO_4}$ （上海交通大学，2003）

[答案]

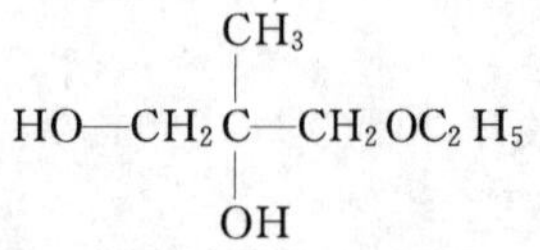

$HO-CH_2-\overset{CH_3}{\underset{OH}{C}}-CH_2OC_2H_5$ ； HCHO， $CH_3COCH_2OC_2H_5$

练习 4

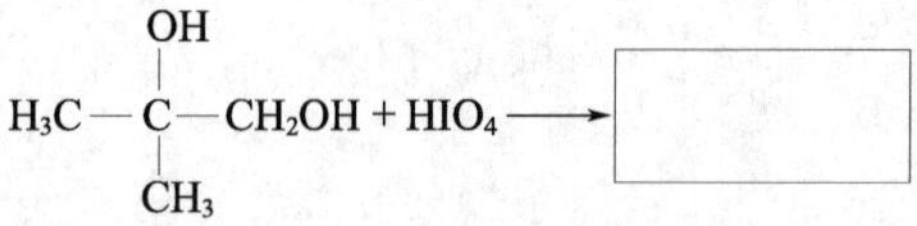

$H_3C-\overset{OH}{\underset{CH_3}{C}}-CH_2OH + HIO_4 \longrightarrow$ （浙江大学，2002）

[答案] CH_3COCH_3， HCHO

练习 5

与 HIO_4 反应可生成两种氧化产物的化合物是（ ）。

A. 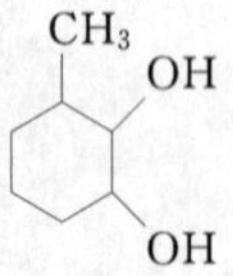 CH$_3$ OH OH B. 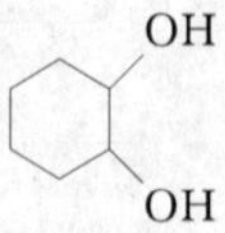 OH OH C. 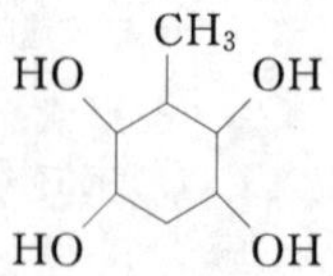 CH$_3$ HO OH HO OH

D. 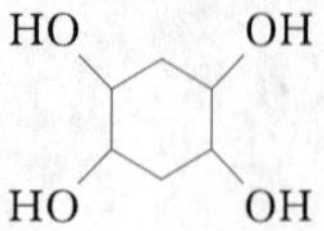 HO OH HO OH E. 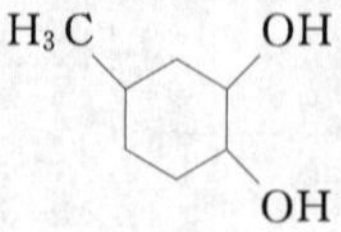 H$_3$C OH OH （中山大学，2005）

[答案] C

练习 6

2,3-丁二醇与下列试剂反应得 CH_3CHO 的是（　　）。

A. CrO_3/H^+　　B. H_2O_2/OH^-　　C. $KMnO_4/H^+$　　D. HIO_4

（上海交通大学，2004）

［答案］ D

练习 7[4]

（1*R*,2*R*,4*S*）-4-叔丁基-1,2-环己二醇和（1*R*,2*R*,4*R*)-4-叔丁基-1,2-环己二醇分别与高碘酸发生氧化反应，哪个反应速率快？为什么？

［答案］

（1*R*,2*R*,4*S*）-4-叔丁基-1,2-环己二醇的反应速率较慢，因为它的优势构象不是反应构象，需要通过构象转换（这需要能量）才能与高碘酸反应。反应过程如下：

$(CH_3)_3C$—（环己二醇，OH，OH）$\xrightarrow{\text{构象转换}}$ $C(CH_3)_3$（OH，OH）$\xrightarrow{H_5IO_6}$ $C(CH_3)_3$（O，O，I，O，OH，OH，O^-）

优势构象　　反应构象

（1*R*,2*R*,4*R*）-4-叔丁基-1,2-环己二醇的反应速率较快，因为它的优势构象就是反应构象，不需要经构象转换就能发生反应。

$(CH_3)_3C$—（OH，OH）$\xrightarrow{H_5IO_6}$ $(CH_3)_3C$—（O，O，I，O，OH，OH，O^-）

既是优势构象
又是反应构象

用 H_5IO_6、KIO_4、$NaIO_4$ 的水溶液，$Pb(OCOCH_3)_4/HAc$ 都可将邻二醇定量地氧化，邻二醇间的 C—C 键断裂，羟基转化成相应的醛酮。

练习 8[4]

NH_2，OH $\xrightarrow{1mol\ HIO_4}$ □

［答案］

$HN{=}CHCH_2CH_2CH_2CH_2CHO$

α-羟基酸、1,2-二酮、*α*-氨基酮、1-氨基-2-羟基化合物也能进行类似反应。

练习 9[4]

OH，COOH $\xrightarrow{1mol\ HIO_4}$ □

［答案］

$CH_3\overset{O}{\overset{\|}{C}}CH_3 + H_2CO_3$

练习 10

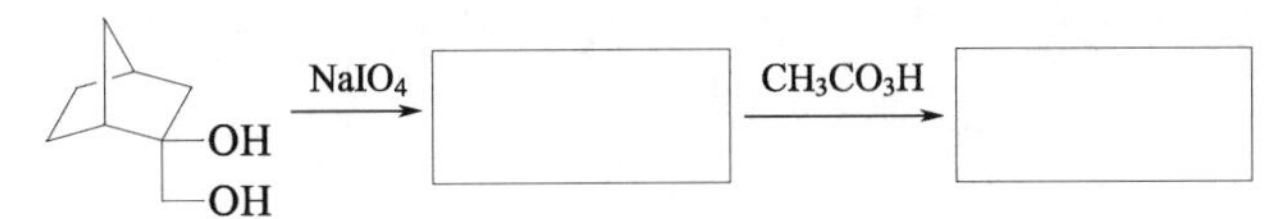

（中国科学技术大学、中国科学院合肥所，2009）

[答案]

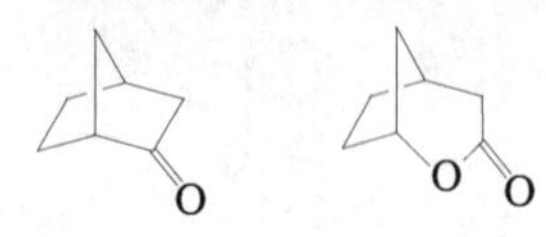

参考文献

[1] 吴范宏．有机化学学习与考研指津．2008 版．上海：华东理工大学出版社，2008：76.
[2] 孔祥文．有机化学．北京：化学工业出版社，2010.
[3] 李效军，陈立功，方芳等．非那雄胺合成路线图解．中国医药工业杂志，2001，32（5）：236-238.
[4] 裴伟伟．基础有机化学习题解析．北京：高等教育出版社，2006：210.

Jones 氧化

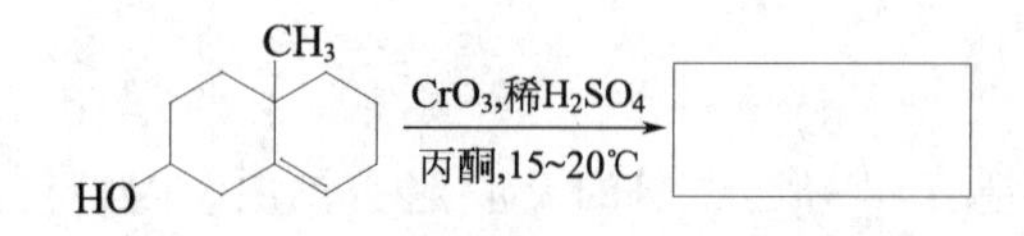

6-甲基二环［4.4.0］-1-癸烯-9-醇经 Jones 试剂氧化可得 6-甲基二环[4.4.0]-1-癸烯-9-酮，结构式为：（CH_3，O）。该反应中用的三氧化铬的稀硫酸溶液即为 Jones 试剂。它的配制方法为：将 26.72g CrO_3 溶于 23mL 浓硫酸中，然后用水稀释至 100mL 即得[1]。在 0～20 ℃条件下滴加到溶有醇的丙酮中进行氧化。

Jones 试剂能将伯醇氧化成酸，将仲醇氧化成酮，在反应条件下醛也会被氧化为羧酸，分子中的双键或叁键不受影响；也可氧化烯丙醇（伯醇）成醛。一般把仲醇或烯丙醇溶于丙酮或二氯甲烷中，然后在 0～20℃条件下滴加该试剂进行氧化反应。例如：

$$RCH_2OH \xrightarrow[\text{丙酮}]{CrO_3/aq\ H_2SO_4} RCOOH$$

$$RCH(OH)R' \xrightarrow[\text{丙酮}]{CrO_3/aq\ H_2SO_4} RC(=O)R'$$

反应机理[2]：

$$R_2CH{-}OH + {}^{-}O{-}CrO_2{-}OH + H^+ \rightleftharpoons R_2CH{-}O{-}CrO_2{-}OH + H_2O$$

Cr(Ⅵ)　　　　铬酸酯

$$R_2C(H){-}O{-}CrO_2{-}OH \xrightarrow{H_2\ddot{O}} R_2C{=}O + HCrO_3^- + H_3O^+$$

Cr(Ⅳ)

上述反应中水作为碱。也可以不是外来的碱，而是通过环状机制，把一个氢传给氧：

$$R_2CH{-}O{-}CrO_2(OH) \longrightarrow R_2C{=}O + H_2CrO_3 \quad Cr(\text{IV})$$

练习 1[3]

$BrCH_2CH(OH)CH_2O{-}C_6H_4{-}CH_3(p)$ $\xrightarrow[CH_3COCH_3]{CrO_3,H_2SO_4}$ [　　]

[答案]

$BrCH_2COCH_2O{-}C_6H_4{-}CH_3(p)$

练习 2　合成[4]

由 环戊醇 $\longrightarrow H_3C{-}\overset{O}{\overset{\|}{C}}{-}CH_2CH_2CH_2CHO$　　　　（郑州大学，2005）

[答案]

环戊醇 $\xrightarrow[H_2SO_4]{CrO_3}$ 环戊酮 $\xrightarrow[Et_2O]{CH_3MgBr}$ $\xrightarrow{H^+,H_2O}$ 1-甲基环戊醇 $\xrightarrow{H_2SO_4}$ 1-甲基环戊烯 $\xrightarrow[2.\ Zn,H_2O]{1.\ O_3}$ $CH_3CO(CH_2)_3CHO$

练习 3

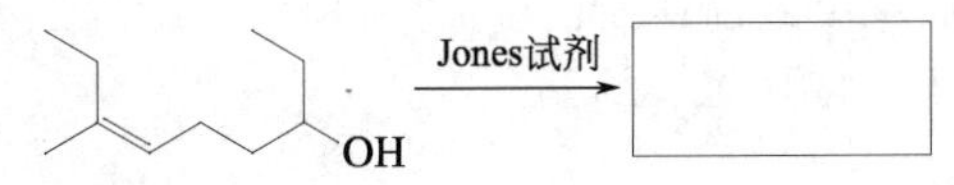

[答案]

（对应的酮，OH 氧化为 C=O）

练习 4[5]

$O{=}C_6H_4{-}CH_2OH$ $\xrightarrow[\text{丙酮},15℃]{CrO_3,H_2SO_4}$ [　　]

[答案]

$O{=}C_6H_4{-}CHO$

练习 5

$CH_2{=}CHCH(OH)CH_2COCH_3$ $\xrightarrow[Me_2C{=}O]{CrO_3+H_2SO_4}$ [　　] $\xrightarrow[NaOH]{H_2O_2}$ [　　]　　　　（中国科学院，2009）

[答案]

$CH_2{=}CHCOCH_2COCH_3$；$CH_2{=}CHOCOCH_2COCH_3$

Jones（琼斯）试剂可将二级醇氧化为酮，双键不受影响。

第 2 步反应为 Baeyer-Villiger 氧化。

练习 6[6～8]

H_3C—C(=O)—NH—⟨环己基⟩—OH $\xrightarrow[CH_3COCH_3]{CrO_3, H_2SO_4}$ □

[答案]

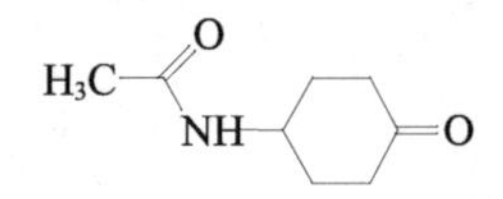

4-乙酰胺基环己酮是一种重要的中间体，主要用于合成噻唑环类化合物，如治疗帕金森病的药物普拉克索（Pramipexole）。

参考文献

[1] Bowden K，Heilbron I M，Jones E R H，Weedon B C L. J Chem Soc，1946：39.

[2] 邢其毅，裴伟伟，徐瑞秋等．基础有机化学．第 3 版．北京：高等教育出版社，2005：402.

[3] 郑爱莲，吴元鎏．1-溴-3-甲苯氧基-2-丙醇的 Jones 试剂氧化反应．有机化学，1993，13（6）：616-618.

[4] 吴范宏．有机化学学习与考研指津．2008 版．上海：华东理工大学出版社，2008：111.

[5] 裴伟伟．基础有机化学习题解析．北京：高等教育出版社，2006：209.

[6] Hideo Tanaka，Sigera Torii. Syntheses of methyl *dl*-jasmonate and methyl *dl*-2-epijasmonate. J Org Chem，1975，40（4）：462-465.

[7] Chong A O. Osmium-catalyzed vicinal oxyamination of olefins by chloramines T. J Org Chem，1976，41（1）：177-179.

[8] Teuber Hans Joachim，Tsaklakidis，et al. Stereoselective synthesis of the substituted morphane framework starting with 4-acetamido-cyclohexanone. Liebigs Ann Chem，1990，(8)：781-787.

$KMnO_4$（高锰酸钾）氧化反应

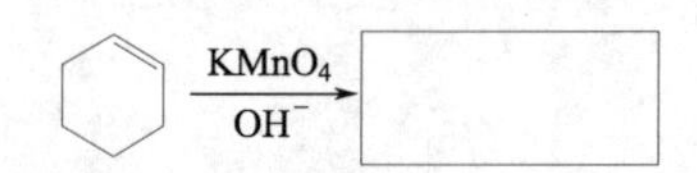

（华东理工大学，2003）

在碱性条件下环己烯用高锰酸钾氧化生成顺-1,2-环己二醇，产物结构式为：OH OH。分子中的两个羟基为顺式加成引入[1]。

烯烃可以用高锰酸钾氧化，条件不同，产物也不同。在冷、稀、中性高锰酸钾或在碱性室温条件下进行，烯烃或其衍生物双键中的 π 键被氧化断裂，生成顺式邻二羟基化合物（顺式-α-二醇）。此反应具有明显的现象，高锰酸钾的紫色消失，产生褐色二氧化锰。故可用来鉴别含有碳碳双键的化合物——Baeyer 试验[2]。

C═C $\xrightarrow[冷]{KMnO_4}$ [环状锰酸酯中间体：C—C、O O、Mn、O O⁻] $\xrightarrow[OH^-]{H_2O}$ C—C（HO OH）

如果用四氧化锇（OsO_4）代替高锰酸钾（$KMnO_4$）作氧化剂，几乎可以得到定量的 α-二醇化合物，缺点是四氧化锇价格昂贵、毒性较大。

在较强烈的条件下，即酸性或碱性加热条件下反应，碳碳双键完全断裂，烯烃被氧化成酮或羧酸。双键碳连有两个烷基的部分生成酮，双键碳上至少连有一个氢的部分生成酸。例如：

$$C_2H_5-\overset{\overset{\large CH_3}{|}}{C}=CH_2 \xrightarrow[2.\ H^+]{1.\ KMnO_4, OH^-, H_2O, \triangle} \underset{\text{丁酮}}{C_2H_5-\overset{\overset{\large CH_3}{|}}{C}=O} + \left[O=\overset{\overset{\large OH}{|}}{C}-OH\right] \longrightarrow CO_2 + H_2O$$

$$CH_3-\overset{\overset{\large CH_3}{|}}{C}=CH-C_2H_5 \xrightarrow[2.\ H^+]{1.\ KMnO_4, OH^-, H_2O, \triangle} \underset{\text{丙酮}}{CH_3-\overset{\overset{\large CH_3}{|}}{C}=O} + \underset{\text{丙酸}}{O=\overset{\overset{\large OH}{|}}{C}-C_2H_5}$$

烯烃结构不同，氧化产物也不同，此反应可用于推测原烯烃的结构。

$$R-\overset{\overset{\large R}{|}}{C}= \xrightarrow{\text{被氧化为}} R-\overset{\overset{\large R}{|}}{C}=O$$

$$R-\overset{\overset{\large H}{|}}{C}= \xrightarrow{\text{被氧化为}} R-\overset{\overset{\large OH}{|}}{C}=O$$

$$H-\overset{\overset{\large H}{|}}{C}= \xrightarrow{\text{被氧化为}} HO-\overset{\overset{\large OH}{|}}{C}=O$$

与烯烃相似，炔烃也可以被高锰酸钾溶液氧化。较温和条件下氧化时，非端位炔烃生成 α-二酮。

$$CH_3(CH_2)_7C\equiv C(CH_2)_7COOH \xrightarrow[pH=7.5, 92\%\sim96\%]{KMnO_4, H_2O, \text{常温}} CH_3(CH_2)_7\underset{\underset{\large O}{\|}}{C}-\underset{\underset{\large O}{\|}}{C}(CH_2)_7COOH$$

在强烈条件下氧化时，非端位炔烃生成羧酸（盐），端位炔烃生成二氧化碳和水。

$$C_4H_9-C\equiv CH \xrightarrow[H_2O, OH^-]{KMnO_4} C_4H_9-COOH + CO_2 + H_2O$$

炔烃用高锰酸钾氧化，既可用于炔烃的定性分析，也可用于推测叁键的位置。

反应的用途：鉴别烯烃、炔烃；制备一定结构的顺式-α-二醇、α-二酮、有机酸和酮；在推测烯烃、炔烃的结构等方面都很有价值。

练习 1

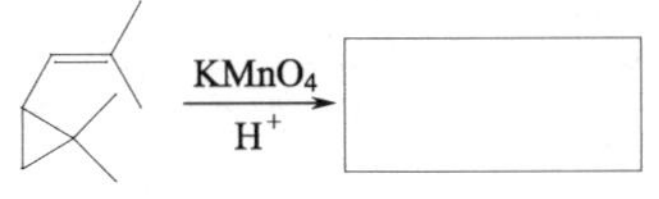

（武汉理工大学，2004）

[答案]

COOH（环丙烷衍生物） $+ CH_3\overset{\overset{\large O}{\|}}{C}CH_3$　　环烷烃对氧化剂相对稳定。

练习 2

用顺丁烯二酸和环戊二烯为原料，经 Diels-Alder 双烯合成反应等合成下列目标化合物。

HOOC　COOH
HOOC　COOH

（湖南大学，2003）

[答案]

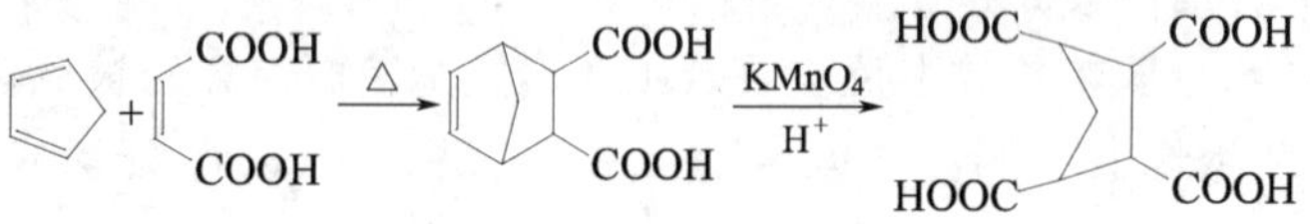

练习3 合成

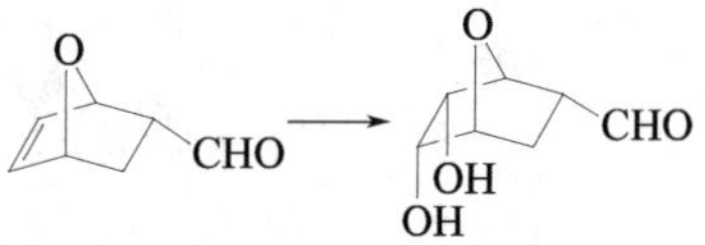

(南开大学，2003)

[答案] 烯烃经稀 $KMnO_4$ 氧化可得顺式的邻二醇，但醛氢也易被氧化，故氧化前先应将醛保护。

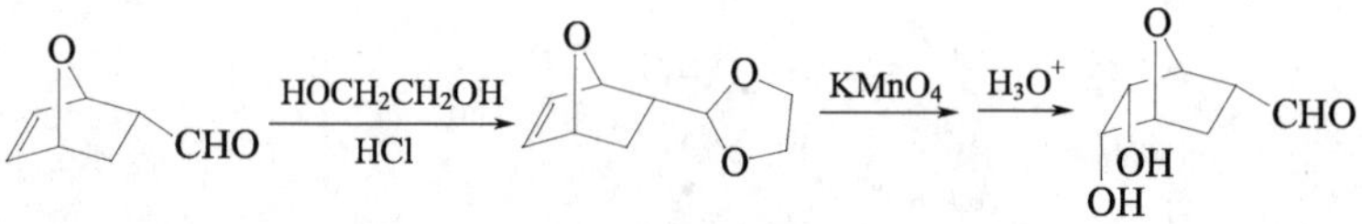

练习4

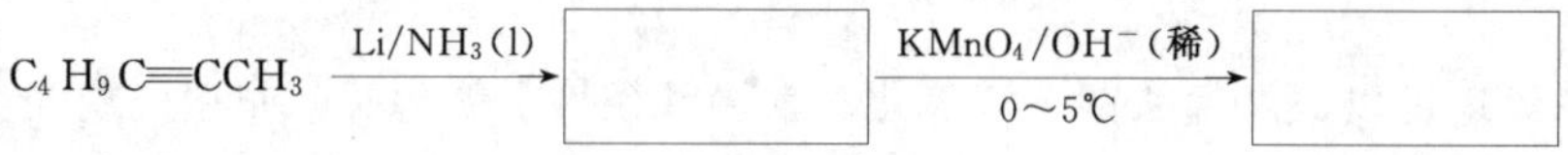

$C_4H_9C\equiv CCH_3$ $\xrightarrow{Li/NH_3(l)}$ [ ] $\xrightarrow[0\sim5℃]{KMnO_4/OH^-(稀)}$ [ ]

Fischer 投影式

(大连理工大学，2003)

[答案]

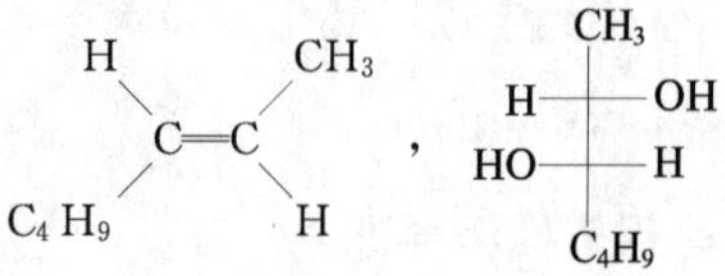

参考文献

[1] 吴范宏．有机化学学习与考研指津．2008版．上海：华东理工大学出版社，2008：15.
[2] 孔祥文．有机化学．北京：化学工业出版社，2010.

MnO_2 氧化

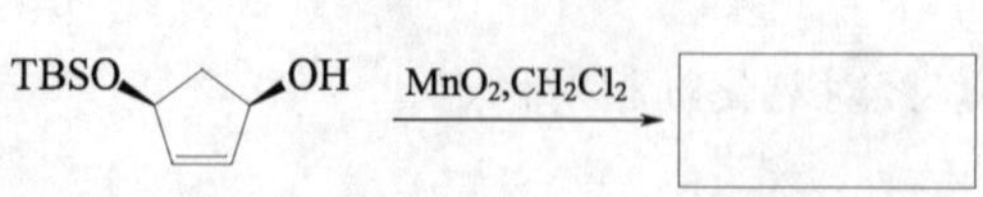

4-叔丁基二甲基硅氧基-2-环戊烯-1-醇经 MnO_2 氧化可得4-叔丁基二甲基硅氧基-2-环戊烯-1-酮，产物结构式为：。

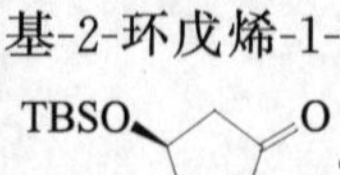

活性 MnO_2 广泛用于 β-不饱和基团（如双键、叁键、芳环）的 α-位醇（如烯丙醇、苄

醇等）的氧化反应。对于烯丙醇，其氧化条件温和，不会引起双键的异构化。MnO_2 的活性及溶剂的选择对反应至关重要，常用的溶剂有二氯甲烷、乙醚、石油醚、己烷、丙酮等。

高锰酸钾与硫酸锰在碱性条件下可制得二氧化锰，新制的二氧化锰可将 β 碳上为不饱和键的一级醇、二级醇氧化为相应的醛和酮，不饱和键可不受影响：

$$2KMnO_4 + 3MnSO_4 + 4NaOH \longrightarrow 5MnO_2\downarrow + K_2SO_4 + 2Na_2SO_4 + 2H_2O$$ [1]

$$CH_2{=}CHCH_2OH \xrightarrow[25℃]{MnO_2} CH_2{=}CHCHO$$

练习 1[2,3]

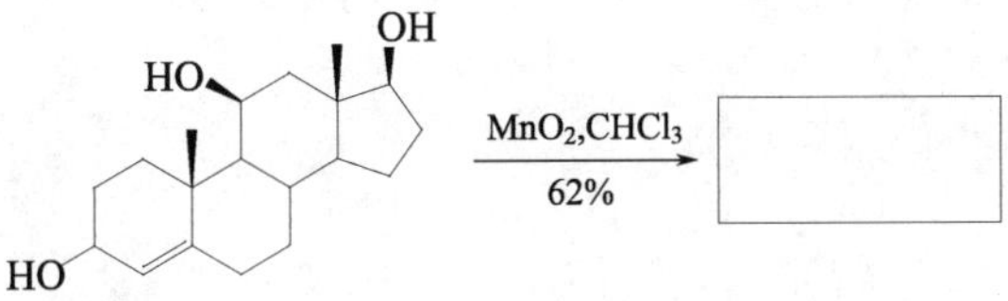

$\xrightarrow[62\%]{MnO_2,CHCl_3}$

[答案]

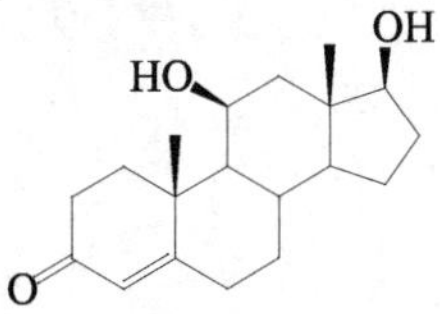

选择性氧化烯丙仲醇为 α,β-不饱和酮。

练习 2[2,3]

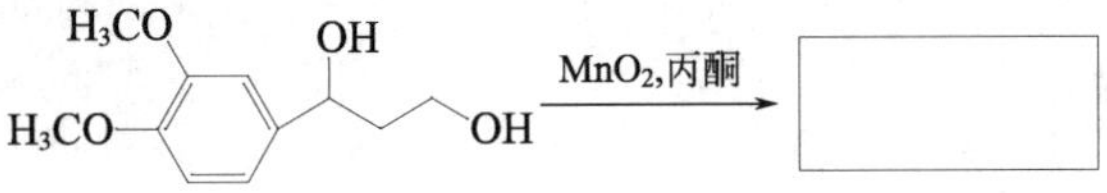

$\xrightarrow{MnO_2,丙酮}$

[答案]

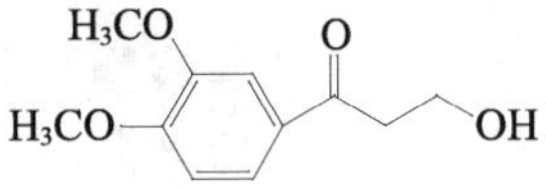

练习 3

$\xrightarrow{MnO_2}$

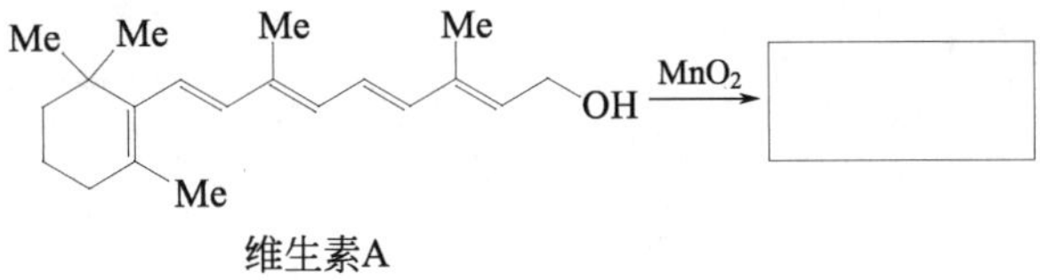

维生素A

[答案]

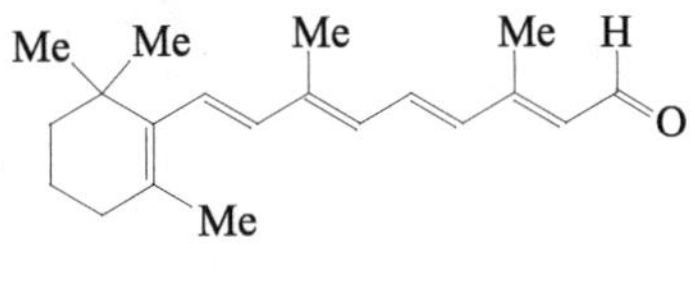

练习 4

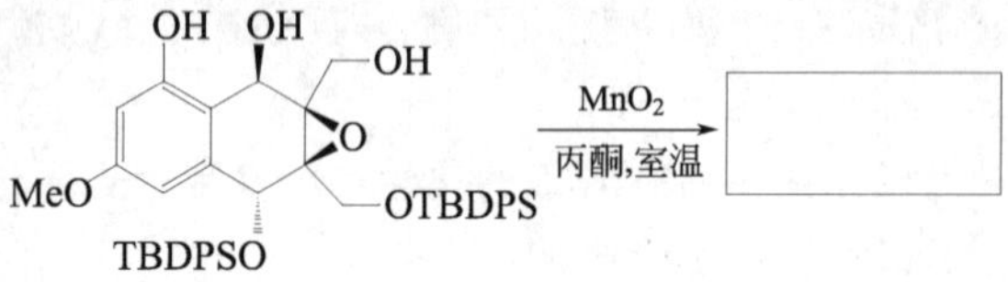

$\xrightarrow[\text{丙酮,室温}]{MnO_2}$ □

（注：TBDPS 叔丁基二苯基硅基）

［答案］

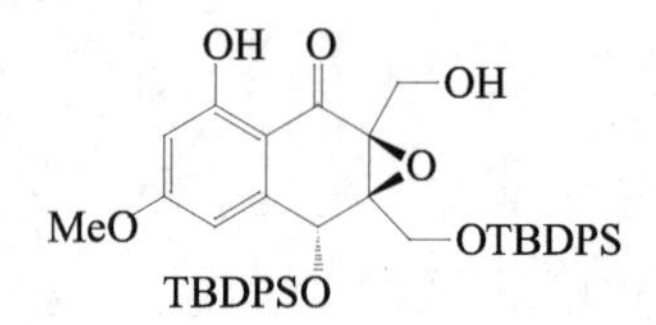

MnO_2 选择性氧化烯丙醇和苄醇为醛酮，如果不是在很高的温度下反应，这个氧化的选择性特别好。另一方面，反应的后处理很方便。MnO_2 的另一特性是在饱和醇存在下，对烯丙醇和苄醇的选择性氧化。尽管长时间加热，它也可以氧化饱和醇，但对烯丙醇和苄醇的氧化室温下只要几个小时就完成了。

练习 5

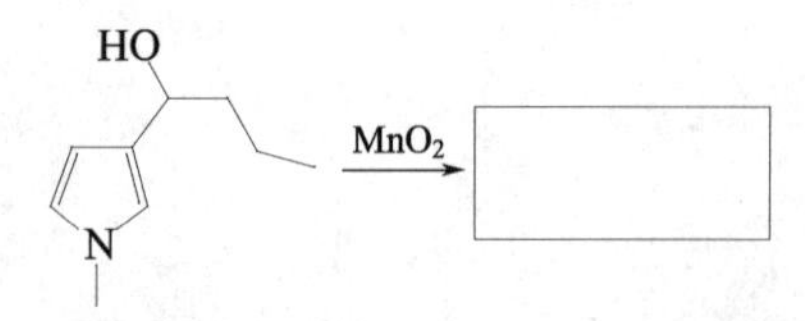

［答案］

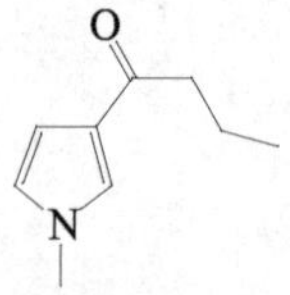

练习 6[4]

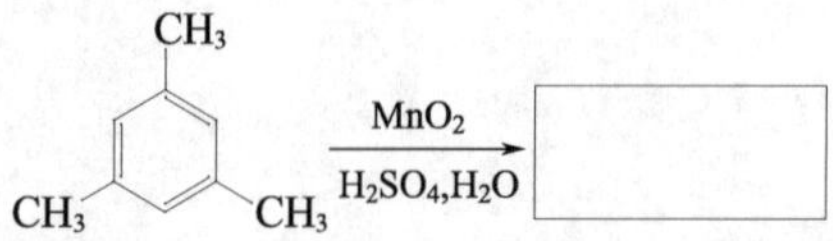

$\xrightarrow[H_2SO_4,H_2O]{MnO_2}$ □

［答案］

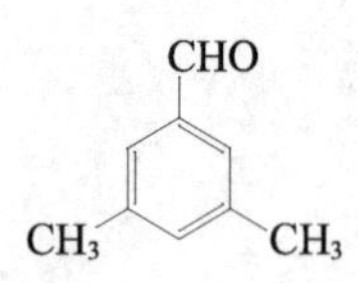

芳香烃侧链的 α 位，即苯甲位，在适当条件下可被氧化，侧链为甲基氧化为醛，其它侧链（指 α 位碳上有两个氢的）氧化为酮，如有多个侧链，可控制试剂用量，使其中一个侧链氧化，同时试剂必须慢慢加入，以避免醛进一步氧化为酸。

练习 7

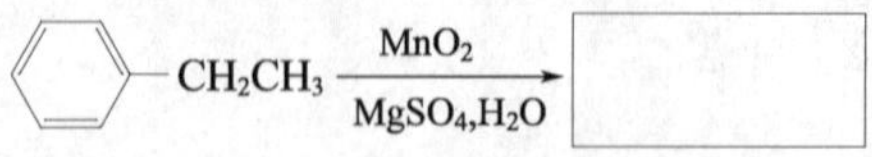

$C_6H_5CH_2CH_3 \xrightarrow[MgSO_4,H_2O]{MnO_2}$ □

［答案］

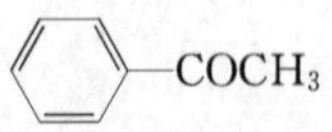

$C_6H_5COCH_3$

练习 8[5]

4-吡啶-$CH_2OH \xrightarrow[\text{回流,3h}]{MnO_2,CHCl_3}$ □

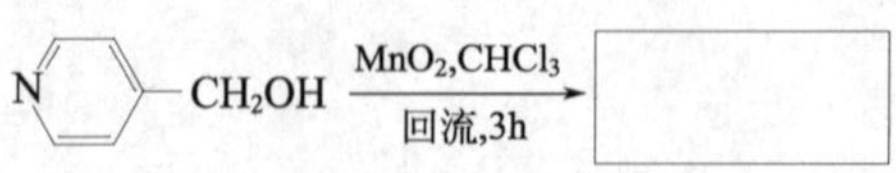

[答案]

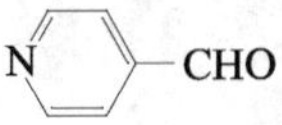

N⟨吡啶⟩—CHO

参考文献

[1] 邢其毅，裴伟伟，徐瑞秋等．基础有机化学．第 3 版．北京：高等教育出版社，2005：400.

[2] Rosenkranz G，Sondheimer F，Mancera O. J Chem Soc，1953：2189.

[3] Alfred R B. J Am Chem Soc，1955，77：4145.

[4] 仲同生．介绍一种新的氧化方法及其在有机合成中的应用——二氧化锰为氧化剂的氧化方法．化学通报，1959，(6)：24-31.

[5] 秦伟伟，蔡修凯，于东海等．4-吡啶甲醛合成新工艺．山东建筑大学学报，2006，21 (6)：537-539.

Moffatt 氧化

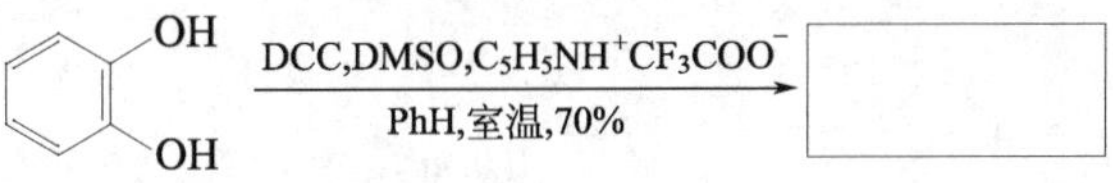

邻苯二酚 $\xrightarrow[\text{PhH,室温,70\%}]{\text{DCC,DMSO,}C_5H_5NH^+CF_3COO^-}$ □

苯为溶剂，邻苯二酚与 N,N'-二环己基碳二亚胺（DCC）、二甲基亚砜（DMSO）反应得到邻二醌[1]，其结构式为：（邻苯醌结构式）。

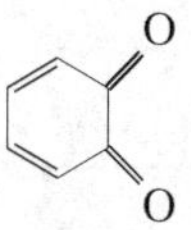

Moffatt 氧化反应是指酸性条件下，DMSO、DCC（脱水剂）将一级醇或二级醇氧化成醛或酮的反应，也称为 Pfitzner-Moffatt 氧化反应[2,3]。反应通式：

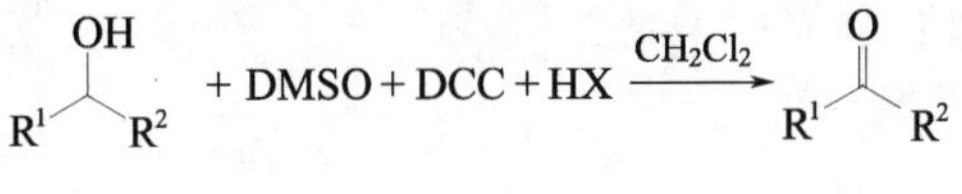

$$R^1CH(OH)R^2 + DMSO + DCC + HX \xrightarrow{CH_2Cl_2} R^1COR^2$$

反应机理[4]：

（反应机理图：DCC 经 $H^{\oplus}$ 质子化，DMSO 亲核加成得中间体 **22**；**22** 与醇反应生成二环己基脲和 **23**；**23** 经 $^{\ominus}X$ 脱去 α-H 得 **24**；**24** 分解为 $R^1COR^2 + (CH_3)_2S$）

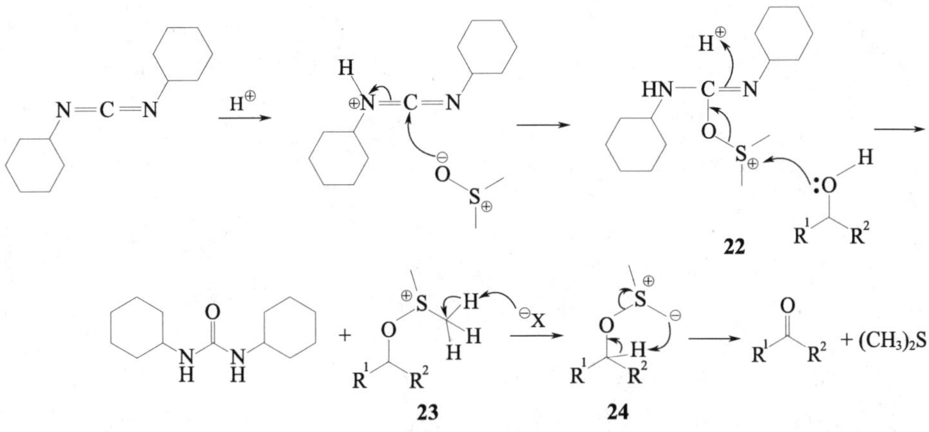

室温下，DCC 的氮原子质子化后，DMSO 与其进行亲核加成反应生成氧基锍离子中间体（**22**），**22** 与醇反应消去 N,N'-二环己基脲的同时生成新的烷氧基锍离子中间体（**23**），**23** 在碱的作用下，消去硫原子的 α-H 得硫叶立德（Ylide）(**24**)，**24** 通过一个五元环的过渡

态（2,3-σ 重排），分解得到酮（或醛）和二甲基硫醚。

反应中的 DCC 和 DMSO 即为 Pfitzner-Moffatt 试剂。DCC 是二取代脲的失水产物：

$$C_6H_{11}NH\overset{O}{\overset{\|}{C}}NHC_6H_{11} \xrightarrow[(C_2H_5)_3N]{C_6H_5SO_2Cl} C_6H_{11}N=C=NC_6H_{11} + H_2O$$

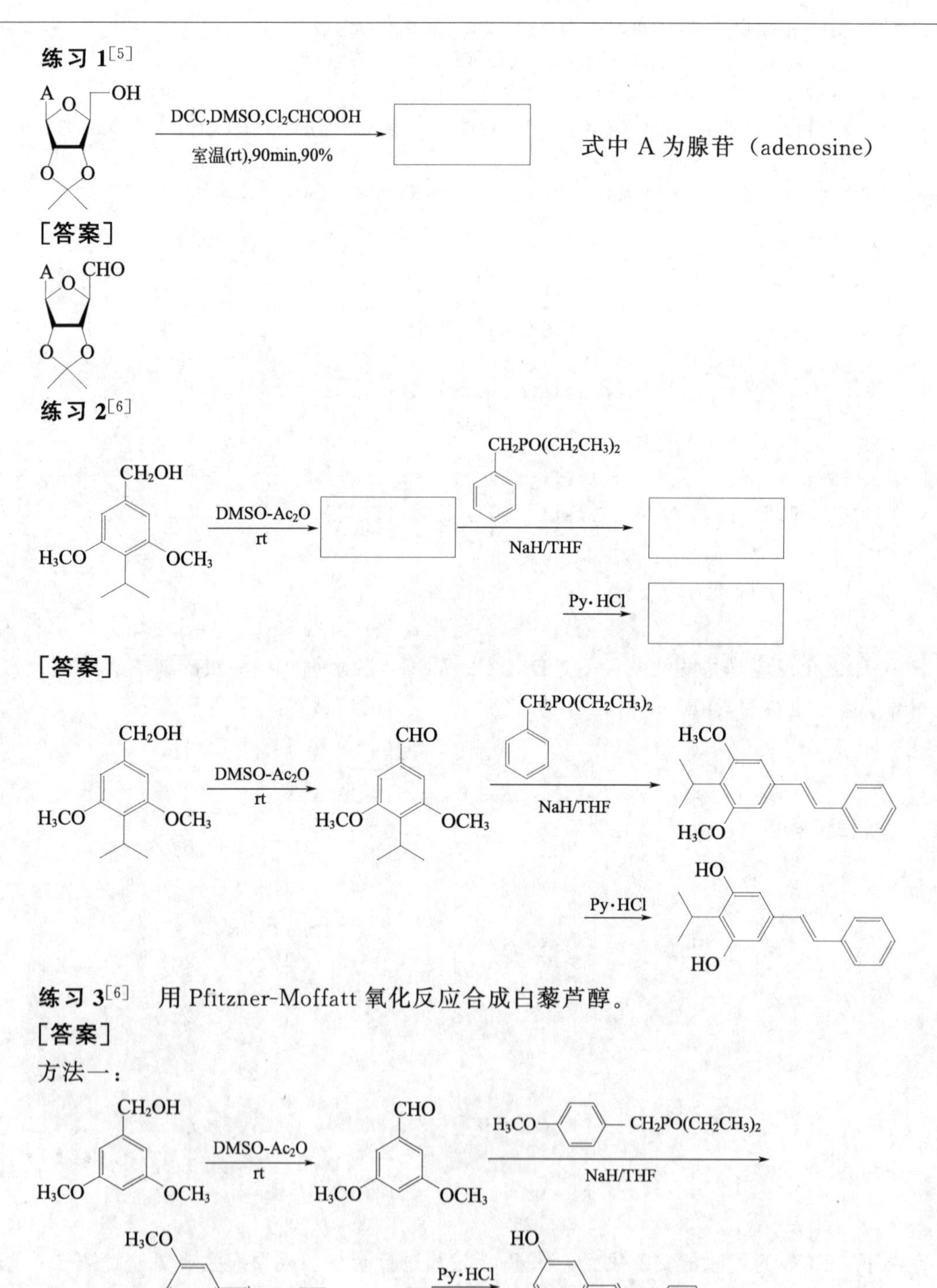

方法二：

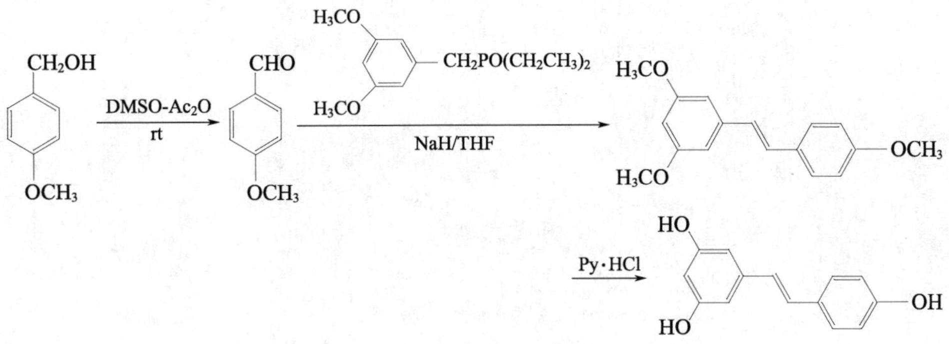

4-甲氧基苯甲醇（CH_2OH，OCH_3）$\xrightarrow[\text{rt}]{DMSO\text{-}Ac_2O}$ 4-甲氧基苯甲醛（CHO，OCH_3）$\xrightarrow[NaH/THF]{3,5\text{-}(H_3CO)_2C_6H_3CH_2PO(CH_2CH_3)_2}$ 3,5,4'-三甲氧基二苯乙烯（H_3CO，H_3CO，OCH_3）$\xrightarrow{Py\cdot HCl}$ 3,5,4'-三羟基二苯乙烯（HO，HO，OH）

练习 4[7]

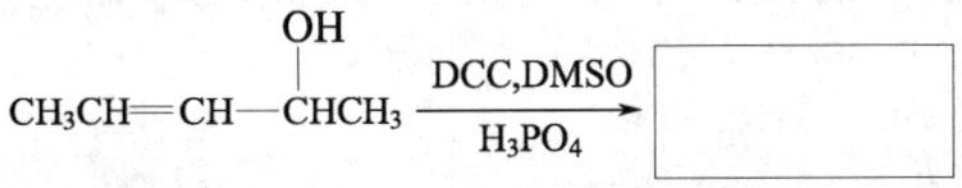

$$CH_3CH{=}CH{-}CH(OH)CH_3 \xrightarrow[H_3PO_4]{DCC,DMSO} \boxed{\quad}$$

［答案］

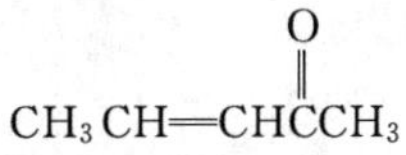

$$CH_3CH{=}CH\overset{O}{\overset{\|}{C}}CH_3$$

练习 5[8]

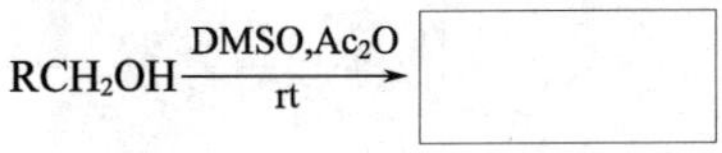

$$RCH_2OH \xrightarrow[\text{rt}]{DMSO,Ac_2O} \boxed{\quad}$$

［答案］

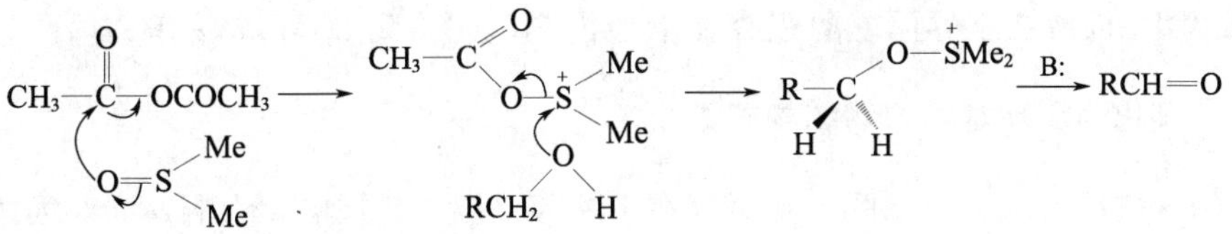

$$CH_3{-}\overset{O}{\overset{\|}{C}}{-}OCOCH_3 + O{=}SMe_2 \longrightarrow CH_3{-}\overset{O}{\overset{\|}{C}}{-}O{-}\overset{+}{S}Me_2 \;(+\,RCH_2OH) \longrightarrow R{-}CH_2{-}O{-}\overset{+}{S}Me_2 \xrightarrow{B:} RCH{=}O$$

练习 6[8]

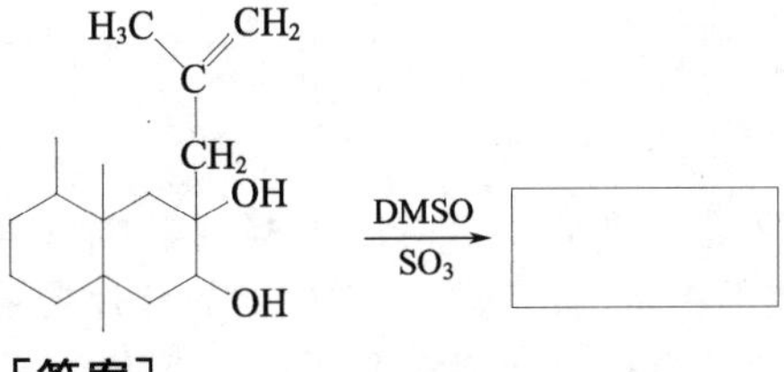

十氢萘衍生物（含 $CH_2C(CH_3){=}CH_2$ 侧链、叔 OH 及仲 OH）$\xrightarrow[SO_3]{DMSO}$ $\boxed{\quad}$

［答案］

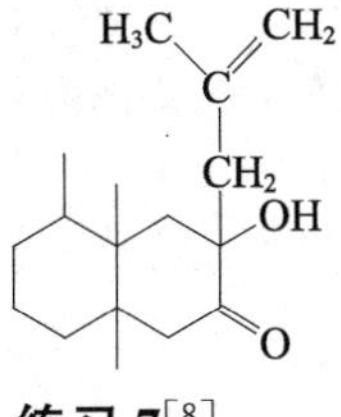

相应 α-羟基酮（仲 OH 被氧化为 C=O，H_3C、CH_2、CH_2、OH、O）　(44%)

练习 7[8]

$$PhCH_2Br \xrightarrow{DMSO,B:} \boxed{\quad}$$

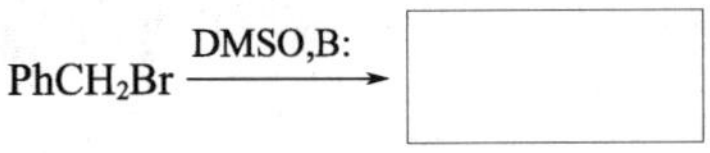

[答案]

$$O{=}S(Me)_2 \longleftrightarrow \overset{-}{O}{-}\overset{+}{S}(Me)_2 \longrightarrow Ph{-}CH_2{-}O{-}\overset{+}{S}Me_2 \xrightarrow{:B} PhCH{=}O + SMe_2$$

参考文献

[1] Schobert R Synthesis，1987：741-742.

[2] Pfitzner K E，Moffatt J G. J Am Chem Soc，1963，85：3027-3028.

[3] Pfitzner K E，Moffatt J G. J Am Chem Soc，1965，87：5661-5670.

[4] Jie Jack Li. Name Reaction. 4th ed. Berlin Heidelberg：Springer-Verlag，2009：370.

[5] Wang M，Zhang J，Andrei D，Kuczera K，Borchardt R T，Wnuk S F. J Med Chem，2005，48：3649-3653.

[6] 张越，赵树春．利用 Pfitzner-Moffatt 氧化反应合成莀类化合物的方法．CN101830764. 2010-09-15.

[7] 裴伟伟．基础有机化学习题解析．北京：高等教育出版社，2006：209.

[8] 汪秋安．高等有机化学．北京：化学工业出版社，2004：107.

Oppenauer 氧化

$$\text{(环戊烯基)}CH_2CH(OH)CH_3 + Me_2C{=}O \xrightarrow{(Me_2CHO)_3Al} \boxed{\quad}$$ （中国科学院，2009）

1-(2-环戊烯基)-2-丙醇在三异丙基醇铝存在下经丙酮氧化得到 2′-环戊烯基-2-丙酮，反应物中仲醇羟基被氧化为酮羰基，产物结构式为 $\text{(环戊烯基)}CH_2C(=O)CH_3$。

二级醇与丙酮（或甲乙酮、环己酮）在碱存在下一起反应，醇被氧化为酮，同时丙酮被还原为异丙醇的反应称为 Oppenauer 氧化[1]。

$$R_2CHOH + CH_3\overset{O}{\overset{\|}{C}}CH_3 \xrightarrow{Al[OC(CH_3)_3]_3} R_2C{=}O + CH_3\overset{OH}{\overset{|}{C}}HCH_3$$

它是 Meerwein-Ponndorf-Verley 还原反应的逆反应，也是一个由二级醇制备酮的有效方法，目前应用不是很广，适用于含不饱和键或对酸不稳定的二级醇。类似的氧化反应还有 Dess Martin 氧化反应、Swern 氧化反应以及 Sarett 氧化反应（PCC 等铬酸盐作氧化试剂）。

反应中常用的碱为叔丁醇铝或异丙醇铝，但也有很多改进方法，例如使用三甲基铝，或使用三氯乙醛和氧化铝的混合物来达到选择性氧化二级醇的目的。一级醇也可以氧化为相应的醛，但存在副反应（羟醛缩合反应），效果并不很好。

反应温和，能在室温或温热下进行，产率较高，广泛地应用于甾醇类化合物以及其它不饱和醇类的氧化[2]。

反应机理：

$$R{-}\overset{OH}{\overset{|}{C}H}{-}R + Al[OC(CH_3)_3]_3 \rightleftharpoons R_2CH{-}O{-}Al[OC(CH_3)_3]_2 + H_3C{-}\overset{OH}{\overset{|}{\underset{CH_3}{\underset{|}{C}}}}{-}CH_3$$

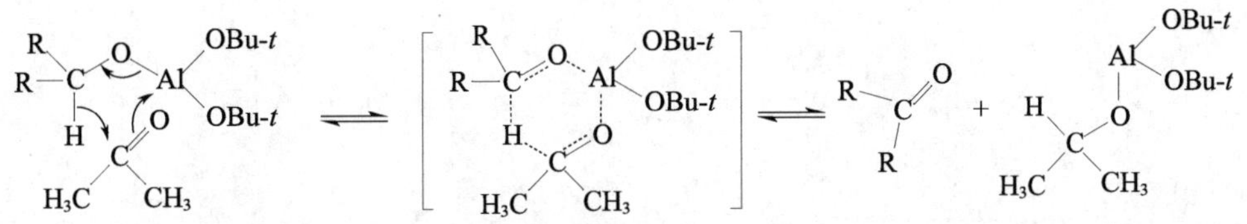

六元环过渡态

练习 1

$(CH_3)_2C{=}CH(CH_2)_2CH_2OH + CH_3\overset{O}{\overset{\|}{C}}CH_3 \xrightleftharpoons{Al(OC_3H_7\text{-}i)_3}$ □

［答案］

$(CH_3)_2C{=}CH(CH_2)_2CHO + CH_3\overset{OH}{\overset{|}{C}}HCH_3$

练习 2

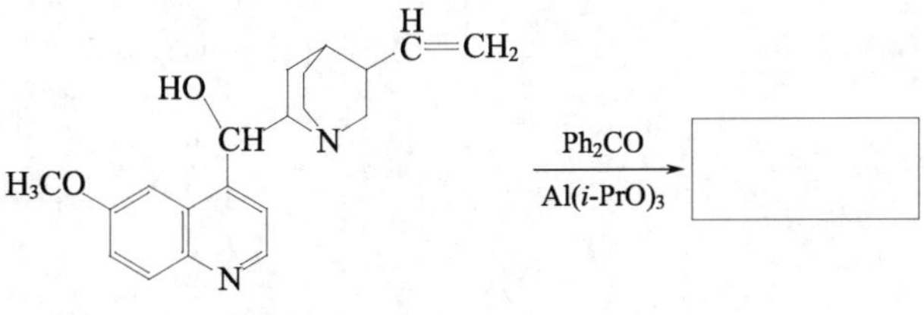

奎宁

［答案］

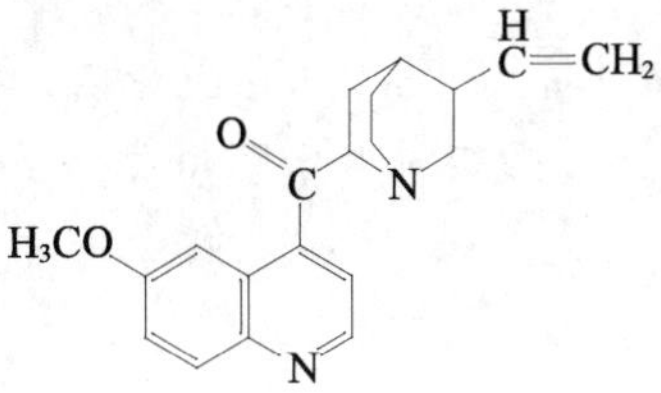

练习 3

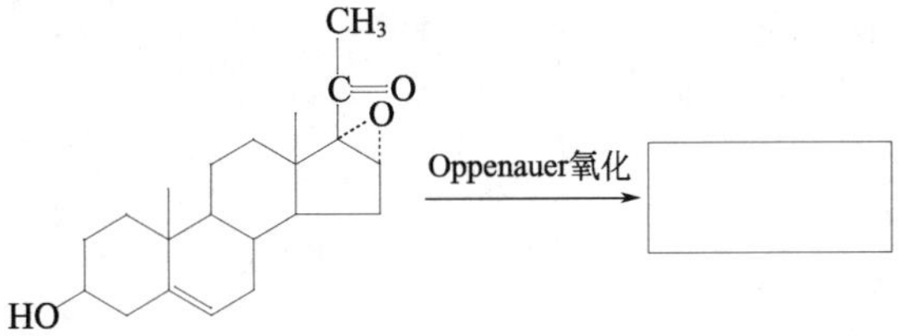

［答案］

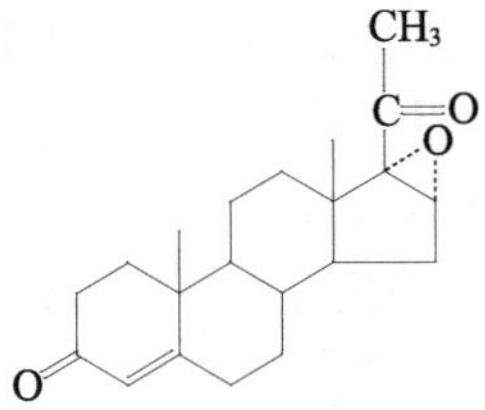

(环氧黄体酮)

操作工艺：氧化，将焦亚硫酸中和到 pH 7～8，甲苯萃取，共沸除水；加入环己酮，共沸除水；加入预先配制的异丙醇铝，加热回流 1.5h。后处理：冷却到 100℃以下，加入氢氧化钠溶液，蒸馏除甲苯；用乙醇精制，甩滤、将滤饼过筛、粉碎、干燥得环氧黄体酮[3]。

练习 4

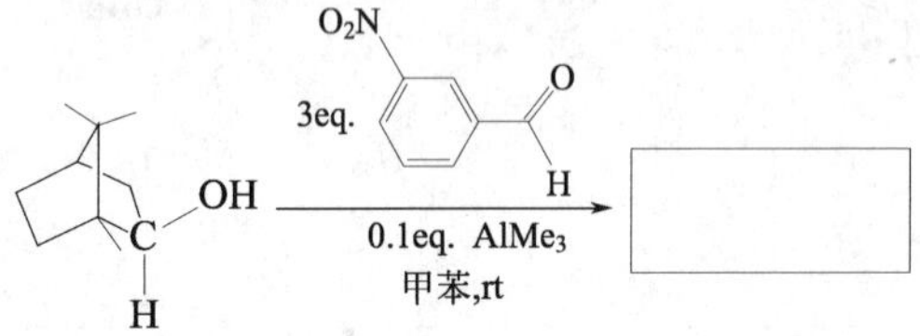

3eq. O_2N-C₆H₄-CHO (间硝基苯甲醛)

OH, C, H　—— 0.1eq. $AlMe_3$，甲苯,rt ——→ [　　　]

［答案］

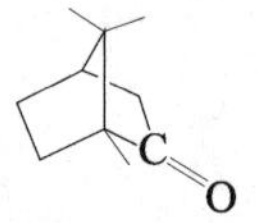

C=O

(>99%)

练习 5[3]

H_3C　C_8H_{17}　CH_3　HO

$+ CH_3\overset{O}{\overset{\|}{C}}CH_3$ —— $Al(i\text{-}C_3H_7O)_3$ ——→ [　　　]

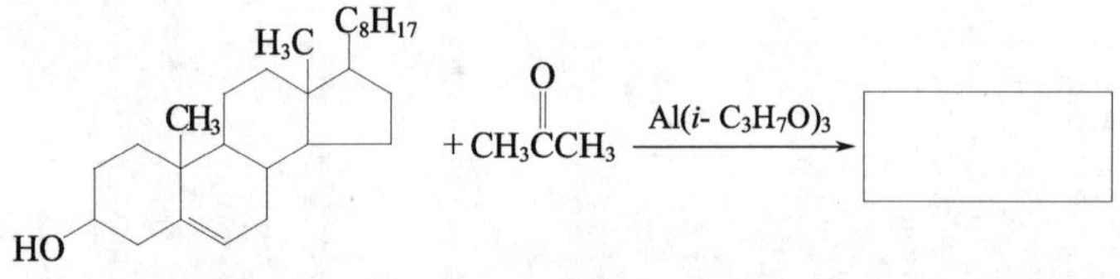

胆固醇

［答案］

H_3C　C_8H_{17}　CH_3　O

$+ CH_3\overset{OH}{\overset{|}{C}}HCH_3$

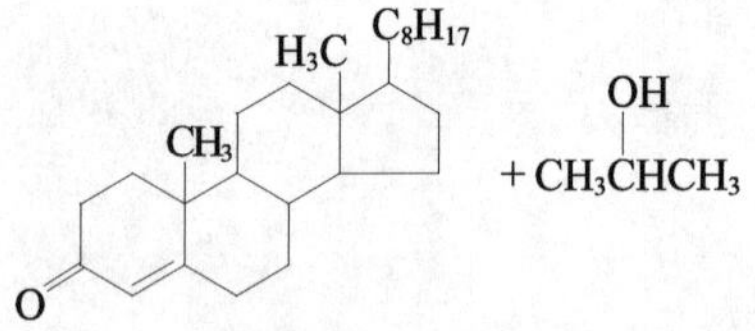

胆固酮

β,γ-不饱和甾体醇经过 Oppenauer 氧化后，得到 α,β-不饱和甾体酮，其中双键发生了位移。

练习 6[4]

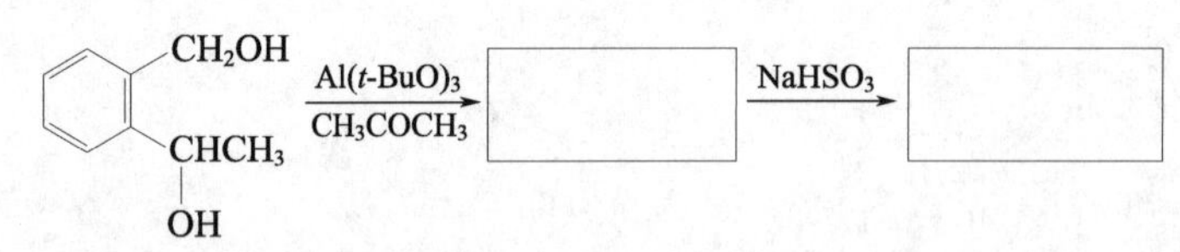

［答案］

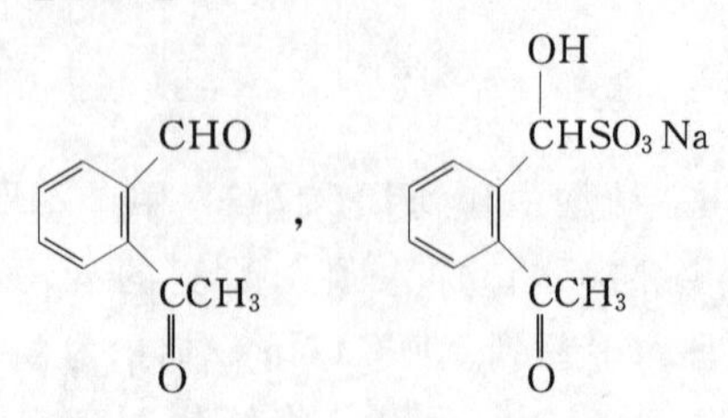

常用较为缓和的氧化剂：MnO_2/石油醚、DMSO-DCC、$(t\text{-BuO})_3Al$/丙酮、CrO_3/C_5H_5N，能将伯醇氧化为醛，并保留分子中的双键。

练习 7[4]

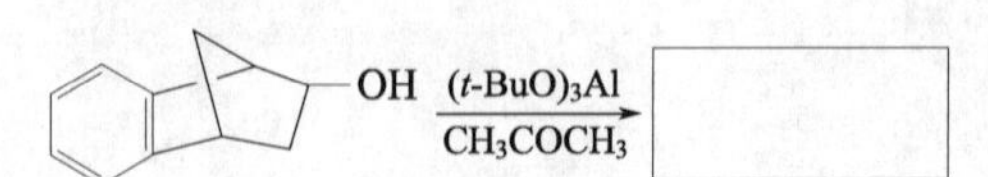

（中山大学，2002）

[答案] 上述反应的反应物仲醇被氧化为酮[4]，产物结构式为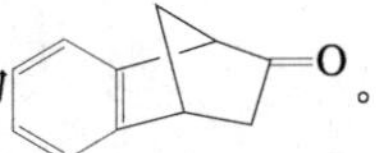。

参考文献

[1] Oppenauer R V. Rec Trav Chim，1937，56：137-144.

[2] 孔祥文．有机化学．北京：化学工业出版社，2010.

[3] 计志忠．化工制药工艺学．北京：化学工业出版社，1980.

[4] 吴范宏．有机化学学习与考研指津．2008 版．上海：华东理工大学出版社，2008：78.

OsO_4氧化

$CH_3C{\equiv}CCH_2CH_3 \xrightarrow{Na/液氨}$ 用顺或反表示构型 $\xrightarrow[H_2O_2]{OsO_4}$ 用 Fischer 投影式表示构型

（兰州理工大学，2011）

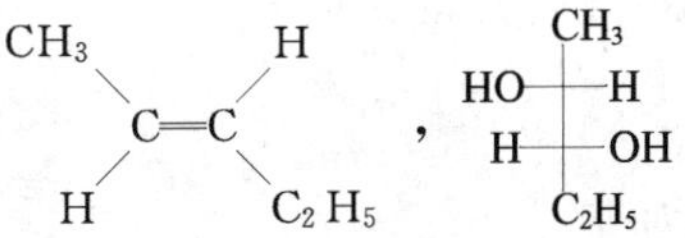

CH_3　H　C=C　H　C_2H_5，CH_3　HO—H　H—OH　C_2H_5

2-戊炔在液氨溶液中用金属钠还原时，因叁键在碳链中间，主要生成反式加成产物（*E*）-2-戊烯，后者用过氧化氢和催化量的四氧化锇氧化得到（2*R*,3*R*)-2,3-戊二醇。

四氧化锇氧化反应通常是在非水溶剂如乙醚、四氢呋喃中进行，烯烃则被氧化成邻二醇。反应过程如下所示[1,2]：

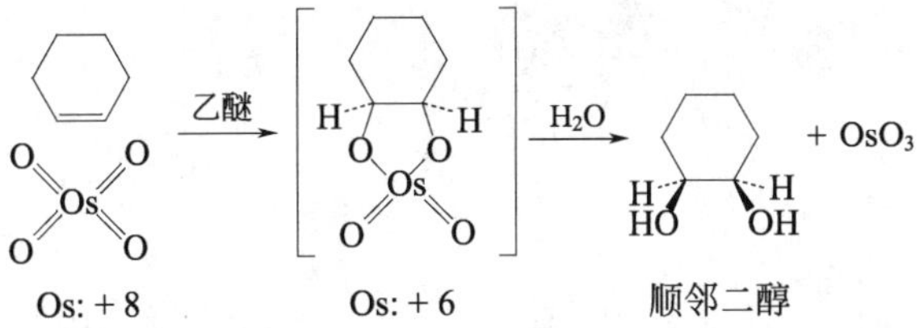

乙醚　H_2O　$+ OsO_3$

Os: +8　Os: +6　顺邻二醇

反应中，四氧化锇与烯烃双键发生氧化加成形成五元环状中间体，后者水解开环得顺式加成的邻二醇，四氧化锇则被还原为三氧化锇。

因为四氧化锇试剂很贵，所以较经济的方法是采用催化量的四氧化锇先与烯烃反应，生成邻二醇和三氧化锇，三氧化锇被过氧化氢氧化再生成四氧化锇，进行下一轮反应，如此反复反应，直到反应结束。

练习 1[3]

以环己酮及不超过两个碳的有机化合物为原料合成（结构式）（北京理工大学，2005）

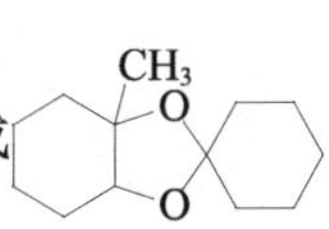

[答案] 目标产物为环己酮与顺式邻二醇形成的缩酮。顺式邻二醇可由甲基环己烯经 OsO_4 或稀、冷 $KMnO_4$ 在碱性条件下氧化得到。

环己酮 $\xrightarrow[\text{2. H}^+,\text{H}_2\text{O}]{\text{1. CH}_3\text{MgI,Et}_2\text{O}}$ 1-甲基环己醇（OH）$\xrightarrow{\text{H}_2\text{SO}_4}$ 1-甲基环己烯（CH_3）$\xrightarrow{\text{OsO}_4}$ 顺式二醇（H_3C，OH，OH）$\xrightarrow[\text{HCl}]{\text{环己酮}}$ 缩酮（CH_3，O，O）

练习 2

不饱和化合物 A($C_{16}H_{16}$) 与 OsO_4 反应，再用亚硫酸钠处理得 B($C_{16}H_{18}O_2$)，B 与四乙酸铅反应生成 C(C_8H_8O)，C 经黄鸣龙还原得 D(C_8H_{10})，D 只能生成一种单硝基化合物。B 用无机酸处理能重排为 E($C_{16}H_{16}O$)，E 用湿 Ag_2O 氧化得酸 F($C_{16}H_{16}O_2$)。写出化合物 A、B、C、D、E、F 的化学结构式。

（湖南大学，2003）

［答案］

化合物 A 的分子式 $C_{16}H_{16}$ 符合 C_nH_n 通式，故该化合物可能含有两个芳环，一个 C═C 双键。根据题意：A $\xrightarrow{\text{OsO}_4}\xrightarrow{\text{Na}_2\text{SO}_3}$ B $\xrightarrow{\text{Pb(OAc)}_4}$ C(C_8H_8O)，可推出 B 是个邻二醇，C 可能含一个芳环、一个 C═O，C(C_8H_8O) $\xrightarrow[\text{还原}]{\text{黄鸣龙}}$ D(C_8H_{10})，且只能生成一种单硝基化合物，因此 D 只能是对二甲苯（CH_3—C_6H_4—CH_3），逆推可得 C、B、A 的结构。

由 A～F 的结构及化学反应如下：

$H_3C-C_6H_4-CH{=}CH-C_6H_4-CH_3$（A）$\xrightarrow{\text{OsO}_4}\xrightarrow{\text{Na}_2\text{SO}_3}$ $H_3C-C_6H_4-CH(OH)-CH(OH)-C_6H_4-CH_3$（B）

$\xrightarrow{\text{Pb(OAc)}_4}$ 2 $OHC-C_6H_4-CH_3$（C）$\xrightarrow[\text{还原}]{\text{黄鸣龙}}$ $CH_3-C_6H_4-CH_3$（D）$\xrightarrow[\text{H}_2\text{SO}_4]{\text{HNO}_3}$ 2-硝基对二甲苯（CH_3，NO_2，CH_3） 一种单硝基化合物

$H_3C-C_6H_4-CH(OH)-CH(OH)-C_6H_4-CH_3$（B）$\xrightarrow[\triangle]{\text{H}^+}$ $(H_3C-C_6H_4)_2CH-CHO$（E）$\xrightarrow[\text{湿}]{\text{Ag}_2\text{O}}$ $(H_3C-C_6H_4)_2CH-COOH$（F）

其中由 E 到 F 的反应确定了两个甲基连在芳环上，因为只有醛才能被氧化剂 Ag_2O 氧化成羧酸，所以邻二醇 B（片呐醇）重排后得到的是醛 E，而不是酮。D 只能生成一种单硝基化合物，从而确定出芳环上的烃基为二取代并且是对位取代。

练习 3

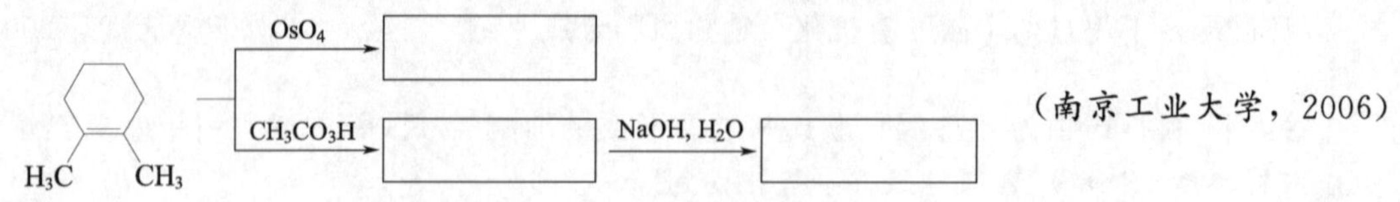

（南京工业大学，2006）

[答案]

OH OH H_3C CH_3 ， H_3C O CH_3 ， OH CH_3 H_3C OH

练习 4

$+ OsO_4 \xrightarrow{H_2O}$ □　　（中国科学技术大学，2003）

[答案]

H OH OH H

练习 5[2]

$+ H_2O_2 \xrightarrow{OsO_4}$ □

[答案]

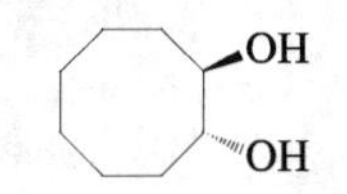

环内如有反型双键，顺式加成后得反邻二醇。

(±)-反-1,2-环辛二醇

练习 6

H_3C CH_3 $+ H_2O_2 \xrightarrow{OsO_4}$ □

[答案] 1,2-二甲基环己烯用过氧化氢和催化量的四氧化锇氧化得到顺-1,2-二甲基环己-1,2-二醇，其结构式为 OH CH_3 CH_3 OH。

参考文献

[1] 裴伟伟．基础有机化学习题解析．北京：高等教育出版社，2006：159.

[2] 邢其毅，裴伟伟，徐瑞秋等．基础有机化学．第 3 版．北京：高等教育出版社，2005：329.

[3] 吴范宏．有机化学学习与考研指津．2008 版．上海：华东理工大学出版社，2008：70.

PCC 氧化

由异丁醇合成 3,3-二甲基-α-羟基丁内酯　　（兰州理工大学，2011）

合成路线如下：

$CH_3CH(CH_3)CH_2OH \xrightarrow{PCC} CH_3CH(CH_3)CHO \xrightarrow[K_2CO_3]{HCHO}$ CHO OH $\xrightarrow[HCl]{NaCN}$ OH CN OH $\xrightarrow{H_3O^+}$ OH COOH OH $\xrightarrow{\triangle}$ OH O O

异丁醇经 PCC 氧化得异丁醛，然后与甲醛在碳酸钾存在下发生 Aldol 缩合反应得到 α-羟甲基异丁醛，接着在酸性条件下与氰化钠进行亲核加成反应得到 3,3-二甲基-α,γ-二羟基丁腈，氰基水解得 3,3-二甲基-α,γ-二羟基丁酸，最后受热环化得到 3,3-二甲基-α-羟基丁内酯。

PCC 自 1975 年 Corey 等[1]首次将它成功地应用于有机合成之后，在伯醇氧化为醛的反应中得到广泛应用[2]。

PCC 即氯铬酸吡啶盐（Pyridinium Chlorochromate）试剂，CrO_3 在水存在下与氯化氢作用形成氯铬酸，加入吡啶则析出黄到橙黄色晶体[3]。

$$O_2Cr{=}O \overset{HCl}{\rightleftharpoons} Cl{-}Cr(=O)_2{-}OH \overset{吡啶}{\rightleftharpoons} Cl{-}Cr(=O)_2{-}\overset{\ominus}{O}\overset{\oplus}{Py}H$$

PCC 溶于 DCM，使用很方便，在室温下便可将伯醇氧化为醛，而且基本上不发生进一步的氧化作用。由于其中的吡啶是碱性的，因此对于在酸性介质中不稳定的醇类氧化为醛（或酮）时，是很好的方法，不但产率高，而且对分子中存在的 C═C、C═O、C═N 等不饱和键不发生破坏作用。

PCC 的制备：在搅拌下，将 100g（1mol）CrO_3 迅速加入到 184mL（6mol/L）盐酸中，5 min 后将均相体系冷却至 0℃，在至少 10min 内小心加入 79.1g 吡啶，将反应体系重新冷却至 0℃，得橙黄色固体，过滤，真空干燥 1h，得 PCC 180.8g，产率 84%。

练习 1 合成

$CH_3(CH_2)_4OH \Longrightarrow CH_3(CH_2)_5CHO$ （复旦大学，2005）

[答案]

$$CH_3(CH_2)_4OH \xrightarrow{PBr_3} CH_3(CH_2)_4Br \xrightarrow[\substack{2.\ HCHO\\3.\ H_2O}]{1.\ Mg, Et_2O} CH_3(CH_2)_4CH_2OH \xrightarrow{PCC} CH_3(CH_2)_4CHO$$

练习 2

$$n\text{-}C_8H_{17}{-}OH \xrightarrow[CH_2Cl_2]{PCC} \boxed{}$$

[答案]

n-$C_7H_{15}CHO$ PCC 试剂是三氧化铬和吡啶在盐酸溶液中形成的氯铬酸盐。PCC 可氧化伯醇为醛，氧化仲醇为酮，分子中的 C ═C，C═O，C═N 等不被氧化。

练习 3[4]

（甾体 3β-羟基-Δ5 化合物，17 位取代基 R）$\xrightarrow{PCC/DCM,48h}$ $\boxed{}$

[答案]

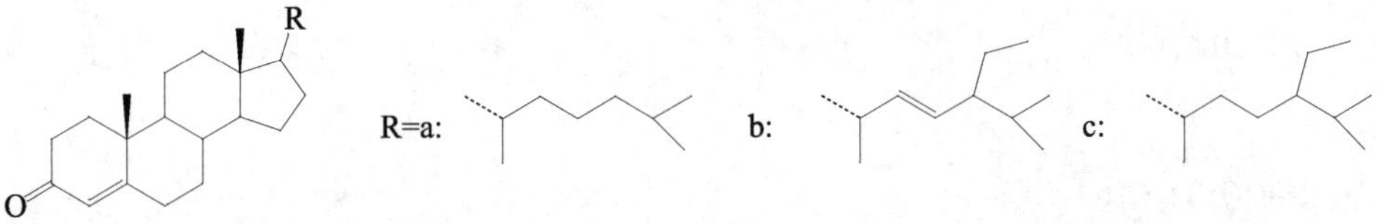

R=a:　b:　c:

练习 4

DMAP·CrO_3·HCl

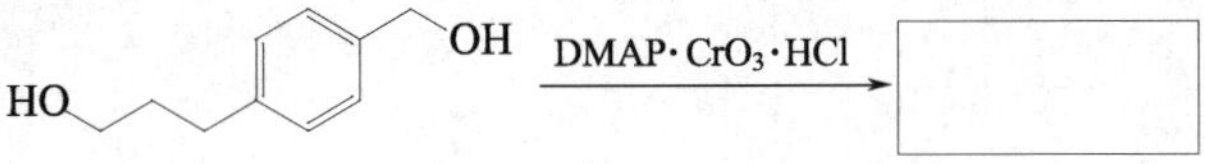

式中，DMAP 为 *N*,*N*-二甲氨基吡啶

[答案]

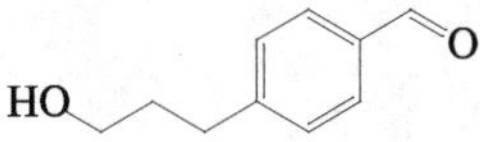

HO　O

PCC 易于合成和保存，操作简单，是将伯醇和仲醇氧化成醛和酮的应用最广的氧化方法。PCC 中所用的碱除吡啶外，也可以是其它碱，且随着碱部分碱性的增强，氧化的选择性也提高。其中，DMAP · CrO_3 · HCl 为适用于烯丙醇类及苄醇类的选择性氧化试剂。

PCC 的氧化以均相反应为主，但有的方法是将催化剂吸附于硅胶、氧化铝等无机载体或离子交换树脂等有机高分子载体上，对醇作非均相催化氧化。后处理简单并可控制反应的选择性[5]。

PDC 的氧化能力较 PCC 强，其氧化作用一般在中性条件下进行，而 PCC 则需在酸性中进行。因此，对酸不稳定的化合物用 PCC 氧化时，必须在醋酸钠存在下进行。PDC 的氧化一般在二氯甲烷中进行，如在 DMF 中进行时，氧化性增强，能将伯醇最终氧化成酸。PDC 的氧化操作基本和 PCC 相同，这里不再举例说明。

练习 5[3]

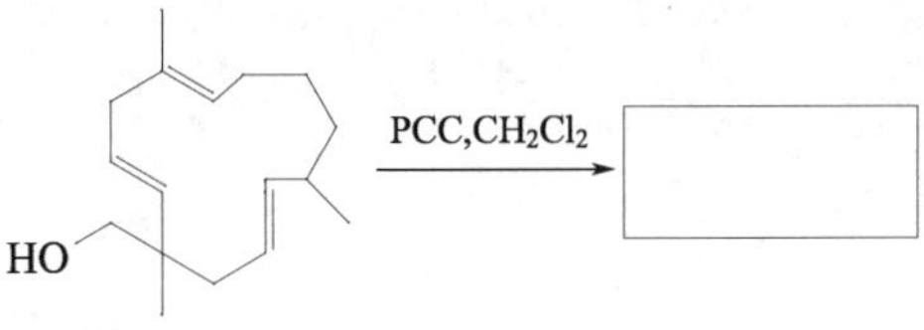

HO　PCC,CH_2Cl_2

[答案]

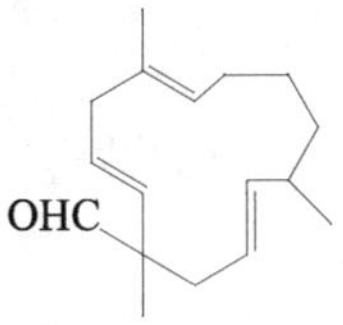

OHC

练习 6[6]

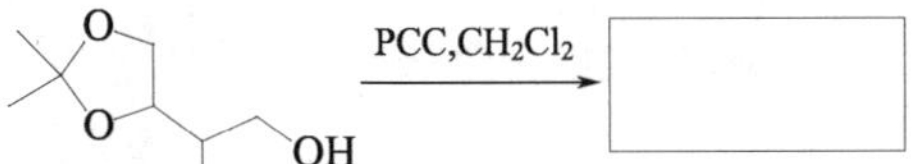

PCC,CH_2Cl_2　OH

[答案]

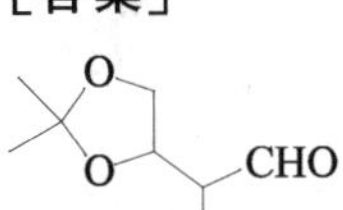

CHO

练习 7

$(CH_3)_2C{=}CHCH_2CH_2OH \xrightarrow[CH_2Cl_2]{PCC}$ □ （兰州理工大学，2010）

［答案］

$(CH_3)_2C{=}CHCH_2CHO$

练习 8

乙醇为原料合成 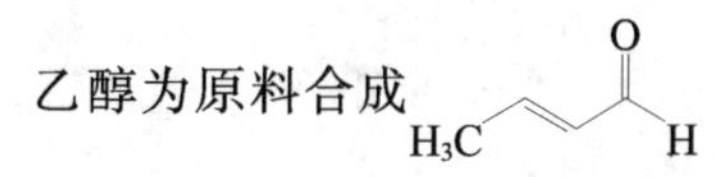

（大连理工大学，2005）

［答案］

$C_2H_5OH \xrightarrow{PCC} CH_3CHO \xrightarrow[稀OH^-]{CH_3CHO}$ $H_3C{-}CH{=}CH{-}CHO$

乙醇经 PCC 氧化得乙醛，后者在稀碱存在下发生 Aldol 缩合反应得到 α,β-不饱和丁醛[7]。

参考文献

［1］Corey E J，Suggs J W. Pyridinium chlorochromate. An efficient reagent for oxidation of primary and secondary alcohols to carbonyl compounds. Tetrahedron Letters，1975，16（31）：2647-2650.

［2］刘良先. Corey 氧化剂及其在选择性氧化中的应用. 化学通报，1992，12（4）：17-25.

［3］Kitagawa Y，Itoh A，Hashimoto S，Yamamoto H，Nozaki H. J Am Chem Soc，1977，99：3864.

［4］王辉，李莹，崔建国. 4-烯-6-氧代-3β-硫酸酯钠甾体化合物的合成研究. 广西师范学院学报：自然科学版，2008，25（3）：63-67.

［5］柏一慧. PCC 载体氧化剂的制备及应用研究. 应用化工，2006，35（12）：939-940.

［6］Corey E J，William Suggs J. Tetrahedron Lett. 1975：2647.

［7］吴范宏. 有机化学学习与考研指津. 2008 版. 上海：华东理工大学出版社，2008：124.

PDC 氧化

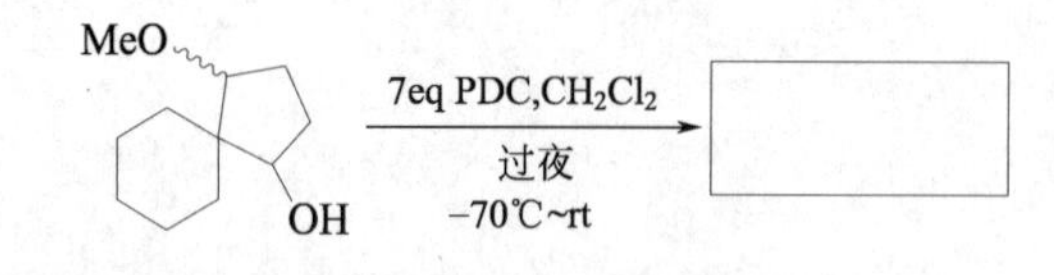

4-甲氧基螺［4.5］癸-1-醇在二氯甲烷中用 PDC 处理，分子中的醇羟基被氧化成羰基，得到 4-甲氧基螺［4.5］癸-1-酮，其结构式为（MeO，O 取代的螺［4.5］癸酮结构）。

PDC 即重铬酸吡啶盐（pyridinium dichromate），是将吡啶加入到 CrO_3 的水溶液中，析出的亮橙黄色晶体。

$$CrO_3 \xrightleftharpoons{H_2O} HO{-}CrO_2{-}OH \rightleftharpoons HO{-}CrO_2{-}O{-}CrO_2{-}OH \xrightleftharpoons{吡啶} \overset{\oplus}{H}Py\overset{\ominus}{O}{-}CrO_2{-}O{-}CrO_2{-}\overset{\ominus}{O}\overset{\oplus}{Py}H$$

因为 PDC 不溶于水，溶于有机溶剂，因而使用保存方便，通常室温下在二氯甲烷中使用，分别将伯醇和仲醇氧化成相应的醛和酮。

PDC 的氧化能力较 PCC 强，其氧化作用一般在二氯甲烷中进行，如在 DMF 中进行，氧化性增强，能将伯醇最终氧化成酸。

PDC 的制备[1]：边搅拌边快速向 18.5mL 6.00 mol/L（0.111 mol）盐酸溶液中加入 14.7g（0.050mol）重铬酸钾，搅拌 20min 后用冰水冷却至 0℃，10min 内将 7.9g（0.100 mol）无水吡啶缓慢加入到溶液中，得到橙红色固体，得到 PDC 氧化剂 17.6g（0.048mol），相对分子质量 376，m. p. 40～41℃。

练习 1[2]

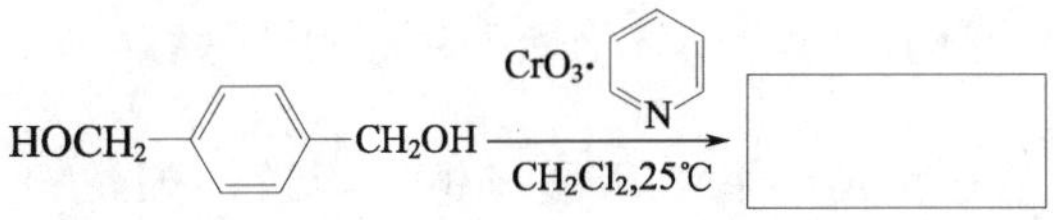

[答案]

练习 2[2]

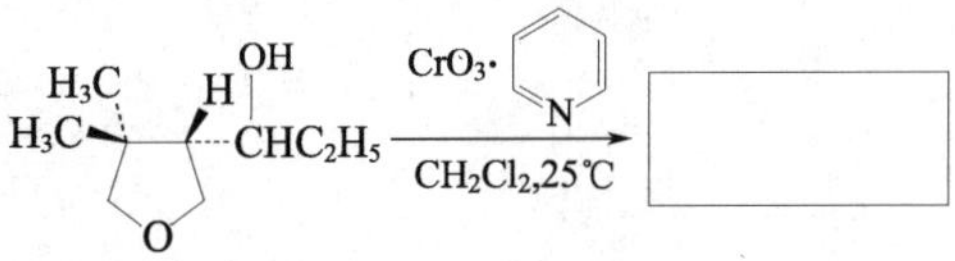

[答案]

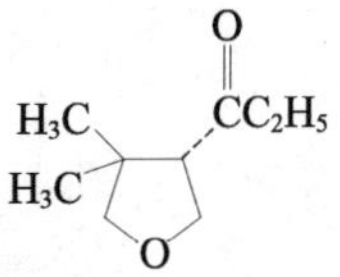

练习 3[3]

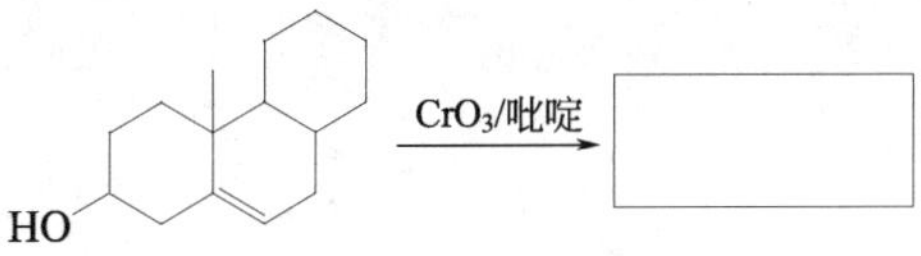

（武汉大学，2006）

[答案]

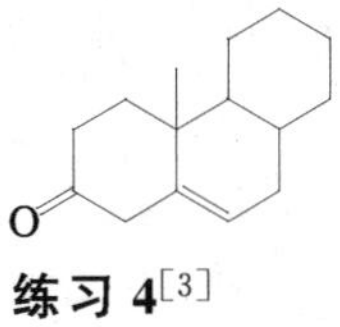

练习 4[3]

由 $CH_2{=}CHCH_2OH$ 合成 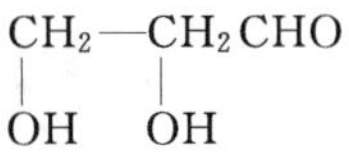

（浙江大学，2004）

[答案]

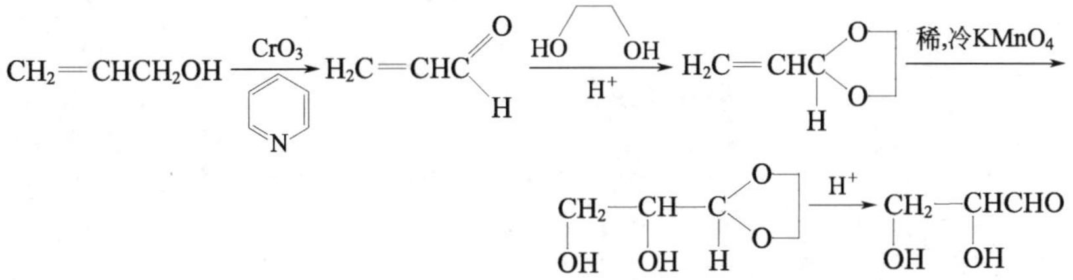

练习 5[3] 合成

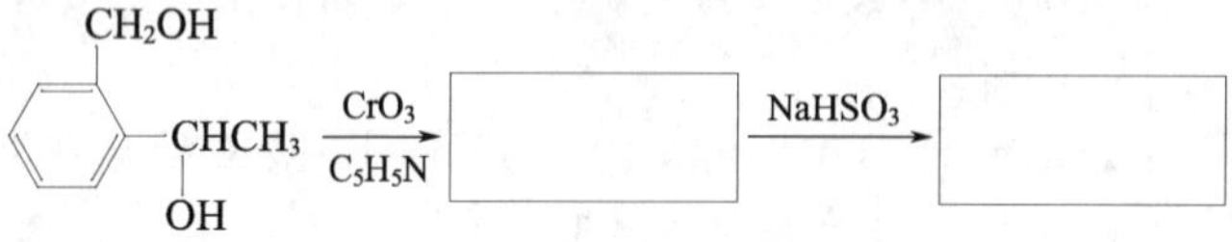

(上海交通大学，2004)

[答案]

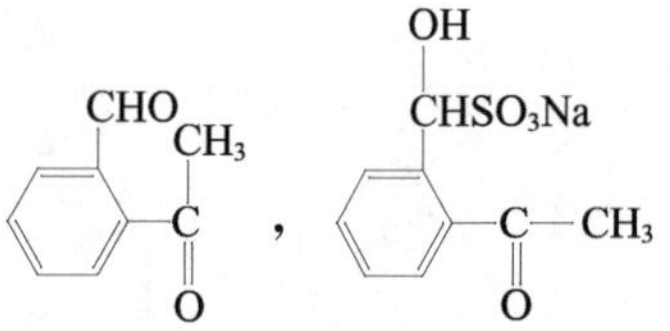

含有不饱和键的醇可以用 CrO_3/吡啶、丙酮/异丙醇铝氧化成醛或酮，保留分子中的双键，新制 MnO_2 在保留双键的同时，仅氧化烯丙基醇和苄基醇。

醛、脂肪族甲基酮和少于 8 个碳的环酮与过量的饱和亚硫酸氢钠（sodium bisulphite）水溶液发生加成反应生成 α-羟基磺酸钠，该产物不溶于饱和亚硫酸氢钠溶液，以白色晶体的形式析出[4]。

练习 6 合成

以环戊二烯为主要原料合成 。 (中山大学，2005)

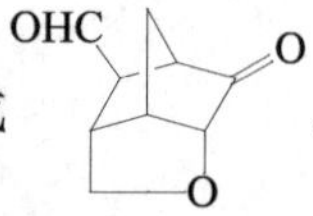

[答案]

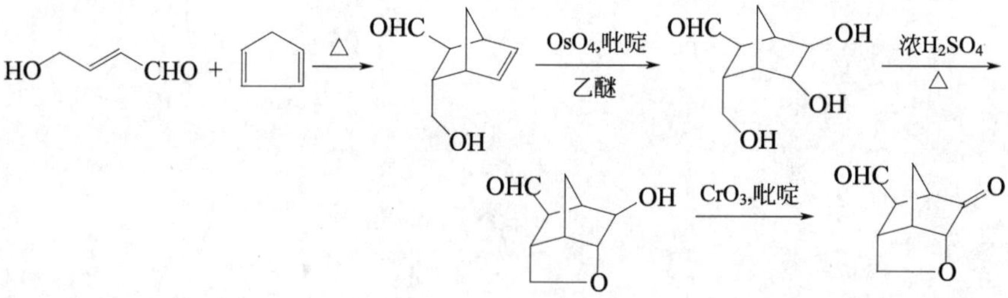

练习 7

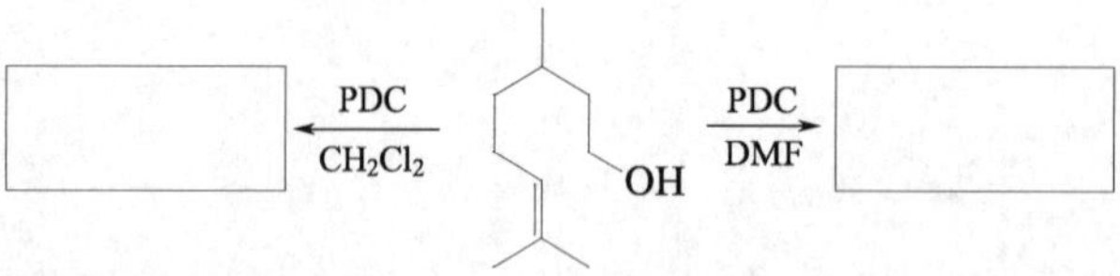

[答案]

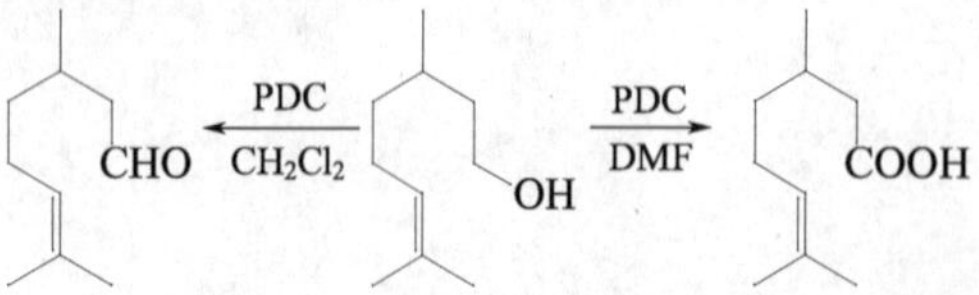

参考文献

[1] Corey E J, Suggs J W. Pyridinium chlorochromate. an efficient reagent for oxidation of primary and secondary alcohols to carbonyl compounds. Tetrahedron Letters, 1975, 16 (31): 2647-2650.

[2] 裴伟伟. 基础有机化学习题解析. 北京高等教育出版社，2006：209.

[3] 吴范宏．有机化学学习与考研指津．2008 版．上海：华东理工大学出版社，2008：120.
[4] 孔祥文．有机化学．北京：化学工业出版社，2010.

Riley 氧化（活泼亚甲基）

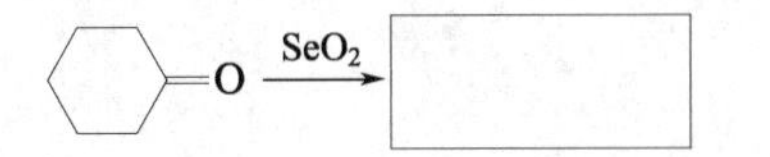

（武汉大学，2005）

环已酮经二氧化硒氧化得到 1,2-环己二酮，这个反应为 Riley 反应[1]。

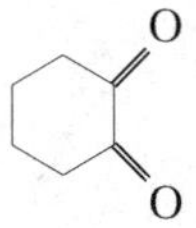

Riley 氧化反应是指含有活泼亚甲基化合物（特别是羰基化合物，羰基的邻位具有活泼亚甲基者）在适当溶剂（如水，乙醇，乙酸，乙酐，硝基苯，苯，二甲苯等）中、100℃左右用 SeO_2（或 H_2SeO_2）氧化，则亚甲基（ $—CH_2—$ ）转变成羰基（ $—C{=}O$ ），形成邻二羰基化合物[2]。不对称酮最容易烯醇化的 α 位易被氧化[3]。

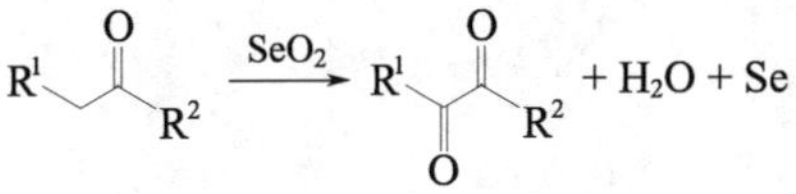

$$R^1CH_2COR^2 \xrightarrow{SeO_2} R^1COCOR^2 + H_2O + Se$$

反应机理：

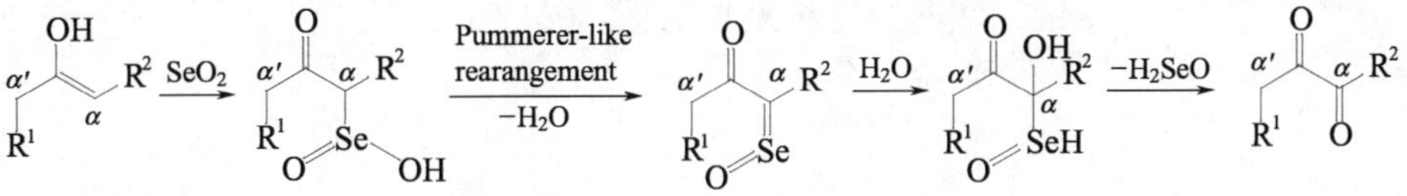

反应中，含有 α-亚甲基的酮或者醛异构为烯醇（**25**），再与二氧化硒发生亲核加成反应生成 β-羰基烷基亚硒酸（**26**）。然后，**26** 消除一分子水得到 β-羰基烯基氧化硒（**27**），**27** 加一分子水得到 α-羟基-β-羰基烷基氧化硒（**28**），再经消去 H_2SeO 得到目标产物 α-二酮。

如果 β-羰基亚硒酸（**31**）的另一个 β-位有活泼的 C—H 时，则发生顺式消除反应，脱去一分子 $Se(OH)_2$ 生成 α,β-不饱和酮（**34**）。

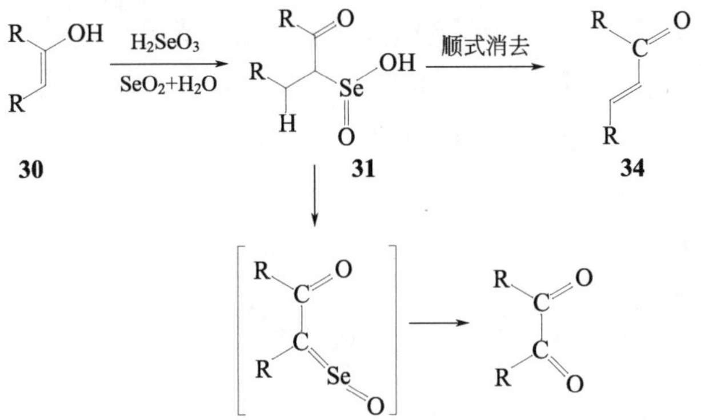

Riley 氧化反应温度低，能有效降低能耗，反应速度快，产率较高，但 SeO_2 是无机剧毒物。

练习 1

$CH_3CHO \xrightarrow[(90\%)]{SeO_2}$ □

［答案］

$CHOCHO + Se + H_2O$

练习 2

$CH_3COCH_3 \xrightarrow[(60\%)]{SeO_2}$ □

［答案］

$CH_3COCHO + Se + H_2O$

练习 3

$(EtOOC)_2CH_2 \xrightarrow[(32\%)]{SeO_2}$ □

［答案］

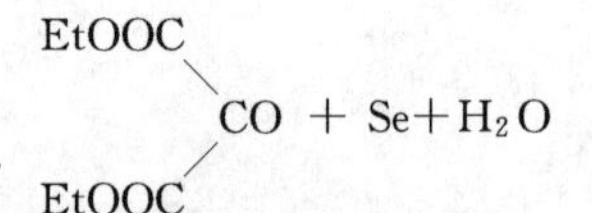

二氧化硒将共轭体系中的活泼次甲基或甲基氧化生成相应的羰基化合物，也可将两个芳环中间的次甲基氧化成羰基。

练习 4

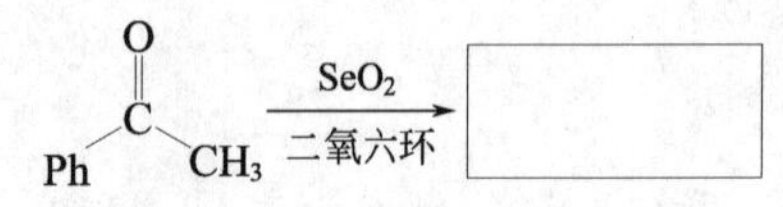

［答案］

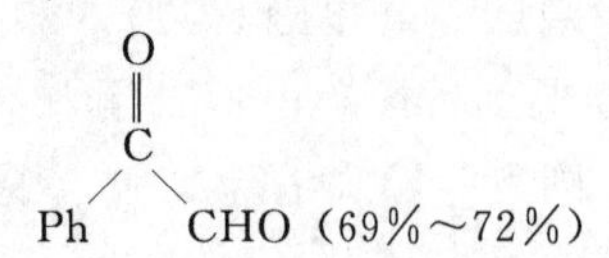

这种直接将羰基的 α-CH_3 氧化成羰基的合成方法在有机合成中有着广泛的用途。特别是当羰基邻位只含有一个 CH_2（或—CH_3）时，用二氧化硒氧化酮合成单一的邻二羰基化合物，显得尤其有效。

练习 5

$PhCOCH_2Ph \xrightarrow{SeO_2}$ □

［答案］

$PhCOCOPh$ (88%)

练习 6[4]

Me　O　OMe　H　Me

SeO_2,AcOH(cat.)
aq,dioxane,reflux
24h,80%

[答案]

O　Me　O　OMe　H　Me

练习 7[5]

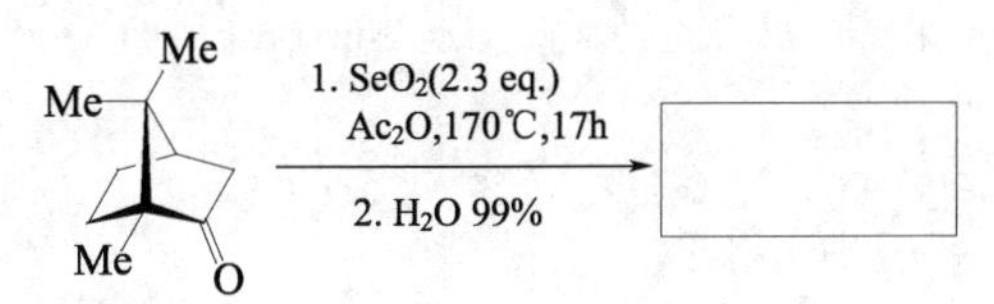

[答案]

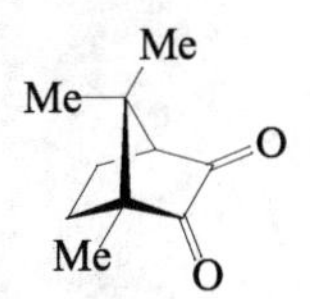

练习 8

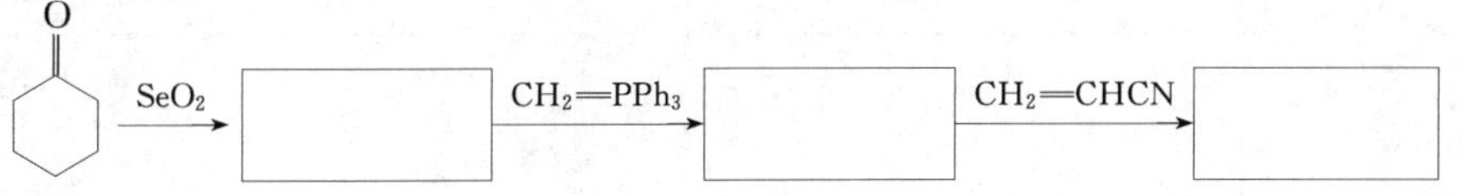

（武汉大学，2005）

[答案]

O　O　，　，　CN

练习 9

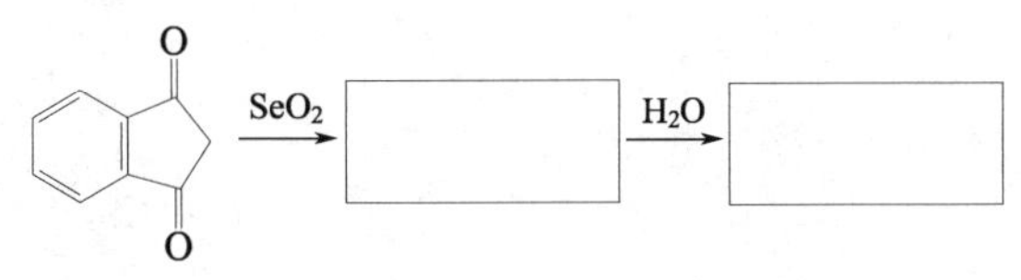

[答案] β-二酮的 α-H 有较高的活泼性，在 SeO_2 氧化下 α-C 变成羰基，得到茚三酮，后者可与水加成得到水合晶体。即

O　O　+ SeO_2 ⟶　O　O　O　$\xrightarrow{H_2O}$　O---H　O　O　O---H

与苯环相邻的两个羰基不加水是因共轭体系存在及产物有分子内氢键而稳定所致。

练习 10

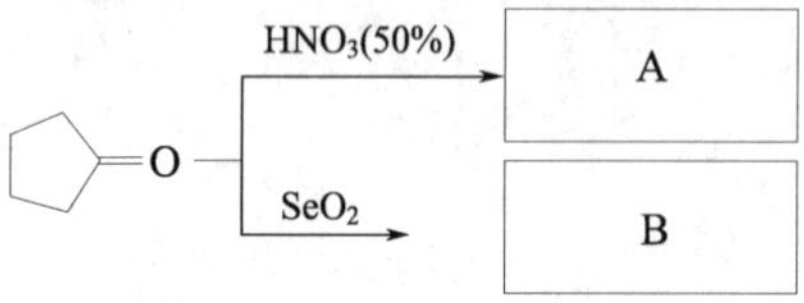

HNO_3(50%) → A；SeO_2 → B

［答案］

（A） HOOC—$(CH_2)_3$—COOH （B）

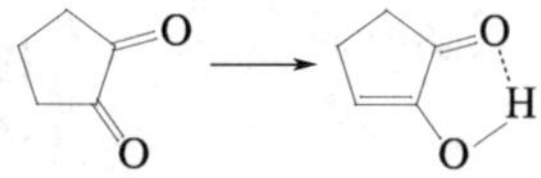

参考文献

［1］ Riley H L，Morley J F，Friend N A C. J Chem Soc，1932：1875.
［2］［美］李杰（Jie Jack Li）. 有机人名反应及机理. 荣国斌译. 朱士正校. 上海：华东理工大学出版社，2003：336.
［3］ 汪秋安. 高等有机化学. 北京：化学工业出版社，2004：107.
［4］ 邵启云. 立体选择性串联反应与二氧化硒催化的缩合反应的研究［D］. 天津：天津大学，2008：6-8.
［5］ 屈尔，曹科. 有机合成中命名反应的战略性应用. 北京：科学出版社，2007：380-381.

Riley 氧化（烃类）

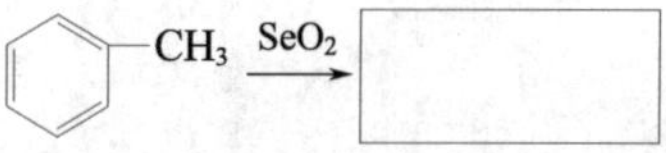

CH_3 SeO_2 →

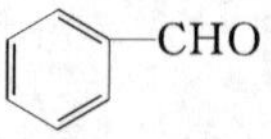

CHO

甲苯经二氧化硒氧化得到苯甲醛，这个反应为 Riley 氧化反应[1]，也就是 SeO_2（或 H_2SeO_2）的烃类氧化反应。

芳环、杂环上的亚甲基、稠环芳烃氧化为羰基化合物，例如：

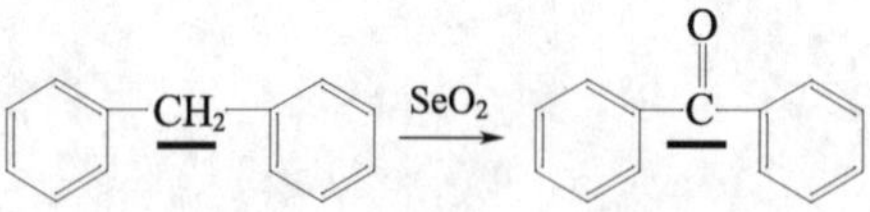

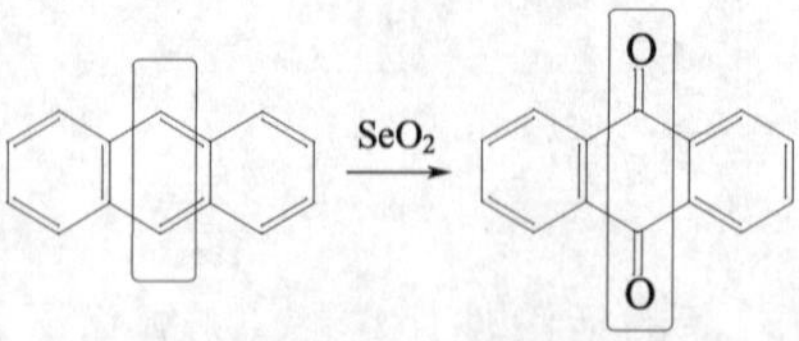

CH_2 SeO_2 → C=O

SeO_2 →

烯烃的双键相邻碳原子上没有可氧化的氢原子时，烯烃被氧化成邻位二酮，例如：

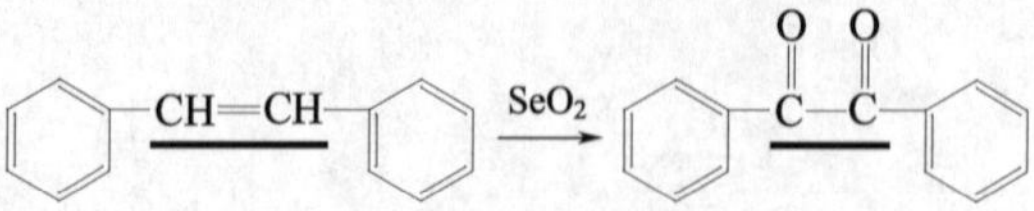

CH═CH SeO_2 → C(=O)—C(=O)

烯烃的 α-位为亚甲基或甲基，则 SeO_2 能氧化烯丙位上的 C—H，生成烯丙醇[2]，例如：

$$H_3CCH_2C(CH_3){=}CHCH_3 \xrightarrow{SeO_2} H_3CCH(OH){-}C(CH_3){=}CHCH_3 + H_3CCH_2{-}C(CH_2OH){=}CHCH_3$$

反应通式为：

$$R_2C{=}CH{-}CH_2R \xrightarrow{[O]} R_2C{=}CH{-}CH(OH)R$$

反应机理为[3~8]：

35　36

$$\xrightarrow[EtOH]{H_2O} {-}C{=}C{-}C(OH){-}H \;(38) \xrightarrow{MnO_2} {-}C{=}C{-}C(=O){-} \;(39)$$

37　$\xrightarrow{\triangle}$ 39

SeO_2与烯烃（**35**）双键进行亲电加成反应得到新的烯丙基亚硒酸（**36**），**36** 经重排得原烯丙基亚硒酸酯（**37**），**37** 水解得到烯丙基醇（**38**）。**37** 经加热则得到烯基酮（**39**）。

SeO_2 对烯丙位的氧化优先于 C═C，反应的第一步是 SeO_2 对 C═C 加成，生成的烯丙基亚硒酸酯（**37**）水解为烯丙醇，热解则得到不饱和酮，或加 MnO_2 氧化烯丙醇，也得到不饱和酮。

氧化时遵循 Guillemonat 规则（1939）[9]。

① 氧化双键碳上取代基较多的一侧的烯丙位烃基。

$$(H_3C)_2C{=}C(CH_3)H \xrightarrow[{[O]}]{SeO_2} (HOH_2C)(H_3C)C{=}C(CH_3)H$$

② 在不违背上述规则情况下的氧化顺序为：$CH_2>CH_3>CH$。

$$CH_3{-}CH_2{-}C(CH_3){=}CH{-}CH_3 \xrightarrow{SeO_2} CH_3{-}CH(OH){-}C(CH_3){=}CH{-}CH_3 + CH_3{-}CH_2{-}C(CH_2OH){=}CH{-}CH_3$$

34 : 1

③ 当上述两规则有矛盾时，一般遵循①。

$$H_3C{-}C(CH_3){=}CH{-}CH_2CH_3 \xrightarrow{SeO_2} H_3C{-}C(CH_2OH){=}CH{-}CH_2CH_3$$

④ 双键在环内时，双键碳上取代基较多一侧的环上烯丙位碳氢键被氧化。

1-乙基环己烯（CH_2CH_3） $\xrightarrow{SeO_2}$ 2-乙基-2-环己烯-1-醇（HO，CH_2CH_3）

⑤ 末端双键氧化时，发生烯丙位重排，羟基引入末端。

$$CH_3CH_2CH_2CH_2CH{=\!=}CH_2 \xrightarrow{SeO_2} CH_3CH_2CH_2CH{=\!=}CHCH_2OH$$

练习 1

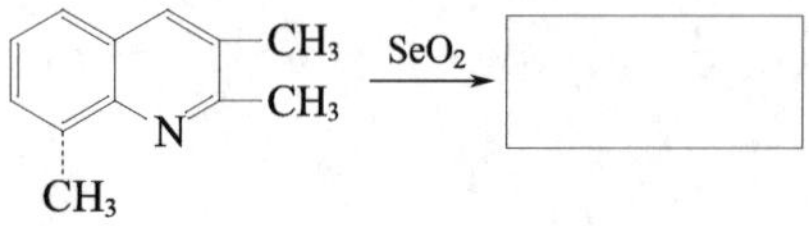

（2,3,8-三甲基喹啉）$\xrightarrow{SeO_2}$ □

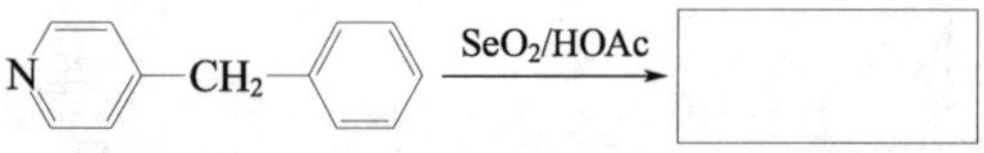

［答案］

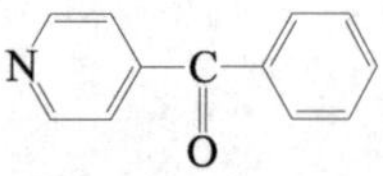

（3,8-二甲基喹啉-2-甲醛：2-CHO，3-CH_3，8-CH_3）

练习 2

（4-苄基吡啶，N-吡啶-CH_2-苯）$\xrightarrow{SeO_2/HOAc}$ □

［答案］

（吡啶基-C(=O)-苯基，4-苯甲酰基吡啶） (81%)

练习 3

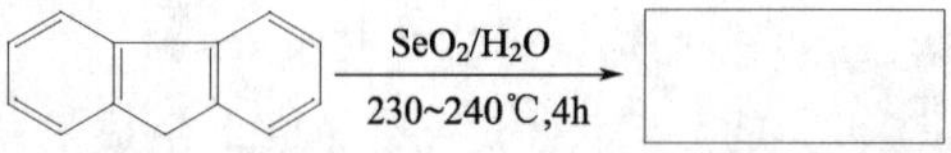

（芴）$\xrightarrow[230\sim240℃,4h]{SeO_2/H_2O}$ □

［答案］

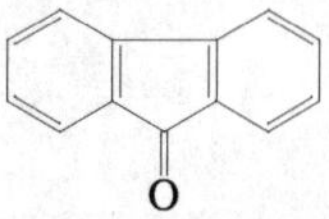

（芴酮，C=O） (65%)

练习 4

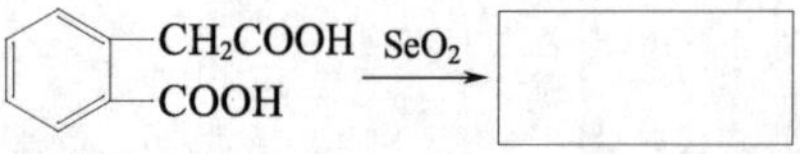

（邻位 CH_2COOH、$COOH$ 取代苯）$\xrightarrow{SeO_2}$ □

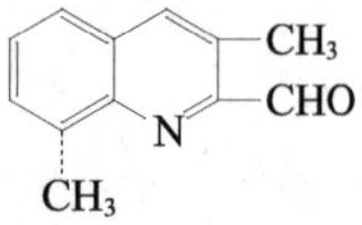

［答案］

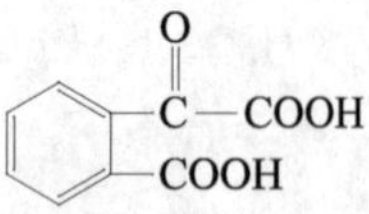

（邻位 $C(=O)-COOH$、$COOH$ 取代苯）

练习 5

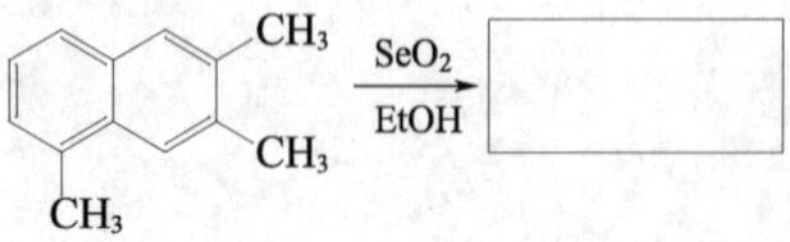

（2,3,5-三甲基萘：CH_3、CH_3、CH_3）$\xrightarrow[EtOH]{SeO_2}$ □

［答案］

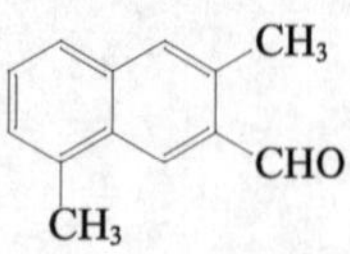

（CH_3、CHO、CH_3 取代萘） (82%)

练习 6

SeO_2，△，H_2O

［答案］

OH　57%

练习 7

SeO_2（或 H_2SeO_2）氧化含有活泼亚甲基羰基化合物时，分子中亚甲基（$>CH_2$）转变成羰基（$>C{=}O$），形成邻二羰基化合物[10]。

$$R^1CH_2COR^2 \xrightarrow{SeO_2} R^1COCOR^2 + H_2O + Se$$

写出 SeO_2（或 H_2SeO_2）氧化含有活泼亚甲基羰基化合物的反应机理。

［答案］

[2,3]-重排　$+ H_2O + Se$

练习 8

SeO_2/HOAc

［答案］

抗肿瘤药喜树碱（Camptothecin）中间体的合成，就是利用二氧化硒的这种氧化作用。

参考文献

[1] Riley H L，Morley J F，Friend N A C. J Chem Soc，1932：1875.

[2] Trost B M，Fleming I. Comprehensive organic synthesis：Vol 7. Oxford：Pergamon，1991：83.

[3] Trachtenberg E N，Nelson C H，Carver J R. Mechanism of selenium dioxideoxidation of olefins. J Org Chem，1970，35（5）：1653-1658.

[4] Sharpless K B，Lauer R F. Selenium dioxide oxidation of olefins. Evidence for the intermediacy of allylseleninic acids. J Am Chem Soc，1972，94（20）：7154-7155.

[5] Arigoni D，Vasella A，Sharpless K B，et al. Selenium dioxide oxidations of olefins. Trapping of the allylic seleninic acid intermediate as a seleninolactone. J Am Chem Soc，1973，95（23）：7917-7919.

[6] Stephenson L M，Speth D R. Mechanism of allylic hydroxylation by selenium dioxide. J Org Chem，1979，44（25）：

4683-4689.
[7] Woggon W D, Ruther F, Egli H. The mechanism of allylic oxidation by selenium dioxide. Chem Commun. 1980, 15: 706-708.
[8] Singleton D A, Hang C. Isotope effects and the mechanism of allylic hydroxylation of alkenes with selenium dioxide. J Org Chem, 2000, 65 (22): 7554-7560.
[9] Guillemonat A. Oxidation of ethylenic hydrocarbons with selenium dioxide. Annali di Chimica Applicata, 1939, 11 (1): 143-211.
[10] [美] 李杰 (Jie Jack Li). 有机人名反应及机理. 荣国斌译. 朱士正校. 上海: 华东理工大学出版社, 2003: 336.

Sarett 氧化

$$CH_3CH{=}CHCH_2CH_2OH \xrightarrow[Py]{CrO_3\cdot 2Py} \boxed{\quad}$$

3-戊烯-1-醇用铬酐-双吡啶络合物处理，分子中伯醇羟基被氧化成醛，而双键不变，其产物结构为 $CH_3CH{=}CHCH_2CHO$。

铬酐（CrO_3）与吡啶反应形成的铬酐-双吡啶络合物，是吸潮性红色结晶，称为 Sarett 试剂。

$$CrO_3 + 2\,C_5H_5N \xrightarrow[CH_2Cl_2]{25℃} CrO_3\cdot(C_5H_5N)_2 \quad 或写成\ (C_5H_5N)_2\cdot CrO_3$$

Sarett试剂

Sarett 试剂是三氧化铬-吡啶配合物（$CrO_3\cdot 2Py$，以吡啶为溶剂），可将伯醇氧化成醛（且停留在醛阶段）、仲醇氧化成酮[1]。产率很高，因为吡啶是碱性的，对在酸中不稳定的醇是一种很好的氧化剂[2]，分子中双键、叁键不受影响。反应通式为：

$$RR'CH{-}OH \xrightarrow[Py]{CrO_3\cdot 2Py} RR'C{=}O$$

反应机理[3,4]：

$$(CH_3)_2CHOH + CrO_3 \longrightarrow (CH_3)_2CH{-}O{-}CrO_2(OH) \xrightarrow{Py} (CH_3)_2C{=}O + O{=}Cr(O^-)OH\ (HCrO_3^-) + C_5H_5NH^+$$

反应中，醇羟基进攻三氧化铬形成铬酸酯，后者在吡啶作用下消去 α-H 得到羰基化合物。若采用分子内氧化，其机理为：

$$(CH_3)_2CH{-}O{-}CrO_2(OH) \xrightarrow{[2,3]-\sigma重排} (CH_3)_2C{=}O + O{=}Cr(OH)_2$$

该方法优点是对烯键、缩醛、硫醚、四氢吡喃基醚的氧化速度远慢于对醇的氧化速度。仲醇氧化成酮收率良好，氧化伯醇收率低，但也可以氧化烯丙醇、苄醇。该法的一种改良方法是

Collins 氧化。

Collins 氧化、Jones 氧化和 Corey 的 PCC 及 PDC 氧化都有相同的机理。

练习 1[5]

可以使伯醇氧化停留在醛阶段的氧化剂是（　　）。

A. 高锰酸钾　　B. 沙瑞特试剂　　C. 重铬酸钠　　（中山大学，2003）

[答案]　B

练习 2

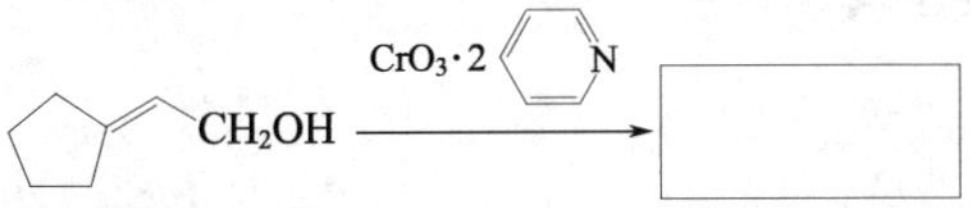

$CrO_3 \cdot 2$ 吡啶；环戊亚基-CH_2OH → [　　]

（中国科学技术大学、中国科学院合肥所，2009）

[答案]

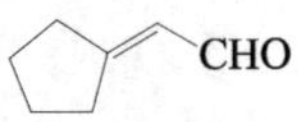

环戊亚基-CHO

练习 3

$CrO_3 \cdot$(吡啶)$_2$；OH，CH_3，OH 取代环己烯 → [　　]

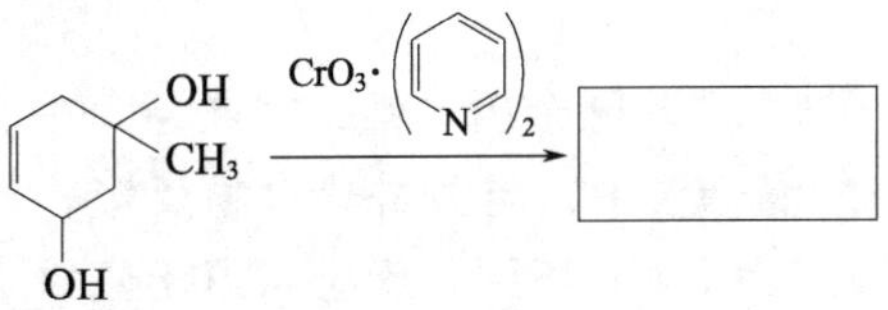

（中国科学技术大学，2011）

[答案]

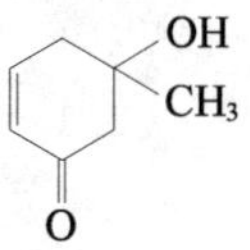

OH，CH_3，O

参考文献

[1] 孔祥文．有机化学．北京：化学工业出版社，2010.

[2] 邢其毅，裴伟伟，徐瑞秋等．基础有机化学．第 3 版．北京：高等教育出版社，2005：401.

[3] [美] 李杰（Jie Jack Li）．有机人名反应及机理．荣国斌译．朱士正校．2008 版，上海：华东理工大学出版社，2003：352.

[4] Poos G I，Arth G E，Beyler R E，Sarett L H．J Am Chem Soc，1953，75：422.

[5] 吴范宏．有机化学学习与考研指津．2008 版．上海：华东理工大学出版社，2008：122.

第 2 章　还原反应

Birch 还原

（复旦大学，2002）

苯甲醚和金属锂在液氨与叔丁醇的混合液中，苯环被还原成不共轭的 1,4-环己二烯，其产物结构为：（OMe）。

1949 年澳大利亚有机化学家伯奇（Birch，A. J.）[1,2]发现碱金属（钠、锂或钾）在液氨和醇（甲醇、乙醇、异丙醇、仲丁醇和叔丁醇等）[3]的混合液中，与芳香化合物反应，苯环可被还原成不共轭的 1,4-环己二烯类化合物，该反应即为 Birch 还原。反应相当于氢原子对苯环的 1,4-加成[4]。例如：

$$\text{C}_6\text{H}_6 \xrightarrow[\text{CH}_3\text{OH}]{\text{Na,NH}_3(\text{液})} \text{1,4-环己二烯}$$

反应机理：

$$Na + NH_3 \longrightarrow Na^+ + e^-$$

Ⅰ　Ⅱ　Ⅲ（e⁻，EtOH）

金属钠与液氨作用生成溶剂化电子，此时体系为一蓝色溶液。苯获得一个溶剂化电子后生成自由基负离子（Ⅰ），Ⅰ的环状共轭体系中有 7 个 π 电子，其中有一个电子处在苯环分子轨道的反键轨道，所以不稳定，从乙醇中夺取一个质子后生成环己二烯自由基（Ⅱ），Ⅱ再获得一个电子成为环己二烯负离子（Ⅲ），Ⅲ作为强碱，随即从乙醇中获取一个质子生成 1,4-环己二烯，但Ⅲ在共轭体系的中间碳原子质子化较末端碳原子质子快，原因尚不清楚。

练习 1　写出产物和反应机理

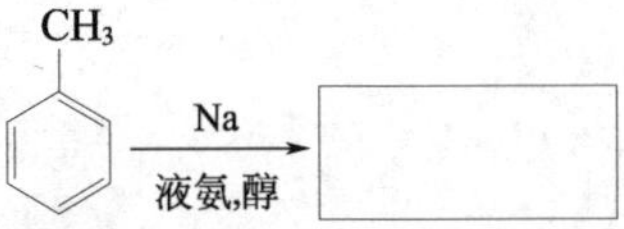
CH3
Na
液氨,醇

[答案]

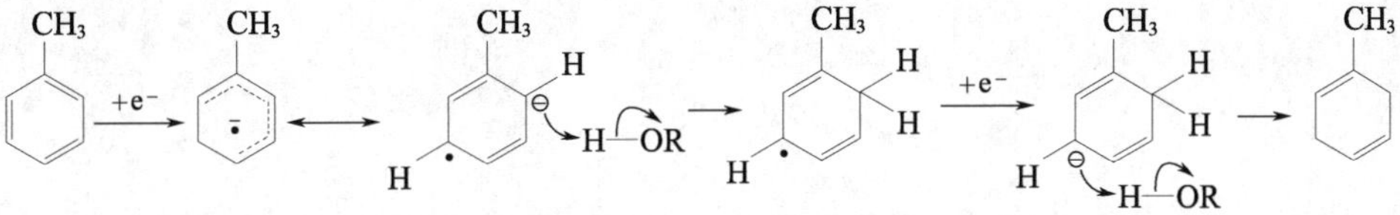
CH3
+e⁻
H
H—OR
+e⁻

取代基为供电子基时反应速率较慢，且生成取代基在双键碳原子上的产物[3]。由于取代基为供电子基，根据共振论可知，单电子在极限结构中的间位时能量较低，有利于反应进行。所以，当苯环连着供电子基时，单电子主要在间位，得到单电子在间位的产物，即生成供电子基连接在双键碳上的 1,4-加成产物。

练习 2

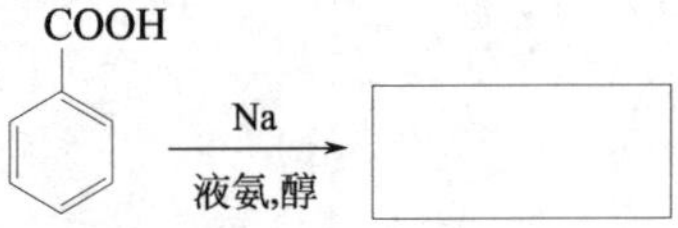
COOH
Na
液氨,醇

[答案]

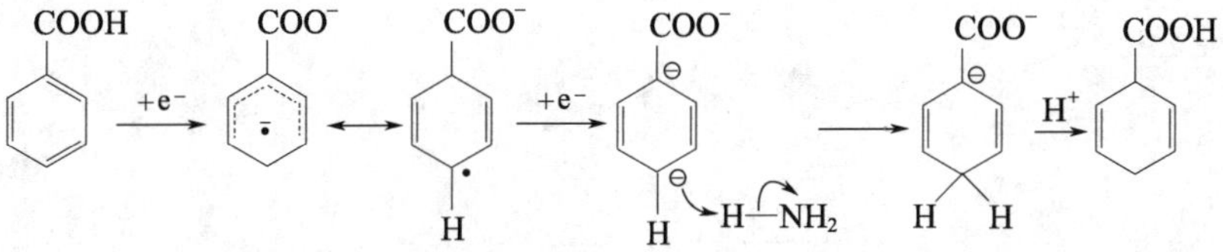
COOH
COO⁻
+e⁻
H
H—NH2
H⁺

取代基为吸电子基时有利于加快反应速率，产生取代基不在双键碳上的产物[3]。由于取代基为吸电子基，根据共振论可知，单电子在极限结构中的对位时过渡态能量最低，得到单电子对位的产物，即生成吸电子基连接在非双键碳上的 1,4-加成产物。

另外，一般电子较易进攻正电性较大的碳原子，所以苯环上有吸电子基对于 Birch 还原反应具有促进作用，加快反应速率。反之，有供电子基降低反应速率。

练习 3[4]

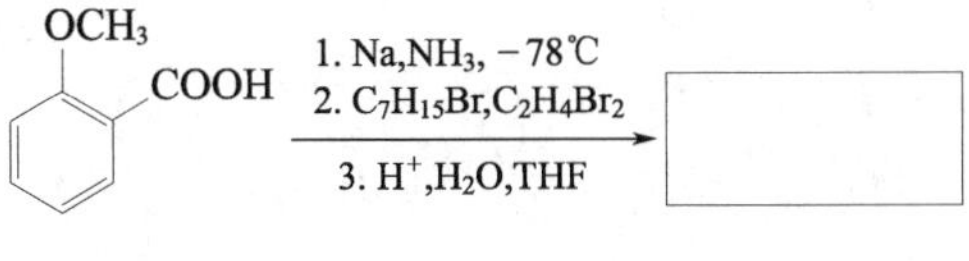
OCH3
COOH
1. Na,NH3, −78℃
2. C7H15Br,C2H4Br2
3. H⁺,H2O,THF

[答案]

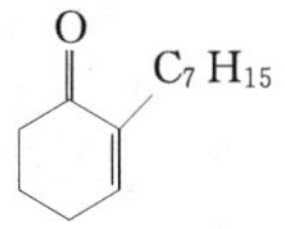
O
C7 H15

（46%～59%）

在卤代烃存在下，Birch 还原中形成的环己二烯碳负离子也可以发生亲核取代反应生成新的碳-碳键，即发生了 Birch 烷基化反应。本反应的 Brich 还原中生成的负离子中间体可以被一个合适的亲电试剂捕获。

练习 4

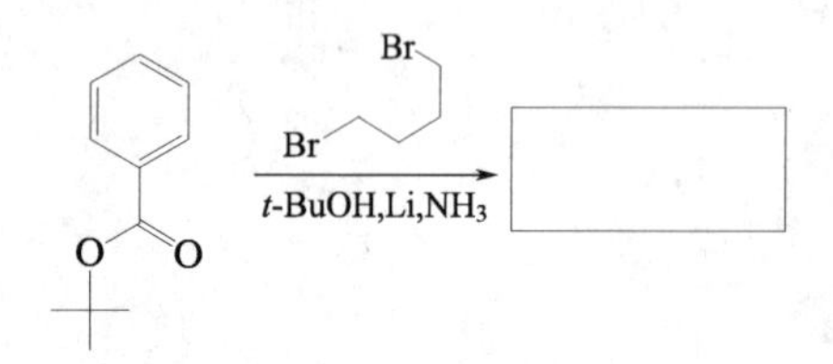

［答案］

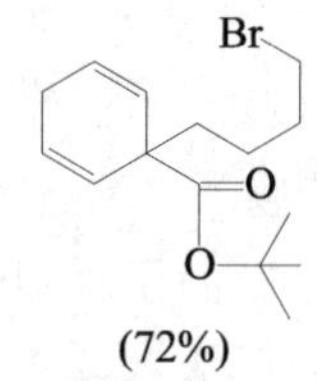

本反应中，1,4-二溴丁烷被加入到苯甲酸叔丁酯中，最后生成烷基化的1,4-环己双烯产物。

练习 5

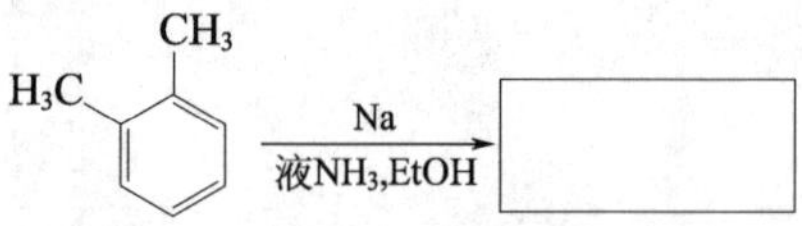

［答案］

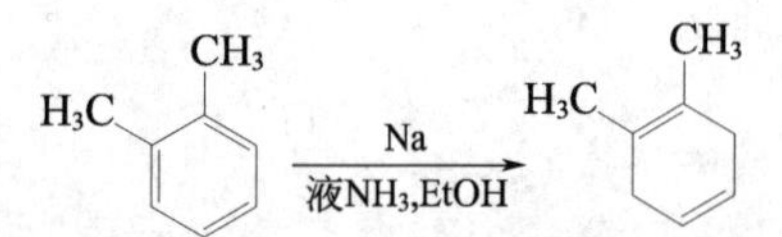

练习 6

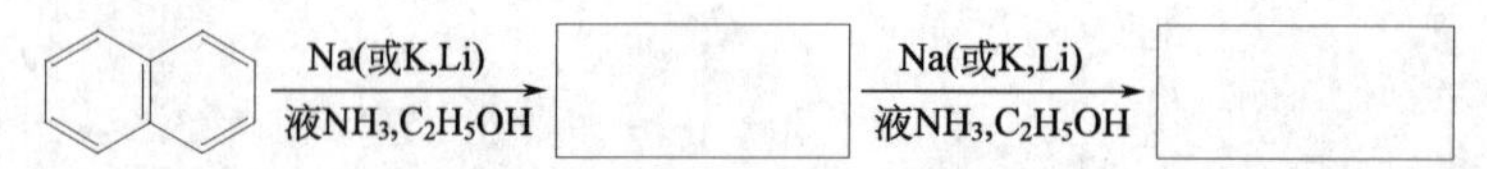

［答案］

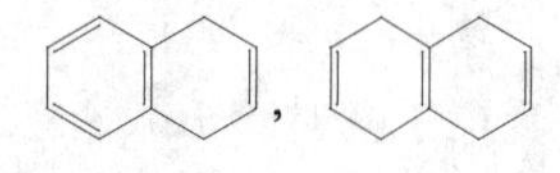

萘发生 Birch 还原时，可以得到 1,4-二氢化萘和 1,4,5,8-四氢化萘。

练习 7[5]

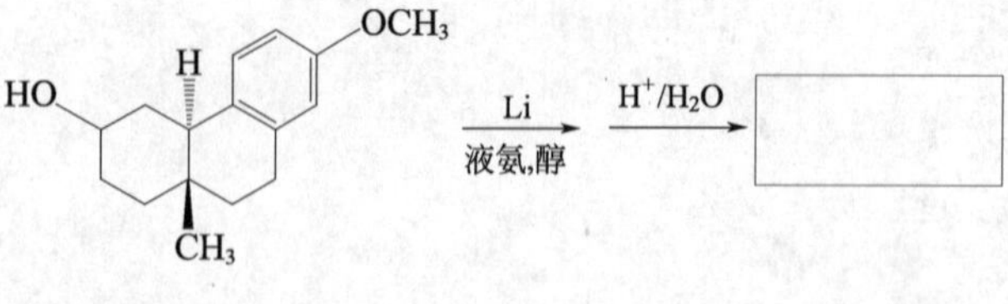

［答案］

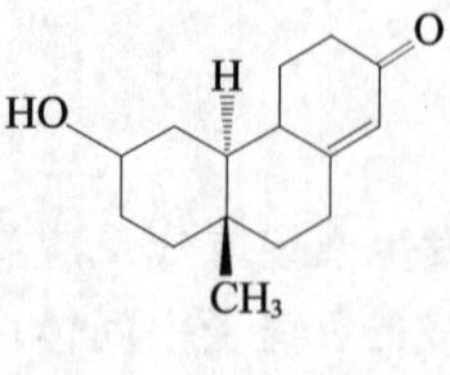

练习 8　写出苯甲醚转化成 α,β-不饱和环己酮的过程。

［答案］

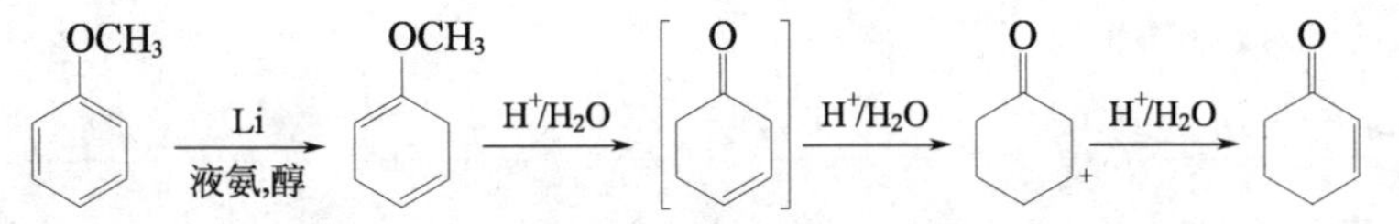

苯甲醚和苯胺的 Birch 还原反应特别具有价值，它们的二氢化合物迅速水解为 α,β-不饱和脂环酮[6,7]。

Birch 还原反应不仅可以用于苯环，还可以用于二环、稠环和芳香杂环化合物。虽然 Birch 还原反应使用时有一些局限性[8]，例如芳香底物中如果含有硫、卤素等官能团都会被还原掉，甲氧基特别在羰基对位时会被氢取代，杂原子在苄位也会被氢取代，酚类通常因迅速电离而阻碍还原等。但只要底物选择适当，充分利用官能团潜在性和仔细控制反应条件，仍然能达到其他反应不能达到的效果。

练习 9

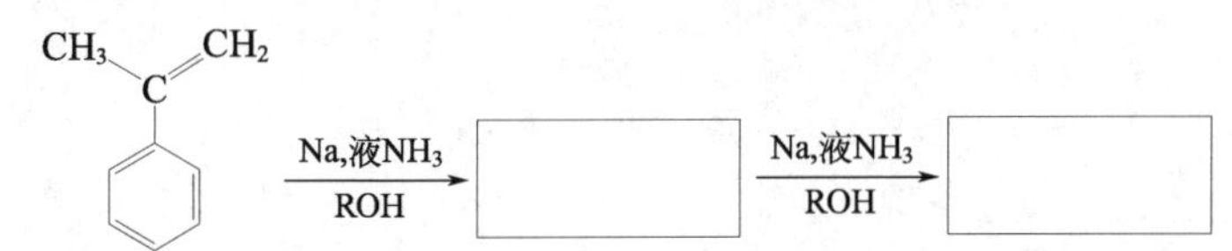

［答案］

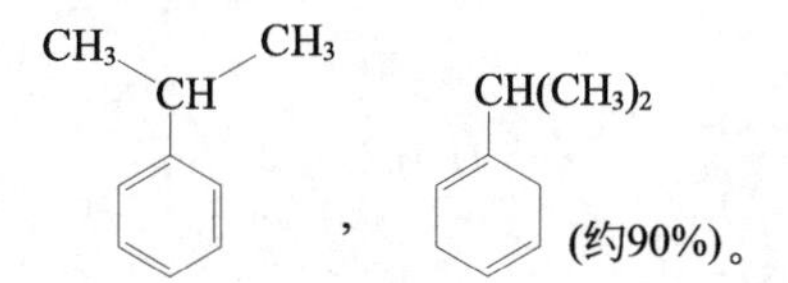

若取代基上有与苯环共轭的双键，Birch 还原首先在共轭双键处发生。

练习 10

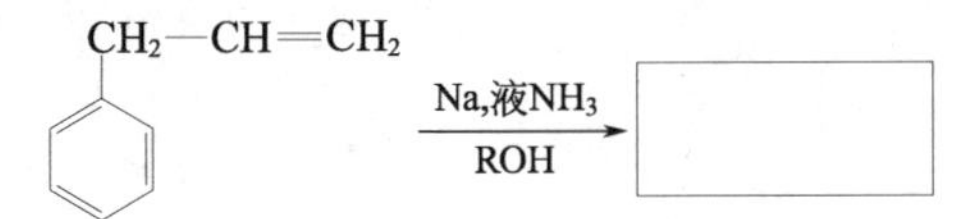

［答案］

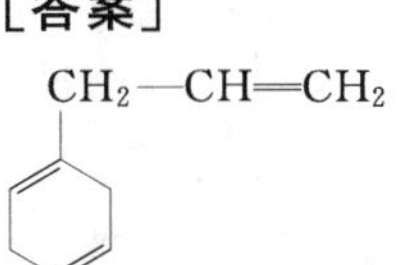

不与苯环共轭的双键不能发生 Birch 还原。

参考文献

［1］Birch A J. J Chem Soc，1944：430-436.
［2］汪秋安．高等有机化学．北京：化学工业出版社，2007.
［3］邢其毅．基础有机化学．第 2 版．北京：高等教育出版社，1993：268-269.
［4］孔祥文．有机化学．北京：化学工业出版社，2010：114.
［5］邢其毅．基础有机化学．第 3 版．北京：高等教育出版社，2005.
［6］魏荣宝．高等有机化学．北京：高等教育出版社，2007.
［7］吴范宏．有机化学学习与考研指津．2008 版．上海：华东理工大学出版社，2008：79.
［8］黎运龙，何煦昌．Birch 还原及其在有机合成中应用进展．有机化学，1993，13：561-569.

Brown 硼氢化

$$CH_3CH{=}CH_2 \xrightarrow[2.\ H_2O_2/OH^-]{1.\ B_2H_6} \boxed{\quad}$$ （兰州理工大学，2010）

丙烯经硼氢化-氧化反应后生成1-丙醇（$CH_3CH_2CH_2OH$）。

硼烷以B—H键与烯烃、炔烃的不饱和键（π键）加成生成有机硼化物的反应称为硼氢化反应（hydroboration）[1~3]。硼氢化反应是美国化学家布朗（H. C. Brown）发展的一类重要反应，在有机合成中有重要的用途。

最简单的硼氢化合物为甲硼烷（BH_3）。硼原子有空的外层轨道，硼烷的亲电活性中心是硼原子。两个甲硼烷分子互相结合生成乙硼烷（B_2H_6）。实际使用的是乙硼烷的醚溶液，硼氢化反应常用的试剂是乙硼烷的四氢呋喃、纯醚、二缩乙二醇二甲醚（$CH_3OCH_2CH_2OCH_2CH_2OCH_3$）等溶液，在反应时乙硼烷离解成两分子甲硼烷与溶剂形成络合物，然后甲硼烷与烯烃反应。

$$2BH_3 \rightleftharpoons B_2H_6$$

$$B_2H_6 + 2\,\text{THF} \longrightarrow 2H{-}BH_2{:}O(\text{THF}) \quad \text{或} \quad 2THF{:}BH_3$$

甲硼烷有三个硼氢键，可以和三分子烯烃反应而且速率很快，空间位阻小的简单烯烃只能得到三烷基硼化合物。

$$\frac{1}{2}(BH_3)_2 \xrightarrow{CH_2=CH_2} CH_3CH_2BH_2 \xrightarrow{CH_2=CH_2} \xrightarrow{CH_2=CH_2} (CH_3CH_2)_3B$$

$$RCH{=}CH_2 + BH_3 \xrightarrow{THF} (RCH_2CH_2)_3B$$

空间位阻大的烯烃可以分离出一烷基硼和二烷基硼化合物。例如：

$$CH_3C(CH_3){=}CHCH_3 \xrightarrow[0℃]{BH_3} [(CH_3)_2CHCH(CH_3)]_2BH$$

$$(CH_3)_2C{=}CHC(CH_3)_3 \xrightarrow[0℃]{BH_3} (CH_3)_2CHCH(BH_2)C(CH_3)_3$$

硼烷的亲电活性中心是硼原子，由于硼原子有空的外层轨道，所以硼原子加到带有部分负电荷的含氢较多的双键碳原子上，而氢原子带着一对键合电子加到带有部分正电荷的含氢较少的双键碳原子上，硼氢化反应是反Markovnikov规则的。一方面，硼氢化反应受立体因素的控制，硼原子主要加在取代基较少、位阻较小的双键碳原子上。另一方面，因为氢的电负性2.1，大于硼的电负性2.0。下列烯烃硼氢化反应加成的方向如箭头所示：

$(CH_3)_2CHCH{=}CHCH_3$	$CH_3CH_2CH_2CH{=}CH_2$	$(CH_3)_2C{=}CHCH_3$	$CH_3C(CH_3){=}CH_2$
↑43% ↑57%	↑6% ↑94%	↑2% ↑98%	↑1% ↑99%

烯烃的硼氢化反应，首先是缺电子的硼进攻电子云密度较高的双键碳原子，经环状四中心过渡态，随后氢由硼迁移到碳上。反应机理如下：

$$C{=}C \xrightarrow{BH_3} \overset{\delta^-}{H_2B{-}H}\ \ \overset{\delta^+}{C}{\cdots}\overset{\delta^+}{C} \longrightarrow \left[\begin{matrix}H_2B{\cdots}H\\ C{-}C\end{matrix}\right]^{\ne} \longrightarrow \begin{matrix}H_2B\ \ H\\ C{-}C\end{matrix}$$

四中心过渡态

烯烃与硼烷的加成，B 和 H 从碳碳双键的同侧加到两个双键碳原子上为顺式加成。例如：

$$\text{1-甲基环戊烯} + \frac{1}{2}(BH_3)_2 \longrightarrow \text{(H, CH}_3\text{; H, BH}_2\text{)}$$

综上，硼氢化反应的特点是：①反应为顺式加成；②当双键两侧空间位阻不同时，在位阻较小的一侧形成四中心过渡态；③与不对称烯烃反应时，硼与空间位阻小的双键碳结合。

烯烃的硼氢化反应生成的烷基硼，通常不分离出来，继续将硼原子置换成其它原子或基团，使烯烃转变为其它类型的有机化合物，其中应用最广的是在碱性条件下，烷基硼与过氧化氢反应生成醇，该反应称为烷基硼的氧化反应。过氧化氢有弱酸性，它在碱性条件下转变为它的共轭碱。

$$HO{-}OH + {}^{-}OH \rightleftharpoons HOO^{-} + H_2O$$

在三烷基硼的氧化反应中，过氧化氢的共轭碱进攻缺电子的硼原子，在生成的产物中含有较弱的 O—O 键，使碳原子容易由硼转移到氧上。

$$R_2B{-}C \xrightarrow{HOO^-} R_2B^-(O{-}OH){-}C \xrightarrow{-OH^-} R_2B{-}O{-}C \longrightarrow (HO)_2\text{-}C + R_2BOH$$

硼氢化反应和烷基硼的氧化反应合称硼氢化-氧化反应，它是烯烃间接水合制备醇的方法之一。与烯烃直接水合法以及烯烃经硫酸间接水合法制备醇不同，α-烯烃经硼氢化-氧化反应得到伯醇。

$$\text{(H, CH}_3\text{; H, BH}_2\text{)} \xrightarrow{H_2O_2, OH^-, H_2O} \text{(H, CH}_3\text{; H, OH)}$$

$$RCH{=}CH_2 + BH_3 \xrightarrow{THF} (RCH_2CH_2)_3B \xrightarrow{H_2O_2, OH^-, H_2O} 3RCH_2CH_2OH$$

$$3CH_3(CH_2)_7{-}\overset{\delta^+}{CH}{=}\overset{\delta^-}{CH_2} \xrightarrow[\text{二甘醇二甲醚}]{H_2\overset{\delta^+}{B}{-}\overset{\delta^-}{H}} [CH_3(CH_2)_7{-}CH_2{-}CH_2]_3B \xrightarrow[25\sim30℃]{H_2O_2, NaOH, H_2O} CH_3(CH_2)_7{-}CH_2{-}CH_2OH$$

炔烃的硼氢化反应可以停留在生成含烯键的一步：

$$C_2H_5C\equiv CC_2H_5 \xrightarrow[\text{二甘醇二甲醚}]{B_2H_6,0℃} \left[\begin{matrix} H_5C_2 & & C_2H_5 \\ & C=C & \\ H & & \end{matrix}\!\!-\!B\right]_3$$

炔烃硼氢化产物用酸处理生成顺式烯烃，氧化则生成醛或酮。

$$\left[\begin{matrix} H_5C_2 & & C_2H_5 \\ & C=C & \\ H & & \end{matrix}\!\!-\!B\right]_3 \xrightarrow[25℃]{HAc} \begin{matrix} H_5C_2 & & C_2H_5 \\ & C=C & \\ H & & H \end{matrix} \quad \text{硼氢化酸化——顺式烯烃}$$

$$\left[\begin{matrix} H_5C_2 & & C_2H_5 \\ & C=C & \\ H & & \end{matrix}\!\!-\!B\right]_3 \xrightarrow[HO^-/H_2O]{H_2O_2} CH_3CH_2CH_2\overset{O}{\overset{\|}{C}}-CH_2CH_3 \quad \text{硼氢化氧化——醛或酮}$$

采用空间位阻大的二取代硼烷作试剂，可以使末端炔烃只与 1mol 硼烷加成，产物经氧化水解可以制备醛：

$$CH_3(CH_2)_5C\equiv CH + [(CH_3)_2\overset{CH_3}{\overset{|}{C}}]_2BH \xrightarrow[\text{二甘醇二甲醚}]{0\sim10℃} CH_3(CH_2)_5CH=CH-B[\overset{CH_3}{\overset{|}{C}}(CH_3)_2]_2 \xrightarrow[HO^-/H_2O]{H_2O_2}$$

$$CH_3(CH_2)_5CH=\underset{OH}{\underset{|}{CH}} \xrightarrow{\text{重排}} CH_3(CH_2)_5CH_2CHO$$

而前面介绍的炔烃（乙炔除外）的直接水合只能得到酮。

练习 1

$$\text{1-甲基环戊烯}(\text{环戊烯环上带}CH_3) \xrightarrow{B_2H_6} \xrightarrow[OH^-]{H_2O_2} \boxed{}$$

（华南理工大学，2005）

［答案］

（环戊烷环：一个碳上有 CH_3 和 H，相邻碳上有 H 和 OH）

练习 2

$$CH_3C\equiv CCH_3 \xrightarrow[THF]{BH_3} \boxed{} \xrightarrow[H_2O/OH^-]{H_2O_2} \boxed{}$$

［答案］

$$\left(\begin{matrix} H & & B \\ & C=C & \\ H_3C & & CH_3 \end{matrix}\right)_3, \quad CH_3CH_2\overset{O}{\overset{\|}{C}}CH_3$$

练习 3

$$\begin{matrix} H_3C & & C_6H_5 \\ & C=C & \\ H & & H \end{matrix} \xrightarrow{B_2H_6} \xrightarrow{H_2O_2/OH^-} \boxed{}$$

（中国石油大学，2003）

［答案］

$$HO\overset{CH_3}{\underset{CH_2C_6H_5}{+}}H, \quad H\overset{CH_3}{\underset{CH_2C_6H_5}{+}}OH$$

练习4

用 $H_2C{=}C(H){-}C{\equiv}CH$ 和 CH_3CHO 合成 $CH_3\overset{O}{\overset{\|}{C}}CH_2CH_2\underset{OH}{\underset{|}{C}}HCH_3$ （中山大学，2005）

[答案]

$$H_2C{=}C(H){-}C{\equiv}CH \xrightarrow[H_2SO_4]{H_2O,HgSO_4} H_2C{=}C(H){-}\overset{O}{\overset{\|}{C}}CH_3 \xrightarrow[H_2O_2,OH^-]{B_2H_6} HOCH_2CH_2{-}\overset{O}{\overset{\|}{C}}CH_3 \xrightarrow[\triangle]{HBr} BrCH_2CH_2{-}\overset{O}{\overset{\|}{C}}CH_3$$

$$\xrightarrow[H^+]{HOCH_2CH_2OH} \text{2-(2-溴乙基)-2-甲基-1,3-二氧戊环} \xrightarrow[\text{干醚}]{Mg} \text{2-甲基-1,3-二氧戊环-2-乙基}MgBr \xrightarrow[2.\ H^+]{1.\ CH_3CHO} CH_3\overset{O}{\overset{\|}{C}}CH_2CH_2\underset{OH}{\underset{|}{C}}HCH_3$$

练习5

$$H_3C{-}C_6H_4{-}C{\equiv}C{-}C_6H_4{-}Cl \xrightarrow[2.\ H_2O_2,OH^-]{1.\ B_2H_6} \boxed{\quad}$$ （南开大学，2009）

[答案]

$H_3C{-}C_6H_4{-}CH_2{-}C(=O){-}C_6H_4{-}Cl$

练习6

[答案]

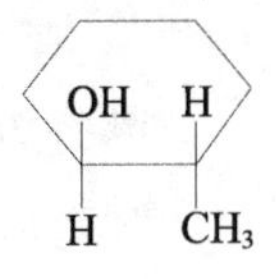

1-甲基环己烯经硼氢化-氧化反应后生成反-2-甲基环己醇，硼氢化为顺式加成，从位阻小的一面进攻。

参考文献

[1] Brown H C, Tierney P A. J Am Chem Soc, 1958, 80: 1552-1558.
[2] 孔祥文．有机化学．北京：化学工业出版社，2010：114.
[3] Jie Jack Li. Name Reaction. 4th ed. Berlin Heidelberg: Springer-Verlag, 2009: 70.

Cannizzaro 反应

$$C_6H_5{-}CHO \xrightarrow{OH^-} C_6H_5COO^- + C_6H_5CH_2OH$$

（南京航空航天大学，2006；中国科学技术大学，1998）

苯甲醛在浓碱作用下首先形成同碳二元醇氧负离子，然后氧负离子的 α-H 以负氢离子转移到另一个醛的羰基碳原子上，前者形成苯甲酸，后者形成苯甲醇氧负离子，最后二者的质子交换得到苯甲酸盐和苯甲醇，写出该反应的机理。机理如下[1]：

$$C_6H_5-\overset{O}{\overset{\|}{C}}-H + OH^- \longrightarrow C_6H_5-\overset{O^-}{\overset{|}{\underset{OH}{\underset{|}{C}}}}-H$$

$$C_6H_5-\overset{O^-}{\overset{|}{\underset{OH}{\underset{|}{C}}}}-H + \overset{H}{\underset{C_6H_5}{}}C=O \longrightarrow C_6H_5-\overset{O}{\overset{\|}{\underset{OH}{\underset{|}{C}}}} + C_6H_5CH_2O^- \longrightarrow C_6H_5-\overset{O}{\overset{\|}{C}}-O^- + C_6H_5-CH_2OH$$

这种不含 α-氢原子的脂肪醛或芳醛在浓碱条件下加热，分子间可以进行氧化和还原两种性质相反的反应，即一分子醛被氧化成酸，另一分子醛被还原成醇，该反应称为歧化反应（disproportionation），这一反应是 1853 年 Cannizzaro 首先发现的[2,3]，因而又称为 Cannizzaro 反应。例如：

$$2HCHO \xrightarrow{\text{浓 NaOH}} HCOONa + CH_3OH$$

$$2\ C_6H_5CHO \xrightarrow{\text{浓 NaOH}} C_6H_5COONa + C_6H_5CH_2OH$$

Cannizzaro 反应的机理如下[4]：

$$H-\overset{O}{\overset{\|}{C}}-H + OH^- \longrightarrow \underset{\mathbf{1}}{H-\overset{O^-}{\overset{|}{\underset{OH}{\underset{|}{C}}}}-H}$$

$$\underset{\mathbf{1}}{H-\overset{O^-}{\overset{|}{\underset{OH}{\underset{|}{C}}}}-H} + \overset{H}{\underset{H}{}}C=O \longrightarrow \underset{\mathbf{2}}{H-\overset{O}{\overset{\|}{\underset{OH}{\underset{|}{C}}}}} + \underset{\mathbf{3}}{CH_3O^-} \longrightarrow \underset{\mathbf{4}}{H-\overset{O}{\overset{\|}{\underset{O^-}{\underset{|}{C}}}}} + \underset{\mathbf{5}}{CH_3OH}$$

OH⁻ 对甲醛亲核加成生成（**1**），**1** 消去 H⁻ 成为甲酸（**2**），该 H⁻ 与另一分子甲醛的羰基发生亲核加成反应形成新的 C—H 生成甲氧基负离子（**3**），然后 **2** 和 **3** 进行质子交换后得到产物甲酸盐（**4**）和甲醇（**5**）。

当反应在重水中和含有重氢的氢氧化钠中反应时，所得醇的 α-碳原子上不含重氢，表明这些 α-氢原子是由另一分子醛得到的，而不是来自反应介质。由此可知也可以将醛基中的氢换成重氢，这样产物中的醇的 α-H 中有重氢。

两种不同的不含 α-氢原子醛之间也能发生歧化反应，该反应称为交叉 Cannizzaro 反应。例如，三羟甲基乙醛与甲醛都是不含 α-氢原子的醛，在碱作用下发生交叉 Cannizzaro 反应。由于甲醛的还原性更强，三羟甲基乙醛被还原成季戊四醇（pentaerythritol），甲醛则被氧化为甲酸。

$$3HCHO + CH_3CHO \xrightarrow{Ca(OH)_2} HOCH_2-\overset{CH_2OH}{\overset{|}{\underset{CH_2OH}{\underset{|}{C}}}}-CHO$$

$$HOCH_2-\overset{CH_2OH}{\overset{|}{\underset{CH_2OH}{\underset{|}{C}}}}-CHO + HCHO \xrightarrow[55\sim65^\circ C]{Ca(OH)_2} HOCH_2-\overset{CH_2OH}{\overset{|}{\underset{CH_2OH}{\underset{|}{C}}}}-CH_2OH + \frac{1}{2}(HCOO)_2Ca$$

这是实验室和工业生产中制备季戊四醇的方法。例如：

$$PhCHO + HCHO \xrightarrow{OH^-} PhCH_2OH + HCOO^-$$

练习1

$$\text{5-甲基-2-呋喃甲醛}(H_3C-C_4H_2O-CHO) + HCHO \xrightarrow{\text{浓NaOH}} \boxed{\quad}$$

（上海交通大学，2004）

［答案］

$$H_3C-C_4H_2O-CH_2OH + HCOO^-$$

练习2

$$p\text{-}O_2N-C_6H_4-CHO + p\text{-}CH_3-C_6H_4-CHO \xrightarrow{\text{浓}OH^-} \boxed{\quad}$$

（青岛科技大学，2001）

［答案］

$$p\text{-}O_2N-C_6H_4-COO^- + p\text{-}CH_3-C_6H_4-CH_2OH$$

练习3　选择题

下列化合物中，哪个可发生歧化反应——康尼查罗（Cannizzaro）反应？（　　）

A. $CH_3CH_2CH_2CHO$　　B. $CH_3\overset{O}{\overset{\|}{C}}CH_2CH_3$

C. $C_6H_5-CH_2CHO$　　D. $(CH_3)_3CCHO$

（四川大学，2003）

［答案］ D。只有不含 α-H 的醛在浓 OH^- 条件下才能发生 Cannizzaro 反应。

练习4　写出反应产物和机理

$$\text{吡啶-2,3-二甲醛} \xrightarrow[2.\ H_3O^+,\ \triangle]{1.\ OH^-} \boxed{\quad}$$

（浙江大学，2003）

［答案］

$$\text{吡啶-2,3-二甲醛} \xrightarrow{OH^-} \text{3-COOH-2-}CH_2OH\text{-吡啶} + \text{3-}CH_2OH\text{-2-COOH-吡啶} \xrightarrow[\triangle]{H_3O^+} \text{内酯} + \text{内酯}$$

练习 5

CHO–CHO $\xrightarrow[H_2O]{浓NaOH}$ [ ]

［答案］

CHO–CHO $\xrightarrow[H_2O]{浓\ NaOH}$ $HOCH_2COONa$ $\xrightarrow{H_3O^+}$ $HOCH_2COOH$

练习 6[5]

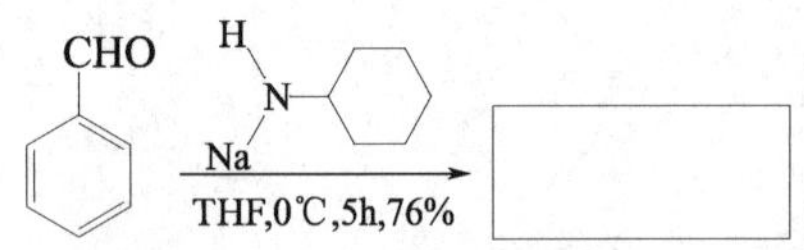

［答案］

N-环己基苯甲酰胺 + 苯甲醇（结构式）

练习 7

C_6H_5–CHO + CH_2O $\xrightarrow{NaOH}$ [ ]　　（兰州理工大学，2010）

［答案］

C_6H_5–CH_2OH + HCO^-（O=）

参考文献

［1］金圣才．有机化学名校考研真题详解．北京：中国水利水电出版社，2010.

［2］Cannizzaro S. Ann，1853，88：129-130.

［3］Jie Jack Li. Name Reaction. 4th ed. Berlin Heidelberg：Springer-Verlag，2009：94.

［4］孔祥文．有机化学．北京：化学工业出版社，2010：114.

［5］Ishihara K，Yano T. Org Lett，2004，6：1983-1986.

Clemmensen 还原

C_6H_5–$C(=O)CH_3$ $\xrightarrow[\triangle]{Zn\text{-}Hg/HCl}$ [ ]　　（兰州理工大学，2010）

苯乙酮与锌汞齐在浓盐酸溶液中加热反应得到乙苯，C_6H_5–CH_2CH_3，反应物苯乙酮分子中的羰基被还原为亚甲基。

将醛、酮与锌汞齐在浓盐酸溶液中回流，可将羰基直接还原成亚甲基，这就是Clemmensen反应[1]。有机合成中常用此方法合成直链烷基苯[2,3]。例如：

$$C_6H_5\overset{O}{\overset{\|}{C}}(CH_2)_{16}CH_3 \xrightarrow[\text{浓 HCl},\triangle]{\text{Zn-Hg}} C_6H_5(CH_2)_{17}CH_3$$

反应通式：

$$>C=O \xrightarrow[\text{HCl}]{\text{Zn-Hg}} -CH_2- + H_2O$$

反应机理1[4]：

$$PhCOCH_3 \xrightarrow[\text{单电子转移反应(SET)}]{\text{Zn-Hg,HCl}} Ph\dot{C}(O^{\ominus})CH_3\ \overset{\oplus}{Z}nCl \xrightarrow{e^{\ominus};H^{\oplus}} PhCH(OZnCl)CH_3 \overset{H^{\oplus}}{\rightleftharpoons} PhCH(\overset{\oplus}{O}HZnCl)CH_3 + Cl^{\ominus}$$

$$\xrightarrow{S_N2} PhCHClCH_3 \xrightarrow{e^{\ominus}} Ph\dot{C}HCH_3 \xrightarrow{e^{\ominus};H^{\oplus}} PhCH_2CH_3$$

反应机理2[4]：

$$PhCOCH_3 \xrightarrow[\text{SET}]{\text{Zn-Hg,HCl}} Ph\dot{C}(O^{\ominus})CH_3\ \overset{\oplus}{Z}nCl \longrightarrow PhC(OZnCl)(Zn)CH_3 \longrightarrow PhC(=Zn)CH_3 \xrightarrow{H^{\oplus}} PhCH_2CH_3$$

反应机理3[5]：

$$C_6H_5C(=O)R \xrightarrow[e^-]{M} C_6H_5\dot{C}(O^-(M))R \xrightarrow{H\cdot} C_6H_5CH(O^-(M))R \xrightarrow{H^+} C_6H_5CH(OH)R \xrightarrow{H^+} C_6H_5CH(\overset{+}{O}H_2)R$$

$$\xrightarrow{-H_2O} C_6H_5\overset{+}{C}HR \xrightarrow{e^-} C_6H_5\dot{C}HR \xrightarrow{H\cdot} C_6H_5CH_2-R$$

(M为Zn、Zn^{2+}、Hg)

Clemmensen还原对羰基具有很好的选择性，除 α,β-不饱和键外，一般对双键无影响，反应操作简便；但是由于是在酸性介质中进行的反应，所以此方法不适用于对酸敏感的醛、酮（如呋喃醛、酮和吡咯类醛酮）及对热敏感的醛、酮。Wolff-Kishner反应是对Clemmensen反应的重要补充。

用5%～10%的 $HgCl_2$ 水溶液处理锌粉（粒），可得锌汞齐，将其与醛或酮在5%盐酸中回流可将醛基还原为甲基，酮基还原为亚甲基。Clemmensen还原的反应机理有人认为是自由基机理，也有人认为是碳正离子历程。

练习1

$$\text{蒽醌} \xrightarrow[\text{苯},\triangle]{\text{Zn-Hg,HCl}} \boxed{\quad\quad}$$

［答案］

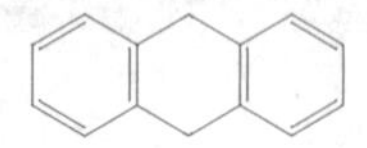

练习 2

从苯出发合成 $O_2N-C_6H_4-\overset{O}{\overset{\|}{C}}CH_2CH_2CH_3$ 。

［答案］ 产物中有两个第二类定位基在苯环上，它们之间的位置关系与定位规律不一致；故在合成反应中，需应用官能团的性质转化操作。合成过程为

$$C_6H_6 + CH_3CH_2CH_2\overset{O}{\overset{\|}{C}}-Cl \xrightarrow{AlCl_3} C_6H_5\overset{O}{\overset{\|}{C}}CH_2CH_2CH_3 \xrightarrow[\text{浓 HCl}]{Zn\text{-}Hg} C_6H_5(CH_2)_3CH_3 \xrightarrow[H_2SO_4]{HNO_3}$$

$$O_2N-C_6H_4-(CH_2)_3CH_3 \xrightarrow[h\nu]{Cl_2} O_2N-C_6H_4-CCl_2-CH_2CH_2CH_3 \xrightarrow[OH^-]{H_2O} O_2N-C_6H_4-\overset{O}{\overset{\|}{C}}CH_2CH_2CH_3$$

本题使用了羰基的制备和还原，然后再恢复羰基的转化方法；是由产物的各取代基之间的内在制约和联系决定的。

练习 3

由苯出发合成 1-甲基-2-四氢萘酮（CH_3，O）。

［答案］

$$C_6H_6 + \text{丁二酸酐} \xrightarrow{AlCl_3} C_6H_5\overset{O}{\overset{\|}{C}}CH_2CH_2COOH \xrightarrow[\text{浓HCl}]{Zn\text{-}Hg} C_6H_5CH_2CH_2CH_2COOH \xrightarrow[\triangle]{PPA} \text{1-四氢萘酮} \xrightarrow[2.\ H_3O^+]{1.\ CH_3MgBr}$$

$$\text{1-甲基-1-四氢萘醇}\ (H_3C,\ OH) \xrightarrow[\triangle]{H^+} \text{4-甲基-1,2-二氢萘}\ (CH_3) \xrightarrow{BH_3} \xrightarrow{H_2O_2,OH^-} \text{1-甲基-2-四氢萘醇}\ (OH,\ CH_3) \xrightarrow[CH_3COCH_3]{Al[OCH(CH_3)_2]_3} \text{1-甲基-2-四氢萘酮}\ (O,\ CH_3)$$

最后一步氧化反应如果使用 $K_2Cr_2O_7$ 等氧化剂，可产生一定量的氧化副产物（苯环的侧链 α-氢的反应）。

练习 4

$$C_6H_5\overset{O}{\overset{\|}{C}}CH_2CH_2COOH \xrightarrow[HCl]{Zn\text{-}Hg} \boxed{\quad\quad}$$

［答案］

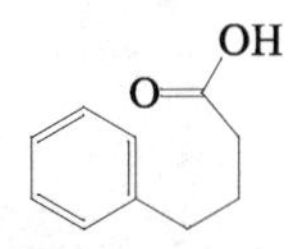

Clemmensen还原几乎可用于所有芳香族和脂肪族酮的还原，反应易于进行，收率较高。底物分子中的羧基、酯基、酰胺基等不受影响。

练习5

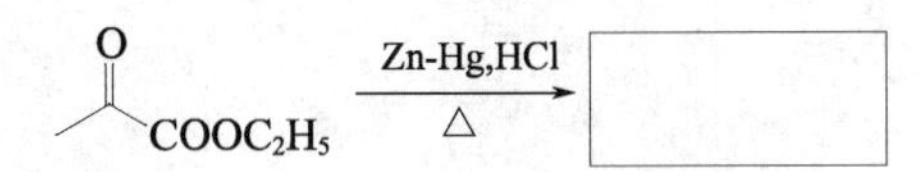

［答案］

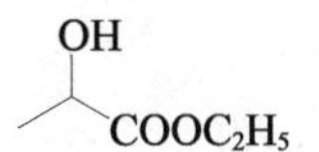

此法在还原α-酮酸或α-酮酸酯时，只能还原酮羰基到羟基。

练习6

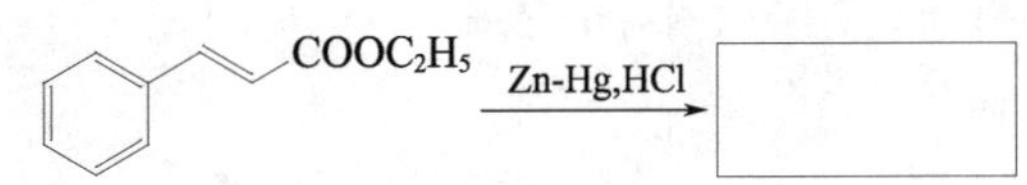

［答案］

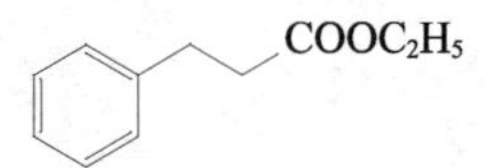

对于不饱和酮，一般情况下孤立双键不受影响，与羰基共轭的双键和羰基同时被还原。与酯基共轭的双键，仅双键被还原。

练习7

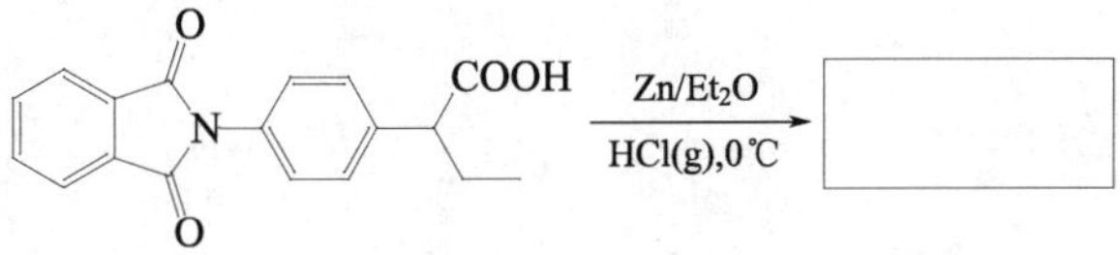

［答案］

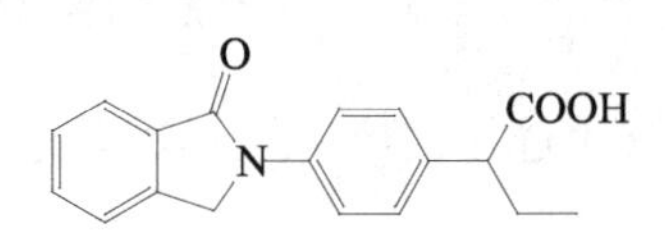

该反应也不适于对酸和热敏感的底物。但适当的条件下，仍可实现敏感化合物的还原，如抗凝血药吲哚布芬(Indobufen)的合成。

练习8

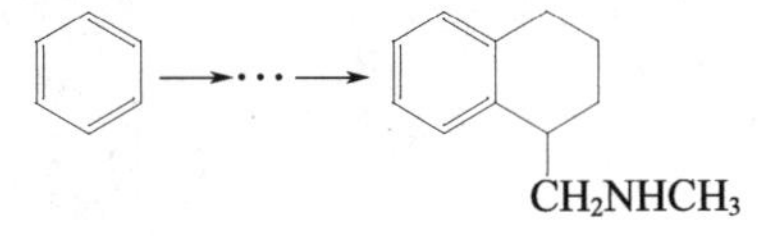

（南开大学，2009）

［答案］

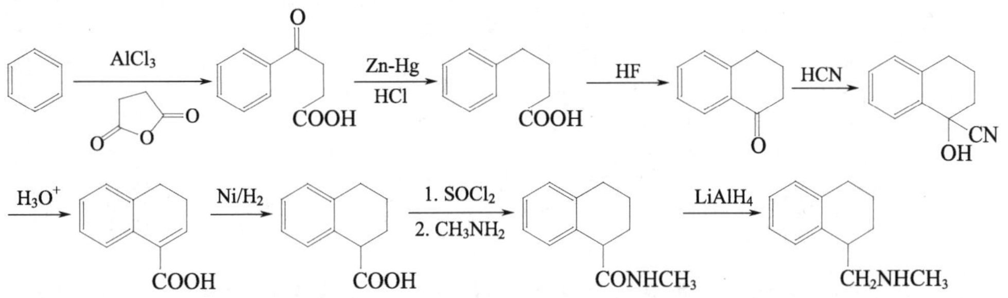

练习 9

$O_2N-C_6H_4-CHO \xrightarrow[HCl]{Zn\text{-}Hg}$ [ ]

[答案]

$H_2N-C_6H_4-CH_3$

参考文献

[1] Clemmensen E. Ber，1913，46：1837-1843.

[2] 孔祥文. 有机化学. 北京：化学工业出版社，2010：114.

[3] 姜文凤，陈宏博. 有机化学学习指导及考研试题精解. 第 3 版. 大连：大连理工出版社，2005：236.

[4] Jie Jack Li. Name Reaction. 4th ed. Berlin Heidelberg：Springer-Verlag，2009：129.

[5] 蒋启军. Clemmensen 还原反应机理探讨 [D]. 上海：中国科学院上海冶金研究所，2000.

Luche 还原

$C_6H_5-CH{=}CH-CHO \xrightarrow{NaBH_4,CeCl_3}$ [ ]

$C_6H_5-CH{=}CH-CH_2OH$

3-苯基烯丙醛（肉桂醛）用硼氢化钠和三氯化铈还原得到 3-苯基烯丙醇（肉桂醇），反应中与醛基共轭的双键未受影响。该反应为 Luche 还原反应。

Luche 等[1]发现还原剂 $NaBH_4$ 和 $CeCl_3 \cdot 7H_2O$ 可以控制反应选择性地还原 α,β-不饱和醛、酮，而与不共轭的醛酮不反应[2]，例如：

2-噻吩甲醛（CHO） + 环己基甲醛（CHO） $\xrightarrow{NaBH_4,CeCl_3}$ 2-噻吩甲醇（CH_2OH） + 环己基甲醛（CHO）

2-环戊烯酮（O） $\xrightarrow[CeCl_3]{NaBH_4}$ 2-环戊烯醇（OH）

反应机理：

$$NaBH_4 + CeCl_3 \longrightarrow HCeCl_2$$

$Cl_2Ce(H)\cdots O$=环戊烯酮 $\xrightarrow{1,2\text{-氢加成}}$ 环戊烯基-$O-CeCl_2$ $\xrightarrow{HCl}$ 2-环戊烯醇（OH） $+ CeCl_3$

七水合三氯化铈与硼氢化钠共用时可作为 Luche 还原反应中的试剂，该反应是有机合成中将α,β-不饱和酮还原的常用方法之一。例如，香芹酮（Carvone）在三氯化铈和硼氢化钠共同作用下，可以控制只有羰基双键被还原，生成（**1**），而不产生（**2**）；而无三氯化铈时，产物则为（**1**）和（**2**）的混合物。

三氯化铈，别名氯化铈、氯化铈（Ⅲ），化学式 $CeCl_3$。无色易潮解块状结晶或粉末。露置于潮湿空气中时，迅速吸收水分生成组成不定的水合物。易溶于水，可溶于酸和丙酮。水合物直接在空气中加热时会发生少量水解。若在真空中加热七水合物数小时逐渐至140℃，则可得到无水三氯化铈。用此法制得的无水三氯化铈可能还含有少量水解产物CeOCl，但已经可与有机锂试剂和Grinard试剂共用，用于有机合成。纯的无水三氯化铈可通过将水合物在高真空中和4～6倍氯化铵存在下缓慢加热至400℃，或将水合物与过量氯化亚砜共热3 h而制得。此外还可以通过单质铈与氯气化合制备无水三氯化铈。它一般通过在高真空下高温升华纯化。

Luche还原反应的特点是反应速度快，1,2-还原选择性高；反应操作简单，不用严格的无水无氧操作；对底物中的多种官能团，如羧基、酯基、氨基等都没有影响；底物的结构对反应影响较小，无论是开链结构还是环状结构均能得到很好的结果。

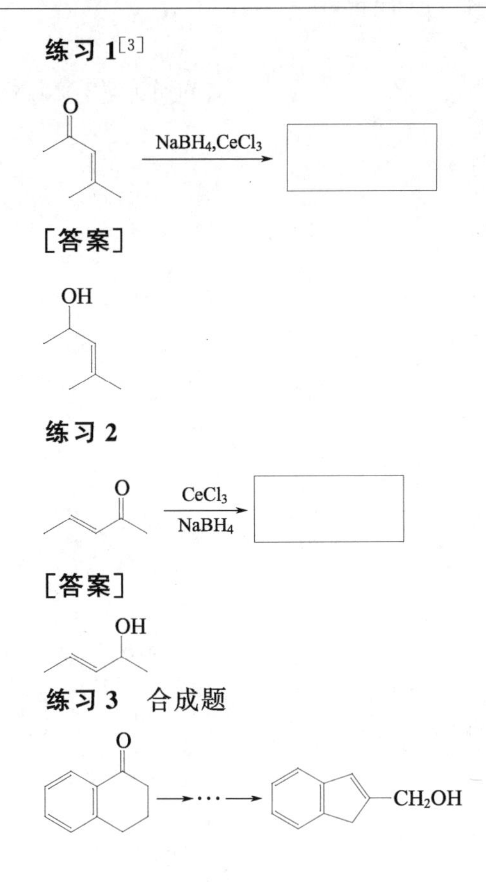

（中国科学技术大学，2003）

［答案］　产物为α,β-不饱和醇，可以通过羟醛缩合反应先生成α,β-不饱和醛，后还原得到产物。

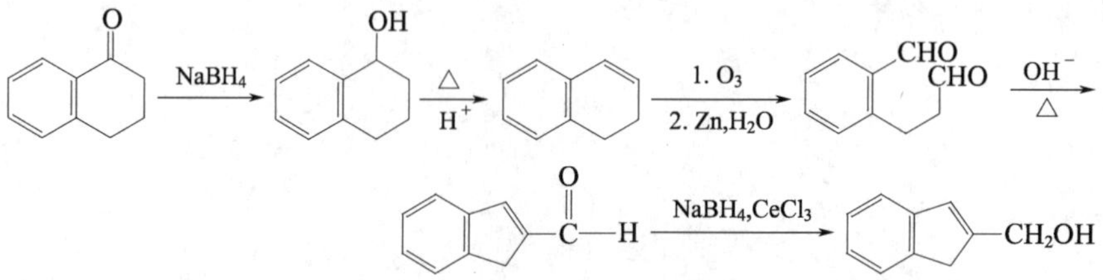

$NaBH_4$　△, H^+　1. O_3 2. Zn,H_2O　OH^-, △　$NaBH_4,CeCl_3$　CH_2OH

练习 4　填空

化合物 A 在过量硼氢化钠（$NaBH_4$）作用下的还原产物是（　　）。

A. 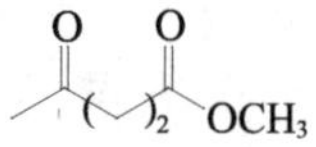 OCH_3　　B. 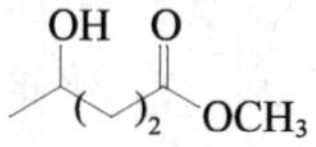 OH　OCH_3　　C. 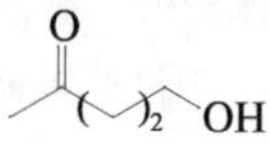 OH　　D. 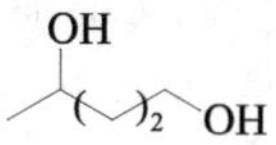 OH　OH

（中山大学，2003）

［答案］ B

练习 5　填空

将 $CH_3CH{=}CHCH_2COCH_3$ 转化为 $CH_3CH{=}CHCH_2{-}\underset{H}{\overset{OH}{C}}{-}CH_3$ ，不可使用的试剂为（　　）。

A. $NaBH_4$　　B. $Al[OCH(CH_3)_2]_3/(CH_3)_2CHOH$

C. H_2/Pd　　D. $LiAlH_4$

（郑州大学，2006）

［答案］ C。Pd 催化氢化、双键还原。

练习 6

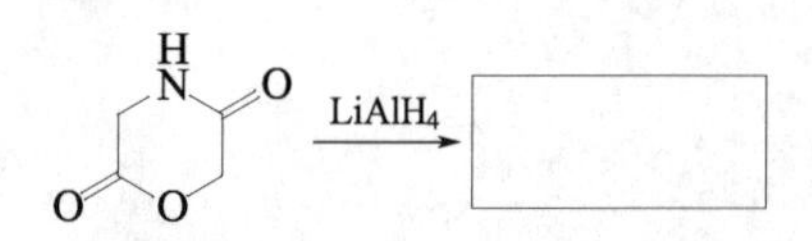

（南开大学，2009）

［答案］

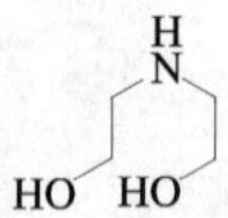

H N　HO　HO

练习 7

$CH_2{=}CHCH_2CHO \xrightarrow[2.\ H_3O^+]{1.\ NaBH_4}$ ［　　］

（兰州理工大学，2011）

［答案］　3-丁烯醛经硼氢化钠还原、水解得到 3-丁烯醇，反应中双键未受影响，$CH_2{=}CHCH_2CH_2OH$ 。

练习 8　合成

（南开大学，2012）

[答案]

$CeCl_3, NaBH_4$　　Ac_2O　　1. LDA, TMSCl　2. heat[3,3] σ

1. $SOCl_2$　2. HO⌒NH₂ ,NaH

练习 9　合成

（南开大学，2012）

[答案]

$2CN^-$

NC⌒CN, Base　　$NH_4Ac, NaBH_4$

OH^-, H_2O / H^+　　Barton 脱羧反应 或者 $Ag, Br_2; LiAlH_4$

练习 10

1eq. $NaBH_4$

[答案]

硼氢化钠是一个通过 H^- 进攻的亲核性还原剂，在有两个羰基存在的情况下，它可以有控制地在正电性较大的饱和羰基碳原子上发生反应。

练习 11

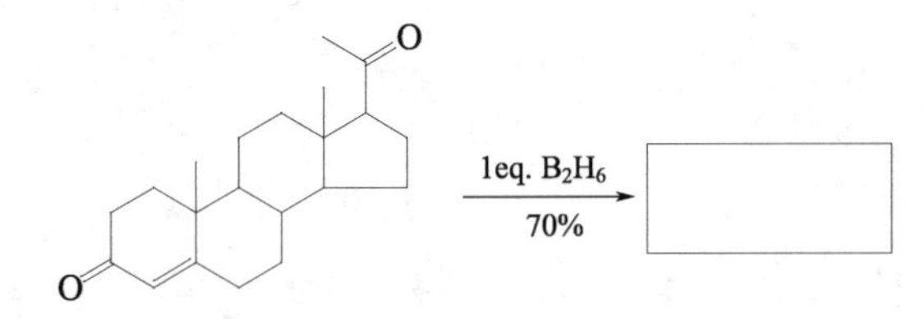

[答案]

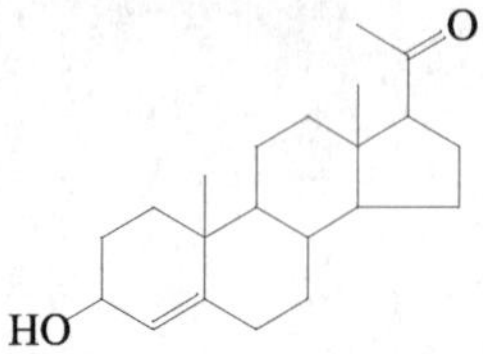

还原剂 B_2H_6 是亲电性试剂，它可以有控制地与不饱和羰基发生反应[4]。

参考文献

[1] Luche J L. J Am Chem Soc，1978，100：2226.

[2] Luche J L. Lanthanides in organic chemistry 1. Selective 1,2 reductions of conjugated ketones. 4. Selective borane reductions of progesterone. J Am Chem Soc，1978，100：2226-2227.

[3] 吴范宏．有机化学学习与考研指津．2008 版．上海：华东理工大学出版社，2008：105.

[4] Stefanovic M，Lajsic S. Selective borane reductions of progesterone. Tetrahedron Lett，1967，8：1777-1779.

Meerwein-Ponndorf-Verley 还原反应

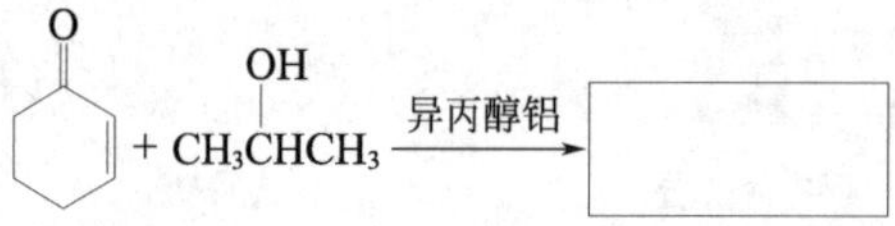

$+ CH_3CHCH_3$（OH）$\xrightarrow{\text{异丙醇铝}}$ □

（青岛科技大学，2001）

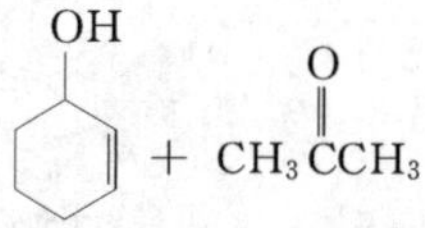

$+ CH_3CCH_3$（O）

2-环已烯酮经异丙醇/异丙醇铝还原可得到 2-环已烯醇[1]，反应中使用了一种具有较强选择性的还原试剂异丙醇铝（aluminium iso-propoxide），它只还原醛、酮羰基为羟基，自身被氧化成丙酮，对碳碳不饱和键不反应，既可还原脂肪醛和酮，也可还原芳香醛和酮。反应在苯或甲苯溶液中进行，不断把丙酮蒸出，促使反应向右进行，这个反应称为 Meerwein-Ponndorf-Verley 反应，简称 MPV 还原[2]。MPV 还原反应是 Oppenauer 氧化反应的逆反应[3]。反应通式：

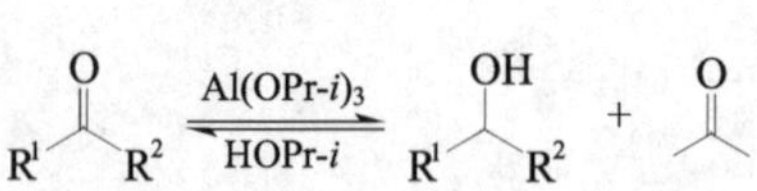

$$R^1COR^2 \underset{HOPr\text{-}i}{\overset{Al(OPr\text{-}i)_3}{\rightleftharpoons}} R^1CH(OH)R^2 + CH_3COCH_3$$

反应机理[4]：

Al(OPr-i)$_3$ 络合 R′ OPr-i Al OPr-i H R^2 O O ≡ i-PrO OPr-i Al O O R^1 R^2 H 负氢转移

O + Al(OPr-i)$_2$ O R^1 R^2 $\xrightarrow{H^{\oplus}}$ OH R^1 R^2

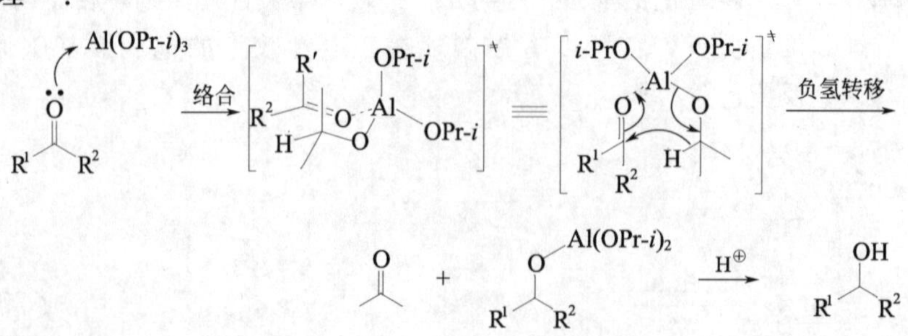

首先，反应物醛或酮羰基与异丙醇铝络合，经六元环过渡态，异丙醇铝中异丙氧基的 α-H

以负氢转移到醛或酮的羰基上。这样，一方面该异丙氧基被氧化成丙酮；另一方面，醛或酮羰基被还原，形成的烷氧基二异丙氧基铝再与异丙醇进行质子转移，生成相应的醇，同时形成一分子异丙醇铝。因此，在这里异丙醇铝是催化剂，而异丙醇是实际上的负氢源。从理论上看，异丙醇铝的用量只需催化量即可完成反应。但在实际应用中，为了提高反应速度和产率，常加入大于化学计量比的异丙醇铝[5]。

练习1

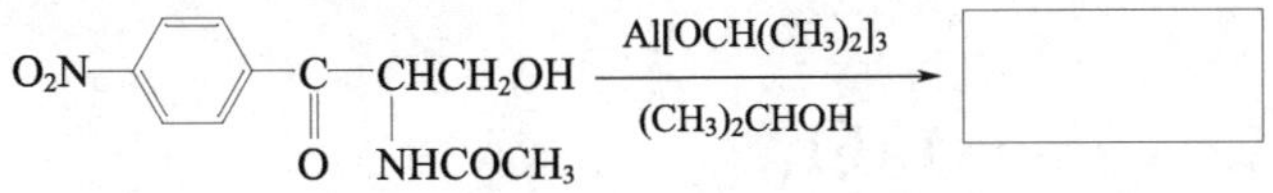

O_2N—C(=O)—CHCH$_2$OH (NHCOCH$_3$) $\xrightarrow[(CH_3)_2CHOH]{Al[OCH(CH_3)_2]_3}$ □

［答案］

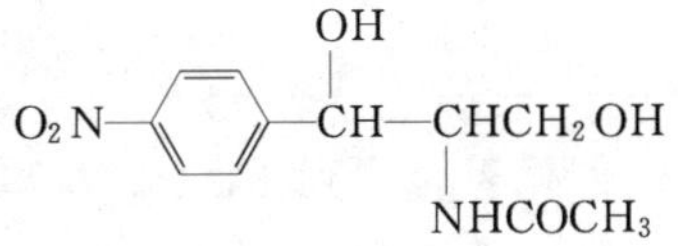

O_2N—CH(OH)—CHCH$_2$OH (NHCOCH$_3$)

Meerwein-Ponndorf-Verley 反应仅将酮羰基还原成仲醇，而硝基不会被还原。

练习2

$CH_3CH{=}CHCHO \xrightarrow[(CH_3)_2CHOH]{Al[OCH(CH_3)_2]_3}$ □

［答案］　$CH_3CH{=}CHCH_2OH$

Meerwein-Ponndorf-Verley 反应还原巴豆醛时，碳-碳双键保持不变，可顺利地生成巴豆醇。

练习3

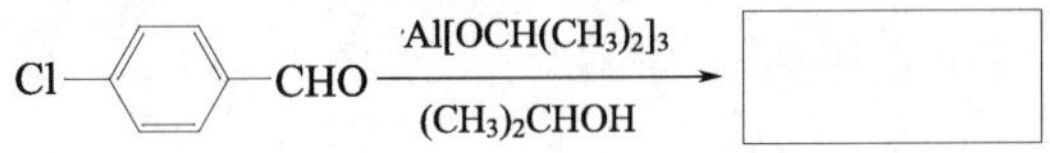

Cl—CHO $\xrightarrow[(CH_3)_2CHOH]{Al[OCH(CH_3)_2]_3}$ □

［答案］

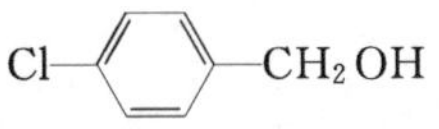

Cl—CH_2OH　　92%

含卤化合物进行 MPV 还原时，脂肪或芳香碳上的卤素均不受影响。

练习4

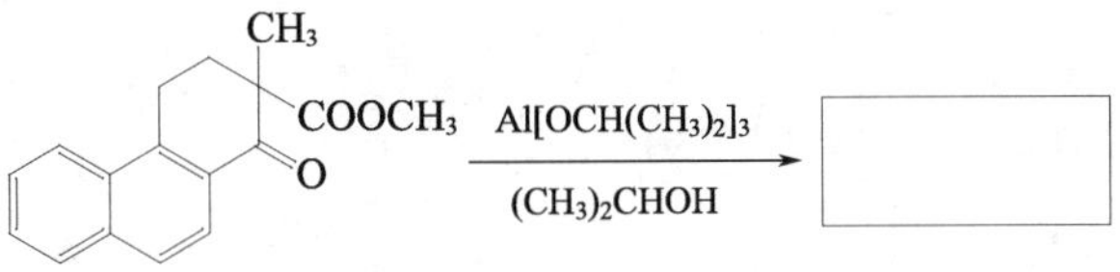

CH_3, $COOCH_3$, O $\xrightarrow[(CH_3)_2CHOH]{Al[OCH(CH_3)_2]_3}$ □

［答案］

Me, $COOCH(CH_3)_2$, OH

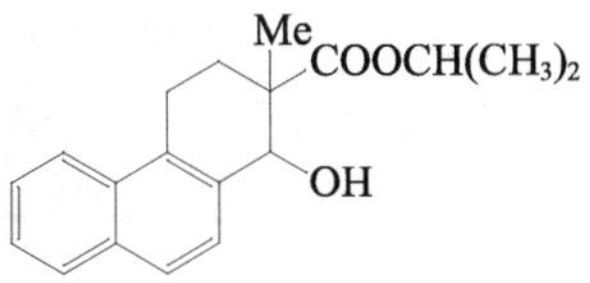

异丙醇铝可有效地催化酯交换反应，如底物分子中含有酯基，则 MPV 还原时，在酮羰基被还原的同时，酯基发生酯交换反应，生成羟基异丙酯。

参考文献

[1] 吴范宏．有机化学学习与考研指津．2008版．上海：华东理工大学出版社，2008：118.

[2] Meerwein H，Schmidt R Ann，1925，444：221-238.

[3] 孔祥文．有机化学．北京：化学工业出版社，2010：114.

[4] Jie Jack Li. Name Reaction. 4th ed. Berlin Heidelberg：Springer-Verlag，2009：346.

[5] 黄培强．有机人名反应、试剂与规则．北京：中国纺织出版社，2008：239.

Rosenmund 还原

$$CH_2=CH(CH_2)_9COOH \xrightarrow[2.\ H_2,50\%,Pd/C,EtOAc,53\%]{1.\ SOCl_2,DMF回流4h} \boxed{\quad}$$

11-十二烯酸与 $SOCl_2$ 反应得 11-十二烯酰氯，再经 Pd/C 催化氢化得到 11-十二烯醛[1]，$CH_2=CH(CH_2)_9CHO$。

羧酸先与亚硫酰氯反应生成酰氯，然后在 Pd/C 存在下与氢气反应就得到了相应的醛。Pd/C 的存在使氢化反应具有较高的选择性，只与酰氯反应，而不会与碳氧双键反应。该反应为 Rosenmund 还原反应的实例之一。

酰氯经催化氢化可还原为伯醇，若采用 Rosenmund 还原，可使酰氯还原为醛。该方法是将钯沉积在硫酸钡上（$Pd\text{-}BaSO_4$）作催化剂，并加入喹啉-硫或硫脲作为“抑制剂”，常压下加氢使酰氯还原成相应的醛，称为 Rosenmund 还原法[2]。这是制备醛的一种方法，这种方法不能还原硝基、卤素及酯基[3]。例如：

$$H_3CO-\overset{O}{\overset{\|}{C}}-CH_2CH_2-\overset{O}{\overset{\|}{C}}-Cl \xrightarrow[喹啉\text{-}硫]{H_2,Pd\text{-}BaSO_4} H_3CO-\overset{O}{\overset{\|}{C}}-CH_2CH_2-\overset{O}{\overset{\|}{C}}-H$$

反应通式：

$$RCOCl \xrightarrow[Pd\text{-}BaSO_4]{H_2} RCHO$$

反应机理[4]：

$$Pd\ Pd + H-H \longrightarrow Pd(H-H)Pd \longrightarrow Pd(H)\ Pd(H) \longrightarrow H-Pd-H$$

$$RCOCl \xrightarrow[氧化加成]{Pd(0)} RCO-Pd-Cl \xrightarrow[配体交换]{H-Pd-H} RCO-Pd-H \xrightarrow{还原消除} Pd(0) + RCHO$$

将纯粹的芳香族、杂环族或脂肪族酰氯类在 $Pd\text{-}BaSO_4$（或 C）催化剂存在下常压氢化，生成相对应的醛类，产率一般在 50%～80%，有时可达 90%以上。反应物分子中存在硝基、卤素、酯基等基团时，不受影响。如有羟基存在则应先酰化加以保护。本方法的主要困难在于生成的醛进一步易被还原成醇或烃类：

$$RCHO + H_2 \xrightarrow{催化剂} RCH_2OH \xrightarrow[-H_2O]{H_2,催化剂} RCH_3$$

为防止副反应发生，在反应系中常加入适量的“抑制剂”，如硫、硫脲、异氰酸苯酯、喹啉-硫等。反应终点控制可以采用标准碱液经常滴定吸收尾气（HCl）的水溶液，当放出 HCl 达理论量时，反应终点到达。

练习 1

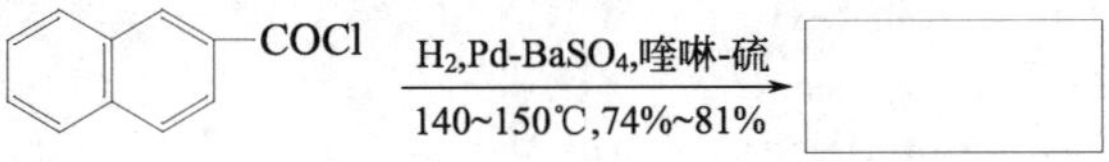

2-萘甲酰氯（COCl） $\xrightarrow[140\sim150℃,74\%\sim81\%]{H_2,Pd-BaSO_4,喹啉-硫}$ □

[答案]

2-萘甲醛（CHO） + HCl

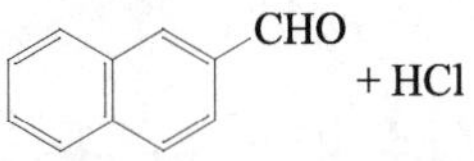

卤代烷或其它碳-杂化合物在催化氢化条件下，可发生碳-杂原子被氢原子取代的反应，该反应称为氢解反应。C—X 键的氢解提供了将卤素从分子中移去的有效方法，苄卤、烯丙卤等分子中比较活泼的卤原子比烷基卤化物更容易进行脱卤氢解。酰氯氢解还原成醛，而不继续还原为醇，这一反应称为 Rosenmund 还原。

练习 2

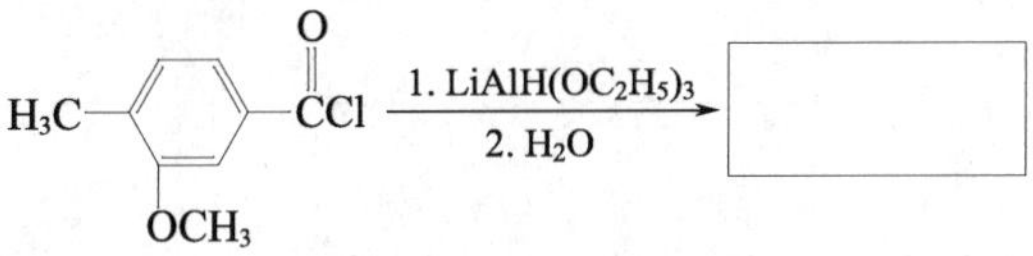

H_3C—(3-OCH_3)苯基—$\overset{O}{\overset{\|}{C}}Cl$ $\xrightarrow[2.\ H_2O]{1.\ LiAlH(OC_2H_5)_3}$ □

[答案]

H_3C—(3-OCH_3)苯基—$\overset{O}{\overset{\|}{C}}H$

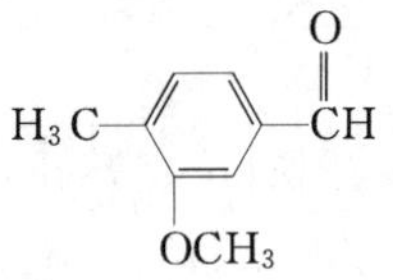

当氢化铝锂中的氢原子被烷氧基取代后，其还原能力降低，可以进行选择性还原，不能够还原羰基、氰基等，只能还原酰氯[3,4]。

练习 3[2]

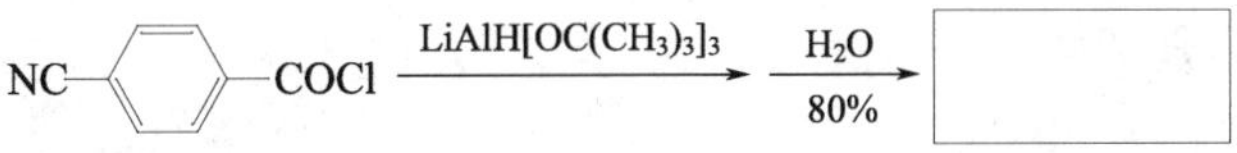

NC—C_6H_4—COCl $\xrightarrow{LiAlH[OC(CH_3)_3]_3}$ $\xrightarrow[80\%]{H_2O}$ □

[答案]

NC—C_6H_4—CHO

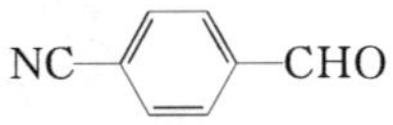

练习 4[3]

$CH_3(CH_2)_2CON(CH_3)_2 \xrightarrow{LiAlH(OC_2H_5)_3} \xrightarrow{H_2O}$ □

[答案]

$CH_3(CH_2)_2CHO + (CH_3)_2NH$

二乙氧基氢化铝锂或三乙氧基氢化铝锂可将酰胺还原成相应的醛。

练习 5

以 2-氯-3-氰基吡啶为原料合成 2-氯-3-吡啶甲醛（2-Chloro-3-pyridinecarboxaldehyde，CAS 号 36404-88-3）[5]

[答案]

(2-氯-3-氰基吡啶 $\xrightarrow[H_2O]{H^+}$ 2-氯烟酸（COOH） $\xrightarrow{SOCl_2}$ 2-氯烟酰氯（COCl） $\xrightarrow[\text{MePh,喹啉-硫}\ 70\%\sim85\%]{H_2,Pd\text{-}BaSO_4}$ 2-氯-3-吡啶甲醛（CHO）)

参考文献

[1] Chimichi S，Boccalini M，Cosimelli B. Tetrahedron，2002，58：4851-4858.

[2] Rosenmund K W. Ber，1918，51：585-594.

[3] 孔祥文．有机化学．北京：化学工业出版社，2010.

[4] 顾可权．重要有机化学反应．上海科学技术出版社，1959：289-291.

[5] Hershberg E B. Org Synth Coll，Vol 3. 1985：551.

Wolff-Kishner-黄鸣龙反应

(孕烯醇酮 $\xrightarrow[180\sim200℃,85\%]{H_2NNH_2/KOH/TEG}$ [ ])

HO

HO

醛或酮在强碱性介质中与水合肼缩合生成腙，腙受热分解放出氮气，同时羰基转化为甲基或亚甲基的反应，称为 Wolff-Kishner-黄鸣龙还原[1,2]。此法弥补了 Clemmensen 还原的不足，可用于对酸敏感的吡啶和四氢呋喃衍生物的羰基还原，尤其适用于甾体及难溶大分子羰基化合物。Wolff-Kishner 反应[3~5]通式为：

$$RC(O)R^1 \xrightarrow[\text{NaOH,回流}]{NH_2NH_2} RCH_2R^1$$

反应机理[6]如下：

(RC(O)R^1 + $NH_2\ddot{N}H_2$ → **6** → **7** → **8** $\xrightarrow{-N_2}$ **9** → **10**)

首先肼进攻醛酮的羰基碳原子进行亲核加成反应形成 α-肼醇（**6**），**6** 脱去一分子水得腙（**7**），**7** 在强碱（OH⁻）作用下，伯氨基氮原子上失去一个质子，形成—N═N—，同时原羰基碳原子获得一个氢质子，得到（**8**），**8** 在加热、强碱（OH^-）作用下，端位氮原子失去一个氢质子，放出一分子 N_2，生成碳负离子（**9**），**9** 获得一个氢质子即生成还原产物烃（甲基或亚甲基化合物）（**10**）。

练习 1[7]　选择适当的还原剂，将下列化合物中的羰基还原成亚甲基。

A. $BrCH_2CH_2CHO$

B. $(CH_3)_2C(OH)CH_2CH_2COCH_3$

C. $PhCH(OH)CH_2COCH_2CH_3$

D. $CH_3COCH_2CH—CH_2$（CH 与 CH_2 通过 O 成环氧）

[答案]　A 采用 Zn(Hg)-HCl，碱性条件下容易脱去 HBr；B 和 C 采用 Wolff-Kishner-黄鸣龙还原，在酸性条件下容易脱去水（H_2O）；D 在酸性和碱性条件下都可能导致环氧开环，难于找到适当还原剂。

练习 2[2]

苯丙酮 + H_2NNH_2 $\xrightarrow[\text{加热}]{NaOH,(HOCH_2CH_2)_2O}$ [　　]　（沈阳药科大学，2001）

[答案]

正丙苯

练习 3[2]

HO-甾体-$C(=O)-CH_3$ $\xrightarrow[HOCH_2CH_2OCH_2CH_2OH,200℃]{H_2NNH_2\cdot H_2O}$ [　　]

（中国药科大学，1992）

[答案]

HO-甾体-$CH_2—CH_3$

练习 4[2]

环己基-$C(=O)C_2H_5$ $\xrightarrow[\text{二缩乙二醇},\triangle]{H_2NNH_2,NaOH}$ [　　]　（深圳大学，2012）

[答案]

环己基-$CH_2C_2H_5$

练习 5[2]

O=环己烷-$(OCH_3)_2$ $\xrightarrow[HO\frown O\frown OH,\triangle]{H_2NNH_2,KOH}$ [　　]

［答案］

OCH_3
OCH_3

练习 6

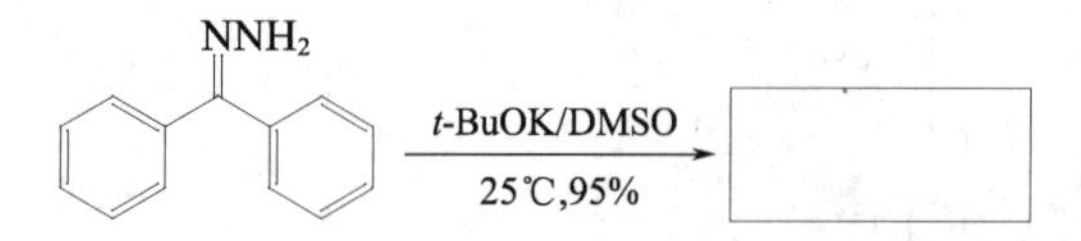

［答案］

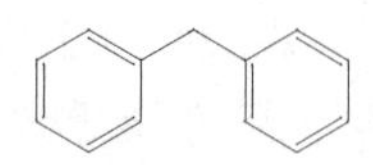

对高温敏感的醛或酮，可先将其转化为腙，然后用叔丁醇钾在DMSO中以温和的条件脱氮，完成还原。

练习 7

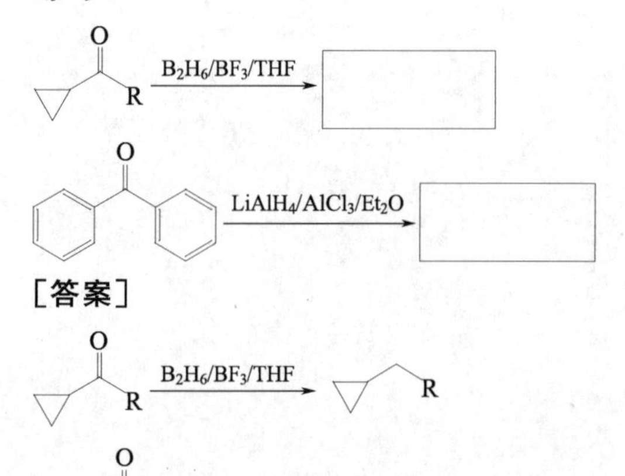

醛和酮的羰基还原为烃的主要方法有酸性条件下的锌汞齐法（Clemmensen 还原）和碱性条件下的水合肼法（Wolff-Kishner-黄鸣龙还原）。金属氢化合物与醛或酮反应一般生成醇，但一定条件下，也可发生氢解反应生成烃基。其应用范围远不及前两种方法普遍。由以上两例可见，还原是在 Lewis 酸存在下完成的，且底物的结构有利于形成稳定的碳正离子，由此可以推测其反应机理可能为：

H B—BH₃ H H R → O BH₂BH₃ R —BF₃→ F₃B⊖ ⊕O BH₂BH₃ R → H H B—BH₃ H ⊕ R → R

练习 8

试为下列反应建议合理、可能、分步的反应机理。有立体化学及稳定构象需要说明。

$$RC(=O)R' \xrightarrow[(HOCH_2CH_2)_2O,\triangle]{H_2NNH_2,KOH} R—CH_2—R'$$

（中国科学院，2009）

［答案］ Wolff-Kishner-黄鸣龙还原，机理如下：

$$R_2C{=}O + H_2NNH_2 \longrightarrow R_2C{=}N{-}NH_2 \xrightarrow{OH^-} [R_2C{=}N{-}\bar{N}H \longleftrightarrow R_2\bar{C}{-}N{=}NH]$$

$$\xrightarrow[-OH^-]{H_2O} R_2CH{-}N{=}NH \xrightarrow{OH^-} R_2CH{-}N{=}N^- \longrightarrow N_2\uparrow + R_2C^-H \xrightarrow[-OH^-]{H_2O} R_2CH_2$$

参考文献

[1] Huang Minlon. J Am Chem Soc，1949，71：3301-3303.（The Huang-Minlon modification).

[2] 孔祥文．有机化学．北京：化学工业出版社，2010.

[3] Kishner N J. Russ Phys Chem Soc，1911，43：582-595.

[4] Wolff L. Ann，1912，394：86.

[5] Huang Minlon. J Am Chem Soc，1946，68：2487-2488.

[6] Jie Jack Li. Name Reaction. 4th ed. Berlin Heidelberg：Springer-Verlag，2009：590.

[7] 裴伟伟，冯骏材．有机化学例题与习题题解及水平测试．北京：高等教育出版社，2006. 208.

第3章 成烯反应

Chugaev 消除

$$CH_3-\underset{CH_3}{\overset{CH_3}{C}}-\underset{OH}{CH}-CH_3 \xrightarrow[NaOH]{CS_2} \boxed{\quad} \xrightarrow{MeI} \boxed{\quad} \xrightarrow{\triangle} \boxed{\quad}$$

3,3-二甲基-2-丁醇在氢氧化钠存在下与二硫化碳反应生成1,2,2-三甲基丙基黄原酸盐，然后与碘甲烷反应得到1,2,2-三甲基丙基黄原酸甲酯，再加热发生 Chugaev 消除得到3,3-二甲基-1-丁烯。反应方程式如下：

$$CH_3-\underset{CH_3}{\overset{CH_3}{C}}-\underset{OH}{CH}-CH_3 \xrightarrow[NaOH]{CS_2} CH_3-\underset{CH_3}{\overset{CH_3}{C}}-\underset{O-\underset{S}{\overset{\|}{C}}-SNa}{CH}-CH_3 \xrightarrow{MeI} CH_3-\underset{CH_3}{\overset{CH_3}{C}}-\underset{O-\underset{S}{\overset{\|}{C}}-SMe}{CH}-CH_3 \xrightarrow{\triangle} CH_3-\underset{CH_3}{\overset{CH_3}{C}}-CH=CH_2$$

将醇与二硫化碳在碱性条件下反应生成黄原酸盐，再用卤代烷处理，可得黄原酸酯。将黄原酸酯加热到100～200℃即发生热分解生成烯烃。黄原酸酯热消除为烯烃的反应为 Chugaev 反应[1]。反应通式为[2]：

$$R\diagup\!\!\diagdown OH \xrightarrow[2.\ CH_3I]{1.\ CS_2,NaOH} R\diagup\!\!\diagdown O-\underset{S}{\overset{\|}{C}}-S-CH_3 \xrightarrow{\triangle} R-CH=CH_2 + OCS + CH_3SH$$

反应机理：

$$R_2CHCH_2OH \xrightarrow{NaOH} R_2CHCH_2ONa \xrightarrow{CS_2} \underset{\mathbf{2}}{R_2C(H)-H_2C-O-C(=S)-S^-Na^+} \xrightarrow{MeI} \underset{\mathbf{3}}{R_2C(H)-H_2C-O-C(=S)-SMe}$$

（R_2CHCH_2OH 为 **1**）

$$\xrightarrow{200℃} \left[\underset{\mathbf{4}}{\text{六元环过渡态：}R_2C\cdots H\cdots S=C(SMe)-O\cdots H_2C}\right] \longrightarrow \underset{\mathbf{5}}{CR_2=CH_2} + \underset{\mathbf{6}}{H-S-C(=O)-SMe}$$

$$\underset{\mathbf{6}}{H-S-C(=O)-S-CH_3} \longrightarrow \underset{\mathbf{7}}{O=C=S}\uparrow + \underset{\mathbf{8}}{CH_3SH}\uparrow$$

首先醇与氢氧化钠反应得醇钠（**1**），**1**与二硫化碳反应得*O*-烷基黄原酸钠盐（**2**），**2**与碘甲烷经 S_N2 的甲基化反应得到*O*-烷基黄原酸甲酯（**3**），然后**3**在约200℃时，经由六元环过渡态（**4**），氢由 β-碳原子转移到硫原子上，发生顺式消除，最终产物是烯烃（**5**）和黄原酸甲酯（**6**），**6** 分解得到硫化羰（OCS）（**7**），和甲硫醇（**8**）。

羰基硫（化学式：OCS）又称氧硫化碳、硫化羰，通常状态下为有臭鸡蛋气味的无色气体。它是一个结构上与二硫化碳和二氧化碳类似的无机碳化合物，气态的 OCS 分子为直线型，一个碳原子以两个双键分别与氧原子和硫原子相连。羰基硫性质稳定，但会与氧化剂强烈反应，水分存在时也会腐蚀金属。可燃，有毒，但与硫化氢一样，会使人对其在空气中的浓度产生低估。

练习 1

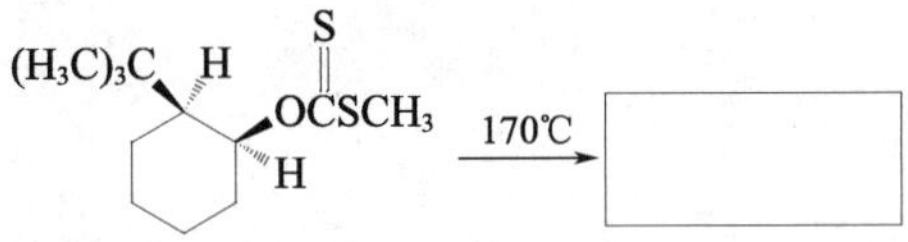

$(H_3C)_3C$　H　$OCSCH_3$（S）　$\xrightarrow{170℃}$ [　　]

[答案]

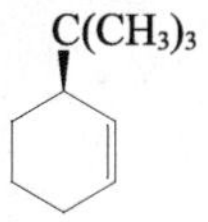

$C(CH_3)_3$

练习 2

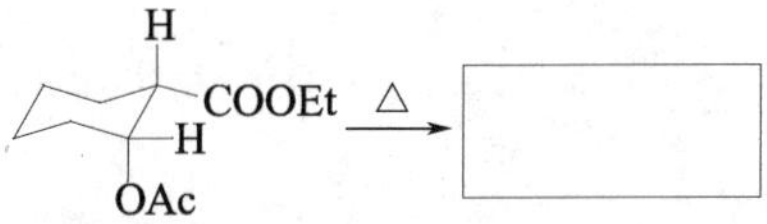

H　COOEt　H　OAc　$\xrightarrow{\triangle}$ [　　]

[答案]

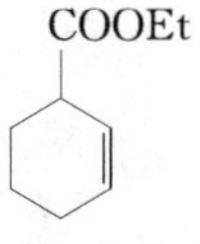

COOEt

常用醋酸酯，进行热分解，主要产物为 Hofmann 烯烃。反应过程如下：

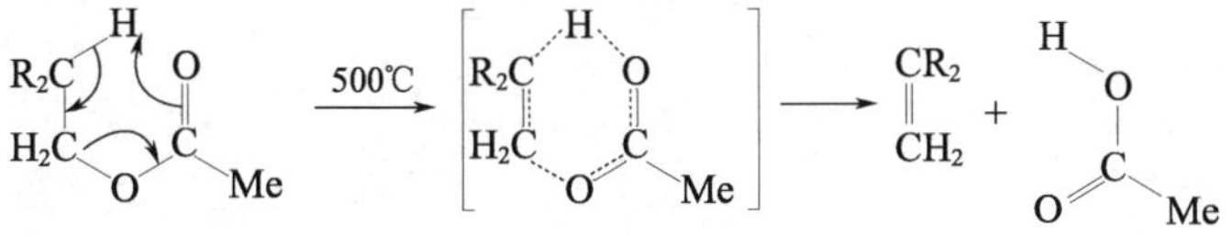

R_2C　H　O　H_2C　O　C　Me　$\xrightarrow{500℃}$ [R_2C H O H_2C O C Me] $\longrightarrow$ CR_2=CH_2 + H O C O Me

练习 3　何为热消除反应？

[答案]　反应物在加热时发生的消除反应，称为热消除反应。例如羧酸酯的热消除，黄原酸酯的热消除（Chugaev 消除）和氧化叔胺的热消除（Cope 消除）等。

热消除反应的机理：热消除反应主要包括环状过渡态，只有当被消去的基团处于顺位时才能形成——同向消除。例如：乙酸酯的热消除。

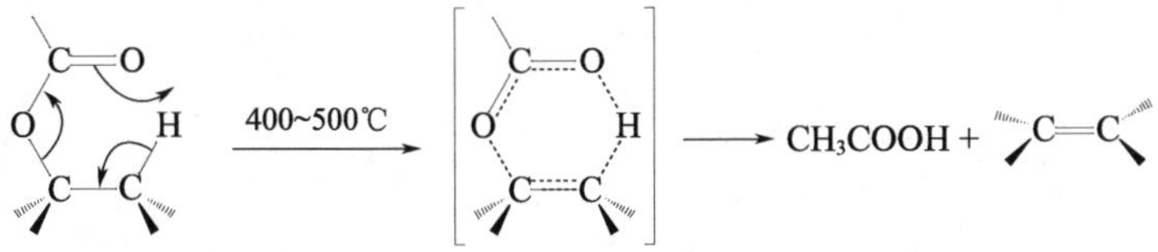

C=O　O　H　C　C　$\xrightarrow{400\sim500℃}$ [C O O H C C] $\longrightarrow$ CH_3COOH + C=C

消除反应是通过一个六中心过渡态完成的，消除时，与 α-C 相连的酰氧键和与 β-C 相连的 H 处在同一平面上，发生顺式消除。

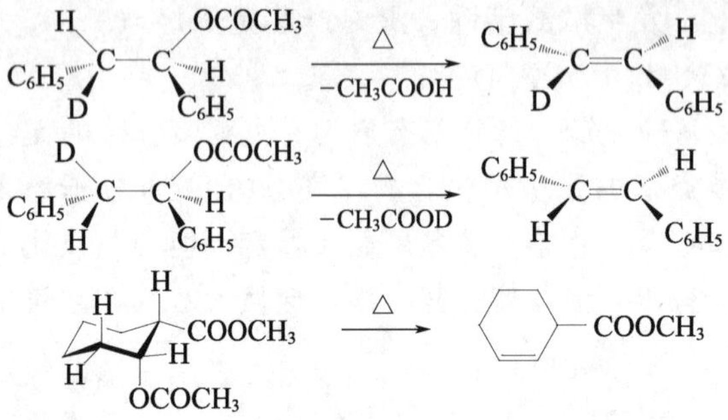

H　OCOCH$_3$ C$_6$H$_5$ C C H D C$_6$H$_5$ $\xrightarrow[-CH_3COOH]{\triangle}$ C$_6$H$_5$ C=C H D C$_6$H$_5$

D　OCOCH$_3$ C$_6$H$_5$ C C H H C$_6$H$_5$ $\xrightarrow[-CH_3COOD]{\triangle}$ C$_6$H$_5$ C=C H H C$_6$H$_5$

H H COOCH$_3$ H H OCOCH$_3$ $\xrightarrow{\triangle}$ COOCH$_3$

练习 4[3]

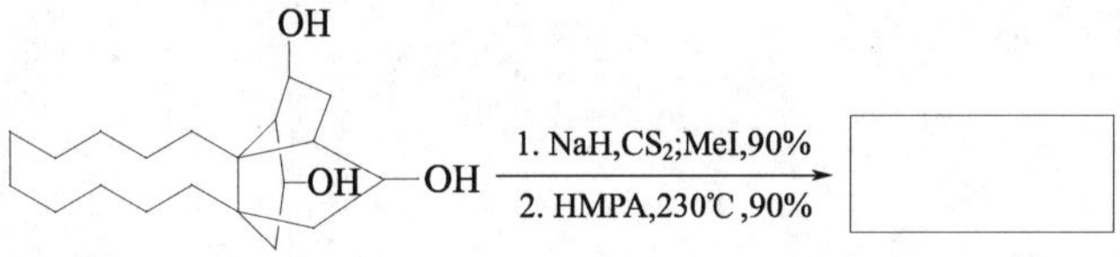

OH OH OH $\xrightarrow[2.\ HMPA,230℃,90\%]{1.\ NaH,CS_2;MeI,90\%}$ □

[答案]

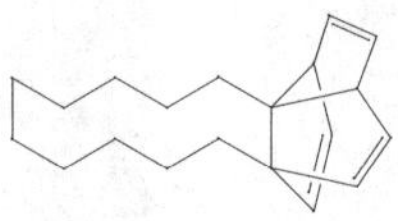

练习 5

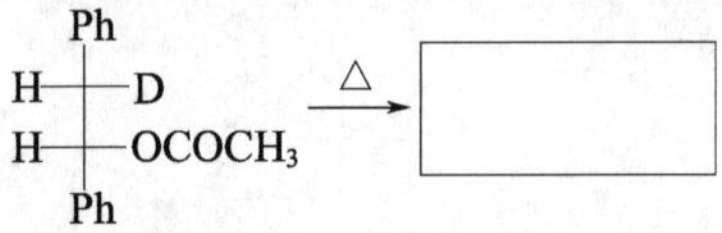

Ph H D H OCOCH$_3$ Ph $\xrightarrow{\triangle}$ □　　（南开大学，2009）

[答案]

Ph H D Ph

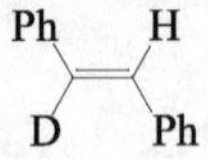

参考文献

[1] Chugaev L. Ber，1899，32：3332.
[2] Jie Jack Li. Name Reaction. 4th ed. Berlin Heidelberg：Springer-Verlag，2009：110.
[3] Fu X，Cook J M. Tetrahedron Lett，1990，31：3409-3412.

Cope 消除

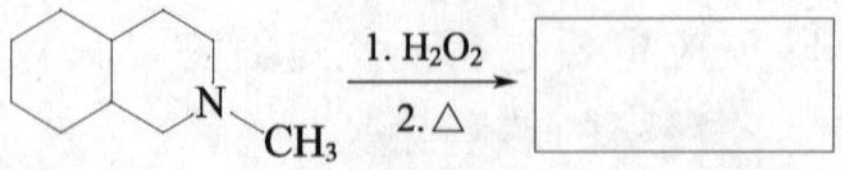

N CH$_3$ $\xrightarrow[2.\triangle]{1.\ H_2O_2}$ □　　（南开大学，2009）

N CH$_3$ OH

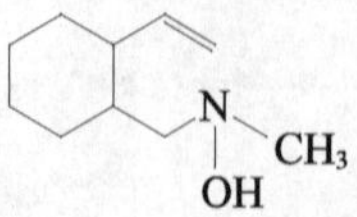

叔胺在 H_2O_2、RCOOOH 作用下生成叔胺氧化物，再发生热消除生成烯烃，消除时符合 Hoffmann 规则[1]。上述反应就是 Cope 消除[2,3]。叔胺的 *N*-氧化物（氧化叔胺）热解时

生成烯烃和 N,N-二取代羟胺，产率很高。实际上只需将叔胺与氧化剂放在一起，不需分离出氧化叔胺即可继续进行反应，例如在干燥的 DMSO 或 THF 中这个反应可在室温进行。此反应条件温和、副反应少，反应过程中不发生重排，可用来制备许多烯烃。当氧化叔胺的一个烃基上两个 β 位均有氢原子存在时，消除得到的烯烃是混合物，但是以 Hofmann 产物为主；如得到的烯烃有顺反异构时，一般以 E-型为主。

反应机理：

$$RHC(H)-CH_2-\overset{\oplus}{N}Me_2(O^{\ominus}) \xrightarrow{150℃} [\text{过渡态}] \longrightarrow CH_2{=}CHR + (H_3C)_2NOH$$

反应时形成一个平面五元环过渡态，离去基团与 β-H 必须在同侧，且为重叠式。例如：

$$H_3CHC(H)-CH_2-\overset{\oplus}{N}Me_2(O^{\ominus}) \xrightarrow{150℃} [\text{过渡态}] \longrightarrow H(CH_3)C{=}CH_2 + (H_3C)_2NOH$$

练习 1

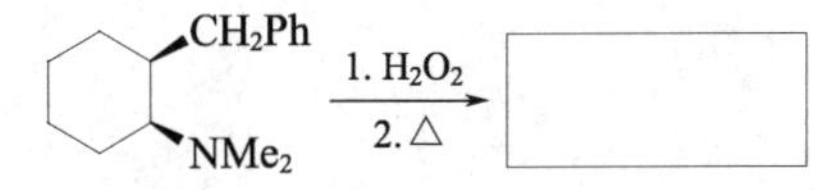

（复旦大学，2005）

［答案］

练习 2[4]

［答案］

叔胺在 H_2O_2 作用下生成叔胺氧化物。后者在加热条件下与 β-氢发生顺式消去反应，生成烯烃；季铵碱发生 Hofmann 热消去在多数条件下是按 E2 的反式共平面消去机理进行的。

练习 3

[答案]

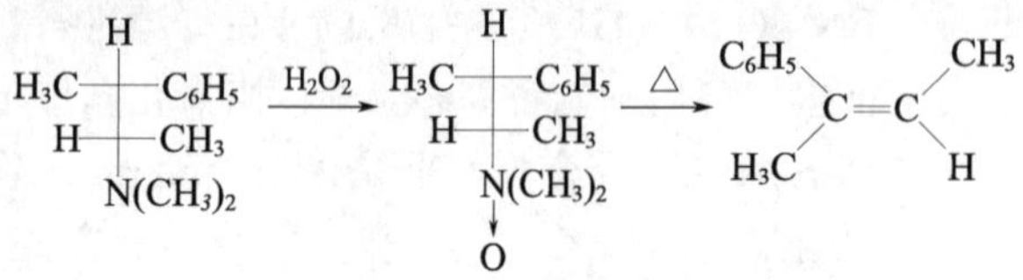

$$H_3C-C(H)(C_6H_5)-C(H)(CH_3)-N(CH_3)_2 \xrightarrow{H_2O_2} H_3C-C(H)(C_6H_5)-C(H)(CH_3)-N(CH_3)_2\rightarrow O \xrightarrow{\triangle} (C_6H_5)(H_3C)C=C(CH_3)(H)$$

注意：在第二步叔胺氧化物按顺式发生消去反应。因此，顺式消去过渡态的构象为

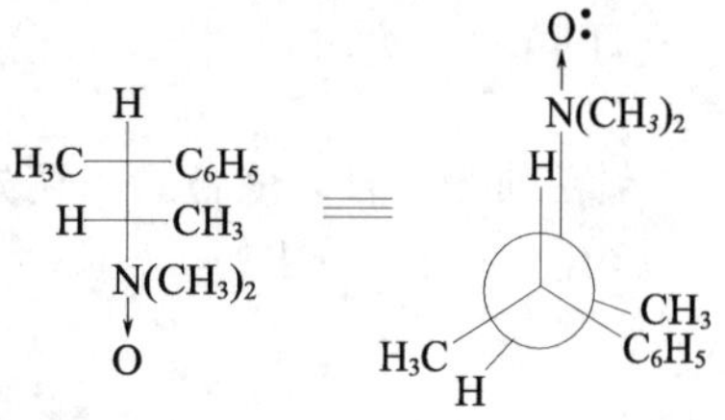

H
H_3C — C_6H_5
H — CH_3
$N(CH_3)_2$
↓
O

≡

O:
↑
$N(CH_3)_2$
H
CH_3
C_6H_5
H_3C
H

练习 4

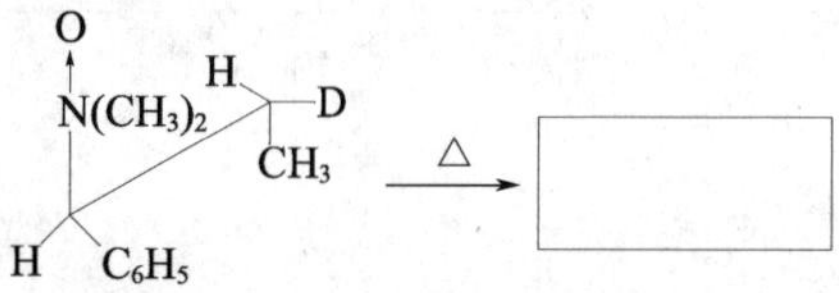

O
↑
$N(CH_3)_2$
H — D
CH_3
H C_6H_5
△ →

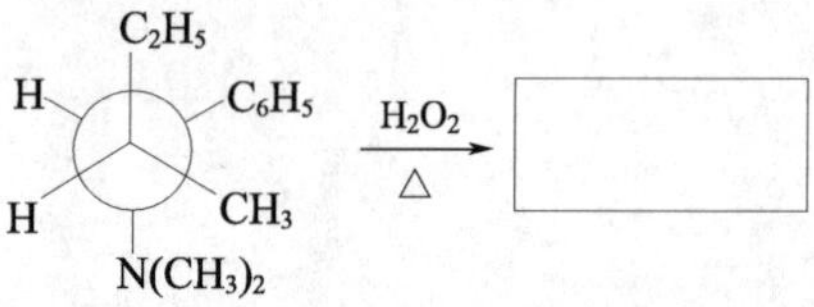

[答案]

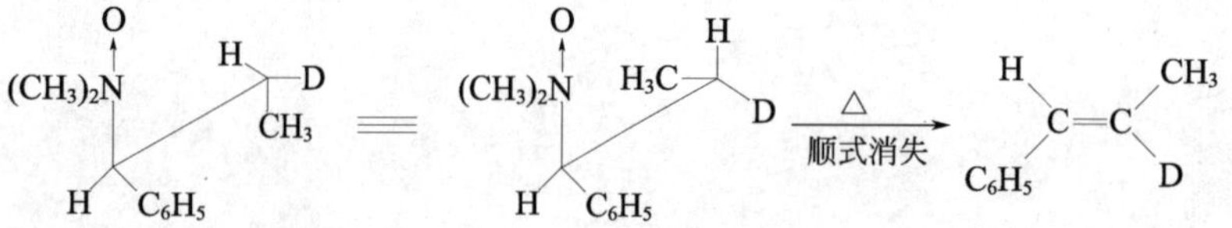

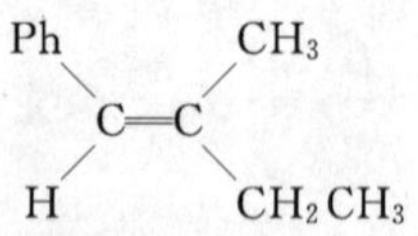

O
↑
$(CH_3)_2N$
H — D
CH_3
H C_6H_5

≡

O
↑
$(CH_3)_2N$
H
H_3C — D
H C_6H_5

$\xrightarrow[\text{顺式消失}]{\triangle}$

H CH_3
C=C
C_6H_5 D

练习 5

C_2H_5
H C_6H_5
H CH_3
$N(CH_3)_2$

$\xrightarrow[\triangle]{H_2O_2}$

[答案]

Ph CH_3
C=C
H CH_2CH_3

练习 6

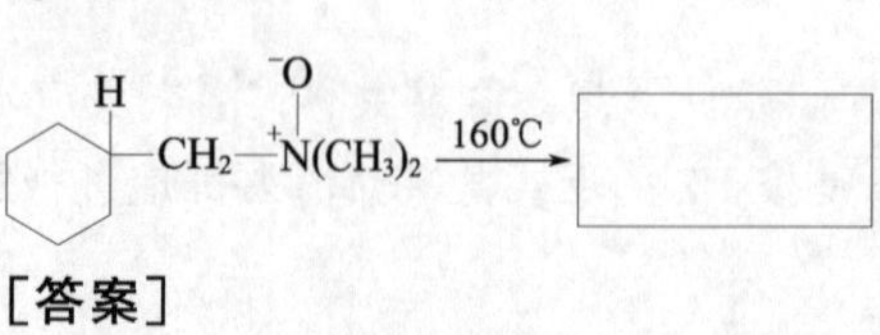

$$C_6H_{10}(H)-CH_2-\overset{+}{N}(\overset{-}{O})(CH_3)_2 \xrightarrow{160℃}$$

[答案]

$$C_6H_{10}=CH_2+(CH_3)_2NOH$$

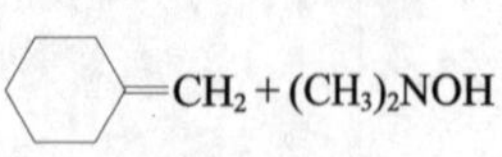

Cope 消除用于烯烃的合成（不发生重排）以及在化合物上除掉氮。

练习 7

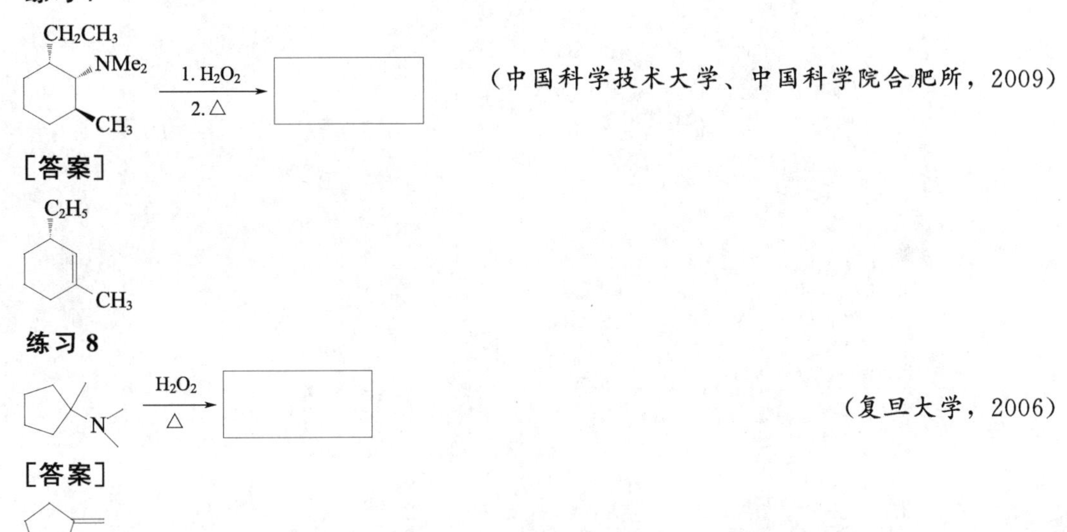

（中国科学技术大学、中国科学院合肥所，2009）

[答案]

练习 8

（复旦大学，2006）

[答案]

参考文献

[1] 吴范宏．有机化学学习与考研指津．2008 版．上海：华东理工大学出版社，2008：179.
[2] Cope A C，Foster T T，Towle P H．J Am Chem Soc，1949，71：3929-3934.
[3] Cope A C，Trumbull E R. Org React，1960，11：317-493.
[4] 姜文凤，陈宏博．有机化学学习指导及考研试题精解．第 3 版．大连：大连理工出版社，2005：303.

Horner-Wadsworth-Emmons 反应

BnO–C₆H₄–CHO + $(CH_3CH_2O)_2P(O)CH_2COOCH_2CH_3$ —KOH,THF,95%→ [　　]

BnO–C₆H₄–CH=CH–COOEt

对苄氧基苯甲醛在碱性条件下，与 α-乙氧羰基甲基膦酸二乙酯反应得到 3-（对苄氧基苯基）丙烯酸乙酯[1]。

醛或酮与 α-碳上连有吸电子基团的膦酸酯在碱作用下反应得到烯烃，该反应称为 Horner-Wadsworth-Emmons（HWE）反应[2~4]，副产物为水溶性 O,O-二烷基磷酸盐[5]，很容易通过水溶液萃取而与生成的不饱和酸酯分离。故后处理较相应的 Wittig 反应简单得多。反应通式：

$C_2H_5OC(O)CH_2P(O)(OC_2H_5)_2$ —1. NaH,THF；2. RCHO→ R–CH=CH–C(O)OC₂H₅ + $(H_5C_2O)_2P(O)$—ONa

反应机理：

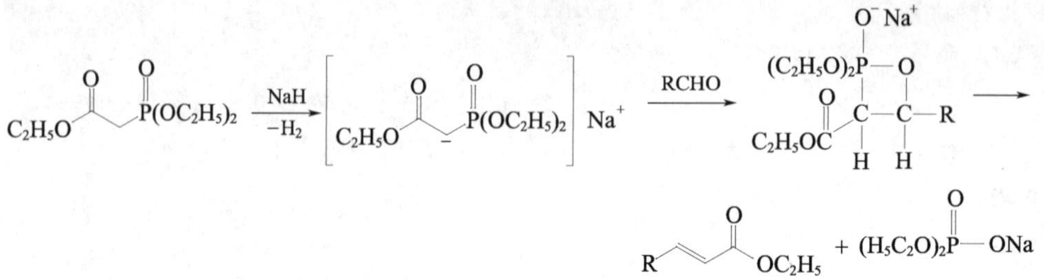

或

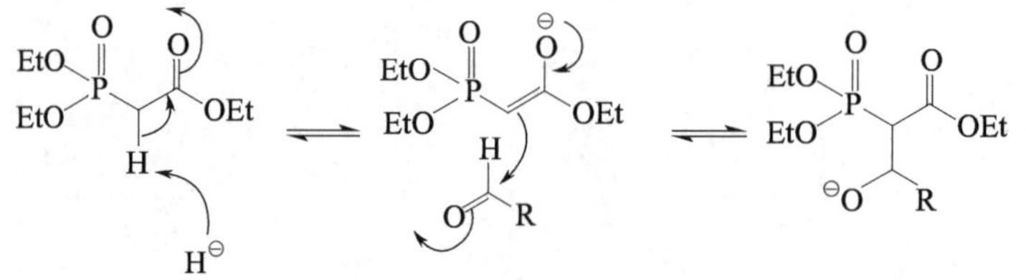

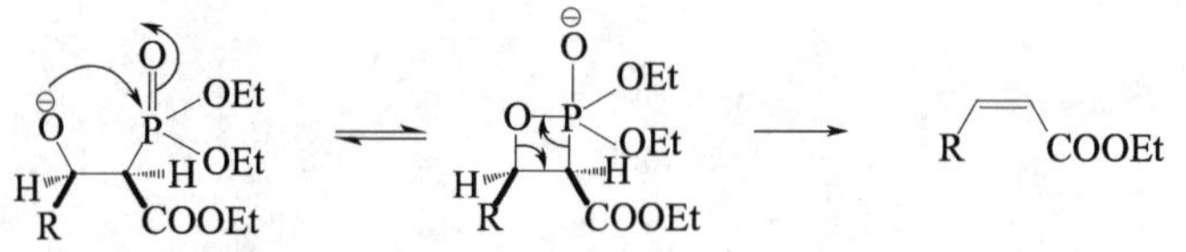

赤式,动力学产物

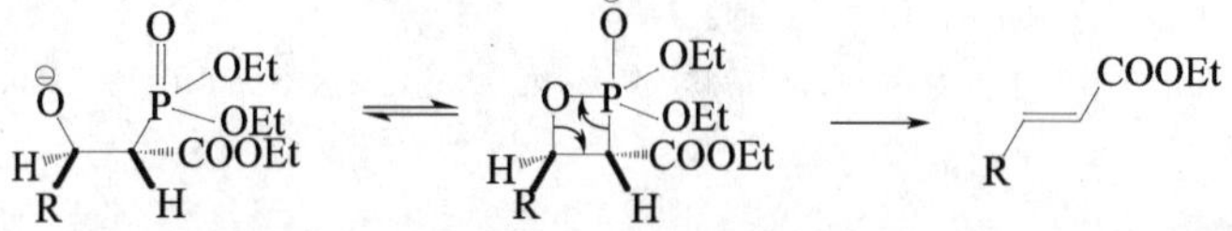

苏式,热力学产物

反应物膦酸酯分子中的亚甲基碳原子上连有两个强吸电子基团，一个为膦酸酯基，另一个为羰基，二者影响它们共同的α-氢原子，使得α-碳上的氢原子变得很活泼，即为活泼亚甲基，这个亚甲基上的氢原子具有较大的酸性，在碱作用下易去质子形成α-碳负离子，它作为亲核试剂进攻醛羰基碳原子，形成烷氧负离子，带负电荷的氧原子进攻P═O的磷原子形成了一个四元环状结构，由于膦酸酯基空间结构较大，是一个较好的离去基团，进一步发生消除反应，离去水溶性磷酸盐，生成产物α,β-不饱和酸酯（赤式、苏式）。

Horner-Wadsworth-Emmons（HWE）反应条件温和，产率较高，产物易于纯化，常用于α,β-不饱和酸酯的制备[6]，例如β-三氟甲基-α-甲基-α,β-不饱和酸酯的合成[7]。

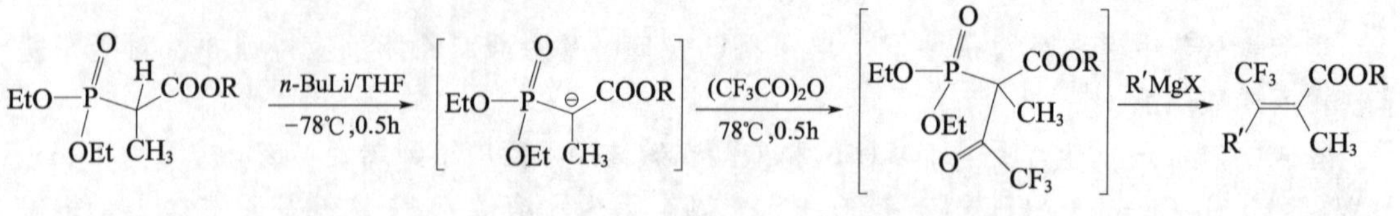

反应中，正丁基锂作为碱夺取1-（α-烷氧羰基）乙基膦酸二乙酯（**9**）的α-H，得到二乙氧膦酰基和烷氧羰基稳定的碳负离子（**10**）；**10**与三氟醋酸酐进行亲核取代反应得到三氟乙酰基膦酸酯（**11**）；室温下，格氏试剂进攻**11**，经由HWE反应生成β-三氟甲基-α-甲基-α，β-不饱和酸酯（**12**）。

HWE反应的产物构型选择性较好[8]。用磷酸酯的Ylide与醛、酮反应生成碳碳双键的反应叫 Horner-Wadsworth-Emmons 反应。HWE 反应是 Wittig 反应最广泛的改良。HWE 反应中生成的副产物磷酸盐可以用水洗去，避免了 Wittig 反应中要将副产物氧化三苯基膦从产物中分离出去的不便。同时 HWE 反应中的磷酸酯 α-碳负离子具有较高的反应性，易与酮发生反应。该反应在比较缓和的条件下进行，且具有良好的立体选择性，产物主要是 E 构型，能对产物的立体化学做到准确的预测。反应中常用的碱为醇钠、氨基钠、氢化钠和氢氧化钠等。常用的溶剂为 DME（乙二醇二甲醚）、THF。例如：

THPO, O, H + MeO—P(O)(OMe)—CH₂—CH(OTHP)—C₅H₁₁ $\xrightarrow[\text{DME}]{n\text{-BuLi}}$ THPO, O, H, OTHP

HWE 反应在相转移条件下反应，Z 构型的碳碳双键化合物为主要产物。

$$\text{PhO}-\text{P}(\text{O})(\text{OPh})-\text{CH}_2\text{COOEt} + \text{PhCHO} \xrightarrow[\overset{\oplus}{\text{Me}_3\text{N}}\text{CH}_2\text{Ph}\overset{\ominus}{\text{Cl}}]{\text{NaOH},\text{H}_2\text{O},\text{环己烷}} \text{Ph(H)C}=\text{C(H)COOEt}$$

$(Z{:}E=91{:}9)$

$(\text{CH}_3\text{CH}_2\text{O})_2\text{P(O)CH}_2\text{COOBn}$ + TBS, O, N, CHO $\xrightarrow[\text{18-冠-6, PhCH}_3\ (65\%)]{\text{K}_2\text{CO}_3}$ TBS, O, N, O, OBn

HWE 反应的反应物乙醛分子中的一个 α-H 被强吸电子基团 CN 和强供电子基团 NH_2 取代时，反应的立体化学发生了变化，最终产物以 Z 式产物为主，特别是强吸电子基团 CN 取代时，产物几乎全部都是 Z 式产物[9]。

$$(\text{CH}_3\text{CH}_2\text{O})_2\text{P(O)CH}_2\text{COOCH}_2\text{CH}_3 \xrightarrow[2.\ \text{H}_2\text{NCHO}]{1.\ \text{NaH}} \underset{67.9\%}{\text{H}_2\text{N}\text{CH}=\text{CHCOOEt}\ (E)} + \underset{32.1\%}{\text{H}_2\text{N}\text{CH}=\text{CHCOOEt}\ (Z)}$$

$$(\text{CH}_3\text{CH}_2\text{O})_2\text{P(O)CH}_2\text{COOCH}_2\text{CH}_3 \xrightarrow[2.\ \text{NCCHO}]{1.\ \text{NaH}} \underset{0.01\%}{\text{NCCH}=\text{CHCOOEt}\ (E)} + \underset{99.99\%}{\text{NCCH}=\text{CHCOOEt}\ (Z)}$$

练习 1

制备 HWE 反应中的反应物 α-乙氧羰基甲基膦酸二乙酯。

［答案］

$$(\text{EtO})_3\text{P} + \text{ClCH}_2\text{COOEt} \xrightarrow{120^\circ\text{C}} \text{EtO}-\text{P}(\text{O})(\text{OEt})-\text{CH}_2\text{COOEt} + \text{CH}_3\text{CH}_2\text{Cl}$$

HWE 反应中的反应物膦酸酯一般用亚磷酸三烷基酯与 α-卤代酸酯或卤代酮反应来制备，该反应称为 Arbuzov 反应。反应中，亚磷酸三烷基酯作为亲核试剂与卤代烷作用，生成烷基膦酸二烷基酯和一个新的卤代烷。例如：

$(EtO)_3P$ + ... $\xrightarrow{150℃}$ ...

练习 2

利用 HWE 反应制备下述化合物。

[答案]

碱(RO^- 或 NaH)

优点：副产物为水溶性磷酸盐，可以通过萃取方法分离。

练习 3

HWE 反应表现为（*E*）式立体选择性，怎样调节反应的立体选择性。

[答案] HWE 反应表现为（*E*）式立体选择性，可以通过改变磷原子上的烷氧基的烷基调节反应的立体选择性。例如：

1. $(CH_3)_3COK$, −78℃
2. BnO⌄CHO

R^1=Me,R^2=Me　(*Z*):(*E*)=3:1

R^1=*i*-Pr,R^2=Et　(*Z*):(*E*)=5:95

1. NaH,THF
2. CHO,THF

(*E*)=100%

练习 4[10,11]

以 1,4-二氯-2-丁烯合成 2,7-二甲基-2,4,6-辛三烯-1,8-二醛。

[答案]

Cl⌄Cl + $P(C_2H_5O)_3$ ⟶ $(C_2H_5O)_2P$...$P(OC_2H_5)_2$ (14) $\xrightarrow[碱]{CH_3COCH(OCH_3)_2}$

$(CH_3O)_2HC$...$CH(OCH_3)_2$ (15) $\xrightarrow[水解]{H^+}$ OHC...CHO (13)

目标产物（**13**）的合成，以 1,4-二氯-2-丁烯为原料，先制得 2-丁烯-1,4-亚磷酸四乙酯（**14**），然后在碱性条件下采用 Wittig-Horner 反应得到 2,7-二甲基-2,4,6-辛三烯-1,8-二醛缩四甲醇（**15**），最后在酸性条件下水解得到目标产物 **13**。

练习 5

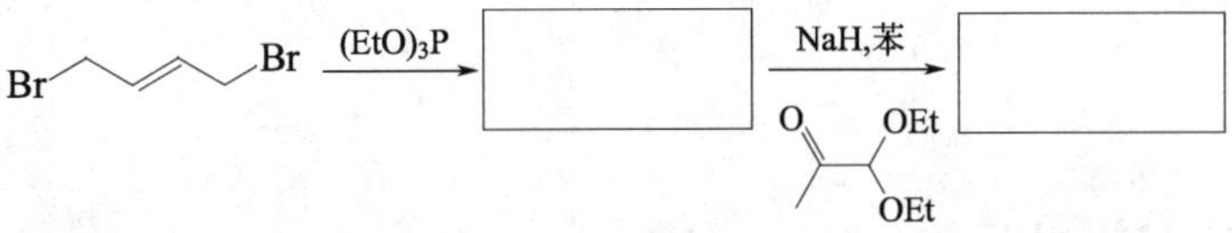

Br–CH₂CH=CHCH₂–Br $\xrightarrow{(EtO)_3P}$ [　　] $\xrightarrow[\text{CH}_3\text{COCH(OEt)}_2]{\text{NaH,苯}}$ [　　]

［答案］

$(EtO)_2P(=O)CH_2CH=CHCH_2P(=O)(OEt)_2$ ， $(EtO)_2CH\text{–}C(CH_3)=CH\text{–}CH=CH\text{–}CH=C(CH_3)\text{–}CH(OEt)_2$

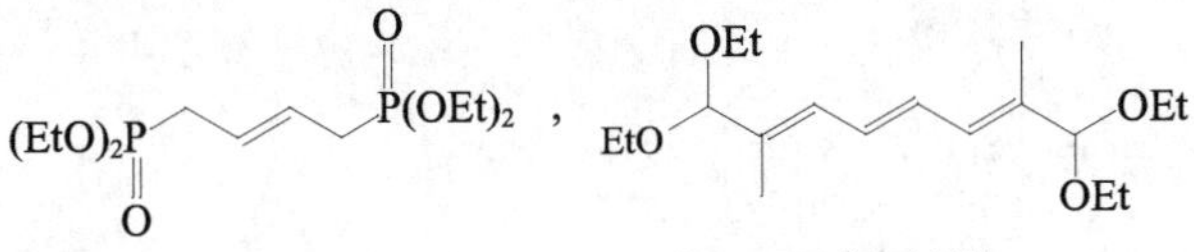

70%主要产物

练习 6　以亚磷酸三乙酯、溴代乙酸乙酯和丙酮为原料合成 3-甲基丁烯酸乙酯。

［答案］

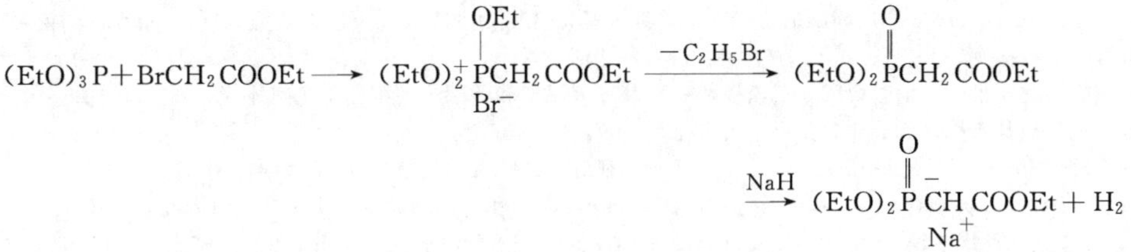

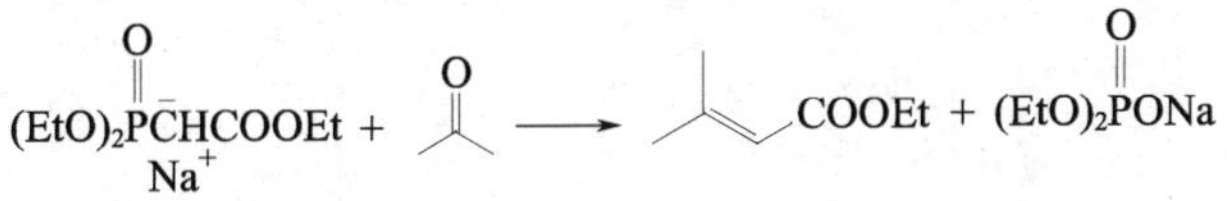

$$(EtO)_3P + BrCH_2COOEt \longrightarrow (EtO)_2\overset{+}{P}(OEt)CH_2COOEt\ Br^- \xrightarrow{-C_2H_5Br} (EtO)_2P(=O)CH_2COOEt$$

$$\xrightarrow{NaH} (EtO)_2P(=O)\overset{-}{C}HCOOEt\ Na^+ + H_2$$

$$(EtO)_2P(=O)\overset{-}{C}HCOOEt\ Na^+ + CH_3COCH_3 \longrightarrow (CH_3)_2C=CHCOOEt + (EtO)_2P(=O)ONa$$

该反应中生成的中间体 $(EtO)_2P(=O)\overset{-}{C}HCOOEt\ Na^+$ 称为 Wittig-Horner 试剂。它是以亚磷酸三乙酯代替三苯基膦与溴代乙酸乙酯反应得到的膦酸酯在强碱作用下放出一分子氢而得。Wittig-Horner 试剂与醛酮反应生成烯烃的反应称为 Wittig-Horner 反应。

练习 7

写出练习 6 成烯步骤的反应机理。

［答案］

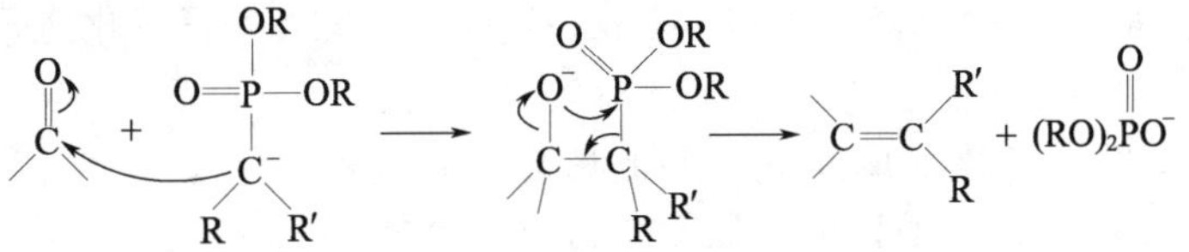

$$>C=O + O=P(OR)_2\text{–}\overset{-}{C}RR' \longrightarrow \text{[}>C(O^-)\text{–}C(R)(R')\text{–}P(=O)(OR)_2\text{]} \longrightarrow >C=C(R')(R) + (RO)_2PO_2^-$$

练习 8

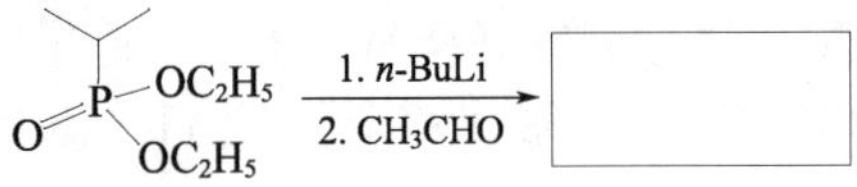

$(CH_3)_2CH\text{–}P(=O)(OC_2H_5)_2 \xrightarrow[\text{2. }CH_3CHO]{\text{1. }n\text{-BuLi}}$ [　　]　　（南开大学，2009）

［答案］

$CH_3CH=CMe_2$

练习 9

环己酮 + $(EtO)_2P(=O)CH_2CH_2COOEt \xrightarrow{NaH}$ [　　]　　（复旦大学，2006）

[答案]

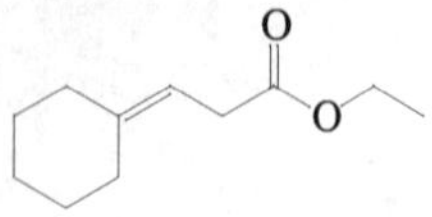

$(EtO)_2\overset{O}{\overset{\|}{P}}CH_2CH_2COOEt$ 在 NaH 作用下形成 Wittig 试剂 $(EtO)_2P{=}CHCH_2COOEt$ 。

参考文献

[1] Jie Jack Li. Name Reaction. 4th ed. Berlin Heidelberg：Springer-Verlag，2009：294.
[2] Horner L，Hoffmann H，Wippel H G，Klahre G. Chem Ber，1959，92：2499-2505.
[3] Wadsworth W S Jr，Emmons W D. J Am Chem Soc，1961，83：1733-1738.
[4] Wadsworth D H，Schupp O E，Seus E J，Ford J A，Jr. J Org Chem，1965，30：680-685.
[5] [美] 李杰（Jie Jack Li）原著．有机人名反应及机理．荣国斌译．朱士正校．上海：华东理工大学出版社，2003：198.
[6] 刘春玉，邓桂胜．α-卤代-α，β-不饱和酯的合成与α-重氮羰基化合物 O—H 插入反应的研究［D］．湖南：湖南师范大学，2006.
[7] 江国防，高峰，沈延昌．一锅法合成β-三氟甲基-α-甲基-α，β-不饱和酸酯．精细化工中间体，2007，37（2）：17.
[8] 陆国元．有机反应与有机合成．北京：科学出版社，2009：185-186.
[9] 杨飞，刘奉玲．Horner Wadsworth Emmons 反应机理的研究［D］．山东：山东师范大学，2011.
[10] Babler J H. Method of making 2,7-dimethyl-2,4,6-octatrienedial and deriratires［P]. US 5107030，1992-04-21.
[11] 汤丹丹，方志凯，孙培冬等．2,7-二甲基-2,4,6-辛三烯-1,8-二醛．化学研究与应用，2010，22（9）：1217-1219.

Wittig 反应

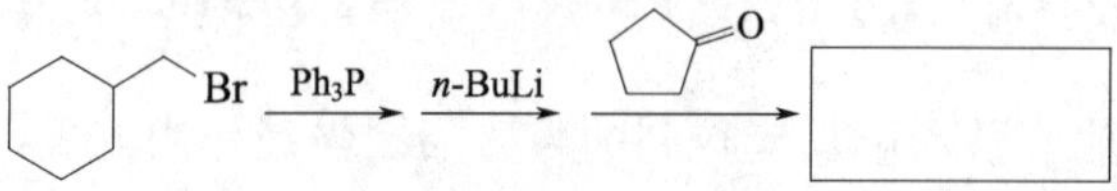

Br $\xrightarrow{Ph_3P}$ $\xrightarrow{n\text{-BuLi}}$ $\xrightarrow{\text{环戊酮}}$ ［ ］

（中国科学技术大学，2010）

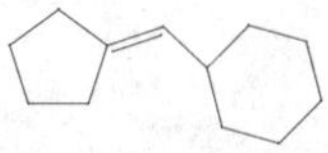

环己基甲基溴与三苯基膦反应生成季　盐，然后 n-BuLi 作用下失去一分子溴化氢形成磷 Ylide（Wittig 试剂），最后与环戊酮反应生成环己基亚甲基环戊烷。

Wittig 试剂与醛、酮的羰基发生亲核加成反应，形成烯烃的反应称为 Wittig 反应[1]。Wittig 试剂是 Georg Wittig 于 1954 年发现的，他因在此方面的突出贡献获得 1979 年诺贝尔化学奖。Wittig 试剂的制备一般是用卤代烷与三苯基膦反应生成季　盐，因为三苯基膦是一个弱碱但是一种好的亲核试剂，多数一级和二级卤代烷可以得到较好产率的季　盐；然后在干燥乙醚中，强碱（如 n-BuLi、PhLi）作用下失去磷原子 α-H，形成稳定的磷 Ylide（或磷内汩盐），例如：

$$(C_6H_5)_3\ddot{P} + CH_3CH_2{-}Br \xrightarrow{\text{亲核取代}} (C_6H_5)_3\overset{+}{P}CH_2CH_3Br^-$$

季鏻盐: 溴化乙基三苯基鏻

$$(C_6H_5)_3\overset{+}{P}{-}CH(H)CH_3 + \overset{\delta^-}{Ph}{-}\overset{\delta^+}{Li} \xrightarrow[-PhH]{} [(C_6H_5)_3\overset{+}{P}{-}\overset{-}{C}HCH_3 \longleftrightarrow (C_6H_5)_3P{=}CHCH_3]$$

三苯基膦是固体结晶，熔点 80℃，可由 Grignard 试剂与三氯化磷反应制得：

$$3C_6H_5MgBr + PCl_3 \longrightarrow (C_6H_5)_3P + 3MgClBr$$

Wittig 试剂与醛、酮的羰基发生亲核加成反应，形成烯烃的反应称为 Wittig 反应，反应一般表示如下：

$$RR'C{=}O + Ph_3\overset{+}{P}{-}\overset{-}{C}H_2 \xrightarrow{-78℃} R{-}C(O^-)(R'){-}CH_2{-}\overset{+}{P}Ph_3 \longrightarrow R{-}C(R')(O{-}PPh_3){-}CH_2 \xrightarrow{0℃} R{-}C(R'){=}CH_2 + Ph_3P{=}O$$

醛或酮的羰基与 Wittig 试剂的反应过程一般认为是：Wittig 试剂作为亲核试剂进攻羰基碳原子，形成内鎓盐。这个内鎓盐在－78℃时比较稳定，当温度升至 0℃时，消除氧化三苯基膦[$(C_6H_5)_3PO$]，生成产物烯烃[2]。

$$Ph_3\overset{+}{P}{-}\overset{-}{C}RR' + {>}C{=}O \longrightarrow \left[{>}C(O^-){-}CRR'(\overset{+}{P}Ph_3)\right] \longrightarrow \left[{>}C(O){-}CRR'(PPh_3)\right] \xrightarrow{0℃} {>}C{=}CRR' + Ph_3P{=}O$$

例如：

$$(C_6H_5)_2C{=}O + Ph_3\overset{+}{P}{-}\overset{-}{C}H_2 \longrightarrow (C_6H_5)_2C{=}CH_2 + (C_6H_5)_3P{=}O$$

Wittig 反应条件温和，收率较高。除合成一般烯烃外，更适用于合成其它反应难以制备的烯烃，因而该反应具有广泛的用途。例如在合成番茄红素中的应用。

CH=PPh₃ + OHC……CHO ⟶

番茄红素(Lycopene)

练习 1

$$Ph_3\overset{+}{P}{-}CH_2Ph\cdot Cl^- + PhCHO \xrightarrow[EtOH,25℃]{NaOEt} \boxed{\quad}$$

［答案］

$$\underset{35\%}{H(Ph)C{=}C(H)Ph} + \underset{41\%}{Ph(H)C{=}C(H)Ph}$$

一般来说，产物烯烃的构型取决于磷 Ylide 的活性，当其很活泼时，产生顺反异构体的混合物[3]。

练习 2

$$CH_3CHO + Ph_3\overset{+}{P}-\overset{-}{\underset{\alpha}{C}}(CH_3)COCH_3 \xrightarrow{CH_2Cl_2} \boxed{\quad}$$

［答案］

$$\begin{matrix} H_3C & & CH_3 \\ & C{=}C & \\ H & & COCH_3 \end{matrix}$$

产率 96%

用比较稳定的磷叶立德，如 α-碳上有一个羰基时，产物的取向则有一定的立体选择性，往往是含羰基的基团和 β 碳原子上较大的基团位于反式的位置。

练习 3

$$\text{环己酮} + (CH_3)_2\overset{O}{\overset{\|}{S^+}}-\overset{-}{C}H_2 \longrightarrow \boxed{\quad}$$

［答案］

$$\text{环己烷}(O^-)CH_2-\overset{O}{\overset{\|}{S^+}}(CH_3)_2 \longrightarrow \text{螺环氧化物} + (CH_3)_2SO$$

67%~76%

该反应中的反应物之一 $(CH_3)_2\overset{O}{\overset{\|}{S^+}}-\overset{-}{C}H_2$ 称为硫叶立德，与非共轭的醛酮反应生成环氧化合物（如上）。硫 Ylide 可由二甲亚砜（二甲硫醚）与碘甲烷反应，再经强碱处理得到。

$$CH_3\overset{O}{\overset{\|}{S}}CH_3 + CH_3I \longrightarrow CH_3\overset{O}{\overset{\|}{S^+}}(CH_3)CH_3\,I^- \xrightarrow[DMSO]{NaH} \left[(CH_3)_2\overset{O}{\overset{\|}{S^+}}-\overset{-}{C}H_2 \longleftrightarrow (CH_3)_2\overset{O}{\overset{\|}{S}}{=}CH_2\right]$$

$$CH_3SCH_3 + CH_3I \longrightarrow (CH_3)_3S^+I^- \xrightarrow{NaNH_2} \left[(CH_3)_2\overset{+}{S}-\overset{-}{C}H_2 \longleftrightarrow (CH_3)_2S{=}CH_2\right]$$

练习 4

$$\text{1-乙酰基环己烯} + (CH_3)_2\overset{O}{\overset{\|}{S^+}}-\overset{-}{C}H_2 \longrightarrow \boxed{\quad}$$

［答案］

$$\text{烯醇负离子}-CH_2-\overset{O}{\overset{\|}{S^+}}(CH_3)_2 \longrightarrow \text{双环[4.1.0]庚基甲基酮} + (CH_3)_2SO$$

硫 Ylide 与 α,β-不饱和酮反应，发生共轭加成，然后再发生分子中的取代反应，即得到环丙烷的衍生物。

练习 5

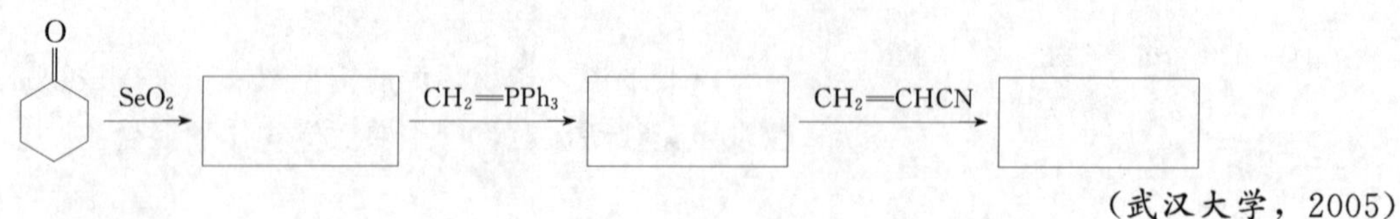

（武汉大学，2005）

[答案][4]

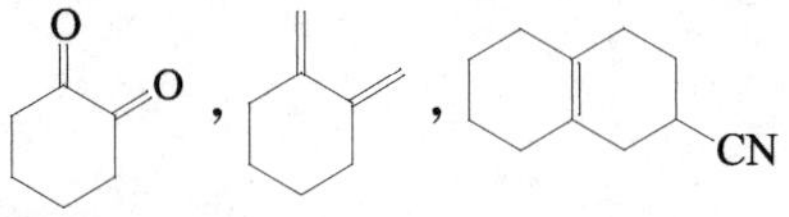

O, O，　，　CN

练习 6

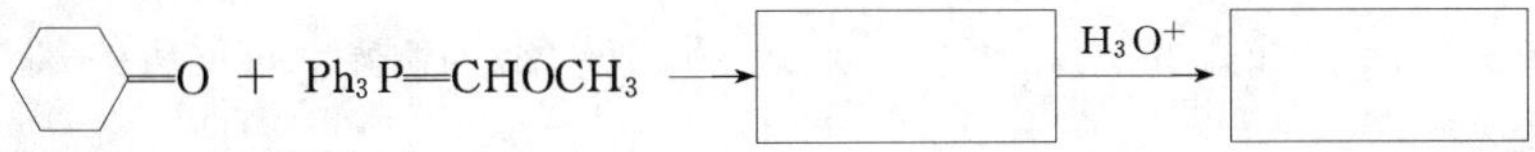

O ＋ $Ph_3P=CHOCH_3$ ⟶ [　　] $\xrightarrow{H_3O^+}$ [　　]　　(武汉大学，2006)

[答案]

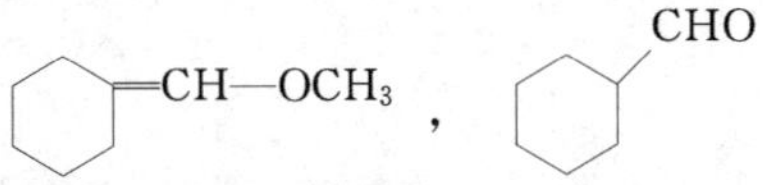

$=CH—OCH_3$，　CHO

练习 7　推测结构

分子式为 $C_8H_{14}O$ 的化合物 A 与 $CH_2=P(C_6H_5)_3$ 反应，得到化合物 $B(C_9H_{16})$，用 $LiAlH_4$ 处理 A 得互为异构体的非等量的 C 和 D，分子结构为 $C_8H_{16}O$。C 和 D 在碱性条件下加热均能得到 $E(C_8H_{14})$，E 用臭氧氧化后还原水解得 F，F 进一步用 $K_2Cr_2O_7$ 氧化得到如下结构的化合物。请推测 A～F 的结构式，并标出立体构型。

(中国科学技术大学，2010)

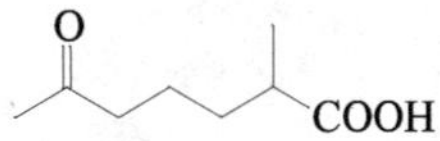

O, COOH

[答案]

A. S, O, S　B. S, CH_2, S　C. S, OH, S　D. S, OH, S　E. S

F. O, CHO

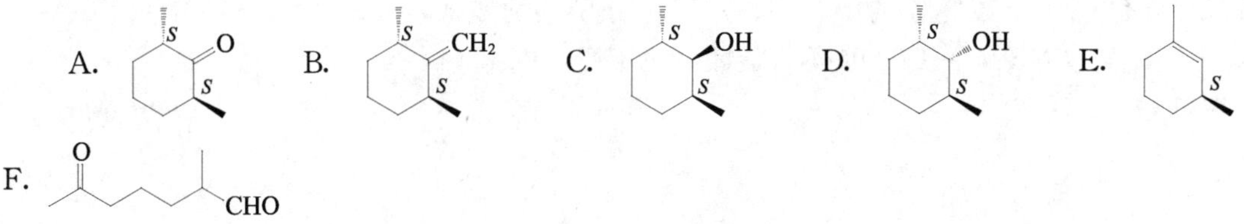

练习 8　由 2-甲基吡啶合成：CH_3, N, $C=CHCH_3$

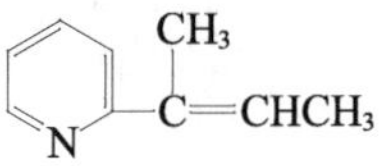

[答案][5]

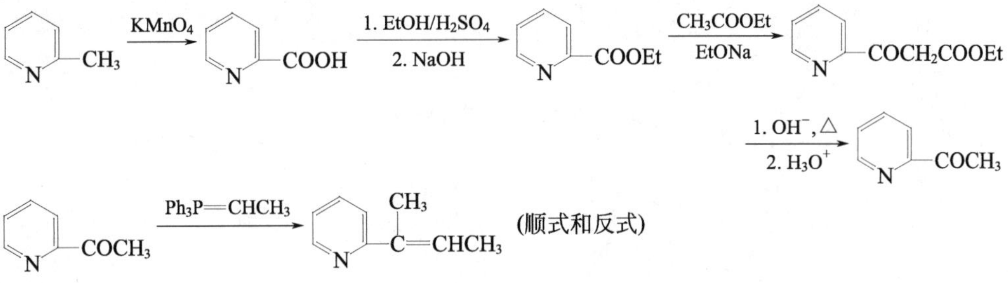

N, CH_3 $\xrightarrow{KMnO_4}$ N, COOH $\xrightarrow[2.\ NaOH]{1.\ EtOH/H_2SO_4}$ N, COOEt $\xrightarrow[EtONa]{CH_3COOEt}$ N, $COCH_2COOEt$

$\xrightarrow[2.\ H_3O^+]{1.\ OH^-,\triangle}$ N, $COCH_3$

N, $COCH_3$ $\xrightarrow{Ph_3P=CHCH_3}$ N, CH_3, $C=CHCH_3$ (顺式和反式)

练习 9

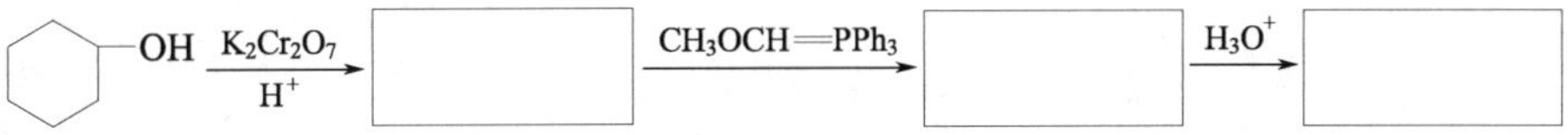

OH $\xrightarrow[H^+]{K_2Cr_2O_7}$ [　　] $\xrightarrow{CH_3OCH=PPh_3}$ [　　] $\xrightarrow{H_3O^+}$ [　　]

[答案]

O，　$=CHOCH_3$，　CHO

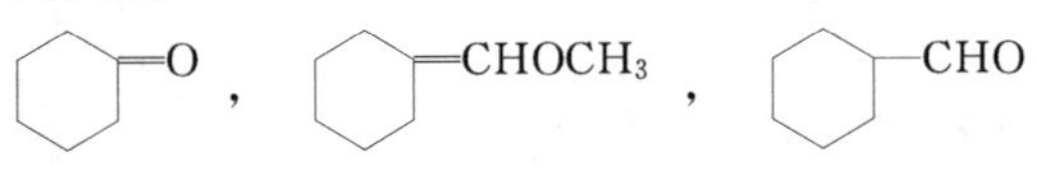

仲醇氧化得到酮，再与 Wittig 试剂作用得到烯烃，烯基醚水解得到醛。

练习 10

由苯和不多于 4 个碳的有机物合成：$PhCH_2CH{=}CH-$(3-环己烯基)

［答案］ 从产物结构分析得：分子中的不饱和 C═C 键互不共轭。根据分子切割可知，最终合成物可以由 $PhCH_2CH{=}PPh_3$ 和 3-环己烯甲醛（CHO）通过 Wittig 反应制取。而反应物和试剂的合成为

(A) 丁二烯 + $CH_2{=}CHCHO$ $\xrightarrow{\triangle}$ 3-环己烯甲醛（CHO）

(B) 苯 + 环氧乙烷 $\xrightarrow{AlCl_3}$ $C_6H_5CH_2CH_2OH$ $\xrightarrow{PBr_3}$ $C_6H_5CH_2CH_2Br$ $\xrightarrow{PPh_3}$ $PhCH_2CH_2\overset{+}{P}Ph_3\overset{-}{Br}$

$PhCH_2CH_2\overset{+}{P}Ph_3\overset{-}{Br}$ $\xrightarrow[-LiBr]{LiC_4H_9\text{-}n}$ $n\text{-}C_4H_{10}+PhCH_2CH{=}PPh_3$

(A)＋(B)：3-环己烯甲醛（CHO） $+PhCH_2\overset{-}{C}H-\overset{+}{P}Ph_3 \longrightarrow PhCH_2CH{=}CH-$(3-环己烯基)

用 Wittig 反应制备烯烃，不但反应条件缓和、收率高，且适用范围很广；既能用于脂肪或脂环族也能用于芳香族的醛、酮；同时，分子中含有 C═C，C≡C，—OH，—OR，X—，$-NO_2$，$-NR_2$，—COOR 等官能团时也不受影响。

练习 11

$CH_3O-C_6H_4-CHO$ $\xrightarrow{Ph_3P{=}C_6H_{10}}$ (A)

$CH_3O-C_6H_4-CHO$ $\xrightarrow{(CH_3)_2S{=}CHPh}$ (B)

［答案］

(A) $CH_3O-C_6H_4-CH{=}C_6H_{10}$，　　(B) $CH_3O-C_6H_4-\underset{\diagdown O \diagup}{CH-CH}-Ph$

练习 12

$MeO-C_6H_4-CHO+\overset{-}{C}H_2\overset{+}{S}Me_2 \xrightarrow{DMSO}$ ［　　］　　（中国科学院，2009）

［答案］

$MeO-C_6H_4-$(环氧乙基)

硫叶立德反应。硫叶立德和醛、酮生成环氧化合物，和共轭酮生成环丙化合物。

参考文献

［1］ Wittig G，Schollkopf U. Ber，1954，87：1318-1330.
［2］ 孔祥文．有机化学．北京：化学工业出版社，2010.
［3］ 邢其毅，裴伟伟，徐瑞秋等．基础有机化学．第 3 版．北京：高等教育出版社，2005.

[4] 吴范宏. 有机化学学习与考研指津. 2008 版. 上海：华东理工大学出版社，2008：120.
[5] 姜文凤，陈宏博. 有机化学学习指导及考研试题精解. 第 3 版. 大连：大连理工出版社，2005：354.

Zaitsev 消除

$$CH_3-CH_2-\underset{Br}{\overset{CH_3}{C}}-CH_3 \xrightarrow{CH_3ONa} \boxed{\quad}$$

（西安交通大学，2005）

2-甲基-2-溴丁烷用甲醇钠处理，经 Zaitsev 消除得 2-甲基-2-丁烯，$CH_3-CH=C(CH_3)_2$。

在卤代烷分子中，由于卤原子吸引电子的结果，不仅使 α-碳原子携带部分正电荷，β-碳原子也受到一定的影响，从而使 β-碳带有更少量的正电荷，β-碳上的 C—H 之间的电子云偏向于碳原子，从而使 β-氢表现出一定的活性，即由于卤素的吸电诱导效应的影响，使 β-氢原子比较活泼，在强碱性试剂进攻下容易离去，脱出卤化氢生成烯烃。例如：

$$CH_3CH_2CH_2CH_2CH_2Br \xrightarrow[\text{乙醇溶液}]{NaOH,\triangle} CH_3CH_2CH_2CH=CH_2$$

这种从一个分子中脱去两个原子或基团的反应称为消除反应（elimination reaction，简写作 E)，亦称消去反应。由于卤代烷脱卤化氢是从相邻的两个碳原子各脱去一个原子或基团，即从 α-碳原子脱去卤素，而从 β-碳原子上脱去氢原子，形成不饱和 C═C 双键，这种消除反应称为 α,β-消除反应，简称 β-消除，也称 1,2-消除[1]。

卤代烷发生消除反应时，如果有不止一个 β-H 可供消除时，主要从含氢原子较少的 β-碳上消除氢原子，或者说卤代烷消除卤化氢时，主要生成双键碳原子上连有较多取代基的烯烃，这是一条经验规则，称 Zaitsev 消除规则（Saytzeff 消除规则）。例如：

$$CH_3-CH_2-\underset{Br}{CH}-CH_3 \xrightarrow[\triangle]{KOH/CH_3CH_2OH} \begin{cases} CH_2=CH-CH_2CH_3 & 19\% \quad \text{(1-丁烯)} \\ CH_3-CH=CH-CH_3 & 81\% \quad \text{(2-丁烯)} \end{cases}$$

主要原因是双键碳原子上连有的取代基越多，烯烃的稳定性越好。取代烯烃稳定性顺序为：

$$R_2C=CR_2 > R_2C=CHR > R_2C=CH_2$$

若消除反应的结果产生了取代基最多的烯烃产物，则称为发生了 Saytzeff 消除，或者说，遵从 Saytzeff 规则（或取向)，也可以说是得到 Saytzeff 产物。若消除反应的结果产生了取代基较少的烯烃产物，则称为发生了 Hofmann 消除，或者说，遵从 Hofmann 规则（或取向)，也可以说是得到 Hofmann 产物。例如：

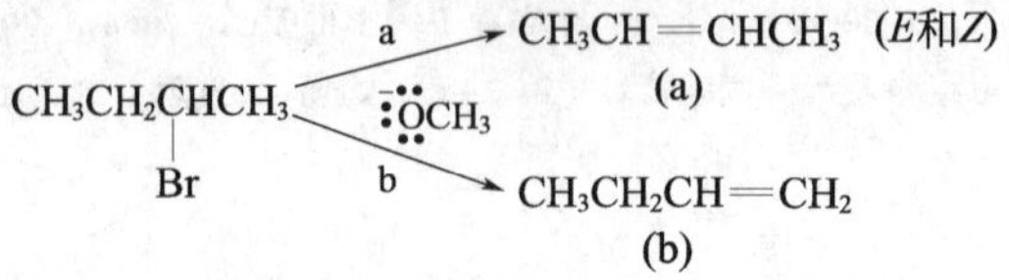

$$CH_3CH_2\underset{\underset{Br}{|}}{C}HCH_3 \xrightarrow[\ddot{\underset{\cdot\cdot}{O}}CH_3]{} \begin{cases} \xrightarrow{a} CH_3CH{=}CHCH_3\ (E和Z)\ \text{(a)} \\ \xrightarrow{b} CH_3CH_2CH{=}CH_2\ \text{(b)} \end{cases}$$

(a) Saytzeff产物; (b) Hofmann产物(次)

偕二卤代烷和连二卤代烷可也消除卤化氢生成乙烯型卤代烃，这是制备乙烯型卤代烃及其衍生物的方法，例如：

$$Cl{-}CH_2{-}CH_2{-}Cl \xrightarrow[C_2H_5OH]{NaOH} Cl{-}CH{=}CH_2$$

$$Cl{-}CH_2{-}CH_2{-}Cl \xrightarrow{500\sim550℃} Cl{-}CH{=}CH_2 + HCl$$

但不饱和碳上卤原子不易发生消除反应，只有在强烈的条件下，才能消除卤化氢生成炔烃。例如：

$$CH_3CH_2CH{=}CHBr \xrightarrow[液\ NH_3]{NaNH_2} CH_3CH_2C{\equiv}CH + HBr$$

偕和连二卤代烷还可以消除二分子卤化氢，生成炔烃，可用于制备炔烃。例如：

$$CH_3CHBrCH_2Br \xrightarrow[C_4H_9OH,\triangle]{KOH} CH_3C{\equiv}CH$$

练习 1　下列化合物发生 E2 反应(NaOPr-*i*/*i*-PrOH)的活性次序为（　　）。

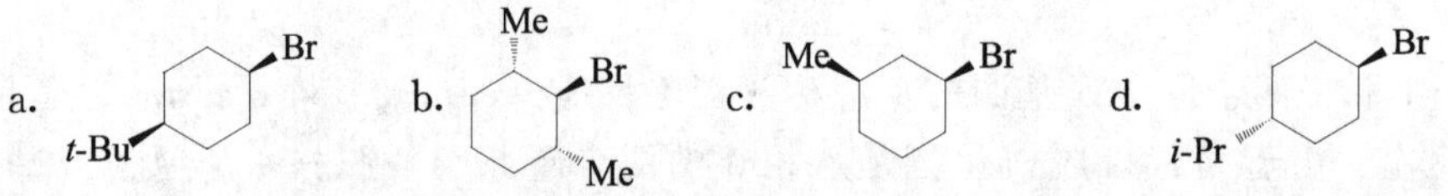

a.（含 *t*-Bu、Br 的环己烷）　b.（含 Me、Br、Me 的环己烷）　c.（含 Me、Br 的环己烷）　d.（含 *i*-Pr、Br 的环己烷）

A. c＞d＞a＞b　B. b＞a＞d＞c　C. a＞c＞d＞b　D. d＞a＞c＞b

（中国科学技术大学，2011）

［答案］ C

练习 2

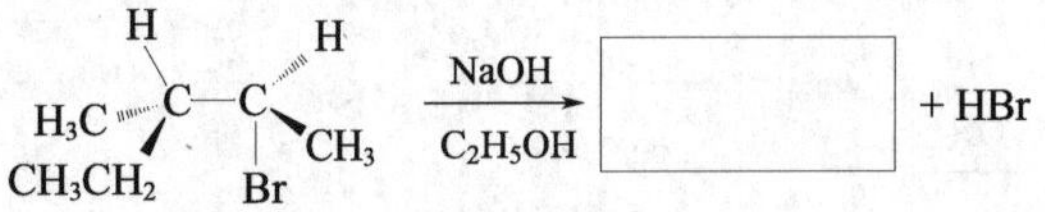

$$(H)(H_3C)(CH_3CH_2)C{-}C(H)(CH_3)(Br) \xrightarrow[C_2H_5OH]{NaOH} \boxed{\quad} + HBr$$

（四川大学，2003）

［答案］

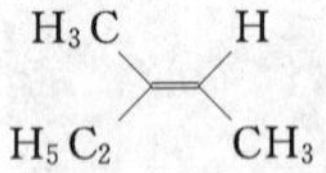

$$(H_3C)(H_5C_2)C{=}C(H)(CH_3)$$

。反应为 E2 消除，Br 与 *β*-H 反式共平面。

练习 3　下列卤代烃发生消去反应生成烯烃速率最快的是（　　）。

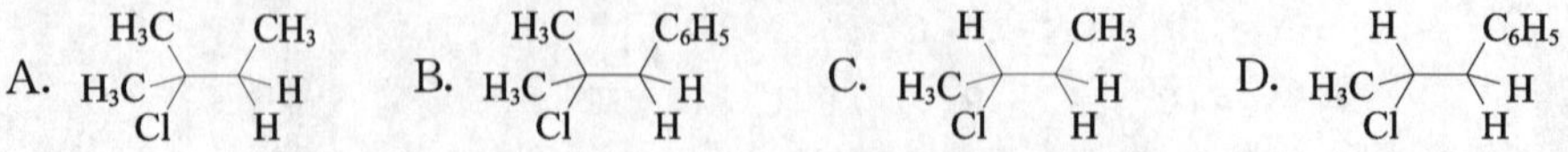

A. $(H_3C)_2C(Cl){-}CH_2CH_3$　B. $(H_3C)_2C(Cl){-}CH_2C_6H_5$　C. $H_3C{-}CH(Cl){-}CH_2CH_3$　D. $H_3C{-}CH(Cl){-}CH_2C_6H_5$

（中山大学，2003）

［答案］ B。叔卤烷易消除，B 能形成共轭烯烃。

练习 4　*R*-2-氯丁烷用 C_2H_5ONa/C_2H_5OH 处理得到主要的烯烃是 *E* 式还是 *Z* 式？（　　）

（四川大学，2003）

［答案］ E 式，反式共平面消除。

练习 5　请解释下列两个立体异构体在相同的反应条件下会得到不同的产物。

（复旦大学，2002）

［答案］ E2 消除时对立体化学的要求为反式共平面。

立体化学不能进行 E2 消除去 HBr，但易进行分子内 S_N2 反应。

练习 6　写出下述反应的历程

$$CH_3C(CH_3)_2CH_2Br \xrightarrow{C_2H_5O^-} CH_3C(CH_3)_2CH_2OC_2H_5 \quad 慢(A)$$

$$CH_3C(CH_3)_2CH_2Br \xrightarrow{C_2H_5OH} CH_3C(CH_3)(OC_2H_5)CH_2CH_3 + CH_3C(CH_3){=}CHCH_3 \quad (B)$$

（中国石油大学，2002）

［答案］ 新戊基溴较难发生亲核取代反应。在 $C_2H_5O^-$ 作用下，反应有利于 S_N2，此时以取代为主，由于位阻较大，反应较慢。在 C_2H_5OH 作用下，反应有利于单分子反应，首先生成碳正离子，生成的伯碳正离子可重排成更稳定的叔碳正离子。然后可与亲核试剂结合发生 S_N1，也可以脱去一个 β-H 发生 E1。

A. $CH_3C(CH_3)_2CH_2Br \xrightarrow{C_2H_5O^-} CH_3C(CH_3)_2CH_2OC_2H_5 \quad S_N2$

B. $CH_3C(CH_3)_2CH_2Br \xrightarrow{-Br^-} CH_3C(CH_3)_2CH_2^+ \xrightarrow{—CH_3迁移} CH_3C^+(CH_3)CH_2CH_3 \xrightarrow{-H^+} CH_3C(CH_3){=}CHCH_3$

$CH_3C^+(CH_3)CH_2CH_3 \xrightarrow{C_2H_5OH} CH_3C(CH_3)(O^+HC_2H_5)CH_2CH_3 \xrightarrow{-H^+} CH_3C(CH_3)(OC_2H_5)CH_2CH_3 \quad S_N1$

练习 7　改错

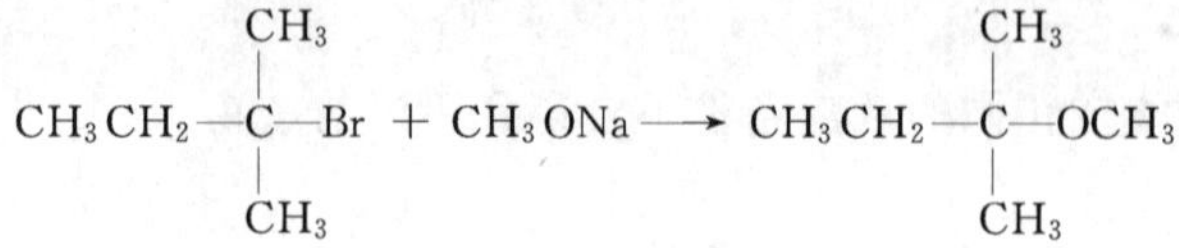

$$CH_3CH_2-\underset{CH_3}{\overset{CH_3}{C}}-Br + CH_3ONa \longrightarrow CH_3CH_2-\underset{CH_3}{\overset{CH_3}{C}}-OCH_3$$

$$(H_3C)_3C-Br \xrightarrow{CH_3COONa} H_3C-\overset{CH_3}{C}=CH_2$$

（华南理工大学，2005）

［答案］

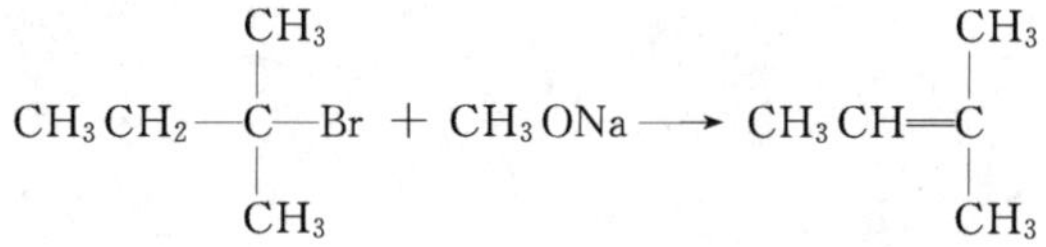

$$CH_3CH_2-\underset{CH_3}{\overset{CH_3}{C}}-Br + CH_3ONa \longrightarrow CH_3CH=\underset{CH_3}{\overset{CH_3}{C}}$$

。CH_3ONa 为强碱，叔卤代烃易发生消除。

$$(H_3C)_3C-Br \xrightarrow{CH_3COONa} H_3C-\overset{O}{\overset{\|}{C}}-OC(CH_3)_3$$

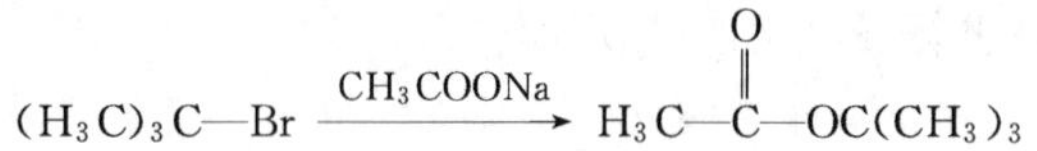

。CH_3COONa 为弱碱，不易消除，而发生亲核取代。

练习 8

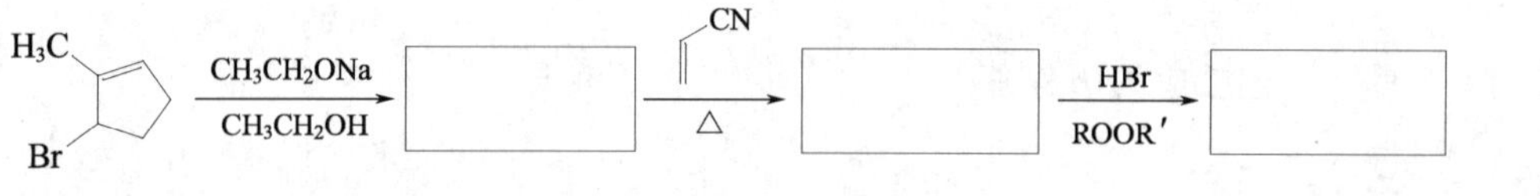

（华南理工大学，2005）

［答案］

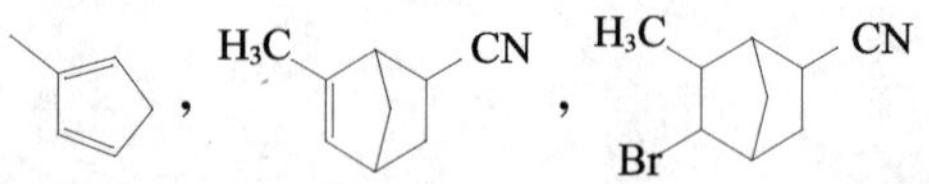

H₃C　CN　，H₃C　CN　Br

练习 9

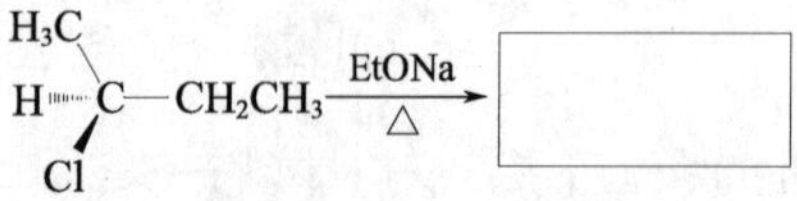

H_3C, $H\cdots C-CH_2CH_3$, Cl $\xrightarrow[\triangle]{EtONa}$ □

（四川大学，2005）

［答案］

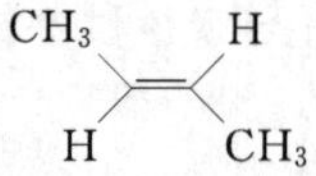

CH_3 H / H CH_3

练习 10

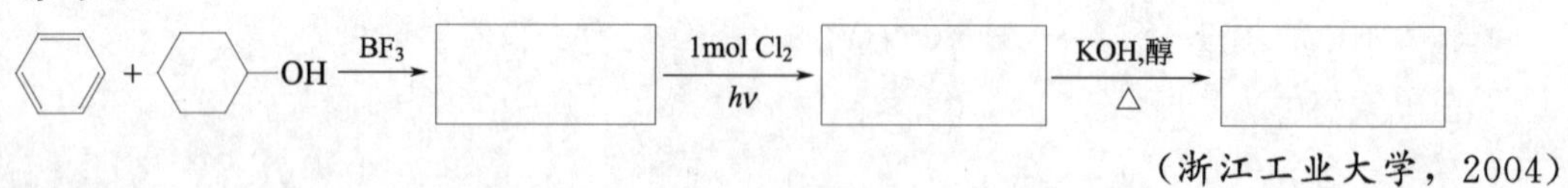

（浙江工业大学，2004）

［答案］

Cl

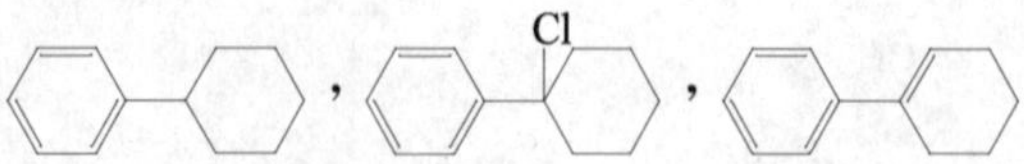

练习 11

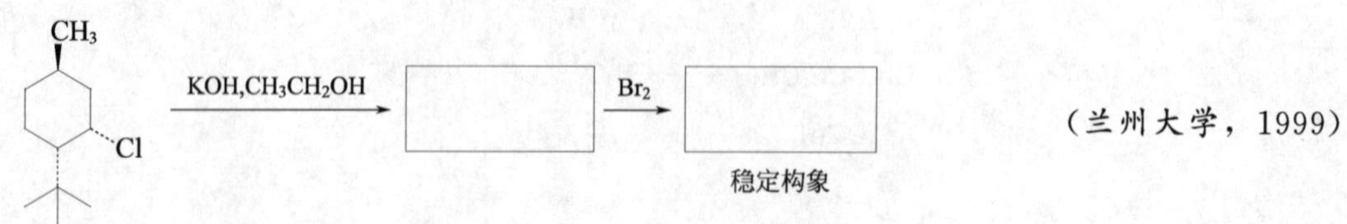

（兰州大学，1999）

[答案]

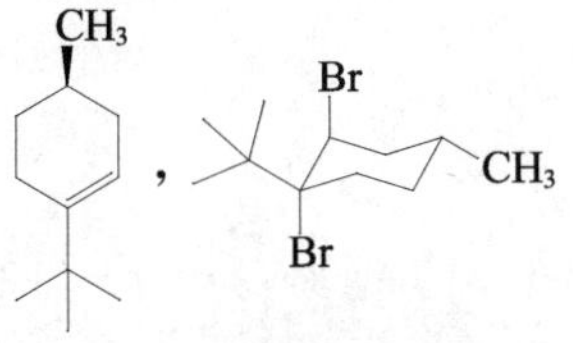

练习 12 试解释在 3-溴戊烷的消除反应中制得的反-2-戊烯比顺式产量高的原因。

（哈尔滨工业大学，2002）

[答案] 在 3-溴戊烷中，溴原子与 β-H 应处于反式共平面消除。

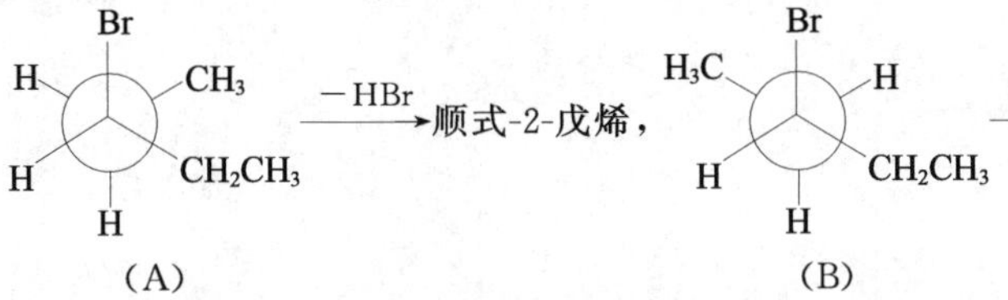

(A) $\xrightarrow{-HBr}$ 顺式-2-戊烯，(B) $\xrightarrow{-HBr}$ 反式-2-戊烯 (B)构型更稳定

练习 13 画出 *cis*-和 *trans*-4-叔丁基环己基溴的稳定的构象结构式，它们发生消除时何者较快，为什么？

（华东理工大学，2003）

[答案]

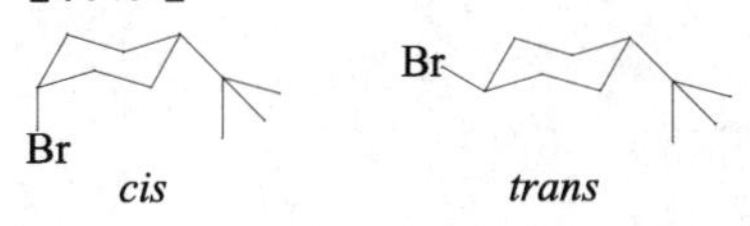

消除时，*cis*-型可直接与 β-H 反式共平面消除：

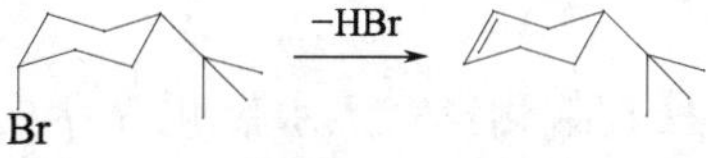

trans-型需构型翻转，Br 与 $C(CH_3)_3$ 均处于 *a* 键时方能消除，所需能量较大。

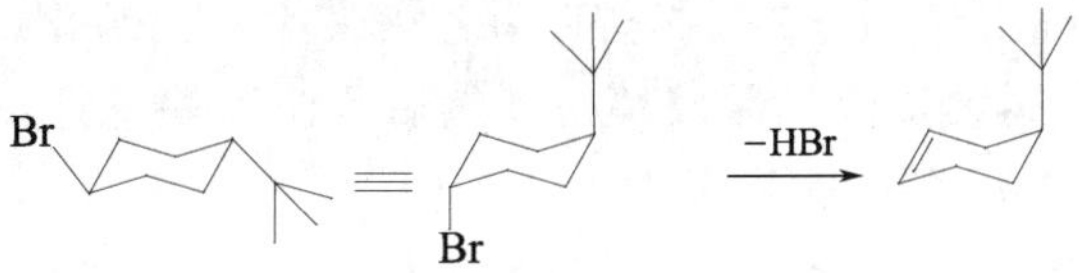

顺式快于反式

练习 14 机理

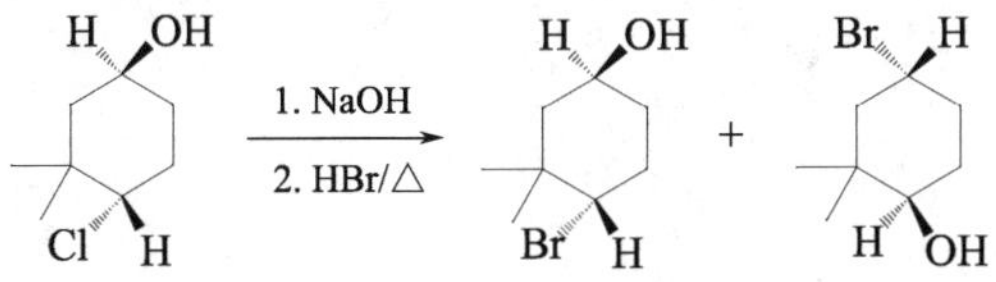

（中国科学技术大学，2003）

[答案]

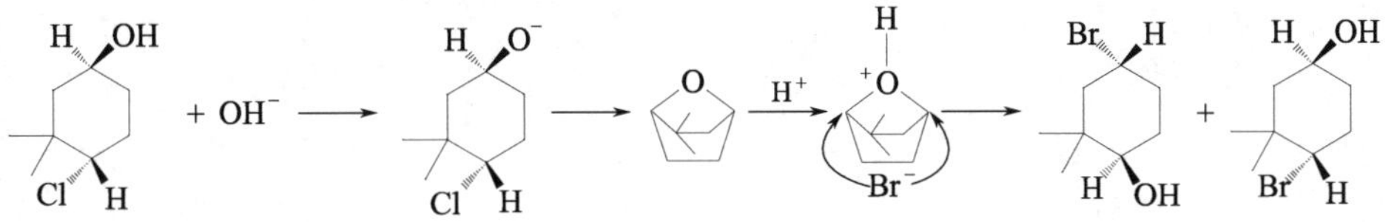

参考文献

[1] 孔祥文．有机化学．北京：化学工业出版社，2010.

第4章　取代反应

Blanc氯甲基化反应

由苯和不超过3个碳的有机原料，以及其它必要试剂合成：

$$PhCH_2-C(CH_3)_2-CH_2CH_2OC_2H_5$$

（南开大学，2009）

$$C_6H_6 \xrightarrow[HCl,ZnCl_2]{HCHO} \underset{\mathbf{1}}{C_6H_5CH_2Cl} \xrightarrow[2.\ Me_2C=O]{1.\ Mg/Et_2O} \underset{\mathbf{2}}{PhCH_2C(CH_3)_2OH} \xrightarrow[2.\ Mg/Et_2O]{1.\ PBr_3} \underset{\mathbf{3}}{PhCH_2C(CH_3)_2MgBr}$$

$$\xrightarrow{\text{环氧乙烷}} \underset{\mathbf{4}}{PhCH_2C(CH_3)_2CH_2CH_2OH} \xrightarrow[2.\ C_2H_5Br]{1.\ Na} \underset{\mathbf{5}}{PhCH_2C(CH_3)_2CH_2CH_2OC_2H_5}$$

苯与甲醛和氯化氢在无水氯化锌存在下发生亲电取代反应生成苄基氯（**1**）；**1**在乙醚中与金属镁反应得Grinard试剂，再与丙酮发生亲核加成反应得2-苄基-2-丙醇（**2**）；**2**经三溴化磷溴化，再在乙醚中与金属镁反应得Grinard试剂（**3**）；**3**与环氧乙烷发生羟乙基化反应得到3,3-二甲基-4-苯基-1-丁醇（**4**）；**4**与金属钠反应先形成醇钠，然后与溴乙烷进行Williamson反应得到目标产物2,2-二甲基-1-苯基-4-乙氧基丁烷（**5**）。

上述合成步骤的第一步中，在无水氯化锌催化下，苯与甲醛和氯化氢作用，氯甲基（—CH_2Cl）取代苯环上的氢原子生成苄基氯，该反应称为氯甲基化（chloromethylation）反应[1]。在实际操作中，可用三聚甲醛代替甲醛。例如：

$$3\,C_6H_6 + (CH_2O)_3 + 3HCl \xrightarrow[70℃,60\%\sim69\%]{\text{无水}\ ZnCl_2} 3\,C_6H_5CH_2Cl + 3H_2O$$

反应机理[2]：

$$\underset{\mathbf{6}}{(CH_2O)_3} \xrightarrow{H^+} \underset{\mathbf{7}}{H_2C=\overset{+}{O}H} + \underset{\mathbf{8}}{C_6H_6} \longrightarrow \underset{\mathbf{9}}{HOCH_2C_6H_6^+} \xrightarrow{-H^+} \underset{\mathbf{10}}{HOCH_2C_6H_5} \xrightarrow{H^+}$$

$$\underset{\mathbf{11}}{C_6H_5CH_2\overset{+}{O}H_2} + {}^-Cl \xrightarrow{S_N2} \underset{\mathbf{12}}{C_6H_5CH_2Cl} + H_2O$$

三聚甲醛（**6**）在酸催化下加热解聚生成甲醛，并形成㑇盐（**7**），**7** 作为亲电试剂进攻苯（**8**）环，与苯环的一个碳原子形成新的 C—Cσ 键得到 σ-络合物（**9**），**9** 从 sp^3 杂化碳原子上失去一个质子得苄醇（**10**），**10** 在酸催化下形成㑇盐（**11**），然后氯离子与 **11** 发生双分子亲核取代反应、脱水得到目标产物氯苄（**12**）。

如用其他脂肪醛代替甲醛，反应也可以进行，称为卤烷基化反应[3]。例如：

$$C_6H_6 + CH_3CHO + HBr \xrightarrow{ZnCl_2} C_6H_5CHBrCH_3$$

氯甲基化反应对于苯、烷基苯、烷氧基苯（烷基苯基醚）和稠环芳烃等都是成功的，但当环上有强吸电基时，产率很低甚至不反应。氯甲基化反应的用途广泛，因为$—CH_2Cl$ 可以经过还原、取代等反应转变成$—CH_3$，$—CH_2OH$，$—CH_2CN$，$—CHO$，$—CH_2COOH$，$—CH_2N(CH_3)_2$等。

$$C_6H_5CH_2Cl \xrightarrow[Pd/C]{H_2} C_6H_5CH_3$$
$$C_6H_5CH_2Cl \xrightarrow[OH^-]{H_2O} C_6H_5CH_2OH$$
$$C_6H_5CH_2Cl \xrightarrow{NaCN} C_6H_5CH_2CN$$
$$C_6H_5CH_2Cl \xrightarrow[2.\ [O]]{1.\ H_2O/OH^-} C_6H_5CHO$$
$$C_6H_5CH_2Cl \xrightarrow[2.\ H_2O/H^+]{1.\ NaCN} C_6H_5CH_2COOH$$
$$C_6H_5CH_2Cl \xrightarrow{HN(CH_3)_2} C_6H_5CH_2N(CH_3)_2$$

练习 1

$$C_6H_5CH_2CH_2C_6H_5 \xrightarrow[ZnCl_2+HCl]{HCHO} \boxed{\quad}$$

（武汉大学，2006）

［答案］

$ClCH_2-C_6H_4-CH_2CH_2-C_6H_4-CH_2Cl$ 。苯环的氯甲基化反应。

练习 2　以苯为起始原料合成[4]

$C_6H_5-CH_2-C_6H_4-CH_2OH$

［答案］

$$C_6H_6 + CO + HCl \xrightarrow[\triangle]{AlCl_3\text{-}CuCl} C_6H_5CHO \xrightarrow{H_2/Ni} C_6H_5CH_2OH$$

$$C_6H_6 + HCHO + HCl \xrightarrow[\triangle]{ZnCl_2} C_6H_5CH_2Cl \xrightarrow{AlCl_3,\ C_6H_5CH_2OH} C_6H_5-CH_2-C_6H_4-CH_2OH$$

练习 3　以苯为起始原料合成

$C_6H_5CH_2OCH_2C_6H_5$

[答案]

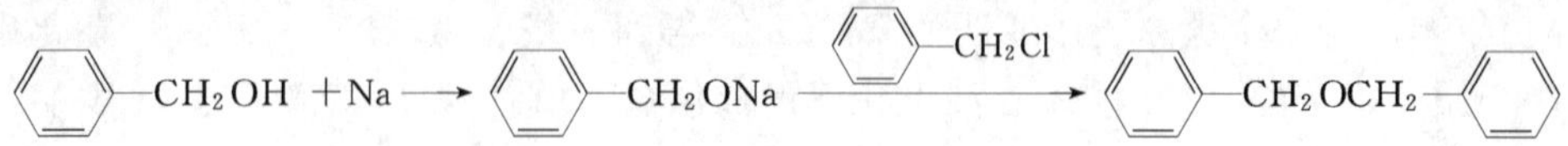

$$-CH_2OH + Na \longrightarrow -CH_2ONa \xrightarrow{-CH_2Cl} -CH_2OCH_2-$$

练习 4 以苯为起始原料合成

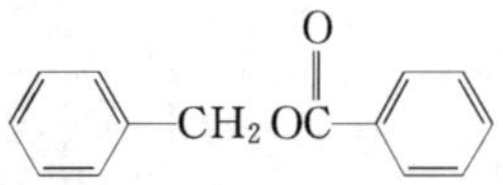

$$-CH_2OC(=O)-$$

[答案]

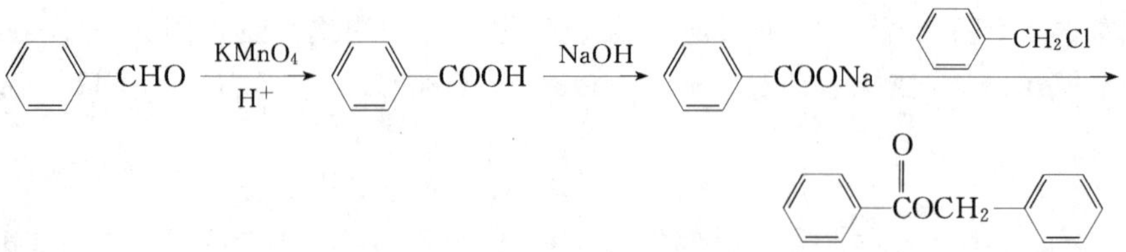

$$-CHO \xrightarrow[H^+]{KMnO_4} -COOH \xrightarrow{NaOH} -COONa \xrightarrow{-CH_2Cl} -C(=O)OCH_2-$$

练习 5 以苯为起始原料合成

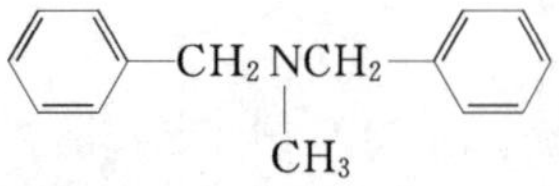

$$-CH_2N(CH_3)CH_2-$$

[答案]

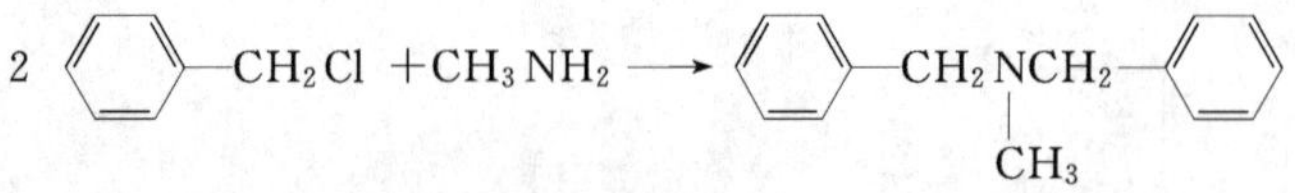

$$2\ -CH_2Cl + CH_3NH_2 \longrightarrow -CH_2N(CH_3)CH_2-$$

练习 6 以苯为起始原料合成

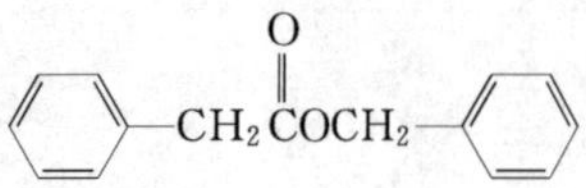

$$-CH_2C(=O)OCH_2-$$

[答案]

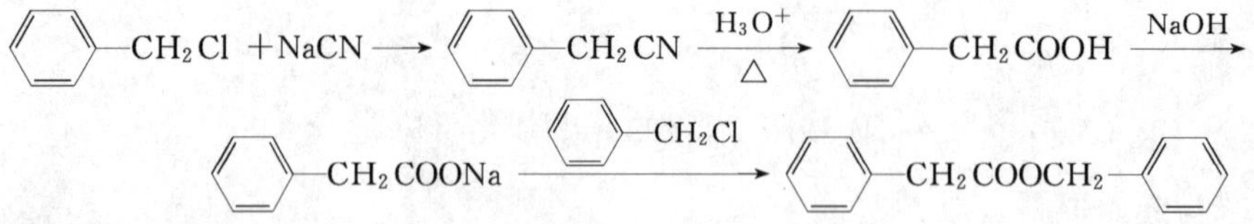

$$-CH_2Cl + NaCN \longrightarrow -CH_2CN \xrightarrow[\triangle]{H_3O^+} -CH_2COOH \xrightarrow{NaOH}$$

$$-CH_2COONa \xrightarrow{-CH_2Cl} -CH_2COOCH_2-$$

练习 7 合成

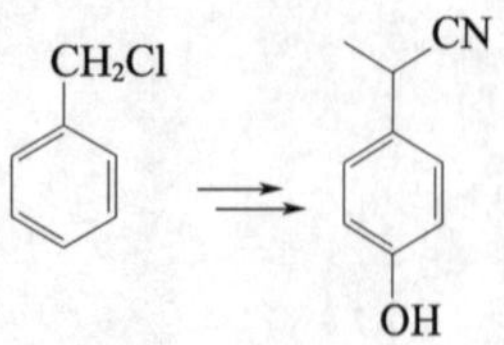

$$CH_2Cl \Longrightarrow CN, OH$$

（复旦大学，2006）

[答案]

$$CH_2Cl \xrightarrow{KCN} CH_2CN \xrightarrow[TBAB,\ NaOH]{Me_2SO_4} CN \xrightarrow[H_2SO_4]{HNO_3} CN, NO_2 \xrightarrow[NH_4Cl]{Fe} CN, NH_2 \xrightarrow[2.\ H_2SO_4/H_2O,回流]{1.\ NaNO_2,HCl,0\sim5℃} CN, OH$$

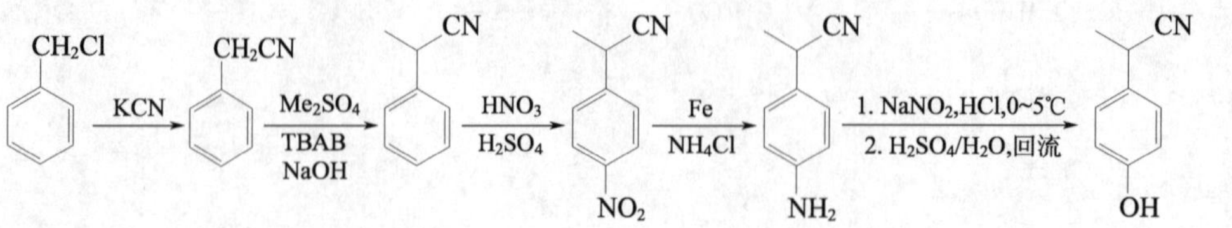

练习8　合成

$$\text{C}_6\text{H}_6 \longrightarrow \cdots \longrightarrow \text{Br-C}_6\text{H}_4\text{-CH=CH-CH}_3$$

（青岛科技大学，2003）

[答案]

$$\text{C}_6\text{H}_6 \xrightarrow[\text{AlCl}_3]{\text{CH}_3\text{Cl}} \text{C}_6\text{H}_5\text{CH}_3 \xrightarrow[h\nu]{\text{Cl}_2} \text{C}_6\text{H}_5\text{CH}_2\text{Cl} \xrightarrow[\text{干醚}]{\text{Mg}} \xrightarrow[2.\ \text{H}_3\text{O}^+]{1.\ \text{CH}_3\text{CHO}} \text{C}_6\text{H}_5\text{CH}_2\text{CH(OH)CH}_3$$

$$\xrightarrow[\text{NaOH}]{\text{EtOH}} \text{C}_6\text{H}_5\text{CH=CHCH}_3 \xrightarrow[\text{Fe}]{\text{Br}_2} \text{Br-C}_6\text{H}_4\text{-CH=CHCH}_3$$

练习9　合成

$$\text{5-甲基噻吩-2-COOCH}_3\ (\text{H}_3\text{C},\ \text{S},\ \text{COOCH}_3) \xrightarrow[\text{ZnCl}_2]{\text{HCHO,HCl}} \boxed{\quad\quad}$$

（中国科学技术大学，2002）

[答案]

$$\text{ClH}_2\text{C-(4位)},\ \text{H}_3\text{C-(5位)}\ \text{噻吩(S)-2-COOCH}_3$$

练习10　机理

$$\text{噻吩(S)} + \text{CH}_3\overset{\text{O}}{\overset{\|}{\text{C}}}\text{H} + \text{HCl} \longrightarrow \text{2-噻吩基-}\underset{\text{Cl}}{\text{CHCH}_3} \xrightarrow{\text{吡啶}} \text{2-噻吩基-CH=CH}_2$$

[答案]

$$\text{CH}_3\overset{\text{O}}{\overset{\|}{\text{C}}}\text{H} \xrightarrow{\text{H}^+} \text{H}_3\text{C}-\overset{\overset{+}{\text{O}}\text{H}}{\overset{\|}{\text{C}}}-\text{H} \longleftrightarrow \text{H}_3\text{C}-\overset{+}{\text{C}}(\text{OH})\text{H} \xrightarrow{\text{噻吩(S)}} \text{(2位加成的噻吩正离子, H, CH(OH)CH}_3) \xrightarrow{-\text{H}^+} \text{2-噻吩基-}\underset{\text{CH}_3}{\text{CHOH}} \xrightarrow{\text{H}^+}$$

$$\text{2-噻吩基-}\underset{\text{CH}_3}{\text{CH}}-\overset{+}{\text{O}}\text{H}_2 \xrightarrow{-\text{H}_2\text{O}} \text{2-噻吩基-}\overset{+}{\text{C}}\text{HCH}_3 \xrightarrow{\text{Cl}^-} \text{2-噻吩基-}\underset{\text{Cl}}{\text{CH}}\overset{\text{H}}{\text{CH}_2} \xrightarrow{\text{吡啶}} \text{2-噻吩基-CH=CH}_2 + \text{吡啶(N)}\cdot\text{HCl}$$

参考文献

[1] Blanc G. Bull Soc Chim Fr，1923. 33：313.

[2] [美] 李杰（Jie Jack Li）. 有机人名反应及机理. 荣国斌译. 朱士正校. 上海：华东理工大学出版社，2003：41.

[3] 孔祥文. 有机化学. 北京：化学工业出版社，2010.

[4] 裴伟伟. 基础有机化学习题解析. 北京高等教育出版社，2006：254.

Vilsmeier反应

苯甲醚、*N*-甲基-*N*-苯基甲酰胺和三氯氧磷反应得到对甲氧基苯甲醛，请写出其反应机理。

$$\text{H}_3\text{CO-C}_6\text{H}_5 + \text{Ph}-\underset{\text{CH}_3}{\text{N}}-\overset{\text{O}}{\overset{\|}{\text{C}}}-\text{H} \xrightarrow{\text{POCl}_3} \text{H}_3\text{CO-C}_6\text{H}_4\text{-CHO}$$

（南开大学，2012）

N-甲基-*N*-苯基甲酰胺、三氯氧磷与苯甲醚反应，苯环中甲氧基对位碳原子上的氢原子

被甲酰基取代得到对甲氧基苯甲醛，其反应机理如下：

$$HC(=O)-N(Ph)Me \longleftrightarrow HC(O^-)=N^+(Ph)Me \xrightleftharpoons{Cl-P(=O)Cl_2} Cl-P(=O)(Cl)-OCH=N^+(Ph)Me\ Cl^- \rightleftharpoons Cl-P(=O)(Cl)-O-CH(Cl)-N(Ph)Me \rightleftharpoons$$

$$[ClCH=N^+(Ph)Me \longleftrightarrow Cl\overset{+}{C}H-N(Ph)Me] \xrightleftharpoons{C_6H_5OMe} Ar-CH(Cl)-N(Ph)Me \rightleftharpoons MeO-C_6H_4-CH=N^+(Ph)Me\ Cl^-$$

$$\xrightleftharpoons{H_2O} MeO-C_6H_4-CH=O + Ph(Me)\overset{+}{N}H_2Cl^-$$

这种芳烃、活泼烯烃化合物用二取代甲酰胺及三氯氧磷处理得到醛类化合物的反应称为Vilsmeier 反应[1]，现指有 Vilsmeier 试剂参与的化学反应。

Vilsmeier 试剂因 1927 年 Vilsmeier 等人首先用 DMF 和 $POCl_3$ 将芳香胺甲酰化而得名，其中所用的 DMF 和 $POCl_3$ 合称为 Vilsmeier 试剂（以下简称为 VR）。现在，通常认为 VR 是由取代酰胺与卤化剂组成的复合试剂。取代酰胺可用通式 $RCONR^1R^2$ 来表示［R 为 H、低烃基、取代苯基；R^1、R^2 为低烃基、取代苯基；R^1R^2N 为 $O(CH_2CH_2)_2N$，$(CH_2)_nN$（$n=4,5$）等］，常用的酰胺有 DMF（二甲基甲酰胺）和 MFA（*N*-甲基-*N*-苯基甲酰胺）。常用的卤化剂有 $POCl_3$、$SOCl_2$、$COCl_2$、$(COCl)_2$，有时也用 PCl_5、PCl_3、PCl_3/Cl_2、SO_2Cl_2、$P_2O_3Cl_4$ 或金属卤化物、酸酐[2]。

反应通式如下：

$$ArH + RR'NCHO \xrightarrow{POCl_3} ArCHO + RR'NH$$

这是目前在芳环上引入甲酰基的常用方法。*N*,*N*-二甲基甲酰胺、*N*-甲基-*N*-苯基甲酰胺是常用的甲酰化试剂。

反应机理：

$$HC(=O)-NRR' \longleftrightarrow HC(O^-)=\overset{+}{N}RR' \xrightleftharpoons{Cl-P(=O)Cl_2\ \mathbf{13}} \underset{\mathbf{14}}{Cl-P(=O)(Cl)-OCH=\overset{+}{N}RR'Cl^-} \rightleftharpoons \underset{\mathbf{15}}{Cl-P(=O)(Cl)-O-CH(Cl)-NRR'} \rightleftharpoons$$

$$\underset{\mathbf{16}}{[ClCH=\overset{+}{N}RR' \longleftrightarrow Cl\overset{+}{C}H-NRR']} \xrightleftharpoons[ArH]{\mathbf{17}} \underset{\mathbf{18}}{Ar-CH(Cl)-NRR'} \rightleftharpoons \underset{\mathbf{19}}{Ar-CH=\overset{+}{N}RR'Cl^-} \xrightleftharpoons{H_2O} \underset{\mathbf{20}}{Ar-CHO} + \underset{\mathbf{21}}{RR'\overset{+}{N}H_2Cl^-}$$

首先二取代甲酰胺与三氯氧磷（**13**）1∶1 络合得到二氯磷酸酯的亚胺离子型结构（**14**），**14** 异构为二氯磷酸-α-二取代胺基氯甲酯（**15**），**15** 经消去二氯磷酸后得亚胺离子（**16**），**16** 作为亲电试剂进攻芳香族化合物（**17**）的芳环发生亲电取代反应形成 α-二取代胺基芳基氯甲烷（**18**），**18** 消去氯离子得亚胺离子（**19**），**19** 经水解得芳甲醛（**20**）和铵盐（**21**）。

注：亚胺离子（iminium ion）是一类具有$[R^1R^2C=NR^3R^4]^+$通式的正离子，可看作是

亚胺的质子化或烷基化产物。亚胺离子很容易由胺与羰基化合物缩合生成，它实际上是一种掩蔽了的α-氨基碳正离子，即氨基烷基化试剂。

练习 1

$(CH_3)_2N$—C₆H₄ + $(CH_3)_2NCHO$ $\xrightarrow{POCl_3}$ [　　]

[答案]

$(CH_3)_2N$—C₆H₄—CHO

练习 2

吡咯(NH) + C_6H_5—N(CH_3)—CHO $\xrightarrow{POCl_3}$ [　　]

[答案]

2-吡咯甲醛(N-H, CHO) + $C_6H_5NHCH_3$

练习 3

薁—C_8H_{17} $\xrightarrow[(excess)]{DMF/POCl_3}$ $\xrightarrow{OH^-/H_2O}$ [　　]

[答案]

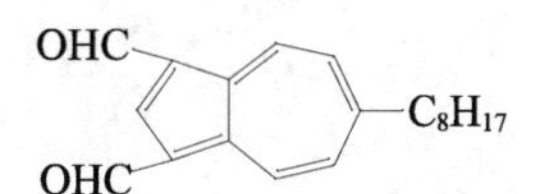

6-辛基薁与过量的DMF/POCl₃反应，然后碱性水解生成1,3-位二取代甲醛；若不过量，则生成1-位取代甲醛[3]。

练习 4

吡咯(NH) + Me—C₆H₄—CONMe₂ $\xrightarrow{POCl_3}$ [　　]

[答案]

2-吡咯基(N-H)—C(=O)—C₆H₄—Me

对于呋喃、噻吩和吡咯衍生物，酰基一般引在它们的2或5位，当2或5位被其它基团占据，酰基则引在3或4位。如吡咯衍生物与N,N-二甲基-4-甲基苯甲酰胺和$POCl_3$反应，生成2位苯甲酰化产物（80%）[4]。

练习 5

吲哚(N-H)—C(R)=C(CH_3)₂ + DMF/$POCl_3$ ⟶ [　　]

[答案]

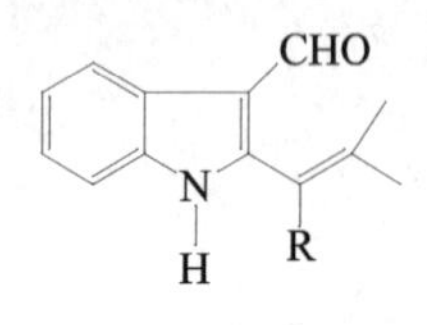

对于吲哚衍生物，酰基一般引在 3 位，吲哚衍生物的 3 位取代醛是一些生理活性物质的中间体。目前制备它们最好的方法是在 $POCl_3$ 作用下，利用过量的 DMF 使吲哚衍生物甲酰化，产率通常较高。如 2-烯基吲哚与 VR 反应，生成 3 位取代甲醛（R＝H，94％；R＝Me，96％；R＝Ph，98％）[5,6]。

参考文献

[1] Vilsmeier A，Haack A. Ber，1927，60：119-122.
[2] Tebby J C，Willetts S E. Phosphorus Sulfur，1987，30：293.
[3] Tachibana Y，Obara K，Y Masuyama. Jpn Kokai Tokkyo Koho. JP 62198636. 1986，(C A，1988，109：230392).
[4] Meng F H，Zhang S F，Gao W F，Chin G W. Jingxi Huagong，1996，13：16.
[5] Bergmen J，Peleman B. Tetrahedron，1988，44：521.
[6] 钱定权，曹如珍，刘纶祖．Vilsmeier 反应在有机合成中的应用．有机化学，2000，20 (1)：30-43.

Walden 转化

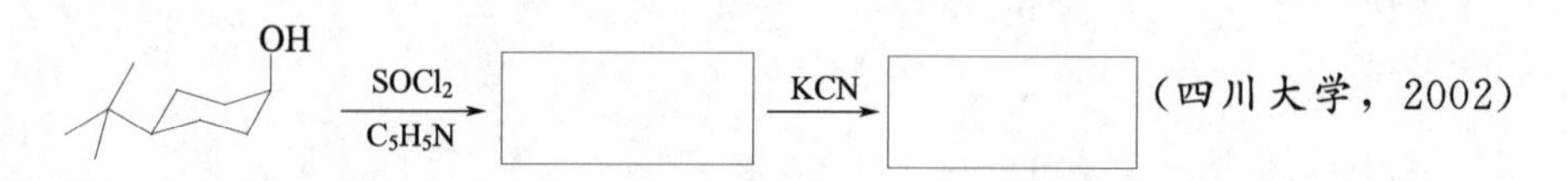

顺-对叔丁基环己醇在吡啶存在下与氯化亚砜反应得反-1-叔丁基-4-氯环己烷，后者与氰化钾进行亲核取代反应得到顺-对叔丁基环己基腈，Cl，CN。氯化第一次构型翻转，氰化第二次构型翻转[1]。

这种构型翻转以下式为例说明如下：

过渡态

反应时，由于碳原子与氯原子之间电负性的差异，亲核试剂（以 Nu^- 表示）OH^- 的进攻和离去基团（以 L^- 表示）Cl^- 的离去同时进行，碳原子由原来的 sp^3 杂化变为 sp^2 杂化，形成平面过渡态。通常认为，亲核试剂 OH^- 从离去基团氯原子的背面进攻，沿着碳原子与卤原子中心连线进攻中心碳原子，因为这样进攻，亲核试剂 OH^- 受卤素原子的电子效应和空间效应的影响较小，另外量子力学计算也指出，从此方向进攻所需能量较低。立体化学的研究也证明了这一点，因为从 CH_3Cl 的构型考虑，亲核试剂（Nu^-）从离去基团氯原子背面进攻中心碳原子，生成产物后，亲核试剂（Nu^-）处于原来氯原子的对面，所得产物甲醇的构型与氯甲烷的构型相比，整个分子的构型发生转变，具有与原来相反的构型，这种转化称构型反转或构型转化，亦称 Walden 转化[2]。但这种转化，只有当中心碳原子是手性碳原子时，才能观察出来。

练习 1　写出反应产物和机理

$$\text{R(R')(H)C—OH} \xrightarrow[\text{吡啶}]{SOCl_2} \boxed{\quad}$$

[答案]

$$\text{Cl—C(R)(R')(H)}$$

醇与亚硫酰氯（$SOCl_2$，也叫氯化亚砜，b. p. 79℃）反应生成氯代烷。例如：

$$\text{2-}CH_3C_6H_4\text{—}CH_2OH + SOCl_2 \xrightarrow[89\%]{\text{苯}} \text{2-}CH_3C_6H_4\text{—}CH_2Cl + SO_2\uparrow + HCl\uparrow$$

该反应不仅速率快、反应条件温和、产率高，而且反应后剩余试剂可回收，反应产生的 SO_2 和 HCl 都以气体形式离开反应体系，使产物易提纯，通常不发生重排。但是生成的酸性气体应加以吸收或利用，以避免造成环境污染。由于该方法对金属设备有很强的腐蚀，一般多用于实验室中制取氯代烃。醇与亚硫酰氯的反应机理如下：

$$\underset{(1^\circ\text{或}2^\circ)}{RCH_2\text{—}\ddot{O}\text{—H}} + Cl_2S{=}O \longrightarrow RCH_2\text{—O—S(Cl)(Cl)—OH} \xrightarrow{-HCl} RCH_2\text{—O—S(=O)—Cl} \longrightarrow RCH_2Cl + SO_2\uparrow$$

醇与亚硫酰氯作用先生成氯代亚硫酸酯（RCH_2OSOCl）和氯化氢，接着氯代亚硫酸酯发生分解，在碳氧键发生异裂的同时，带有部分负电荷的氯原子恰好位于缺电子碳的前方并与之发生分子内的亲核取代反应。当碳氯键形成时，分解反应放出 SO_2，最后得到构型保持产物。这种取代反应犹如在分子内进行，所以叫做分子内亲核取代（substitution nucleophilic internal），用 S_Ni 表示。

当在醇和亚硫酰氯的混合物中加入弱碱吡啶或叔胺，则不发生 S_Ni 反应，而是进行 S_N2 反应，结果使与羟基相连接的碳原子的构型发生转化，其反应机理如下：

$$\text{R(R')(H)C—OH} \xrightarrow{SOCl_2} \text{R(R')(H)C—OSOCl} + HCl$$

$$C_5H_5N \xrightarrow{HCl} C_5H_5\overset{+}{N}H\ Cl^-$$

$$C_5H_5\overset{+}{N}H\ Cl^- + \text{R(R')(H)C—OSOCl} \xrightarrow{S_N2} \left[\overset{\delta^-}{Cl}\cdots\text{C(R)(R')(H)}\cdots\overset{\delta^-}{O}\text{—S(=O)—Cl}\right] \longrightarrow \text{Cl—C(R)(R')(H)} + SO_2 + C_5H_5\overset{+}{N}H\ Cl^-$$

醇和亚硫酰氯反应生成氯代亚硫酸酯（RCH_2OSOCl）和氯化氢时，形成的 HCl 被吡啶

转化为 $C_5H_5N^+H\ Cl^-$，而“游离”的 Cl^- 是一个高效的亲核试剂，因而以正常的 S_N2 反应方式从氯代亚硫酸酯的背面进攻碳而反转了构型。

练习 2

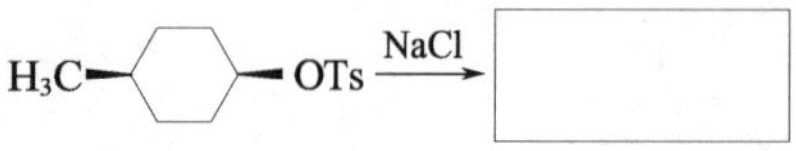

H_3C—⬡—OTs $\xrightarrow{NaCl}$ [ ] （复旦大学，2005）

[答案]

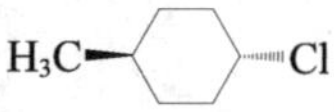

H_3C—⬡—Cl，氯化构型翻转。

醇与卤化钠、氰化钠等亲核试剂发生亲核取代反应时，由于羟基（—OH）碱性较强，羟基作为离去基团很难离去。所以，醇很难进行亲核取代反应。如将醇与对甲基苯磺酰氯反应，使羟基转变为对甲苯磺酰氧基（—OTs），—OTs 是一个很好的离去基团，有利于再发生其它亲核取代反应。例如：

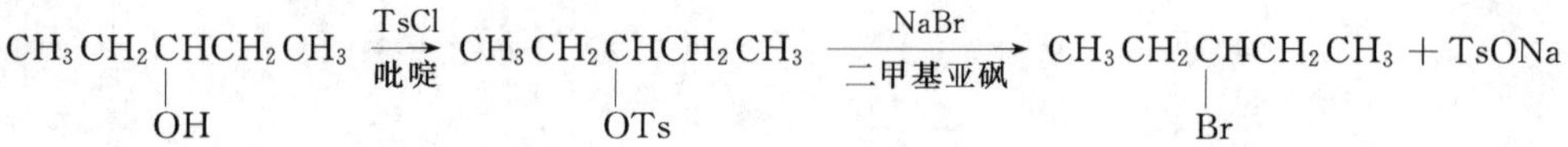

$$CH_3CH_2CH(OH)CH_2CH_3 \xrightarrow[\text{吡啶}]{TsCl} CH_3CH_2CH(OTs)CH_2CH_3 \xrightarrow[\text{二甲基亚砜}]{NaBr} CH_3CH_2CH(Br)CH_2CH_3 + TsONa$$

练习 3

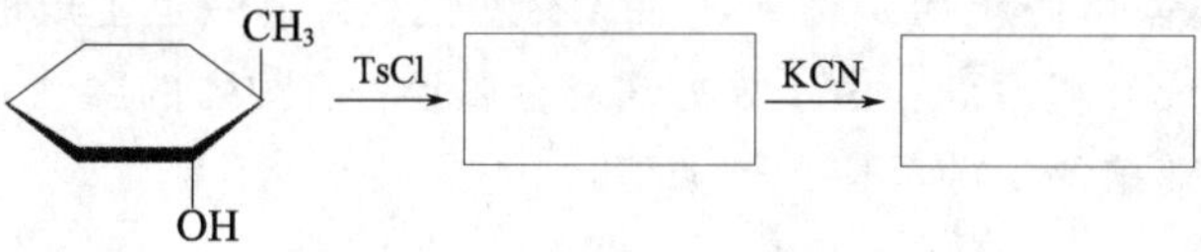

（CH_3，OH 取代环己烷）$\xrightarrow{TsCl}$ [ ] $\xrightarrow{KCN}$ [ ] （四川大学，2005）

[答案]

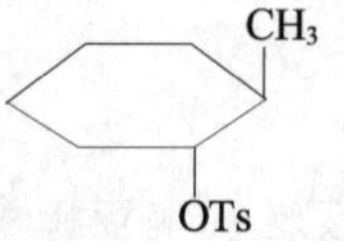

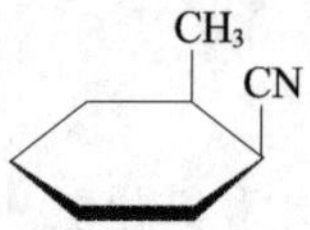

（CH_3，OTs 取代环己烷），（CH_3，CN 取代环己烷） 第一步酯化；第二步氰化，构型翻转。

练习 4

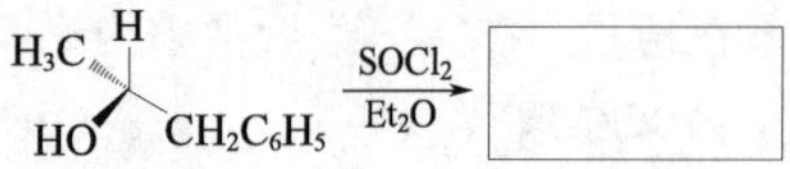

H_3C，H，HO，$CH_2C_6H_5$ $\xrightarrow[Et_2O]{SOCl_2}$ [ ] （大连理工大学，2005）

[答案]

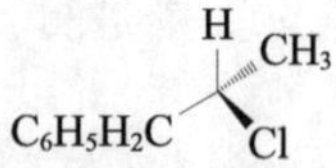

H，CH_3，$C_6H_5H_2C$，Cl，氯化，构型翻转。

练习 5

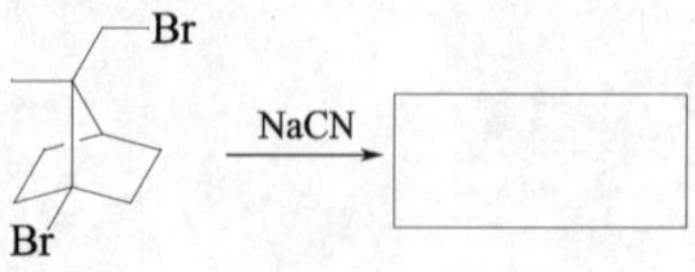

[答案]

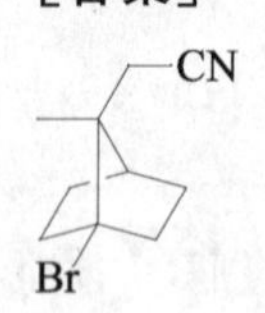

桥头卤原子难以发生亲核取代。

练习 6

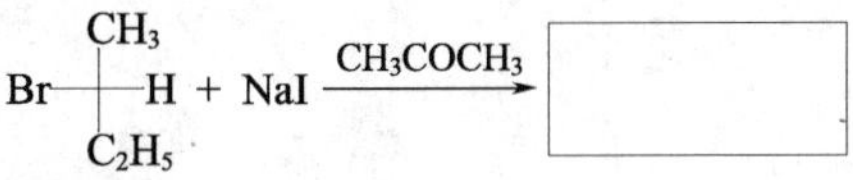

CH_3
Br—┼—H + NaI $\xrightarrow{CH_3COCH_3}$ [　　　]
C_2H_5

（青岛科技大学，2004）

［答案］

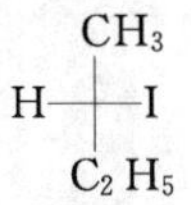

CH_3
H—┼—I　　反应为 S_N2，构型翻转。
C_2H_5

练习 7

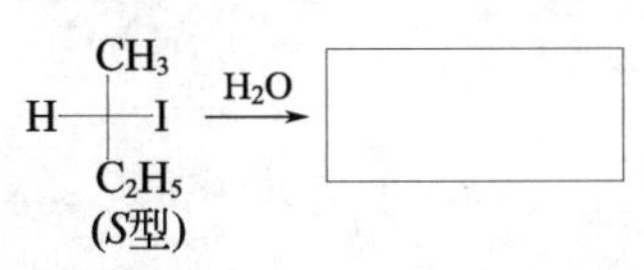

（中国科学技术大学，2010）

［答案］

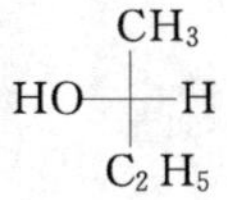

CH_3
HO—┼—H
C_2H_5
（*R* 型）

练习 8　解释反应机理，必须用弯箭头表明电子或基团的迁移。

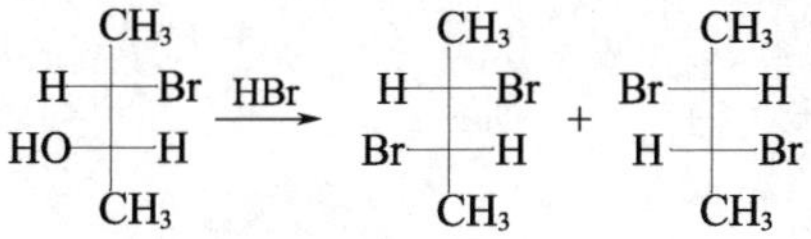

CH_3 / H—┼—Br / HO—┼—H / CH_3 $\xrightarrow{HBr}$ CH_3 / H—┼—Br / Br—┼—H / CH_3 + CH_3 / Br—┼—H / H—┼—Br / CH_3

（兰州理工大学，2010）

（提示：邻基参与）

［答案］

CH_3 / H—┼—Br / HO—┼—H / CH_3 ≡ HO, H, CH_3, H, Br, CH_3 $\xrightarrow{H^+}$ $H_2\overset{+}{O}$, CH_3, H, CH_3, H, Br

Br^- (a, b), CH_3, H, CH_3, H, $\oplus$Br $\xrightarrow{a}$ Br, CH_3, H, CH_3, H, Br; $\xrightarrow{b}$ CH_3, H, Br, Br, CH_3, H ≡ CH_3 / H—┼—Br / Br—┼—H / CH_3 + CH_3 / Br—┼—H / H—┼—Br / CH_3

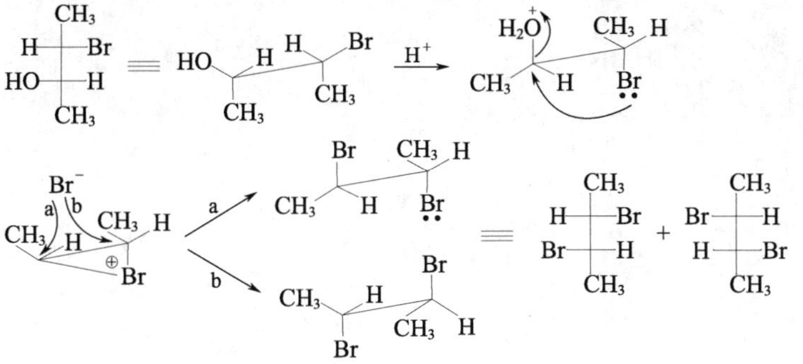

练习 9

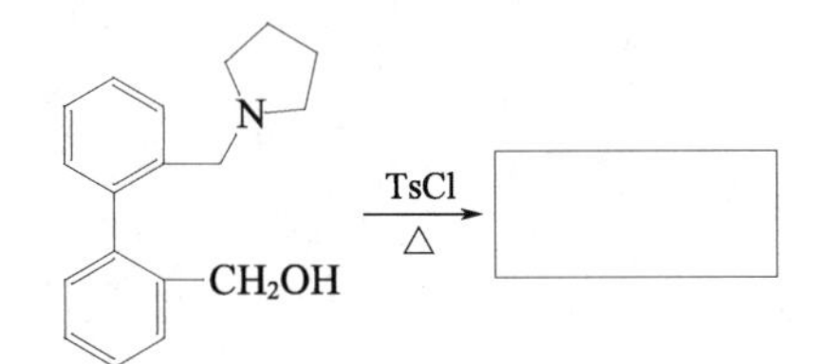

（中国科学院，2009）

［答案］

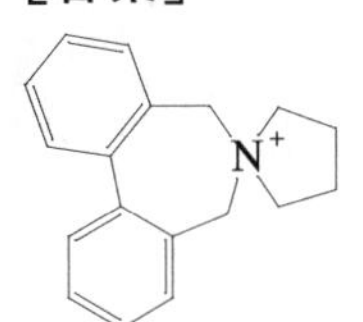

练习 10

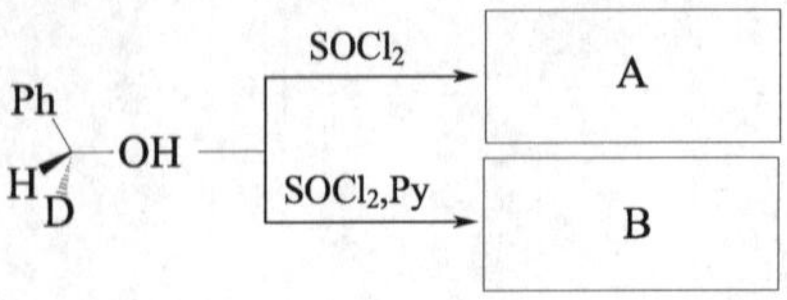

（中国科学院，2009）

[答案]

A. 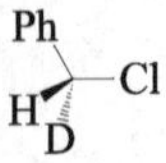 Ph H D Cl　　B. 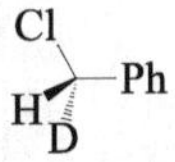 Cl H D Ph　　Py 是吡啶，弱亲核试剂，能使构型翻转。

练习 11

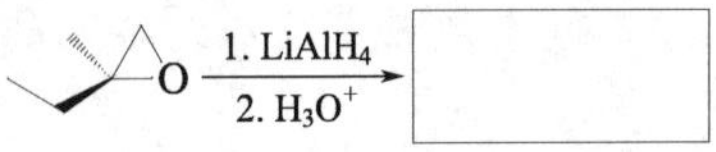

O　1. $LiAlH_4$　2. H_3O^+

（中国科学院，2009）

[答案]

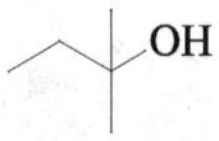

OH

练习 12

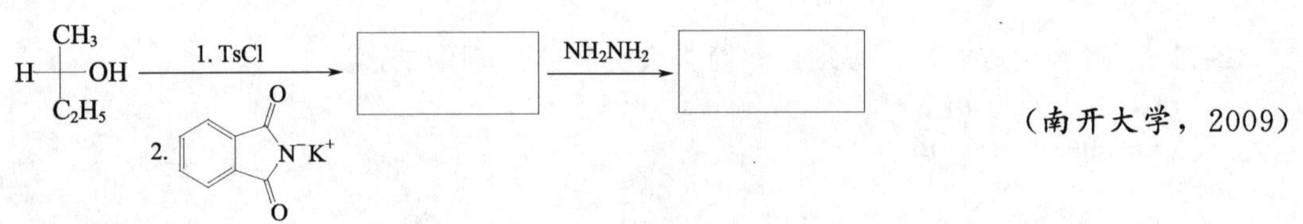

（南开大学，2009）

[答案]

O N CH_3 H C_2H_5 O，O NH NH O + H_2N CH_3 H C_2H_5

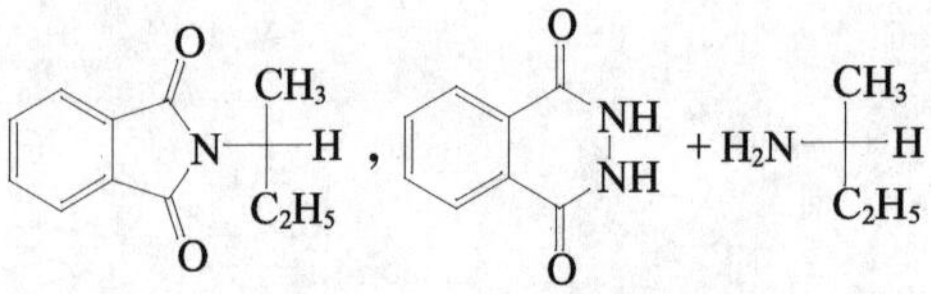

练习 13

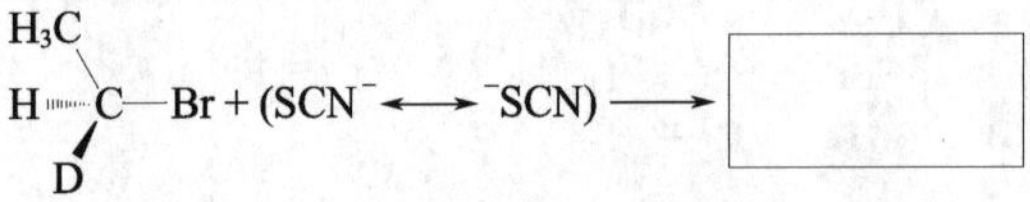

H_3C H C Br + (SCN^- ⟷ ^-SCN) ⟶

D

（兰州大学，2005）

[答案]

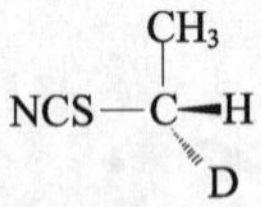

CH_3 NCS—C—H D　　S_N2，构型翻转。

练习 14

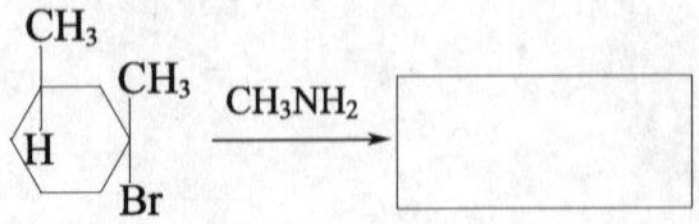

CH_3 CH_3 H Br　CH_3NH_2

（中山大学，2005）

[答案]

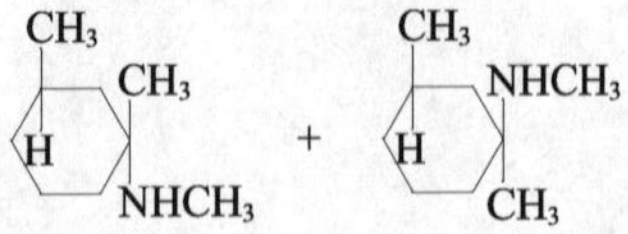

CH_3 CH_3 H $NHCH_3$ + CH_3 $NHCH_3$ H CH_3　　S_N1 反应，外消旋体。

练习 15

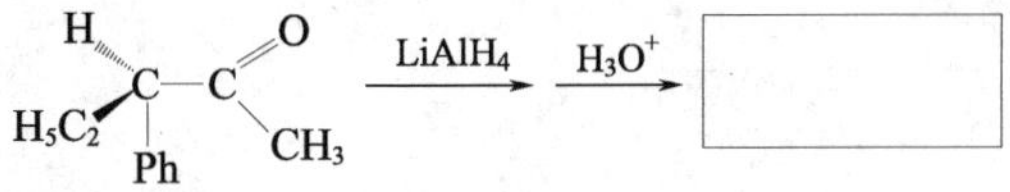

$$\ce{H5C2-C(H)(Ph)-C(=O)CH3 ->[LiAlH4] ->[H3O^+] \boxed{\quad}}$$

[答案]

$$\ce{C2H5-C(H)(Ph)-C(H)(OH)CH3}$$

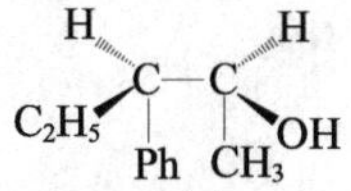

参考文献

[1] 吴范宏．有机化学学习与考研指津．2008 版．上海：华东理工大学出版社，2008：78.

[2] 孔祥文．有机化学．北京：化学工业出版社，2010：114.

苯炔机理

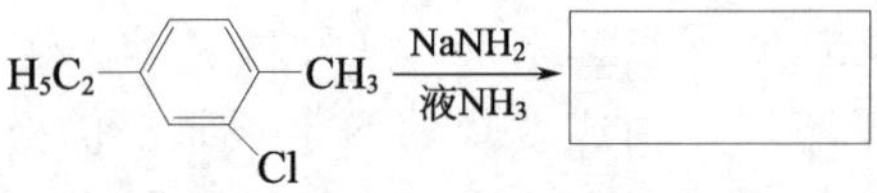

$H_5C_2-C_6H_3(Cl)-CH_3 \xrightarrow[\text{液}NH_3]{NaNH_2}$ □ （华南理工大学，2006）

2-氯-4-乙基甲苯在液氨中经氨基钠处理得到 2-甲基-5-乙基苯胺和 5-甲基-2-乙基苯胺：

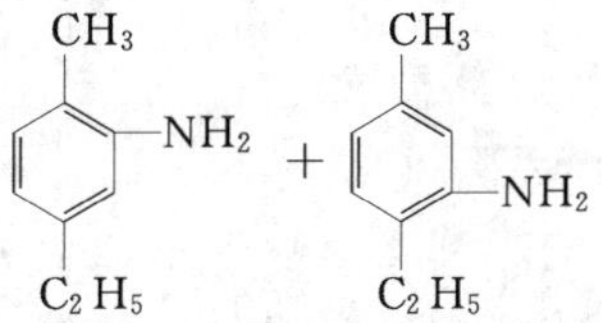

(2-甲基-5-乙基苯胺：CH_3、NH_2、C_2H_5) + (5-甲基-2-乙基苯胺：CH_3、NH_2、C_2H_5)。反应经历消除-加成机理，先消除成苯炔 (4-乙基-1-甲基苯炔：CH_3、C_2H_5) 后再加成。

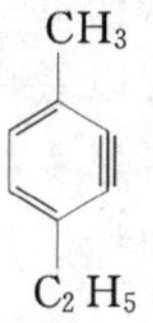

消除-加成机理（苯炔机理）如下。[1~3]

实验发现，若用氯原子连于标记的 ^{14}C 上的氯苯进行水解，除生成预期的羟基连于 ^{14}C 的苯酚外，还生成了羟基连于 ^{14}C 邻位碳上的苯酚；用极强的碱 KNH_2 在液氨中处理这一氯苯也得到类似的结果：

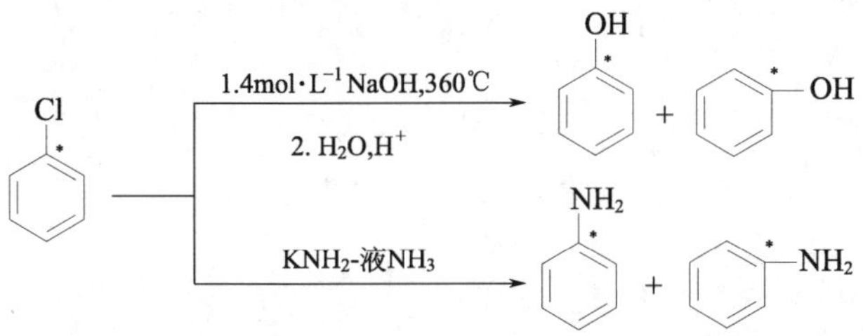

$$C_6H_5Cl^{*} \xrightarrow[2.\ H_2O,H^+]{1.4mol\cdot L^{-1}\ NaOH,360℃} C_6H_5OH^{*}\ (\text{OH 连于}^{*}C) + C_6H_5OH\ (\text{OH 连于}^{*}C\text{ 邻位})$$

$$C_6H_5Cl^{*} \xrightarrow{KNH_2\text{-液}NH_3} C_6H_5NH_2^{*}\ (\text{NH}_2\text{ 连于}^{*}C) + C_6H_5NH_2\ (\text{NH}_2\text{ 连于}^{*}C\text{ 邻位})$$

对氯甲苯与 KNH_2-液 NH_3 反应，则得到对甲苯胺和间甲苯胺的混合物：

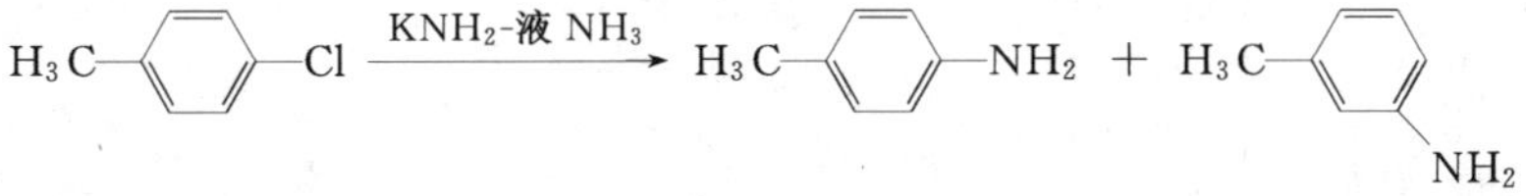

$$H_3C-C_6H_4-Cl \xrightarrow{KNH_2\text{-液 }NH_3} H_3C-C_6H_4-NH_2\ (\text{对位}) + H_3C-C_6H_4-NH_2\ (\text{间位})$$

上述反应的显著特点是：取代基团不仅进入到原来卤原子的位置，而且还进入到卤原子的邻位。显然，这些实验现象用加成-消除机理是难以解释的，然而用消除-加成机理（苯炔机理）却能很好解释上述的实验结果。现以氯苯的氨解为例说明消除-加成机理如下：

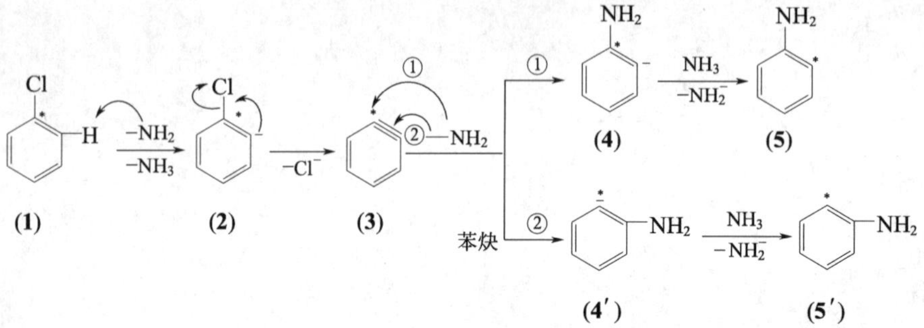

由于氯原子的吸电诱导效应，使其邻位碳上的氢原子的酸性较强，反应第一步是强碱$^{-}NH_2$进攻氯原子邻位的H原子，生成碳负离子（**2**），然后(**2**)脱去氯生成(**3**)——苯炔活性中间体。这两步合起来相当于在强碱$^{-}NH_2$作用下，氯苯失去一分子HCl。苯炔是一高度活泼的中间体，立即与$^{-}NH_2$加成生成（**4**）和（**4′**），它们分别夺取NH_3中的H生成（**5**）和（**5′**），后两步合起来，相当于苯炔的碳碳叁键上加了一分子的NH_3。所以这种机理称为消除-加成机理，又因为该类反应是经由苯炔活性中间体完成的，故又称苯炔机理。

苯炔含有一个碳碳叁键，比苯少两个氢原子，又称去氢苯。但苯炔中的碳碳叁键与乙炔中的碳碳叁键不同。构成苯炔的两个碳原子仍是sp^2杂化。“叁键”当中，一个是σ键，两个是π键，其中的一个π键参与苯环的共轭π键体系，第二个π键则是由苯环上相邻的两个不平行的sp^2杂化轨道从侧面交盖而成，如图4-1所示。

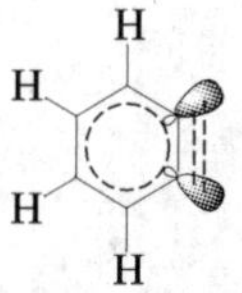

图4-1　苯炔结构的轨道图

从图中可以看出，其一，由于两个sp^2杂化轨道相互不平行，侧面交盖很少，故所形成的这个π键很弱，导致了苯炔的活泼性，如苯炔除了容易与亲核试剂加成外，也可以与共轭二烯烃发生Diels-Alder反应。其二，由于第二个π键的两个sp^2杂化轨道与构成苯环的碳原子共处于同一平面上，即与苯环中的共轭π键体系相互垂直，故苯环上的所有取代基对苯炔的生成与稳定，只存在诱导效应，而不存在共轭效应。

练习1

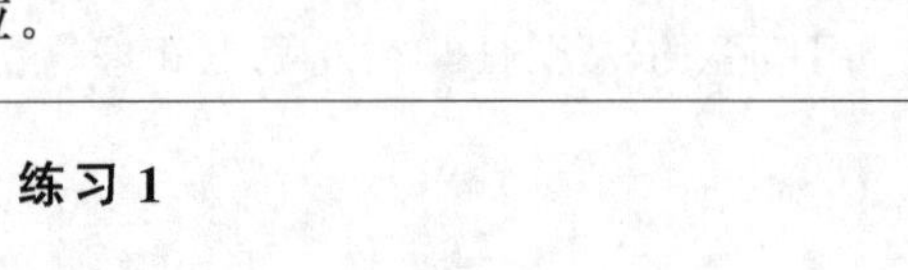

$+ NaOCH_3 \xrightarrow{CH_3OH}$ □　　（江南大学，2004）

[答案]

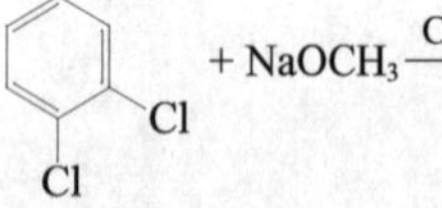

硝基邻对位的卤原子可发生亲核取代。

练习2

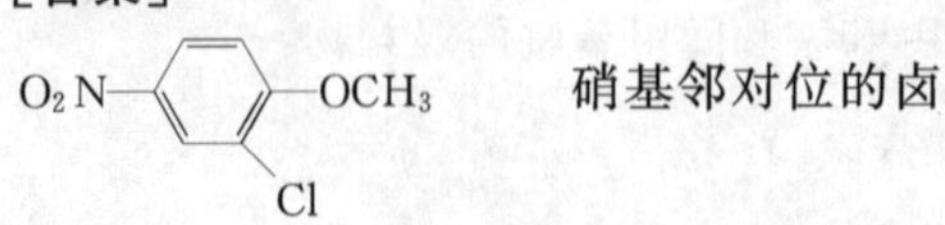

$\xrightarrow{Na_2CO_3, H_2O}$ □　　（南京大学，2001）

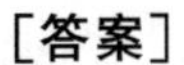

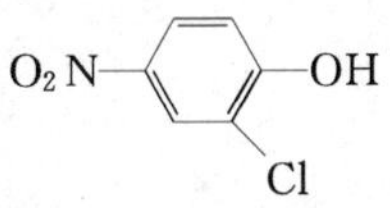

练习 3

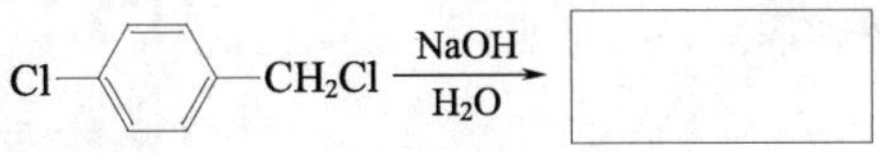

（南京大学，2002）

[答案]

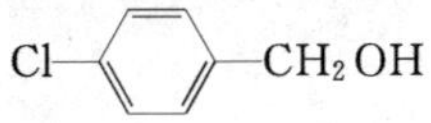

练习 4

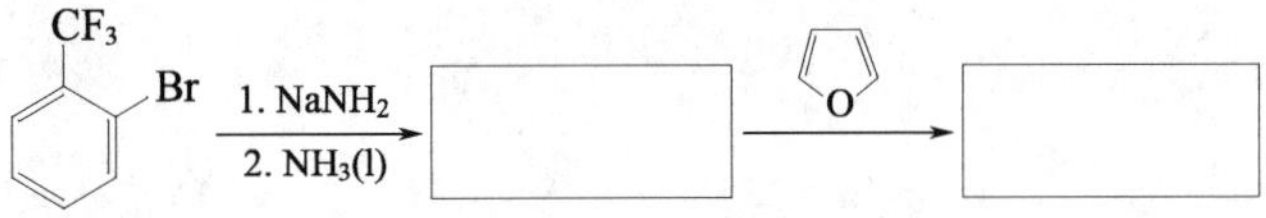

（兰州大学，1999）

[答案]

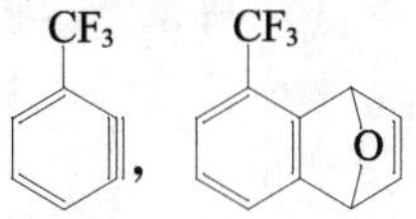

练习 5

在下列方程式中，(1)、(2)、(3)、(4)、(5) 这些反应是什么类型反应机理？并画出它们的中间离子或中间产物，或过渡态。

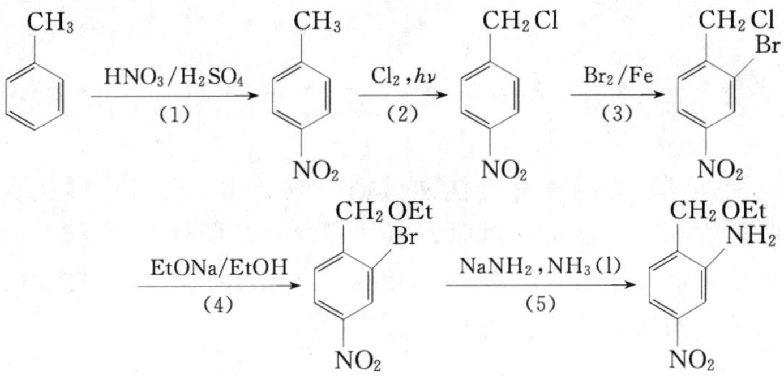

（南京大学，1999）

[答案]

(1) 亲电取代，；(2) 自由基取代，；(3) 亲电取代，；(4) 亲核取代，S_N2；(5) 消除-加成，。

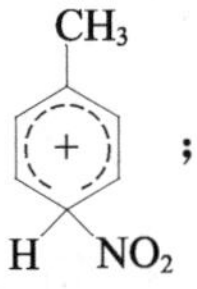

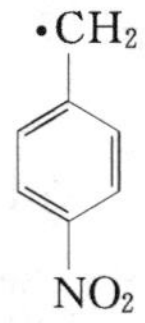

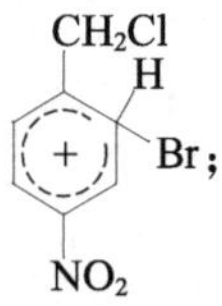

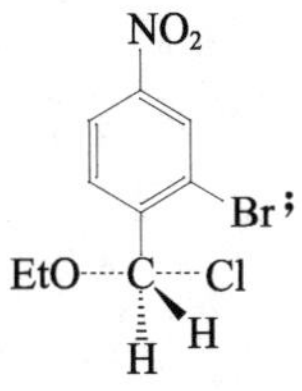

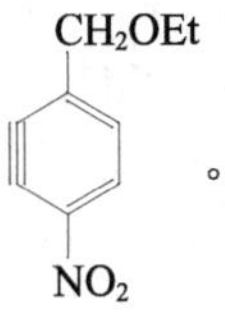

参考文献

[1] 孔祥文．有机化学．北京：化学工业出版社，2010．

[2] 穆光照．有机活性中间体．北京：科学出版社，1988：352-353.
[3] 俞凌翀．基础理论有机化学．北京：人民教育出版社，1983：107-108.

二烷基铜锂试剂

$+ \xrightarrow{OH^-}$ [ ] $\xrightarrow{(CH_2=CH)_2CuLi}$ [ ] （吉林大学，2005）

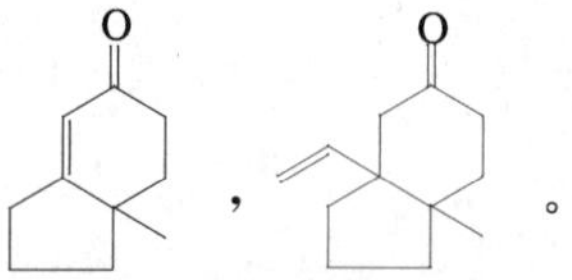

第一步经两次酮的亲核加成得到，机理如下所示。第二步为有机铜锂试剂与 α,β-不饱和酮的 1,4-加成反应，而格氏试剂与 α,β-不饱和酮的反应主要生成 1,2-加成产物。

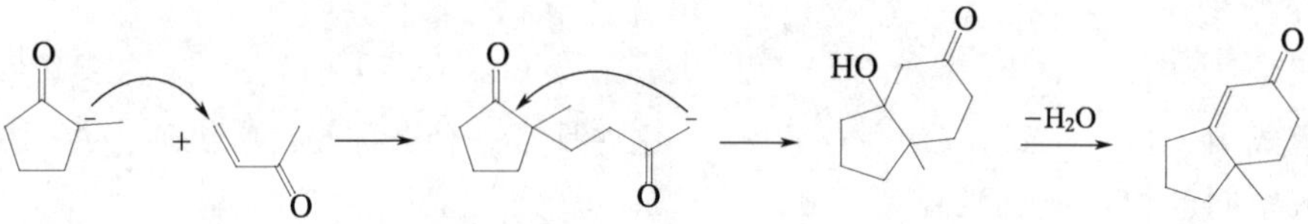

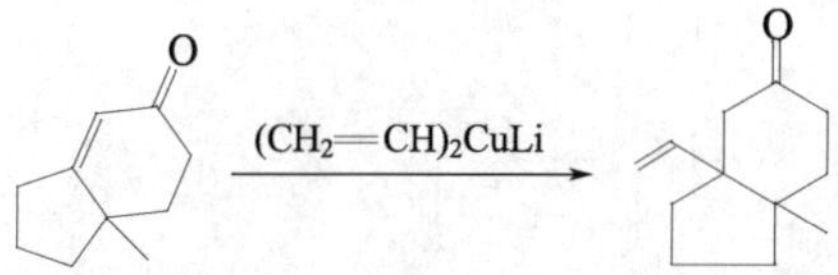

$\xrightarrow{-H_2O}$

$\xrightarrow{(CH_2=CH)_2CuLi}$

上述反应第二步使用了有机铜锂试剂，这种有机铜锂试剂一般是指二烷基铜锂化合物。它由二分子烷基锂在乙醚（或四氢呋喃）溶液中、低温、氮气或氩气流中与卤化亚铜（如碘化亚铜）反应得到，生成的二烷基铜锂溶于醚。首先是烷基锂与 1mol 的亚铜盐形成有机铜化合物，烷基铜可再与等摩尔的有机锂试剂形成二烷基铜锂[1]：

$$RLi + CuX \longrightarrow \underset{\text{烷基铜}}{RCu} + LiX$$

$$RCu + RLi \longrightarrow \underset{\text{二烷基铜锂}}{R_2CuLi}$$

例如：

$$2RLi + CuI \xrightarrow{\text{乙醚}} R_2CuLi + LiI$$

二烷基铜锂在乙醚中，0℃、氮气中能稳定数小时，仲叔烷基铜锂在乙醚中高于 20℃时歧化分解。

二烷基铜锂是性能良好的亲核试剂，与伯卤代烷反应可得到收率较好的烷烃，而仲和叔卤代烷在反应中易发生消除反应[2]。此反应称为 Corey-House 合成法。例如：

$$R_2CuLi + R'X \longrightarrow R{-}R' + RCu + LiX$$

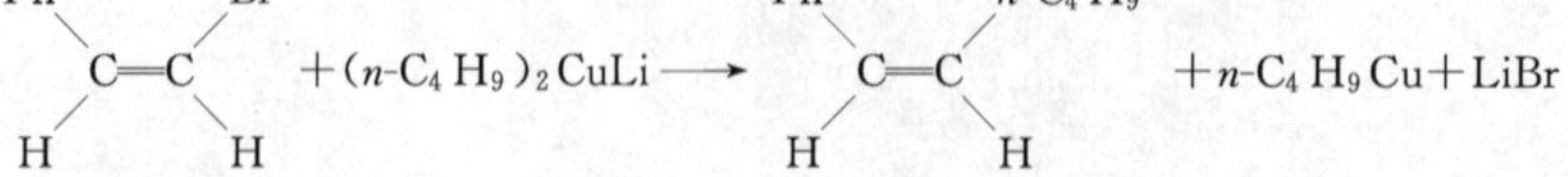

$$\text{(Ph)(H)C}=\text{C(Br)(H)} + (n\text{-}C_4H_9)_2CuLi \longrightarrow \text{(Ph)(H)C}=\text{C}(n\text{-}C_4H_9)\text{(H)} + n\text{-}C_4H_9Cu + LiBr$$

构型保持(71%)

卤代烷与二烷基铜锂反应的活性顺序为：$CH_3X > RCH_2X > R_2CHX > R_3CX$；RI>RBr>RCl。卤代烷的烃基除烷基外，还可以是苄基、烯丙基、烯基、芳基，分子中含有—CO—、—COOH、—COOR、—$CONR_2$ 时均不受影响，且产率较好。

但二烷基铜锂与有机镁和有机锂试剂不同，它是一类双金属配位化合物，反应性比有机镁和有机锂低，选择性高，因其活性低，一般不能与酮羰基加成[3]。

与酰卤的偶联反应：

$$R_2CuLi + R'COCl \longrightarrow R'COR$$

与不饱和羰基化合物的共轭加成：

与亲电试剂反应的顺序：

RCOCl>R—CHO>ROTs> R-环氧乙烷 >R—I>R—Br>R—Cl>RCOR′

练习 1

$(n\text{-}C_4H_9)_2CuLi$ + (Z)-BrCH=CHPh ⟶ □

[答案]

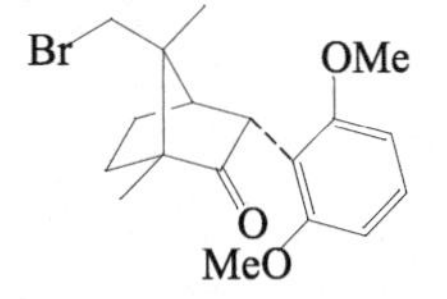

双键构型保持不变。

练习 2

$\xrightarrow[0℃\sim rt,18h\ 79\%]{THF/DMSO(1:1)}$

[答案]

有机铜试剂的偶联反应有高的活性选择性。未保护的羰基不受影响。

练习 3

$\xrightarrow[2.\ H_3O^+]{1.\ R_2CuLi}$

[答案]

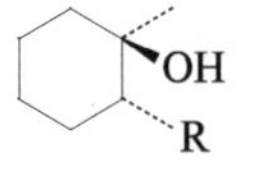

饱和环氧化合物用二烷基铜锂开环收率良好，反应发生在位阻较小的碳上。

练习 4

Me_2CuLi + $CH_2=C(CH_3)\text{-}\overset{O}{CH\text{-}CH}\text{-}CH_3$ ⟶ [ ]

［答案］

Me_2CuLi + $CH_2=C(CH_3)\text{-}\overset{O}{CH\text{-}CH}\text{-}CH_3$ ⟶ $CH_3CH_2C(CH_3)=CHCH(OH)CH_3$。

α,β-不饱和环氧化合物与二烷基铜锂反应发生在双键碳上，有双键迁移和环氧开环。

练习 5

$$C_6H_5SLi + CuI \xrightarrow[THF]{25℃} \xrightarrow[THF]{t\text{-}BuLi} \xrightarrow[THF]{C_6H_5COCl} \boxed{\quad}$$

［答案］

$$C_6H_5SLi + CuI \xrightarrow[THF]{25℃} C_6H_5SCu \xrightarrow[THF]{t\text{-}BuLi} C_6H_5S[(CH_3)_3C]CuLi \xrightarrow[THF]{C_6H_5COCl} (CH_3)_3CCOC_6H_5$$

84%~87%

练习 6

$$Me_2CuLi + CH_3(CH_2)_4\overset{O}{\overset{\|}{C}}(CH_2)_4\overset{O}{\overset{\|}{C}}Cl \xrightarrow[15min]{-78℃} \boxed{\quad}$$

［答案］

$$Me_2CuLi + CH_3(CH_2)_4\overset{O}{\overset{\|}{C}}(CH_2)_4\overset{O}{\overset{\|}{C}}Cl \xrightarrow[15min]{-78℃} CH_3(CH_2)_4\overset{O}{\overset{\|}{C}}(CH_2)_4\overset{O}{\overset{\|}{C}}CH_3$$

95%

练习 7

$Br(CH_2)_4COCl \xrightarrow{R_2CuLi,Et_2O,\ -70℃}$ [ ]

［答案］

$Br(CH_2)_4COR$

R=Et	88%
R=n-Pr	90%

练习 8

$$EtMgBr \xrightarrow[Et_2O,\ -45℃]{CuBr,Me_2S} \xrightarrow[-45℃]{C_6H_{13}C\equiv CH} \xrightarrow[2.\ NH_4Cl,H_2O]{1.\ CH_2=CHCH_2Br,DMPU,-30℃} \boxed{\quad}$$

［答案］

$$EtMgBr \xrightarrow[Et_2O,\ -45℃]{CuBr,Me_2S} EtCu(Me_2S)MgBr_2 \xrightarrow[-45℃]{C_6H_{13}C\equiv CH} C_6H_{13}C(Et)=CH\text{-}Cu(Me_2S)MgBr_2$$

$$\xrightarrow[2.\ NH_4Cl,H_2O]{1.\ CH_2=CHCH_2Br,DMPU,-30℃} C_6H_{13}C(Et)=CHCH_2CH=CH_2$$

71%

末端未取代的炔烃同侧立体加成。

练习 9

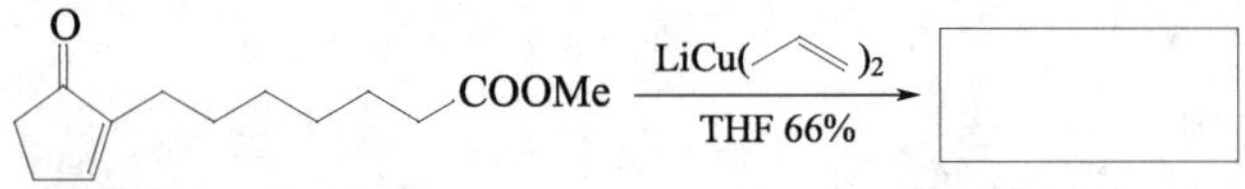

O　COOMe $\xrightarrow[\text{THF 66\%}]{\text{LiCu(CH=CH}_2)_2}$ [　　]

[答案]

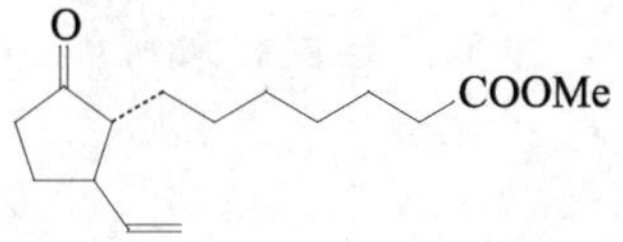

O　COOMe　与烯酮加成选择性高，加入 TMSCl 或三烃基膦有助于提高收率和选择性。

练习 10

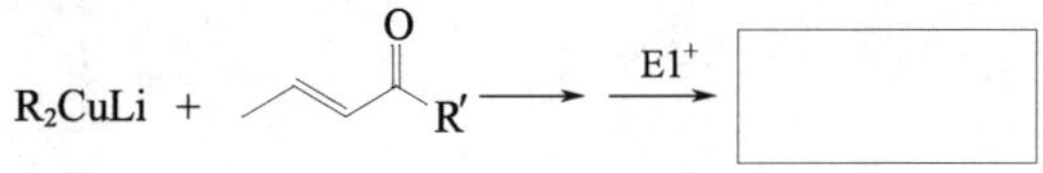

R_2CuLi + (O, R′) $\longrightarrow \xrightarrow{E1^+}$ [　　]

[答案]

R_2CuLi + (O, R′) $\longrightarrow$ [R　O^- M^+　R′　$E1^+$] $\xrightarrow{E1^+}$ R　O　R′　E1

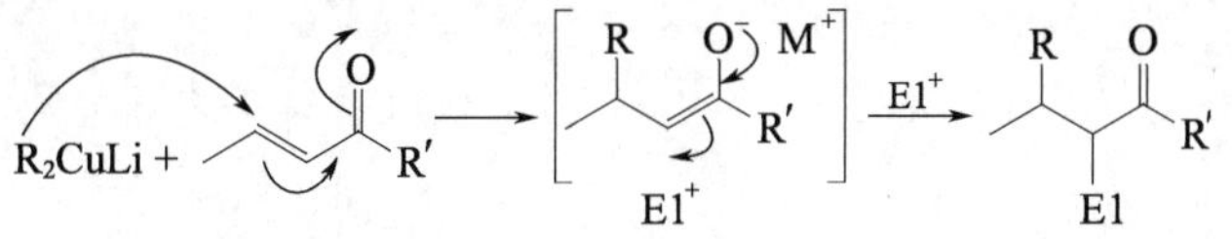

$E1^+$=H_3O^+,R—X,RCHO等

共轭加成生成烯醇负离子中间体，加水猝灭发生质子化得酮，如果用活泼的烃基化试剂捕捉则得到 α,β-双烃基化产物。例如：

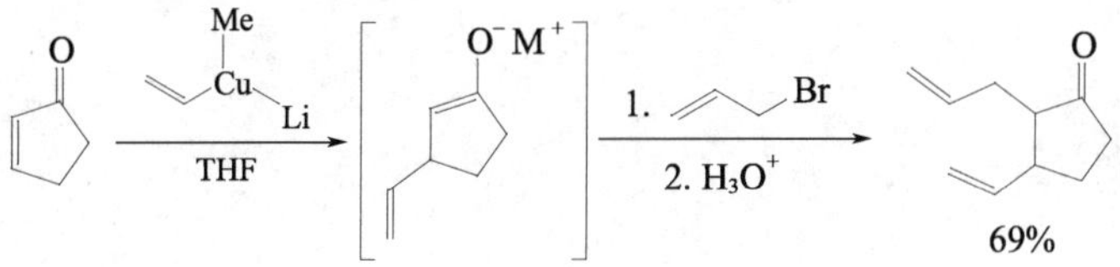

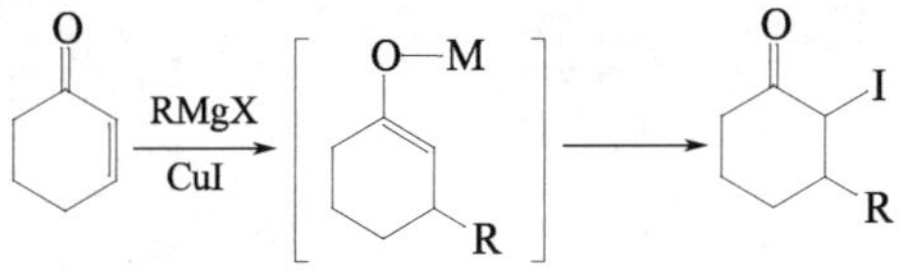

O $\xrightarrow[\text{THF}]{\text{(CH}_2\text{=CH)Cu(Me)Li}}$ [O^- M^+] $\xrightarrow[\text{2. } H_3O^+]{\text{1. } CH_2\text{=CHCH}_2\text{Br}}$ O　69%

O $\xrightarrow[\text{CuI}]{\text{RMgX}}$ [O—M　R] $\longrightarrow$ O　I　R

练习 11

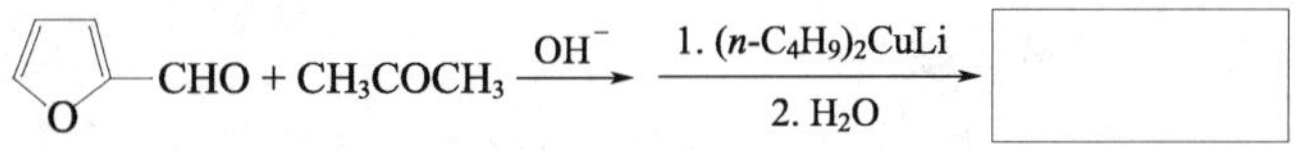

(呋喃基)—CHO + CH_3COCH_3 $\xrightarrow{OH^-}$ $\xrightarrow[\text{2. } H_2O]{\text{1. } (n\text{-}C_4H_9)_2CuLi}$ [　　]　（中国科学技术大学，2011）

[答案] 无 α-氢原子的糠醛与带有 α-氢原子的丙酮在稀氢氧化钠水溶液或醇溶液存在下发生 Claisen-Schmidt 缩合反应，失水得到 α,β-不饱和酮（呋喃基）—CH═CH—C(═O)—CH_3，后者与二正丁基铜锂反应得到（呋喃基）—CH(n-C_4H_9)—CH_2—C(═O)—CH_3。

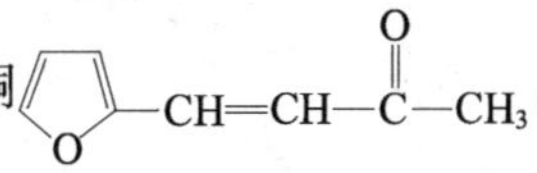

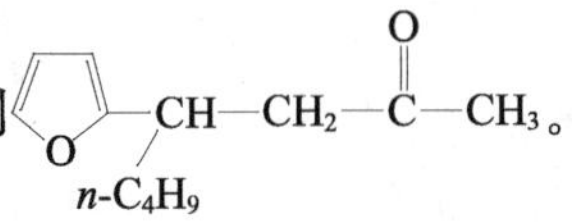

练习 12

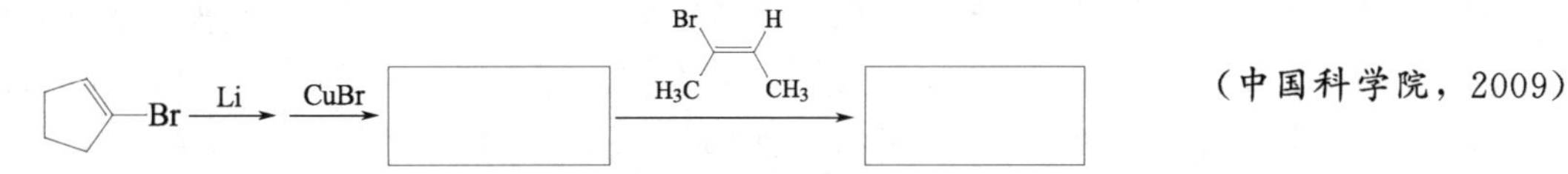

（中国科学院，2009）

[答案]

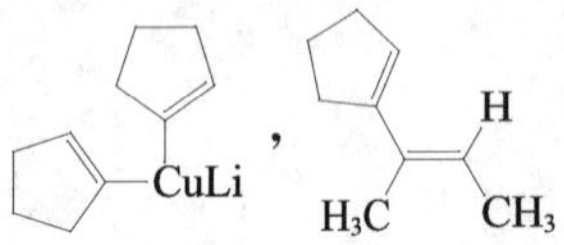

练习 13

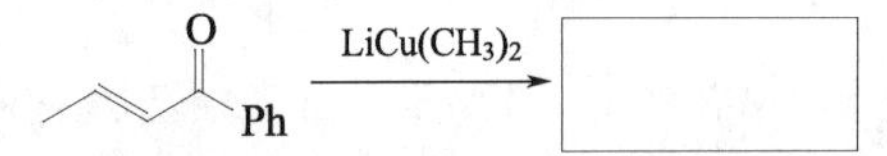

（中国科学技术大学，中国科学院合肥所，2009）

[答案]

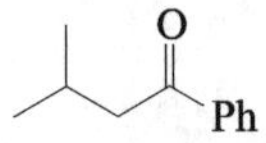

练习 14

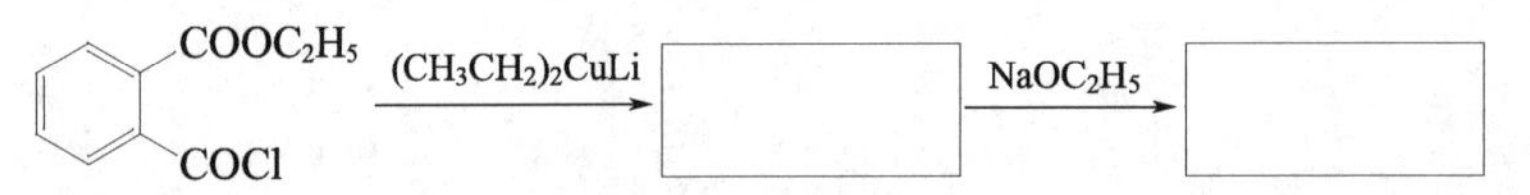

（中国科学技术大学，2010）

[答案]

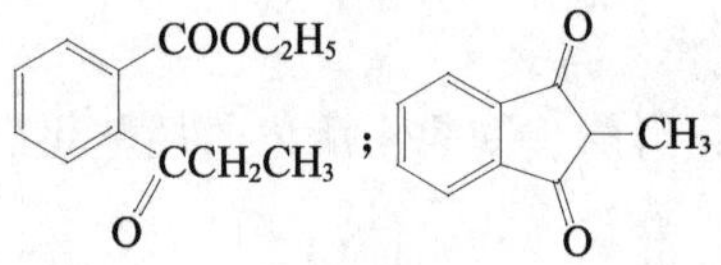

练习 15

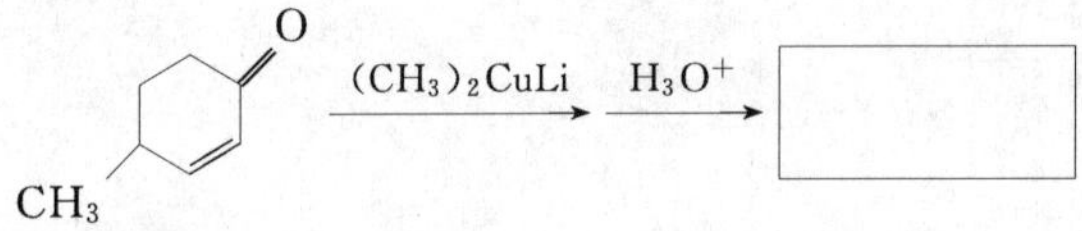

[答案]

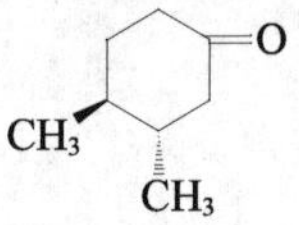

参考文献

[1] 邢其毅，徐瑞秋，周政等．基础有机化学．第 2 版．北京：高等教育出版社，1993：161.

[2] 孔祥文．有机化学．北京：化学工业出版社，2010.

[3] 姜文凤，陈宏博．有机化学学习指导及考研试题精解．第 3 版．大连：大连理工出版社，2005：248.

五元杂环取代反应

呋喃、噻吩、吡咯都是五原子六电子的共轭体系，π 电子云密度均高于苯，所以它们比苯容易发生亲电取代反应。反应活性：吡咯＞呋喃＞噻吩＞苯。三种杂环化合物的亲电取代活性由于杂原子的不同而不同，因为从吸电子的诱导效应看，O(3.5)＞N(3.0)＞S(2.6)，从共轭效应看，它们均有给电子的共轭效应，其给电子能力为 N＞O＞S（因为硫的 3p 轨道与碳的 2p 轨道共轭相对较差)，两种电子效应共同作用的结果是 N 对环的给电子能力最大，硫最小。

五元杂环化合物亲电取代反应的定位规律。

① 五元杂环化合物的 α 位和 β 位的亲电取代活性不同，α 位＞β 位。因为亲电试剂进攻 α 位所形成的共振杂化体比进攻 β 位的稳定；进攻 α 位，正电荷可在三个原子上离域，电子离域范围广；而进攻 β 位，正电荷只能在两个原子上离域。

Z=NH、O、S

② α-位上有取代基

X=o、p-定位基　　Y=m-定位基

2-取代的噻吩、吡咯，若已有取代基是邻对位定位基，反应主要发生在 5 位；若已有取代基是间位定位基，反应主要发生在 4 位。需要注意的是：2-取代呋喃不管取代基是邻对位定位基还是间位定位基，第二基团均优先进入 5 位，说明呋喃 α 位的反应性强于噻吩、吡咯。但当其 α 位上有间位定位基—CHO、—COOH 时，新引入基团进入的位置与反应试剂有关。如：

③ β-位上有取代基

X=o、p-定位基　　Y=m-定位基

3-取代的噻吩、吡咯、呋喃，第二基团进入 α 位，若已有取代基是邻对位定位基，反应主要发生在 2 位；若已有取代基是间位定位基，反应主要发生在 5 位，若 5 位被占，则进入 4 位，而不进入 2 位。

练习 1

(南开大学，2002)

[答案]

练习 2

下列说法正确的是（　　）。

A. 环戊二烯负离子具有芳香性　　B. NBS 是常用的硫化剂

C. 吡咯的酸性比醇强，比酚弱，和氨相当　　D. 吡啶容易发生硝化反应

（武汉大学，2006）

［答案］ A

练习 3

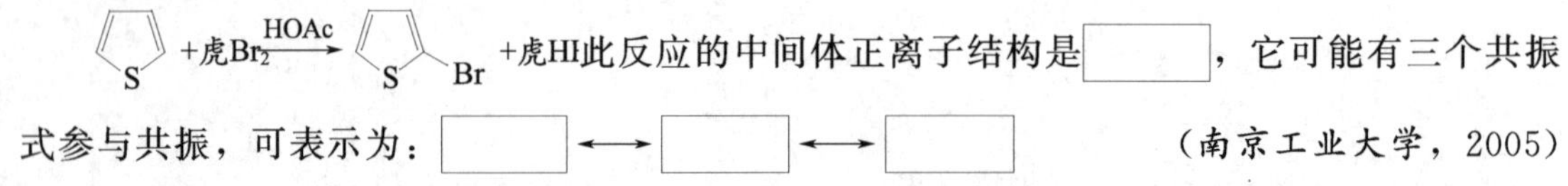

此反应的中间体正离子结构是＿＿＿，它可能有三个共振式参与共振，可表示为：＿＿＿ ⟷ ＿＿＿ ⟷ ＿＿＿　　（南京工业大学，2005）

［答案］

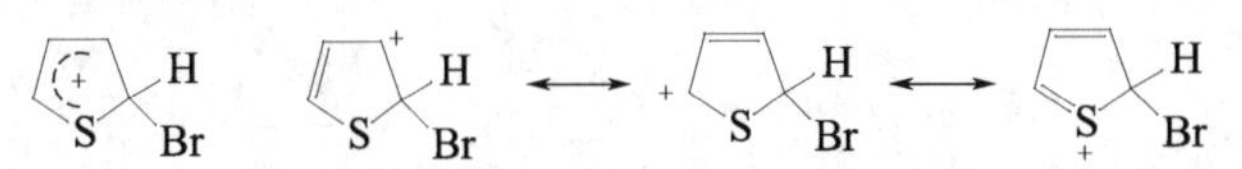

练习 4

将下列化合物按亲电反应活性从大到小依次排序（　　）。

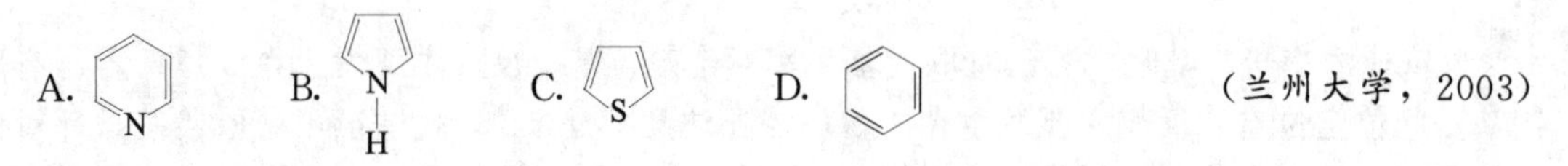

（兰州大学，2003）

［答案］ B＞C＞D＞A

练习 5

将下列化合物按碱性由大到小排序（　　）。

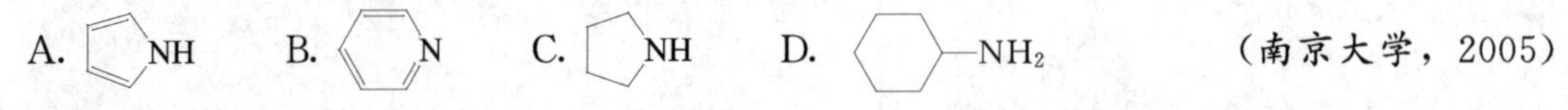

（南京大学，2005）

［答案］ C＞D＞B＞A

练习 6

下列化合物发生亲电取代反应活性最大的是（　　）。

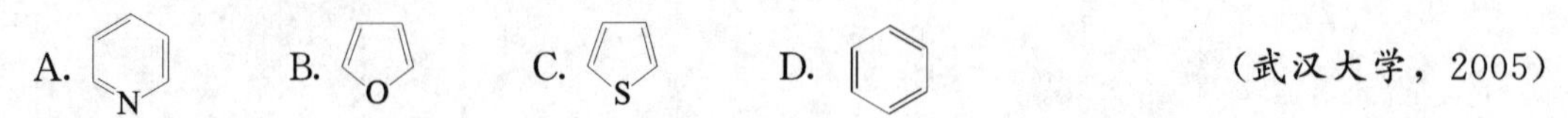

（武汉大学，2005）

［答案］ B

练习 7

比较吡啶和吡咯产生芳香性的原因。　　（华东理工大学，2002）

［答案］

吡啶和吡咯分子中的氮原子都是 sp^2 杂化，组成环的所有原子位于同一平面上，彼此以 σ 键相连。在吡啶分子中，环上由 $4n+2(n=1)$ 个 p 电子构成芳香 π 体系，氮原子上还有一对未共用电子处在未参与共轭的 sp^2 杂化轨道上，并不与 π 体系发生作用。而在吡咯分子中，杂原子的未共用电子对在 p 轨道上，6 个 π 电子（碳原子 4 个，氮原子 2 个）组成了 $4n+2(n=1)$ 个 π 电子的离域体系而且具有芳香性。

练习 8

如何除去苯中含有的少量噻吩？　　（青岛科技大学，2002）

［答案］

向混合物中加入少量的浓硫酸，振摇，生成的 2-噻吩磺酸溶于下层的硫酸中得以分离。

练习 9

比较芳香性大小。（吉林大学，2005）

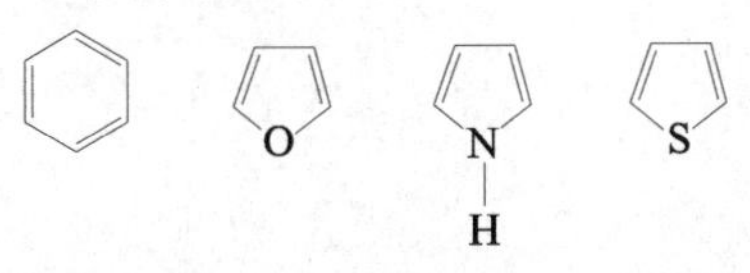

［答案］ 五元杂环化合物呋喃、噻吩、吡咯的结构和苯相类似。构成环的四个碳原子和杂原子（O，S，N）均为 sp^2 杂化状态，它们以 σ 键相连形成一个五元环平面。每个碳原子余下的一个 p 轨道上有一个电子，杂原子（O，S，N）的 p 轨道上有一对未共用电子对。这五个 p 轨道都垂直于五元环的平面，相互平行重叠，构成一个闭合共轭体系，即组成杂环的原子都在同一平面内，而 p 电子云则分布在环平面的上下方。

呋喃、噻吩、吡咯的结构和苯结构相似，其 π 电子数符合休克尔规则（π 电子数 $=4n+2$），都是 6 电子闭合共轭体系，因此，它们都具有一定的芳香性，即不易氧化，不易进行加成反应，而易发生亲电取代反应。由于共轭体系中的 6 个 π 电子分散在 5 个原子上，使整个环的 π 电子云密度较苯大，比苯容易发生亲电取代，相当于苯环上连接—OH、—SH、$—NH_2$ 时的活性。同时，α 位上的电子云密度较大，因而亲电取代反应一般发生在此位置上，如果两个 α 位已有取代基，则发生在 β 位。

呋喃、噻吩、吡咯分子中各原子间的键长并不完全相等，因此芳香性比苯差。

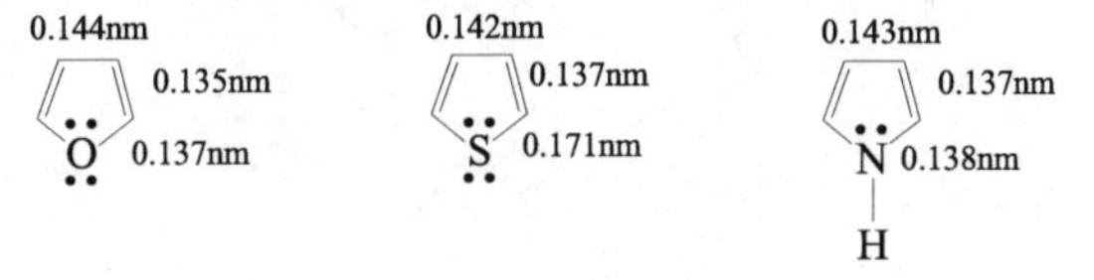

已知典型的键长数据为：

C—C　0.154nm　C—O　0.143nm　C—S　0.182nm　C—N　0.147nm

C═C　0.134nm　C═O　0.122nm　C═S　0.160nm　C═N　0.128nm

由此可见：五元杂环化合物分子中的键长有一定程度的平均化，但不像苯环那样完全平均化，噻吩、吡咯、呋喃的离域能分别为 $117kJ\cdot mol^{-1}$，$88kJ\cdot mol^{-1}$，$67kJ\cdot mol^{-1}$，因此芳香性较苯环差，有一定程度的不饱和性和不稳定性。如呋喃就表现出某些共轭二烯烃的性质，可以进行双烯合成。芳香性由大到小的次序为：苯＞噻吩＞吡咯＞呋喃。

又由于电负性 O＞N＞S，提供电子对构成芳香性的芳环的能力与此电负性的关系相反，因此，芳香性大小为：呋喃＜吡咯＜噻吩。

核磁共振谱的测定表明，五元杂环上的氢的核磁共振信号都出现在低场，这也标志着它们具有芳香性。

呋喃　α-H　$\delta=7.42$　β-H　$\delta=6.37$

噻吩　α-H　$\delta=7.30$　β-H　$\delta=7.10$

吡咯　α-H　$\delta=6.68$　β-H　$\delta=6.22$

练习 10

（南开大学，2003）

［答案］

SO_3H

练习 11

O_2N S CH_3 $\xrightarrow[H_2SO_4]{HNO_3}$ □　　（武汉工程大学，2003）

［答案］

NO_2

O_2N S CH_3

练习 12

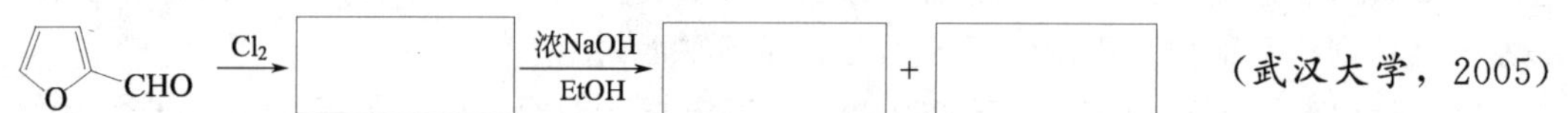

（武汉大学，2005）

［答案］

Cl O CHO，Cl O CH_2OH，Cl O COOH

练习 13

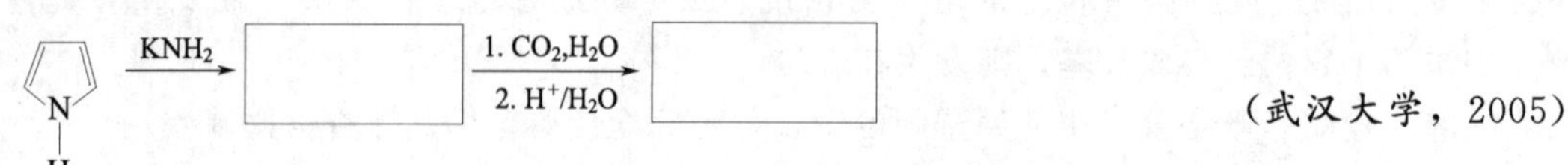

（武汉大学，2005）

［答案］

N K，N H COOH

练习 14

H_3C S $COOCH_3$ $\xrightarrow[ZnCl_2]{HCHO,HCl}$ □　　（中国科学技术大学，2002）

［答案］

ClH_2C

H_3C S $COOCH_3$

练习 15

比较下列化合物发生硝化反应速率最快的是（　　），最慢的是（　　）。

A. O　　B.　　C. N　　D. OCH_3

（云南大学，2003）

［答案］ A，C

练习 16

下列化合物中芳香性最好的是（　　）。

A. S　　B. Se　　C. Te　　D. O

（华中科技大学，2003）

［答案］ A

六元杂环取代反应

六元单杂环的结构以吡啶为例来说明。吡啶在结构上可看作是苯环中的—CH ═被—N═取代而成。5 个碳原子和一个氮原子都是 sp^2 杂化状态，处于同一平面上，相互以 σ 键连接成环状结构。环上每一个原子各有一个电子在 p 轨道上，p 轨道与环平面垂直，彼此“肩并肩”重叠交盖形成一个包括 6 个原子在内的，与苯相似的闭合共轭体系。所以，吡啶环也有芳香性，如图 4-2 所示。

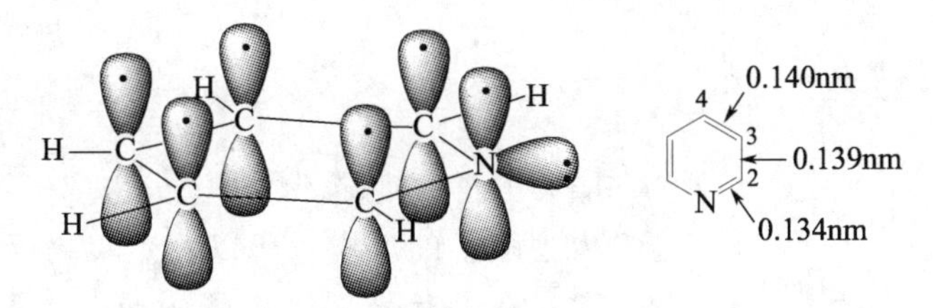

图 4-2　吡啶的轨道结构

在核磁共振谱中，环上氢的 δ 值位于低场也标志着吡啶环具有芳香性。

$$\alpha\text{-H}\quad \delta=8.50\quad \beta\text{-H}\quad \delta=6.98\quad \gamma\text{-H}\quad \delta=7.36$$

氮原子上的一对未共用电子对，占据在 sp^2 杂化轨道上，它与环平面共平面，因而不参与环的共轭体系，不是 6 电子大 π 键体系的组成部分，而是以未共用电子对形式存在。

吡啶分子中的 C—C 键长（0.139～0.140nm）与苯分子中的 C—C 键长（0.140nm）相似；C—N 键长（0.134nm）较一般的 C—N 键长（0.147nm）短，但比一般的 C═N 双键（0.128nm）长。这说明吡啶的键长发生平均化，但并不像苯一样是完全平均化的。然而又由于吡啶环中氮原子的电负性大于碳原子，所以环上的电子云密度因向氮原子转移而降低，亲电取代比苯难。环上氮原子具有与间位定位基硝基相仿的电子效应，钝化作用使环上亲电取代较苯困难，取代基进入 β 位，且收率偏低。但可以发生亲核取代反应，主要进入 α 位和 γ 位。

练习 1

N　N　CH_3 $\xrightarrow{HNO_3}$ [　　] $\xrightarrow{SOCl_2}$ [　　] $\xrightarrow{NH_3}$ $\xrightarrow{Br_2/NaOH}$ [　　]

（四川大学，2002）

［答案］

N　COOH，N　COCl，N　NH_2

练习 2

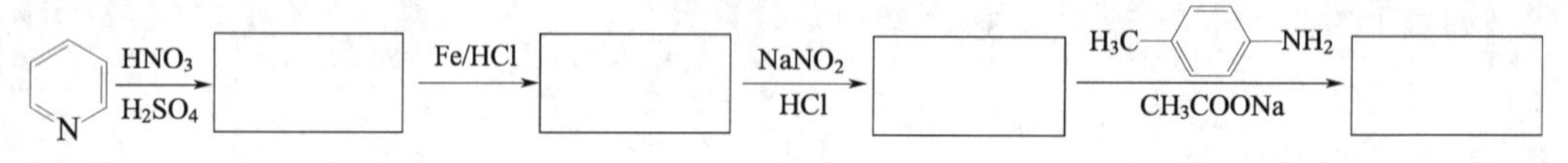

（河北工业大学，2003）

[答案]

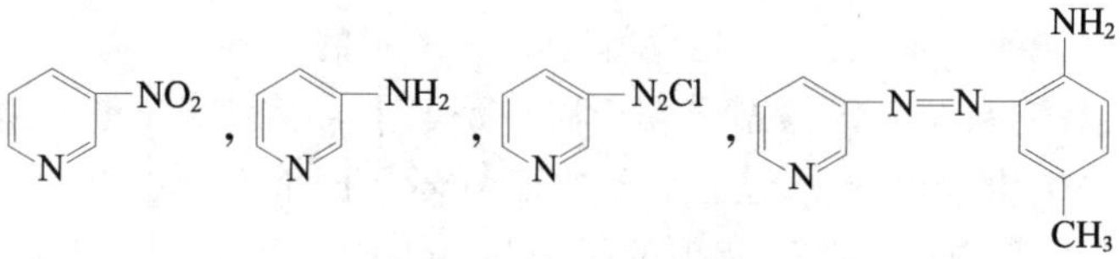

练习 3

（大连理工大学，2004）

[答案]

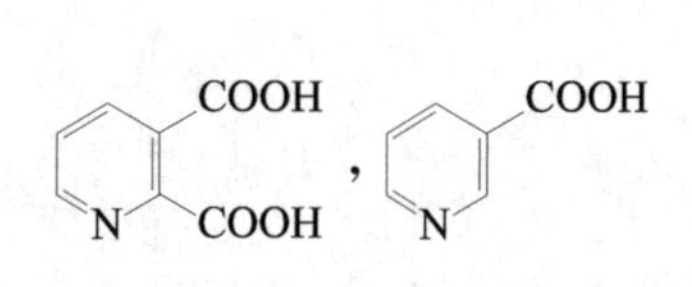

喹啉分子中吡啶环的电子云密度比苯环低，而氧化反应是失去电子的反应，所以发生氧化反应生成吡啶-2,3-二甲酸；在吡啶-2,3-二甲酸脱羧时涉及碳-碳键的异裂，吡啶环持有负电荷，负电荷处在 α 位能被电负性大的氮所分散，负电荷处在 β 位时则不能被有效分散，因此脱羧在 α 位。

练习 4

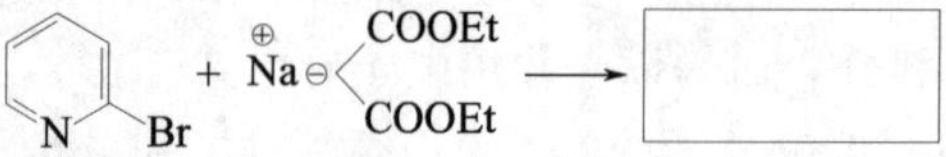

（复旦大学，2006）

[答案]

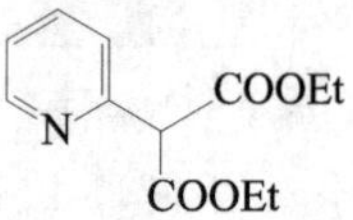

练习 5

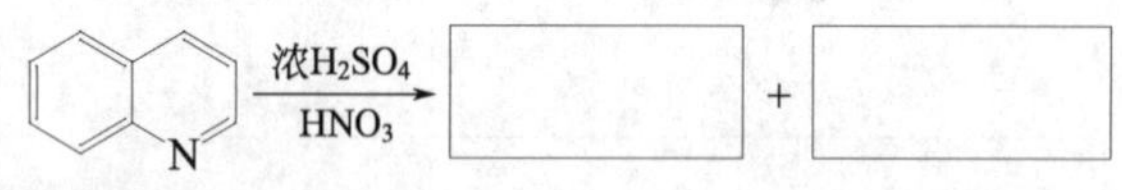

（武汉大学，2006）

[答案]

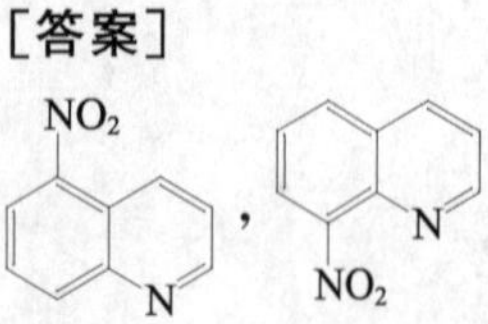

练习 6

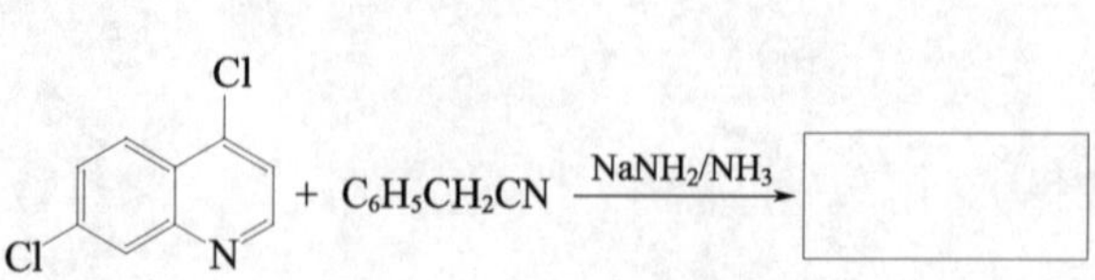

$+ C_6H_5CH_2CN \xrightarrow{NaNH_2/NH_3}$

（复旦大学，2003）

[答案]

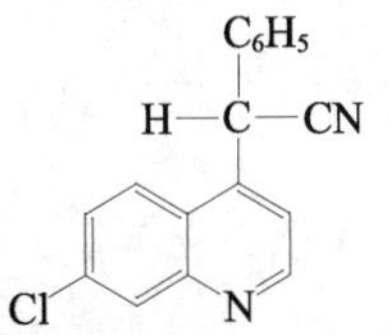

C_6H_5

H—C—CN

Cl　N

练习 7

下列化合物中，既能溶于酸又能溶于碱的是（　　）。

A. 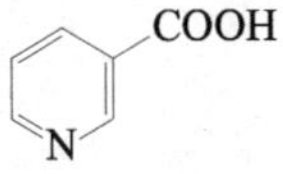 COOH N　B. 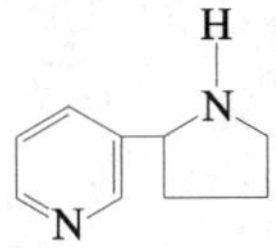 H N N　C. 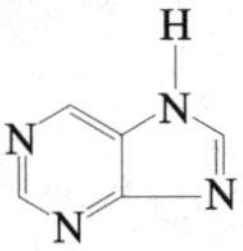 H N N N N　D. 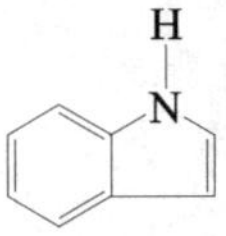 H N　（华中科技大学，2002）

[答案]　A，C

练习 8

比较化合物中不同氮原子的碱性，最强的是（　　），最弱的是（　　）。

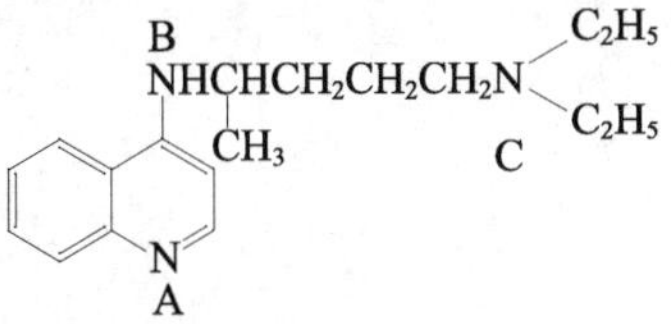

B NHCHCH$_2$CH$_2$CH$_2$N(C$_2$H$_5$)$_2$ CH$_3$ C N A　（云南大学，2003）

[答案]　A，B

练习 9

指出下列化合物的偶极矩方向。

（兰州大学，2001）

[答案]

吡咯分子中氮原子上的孤对电子已参与形成环上闭合共轭体系，且氮的给电子共轭效应远大于吸电子诱导效应，所以吡咯的偶极矩方向为 N H ↑。而吡啶氮原子上的孤对电子未参与环上闭合大 π 键，加上氮原子为电负性原子，所以吡啶的偶极矩方向为 N ↓。

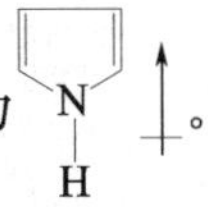

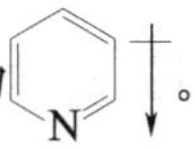

练习 10

比较咪唑与吡咯的碱性强弱，并给予合理解释。　（中山大学，2002）

[答案]

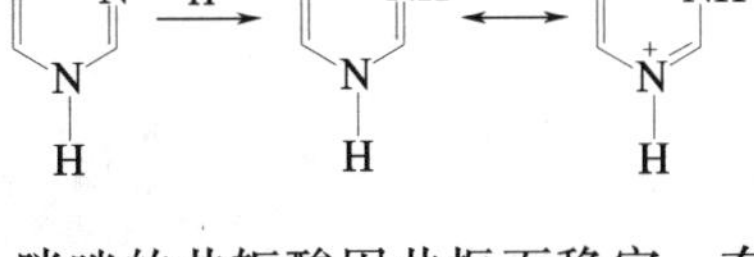

N N H $\xrightarrow{H^+}$ $\overset{+}{N}$H N H ⟷ NH $\overset{+}{N}$ H

咪唑的共轭酸因共振而稳定，有两个能量相同的极限式，正电荷主要分布在两个氮上，但吡咯没有这种情况，所以咪唑的碱性比吡咯的强。

练习 11

判断在 6-羟基嘌呤的环氮原子中，哪一个氮原子的碱性最弱？

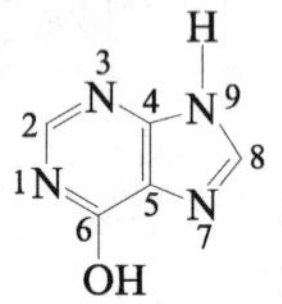

（中山大学，2005）

［答案］ 9 位氮原子碱性最弱，它参与芳香性电子共轭，电子云密度最低。

练习 12

用化学方法分离下列化合物。

（南京理工大学，2002）

［答案］

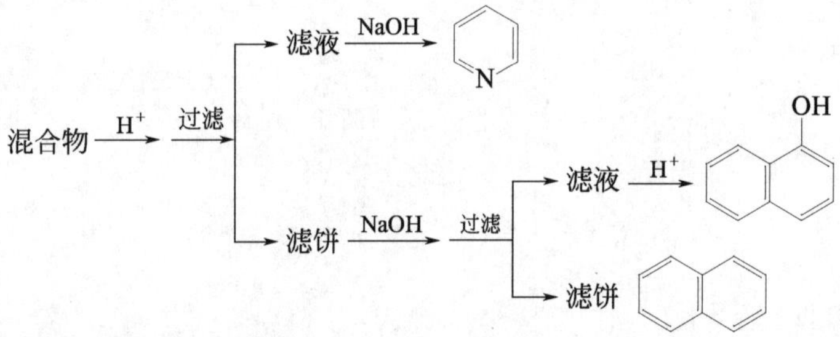

混合物 $\xrightarrow{H^+}$ $\xrightarrow{过滤}$ 滤液 $\xrightarrow{NaOH}$ ；滤饼 $\xrightarrow{NaOH}$ $\xrightarrow{过滤}$ 滤液 $\xrightarrow{H^+}$ ；滤饼

练习 13 机理

$+ HCHO + (CH_3)_2NH \xrightarrow{H^+}$ $CH_2N(CH_3)_2$

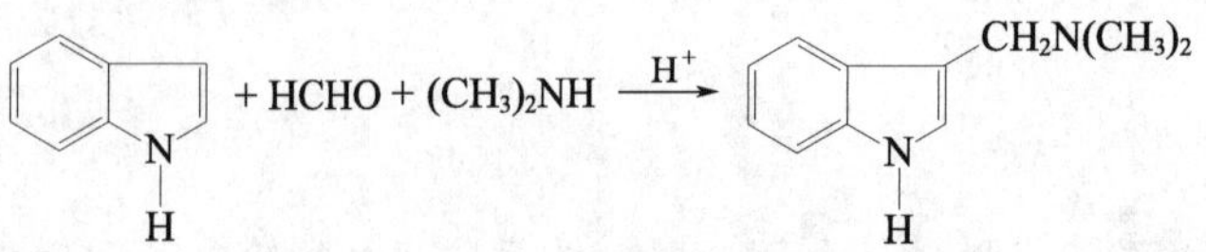

（复旦大学，1999）

［答案］

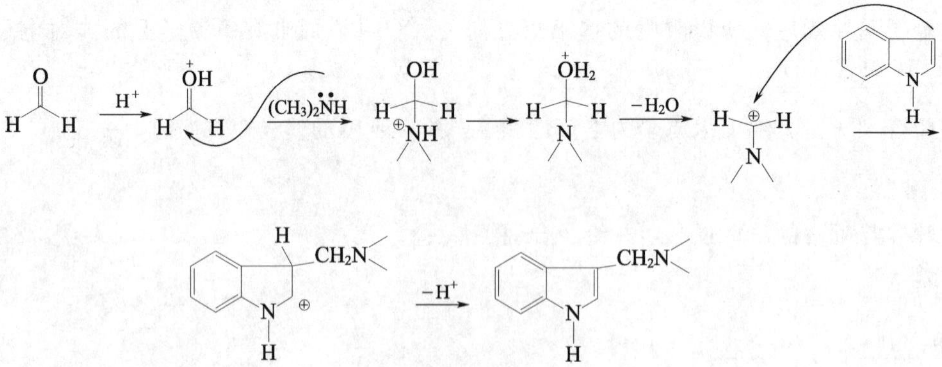

$\xrightarrow{H^+}$ $\xrightarrow{(CH_3)_2\ddot{N}H}$ $\longrightarrow$ $\xrightarrow{-H_2O}$ $\longrightarrow$ $\xrightarrow{-H^+}$

练习 14

$+ CHCl_3 \xrightarrow{浓OH^-}$ Cl

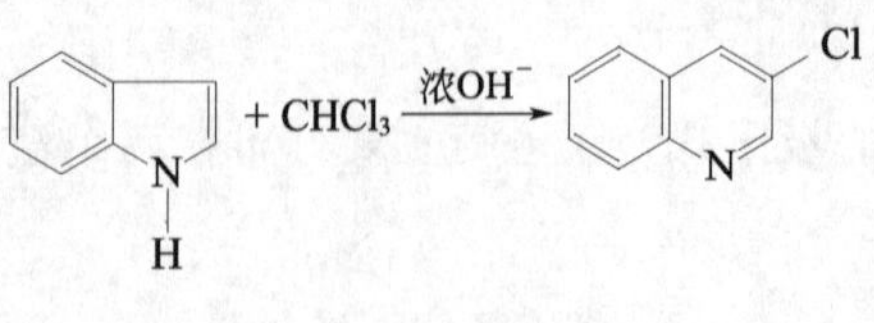

（兰州大学，2000）

[答案]

$CHCl_3 + OH^- \longrightarrow \bar{C}Cl_3 \xrightarrow{-Cl^-} :CCl_2$

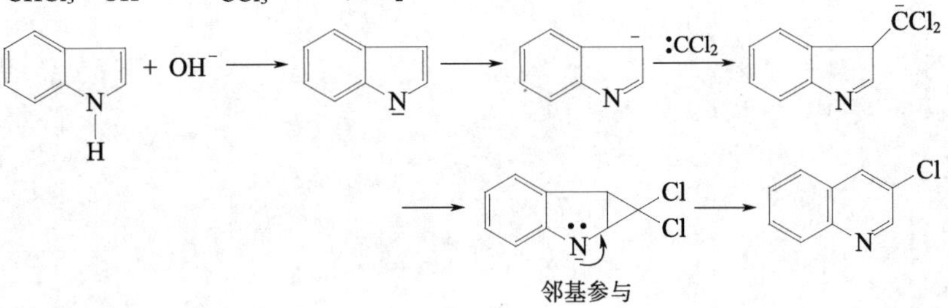

邻基参与

练习 15　合成

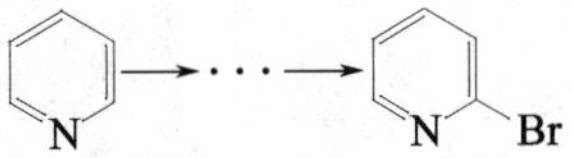

（复旦大学，2004）

[答案]

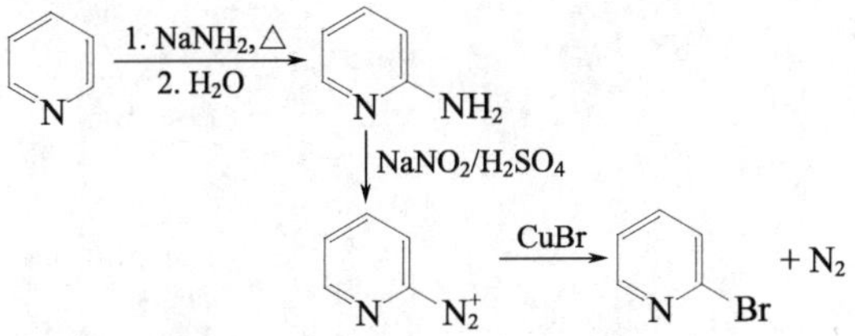

$\xrightarrow[2.\ H_2O]{1.\ NaNH_2,\triangle}$　NH_2　$NaNO_2/H_2SO_4$　N_2^+　$\xrightarrow{CuBr}$　Br　$+ N_2$

最后一步为 Sandmeyer 反应。

练习 16

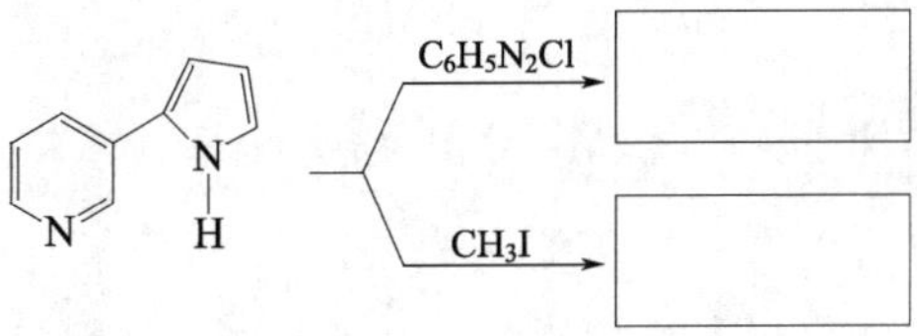

$C_6H_5N_2Cl$　CH_3I

（南京工业大学，2005）

[答案]

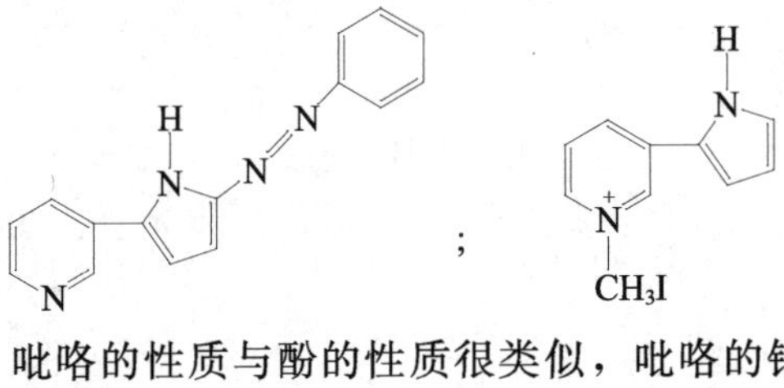

；　CH_3I

吡咯的性质与酚的性质很类似，吡咯的钠或钾"盐"与酚的钠或钾盐在反应性上也极为相像，如可以发生瑞穆尔-悌曼反应、柯尔柏反应以及和重氮盐发生偶合反应。

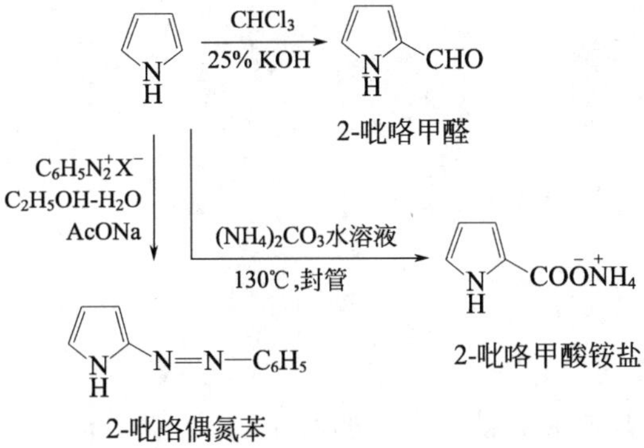

$\xrightarrow[25\%\ KOH]{CHCl_3}$ 2-吡咯甲醛

$C_6H_5N_2^+X^-$，C_2H_5OH-H_2O，AcONa → 2-吡咯偶氮苯

$(NH_4)_2CO_3$水溶液，130℃，封管 → $COO^-\overset{+}{N}H_4$ 2-吡咯甲酸铵盐

因为吡咯 N 上的孤对电子参与芳环共轭，难以和碘甲烷再配位。

练习 17

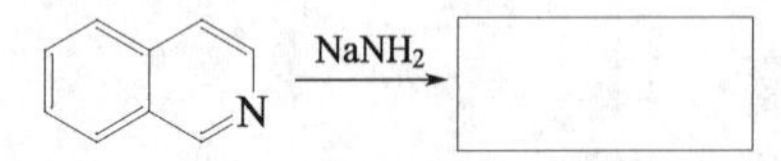

（南开大学，2003）

［答案］

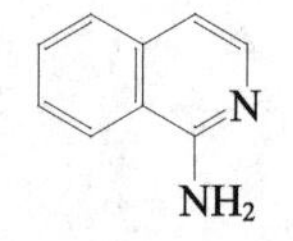

练习 18

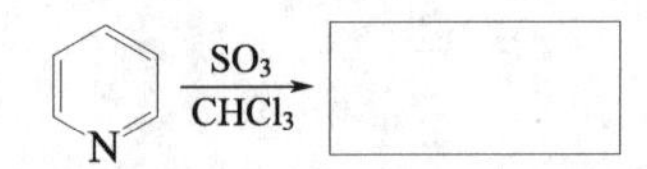

（浙江大学，2004）

［答案］

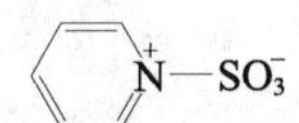

练习 19

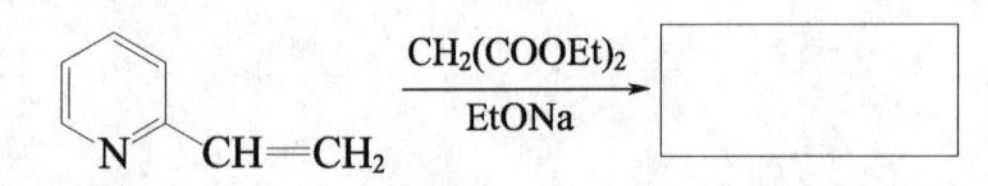

（武汉大学，2005）

［答案］

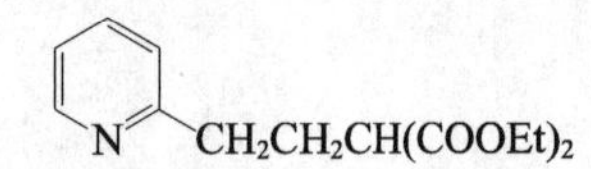

练习 20

吡啶硝化时，硝基主要进入（　　）。

A. α 位　　B. β 位　　C. γ 位　　D. 氮原子上

（华南理工大学，2005）

［答案］ B

练习 21

下列化合物进行亲电取代反应的次序是（　　）。

A. 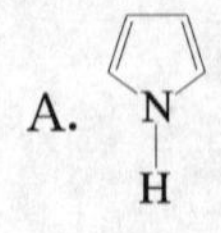

B. C. 

D. 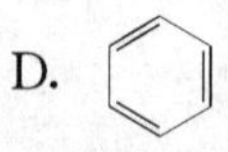

A. A>B>C>D　B. A>D>B>C　C. A>C>B>D　D. A>D>C>B

（浙江大学，2002）

［答案］ B

练习 22

N-氧化吡啶发生硝化反应时，硝基主要进入（　　）。

A. α位　　B. β位　　C. α,β位　　D. γ位

（吉林大学，2005）

［答案］ D

练习 23

判断下列化合物是否有芳香性。

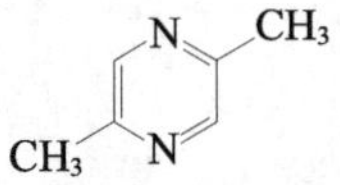

（青岛大学，2001）

［答案］ 有。

练习 24

解释吡啶和吡咯中 N 原子的杂化状态的不同。（华东理工大学，2003）

［答案］ 吡啶氮上的孤对电子处于 sp^2 杂化轨道，而吡咯氮上的孤对电子处于 p 轨道。

练习 25

为什么六氢吡啶的碱性大于吡啶的？（四川大学，2001）

［答案］ 吡啶氮上的孤对电子处于 sp^2 杂化轨道，而六氢吡啶氮上的孤对电子处于 sp^3 杂化轨道。s 成分越多轨道越接近球形，电子越靠近核，所以吡啶的氮较六氢吡啶的氮难结合质子。

练习 26

用简单的化学方法鉴别下列化合物：吡啶与 α-甲基吡啶。

［答案］ 用 $KMnO_4$ 溶液鉴别，能使 $KMnO_4$ 溶液褪色的为 α-甲基吡啶。

练习 27

以 $C_6H_5CH_2CH_2NH_2$ 和 CH_3COCl 为原料（无机试剂任选）合成 1-甲基异喹啉。

（华中科技大学，2003）

［答案］

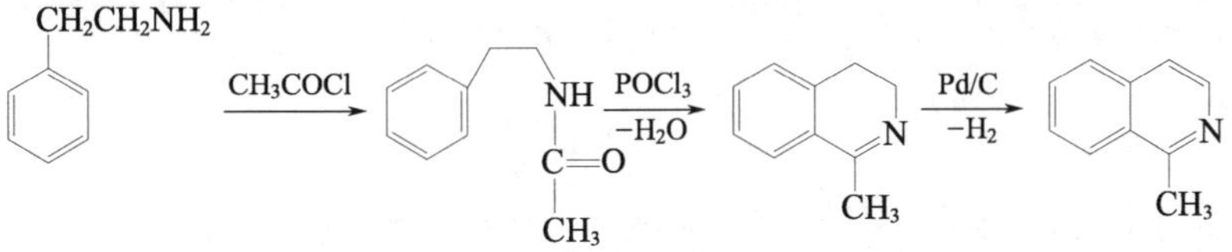

烯醇硅醚反应（LDA 应用）

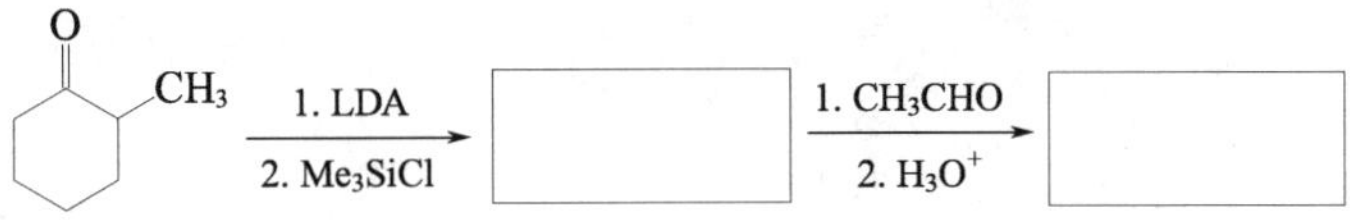

（南开大学，2009）

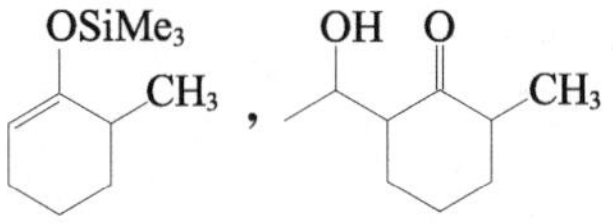

2-甲基环己酮用二异丙基胺锂（LDA）处理可得烯醇负离子，与三甲基氯硅烷反应生成

烯醇硅醚，后者与羰基化合物进行亲核加成反应得到β-羟基酮。

LDA的特点是碱性强、体积大，是一个空间位阻很大的位阻碱，因此反应位置有高度的选择性，此碱在低温下可使酮（在位阻较小的α碳位置）几乎全部形成烯醇负离子[1]：

$$\underset{pK_a\approx 20}{CH_3COCH_2CH_3} + (i\text{-}C_3H_7)_2\overset{-}{N}Li^+ \underset{低温}{\overset{THF}{\rightleftharpoons}} CH_2=C(O^-Li^+)CH_2CH_3 + \underset{pK_a\approx 40}{(i\text{-}C_3H_7)_2NH}$$

这是酸碱平衡控制产物。如用NaOH水溶液处理，形成的烯醇负离子很少：

$$\underset{pK_a\approx 20}{CH_3COCH_3} + OH^- \rightleftharpoons CH_2=C(O^-)CH_3 + \underset{pK_a\approx 15.74}{H_2O}$$

酮用LDA在醚溶液中于低温下形成的烯醇负离子，自身不发生缩合反应，因此，甚至有α活泼氢的醛，加到烯醇负离子溶液中时，能有效地发生羟醛缩合反应，得到醇盐，然后用水处理，得到β-羟基酮：

2-甲基环己酮 $\xrightarrow[CH_3OCH_2CH_2OCH_3]{LDA}$ $\xrightarrow{(CH_3)_3SiCl}$ 1-OSi(CH₃)₃-6-CH₃-环己烯 (99%) + 1-OSi(CH₃)₃-2-CH₃-环己烯 (1%)

$\xrightarrow[CH_2Cl_2,TiCl_4,-78℃]{PhCHO}$ PhHC(O—TiCl₃—O)-2-酮-6-CH₃-环己烷 $\xrightarrow[-78℃]{H^+,H_2O}$ PhHC(OH)-2-酮-6-CH₃-环己烷 (81%)

LDA也可用于具有α活泼氢的醛与酮的羰基缩合，首先将醛与胺反应形成亚胺，保护醛羰基，然后用LDA夺取亚胺的α氢，形成碳负离子，然后加入酮进行缩合反应，如：

$$CH_3CHO \xrightarrow{C_6H_{11}NH_2} \underset{亚胺}{CH_3CH=N\text{-}C_6H_{11}} \xrightarrow[0℃]{LDA} Li^+\ \overset{-}{C}H_2CH=N\text{-}C_6H_{11} \xrightarrow[-78℃]{Ph_2C=O}$$

$$\underset{92\%}{Ph_2C(O^-Li^+)CH_2CH=N\text{-}C_6H_{11}} \xrightarrow[H_2O]{H^+} \underset{100\%}{Ph_2C=CHCHO} \quad （总产率59\%）$$

此法也可用于两种醛的缩合。

练习1

2-甲基环己酮 $\xrightarrow{LDA}$ $\xrightarrow{(CH_3)_3SiCl}$ [ ] $\xrightarrow[TiCl_3]{t\text{-}BuCl}$ [ ]

[答案]

1-OSi(CH₃)₃-6-CH₃-环己烯 (99%)，2-*t*-Bu-6-CH₃-环己酮

烯醇硅醚比较容易分离提纯，它也是一种重要的合成中间体，可以进一步发生缩合、酰基化、烃基化、麦克尔加成、氧化等反应，很多产物都具有高度的区域选择性。例如不对称酮经烯醇硅醚中间体，可以发生定向的烃基化反应。

练习 2

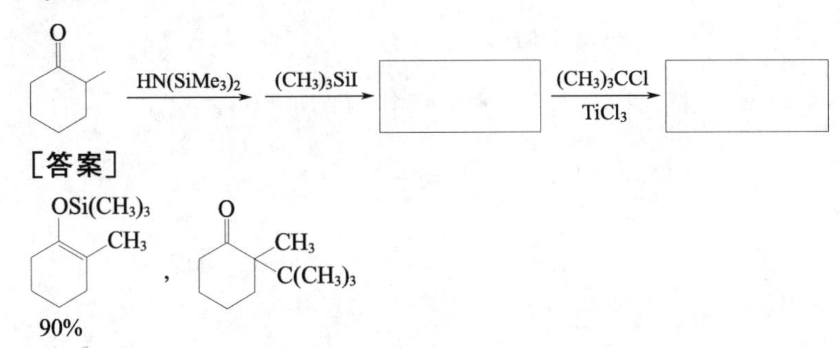

首先让不对称酮在不同的条件下与不同的试剂反应，有选择地制备以热力学稳定或动力学稳定为主的烯醇硅醚，提纯的烯醇硅醚再进行烃基化反应即得在不同位置烃基化的产物。

练习 3

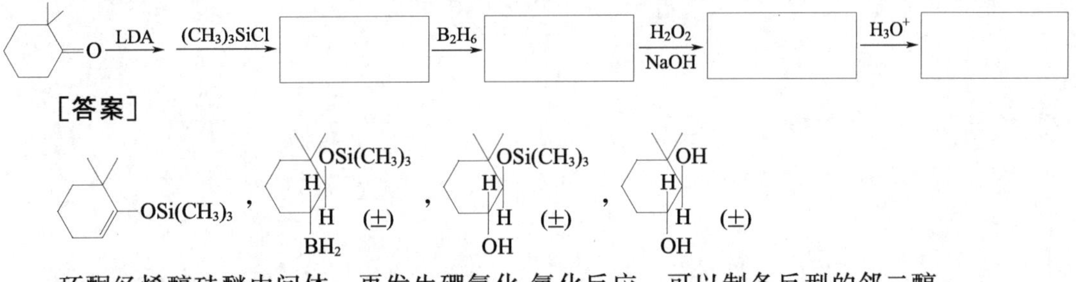

环酮经烯醇硅醚中间体，再发生硼氢化-氧化反应，可以制备反型的邻二醇。

练习 4

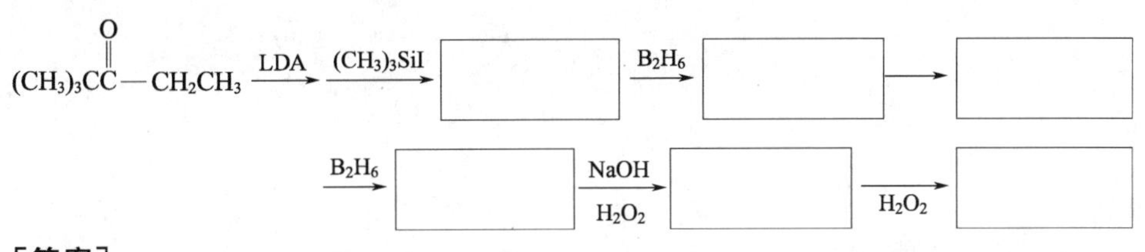

[答案]

$(CH_3)_3C\overset{OSi(CH_3)_3}{C}{=}CHCH_3$，$\left[(CH_3)_3CCH\overset{OSi(CH_3)_3}{-}\underset{BH_2}{CHCH_3}\right]$，$(CH_3)_3CCH{=}CHCH_3$

$(CH_3)_3CCH_2\underset{BH_2}{CHCH_3}$，$(CH_3)_3CCH_2\underset{OH}{CHCH_3}$，$(CH_3)_3CCH_2\overset{O}{\overset{\|}{C}}CH_3$

链形的不对称酮，经烯醇硅醚中间体，再发生硼氢化-氧化，可以使原料酮的羰基朝一定的方向发生 1,2-移位。

练习 5

（中国科学技术大学，2010）

［答案］

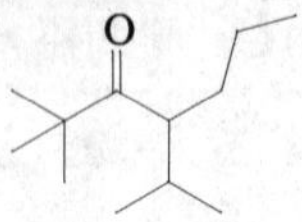

参考文献

［1］邢其毅，徐瑞秋，周政等．基础有机化学．第2版．北京：高等教育出版社，1993：454，1125.

第5章　偶联反应

Gomberg-Bachmann 偶联

合成以下化合物并注意立体化学、反应条件和试剂比例。

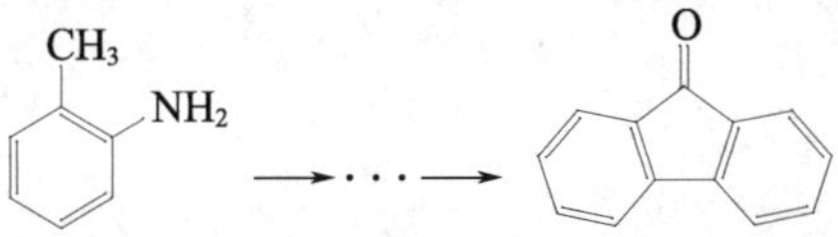

CH_3　NH_2　$\longrightarrow \cdots \longrightarrow$　O

（中国科学院，2009）

CH_3　NH_2　$\xrightarrow[0\sim5℃]{NaNO_2 \cdot HCl}$　CH_3　N_2^+　$\xrightarrow[OH^-,\triangle]{}$　CH_3

$\xrightarrow[OH^-,\triangle]{KMnO_4}$　COOH　$\xrightarrow[2.\ AlCl_3]{1.\ SOCl_2}$　O

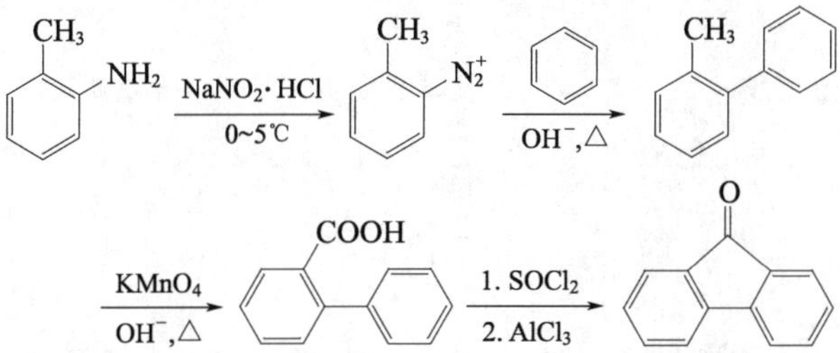

邻甲苯胺重氮化得重氮盐，然后在碱性条件下与苯偶联生成2-甲基联苯，再经高锰酸钾氧化得联苯-2-甲酸，最后用氯化亚砜氯化得酰氯后，在三氯化铝催化下环化得到目标产物9-芴酮（9-fluorenone）。

上述合成反应的第2步为邻甲基苯基重氮盐与苯在碱性条件下反应生成邻甲基联苯。这种芳基重氮盐在碱性条件下与一个芳香族化合物之间经自由基偶联生成二芳基化合物（联苯或联苯衍生物）的反应称为Gomberg-Bachmann偶联反应[1]。例如：

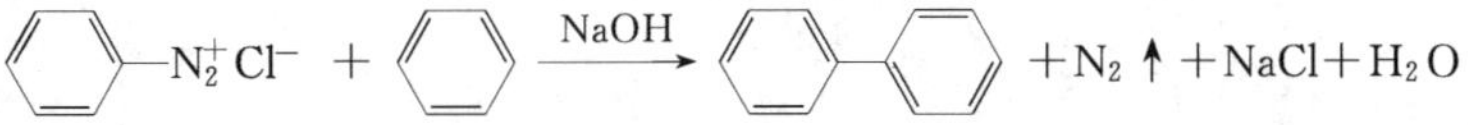

$$PhN_2^+Cl^- + PhH \xrightarrow{NaOH} Ph-Ph + N_2\uparrow + NaCl + H_2O$$

反应机理[2]：

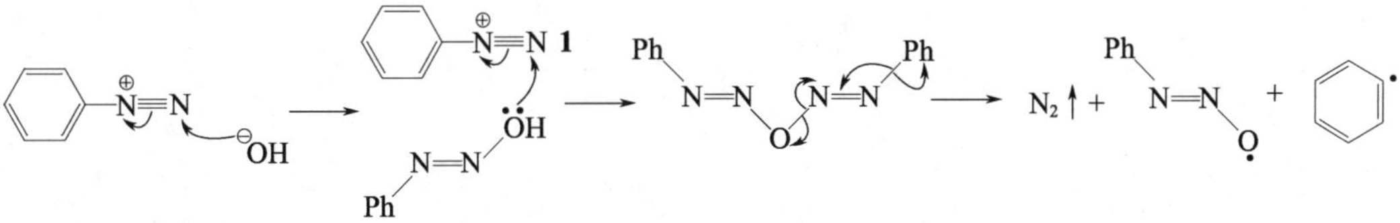

N=N　$^{\ominus}OH$　⟶　N=N 1　ÖH　N=N　Ph　⟶　Ph　N=N　O　N=N　Ph　⟶　$N_2\uparrow$ +　Ph　N=N　O　+　·

1　2　3　4　5

⟶　Ph　N=N 4　O　H　⟶　+　Ph　N=N　OH

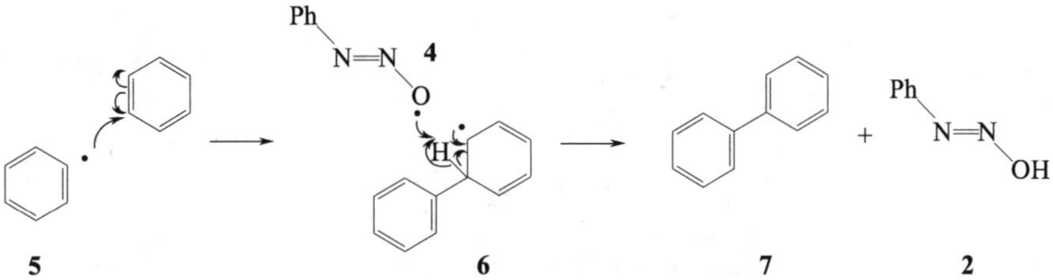

5　6　7　2

苯基重氮盐（**1**）与碱反应形成重氮酸（氢氧化重氮苯）（**2**），**2** 再与 **1** 反应得 **3**，**3** 的 O—N═和═N—Ph 键均裂得苯基重氮酸根游离基（**4**）和苯基游离基（**5**），同时放出氮气；**5** 进攻另一分子苯形成 *σ*-络合物的 *β*-碳原子游离基（**6**）；在 **4** 的作用下，**6** 的 sp^3 杂化碳原子的 C—H 键均裂失去一个氢原子形成联苯（**7**），**4** 获得氢原子而形成（**2**）。

这是一个芳基自由基取代反应，反应过程是在氢氧化钠水溶液和苯的两相体系中进行的，氢氧化钠水溶液与重氮盐反应，生成完全是共价键的氢氧化重氮苯，它能溶于苯，并与苯反应，生成联苯。

溶液的碱性太强（pH＞10），重氮盐将与碱作用生成不能进行偶合反应的重氮酸或重氮酸根负离子[3]。

$$C_6H_5-\overset{+}{N}\equiv NCl^- \underset{}{\overset{OH^-}{\rightleftharpoons}} [C_6H_5-\overset{+}{N}\equiv N]OH^- \rightleftharpoons Ar-N=N-OH$$

重氮盐　　　　重氮碱　　　　重氮酸

$$Ar-N=N-OH \overset{OH^-}{\rightleftharpoons} \underset{Ar}{}N=N\underset{O^-}{} \rightleftharpoons \underset{Ar}{}N=N^{O^-}$$

重氮酸　　　　重氮酸根负离子　　　　异重氮酸根负离子

练习 1

$$3,4\text{-}(H_3C)_2C_6H_3-\overset{+}{N_2}\overset{-}{Cl} + C_6H_6 \xrightarrow{NaOH} \boxed{\quad}$$

[答案]

$$3,4\text{-}(H_3C)_2C_6H_3-C_6H_5$$

练习 2

$$Br-C_6H_4-N_2^+Cl^- + C_6H_6 \xrightarrow{NaOH} \boxed{\quad}$$

[答案]

$$Br-C_6H_4-C_6H_5$$

练习 3

$$C_6H_5-N_2^+Cl^- + C_6H_5-NO_2 \xrightarrow{NaOH} \boxed{\quad}$$

[答案]

$$C_6H_5-C_6H_4-NO_2$$

若苯环上有取代基，不论是什么取代基，反应都发生在取代基的邻、对位。

参考文献

[1] Gomberg M，Bachmann W E. J Am Chem Soc，1924，46：2339-2343.

[2] Jie Jack Li. Name Reaction. 4th ed. Berlin Heidelberg：Springer-Verlag，2009：262.
[3] 孔祥文．有机化学．北京：化学工业出版社，2010.

Ullmann 反应

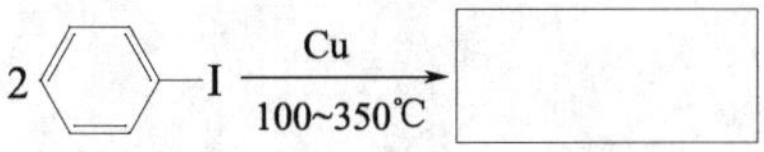

2 PhI —Cu, 100~350℃→ [ ]

碘苯在 100～350℃经 Cu 催化反应得到联苯。

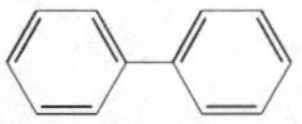

经典的 Ullmann 反应是指芳香族卤化物与铜（或镍或钯）共热发生自偶联得到联芳烃的反应[1]，例如碘苯与铜共热得到联苯。反应以德国化学家 Fritz Ullmann 的名字命名[2,3]。这个反应的应用范围广泛，常用来合成许多对称与不对称的联芳烃衍生物。

其中碘化物最活泼、也常用，溴化物和氯化物较难反应，硫氰酸酯也可用。但在卤原子的邻和对位有吸电基时反应顺利进行。例如：

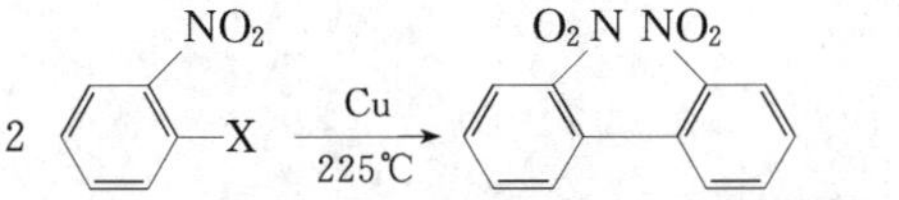

2 (邻硝基卤苯) —Cu, 225℃→ 2,2′-二硝基联苯

X=Cl,Br,I

除铜之外，镍也能使芳香卤化物偶联[4]，例如双（1,5-环辛二烯）镍（0）及四（三苯基膦）镍（0）。

反应物环上的取代基对反应的影响很特殊。吸电基如硝基可以活化反应，但只有邻位的硝基才有活化作用，位于间位和对位的硝基则无活化作用[5]。

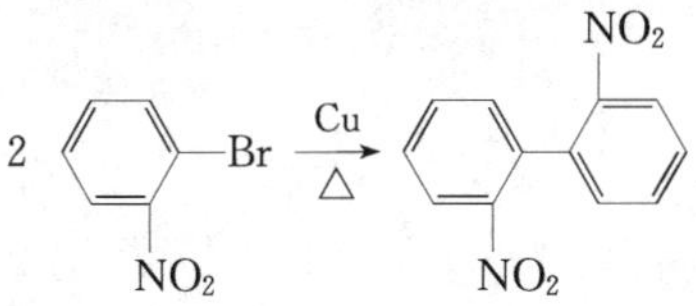

2 (间硝基溴苯) —Cu, △→ 3,3′-二硝基联苯

—R 和—OR 基团在所有位置都有活化作用。相反地，—OH、$—NH_2$、—NHR、—NHCOR、—COOH、$—SO_2NH_2$ 等基团的存在会阻止反应进行，降低产率。

反应通式为：

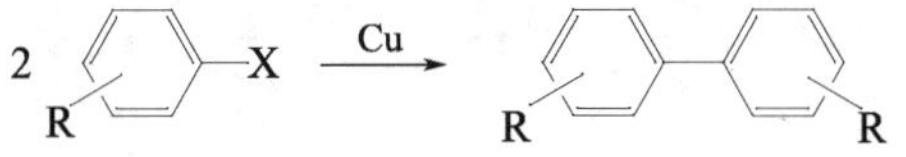

2 R-C₆H₄-X —Cu→ R-C₆H₄-C₆H₄-R

X=I,Br

反应机理[6]（以碘苯反应生成联苯为例）：

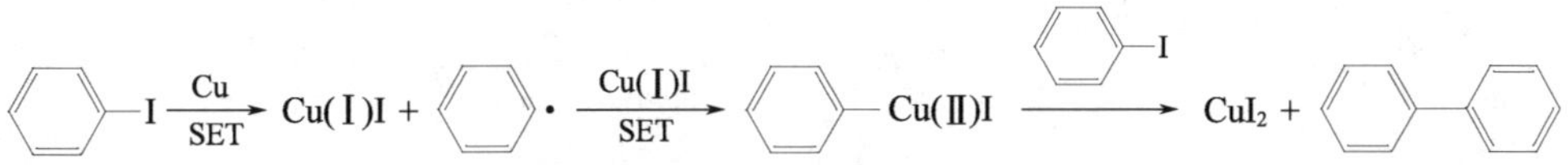

PhI —Cu, SET→ Cu(Ⅰ)I + Ph· —Cu(Ⅰ)I, SET→ Ph—Cu(Ⅱ)I —PhI→ CuI_2 + Ph—Ph

第一步是碘代苯（PhI）与催化剂 Cu 之间的氧化加成反应得到苯基碘化铜（PhCuI）。首先进行单电子转移，形成碘化亚铜和苯基自由基，然后进行第二次单电子转移后得到苯基碘化铜；第二步是苯基碘化铜（PhCuI）与碘代苯（PhI）之间发生偶联反应得到联苯和碘化铜。

练习 1[7]　写出下列反应产物。

2 Cl NO$_2$ —copper-bronze, 220℃,180min,Sand→ □

［答案］

O$_2$N NO$_2$ + CuCl$_2$

52%

练习 2[8]　写出下列反应产物。

CH$_3$ N I I —S Cu O O, NMP,rt,88%→ □

［答案］

CH$_3$ N

练习 3[9]　写出下列反应产物。

Cl R^4 R^3 R^2 N R^1 O —NiCl$_2$,Zn,PPh$_3$,DMF,KI MW,205℃,25min→ □

［答案］

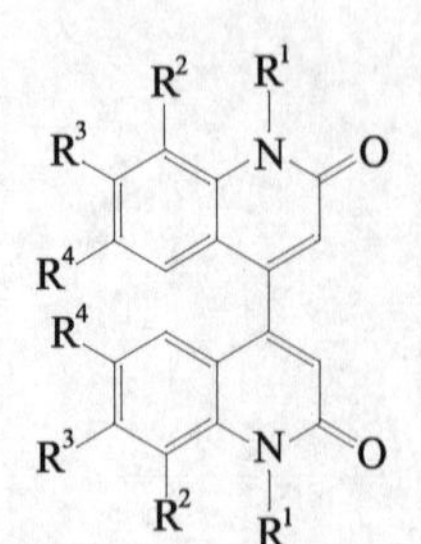

2005 年，Kappe 研究小组尝试用微波加速 Ullmann 反应，并于 2007 年改进实验获得高产率产物[10,11]。

练习 4[12] 合成

由 3,4,5-三羟基苯甲酸 合成 CH_3O-取代联苯双酯（结构式）

[答案]

CH_3OH / H_2SO_4；$NaP_4O_7 \cdot 10H_2O, H_2SO_4$ / $(CH_3)_2SO_4, NaOH$；CH_2Cl_2 / K_2CO_3；Br_2 / CH_3COOH；铜粉 / DMF, 加热

参考文献

[1] Fanta P E. The Ullmann Synthesis of Biaryls. Synthesis，1974：9-21.

[2] Ullmann F. Jean Bielecki. Ueber Synthesen in der Biphenylreihe. Chemische Berichte，1901，34 (2)：2174-2185.

[3] Ullmann F. Ann，1904，332：38-81.

[4] Andrew S Kende，Lanny S Liebeskind and David M. Braitsch. In situ generation of a solvated zerovalent nickel reagent. Biaryl formation. Tetrahedron Letters，1975，16 (39)：3375-3378.

[5] James Forrest. The Ullmann biaryl synthesis. Part V. The influence of ring substituents on the rate of self-condensation of an aryl halide. J Chem Soc，1960：592-594.

[6] Jie Jack Li. Name Reaction. 4th ed. Berlin Heidelberg：Springer-Verlag，2009：554.

[7] Reynold C Fuson and Cleveland E A. 2,2′-dinitrobiphenyl：Organic Syntheses Coll，Vol 3. 339.

[8] Zhang S，Zhang D，Licbskind L S. J Org Chem，1997，62：2312-2313.

[9] 肖尚友，朱俊，穆小静，李正华．微波加速 Ullmann 反应的研究．有机化学，http：//www. cnki. net/kems/detail/31. 1321. O6. 20130222. 1553. 001. html.

[10] Hashim J，Glasnov T N，Kremsner J M，Kappe C O. J Org Chem，2006，71：1707.

[11] Hashim J，Kappe C O. Adv Synth Catal，2007，349：2353.

[12] 梁永瑞，宋丽雪．联苯双酯合成中 Ullmann 反应催化剂的研究．辽宁化工，2012，41 (5)：442-446.

Wurtz 反应

$$2CH_3I + 2Na \xrightarrow{\text{无水乙醚}} \boxed{\quad}$$

$CH_3CH_3 + 2NaI$。碘甲烷在无水乙醚中经金属钠处理得到乙烷。

该反应为 Wurtz 反应，是以法国化学家 Charles-Adolphe Wurtz 的名字命名的[1]。卤代烷与金属钠或镁反应可以得到碳链增长一倍的烷烃，常用的卤代烷为溴代烷和碘代烷，一般

伯卤代烷的产率较高。如果使用两种不同的卤代烷，结果会产生 3 种不同烷烃的混合物，当该混合物难以分离时，该法就失去了应用价值。因此，Wurtz 反应仅适用于制备对称型的烷烃[2]。另外其它的金属被发现也能参与反应，比如铁、银、锌、铟、铜催化或者是锰和氯化铜混合物[3]。反应通式为：

$$2RX + 2Na \xrightarrow{\text{乙醚}} R{-}R + 2NaX$$

反应机理[4]：

$$R{-}X \xrightarrow{Na(0)} R^- Na^+ + NaX$$

第一步反应是钠原子的一个电子转移给卤素原子，产生一分子卤化钠和一个烷基，另一个钠原子的一个电子又转移给烷基，则产生一分子烷基钠。然后经过离子机理或自由基机理形成产物：

离子机理

$$R^- + R{-}X \xrightarrow{S_N2} R{-}R + X^-$$

在离子机理中，第一步反应得到的烷基负离子进攻卤代烷发生双分子亲核取代反应（S_N2）得到目标产物为碳原子数较原来卤代烷增加一倍的烷烃。

自由基机理

$$R{-}X \xrightarrow{R^- Na^+} NaX + 2R\cdot \longrightarrow R{-}R$$

在自由基机理中，第一步反应得到的烷基钠与卤代烷作用得到两个烷基自由基和卤化钠，然后自由基结合形成目标产物。

练习 1[5] 写出下列反应产物。

$$2(CH_3)_3C{-}CH_2Cl \xrightarrow{Na} \boxed{\quad}$$

[答案]

$(CH_3)_3C{-}CH_2CH_2{-}C(CH_3)_3$

练习 2[6] 合成

由 Br—C₆H₄—Br（对二溴苯）和 $(SiMe_2Cl)_2$ 合成 [2.2]环状产物：两个对亚苯基由两组 $Me_2Si{-}SiMe_2$ 桥连接

[答案]

$$Br{-}C_6H_4{-}Br \xrightarrow[2.\ (SiMe_2Cl)_2]{1.\ BuLi} Me_2Si(C_6H_4Br){-}Me_2Si(C_6H_4Br) \xrightarrow[2.\ (SiMe_2Cl)_2]{1.\ Mg,THF} \text{产物（两个苯环由 } Me_2Si{-}SiMe_2 \text{ 双桥连接）}$$

练习 3[7]　合成

由 $Cl-Si(R^1)(R^2)-Cl$ 合成 $\sim\sim Si(R^1)(R^2)-Si(R^1)(R^2)-Cl$

[答案]

链引发（慢）

$$Cl-Si(R^1)(R^2)-Cl + 2Na \longrightarrow Cl-Si(R^1)(R^2)-Na + NaCl$$

链增长（属速率决定步骤）

$$\sim\sim Si(R^1)(R^2)-Na + Cl-Si(R^1)(R^2)-Cl \longrightarrow \sim\sim Si(R^1)(R^2)-Si(R^1)(R^2)-Cl$$

Worsfold D J 等[8]认为：Wurtz 型反应是按链引发和链增长的二步反应进行的。

参考文献

[1] Wurtz A. Justus Liebigs Ann Chem，1855，96：364.

[2] 孔祥文．有机化学．北京：化学工业出版社，2010.

[3] Jerry March. Advanced Organic Chemistry：Reaction and Structure. 5th Ed. New Jersey：John Wiley & Sons. Inc，1996：535.

[4] [美] 李杰（Jie Jack Li）．有机人名反应及机理．荣国斌译．朱士正校．上海：华东理工大学出版社，2003：66.

[5] Frank C，Whitmore，Popkin A H，Herbert I Bernstein，John P Wilkins. J Am Chem Soc，1941，63（1）：124-127.

[6] Paul J. Dyson，Alexander G. Hulkes and Priya Suman. Synthesis of octamethyltetrasila [2.2] paracyclophane：a high yielding Würtz coupling reaction using $Cr(CO)_3$ templates. J Chem Commun，1996，0：2223-2224.

[7] 胡慧平，陈德本．聚硅烷的合成反应．塑料工业，1992，3：26-29.

[8] ACS Symp Ser，1988，360：101.

偶合反应

（H 酸：8-氨基-1-羟基萘-3,6-二磺酸，OH、NH_2、HO_3S、SO_3H）$\xrightarrow[pH=5\sim7]{O_2N-C_6H_4-\overset{+}{N_2}\overset{-}{Cl}}$ □　（大连理工大学，2005）

8-氨基-1-羟基萘-3,6-二磺酸（H 酸）与对硝基苯胺重氮盐在 pH＝5～7 条件下反应得到氨基邻位偶合的产物，其结构为：（OH、NH_2、HO_3S、SO_3H 取代萘环）$-N=N-C_6H_4-NO_2$。H 酸在不同 pH 介

质中偶合位置如下[1]：

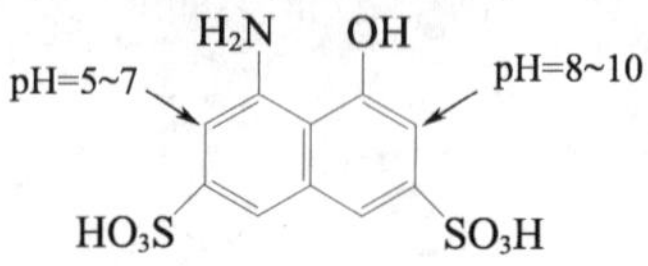

pH=5~7　H_2N　OH　pH=8~10

HO_3S　SO_3H

这是因为在弱碱性介质中，酚类以氧负离子形式参与反应，对偶合反应有利：

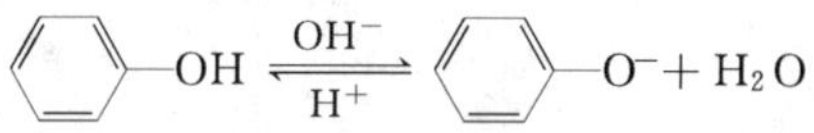

$$C_6H_5OH \underset{H^+}{\overset{OH^-}{\rightleftharpoons}} C_6H_5O^- + H_2O$$

而胺类在弱酸性（pH＝5～7）或中性介质中主要以游离胺的形式参与反应，也对偶合反应有利。如在强酸介质中，则芳胺成铵盐，不利于偶合：

$$ArNH_2 + H^+ \rightleftharpoons Ar\overset{+}{N}H_3$$

若在强碱介质中，则重氮盐转变成重氮碱及其盐，就不能发生偶合反应了：

$$Ar-\overset{+}{N}\equiv NCl^- \xrightarrow{KOH} Ar-N=N-OH \longrightarrow Ar-N=N-OK$$

上述反应中对硝基苯胺重氮盐正离子进攻芳环上氨基邻位碳原子发生亲电取代反应生成偶氮化合物，该反应称为重氮盐的偶合反应或偶联反应（coupling reaction）。

重氮盐正离子的结构与酰基正离子相似，可以作为亲电试剂使用，但其亲电性很弱，只能与活泼的芳香化合物如酚和胺进行芳香亲电取代反应生成偶氮化合物[2,3]。

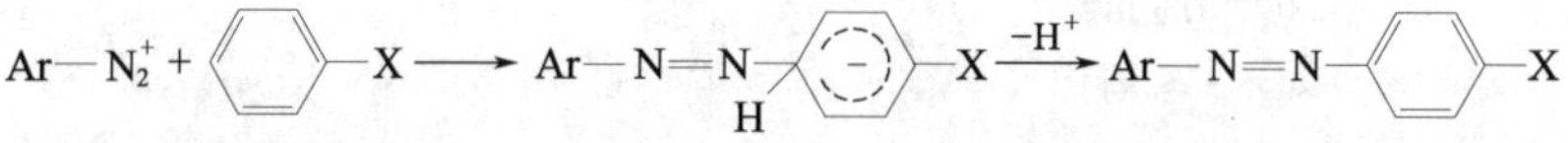

$$Ar-N_2^+ + C_6H_5X \longrightarrow Ar-N=N-C_6H_5(H)^{+}-X \xrightarrow{-H^+} Ar-N=N-C_6H_4-X$$

$X=OH,NH_2,NHR,NR_2$

参与反应的酚或芳胺等称为偶合组分，重氮盐称为重氮组分。电子效应和空间效应的影响使反应主要在羟基或氨基对位进行。若对位已被占据，则在邻位偶合，但绝不发生在间位。如：

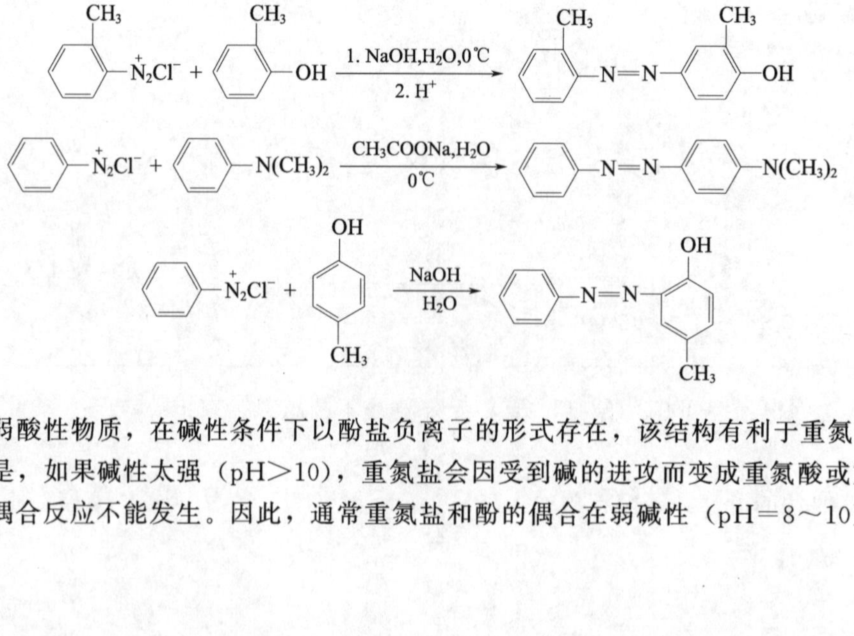

$$o\text{-}CH_3C_6H_4\overset{+}{N_2}Cl^- + o\text{-}CH_3C_6H_4OH \xrightarrow[2.\ H^+]{1.\ NaOH,H_2O,0℃} o\text{-}CH_3C_6H_4-N=N-C_6H_3(CH_3)-OH$$

$$C_6H_5\overset{+}{N_2}Cl^- + C_6H_5N(CH_3)_2 \xrightarrow[0℃]{CH_3COONa,H_2O} C_6H_5-N=N-C_6H_4-N(CH_3)_2$$

$$C_6H_5\overset{+}{N_2}Cl^- + p\text{-}CH_3C_6H_4OH \xrightarrow[H_2O]{NaOH} C_6H_5-N=N-C_6H_3(OH)(CH_3)$$

酚是弱酸性物质，在碱性条件下以酚盐负离子的形式存在，该结构有利于重氮正离子的进攻。但是，如果碱性太强（pH＞10），重氮盐会因受到碱的进攻而变成重氮酸或重氮酸盐离子致使偶合反应不能发生。因此，通常重氮盐和酚的偶合在弱碱性（pH＝8～10）溶液中进行。

$$\underset{\text{重氮盐,能偶合}}{Ar—N_2^+} \xrightarrow{NaOH} \underset{\text{重氮酸,不能偶合}}{Ar—N=N—OH} \xrightarrow{NaOH} \underset{\text{重氮酸盐,不能偶合}}{Ar—N=N—O^- \ Na^+}$$

重氮盐与芳香族胺的偶合反应则要在弱酸性（pH＝5～7）溶液中进行，这是因为胺在碱性溶液中不溶解，而在弱酸性条件下重氮正离子的浓度最大，且胺可以形成铵盐，使其溶解度增加，有利于偶合反应的发生。

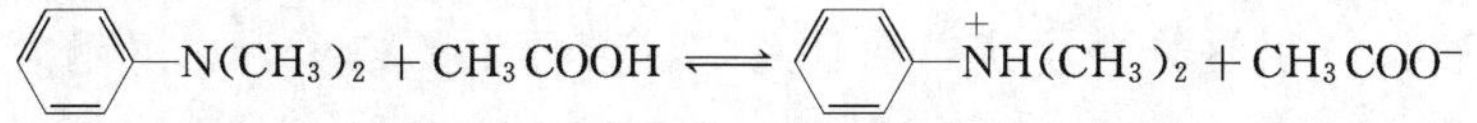

$$C_6H_5—N(CH_3)_2 + CH_3COOH \rightleftharpoons C_6H_5—\overset{+}{N}H(CH_3)_2 + CH_3COO^-$$

但是酸性也不能太强，因为胺在强酸性溶液中会成盐，而铵基是吸电基，使苯环失去活性，从而不利于重氮离子的进攻。

当重氮盐与萘酚或萘胺类化合物发生反应时，羟基或氨基会使所在的苯环活化，因而偶合反应在同环发生。α-萘酚或α-萘胺，偶合反应在4位发生，如果4位被占据，则在2位发生。而β-萘酚或β-萘胺，偶合反应在1位发生，如果1位被占据，则不发生。

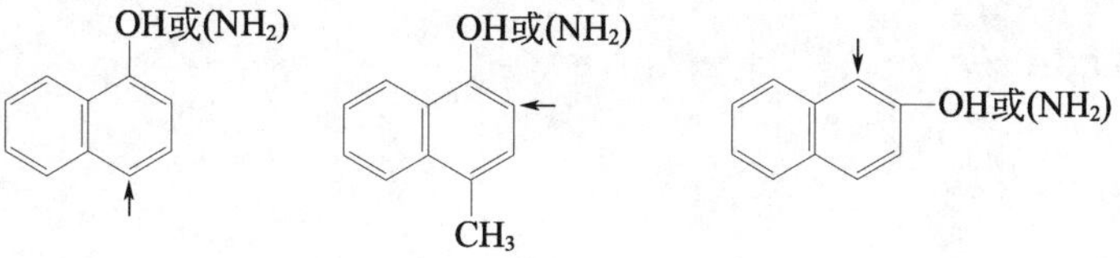

OH或(NH_2)　　OH或(NH_2)　　OH或(NH_2)

CH_3

如：

$$O_2N—C_6H_4—\overset{+}{N_2}Cl^- + \alpha\text{-萘酚} \xrightarrow{<10℃} O_2N—C_6H_4—N=N—C_{10}H_6—OH$$

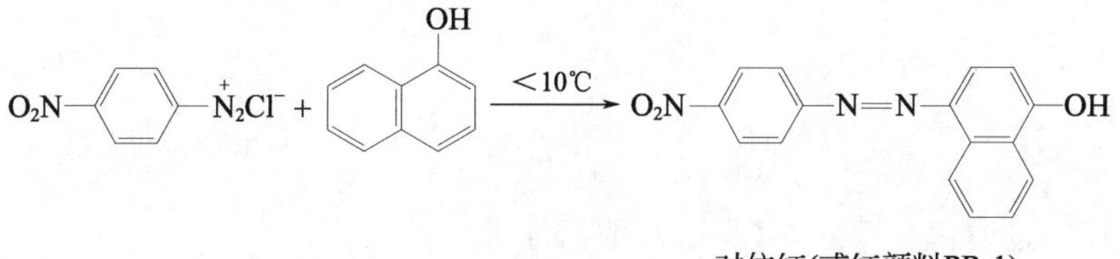

对位红(或红颜料PR-1)

偶合反应最重要的用途是合成偶氮染料。如用作酸碱指示剂的甲基橙可通过偶合反应得到：

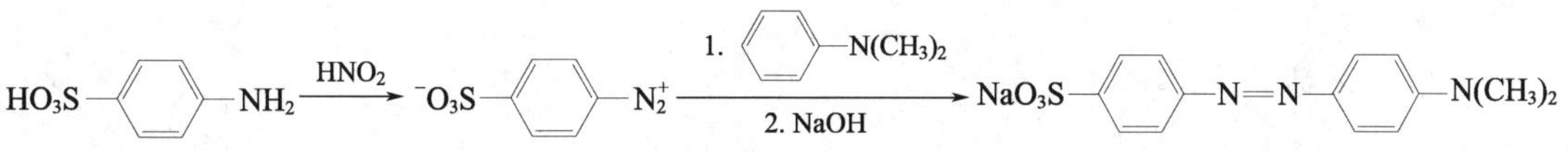

$$HO_3S—C_6H_4—NH_2 \xrightarrow{HNO_2} {}^-O_3S—C_6H_4—N_2^+ \xrightarrow[2.\ NaOH]{1.\ C_6H_5—N(CH_3)_2} NaO_3S—C_6H_4—N=N—C_6H_4—N(CH_3)_2$$

甲基橙

练习1

$$C_6H_5N_2^+Cl^- + p\text{-}CH_3C_6H_4OH \xrightarrow[0\sim5℃]{OH^-} \boxed{\quad}$$

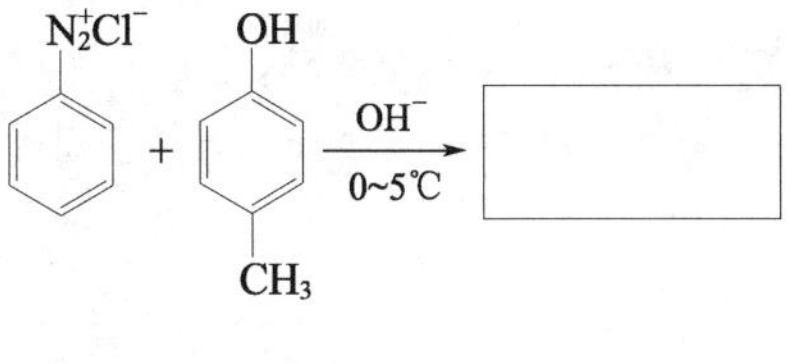

（浙江大学，2005）

[答案]

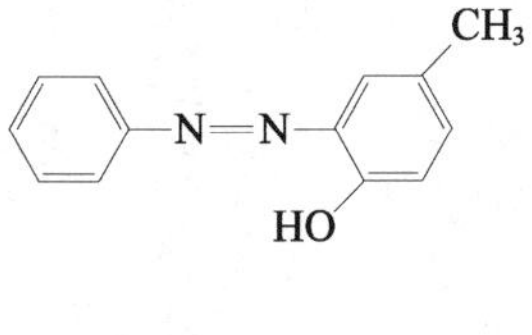

$C_6H_5—N=N—C_6H_3(OH)(CH_3)$（HO，$CH_3$）　重氮盐和酚类发生偶合反应，在酚羟基邻位生成偶氮化合物。

练习 2

下列偶合组分与 $O_2N-C_6H_4-\overset{+}{N}\equiv NCl^-$ 进行偶合反应的活性次序是（　　）。

A. $(CH_3CH_2)_2N-C_6H_4-OH$　　B. $H_3CO-C_6H_4-CH_3$　　C. $C_6H_5-N(CH_3)_2$

（大连理工大学，2005）

［答案］ A＞C＞B。这是一个亲电取代反应，芳环上的电子云密度越大，偶合反应的活性越大。

练习 3

下列化合物在弱酸性条件下，能与 $C_6H_5-\overset{+}{N}_2Cl^-$ 发生偶联（合）反应的是（　　），在弱碱性情况下能与 $C_6H_5-\overset{+}{N}_2Cl^-$ 发生偶联反应的是（　　）。

A. $C_6H_5-NHCOCH_3$　　B. $C_6H_5NH_2$

C. 邻甲基苯酚（OH、CH_3）　　D. 2,4,6-三硝基苯酚（OH、O_2N、NO_2、NO_2）

（四川大学，2003）

［答案］ B，C

练习 4

下列重氮离子进行偶合反应，（　　）的活性最大。

A. $O_2N-C_6H_4-\overset{+}{N}\equiv N$　　B. $CH_3O-C_6H_4-\overset{+}{N}\equiv N$　　C. $C_6H_5-\overset{+}{N}\equiv N$

（大连理工大学，2004）

［答案］ A

练习 5 鉴别下列化合物。

A. $C_6H_{11}-NH_2$（环己胺）　　B. $C_6H_5-NH_2$

C. $C_6H_5-N(CH_3)_2$　　D. $C_6H_{11}-NHCH_3$

［答案］

用 $NaNO_2/HCl$ 分别反应，A 在低温下反应可见有氮气放出；B 在低温下反应生成重氮盐，加入萘酚后得红色偶氮化合物；C 生成黄色对亚硝基 *N*,*N*-二甲基苯胺盐酸盐，中和后成为绿色固体；D 生成黄色油状物。

练习 6

由甲苯合成 2-$CH_3C_6H_4-N=N-C_6H_3(CH_3)(OH)$（3-甲基-4-羟基）　　（中山大学，2005）

[答案]

这是个偶氮化合物，由 CH_3、N_2^+ 和 CH_3、OH 偶合而成。

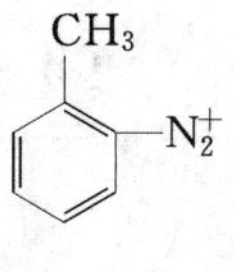

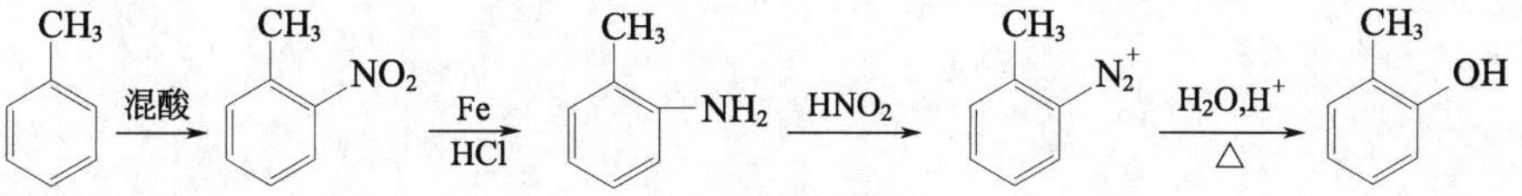

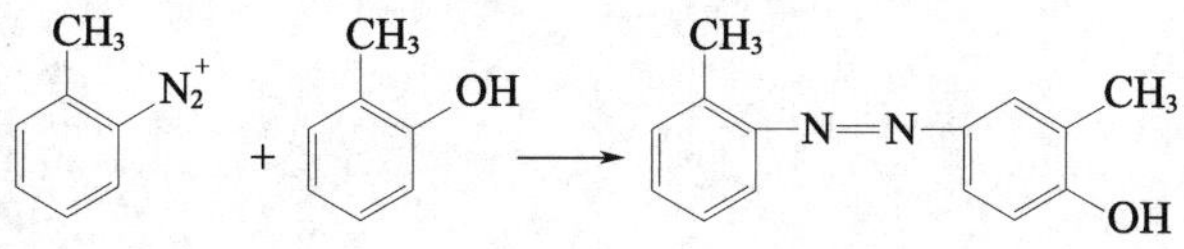

CH_3 $\xrightarrow{\text{混酸}}$ CH_3, NO_2 $\xrightarrow[HCl]{Fe}$ CH_3, NH_2 $\xrightarrow{HNO_2}$ CH_3, N_2^+ $\xrightarrow[\triangle]{H_2O,H^+}$ CH_3, OH

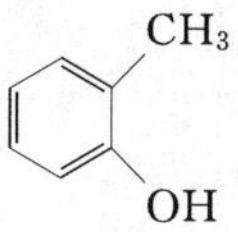

CH_3, N_2^+ + CH_3, OH $\longrightarrow$ CH_3, N=N, CH_3, OH

练习 7 合成

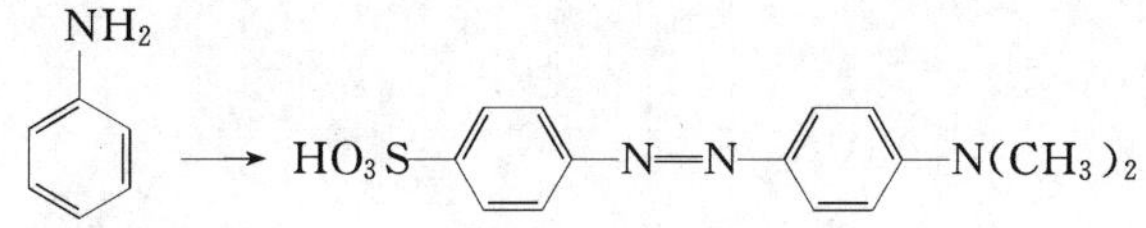

NH_2 $\longrightarrow$ HO_3S—N=N—$N(CH_3)_2$ （云南大学，2004）

[答案]

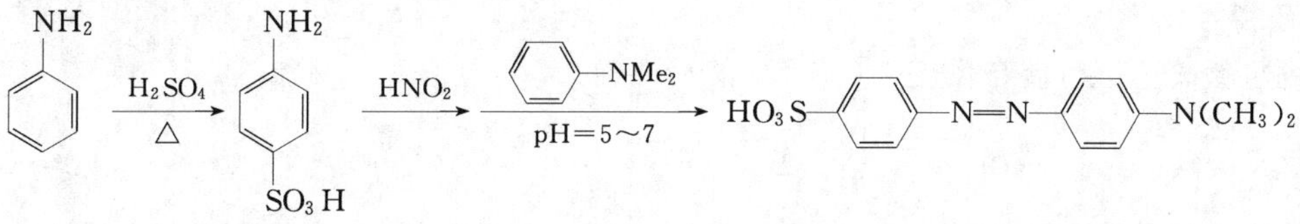

NH_2 $\xrightarrow[\triangle]{H_2SO_4}$ NH_2, SO_3H $\xrightarrow{HNO_2}$ $\xrightarrow[pH=5\sim7]{NMe_2}$ HO_3S—N=N—$N(CH_3)_2$

练习 8

NH_2 OH + $N_2^+Cl^-$ $\xrightarrow{pH=8}$ 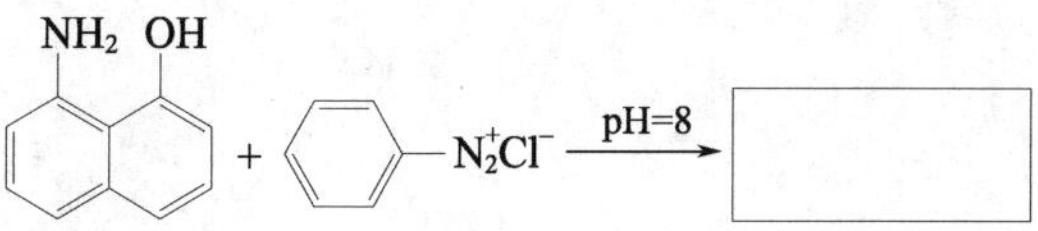 [ ] （南开大学，2003）

[答案]

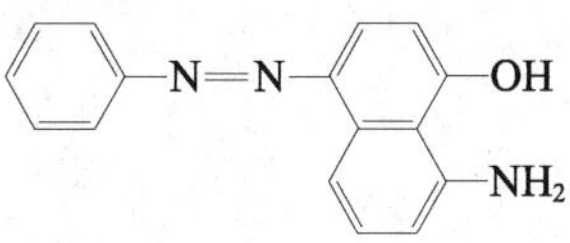

N=N—OH, NH_2

练习 9

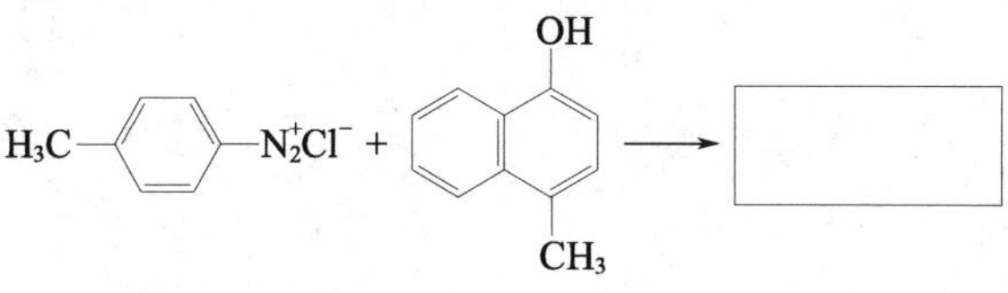

H_3C—$N_2^+Cl^-$ + OH, CH_3 $\longrightarrow$ [ ] （华南理工大学，2005）

[答案]

OH, N=N, CH_3, CH_3

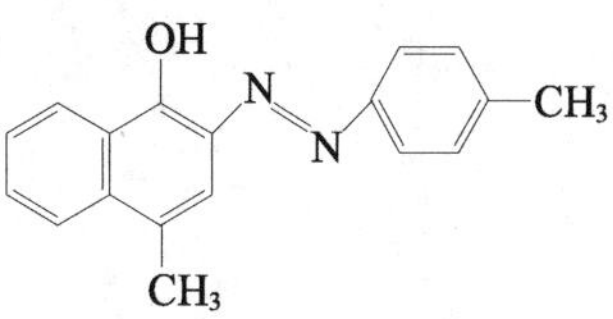

练习 10

$CH_3-C_6H_4-NO_2$ $\xrightarrow[HCl]{Fe}$ [ ] $\xrightarrow[0\sim5℃]{NaNO_2,HCl}$ $\xrightarrow[弱酸性]{C_6H_5N(CH_3)_2}$ [ ]

（武汉工程大学，2003）

[答案]

$H_3C-C_6H_4-NH_2$ ， $H_3C-C_6H_4-N{=}N-C_6H_4-N(CH_3)_2$ 。

练习 11

3-溴苯胺 $\xrightarrow[0\sim5℃]{NaNO_2,HCl}$ (A) $\xrightarrow[HOAc,H_2O,0℃]{C_6H_5N(CH_3)_2}$ (B)　（中山大学，2005）

[答案]

A. 3-$BrC_6H_4N_2^+Cl^-$　B. 3-$BrC_6H_4-N{=}N-C_6H_4-N(CH_3)_2$

练习 12

下列重氮离子进行偶合反应，（　）的活性最大。

A. $N{\equiv}\overset{+}{N}-C_6H_4-N(CH_3)_2$　B. $N{\equiv}\overset{+}{N}-C_6H_4-NO_2$

C. $N{\equiv}\overset{+}{N}-C_6H_4-OCH_3$　B. $N{\equiv}\overset{+}{N}-C_6H_4-SO_3H$　（大连理工大学，2003）

[答案]　D

练习 13

由苯和碘甲烷合成 $C_6H_5-N{=}N-C_6H_4-N(CH_3)_2$ 。　（华南理工大学，2005）

[答案]

$C_6H_6 \xrightarrow{混酸} C_6H_5NO_2 \xrightarrow{[H]} C_6H_5NH_2 \xrightarrow{CH_3I} C_6H_5N(CH_3)_2$

$C_6H_5NH_2 \xrightarrow{HNO_2} C_6H_5N_2^+ \xrightarrow[H^+]{C_6H_5N(CH_3)_2} C_6H_5-N{=}N-C_6H_4-N(CH_3)_2$

练习 14　合成

$C_6H_5CH_3 \longrightarrow$ 3,5-二溴甲苯（CH_3, Br, Br）　（浙江大学，2003）

[答案]

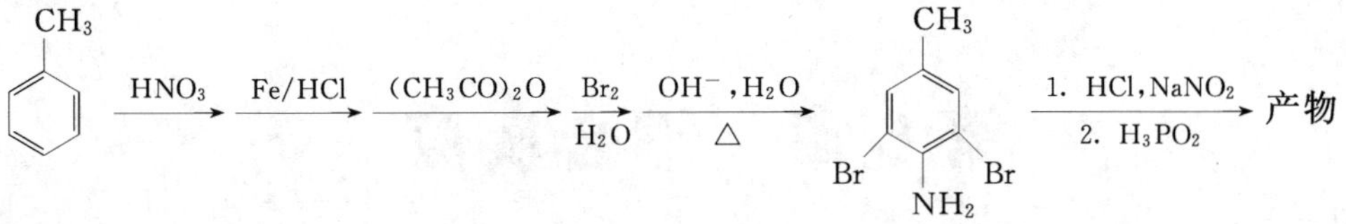

$$\text{甲苯} \xrightarrow{HNO_3} \xrightarrow{Fe/HCl} \xrightarrow{(CH_3CO)_2O} \xrightarrow[H_2O]{Br_2} \xrightarrow[\triangle]{OH^-,H_2O} \text{(4-甲基-2,6-二溴苯胺: } CH_3, Br, Br, NH_2\text{)} \xrightarrow[2.\ H_3PO_2]{1.\ HCl,NaNO_2} \text{产物}$$

练习 15

$$\text{(间二硝基苯: } NO_2, NO_2\text{)} \longrightarrow\cdots\longrightarrow \text{(2,3-二氯苯酚: } OH, Cl, Cl\text{)}$$

（上海大学，2003）

[答案]

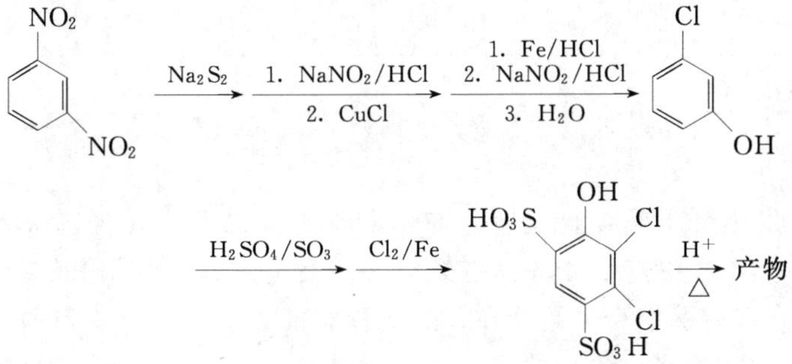

$$\text{(间二硝基苯: } NO_2, NO_2\text{)} \xrightarrow{Na_2S_2} \xrightarrow[2.\ CuCl]{1.\ NaNO_2/HCl} \xrightarrow[3.\ H_2O]{1.\ Fe/HCl \quad 2.\ NaNO_2/HCl} \text{(3-氯苯酚: } Cl, OH\text{)}$$

$$\xrightarrow{H_2SO_4/SO_3} \xrightarrow{Cl_2/Fe} \text{(} OH, HO_3S, Cl, Cl, SO_3H\text{)} \xrightarrow[\triangle]{H^+} \text{产物}$$

参考文献

[1] 袁履冰．有机化学．北京：高等教育出版社，1999：402.

[2] 孔祥文．有机化学．北京：化学工业出版社，2010：114.

[3] 高鸿宾．有机化学．第4版．北京：高等教育出版社，2005：520.

第 6 章　缩合反应

Aldol 缩合

（3-甲基-2-丁烯醛）CHO $\xrightarrow{OH^-}$ [　　　]　　　（中国科学技术大学，1999）

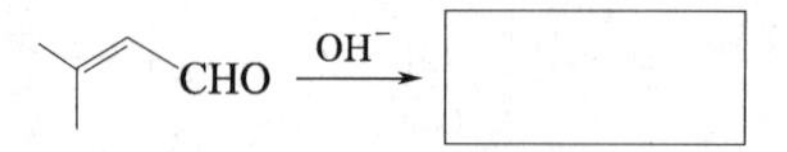

3-甲基-2-丁烯醛在碱作用下发生分子间缩合反应，首先生成 3,7-二甲基-5-羟基-2,6-辛二烯醛，再消去水分子得到产物 3,7-二甲基-2,4,6-辛三烯醛，该反应为 Aldol 缩合反应。

Aldol 缩合反应[1]（羟醛缩合或醇醛缩合）是指在稀酸或稀碱催化下，含有 α-氢原子的醛、酮分子间发生缩合反应生成 β-羟基醛（酮）的反应，产物受热失去一分子 H_2O，转化为 α,β-不饱和醛酮，例如：

$$2CH_3CH_2CH_2CH{=}O \xrightarrow[6\sim8℃]{KOH,H_2O} \underset{75\%}{CH_3CH_2CH_2CH(OH)CH(CH_2CH_3)CH{=}O} \xrightarrow{\triangle} CH_3CH_2CH_2CH{=}C(CH_2CH_3)CHO$$

碱催化条件下，Aldol 缩合的反应历程以乙醛为例表示如下[2~4]：

$$HO^- + H{-}CH(R){-}CH{=}\ddot{O}: \underset{}{\overset{快}{\rightleftharpoons}} H_2O + \left[:\bar{C}H(R){-}CH{=}\ddot{O}: \longleftrightarrow CH(R){=}CH{-}\ddot{O}:^- \right]$$

$$RCH_2CH{=}\ddot{O}: + :\bar{C}H(R){-}CH{=}\ddot{O}: \overset{慢}{\rightleftharpoons} RCH_2CH(\ddot{O}:^-){-}CH(R)CH{=}\ddot{O}:$$

$$RCH_2CH(\ddot{O}:^-){-}CH(R)CH{=}\ddot{O}: + H_2O \overset{快}{\rightleftharpoons} RCH_2CH(HO)CH(R)CH{=}O$$

一分子醛在稀碱的作用下失去一个 α-氢原子形成 α-碳负离子；然后该 α-碳负离子进攻另一分子醛的羰基发生亲核加成反应得到含 β-氧负离子的醛；最后此 β-氧负离子醛与水分子进行质子交换得到目标产物 β-羟基醛。

从上述反应机理可以看出，在稀酸或稀碱催化下（通常为稀碱），一分子醛或酮的 α-氢原子加到另一分子的醛（或酮）的氧原子上，其余部分加到羰基碳上，生成 β-羰基醛（或酮）。

Aldol缩合实际上就是羰基化合物分子间的亲核加成反应。利用这一反应可以合成碳原子数较原来醛、酮增加一倍的醇或醛。除乙醛外，其他醛发生Aldol缩合得到的产物都不是直链的，而是原α-碳原子上带有支链的化合物。

含有α-氢原子的两种不同的醛，在稀碱作用下，发生交错的Aldol缩合，可以生成四种不同的产物，但分离很困难，因此实际应用意义不大。若用甲醛或其他不含α-氢原子的醛，与含有α-氢原子的醛进行交错的Aldol缩合，则有一定应用价值。例如：

$$3HCHO + H-\overset{\displaystyle H}{\underset{\displaystyle H}{C}}-CHO \xrightarrow[55\sim56℃]{Ca(OH)_2} HOCH_2-\overset{\displaystyle CH_2OH}{\underset{\displaystyle CH_2OH}{C}}-CHO$$

三羟甲基乙醛

乙醛的三个α-氢原子均可与甲醛发生反应。实际操作是将乙醛和碱溶液缓慢向过量的甲醛中滴加，以便使乙醛的三个α-氢原子与甲醛充分反应，避免副产物的出现。

酮进行Aldol缩合反应时，平衡常数较小（这与酮羰基比醛多连接一个烃基有关），只能得到少量β-羟基酮。采用特殊的方法或设法使产物生成后立刻离开反应体系，破坏平衡使反应向右移动，也可得到较高的产率。例如，丙酮可在索氏（Soxhlet）提取器中用不溶性的碱［如$Ba(OH)_2$］催化进行羟醛缩合反应。

$$2\,CH_3\underset{\displaystyle O}{\underset{\|}{C}}CH_3 \xrightarrow[\text{Soxhlet 提取器},70\%]{Ba(OH)_2} CH_3-\overset{\displaystyle CH_3}{\underset{\displaystyle OH}{C}}-CH_2\underset{\displaystyle O}{\underset{\|}{C}}CH_3$$

当分子内既有羰基又有烯醇负离子时，可发生分子内的Aldol缩合反应，得到关环产物。特别是合成五、六元环时，反应顺利，产率较高。该反应被广泛用于制备α,β-不饱和环酮。例如：

$$\xrightarrow[H_2O]{Na_2CO_3}$$

（上海交通大学，2004）

Aldol反应除形成新的C—C键外，产物中还常常会出现新的手性中心。例如，乙醛在稀碱溶液中发生Aldol缩合反应后，形成一个新的C—C键，生成β-羟基丁醛，同时在产物的β-位产生一个手性中心。事实上，当醛的碳原子数≥3时，形成的烯醇盐有Z和E两种不同构型，当它们再与羰基加成后，生成的产物中含有两个手性中心，理论上有4种产物[5]。

练习1 合成

$$\longrightarrow \cdots \longrightarrow \text{CH}_2\text{OH}$$

（中国科学技术大学，2003）

［答案］

$$\xrightarrow{NaBH_4} \quad \xrightarrow[H^+]{\triangle} \quad \xrightarrow[2.\ Zn,H_2O]{1.\ O_3} \quad \text{CHO, CHO}$$

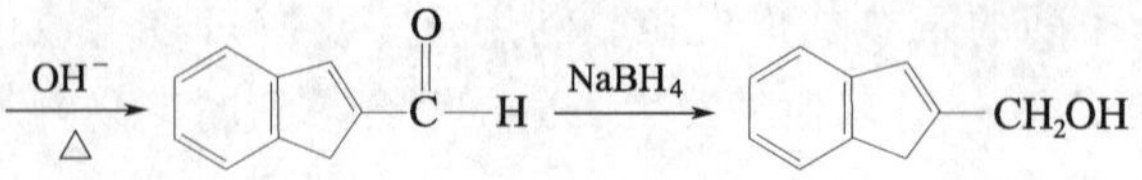

产物为α,β-不饱和醇，可以通过羟醛缩合反应先生成α,β-不饱和醛，后还原得到产物。

练习 2

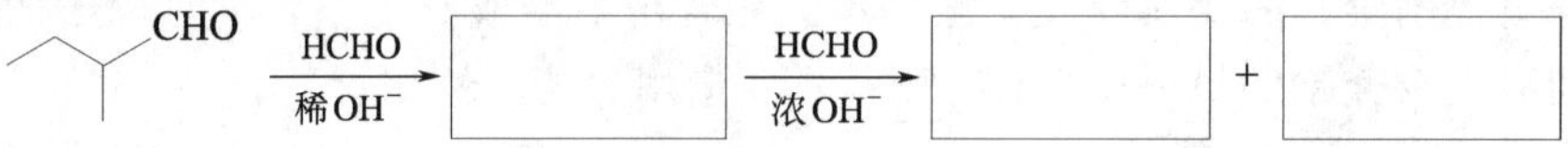

（北京理工大学，2005）

［答案］

第一步 Aldol 缩合；第二步发生歧化反应，有供电子基的醛易被还原[6]。

练习 3

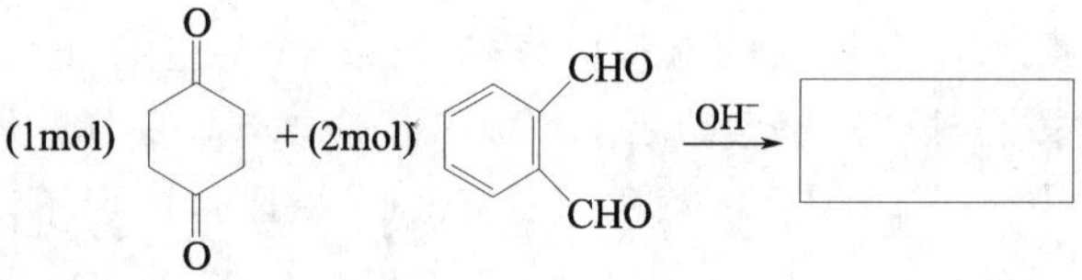

（南开大学，2002）

［答案］

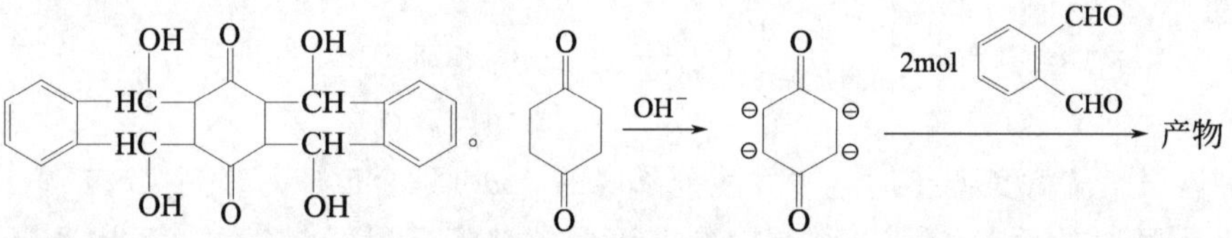

练习 4

下列化合物中画线 H 原子的酸性哪个最大？（　　）

A. 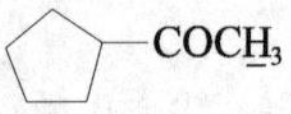　B. 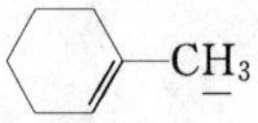　C. 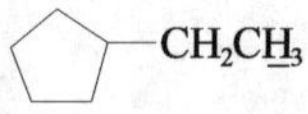　（中山大学，2003）

［答案］

A. 因为 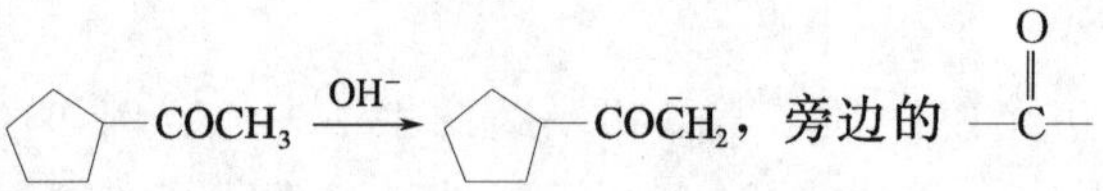 是吸电子基。

练习 5

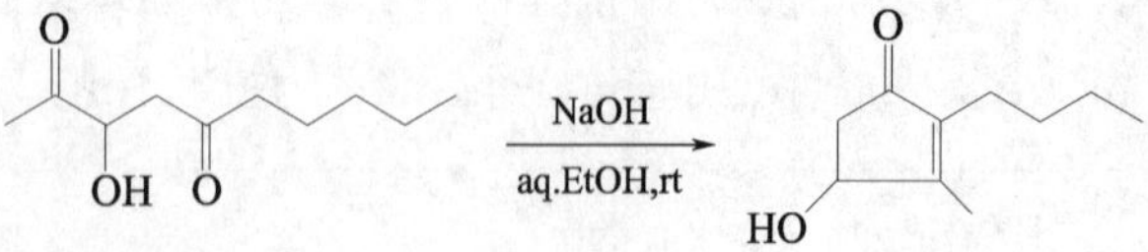

（清华大学，2005）

［答案］

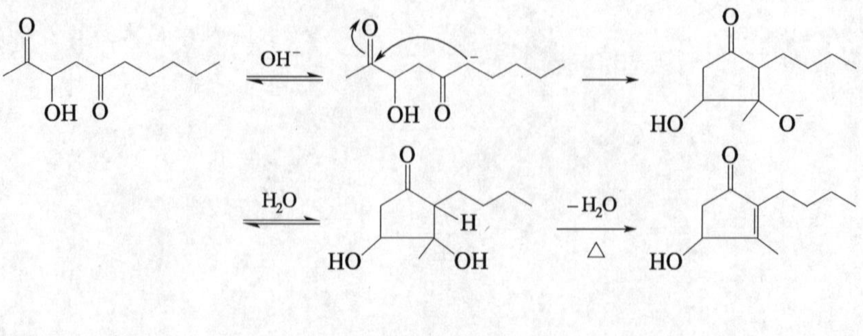

练习 6

以不超过三个碳的有机物为原料合成 $CH_3COCH_2CH_2CH=CHCH_3$。（北京理工大学，2006）

[答案]

$$CH_3COOC_2H_5 + CH_3COOC_2H_5 \xrightarrow[2.\ H^+]{1.\ C_2H_5ONa} CH_3\overset{O}{\overset{\|}{C}}CH_2COOC_2H_5 + C_2H_5OH$$

乙酰乙酸乙酯（75%）

$$CH_3C\equiv CH + CH_2O \xrightarrow[\text{压力}]{KOH} CH_3C\equiv CCH_2OH \xrightarrow[Pd\text{-}BaSO_4]{H_2} CH_3CH=CHCH_2OH \xrightarrow{HBr} CH_3CH=CHCH_2Br$$

$$CH_3\overset{O}{\overset{\|}{C}}CH_2\overset{O}{\overset{\|}{C}}OC_2H_5 \xrightarrow[2.\ CH_3CH=CHCH_2Br]{1.\ C_2H_5ONa/C_2H_5OH} CH_3\overset{O}{\overset{\|}{C}}\underset{CH_2CH=CHCH_3}{\underset{|}{C}H}\overset{O}{\overset{\|}{C}}OC_2H_5 \xrightarrow[2.\ H^+\quad 3.\ \triangle]{1.\ 5\%NaOH} CH_3\overset{O}{\overset{\|}{C}}CH_2CH_2CH=CHCH_3$$

练习 7　合成

环己醇 → 1-环戊烯甲醛（环戊烯-CHO）（复旦大学，2005）

[答案]

环己醇 $\xrightarrow[\text{加热}]{H^+}$ 环己烯 $\xrightarrow[Zn,H_2O]{O_3}$ OHC(CH_2)_4CHO（己二醛）$\xrightarrow[\text{加热}]{\text{稀}OH^-}$ 环戊烯-CHO

练习 8

以环己烯和邻羟基苯甲醛为基本原料合成 2-(2-甲氧基苄基)-5-甲基环戊酮。（中山大学，2006）

[答案]

邻羟基苯甲醛 $\xrightarrow[NaOH,H_2O]{Me_2SO_4}$ 邻甲氧基苯甲醛（OMe, CHO）$\xrightarrow{NaBH_4}$ 邻甲氧基苄醇（OMe, CH_2OH）$\xrightarrow{PCl_3}$ 邻甲氧基苄氯（OMe, CH_2Cl）

环己烯 $\xrightarrow[2.\ Zn/H_2O]{1.\ O_3}$ 己二醛 $\xrightarrow{\text{稀}NaOH}$ 1-环戊烯甲醛（CHO）$\xrightarrow[KOH]{NH_2NH_2}$ 1-甲基环戊烯（CH_3）$\xrightarrow[NaOH/H_2O_2]{B_2H_6}$ 2-甲基环戊醇（CH_3, OH）$\xrightarrow{PCC}$ 2-甲基环戊酮（CH_3, O）

2-甲基环戊酮 $\xrightarrow{\text{四氢吡咯（N-H）}}$ 烯胺（N-吡咯烷基, CH_3）$\xrightarrow{\text{邻甲氧基苄氯（OMe, }CH_2Cl\text{）}}$ 亚胺盐（OMe, N^+, CH_3）$\xrightarrow{H_2O}$ 2-(2-甲氧基苄基)-5-甲基环戊酮（OMe, O, CH_3）

练习 9

由小于等于 4 个碳的有机物合成 [结构式]。 （中国科学技术大学，2003）

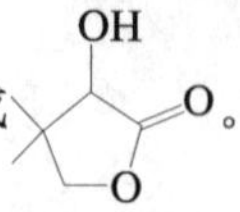

［答案］

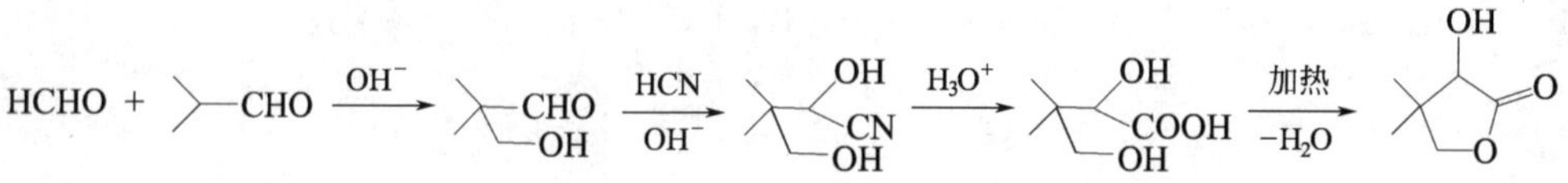

$$HCHO + (CH_3)_2CHCHO \xrightarrow{OH^-} \xrightarrow[OH^-]{HCN} \xrightarrow{H_3O^+} \xrightarrow[-H_2O]{加热}$$

练习 10

$$\xrightarrow[\triangle]{KOH} \boxed{\quad}$$

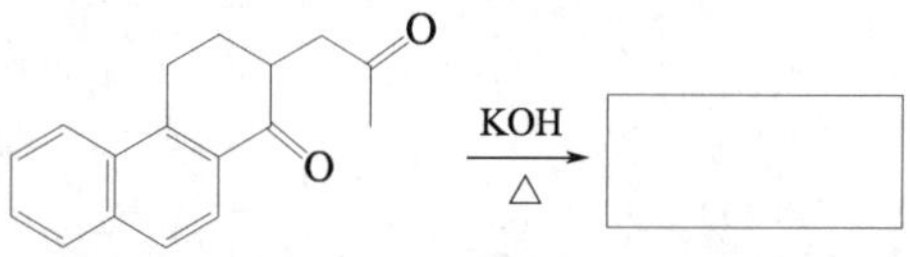

（复旦大学，2001）

［答案］

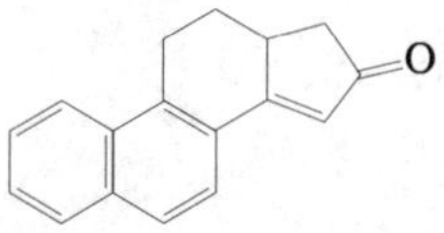

练习 11

能增长碳链的反应是（　　）。

A. 碘仿反应　B. 银镜反应　C. 醇醛缩合反应　D. 傅克反应　E. 康尼查罗反应

（中山大学，2005）

［答案］ C

练习 12

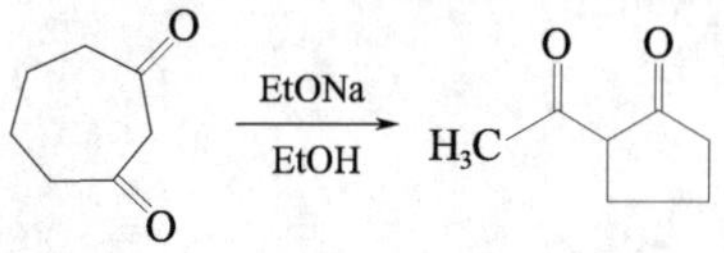

$$\xrightarrow[EtOH]{EtONa} H_3C$$

（兰州大学，2001）

［答案］

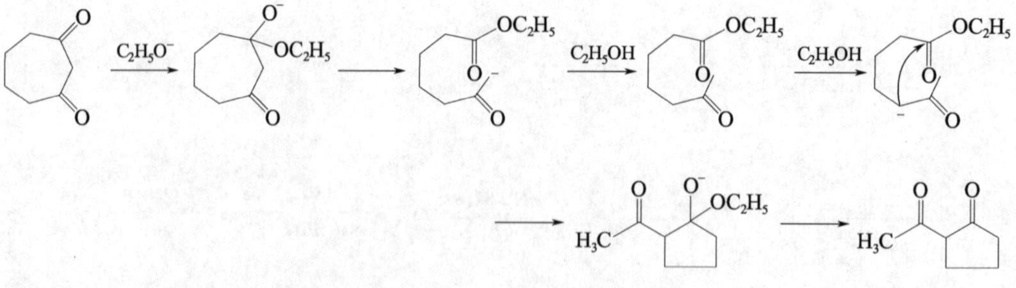

$$\xrightarrow{C_2H_5O^-} OC_2H_5 \longrightarrow OC_2H_5 \xrightarrow{C_2H_5OH} OC_2H_5 \xrightarrow{C_2H_5OH} OC_2H_5$$

$$\longrightarrow H_3C\text{—}OC_2H_5 \longrightarrow H_3C$$

练习 13

由 HCHO 和 CH_3CHO 合成 $CH_3CH_2CH(OH)CH(CH_3)COOH$。 （江南大学，2003）

[答案]

$$HCHO+CH_3CHO \xrightarrow[\triangle]{OH^-} H_2C{=}CHC(=O){-}H \xrightarrow[H^+]{HOCH_2CH_2OH} H_2C{=}CH{-}CH(OCH_2CH_2O) \xrightarrow{H_2/Pt} \xrightarrow{H_3O^+}$$

$$H_3C{-}CH_2C(=O){-}H \xrightarrow{稀\ OH^-} CH_3CH_2CH(OH){-}CH(CH_3){-}C(=O){-}H \xrightarrow{Ag(NH_3)_2OH} CH_3CH_2CH(OH)CH(CH_3){-}C(=O){-}OH$$

练习 14　写出下列反应的产物及机理。

环癸烷-1,6-二酮 $\xrightarrow{C_2H_5O^-}$ [　　]　　　(上海交通大学，2004)

[答案]

环癸烷-1,6-二酮 $\xrightarrow{C_2H_5O^-}$ 烯醇负离子 $\longrightarrow$ 双环氧负离子 $\longrightarrow$ 双环烯酮

练习 15

以乙醇为原料合成 $H_3C{-}CH{=}CH{-}CHO$。　　　(大连理工大学，2005)

[答案]

$$C_2H_5OH \xrightarrow{PCC} CH_3CHO \xrightarrow[稀\ OH^-]{} H_3C{-}CH{=}CH{-}CHO$$

练习 16

以 C_3 或 C_3 以下有机物合成 5,5-二甲基-4-乙氧羰基环己-1,3-二酮（COOEt）。　　　(兰州大学，2005)

[答案]

$$2CH_3COCH_3 \xrightarrow{NaOH} (CH_3)_2C{=}CHCOCH_3 \xrightarrow[NaOEt]{CH_2(COOEt)_2} \text{产物（COOEt）}$$

练习 17

完成下列反应并写出由 A 生成 B 和 C 的过程。

$$\text{(CH}_3\text{ 取代八氢萘)} \xrightarrow[2.\ Zn,H_2O]{1.\ O_3} A \xrightarrow[\triangle]{OH^-} B + C$$

(河北工业大学，2002)

[答案]

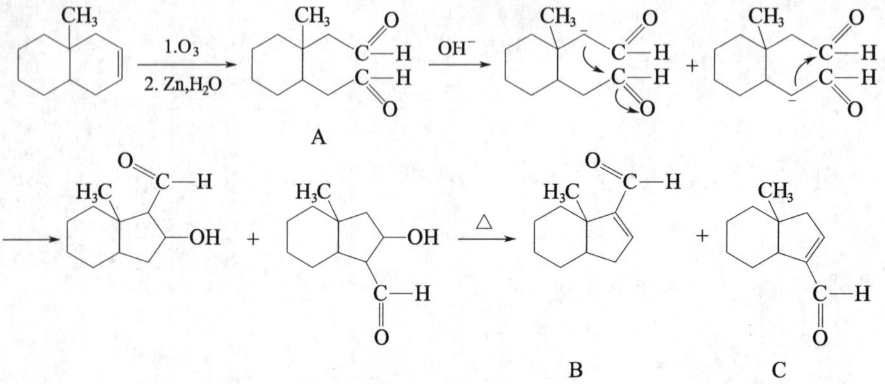

$\xrightarrow[\text{2. Zn}, H_2O]{1.O_3}$ A $\xrightarrow{OH^-}$ … $\xrightarrow{\triangle}$ B + C

羟醛缩合反应的产物为*β*-羟基醛酮化合物，或脱水生成*α*,*β*-不饱和醛酮化合物，常用此反应合成相关化合物。

练习 18 合成

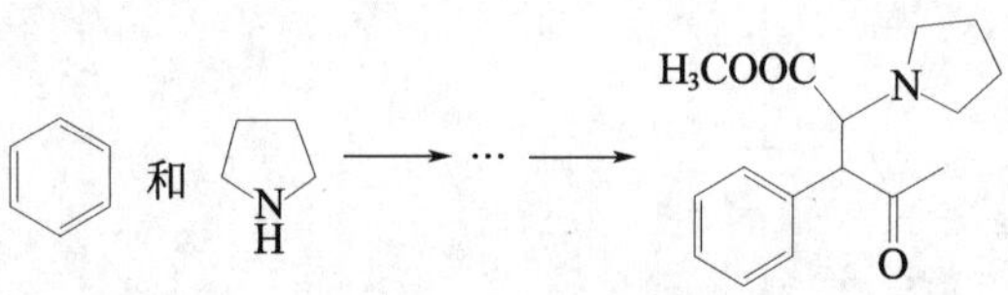

（中国科学技术大学，中国科学院合肥所，2009）

[答案]

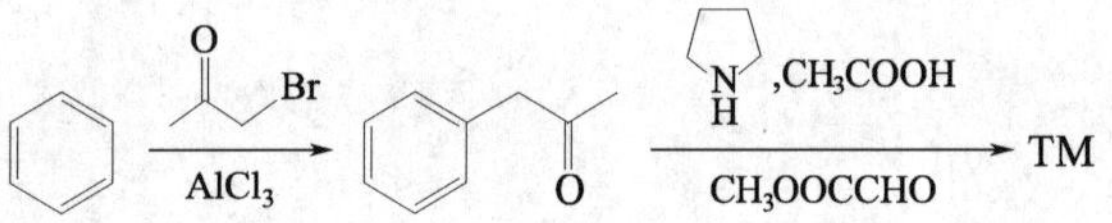

$\xrightarrow{AlCl_3}$ ……，CH_3COOH，$CH_3OOCCHO$ → TM

练习 19 机理

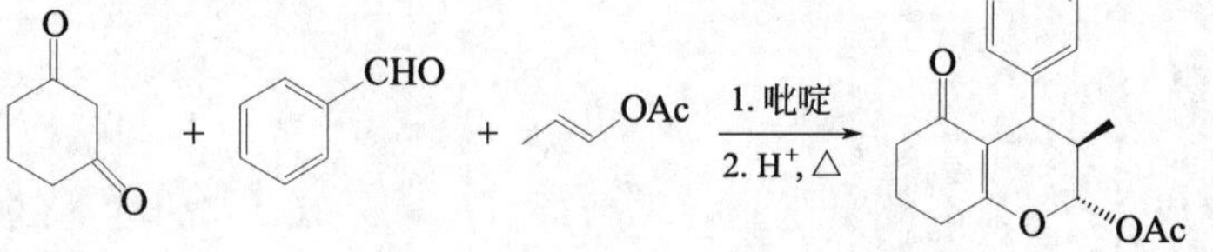

1. 吡啶 2. H^+, △

（中国科学技术大学、中国科学院合肥所，2009）

[答案]

H_2O

D-A反应

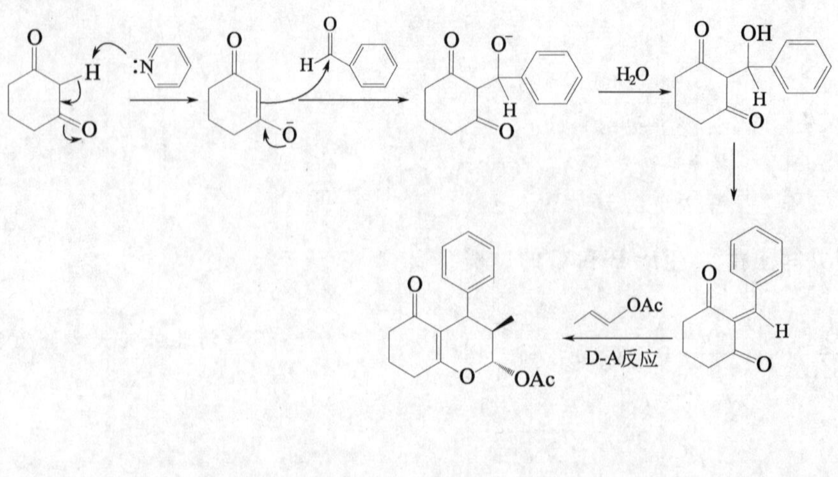

练习 20

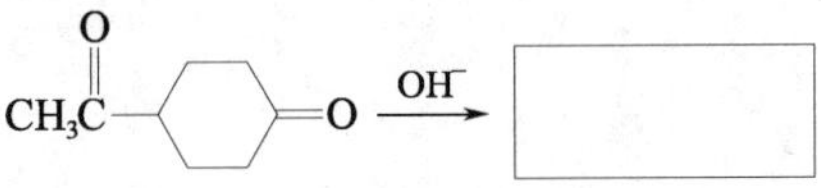

$CH_3COC_6H_{10}{=}O \xrightarrow{OH^-}$ [ ]

[答案]　δ-二酮在碱的作用下发生分子内缩合反应，产物为（双环结构，含 O 与 HO）。

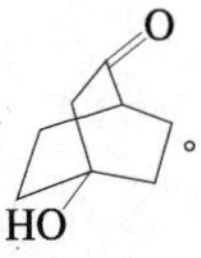

练习 21

$C_6H_5CHO + CH_3COC_2H_5 \xrightarrow{H^+}$ [ ]；$\xrightarrow{OH^-}$ [ ]

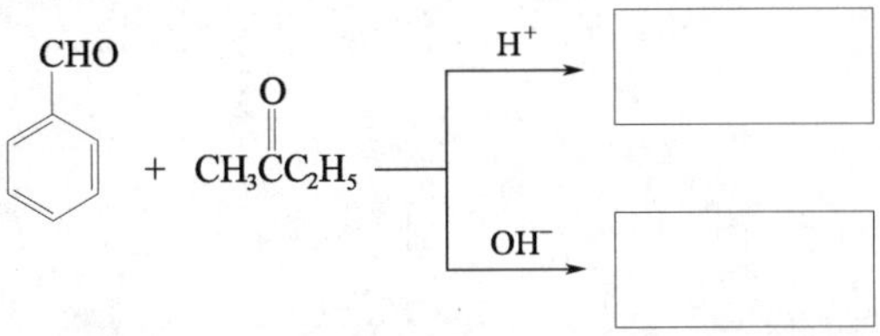

[答案][7]　苯甲醛的羰基比较活泼，与酮的α-C 发生缩合反应时，催化条件不同，缩合主产物也不同。在酸性介质中，酮的烯醇化主要生成热力学控制的较稳定的烯醇型；而在碱催化条件下，酮发生去质子烯醇盐化，则α-H 酸性强者及生成的碳负离子稳定性好的动力学控制的中间产物是主要的，并由此决定了交叉缩合的主产物。即

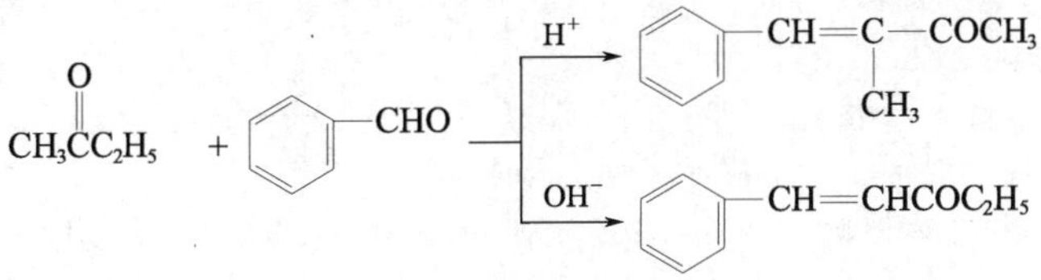

$$CH_3COC_2H_5 + C_6H_5CHO \xrightarrow{H^+} C_6H_5CH{=}C(CH_3)COCH_3$$

$$CH_3COC_2H_5 + C_6H_5CHO \xrightarrow{OH^-} C_6H_5CH{=}CHCOC_2H_5$$

烯醇稳定性：$CH_3{-}C(OH){=}CH{-}CH_3 > CH_2{=}C(OH){-}C_2H_5$

碳负离子稳定性：$\overset{-}{C}H_2{-}CO{-}C_2H_5 > CH_3CO{-}\overset{-}{C}HCH_3$

练习 22

由不多于四个碳的有机物合成：

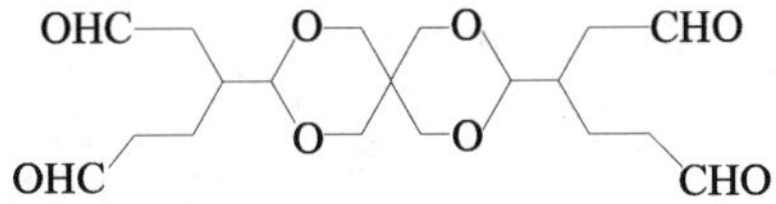

（含两个螺环 1,3-二噁烷的四醛结构：$(OHCCH_2)(OHCCH_2CH_2)CH{-}CH(O_2)C(O_2)CH{-}CH(CH_2CHO)(CH_2CH_2CHO)$）

（中国科学技术大学，2012）

[答案]

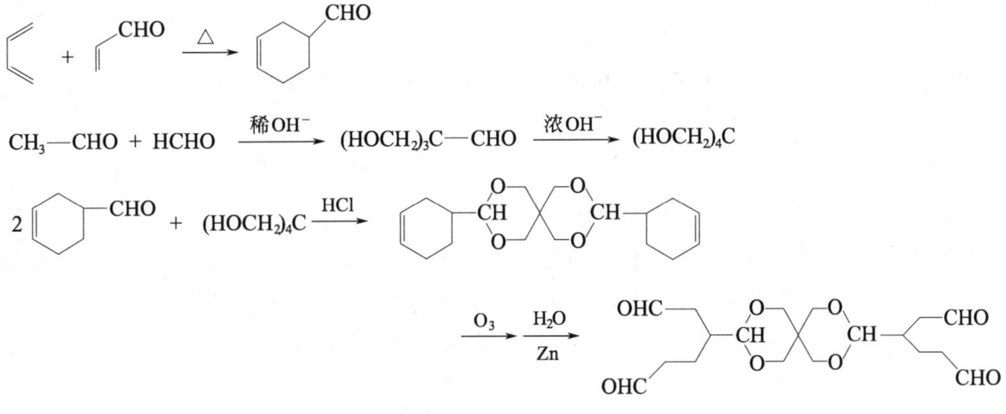

$CH_2{=}CH{-}CH{=}CH_2 + CH_2{=}CHCHO \xrightarrow{\triangle}$ 3-环己烯甲醛

$$CH_3{-}CHO + HCHO \xrightarrow{稀OH^-} (HOCH_2)_3C{-}CHO \xrightarrow{浓OH^-} (HOCH_2)_4C$$

2 3-环己烯甲醛 $+ (HOCH_2)_4C \xrightarrow{HCl}$ 双(环己烯基)螺环缩醛

$\xrightarrow{O_3} \xrightarrow[Zn]{H_2O}$ 目标四醛（OHC、OHC、CHO、CHO）

练习 23

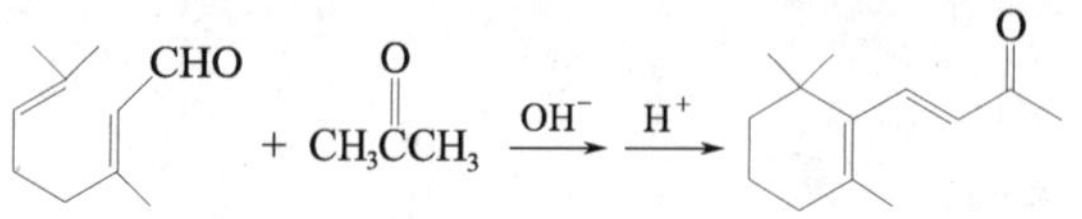

$$\text{(柠檬醛)} + CH_3\overset{O}{\overset{\|}{C}}CH_3 \xrightarrow{OH^-} \xrightarrow{H^+} \text{(β-紫罗兰酮)}$$

[答案]

$$\text{(柠檬醛)} + CH_3\overset{O}{\overset{\|}{C}}CH_3 \xrightarrow[-H_2O]{OH^-} CH{=}CH{-}\overset{O}{\overset{\|}{C}}CH_3 \xrightarrow{H^+} \overset{O}{\overset{\|}{C}}{-}CH_3$$

$$\longrightarrow \overset{O}{\overset{\|}{C}}{-}CH_3 \xrightarrow{-H^+} \overset{O}{\overset{\|}{C}}{-}CH_3$$

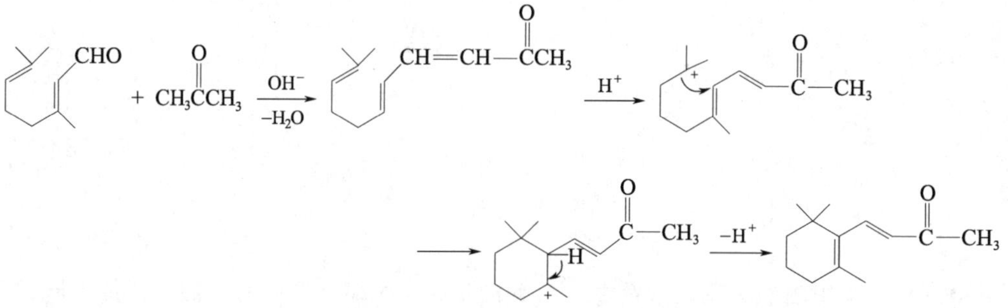

参考文献

[1] Wurtz C A. Bull Soc Chim Fr，1872，17：436-442.

[2] 孔祥文．有机化学．北京：化学工业出版社，2010.

[3] [美] 李杰（Jie Jack Li）．有机人名反应及机理．荣国斌译．朱士正校．上海：华东理工大学出版社，2003：3.

[4] Jie Jack Li. Name Reaction. 4th ed. Berlin Heidelberg：Springer-Verlag，2009：3.

[5] 何广武，张振琴，刘莳等．Aldol 缩合反应的立体化学——Zimmerman-Traxler 过渡态．大学化学，2011，26（2）：25-29.

[6] 吴范宏．有机化学学习与考研指津．2008 版．上海：华东理工大学出版社，2008：99.

[7] 姜文凤，陈宏博．有机化学学习指导及考研试题精解．第 3 版．大连：大连理工出版社，2005：229.

Benzoin 缩合

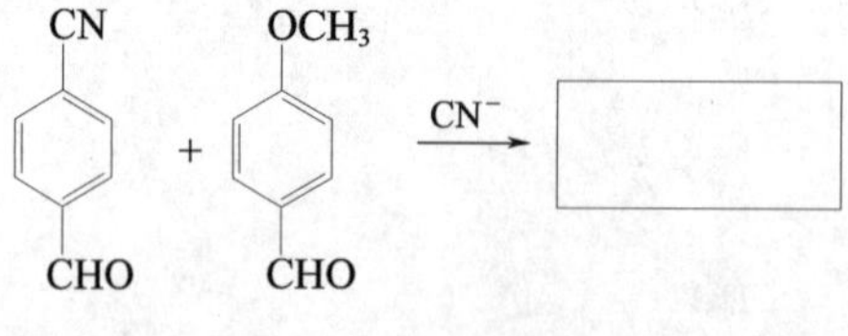

$$p\text{-}NC{-}C_6H_4{-}CHO + p\text{-}CH_3O{-}C_6H_4{-}CHO \xrightarrow{CN^-} \boxed{}$$

（吉林大学，2005）

对氰基苯甲醛和对甲氧基苯甲醛在氰化物存在下发生安息香缩合得到 4-甲氧基-4′-氰基二苯基乙醇酮，$H_3CO{-}C_6H_4{-}\overset{O}{\overset{\|}{C}}{-}\underset{OH}{\underset{|}{C}}H{-}C_6H_4{-}CN$，该化合物就是二苯乙醇酮衍生物[1]。二苯乙醇酮也称安息香（Benzoin），又称苯偶姻、2-羟基-2-苯基苯乙酮或 2-羟基-1,2-二苯基乙酮，是一种无色或白色晶体，可作为药物和润湿剂的原料，还可用作生产聚酯的催化剂。安息香由两分子苯甲醛在热的氰化钾或氰化钠的乙醇溶液中（回流）通过安息香缩合而成[2]。

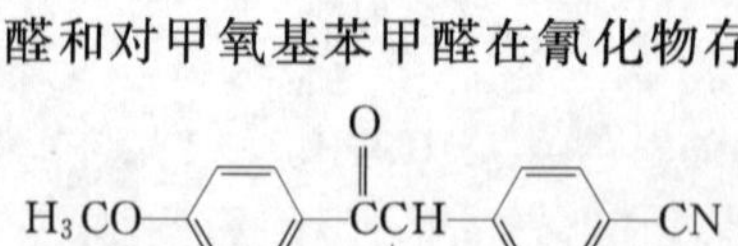

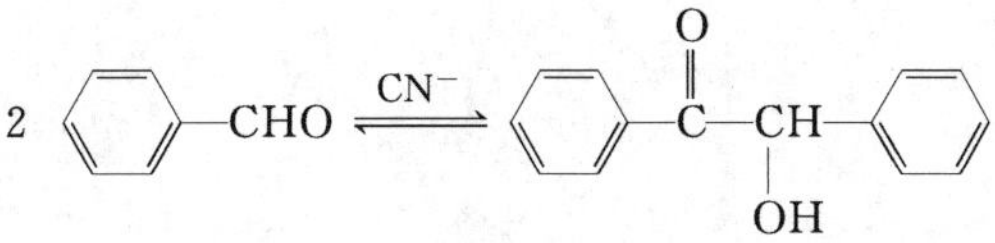

其反应机理为[2~5]：

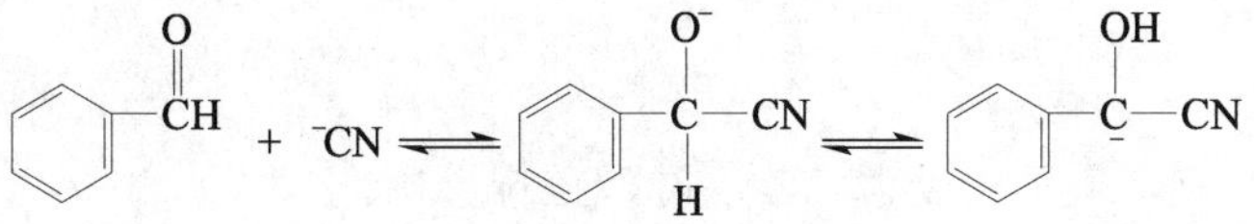

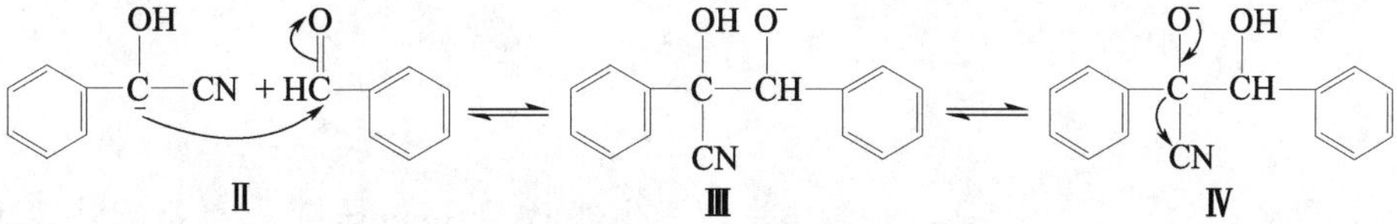

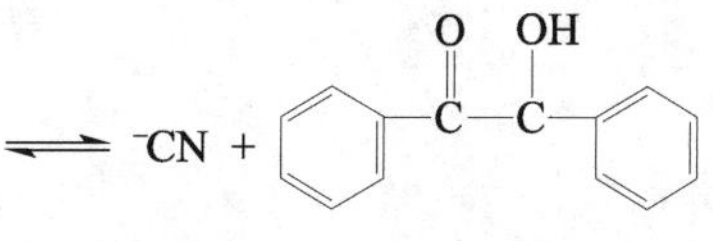

$^{-}$CN 首先进攻一分子苯甲醛的羰基发生亲核加成反应生成 α-氰基苯基甲氧基负离子（Ⅰ），Ⅰ的 α-H 有明显的酸性，转移后得稳定的 α-碳负离子（Ⅱ），Ⅱ对另一分子苯甲醛的羰基进行亲核加成生成（Ⅲ），Ⅲ中的 α-氰醇酸性较强，质子转移后生成Ⅳ；Ⅳ消去$^{-}$CN 后，得到缩合产物Ⅴ——二苯乙醇酮。

该反应的缺点是氰化物为剧毒品，易对人体产生危害，操作困难，且“三废”处理困难。

练习 1

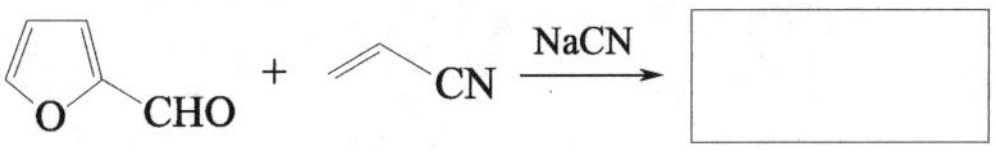

（复旦大学，2005）

［答案］

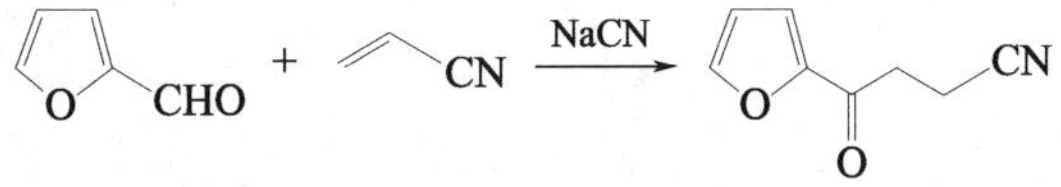

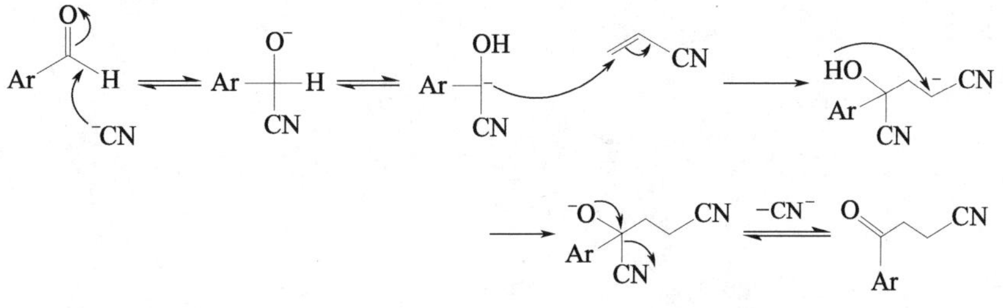

练习 2 填空

呋喃-2-CHO $\xrightarrow{CN^-}$ [ ] $\xrightarrow[Cu(OAc)_2]{[O]}$ [ ] $\xrightarrow[H_3O^+]{浓OH^-}$ [ ]

[答案]

呋喃-2-CHO $\xrightarrow{CN^-}$ 呋喃基—CH(OH)—C(=O)—呋喃基 $\xrightarrow[Cu(OAc)_2]{[O]}$ 呋喃基—C(=O)—C(=O)—呋喃基 $\xrightarrow[2.\ H_3O^+]{1.\ 浓OH^-}$ (呋喃基)$_2$C(OH)COOH

此题第一步为安息香缩合反应，最后一步为二苯乙醇酸重排反应。

练习 3

2 PhCHO $\underset{60\sim75℃}{\overset{维生素B_1}{\rightleftharpoons}}$ [ ]

[答案]

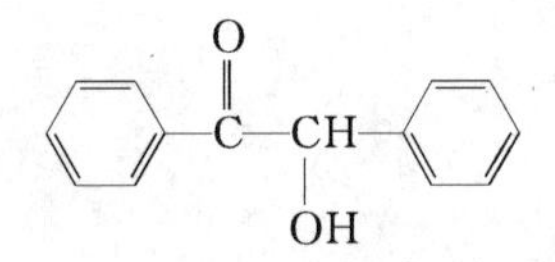

本法用维生素 B_1（thiamine）盐酸盐代替氰化物辅酶催化安息香缩合反应。

优点：无毒，反应条件温和，产率较高。

练习 4

Ph—C(=O)—C(=O)—Ph $\overset{OH^-}{\rightleftharpoons}$ [ ]

[答案]

Ph—C(=O)—C(=O)—Ph $\overset{OH^-}{\rightleftharpoons}$ HO—C(O$^-$)(Ph)—C(=O)—Ph $\rightleftharpoons$ HO—C(=O)—C(O$^-$)(Ph)—Ph $\longrightarrow$ $^-$O—C(=O)—C(OH)(Ph)—Ph

安息香缩合反应和二苯乙醇酸重排反应都是亲核加成反应，只不过反应机理复杂些。

练习 5

4-CH_3O-C_6H_4CHO + 4-NO_2-C_6H_4CHO $\xrightarrow{NaCN}$ [ ] $\xrightarrow{PhNHNH_2}$ [ ]（南开大学，2009）

[答案]

CH_3O-C_6H_4—C(=O)—CH(OH)—C_6H_4-NO_2，CH_3O-C_6H_4—C(=NNHPh)—C(=NNHPh)—C_6H_4-NO_2。

参考文献

[1] 吴范宏．有机化学学习与考研指津．2008版．上海：华东理工大学出版社，2008：100.

[2] Lapworth A J. J Chem Soc 1903，83：995-1005.
[3] [美] 李杰（Jie Jack Li）. 有机人名反应及机理. 荣国斌译. 朱士正校. 上海：华东理工大学出版社，2003：32.
[4] Jie Jack Li. Name Reaction. 4th ed. Berlin Heidelberg：Springer-Verlag，2009：39.
[5] 姜文凤，陈宏博. 有机化学学习指导及考研试题精解. 第 3 版. 大连：大连理工出版社，2005：246.

Claisen-Schmidt 反应

$$C_6H_5\text{—}CHO + CH_3COCH_3 \xrightleftharpoons{\text{NaOH水溶液}} \boxed{\quad}$$

苯甲醛与丙酮在氢氧化钠水溶液中进行缩合反应可得 4-苯基-3-丁烯-2-酮，$C_6H_5\text{—}CH{=}CH\text{—}\overset{O}{\overset{\|}{C}}\text{—}CH_3 + H_2O$。这种无 α-氢原子的芳香醛与带有 α-氢原子的脂肪族醛或酮在稀氢氧化钠水溶液或醇溶液存在下发生缩合、失水得到 α,β-不饱和醛或酮的反应称为 Claisen-Schmidt 反应[1~5]，该反应的产率很高。例如：

$$C_6H_5\text{—}CHO + CH_3CHO \xrightleftharpoons{\text{NaOH 水溶液}} C_6H_5\text{—}CH{=}CH\text{—}CHO + H_2O$$

反应机理：

$$CH_3CHO \xrightarrow{OH^-} {}^-CH_2CHO \xrightarrow{C_6H_5CHO} C_6H_5\text{—}\overset{O^-}{\overset{|}{C}H}\text{—}CH_2CHO \xrightarrow{H_2O}$$

$$C_6H_5\text{—}\overset{OH}{\overset{|}{C}H}\text{—}CH_2CHO \xrightarrow{-H_2O} C_6H_5\text{—}CH{=}CHCHO$$

含有 α-氢原子的乙醛在碱作用下失去 α-H，形成的 α-碳负离子进攻苯甲醛的羰基发生亲核加成反应得到 3-苯基丙醛的 β-醇氧负离子，用水处理得 β-羟基-3-苯基丙醛，最后脱水得到 3-苯基-丙烯醛[6]。

练习 1[7]

$$C_6H_5\text{—}CHO \xrightarrow[\text{2. } I_2/NaOH]{\text{1. } CH_3COCH_3/OH^-} \boxed{\quad}$$

[答案]　苯甲醛与丙酮的交叉缩合、产物为甲基酮；后者在 I_2/NaOH(NaOI) 作用下发生 α-H 的卤代，最后生成碘仿和羧酸盐。即 $C_6H_5\text{—}CH{=}CH\text{—}COO^-$ 和 CHI_3。

练习 2

$$\text{2-呋喃甲醛(C}_4H_3O\text{—}CHO) + CH_3COCH_3 \xrightleftharpoons{\text{NaOH水溶液}} \boxed{\quad}$$

[答案]

(呋喃-2-基)$CH{=}CH{-}\overset{O}{\overset{\|}{C}}{-}CH_3$ + H_2O

练习 3[8]

以 3,4-二羟基苯甲醛（HO, HO—C₆H₃—CHO）为基本原料，合成 3-(3,4-二羟基苯基)丙酸 3-(3,4-二羟基苯基)丙酯。

（中山大学，2006）

[答案]

3,4-$(HO)_2C_6H_3CHO$ $\xrightarrow[OH^-]{CH_3CHO}$ 3,4-$(HO)_2C_6H_3CH{=}CHCHO$ $\xrightarrow{OH^-}$ 3,4-$(HO)_2C_6H_3CH{=}CHCH_2OH$ +

3,4-$(HO)_2C_6H_3CH{=}CHCOOH$ $\xrightarrow[Pd/C]{H_2}$ 3,4-$(HO)_2C_6H_3CH_2CH_2CH_2OH$ + 3,4-$(HO)_2C_6H_3CH_2CH_2COOH$

$\xrightarrow{分离}$ $\xrightarrow{浓H_2SO_4}$ 3,4-$(HO)_2C_6H_3CH_2CH_2COOCH_2CH_2CH_2C_6H_3(OH)_2$-3,4

练习 4

C_6H_5CHO + $CH_3\overset{O}{\overset{\|}{C}}C_2H_5$ —H^+→ [ ]；—OH^-→ [ ]

[答案]

$CH_3\overset{O}{\overset{\|}{C}}C_2H_5$ + C_6H_5CHO —H^+→ $C_6H_5CH{=}C(CH_3){-}COCH_3$

—OH^-→ $C_6H_5CH{=}CHCOC_2H_5$

苯甲醛的羰基比较活泼，与酮的 α-C 发生缩合反应时，催化条件不同，缩合主产物也不同。在酸性介质中，酮的烯醇化主要生成热力学控制的较稳定的烯醇型；而在碱催化条件下，酮发生去质子烯醇盐化，则 α-H 酸性强者及生成的碳负离子稳定性好的动力学控制的中间产物是主要的，并由此决定了交叉缩合的主产物。

烯醇稳定性：$CH_3{-}\overset{OH}{\overset{|}{C}}{=}CH{-}CH_3 > CH_2{=}\overset{OH}{\overset{|}{C}}{-}C_2H_5$

碳负离子稳定性：$\overset{-}{C}H_2{-}\overset{O}{\overset{\|}{C}}{-}C_2H_5 > CH_3\overset{O}{\overset{\|}{C}}{-}\overset{-}{C}HCH_3$

练习 5

$$\text{C}_6\text{H}_5\text{—CHO} + \text{CH}_3\text{COC}_6\text{H}_5 \xrightleftharpoons[\text{水醇溶液}]{10\%\text{NaOH}} \boxed{\quad}$$

[答案]

$$\text{C}_6\text{H}_5\text{—CH═CH—}\overset{\text{O}}{\overset{\|}{\text{C}}}\text{—C}_6\text{H}_5 + \text{H}_2\text{O}$$

练习 6

$$2\,\text{PhCHO} + \text{CH}_3\text{COCH}_3 \xrightarrow[\triangle]{\text{稀OH}^-} \xrightarrow{\text{PhCH═PPh}_3} \boxed{\quad}$$

[答案]

$$\text{PhCH═CH—}\overset{\text{O}}{\overset{\|}{\text{C}}}\text{—CH═CHPh} \text{ 和 } \text{PhCH═CH—}\underset{\text{CHPh}}{\underset{\|}{\text{C}}}\text{—CH═CHPh}$$

一分子丙酮与两分子苯甲醛缩合得二苯乙烯基酮，后者与Wittig试剂作用得烯烃。

练习 7

将环己酮和苯甲醛及氨基脲按1∶1∶1摩尔比混合后，体系中最初生成了大量的环己酮的缩氨脲，但继续搅拌反应混合物3～4h之后，生成的沉淀物大多是苯甲醛的缩氨脲。这是为什么？

[答案] 苯甲醛中羰基与苯环是共轭的，发生亲核加成反应时，较环己酮的羰基活性低，反应速率较小。最初的反应是动力学控制的，故环己酮的反应优先；由于反应是可逆的，所以热力学控制的平衡移动的结果是生成有共轭体系的产物为主，即PhCH═NNHCONH_2是最终产物。

$$\text{NH}_2\text{NH}\overset{\text{O}}{\overset{\|}{\text{C}}}\text{NH}_2 + \begin{cases} \text{环己酮} \xrightleftharpoons{\text{快}} \text{C}_6\text{H}_{10}\text{═NNHCONH}_2(\downarrow) & \text{稳定性小} \\ \text{C}_6\text{H}_5\text{—CHO} \xrightleftharpoons{\text{慢}} \text{C}_6\text{H}_5\text{—CH═NNHCONH}_2(\downarrow) & \text{稳定性大} \end{cases}$$

练习 8

$$\text{3,4-二甲基吡啶（4-CH}_3\text{，3-CH}_3\text{）} + \text{PhCHO} \xrightarrow{\text{ZnCl}_2} \boxed{\quad}$$

[答案]

$$\text{3,4-二甲基吡啶（4-CH}_3\text{，3-CH}_3\text{）} + \text{PhCHO} \xrightarrow[\triangle]{\text{ZnCl}_2} \text{吡啶（4-CH═CHPh，3-CH}_3\text{）}$$

（吡啶4位上的甲基氢酸性较强）

练习 9　机理

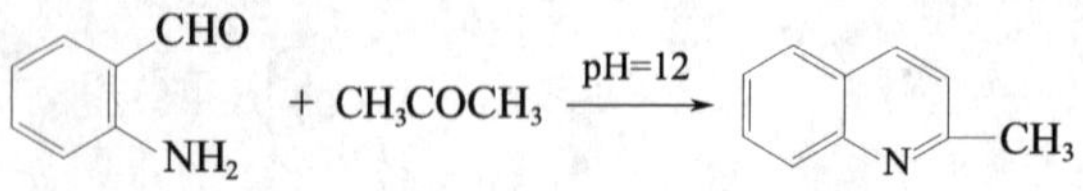

邻氨基苯甲醛 + CH_3COCH_3 $\xrightarrow{pH=12}$ 2-甲基喹啉

[答案]

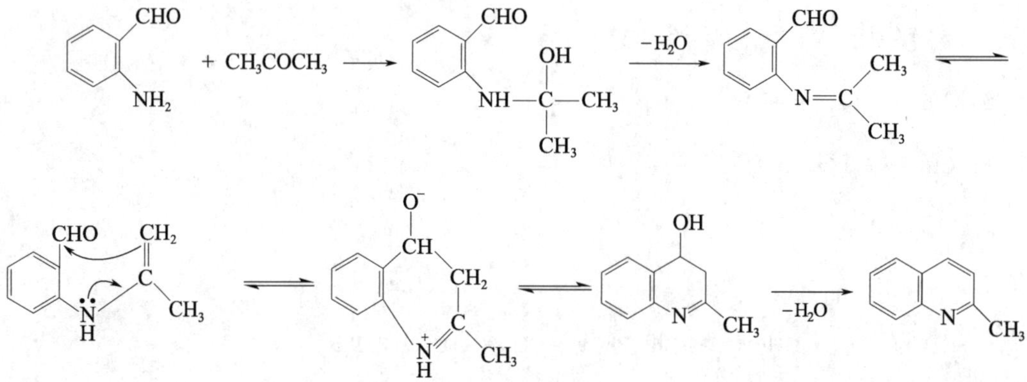

邻氨基苯甲醛 + CH_3COCH_3 ⟶ 2-CHO-C$_6$H$_4$-NH—C(OH)(CH_3)—CH_3 $\xrightarrow{-H_2O}$ 2-CHO-C$_6$H$_4$-N=C(CH_3)$_2$ ⇌

2-CHO-C$_6$H$_4$-NH—C(CH_3)=CH_2 ⇌ （O^-）CH—CH_2—C(CH_3)=$\overset{+}{N}$H 环化中间体 ⇌ 4-羟基-2-甲基-3,4-二氢喹啉 $\xrightarrow{-H_2O}$ 2-甲基喹啉

练习 10

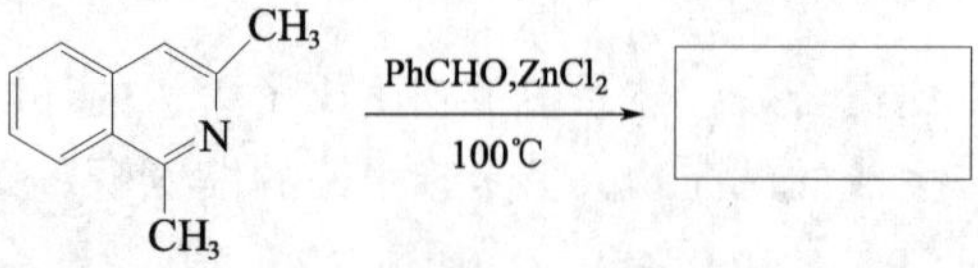

1,3-二甲基异喹啉 $\xrightarrow[100℃]{PhCHO,ZnCl_2}$ [　　]

[答案]

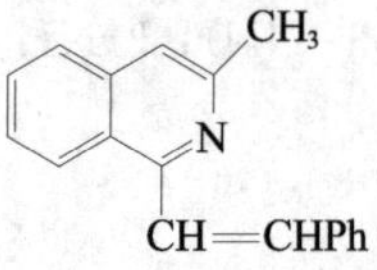

3-甲基-1-(CH=CHPh)异喹啉

练习 11

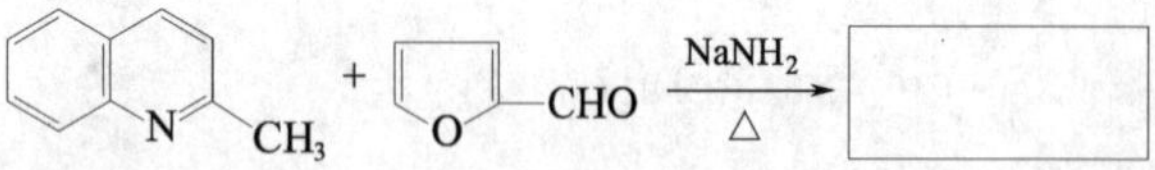

2-甲基喹啉 + 糠醛（2-呋喃甲醛，CHO） $\xrightarrow[\triangle]{NaNH_2}$ [　　]

[答案]

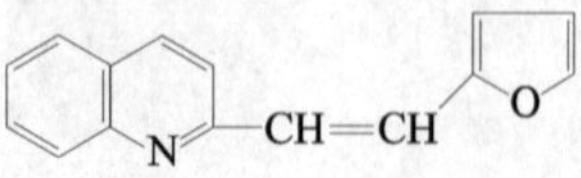

2-(CH=CH-2-呋喃基)喹啉

练习 12

Ph_2CO + 环戊二烯 $\xrightarrow[\triangle]{OH^-}$ [　　]

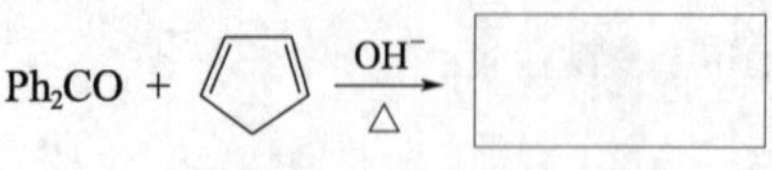

［答案］　Ph_2C=(环戊二烯亚基)

环戊二烯的 α-H 也有一定的酸性，在碱的作用下生成的碳负离子与二苯基酮加成。

练习 13

$$C_6H_5CHO + CH_3CHO \xrightarrow{OH^-} \boxed{\quad} \xrightarrow[OH^-]{CH_3CHO} \boxed{\quad} \xrightarrow[OH^-]{Ag(NH_3)_2^+} \boxed{\quad}$$

［答案］苯甲醛与乙醛发生交叉的羟醛缩合，所得主产物月桂醛与一分子乙醛进一步缩合得到更大共轭体系的醛，然后是醛基的选择性氧化。

$C_6H_5CH{=}CHCHO$，$C_6H_5CH{=}CHCH{=}CHCHO$，$C_6H_5CH{=}CHCH{=}CHCOO^-$。

练习 14

柠檬醛 (CHO) $+ CH_3\overset{O}{\overset{\|}{C}}CH_3 \xrightarrow{OH^-} \xrightarrow{H^+}$ β-紫罗兰酮

［答案］

柠檬醛 (CHO) $+ CH_3\overset{O}{\overset{\|}{C}}CH_3 \xrightarrow[-H_2O]{OH^-}$ (链状) $CH{=}CH-\overset{O}{\overset{\|}{C}}CH_3 \xrightarrow{H^+}$ (环化碳正离子) $-\overset{O}{\overset{\|}{C}}-CH_3 \longrightarrow$

(碳正离子，H 迁移) $-\overset{O}{\overset{\|}{C}}-CH_3 \xrightarrow{-H^+}$ (β-紫罗兰酮) $-\overset{O}{\overset{\|}{C}}-CH_3$

练习 15

由 $C_6H_5CH_3$ 合成 $PhCHBrCHBrCH_2Cl$

［答案］

$$C_6H_5CH_3 \xrightarrow[h\nu]{Cl_2} C_6H_5CHCl_2 \xrightarrow[OH^-]{H_2O} C_6H_5CHO$$

或 $C_6H_5CH_3 \xrightarrow{SeO_2} C_6H_5CHO$

$$C_6H_5\overset{O}{\overset{\|}{C}}H + CH_3CHO \xrightarrow[\triangle]{OH^-} C_6H_5CH{=}CH-CHO$$

$\xrightarrow{\text{异丙醇　异丙醇铝}}$

$$C_6H_5\overset{Br}{\overset{|}{C}}H\overset{Br}{\overset{|}{C}}HCH_2Cl \xleftarrow{Br_2} C_6H_5CH{=}CHCH_2Cl \xleftarrow{PCl_3} C_6H_5CH{=}CHCH_2OH$$

参考文献

[1] Claisen L，Claparede A. Ber，1881，14：2460.

[2] Claisen L，Ponder A C. Ann，1884，233：137.

[3] Schmidt J G. Ber，1881，14：1459.

[4] Kohler E P，Chadwell H M. Org Syn，I，1941：71.

[5] Henecka H. in Houben-Weyl-Müller，1955，4：Ⅱ，28.

[6] 孔祥文．有机化学．北京：化学工业出版社，2010.

[7] 姜文凤，陈宏博．有机化学学习指导及考研试题精解．第 3 版．北京：大连理工出版社，2005：221.

[8] 吴范宏．有机化学学习与考研指津．2008 版．上海：华东理工大学出版社，2008.

Claisen 缩合

$$2\,CH_3CH_2COOC_2H_5 \xrightarrow{NaOC_2H_5} \boxed{\quad\quad}$$ （华南理工大学，2005）

$COOC_2H_5$

O

丙酸乙酯在乙醇钠作用下分子间发生酯缩合反应生成 α-丙酰丙酸乙酯，该反应为 Claisen 缩合反应。例如：

$$CH_3COOC_2H_5 + CH_3COOC_2H_5 \xrightarrow[2.\ H^+]{1.\ C_2H_5ONa} CH_3\overset{O}{\overset{\|}{C}}CH_2COOC_2H_5 + C_2H_5OH$$

乙酰乙酸乙酯

（75%）

酯分子中的 α-氢由于受羰基影响（σ-π 超共轭和吸电诱导效应）极为活泼，在强碱（如醇钠、金属钠等）的催化下可与另一分子酯发生缩合反应，失去一分子醇，得到 β-酮基酯。这是合成 β-酮基酯的主要方法，称为 Claisen 酯缩合反应[1]。

酯缩合反应相当于一个酯的 α-氢被另一个酯的酰基所取代。凡含有 α-氢的酯都有类似的反应。另外，酯也可以与含有活泼亚甲基的其它化合物（醛、酮、腈）在碱的作用下进行类似的缩合反应[2]。Claisen 酯缩合反应的机理如下[3,4]：

$$CH_3\overset{O}{\overset{\|}{C}}OC_2H_5 + C_2H_5O^- \rightleftharpoons \left[\bar{C}H_2\overset{O}{\overset{\|}{C}}OC_2H_5 \longleftrightarrow CH_2{=}\overset{O^-}{\overset{|}{C}}{-}OC_2H_5\right] + C_2H_5OH$$

$$CH_3\overset{O}{\overset{\|}{C}}OC_2H_5 + \bar{C}H_2\overset{O}{\overset{\|}{C}}OC_2H_5 \rightleftharpoons CH_3{-}\underset{OC_2H_5}{\underset{|}{\overset{O^-}{\overset{|}{C}}}}{-}CH_2\overset{O}{\overset{\|}{C}}OC_2H_5 \rightleftharpoons CH_3{-}\overset{O}{\overset{\|}{C}}{-}\underset{H}{\underset{|}{CH}}{-}\overset{O}{\overset{\|}{C}}OC_2H_5 + {}^-OC_2H_5$$

$$CH_3{-}\overset{O}{\overset{\|}{C}}{-}\underset{H}{\underset{|}{CH}}{-}\overset{O}{\overset{\|}{C}}OC_2H_5 \xrightleftharpoons{C_2H_5O^-} \left[CH_3{-}\overset{O}{\overset{\|}{C}}{-}\bar{C}H{-}\overset{O}{\overset{\|}{C}}OC_2H_5 \longleftrightarrow CH_3\overset{O^-}{\overset{|}{C}}{=}CH{-}\overset{O}{\overset{\|}{C}}OC_2H_5\right] + C_2H_5OH$$

$$\left[CH_3-\overset{O}{\overset{\|}{C}}-\bar{C}H-\overset{O}{\overset{\|}{C}}OC_2H_5 \longleftrightarrow CH_3\overset{O^-}{\overset{|}{C}}=CH-\overset{O}{\overset{\|}{C}}OC_2H_5 \right] \xrightarrow{H^+} CH_3-\overset{O}{\overset{\|}{C}}-\underset{H}{\underset{|}{C}H}-\overset{O}{\overset{\|}{C}}OC_2H_5$$

以上历程类似于羧酸衍生物的加成-消除历程。首先，酯在碱的作用下失去 α-氢，生成烯醇负离子，烯醇负离子与另一分子酯发生亲核加成，形成四面体中间体负离子，再消去乙氧负离子生成乙酰乙酸乙酯。生成的乙酰乙酸乙酯立即与体系中的碱发生酸碱反应生成钠盐。将钠盐酸化即得到乙酰乙酸乙酯。

在上述一系列平衡反应中，只有最后一步平衡反应（乙酰乙酸乙酯立即与体系中的碱发生酸碱反应生成钠盐）对反应是有利的。原因是乙醇的酸性（$pK_a \approx 16$）比乙酸乙酯的 α-氢的酸性（$pK_a \approx 25$）强，乙醇钠要使酯形成烯醇负离子是比较困难的，反应体系中烯醇负离子的浓度也很低。但产物乙酰乙酸乙酯的 α-氢的酸性（$pK_a \approx 11$）较强，乙醇钠能与乙酰乙酸乙酯很容易地发生酸碱反应生成钠盐，从而使上述反应平衡被打破，并使反应不断地向产物方向移动。正因如此，酯缩合反应需要较多的醇钠而不是催化量的。

由于酯的 α-氢酸性小于醛酮，也小于酰氯（但大于酰胺），所以酯缩合用的碱是醇钠或其他碱性催化剂（如氨基钠）而不是氢氧化钠的水溶液。

一般只含有一个 α-氢的酯因 α-氢的酸性更加弱而较难进行酯缩合反应，需要比 C_2H_5ONa 更强的碱（如氢化钠、氨基钠或三苯甲基钠等）作用下才能进行。例如：

$$2(CH_3)_2CH\overset{O}{\overset{\|}{C}}OC_2H_5 \xrightarrow{(C_6H_5)_3CNa} \xrightarrow{H_3O^+} (CH_3)_2CH-\overset{O}{\overset{\|}{C}}-\underset{CH_3}{\underset{|}{\overset{CH_3}{\overset{|}{C}}}}-\overset{O}{\overset{\|}{C}}-OC_2H_5$$

当用两种不同的含有 α-氢的酯进行 Claisen 酯缩合时，除了两种酯本身缩合外，两种酯还将交叉地进行缩合，得到四种缩合产物，由于分离困难，这样所得的产物没有多大用途。如果两个酯中有一种没有 α-氢，只能提供羰基，进行交叉 Claisen 酯缩合反应时，得到两种产物，由于它们的性质一般相差较大，易于分离而有应用价值。无 α-氢的酯如甲酸酯、草酸酯、苯甲酸酯、碳酸酯等。芳香酸酯的酯基一般不够活泼，缩合时需要较强的碱，有足够浓度的碳负离子，才能保证反应进行。例如：

$$C_6H_5-COOCH_3 + CH_3CH_2COOC_2H_5 \xrightarrow{NaH} C_6H_5-\overset{O}{\overset{\|}{C}}-\overset{CH_3}{\overset{|}{\underset{-}{C}}}-COOC_2H_5 \xrightarrow{H^+} C_6H_5-\overset{O}{\overset{\|}{C}}-\overset{CH_3}{\overset{|}{C}H}-COOC_2H_5$$

56%

草酸酯由于一个酯基的吸电子诱导作用，增加了另一羰基的亲电作用，所以比较容易和其他的酯发生缩合作用。

$$\begin{matrix} COOC_2H_5 \\ | \\ COOC_2H_5 \end{matrix} + CH_3CH_2COOC_2H_5 \xrightarrow[60\sim70^\circ C]{C_2H_5ONa} CH_3\underset{COOC_2H_5}{\underset{|}{C}H}-\overset{O}{\overset{\|}{C}}-COOC_2H_5$$

用等摩尔的酯起交叉酯缩合反应，可以使交叉缩合产物成为主要产物。例如：

$$\mathrm{H{-}\overset{O}{\overset{\|}{C}}{-}OC_2H_5 + CH_3{-}\overset{O}{\overset{\|}{C}}{-}OC_2H_5 \xrightarrow[2.\ H^+]{1.\ CH_3CH_2ONa,\ CH_3CH_2OH} H{-}\overset{O}{\overset{\|}{C}}{-}CH_2{-}\overset{O}{\overset{\|}{C}}{-}OC_2H_5}$$

79%

练习 1

$$\mathrm{HCOOC_2H_5 + CH_3COOC_2H_5 \xrightarrow{C_2H_5ONa} \boxed{}}$$

（四川大学，2003）

［答案］

$\mathrm{H\overset{O}{\overset{\|}{C}}{-}CH_2COOC_2H_5}$　典型的交叉酯缩合反应，乙酰乙酸乙酯提供 α-碳，甲酸酯提供酯基。

练习 2

$$\mathrm{2CH_3CH_2COOC_2H_5 \xrightarrow{C_2H_5O^-} \boxed{} \xrightarrow[2.\ C_2H_5Cl]{1.\ NaOC_2H_5} \boxed{} \xrightarrow{5\%\ NaOH} \boxed{}}$$

（四川大学，2003）

［答案］

$\mathrm{CH_3CH_2\overset{O}{\overset{\|}{C}}{-}\underset{CH_3}{\underset{|}{CH}}\overset{O}{\overset{\|}{C}}{-}OC_2H_5}$，$\mathrm{CH_3CH_2\overset{O}{\overset{\|}{C}}{-}\underset{CH_3}{\underset{|}{\overset{C_2H_5}{\overset{|}{C}}}}{-}\overset{O}{\overset{\|}{C}}{-}OC_2H_5}$，$\mathrm{CH_3CH_2\overset{O}{\overset{\|}{C}}{-}\underset{CH_3}{\underset{|}{CH}}{-}C_2H_5}$

第一步是酯在醇钠的作用下发生 Clasien 酯缩合生成 β-酮酸酯。第二步是 β-酮酸酯的 α-活泼氢被 R 基团取代。第三步是 R 取代的 β-酮酸酯在稀碱作用下发生水解，脱羧生成酮。

练习 3

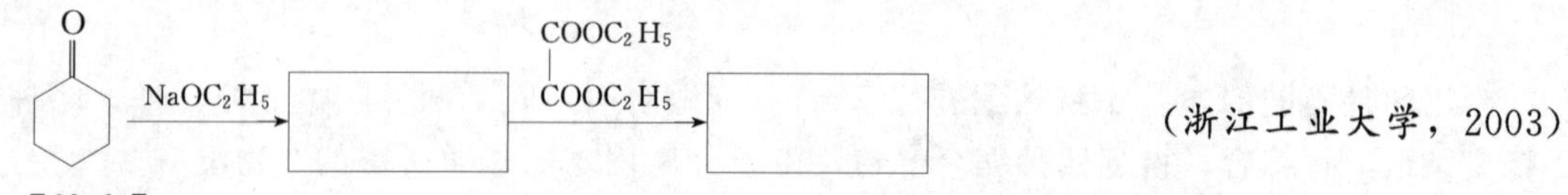

（浙江工业大学，2003）

［答案］

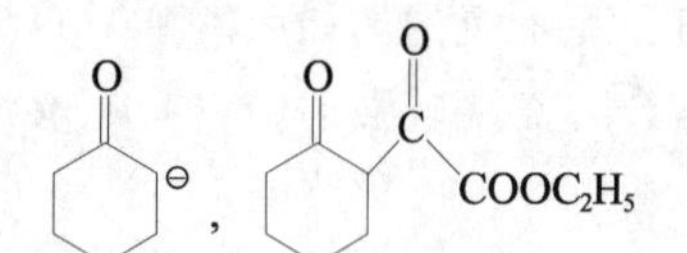

酮在强碱醇钠作用下生成碳负离子、再与无 α-H 的酯缩合生成 β-二酮类化合物。

练习 4

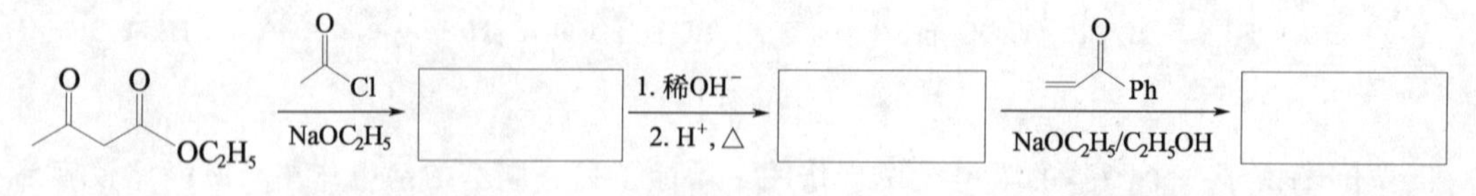

（北京理工大学，2005）

［答案］

$\mathrm{CH_3COCH(COCH_3)COOC_2H_5}$，$\mathrm{CH_3COCH_2COCH_3}$，$\mathrm{(CH_3CO)_2CHCH_2CH_2COPh}$

第一步 β-酮酸酯的活性氢被羰基取代，第二步 β-酮酸酯发生酮式分解，第三步 β-二酮的活性氢发生 Michael 加成反应。

练习 5

下列酯的水解反应速率最快的是（　　）。

A. $ClCH_2COOC_2H_5$　　B. $CH_3COOC_2H_5$

C. $CH_3CH_2COOC_2H_5$　　D. $CF_3COOC_2H_5$　　（吉林大学，2005）

［答案］ D。酯水解反应的速率与空间位阻和电子效应有关，羰基上有吸电子基团、空间位阻小都有利于水解反应。

练习 6

下列化合物发生水解反应活性最大的是（　　）。

A. $O_2N-C_6H_4-COOCH_3$　　B. $H_3C-C_6H_4-COOCH_3$

C. $C_6H_5-COOCH_3$　　（大连理工大学，2004）

［答案］ A。羧酸酯发生水解反应时，吸电子基使反应的活性增加。

练习 7

下列反应有无错误，若存在错误，请指出错误之处。

$$C_6H_5Br \xrightarrow[CH_3CH_2ONa]{CH_2(COOC_2H_5)_2} C_6H_5CH(COOC_2H_5)_2$$

（中山大学，2003）

［答案］ 错误。由于溴与苯环发生 p-π 共轭，亲核试剂（丙二酸二乙酯负离子）难以取代溴，故反应难发生。

练习 8　机理

$$CH_3COCH(CH_3)COOC_2H_5 \xrightarrow[C_2H_5OH]{C_2H_5ONa} \xrightarrow{\text{环氧乙烷}} \text{3-乙酰基-3-甲基-γ-丁内酯}$$

（南开大学，2004）

［答案］ β-酮酸酯在醇钠作用下形成负离子，与环氧发生碱性开环形成氧负离子，再发生分子内酯交换形成内酯。

$$CH_3COCH(CH_3)COOC_2H_5 \xrightarrow{NaOC_2H_5} CH_3-CO-\overset{\ominus}{C}(CH_3)-CO-OC_2H_5 \xrightarrow{CH_2-CH_2\ (O)} CH_3-CO-C(CH_3)(CH_2CH_2O^{\ominus})-CO-OC_2H_5 \longrightarrow \text{3-乙酰基-3-甲基-γ-丁内酯}$$

练习 9 机理

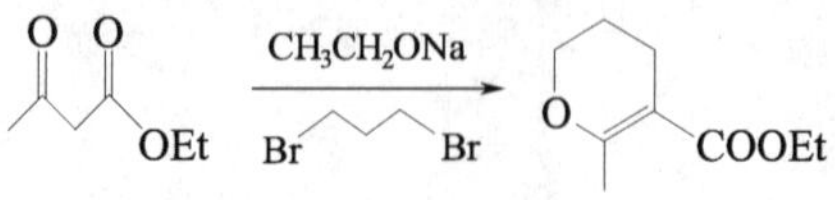

CH_3CH_2ONa, Br⌒⌒Br → COOEt

（清华大学，2005）

［答案］

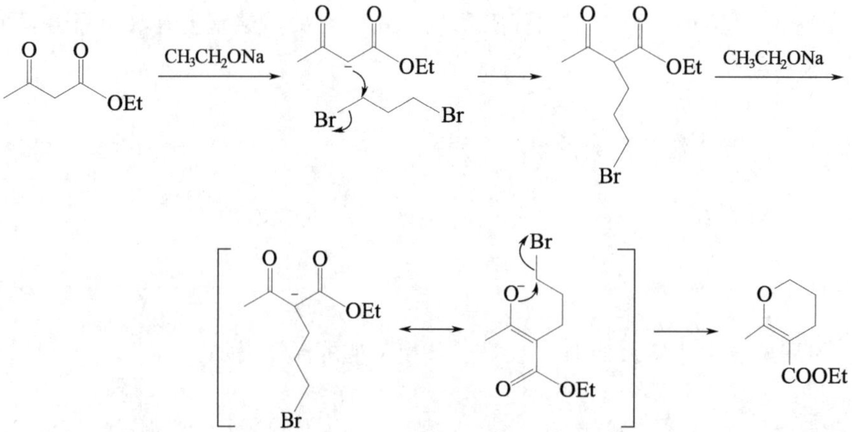

OEt CH_3CH_2ONa OEt Br Br OEt CH_3CH_2ONa Br

OEt Br O⁻ Br OEt Br O OEt COOEt

练习 10 机理

$COOC_2H_5$ $NaOC_2H_5$ C_2H_5OH $COOC_2H_5$

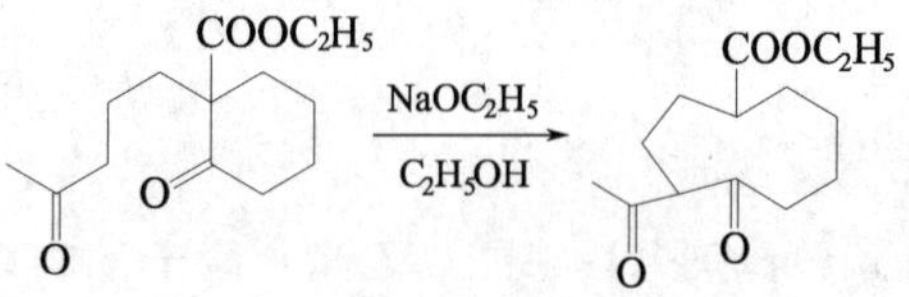

（武汉大学，2002）

［答案］ 第一步是β-酮酸酯发生酯缩合的逆反应，第二步是酮酯缩合。

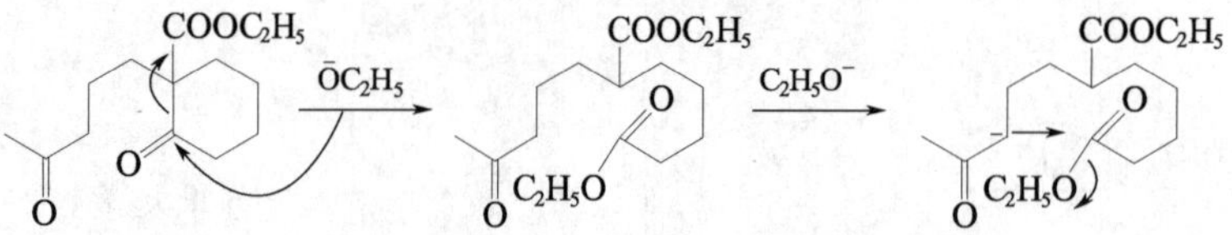

$COOC_2H_5$ $^-OC_2H_5$ $COOC_2H_5$ $C_2H_5O^-$ $COOC_2H_5$ C_2H_5O C_2H_5O

练习 11

Br OH^- COOH

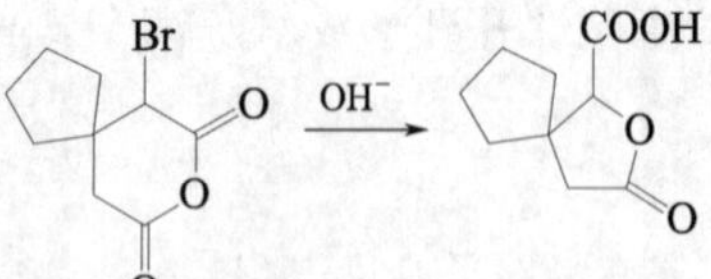

（清华大学，2005）

［答案］

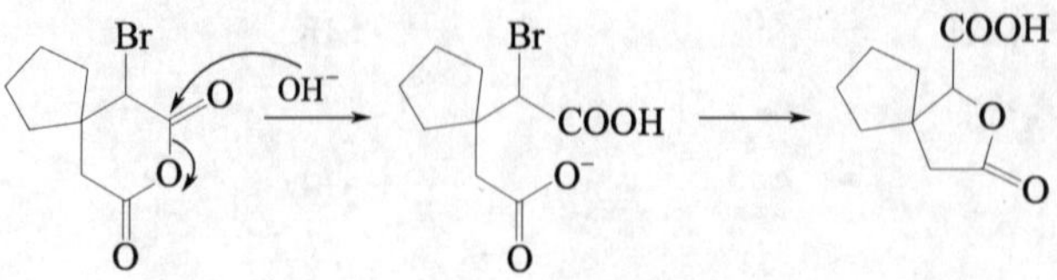

Br OH^- Br COOH O^- COOH

练习 12

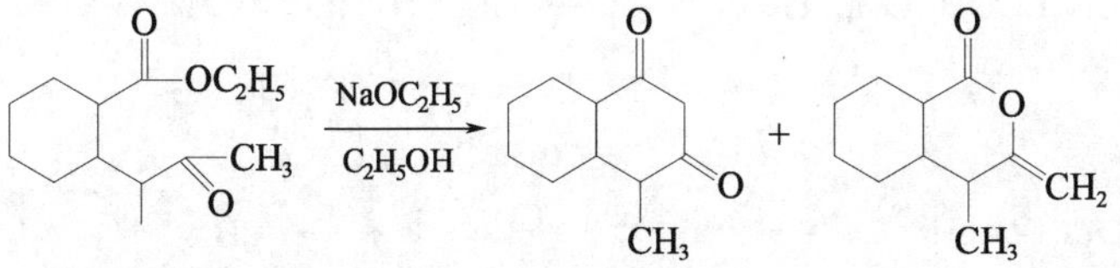

O　OC_2H_5　CH_3　O　$\xrightarrow[C_2H_5OH]{NaOC_2H_5}$　O　O　CH_3　+　O　O　CH_2　CH_3

（南开大学，2002）

［答案］　第一个产物是按酮酯缩合机理形成的，第二个产物是酮发生烯醇互变，烯醇与酯发生酯交换反应而生成的。

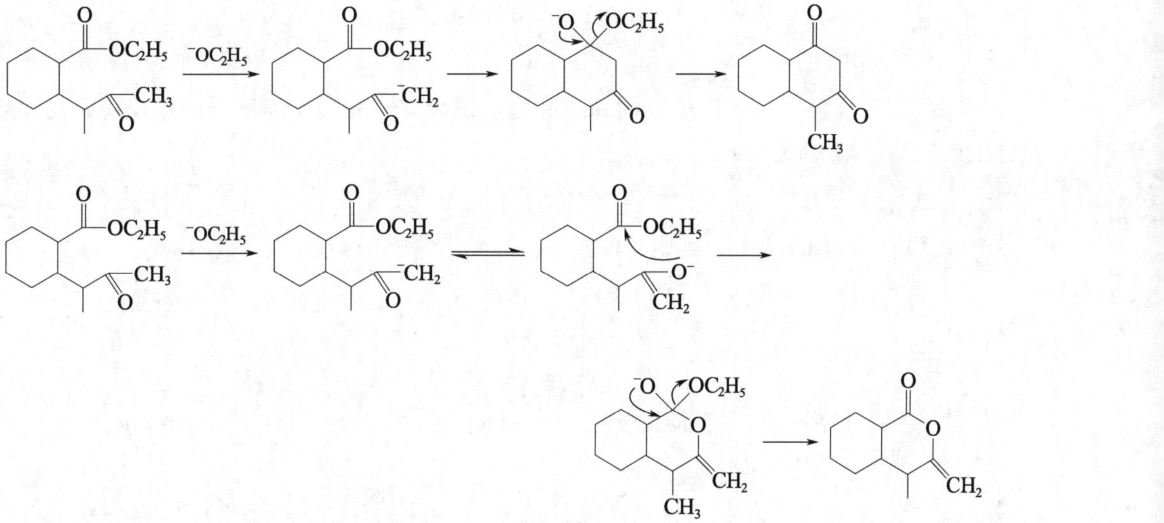

O　OC_2H_5　CH_3　O　$\xrightarrow{^-OC_2H_5}$　O　OC_2H_5　$^-CH_2$　O　$\longrightarrow$　^-O　OC_2H_5　O　$\longrightarrow$　O　O　CH_3

O　OC_2H_5　CH_3　O　$\xrightarrow{^-OC_2H_5}$　O　OC_2H_5　$^-CH_2$　O　$\rightleftharpoons$　O　OC_2H_5　O^-　CH_2　$\longrightarrow$

^-O　OC_2H_5　O　CH_2　CH_3　$\longrightarrow$　O　O　CH_2

练习 13

$$2CH_3\overset{O}{\overset{\|}{C}}-OC_2H_5 \xrightarrow[C_2H_5OH]{NaOC_2H_5} CH_3\overset{O}{\overset{\|}{C}}-CH_2COOC_2H_5$$

（上海交通大学，2003）

［答案］　Claisen 酯缩合生成 β-酮酸酯。

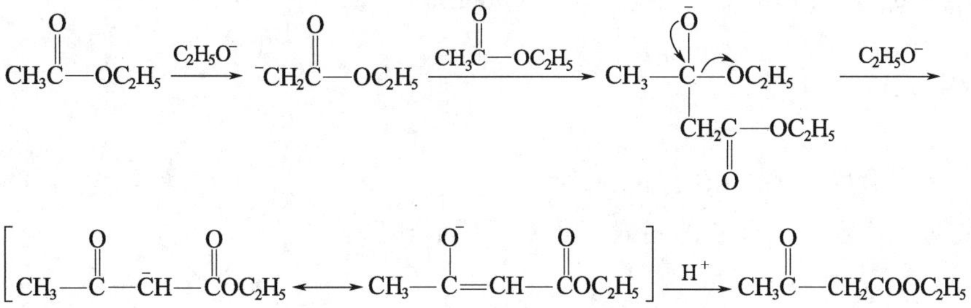

$$CH_3\overset{O}{\overset{\|}{C}}-OC_2H_5 \xrightarrow{C_2H_5O^-} {}^-CH_2\overset{O}{\overset{\|}{C}}-OC_2H_5 \xrightarrow{CH_3\overset{O}{\overset{\|}{C}}-OC_2H_5} CH_3-\overset{O^-}{\overset{|}{C}}(CH_2\overset{O}{\overset{\|}{C}}-OC_2H_5)-OC_2H_5 \xrightarrow{C_2H_5O^-}$$

$$\left[CH_3-\overset{O}{\overset{\|}{C}}-\bar{C}H-\overset{O}{\overset{\|}{C}}OC_2H_5 \longleftrightarrow CH_3-\overset{O^-}{\overset{|}{C}}=CH-\overset{O}{\overset{\|}{C}}OC_2H_5\right] \xrightarrow{H^+} CH_3\overset{O}{\overset{\|}{C}}-CH_2COOC_2H_5$$

练习 14

$$CH_3COCH_2COOC_2H_5 + Br(CH_2)_3Br \xrightarrow{NaOC_2H_5}$$

$COOC_2H_5$　H_3C　O

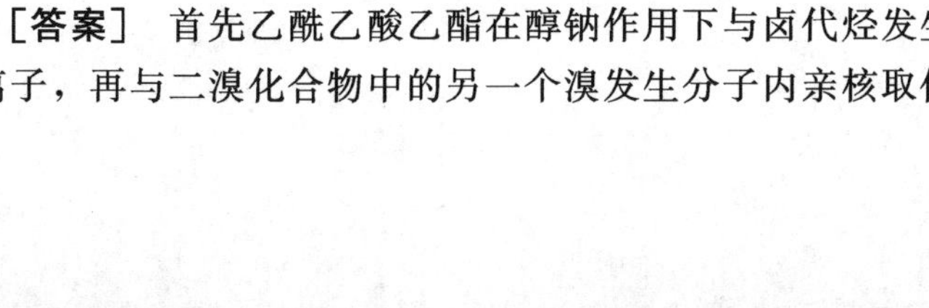

（兰州大学，1993）

［答案］　首先乙酰乙酸乙酯在醇钠作用下与卤代烃发生取代反应，乙酰基烯醇互变成氧负离子，再与二溴化合物中的另一个溴发生分子内亲核取代。

$$CH_3\overset{O}{\overset{\|}{C}}-CH_2COOC_2H_5 \xrightarrow{C_2H_5O^-} CH_3CO\overset{-}{C}HCOOC_2H_5 \xrightarrow{Br(CH_2)_3Br} CH_3COCHCOOC_2H_5\ [(CH_2)_3Br] \xrightarrow{C_2H_5O^-}$$

$$CH_3CO\overset{-}{C}COOC_2H_5\,[(CH_2)_3Br] \longleftrightarrow CH_3-C(O^-)=CCOOC_2H_5\,[CH_2CH_2CH_2Br] \longrightarrow$$ 6-甲基-3,4-二氢-2H-吡喃-5-甲酸乙酯（$COOC_2H_5$, CH_3, O）

练习 15　机理

2-甲基-2-乙氧羰基环戊酮 $\xrightarrow[C_2H_5OH]{C_2H_5ONa}\xrightarrow{H_3O^+}$ 2-甲基-5-乙氧羰基环戊酮（H_3C, O, $COOC_2H_5$）　［石油大学（华东），2004］

［答案］　反应物是不含活泼氢的β-酮酸酯，不稳定，先发生酯缩合的逆反应，再发生酯缩合生成较稳定的β-酮酸酯。

2-甲基-2-乙氧羰基环戊酮 $\xrightarrow{C_2H_5O^-}$ 四面体中间体（O^-, OC_2H_5, CH_3, $COOC_2H_5$）$\longrightarrow$ 开链碳负离子（OC_2H_5, CH_3, $COOC_2H_5$）$\xrightarrow{C_2H_5OH}$ 开链二酯（OC_2H_5, $COOC_2H_5$, CH_3）

$\xrightarrow{C_2H_5O^-}$ α-碳负离子（OC_2H_5, $COOC_2H_5$, CH_3）$\longrightarrow$ C_2H_5OOC-四面体中间体（O^-, OC_2H_5, CH_3）$\longrightarrow$ H_3C-环戊酮-$COOC_2H_5$

练习 16　合成

丙二酸二乙酯→…→环戊烷甲酸　（四川大学，2005）

［答案］

EtOOCCH₂COOEt 写作：$EtOC(O)CH_2C(O)OEt \xrightarrow[BrCH_2CH_2CH_2CH_2Br]{NaOC_2H_5/HOC_2H_5}$ 1,1-环戊烷二甲酸二乙酯（COOEt, COOEt）$\xrightarrow[2.\ H^+]{1.\ NaOH,H_2O}$ 1,1-环戊烷二甲酸（COOH, COOH）$\xrightarrow{\triangle}$ 环戊烷甲酸（COOH）

练习 17　合成

以乙醇为唯一原料合成：$CH_3\overset{OH}{\overset{|}{C}}HCH_2COOC_2H_5$　（浙江大学，2004）

［答案］　产物可以由乙酰乙酸乙酯用硼氢化钠还原而得。

$$CH_3CH_2OH \xrightarrow{[O]} CH_3COOH \xrightarrow[H^+]{C_2H_5OH} CH_3COOC_2H_5 \xrightarrow[C_2H_5OH]{NaOC_2H_5} CH_3\overset{O}{\overset{\|}{C}}CH_2COOC_2H_5$$

$$\xrightarrow{NaBH_4} CH_3\overset{OH}{\overset{|}{C}}HCH_2COOC_2H_5$$

练习 18

1,1,4,4-四甲基环己烯（结构式）, $CH_2(COOC_2H_5)_2$ ——→…——→ 双环酮产物（结构式，含乙酰基）　（复旦大学，2006）

［答案］

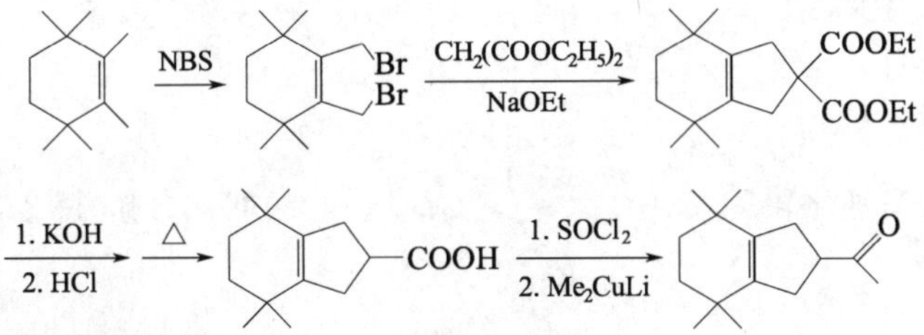

$$\xrightarrow{NBS}\ \text{(dibromide)}\ \xrightarrow[NaOEt]{CH_2(COOC_2H_5)_2}\ \text{(COOEt, COOEt)}$$

$$\xrightarrow[2.\ HCl]{1.\ KOH}\ \xrightarrow{\triangle}\ \text{—COOH}\ \xrightarrow[2.\ Me_2CuLi]{1.\ SOCl_2}$$

练习 19

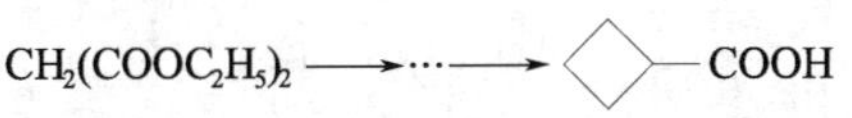

$CH_2(COOC_2H_5)_2 \longrightarrow \cdots \longrightarrow$ (环丁基)—COOH　（石油大学，2003）

［答案］ 具有 $(CH_2)_n$CHCOOH 结构的环状羧酸通过 $X(CH_2)_nX$ 与丙二酸酯反应而得到。

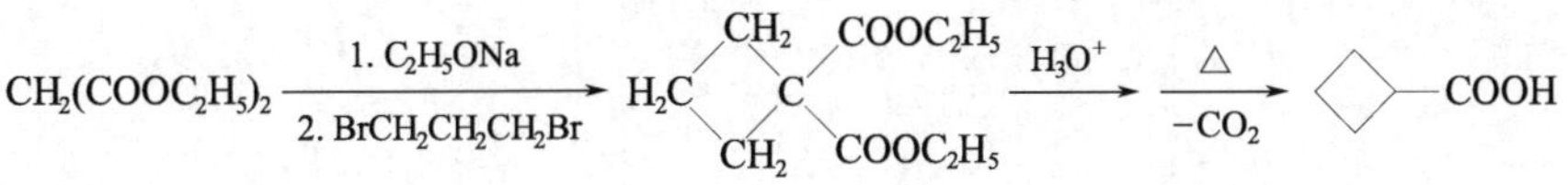

$$CH_2(COOC_2H_5)_2 \xrightarrow[2.\ BrCH_2CH_2CH_2Br]{1.\ C_2H_5ONa} H_2C(CH_2)_2C(COOC_2H_5)_2 \xrightarrow{H_3O^+} \xrightarrow[-CO_2]{\triangle} \text{(环丁基)—COOH}$$

练习 20

$CH_3COCH_2COOC_2H_5 \longrightarrow CH_3COCH_2CH_2CH_2CH_2COCH_3$　（南京工业大学，2004）

［答案］ 由乙酰乙酸乙酯与 RX 反应再经酮式分解，可以合成结构为 $CH_3COCH_2—R$ 的酮。由此可见，本题的产物可由乙酰乙酸乙酯与 XCH_2CH_2X 为原料合成。

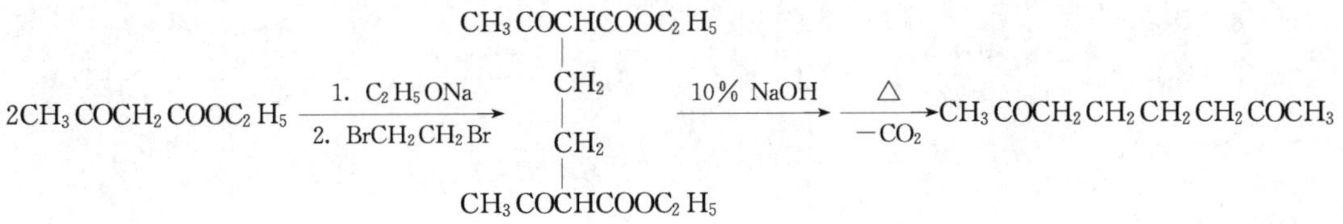

$$2CH_3COCH_2COOC_2H_5 \xrightarrow[2.\ BrCH_2CH_2Br]{1.\ C_2H_5ONa} \begin{array}{c} CH_3COCHCOOC_2H_5 \\ | \\ CH_2 \\ | \\ CH_2 \\ | \\ CH_3COCHCOOC_2H_5 \end{array} \xrightarrow{10\%\ NaOH} \xrightarrow[-CO_2]{\triangle} CH_3COCH_2CH_2CH_2CH_2COCH_3$$

练习 21

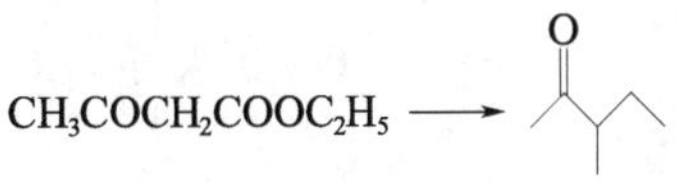

$CH_3COCH_2COOC_2H_5 \longrightarrow$ 3-甲基-2-戊酮（键线式）　（华东理工大学，2002）

［答案］ 目标分子具有 $CH_3\overset{O}{\overset{\|}{C}}—\underset{R'}{\underset{|}{CH}}—R''$ 的结构，可通过乙酰乙酸乙酯分别与 R′X 和 R″X 反应，再经酮式分解得到。

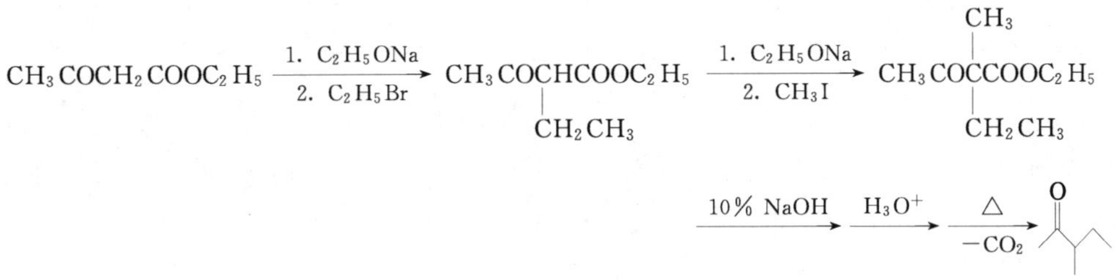

$$CH_3COCH_2COOC_2H_5 \xrightarrow[2.\ C_2H_5Br]{1.\ C_2H_5ONa} CH_3CO\underset{CH_2CH_3}{\underset{|}{CH}}COOC_2H_5 \xrightarrow[2.\ CH_3I]{1.\ C_2H_5ONa} CH_3CO\overset{CH_3}{\overset{|}{\underset{CH_2CH_3}{\underset{|}{C}}}}COOC_2H_5$$

$$\xrightarrow{10\%\ NaOH} \xrightarrow{H_3O^+} \xrightarrow[-CO_2]{\triangle} \text{3-甲基-2-戊酮}$$

练习 22

由乙酰乙酸乙酯合成 $CH_3CH_2\underset{|}{C}HCOOH$（$CH_3$ 取代）。 （浙江大学，2004）

［答案］ 乙酰乙酸乙酯经两次烷基化得到 $CH_3\overset{O}{\overset{\|}{C}}-\underset{R''}{\overset{R'}{C}}-\overset{O}{\overset{\|}{C}}-OC_2H_5$，经酸式分解生成二取代的乙酸 R′R″CHCOOH。

$$CH_3\overset{O}{\overset{\|}{C}}CH_2\overset{O}{\overset{\|}{C}}OC_2H_5 \xrightarrow[2.\ C_2H_5Br]{1.\ C_2H_5ONa} CH_3\overset{O}{\overset{\|}{C}}\underset{C_2H_5}{\underset{|}{C}H}\overset{O}{\overset{\|}{C}}OC_2H_5 \xrightarrow[2.\ CH_3I]{1.\ C_2H_5ONa} CH_3CO\underset{C_2H_5}{\overset{CH_3}{C}}COOC_2H_5$$

$$\xrightarrow[\triangle]{40\%\ NaOH} CH_3CH_2\underset{CH_3}{\underset{|}{C}H}COOH$$

练习 23

$$CH_3\overset{O}{\overset{\|}{C}}CH_2\overset{O}{\overset{\|}{C}}OC_2H_5 \longrightarrow \cdots \longrightarrow \text{环丁基}-\overset{O}{\overset{\|}{C}}CH_3$$

（上海交通大学，2004）

［答案］ 结构为$\overbrace{(CH_2)_n}CHCOCH_3$的酮，是以乙酰乙酸乙酯和 $X(CH_2)_nX$ 为原料，经酮式分解而制得。

$$CH_3\overset{O}{\overset{\|}{C}}CH_2\overset{O}{\overset{\|}{C}}OC_2H_5 \xrightarrow[2.\ BrCH_2CH_2CH_2Br]{1.\ C_2H_5ONa} CH_3\overset{O}{\overset{\|}{C}}-C(H_2C-CH_2-CH_2)-\overset{O}{\overset{\|}{C}}-OC_2H_5 \xrightarrow{10\%NaOH} \xrightarrow{H_3O^+} \xrightarrow[-CO_2]{\triangle} \text{环丁基}-\overset{O}{\overset{\|}{C}}CH_3$$

练习 24

以 PhCHO、PhCOOEt、丙酮、乙酸乙酯为原料合成（4-苯基-3-[羟基(苯基)甲基]-6-甲基四氢吡喃-2-酮）Ph。 （南京大学，2004）

［答案］ 产物可由 $PhCOCH_2COOC_2H_5$ 和 $PhCH{=}CHCOCH_3$ 中间体而来，苯甲醛和丙酮缩合得到 $PhCH{=}CHCOCH_3$，苯甲酸乙酯和乙酸乙酯缩合则得到另一中间体$PhCOCH_2COOC_2H_5$。

$$PhCHO + CH_3\overset{O}{\overset{\|}{C}}CH_3 \longrightarrow PhCH{=}CH\overset{O}{\overset{\|}{C}}-CH_3$$

$$PhCOOC_2H_5 + CH_3COOC_2H_5 \longrightarrow PhCOCH_2COOC_2H_5 \xrightarrow[2.\ PhCH{=}CH\overset{O}{\overset{\|}{C}}-CH_3]{1.\ C_2H_5ONa}$$

$$PhCOCHCOOC_2H_5(-\underset{Ph}{C}HCH_2\overset{O}{\overset{\|}{C}}CH_3) \xrightarrow{NaBH_4} (\text{Ph, OH, Ph, OH}, COOC_2H_5) \xrightarrow{H_3O^+} (\text{内酯产物：Ph, OH, Ph})$$

练习 25

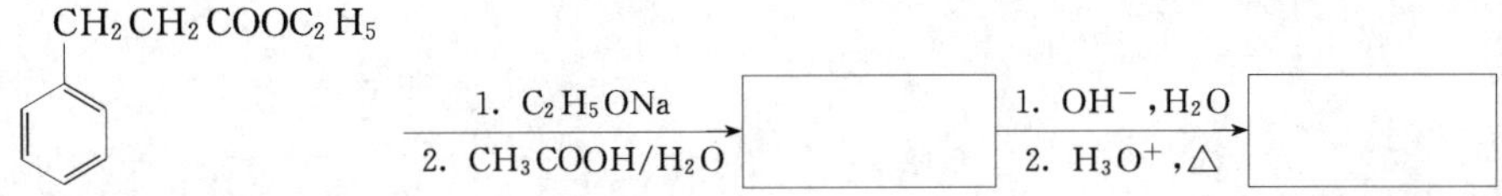

$CH_2CH_2COOC_2H_5$（苯环取代）$\xrightarrow[2.\ CH_3COOH/H_2O]{1.\ C_2H_5ONa}$ [　　] $\xrightarrow[2.\ H_3O^+,\triangle]{1.\ OH^-,H_2O}$ [　　]

（大连理工大学，2005）

[答案]

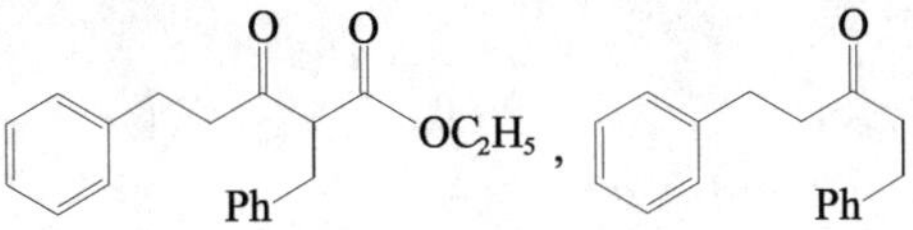

O　O

OC_2H_5，　O

Ph　　Ph

练习 26

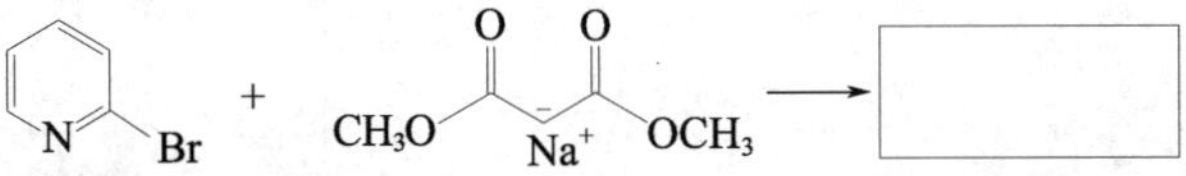

N　Br　+　CH_3O　O　O　Na^+　OCH_3 ⟶ [　　]

（复旦大学，2006）

[答案]

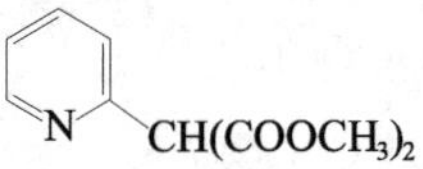

N　$CH(COOCH_3)_2$

练习 27

$C_2H_5OC(=O)—CH_2C(=O)—OC_2H_5 + NH_2C(=O)NH_2 \xrightarrow{NaOC_2H_5}$ [　　]

（浙江工业大学，2004）

[答案]

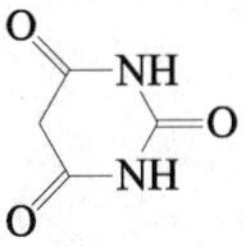

O　NH　O　NH　O

练习 28

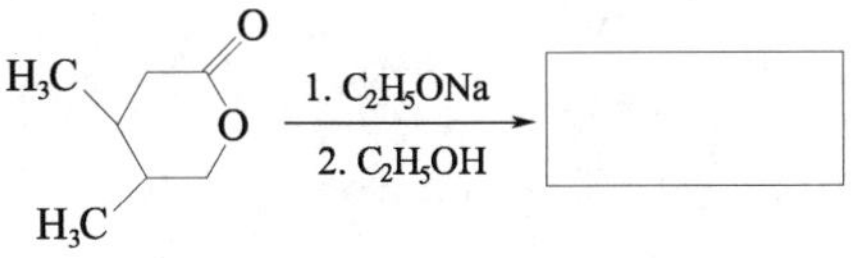

H_3C　O　O　H_3C $\xrightarrow[2.\ C_2H_5OH]{1.\ C_2H_5ONa}$ [　　]

（中山大学，2003）

[答案]　$HOCH_2CH(CH_3)CH(CH_3)CH_2COOC_2H_5$

练习 29

将下列化合物按酸性大小排序（　　）。

A. $CH_3COCH_2COCH_3$　　B. $C_2H_5OC(=O)CH_2C(=O)OC_2H_5$

C. $CH_3COCH_2COOC_2H_5$

（浙江工业大学，2004）

[答案]

A＞C＞B

练习 30

烯醇式含量最多的化合物是（　　）。

A. $CH_3COCH_2COCH_3$　B. $CH_3COCH_2COOC_2H_5$　C. $C_2H_5OOCCH_2COOC_2H_5$　D. $C_6H_5COCH_2COC_6H_5$

E. $C_6H_5COCH_2COOC_2H_5$　（中山大学，2005）

［答案］ D

练习 31　机理

$$CH_3CH_2COOCH_3 \xrightarrow{NaOCH_3} CH_3CH_2COCH(CH_3)COOCH_3$$

（浙江工业大学，2004）

［答案］

$$CH_3CH_2COOCH_3 \xrightarrow{CH_3O^-} CH_3\overset{-}{C}HCOOCH_3 \xrightarrow{CH_3CH_2\overset{O}{\overset{\|}{C}}-OCH_3} CH_3CH_2\overset{O^-}{\overset{|}{C}}(-OCH_3)-CH(CH_3)COOCH_3$$

$$\xrightarrow{-OCH_3} CH_3CH_2\overset{O}{\overset{\|}{C}}-CH(CH_3)-COOCH_3$$

练习 32　机理

$$CH_3\overset{O}{\overset{\|}{C}}-CH_2CH(COOCH_3)_2 \xrightarrow[2.\ Ph_3P=CHCH_2Br]{1.\ NaH} \text{3-甲基环戊-3-烯-1,1-二甲酸二甲酯 }(H_3C\text{-环戊烯-}(COOCH_3)_2)$$

（南开大学，2004）

［答案］

$$CH_3-\overset{O}{\overset{\|}{C}}-CH_2-CH(COOCH_3)_2 \xrightarrow{NaH} CH_3-\overset{O}{\overset{\|}{C}}-CH_2-\overset{-}{C}(COOCH_3)_2 \xrightarrow{Ph_3P=CH-CH_2Br}$$

$$CH_3-\overset{O}{\overset{\|}{C}}-CH_2-C(CH_2CH=PPh_3)(COOCH_3)_2 \longrightarrow H_3C\text{-环戊烯-}(COOCH_3)_2$$

练习 33

由乙烯、丙二酸二乙酯合成己二酸。　（华南理工大学，2005）

［答案］

$$H_2C=CH_2 \xrightarrow{Cl_2} ClCH_2CH_2Cl$$

$$2CH_2(COOEt)_2 \xrightarrow[ClCH_2CH_2Cl]{NaOEt/EtOH} (EtOOC)_2CHCH_2CH_2CH(COOEt)_2 \xrightarrow[\triangle]{OH^-,H_2O} HOOCCH_2CH_2CH_2CH_2COOH$$

练习 34

由乙酰乙酸乙酯及必要的有机、无机试剂合成 [structure] 。（吉林大学，2006）

[答案]

$$CH_3COCH_2COOEt \xrightarrow[2.\ CH_2=CHCOOEt]{1.\ EtONa} CH_3COCH(CH_2CH_2COOEt)COOEt \xrightarrow[2.\ CH_3I]{1.\ EtONa} CH_3COC(CH_3)(CH_2CH_2COOEt)COOEt$$

$$\xrightarrow[2.\ H^+/\triangle]{1.\ OH^-/H_2O} CH_3COCH(CH_3)CH_2CH_2COOH \xrightarrow[-H_2O]{H^+} \text{(lactone)}$$

练习 35　推测结构

某酯类化合物 A($C_5H_{10}O_2$)，用乙醇钠的乙醇溶液处理，得到另一个酯 B($C_8H_{14}O_3$)。B 能使溴水褪色，将 B 用乙醇钠的乙醇溶液反应后再与碘乙烷反应，又得到另一个酯 C($C_{10}H_{18}O_3$)。C 和溴水在室温下发生反应，把 C 用稀碱水解后再酸化、加热，即得到一个酮 D($C_7H_{14}O$)。D 不发生碘仿反应，用锌汞齐还原则生成 3-甲基己烷。试推测 A，B，C，D 的结构并写出各步反应式。

（江南大学，2003）

[答案]

$$\underset{A}{CH_3CH_2COCH_2CH_3} \xrightarrow[C_2H_5OH]{NaOC_2H_5} \underset{B}{CH_3CH_2COCH(CH_3)COCH_2CH_3} \xrightarrow[2.\ CH_3CH_2I]{1.\ NaOC_2H_5,C_2H_5OH} \underset{C}{CH_3CH_2CO-C(CH_3)(CH_2CH_3)-COOCH_2CH_3}$$

$$\xrightarrow[2.\ H_3O^+]{1.\ 稀\ NaOH} CH_3CH_2CO-C(CH_3)(CH_2CH_3)-COOH \xrightarrow{\triangle} \underset{D}{CH_3CH_2CO-CH(CH_3)CH_2CH_3}$$

练习 36

$$\text{[ketone]} \xrightarrow{LDA} \xrightarrow{CH_3CH_2CH_2Br} \xrightarrow{H_2O} \boxed{\quad}$$

（中国科学技术大学，2010）

[答案]

[structure]

练习 37

$$\text{2,5-dimethylpyridine} + PhCOOEt \xrightarrow{EtONa/EtOH} \boxed{\quad}$$

（中国科学技术大学，2010）

［答案］

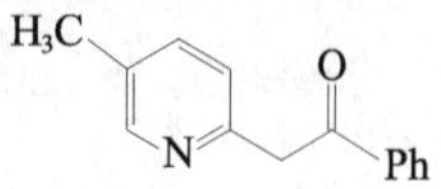

H_3C N O Ph

练习 38

仅从乙酸甲酯和其它必要的试剂（如 LDA，其它含碳试剂只能有一个碳原子）合成

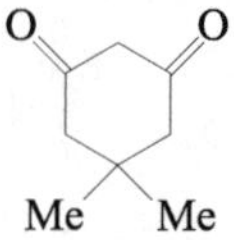

O O Me Me ，请至少提供 3 条有效的合成路线。（中国科学技术大学，2010）

［答案］

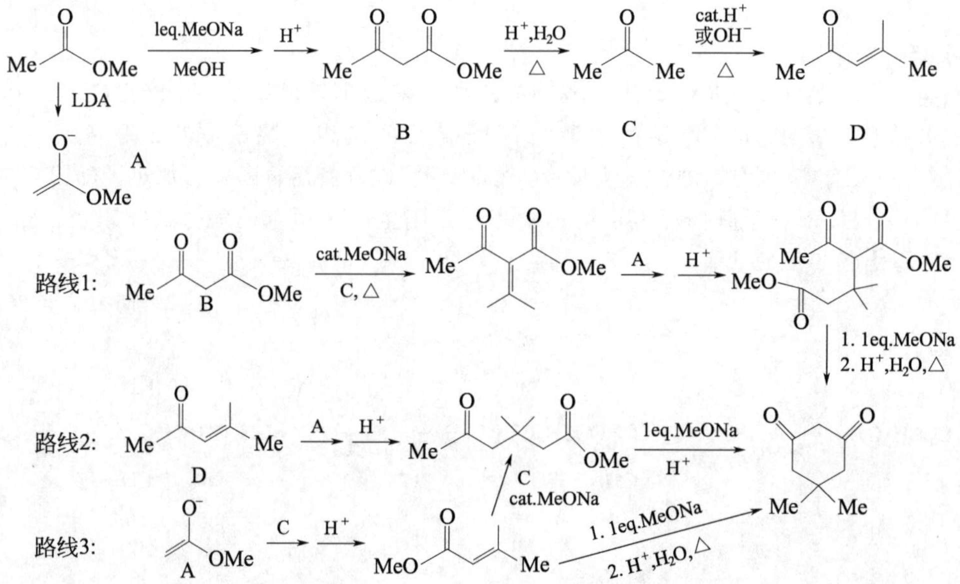

Me OMe (O) —1eq.MeONa / MeOH→ —H^+→ Me (O) (O) OMe (B) —H^+,H_2O / △→ Me (O) Me (C) —cat.H^+ 或OH^- / △→ Me (O) Me (D)

↓ LDA

O^- OMe A

路线1: Me (O) (O) OMe (B) —cat.MeONa / C, △→ Me (O) (O) OMe —A→ —H^+→ Me (O) (O) OMe MeO (O) —1. 1eq.MeONa 2. H^+,H_2O,△→

路线2: Me (O) Me (D) —A→ —H^+→ Me (O) (O) OMe —1eq.MeONa / H^+→ O O Me Me

路线3: O^- OMe (A) —C→ —H^+→ MeO (O) Me —C / cat.MeONa→ (路线2中间体)；—1. 1eq.MeONa 2. H^+,H_2O,△→ O O Me Me

练习 39

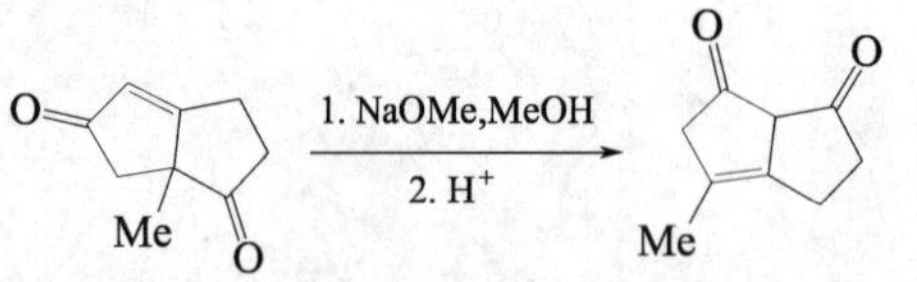

O= Me O —1. NaOMe,MeOH / 2. H^+→ O O Me（中国科学技术大学，2010）

［答案］

O Me O $^-$OMe → O Me O^- OMe → ^-O Me O OMe ↓ O O^- OMe Me → O H O Me → O O^- Me $^-$OMe → O $^-$OMe ← —H^+→ O O Me

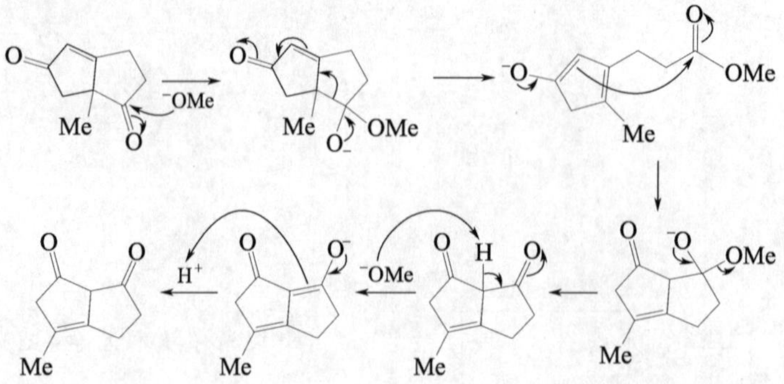

练习 40

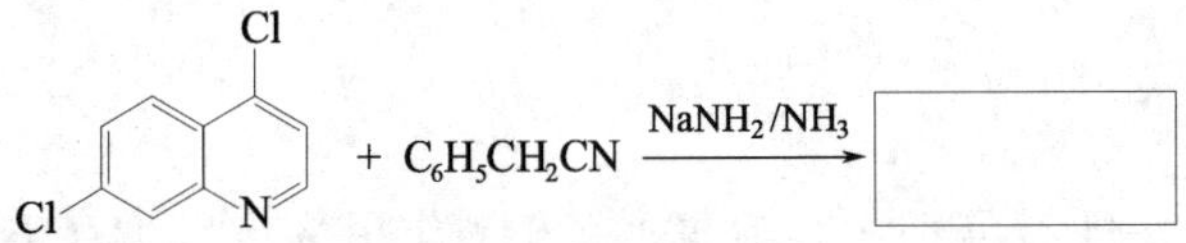

7-氯-4-氯喹啉 + $C_6H_5CH_2CN$ $\xrightarrow{NaNH_2/NH_3}$ □

（复旦大学，2003）

[答案]

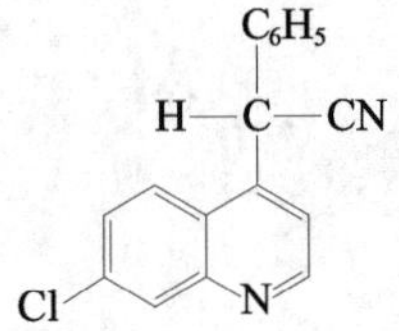

7-氯-4-[$H-C(C_6H_5)-CN$]喹啉

练习 41

2-甲基吡啶 → …… → 2-乙酰基吡啶（$COCH_3$）

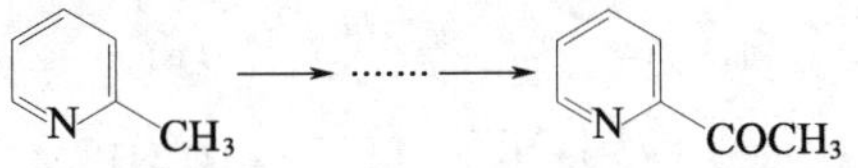

[答案]

吡啶不发生傅-克酰基化反应，且亲电取代反应主要在β-位上发生。

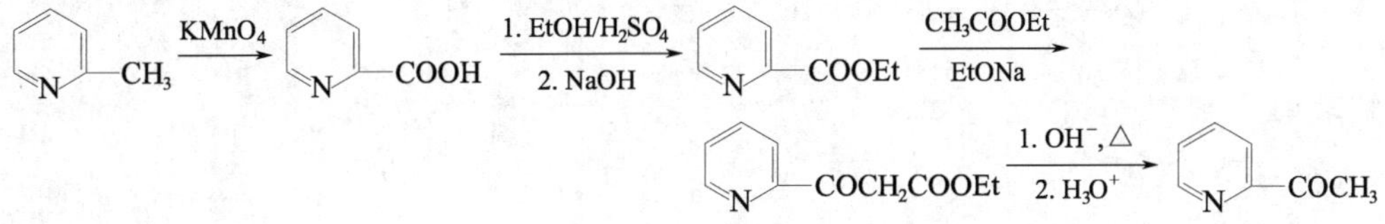

2-甲基吡啶 $\xrightarrow{KMnO_4}$ 2-吡啶-$COOH$ $\xrightarrow[2.\ NaOH]{1.\ EtOH/H_2SO_4}$ 2-吡啶-$COOEt$ $\xrightarrow[EtONa]{CH_3COOEt}$

2-吡啶-$COCH_2COOEt$ $\xrightarrow[2.\ H_3O^+]{1.\ OH^-,\triangle}$ 2-吡啶-$COCH_3$

练习 42

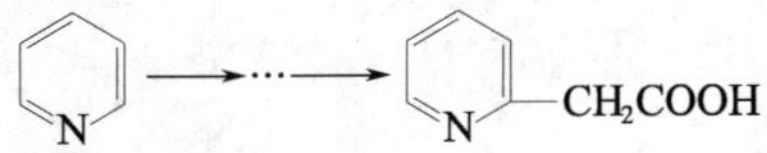

吡啶 → … → 2-吡啶-CH_2COOH

[答案]

吡啶 $\xrightarrow{KNH_2}$ 2-吡啶-NH_2 $\xrightarrow[HCl]{NaNO_2}$ $\xrightarrow[HCl]{CuCl}$ 2-吡啶-Cl $\xrightarrow[CH_2(COOEt)_2]{NaOC_2H_5}$ 2-吡啶-$CH(COOEt)_2$

$\xrightarrow[H_2O]{OH^-}$ $\xrightarrow[\triangle]{H_3O^+}$ 2-吡啶-CH_2COOH

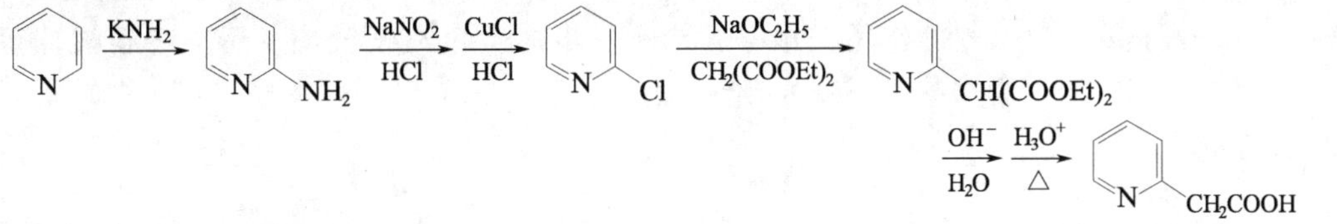

练习 43

由丙二酸二乙酯及小于等于4个碳的有机物合成（2,2-二甲基-1,3-二氧环戊烷并环己基）$CH_2CH_2COOC_2H_5$

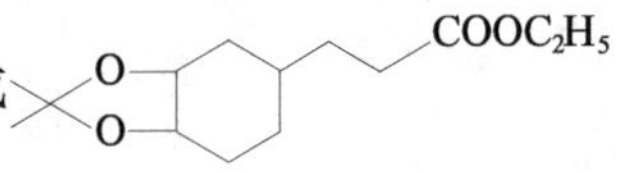

（中国石油大学，2004）

[答案]

$CH_2(COOC_2H_5)_2$ $\xrightarrow[2.\ CH_2{=}CHCH_2Br]{1.\ EtONa}$ $CH_2{=}CHCH_2CH(COOC_2H_5)_2$ $\xrightarrow{OH^-}$ $\xrightarrow[\triangle]{H^+}$

$CH_2{=}CHCH_2CH_2COOH$ $\xrightarrow[H^+]{C_2H_5OH}$ $CH_2{=}CHCH_2CH_2COOC_2H_5$ $\xrightarrow{\text{丁二烯}}$ 3-环己烯基-$CH_2CH_2COOC_2H_5$ $\xrightarrow[KMnO_4]{OH^-}$

3,4-二羟基环己基-$CH_2CH_2COOC_2H_5$ $\xrightarrow[H^+]{CH_3COCH_3}$ 产物

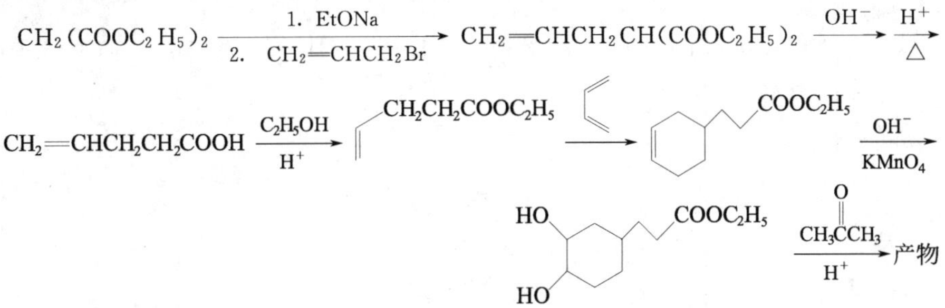

练习 44　机理

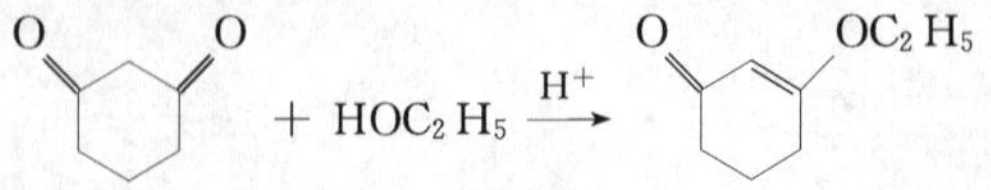

1,3-环己二酮 + HOC_2H_5 $\xrightarrow{H^+}$ 3-乙氧基-2-环己烯-1-酮（OC_2H_5）

［答案］ 1,3-环己二酮亚甲基上的 α-H 有酸性，其烯醇型在 H^+ 作用下与 C_2H_5OH 反应，经过烯醇型碳正离子的重排生成 α,β-不饱和酮。即

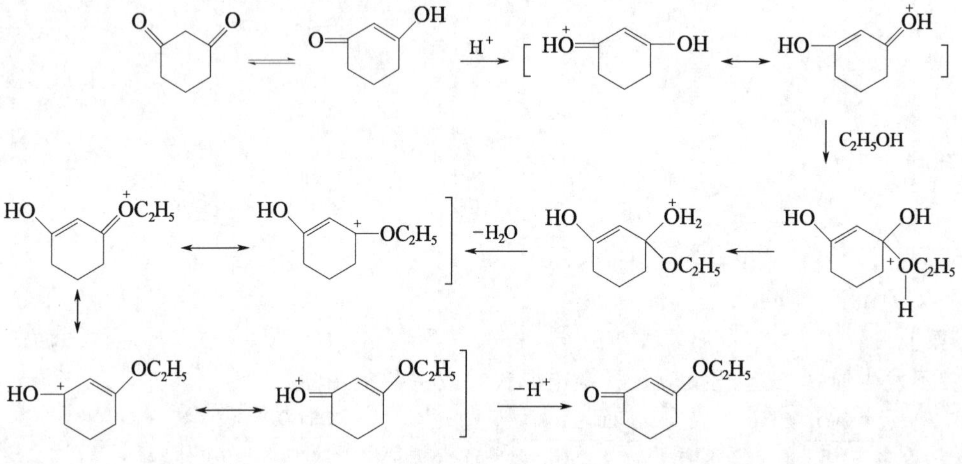

1,3-环己二酮 ⇌ 3-羟基-2-环己烯-1-酮（OH）$\xrightarrow{H^+}$ [$H\overset{+}{O}$=…—OH ⟷ HO—…=$\overset{+}{O}H$] $\xrightarrow{C_2H_5OH}$ HO—…（OH，$\overset{+}{O}C_2H_5$—H）⟶ HO—…（$\overset{+}{O}H_2$，OC_2H_5）$\xrightarrow{-H_2O}$ [HO—…—$\overset{+}{}$—OC_2H_5 ⟷ HO—…=$\overset{+}{O}C_2H_5$ ⟷ HO—$\overset{+}{}$…—OC_2H_5 ⟷ $H\overset{+}{O}$=…—OC_2H_5] $\xrightarrow{-H^+}$ O=…—OC_2H_5

练习 45

环戊酮 + $(C_2H_5O)_2C$=O $\xrightarrow{NaH}$ □

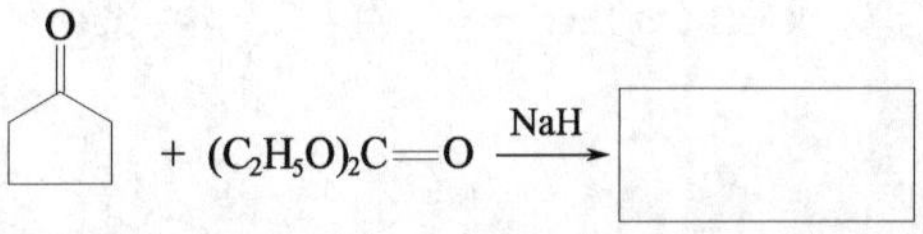

［答案］

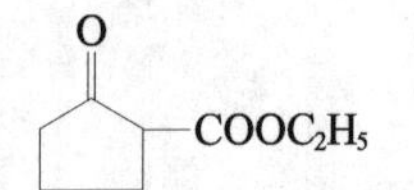

酮 α-C 上的酯酰化，生成 β-酮酸酯。此反应可起到增强酮的 α-H 活性的作用，并可引导进一步的碳负离子反应。所以，碳酸酯可作为羰基化合物的致活基团。

练习 46

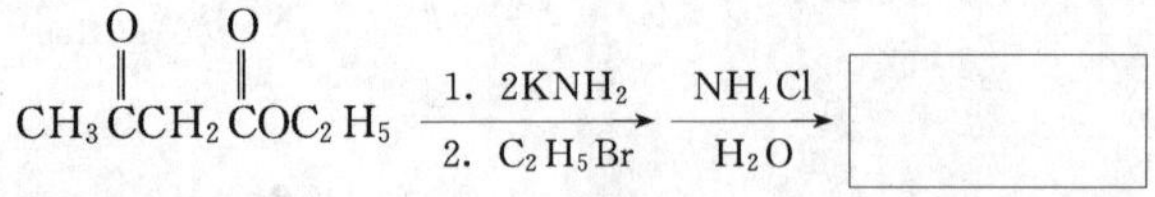

$CH_3\overset{O}{\overset{\|}{C}}CH_2\overset{O}{\overset{\|}{C}}OC_2H_5 \xrightarrow[\text{2. } C_2H_5Br]{\text{1. } 2KNH_2} \xrightarrow[H_2O]{NH_4Cl}$ □

［答案］

$C_2H_5—CH_2\overset{O}{\overset{\|}{C}}CH_2\overset{O}{\overset{\|}{C}}OC_2H_5$

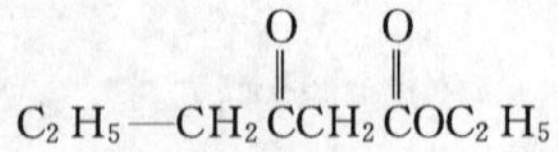

在过量的强碱中，乙酰乙酸乙酯生成双负离子：$\bar{C}H_2—\overset{O}{\overset{\|}{C}}—\bar{C}H—\overset{O}{\overset{\|}{C}}—OC_2H_5$ ，而下一步的烷基化反应发生在 α-C 上有利。

练习 47　机理

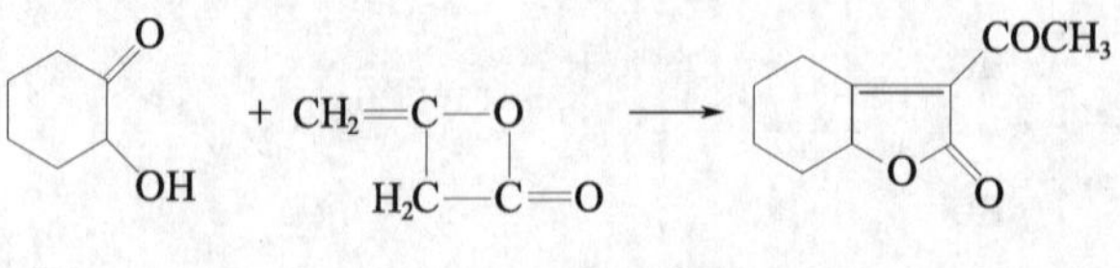

2-羟基环己酮（O，OH）+ CH_2=C—O / H_2C—C=O（双乙烯酮）⟶ 稠环内酯（$COCH_3$）

[答案]

$$\text{2-羟基环己酮} + \text{双乙烯酮} \longrightarrow \text{乙酰乙酸酯} \underset{}{\overset{H^+}{\rightleftharpoons}} \text{烯醇式} \underset{}{\overset{H^+}{\rightleftharpoons}} \text{羟基内酯} \xrightarrow[-H_2O]{H^+} \text{产物}$$

练习 48　机理

$$\text{环庚-1,3-二酮} \xrightarrow{EtO^-} \text{2-乙酰基环戊酮}\ (COCH_3)$$

[答案]

$$\xrightarrow{C_2H_5O^-} \text{(}O^-,\ OC_2H_5\text{)} \xrightarrow[\text{缩合逆过程}]{\text{Claisen}} C{-}OC_2H_5,\ C{-}CH_2^- \rightleftharpoons \text{(}C{-}OC_2H_5,\ CCH_3\text{)} \xrightarrow[\text{缩合}]{\text{Claisen}} \text{(}O^-,\ OC_2H_5,\ C{-}CH_3\text{)} \xrightarrow{-C_2H_5O^-} \text{(}C{-}CH_3\text{)}$$

练习 49　机理

$$\text{(CHPh)} \xrightarrow[CH_3OH]{NaOCH_3} \text{2-Ph-茚-1,3-二酮}$$

（吉林大学，2005）

[答案]

$$\text{(CHPh)} \xrightarrow{CH_3O^-} \text{(CHPh},\ H_3CO,\ O^-\text{)} \longrightarrow \left[\text{(CHPh},\ O^-,\ OCH_3\text{)} \longleftrightarrow \text{(O},\ \bar{C}HPh,\ OCH_3\text{)}\right] \longrightarrow \text{(Ph},\ ^-O,\ OCH_3\text{)} \longrightarrow \text{(Ph)}$$

上述反应过程中，首先是羧酸酯的醇解反应（酯化的逆反应），然后烯醇互变得酮，最后按酮酯缩合机理形成产物。

练习 50

邻位取代苯（$COOC_2H_5$，$COCl$）$\xrightarrow{(CH_3CH_2)_2CuLi}$ [ ] $\xrightarrow{NaOC_2H_5}$ [ ]

（中国科学技术大学，2010）

［答案］

邻位取代苯（$COOC_2H_5$，$\overset{O}{\|}{C}CH_2CH_3$），2-甲基-1,3-茚二酮（O，O，$CH_3$）

练习 51 合成

$ClCH_2COOH \longrightarrow$ 5-乙基-5-异戊基巴比妥酸（$Me_2CHCH_2CH_2$，Et，O，NH，O，NH，O）

（中国科学院，2009）

［答案］

$ClCH_2COOH \xrightarrow[2.\ NaCN]{1.\ OH^-} NCCH_2COO^- \xrightarrow[EtOH]{H^+, \triangle} CH_2(COOEt)_2 \xrightarrow[2.\ (CH_3)_2CHCH_2CH_2Br]{1.\ EtONa}$ $(CH_3)_2CHCH_2CH_2CH(CO_2Et)_2$

$\xrightarrow[2.\ CH_3CH_2Br]{1.\ EtONa}$ $(CH_3)_2CHCH_2CH_2C(C_2H_5)(COOEt)_2$ $\xrightarrow{H_2NCONH_2}$ 5-乙基-5-异戊基巴比妥酸（$Me_2CHCH_2CH_2$，Et，O，NH，O，NH，O）

练习 52

2-甲基吡啶（CH_3，N）$+ (COOEt)_2 \xrightarrow{NaOEt}$ [ ]

（中国科学技术大学、中国科学院合肥所，2009）

［答案］

2-吡啶基（N）$-CH_2-\overset{O}{\overset{\|}{C}}-COOEt$

练习 53

2-溴吡啶（N，Br）$+ \overset{\oplus}{Na}\ \ominus CH(COOEt)_2 \longrightarrow$ [ ]

（复旦大学，2006）

[答案]

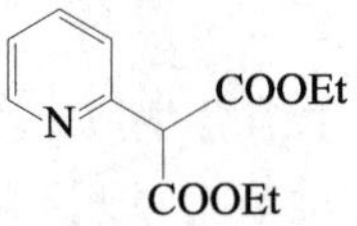

(2-吡啶基)丙二酸二乙酯结构：吡啶-2-基–CH(COOEt)(COOEt)

练习 54

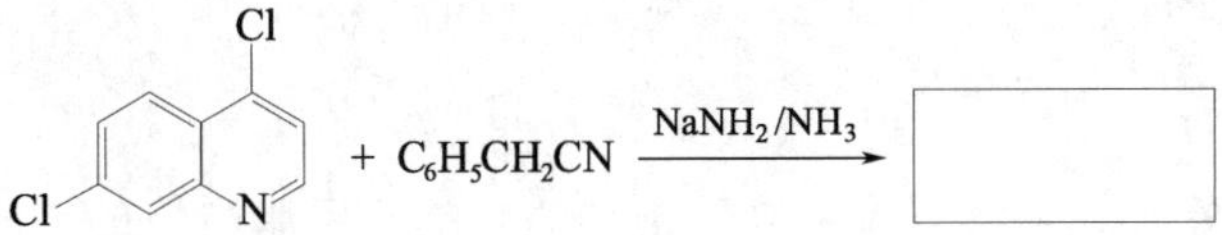

4,7-二氯喹啉 + $C_6H_5CH_2CN$ $\xrightarrow{NaNH_2/NH_3}$ □　（复旦大学，2006）

[答案]

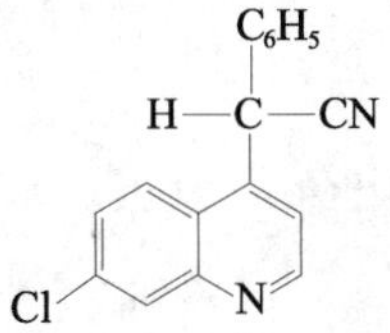

7-氯喹啉-4-基–C(H)(C_6H_5)–CN

参考文献

[1] Claisen R L，Lowman O. Ber，1887，20：651.

[2] 孔祥文．有机化学．北京：化学工业出版社，2010：114.

[3] [美] 李杰 (Jie Jack Li)．有机人名反应及机理．荣国斌译．朱士正校．上海：华东理工大学出版社，2003：73.

[4] Jie Jack Li. Name Reaction. 4th ed. Berlin Heidelberg：Springer-Verlag，2009：113.

Darzens 缩水甘油酸酯缩合

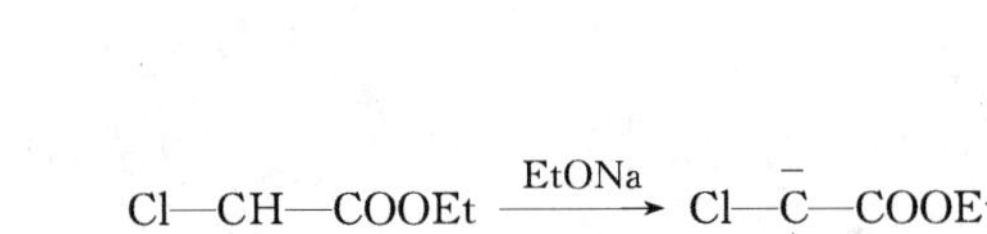

环己酮 + $ClCH(CH_2CH_3)COOEt$ $\xrightarrow{EtONa}$ □　（中山大学，2006）

在乙醇钠作用下，环己酮与 α-氯代丁酸乙酯反应生成环氧羧酸酯（螺环氧化物，环氧碳上连 COOEt 和 CH_2CH_3）。其反应机理为：

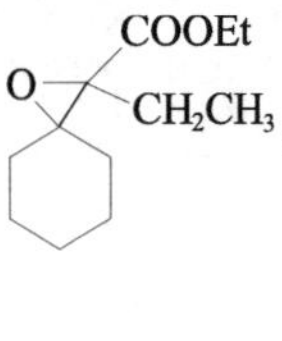

$$Cl-CH(C_2H_5)-COOEt \xrightarrow{EtONa} Cl-\overset{-}{C}(CH_2CH_3)-COOEt$$

$$Cl-\overset{-}{C}(CH_2CH_3)-COOEt + \text{环己酮} \longrightarrow \text{(环己基)}C(O^-)-C(Cl)(COOEt)(CH_2CH_3) \longrightarrow \text{螺环氧化物}(COOEt, CH_2CH_3)$$

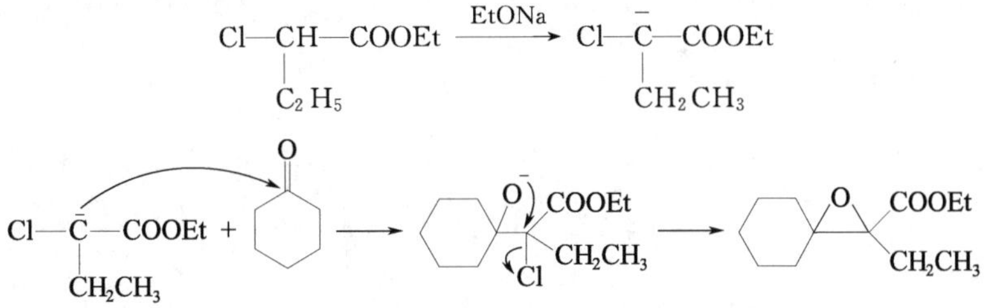

首先，α-氯代丁酸乙酯在乙醇钠的作用下失去 α-氢，生成 α-碳负离子，α-碳负离子与环

己酮发生亲核加成，形成四面体中间体氧负离子，再进行分子内的亲核取代反应消去氯离子生成环氧羧酸酯。

醛或酮在强碱（如醇钠、醇钾、氨基钠等）作用下与α-卤代羧酸酯发生缩合生成α,β-环氧羧酸酯（即缩水甘油酸酯）的反应称为Darzens反应[1]。例如：

$$R-\overset{O}{\overset{\|}{C}}-R(H) + X\overset{R'}{\overset{|}{C}}HCOOC_2H_5 \xrightarrow{EtONa} R-\underset{(H)R}{C}\overset{O}{\diagup\diagdown}\underset{R'}{C}-COOC_2H_5$$

本反应适用于脂肪族、脂环族、芳香族杂环以及α,β-不饱和醛或酮。但脂肪醛的反应产率较低。含α-活泼氢的其他化合物，如α-卤代醛、α-卤代酮、含α-卤代酰胺等亦能与醛类或酮类发生类似的反应[2]。例如：

$$C_6H_5CHO + C_6H_5COCH_2Cl \xrightarrow[EtOH]{EtOK} C_6H_5-CH\overset{O}{\diagup\diagdown}CH-COC_6H_5$$

反应机理[3]：

$$X\overset{R'}{\overset{|}{C}}HCOOC_2H_5 \xrightarrow{EtONa} {}^{-}\overset{R'}{\underset{X}{C}}COOC_2H_5 + EtOH$$

$$R-\overset{O}{\overset{\|}{C}}-R(H) + {}^{-}\overset{R'}{\underset{X}{C}}COOC_2H_5 \longrightarrow R-\overset{O^-}{\underset{(H)R}{C}}-\overset{R'}{\underset{X}{C_\alpha}}-COOC_2H_5 \longrightarrow R-\underset{(H)R}{C_\beta}\overset{O}{\diagup\diagdown}\underset{R'}{C_\alpha}-COOC_2H_5$$

α-卤代羧酸酯在碱的作用下，形成α-碳负离子，随即与醛或酮的羰基进行亲核加成，得到烷氧负离子，接着发生分子内的亲核取代反应，烷氧负离子进攻C—X键的碳原子，卤原子离去，生成α,β-环氧羧酸酯。例如：

$$C_6H_5-CO-CH_3 + Cl-CH_2-COOEt \xrightarrow{EtONa} \underset{CH_3}{\overset{C_6H_5}{}}\!\!>\!C\overset{O}{\diagup\diagdown}CH-COOEt$$

（兰州大学，2003）

生成的α,β-环氧羧酸酯性质比较活泼，经水解、加热脱羧可制得较原来多一个碳原子的醛或酮：

$$C_6H_5-\underset{CH_3}{C}\overset{O}{\diagup\diagdown}CH-COOC_2H_5 \xrightarrow[NaOH]{H_2O} C_6H_5-\underset{CH_3}{C}\overset{O}{\diagup\diagdown}CH-COONa \xrightarrow{H^+}$$

$$C_6H_5-\underset{CH_3}{C}\overset{O}{\diagup\diagdown}CH-\overset{H-O}{C}=O \xrightarrow[\triangle]{-CO_2} C_6H_5-\underset{CH_3}{C}=CH-OH \rightleftharpoons C_6H_5-\underset{CH_3}{CH}-CHO$$

通常是将α,β-环氧酸酯用碱水解后，继续加热脱羧，也可以将碱水解物用酸中和，然后加热脱羧制得醛或酮，如维生素A（retional）中间体十四碳醛的制备。

β-紫罗兰酮 + $ClCH_2COOCH_3$ $\xrightarrow[\substack{-12\sim-8℃ \\ 5\sim25℃,5h}]{MeONa}$ (环氧化合物)—$COOCH_3$ $\xrightarrow[38\sim42℃,15\sim20min]{OH^-,H_2O}$ (烯醇负离子 O^-) $\xrightarrow[H^+]{pH=6\sim7}$ (醛)—CHO　(87%)

练习 1[4]　机理

$C_6H_5CHO \longrightarrow C_6H_5\text{—}\overset{\;}{CH}\text{—}CHCOOCH_2CH_3$（环氧，O桥连）（由不多于两个碳的有机物合成）

（浙江大学，2003）

[答案]

$CH_3COOH \xrightarrow[P]{Br_2} BrCH_2COOH \xrightarrow{CH_3CH_2OH,H^+} \underset{Br}{CH_2}COOCH_2CH_3 \xrightarrow{OH^-}$

$^-\underset{Br}{CH}COOCH_2CH_3 \xrightarrow{C_6H_5CHO} C_6H_5\text{—}CH\text{—}CHCOOCH_2CH_3$（环氧，O桥连）

练习 2

丙酮 + $BrCH_2COOCH_3$ $\xrightarrow{CH_3O^-}$ [　　　　]　（吉林大学，2005）

[答案]

$BrCH_2COOCH_3 \xrightarrow{CH_3O^-} Br\overset{-}{C}HCOOCH_3 \xrightarrow{丙酮}$ Br—$CH(COOCH_3)$—$C(CH_3)_2O^-$ $\xrightarrow{-Br^-}$ 2,2-二甲基环氧乙烷-3-甲酸甲酯（OCH_3）

练习 3[5]

(2,6,6-三甲基环己烯基)—$CH{=}CH{-}\underset{}{\overset{CH_3}{C}}{=}O$ $\xrightarrow[EtONa,吡啶]{ClCH_2COOCH_3}$ $\xrightarrow[H_2O,0\sim5℃]{NaOH}$ $\xrightarrow[\triangle]{H^+}$ [　　　　]

[答案]

(环)—$CH{=}CH{-}\underset{CH_3}{C}{-}CH{-}COOMe$（C、CH间O桥连），(环)—$CH{=}CH{-}\underset{CH_3}{C}{-}CH{-}COONa$（C、CH间O桥连），(环)—$CH{=}CH{-}\underset{CH_3}{CH}{-}CHO$

练习 4[6]

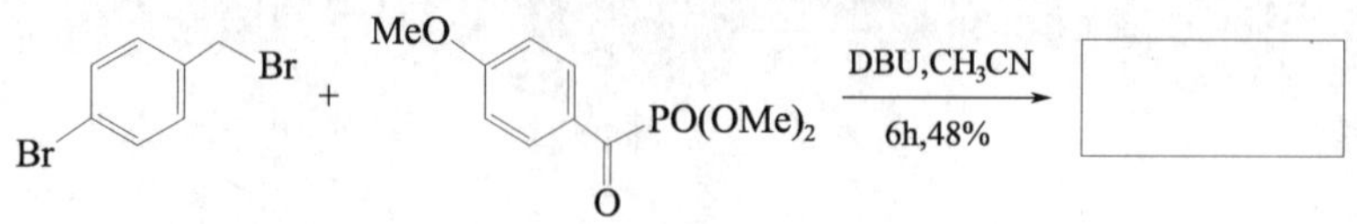

DBU(1,8-二氮双环[5.4.0]十一碳-7-烯)

[答案]

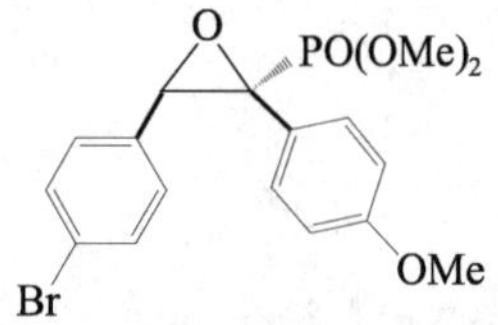

练习 5 选择

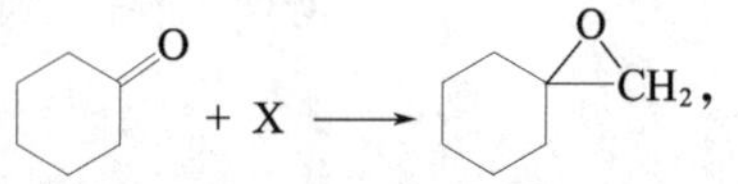

环己酮 + X ⟶ 螺环氧化物CH_2，其中 X=（ ）（中国科学技术大学，2010）

A. $Ph_3P{=}CH_2$ B. $(H_3C)_3Si-\overset{-}{C}HCH_2RLi^+$

C. $Ph_3\overset{+}{P}-\overset{-}{C}H_2$ D. $(H_3C)_2-\overset{+}{S}-\overset{-}{C}H_2$

[答案] D

练习 6

由苯及不超过 4 个碳原子的有机原料和其它必要试剂合成：

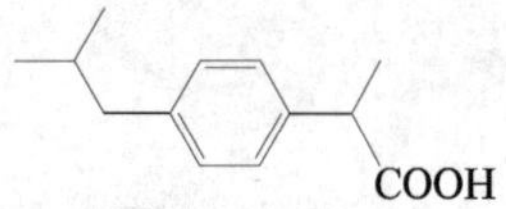

[答案]

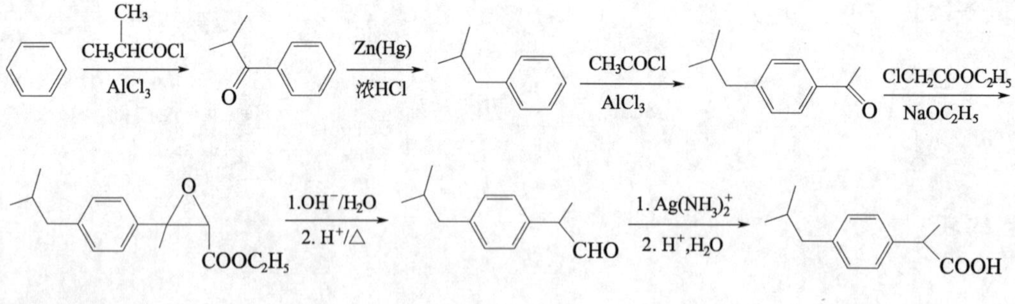

练习 7

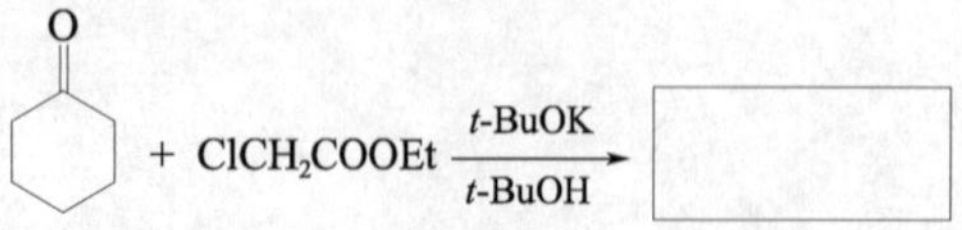

（复旦大学，2004）

[答案]

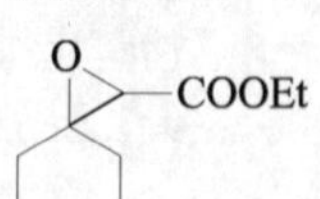

α-卤代酯在强碱作用下与酯、酮反应生成 α,β-环氧羧酸酯 (Darzens 反应)。

参考文献

[1] Darzens G A. Compt Rend Acad Sci，1904，139：1214-1217.
[2] 孔祥文．有机化学．北京：化学工业出版社，2010：114.
[3] Jie Jack Li. Name Reaction. 4th ed. Berlin Heidelberg：Springer-Verlag，2009：169.
[4] 吴范宏．有机化学学习与考研指津．2008 版．上海：华东理工大学出版社，2008.
[5] 张力学．大学有机化学基础 习题与考研解答．上海：华东理工大学出版社，2006：144.
[6] Demir A S，Emrullahoglu M，Pirkin E，Akca N. J Org Chem，2008，73：8992-8997.

Dieckmann 缩合

$$\begin{array}{l} CH_2—CH_2—\overset{O}{\overset{\|}{C}}OC_2H_5 \\ | \\ CH_2—CH_2—\underset{O}{\underset{\|}{C}}OC_2H_5 \end{array} \xrightarrow[2.\ H^+,80\%]{1.\ C_2H_5ONa,苯,80℃} \boxed{}$$

$$\text{环戊酮-2-甲酸乙酯}(CH_2—CH(COOC_2H_5)—C{=}O—CH_2—CH_2\ \text{成环}) + C_2H_5OH$$

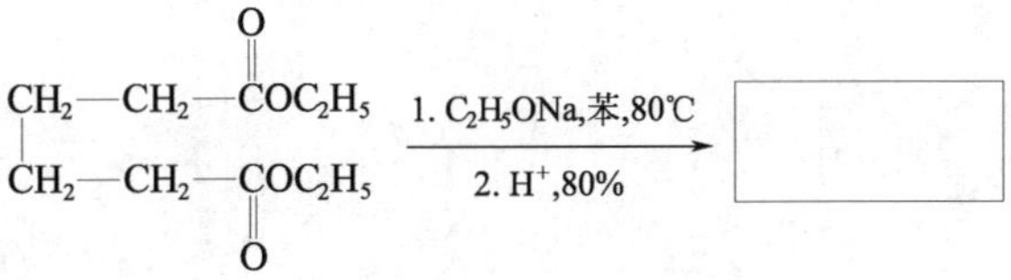

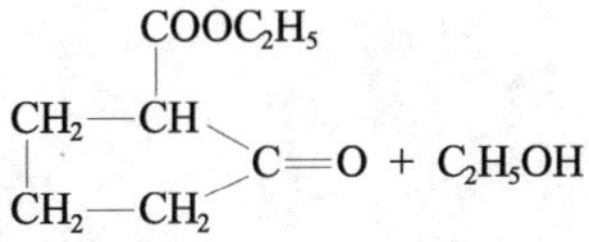

己二酸酯和庚二酸酯在醇钠作用下主要是发生分子内的酯缩合反应，即 Dieckmann 缩合反应[1]，也称 Dieckmann 闭环反应，生成五元和六元环状的 β-酮酸酯。例如：

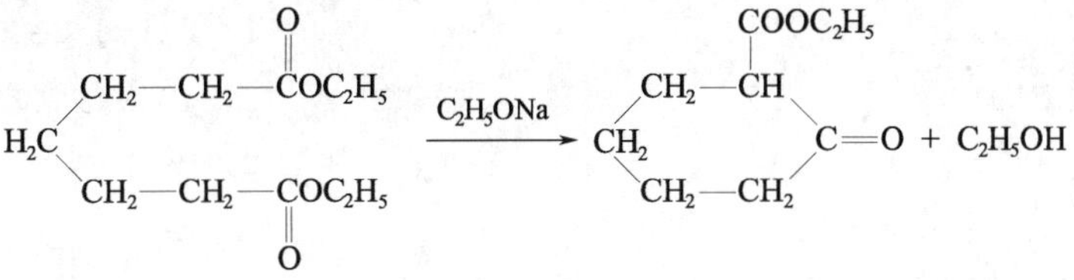

$$H_2C\begin{cases} CH_2—CH_2—\overset{O}{\overset{\|}{C}}OC_2H_5 \\ CH_2—CH_2—\underset{O}{\underset{\|}{C}}OC_2H_5 \end{cases} \xrightarrow{C_2H_5ONa} \text{环己酮-2-甲酸乙酯} + C_2H_5OH$$

Dieckmann 缩合反应是合成五、六元碳环的重要方法[2]。

Dieckmann 缩合反应是二元羧酸酯类在金属钠、醇钠或氢化钠等碱性缩合剂作用下发生的酯缩合反应，生成 β-环状的酮酸酯。反应通常在苯、甲苯、乙醚、无水乙醇等溶剂中进行，缩合产物经水解、脱羧可得脂环酮。本反应实质上是分子内的 Claisen 酯缩合反应。反应机理[3,4]：

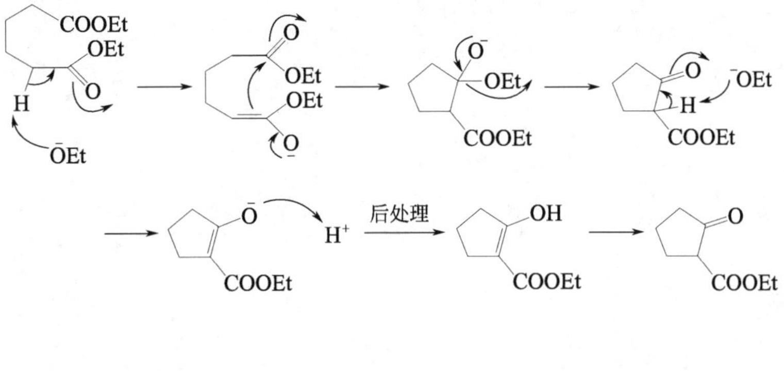

COOEt，OEt，O，H，$^-$OEt → O，OEt，OEt，O$^-$ → O$^-$，OEt，COOEt → O，H，$^-$OEt，COOEt

→ O$^-$，H$^+$，COOEt $\xrightarrow{后处理}$ OH，COOEt → O，COOEt

首先，己二酸二乙酯在乙氧负离子的作用下失去一个α-氢形成烯醇负离子，烯醇负离子进攻分子中的另一个酯羰基发生亲核加成，形成四面体中间体烷氧负离子，再消去乙氧负离子生成2-环戊酮甲酸乙酯。生成的2-环戊酮甲酸乙酯立即与体系中的乙氧负离子发生质子转移生成钠盐，该钠盐经酸化处理即得到2-环戊酮甲酸乙酯。

假若分子中的两个酯基被四个或四个以上的碳原子隔开，便会通过Dieckmann缩合反应，形成五元环或更大环的内酯。在该反应中α-位取代基能影响反应速率，含有不同取代基的化合物依下列次序递减：$—H>—CH_3>—C_2H_5$。不对称的二元羧酸酯发生分子内酯缩合时，理论上应得到两种不同的产物，但通常得到的是酸性较强的α-碳原子与羰基缩合的产物，因为这个反应是可逆的，因此最后产物是受热力学控制的，得到的总是最稳定的烯醇负离子。

练习1 反应机理

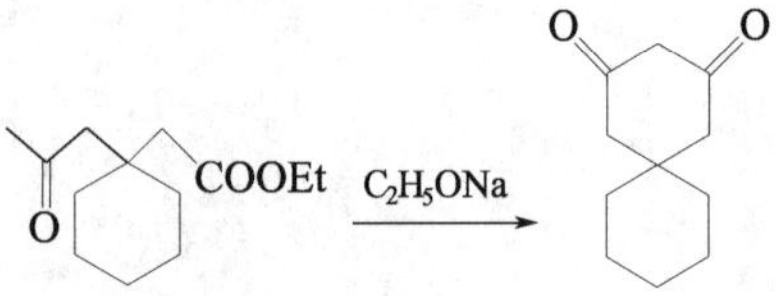

COOEt $\xrightarrow{C_2H_5ONa}$ （郑州大学，2006）

[答案]

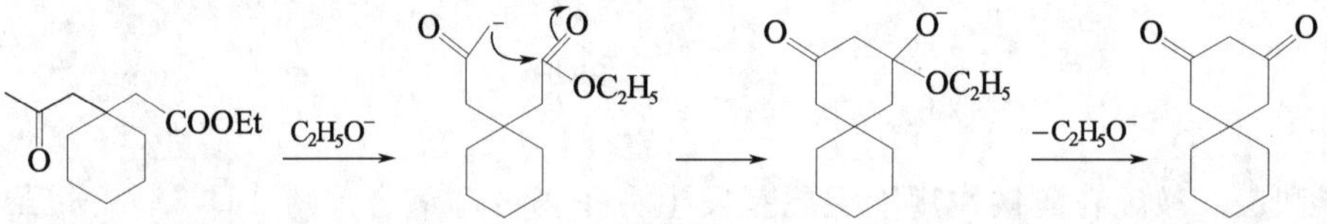

COOEt $\xrightarrow{C_2H_5O^-}$ O^- OC_2H_5 $\longrightarrow$ O^- OC_2H_5 $\xrightarrow{-C_2H_5O^-}$

练习2

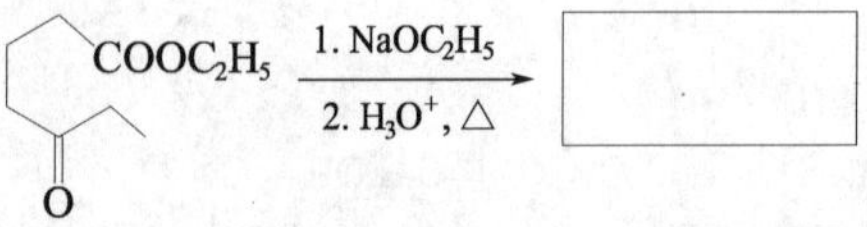

$COOC_2H_5$ $\xrightarrow[2.\ H_3O^+,\triangle]{1.\ NaOC_2H_5}$ （北京理工大学，2006）

[答案]

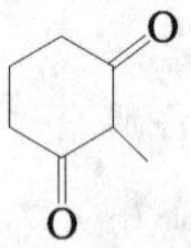

练习3

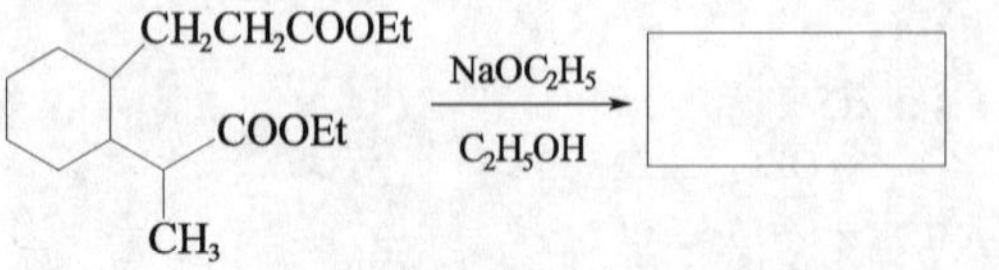

CH_2CH_2COOEt COOEt CH_3 $\xrightarrow[C_2H_5OH]{NaOC_2H_5}$ （中山大学，2005）

[答案]

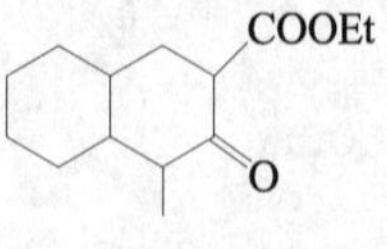

COOEt

练习 4

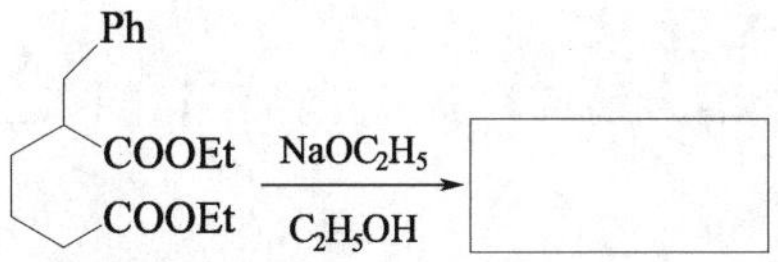

Ph, COOEt, COOEt $\xrightarrow[C_2H_5OH]{NaOC_2H_5}$ □

（武汉大学，2006）

[答案]

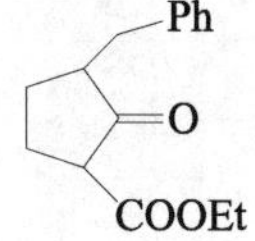

练习 5

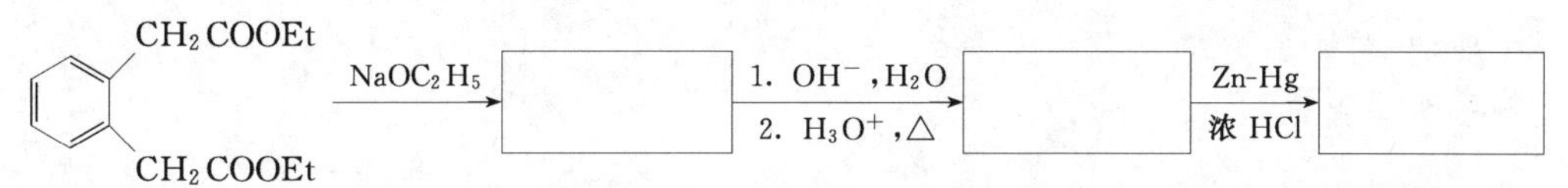

（兰州大学，2005）

[答案]

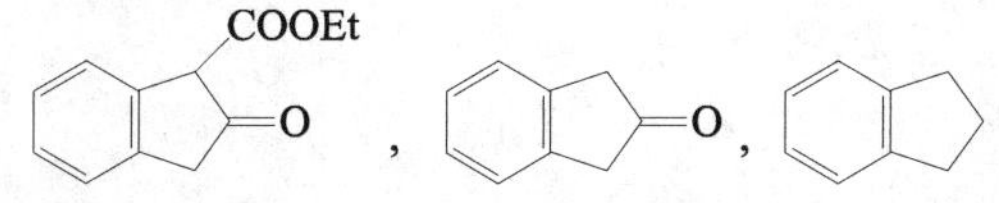

练习 6

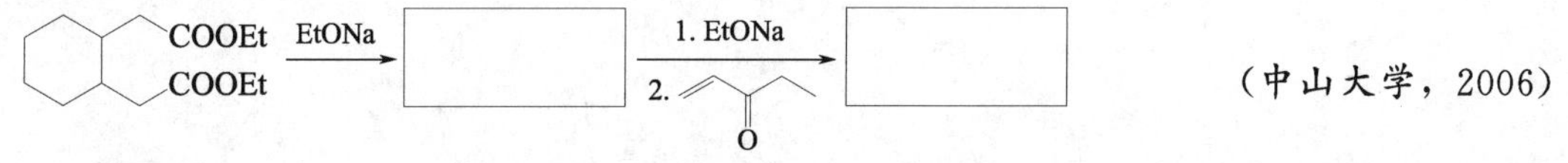

（中山大学，2006）

[答案]

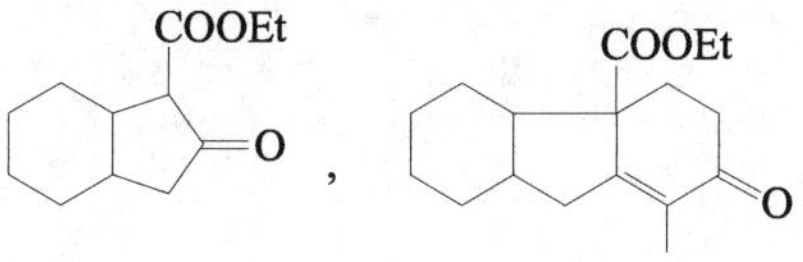

COOEt, =O ，COOEt, O

练习 7

写出以下 Dickman 反应的产物，并写出反应历程。

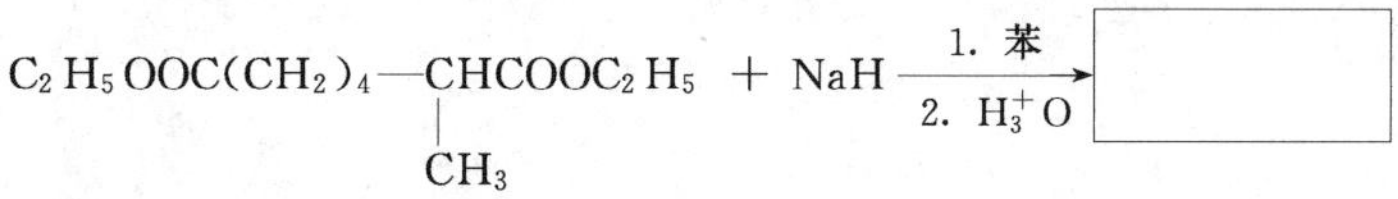

$C_2H_5OOC(CH_2)_4-\underset{CH_3}{\underset{|}{C}}HCOOC_2H_5 + NaH \xrightarrow[2.\ H_3^+O]{1.\ 苯}$ □　（中山大学，2002）

[答案]

$C_2H_5OOC-CH_2(CH_2)_3\underset{CH_3}{\underset{|}{C}}HCOOC_2H_5 \xrightarrow{NaH} C_2H_5OOC-\bar{C}H(CH_2)_3\underset{CH_3}{\underset{|}{C}}H-\overset{O}{\overset{\|}{C}}-OC_2H_5$

$\longrightarrow$ H_3C, O⁻, OC_2H_5, $COOC_2H_5$ $\xrightarrow{-EtO^-}$ H_3C, O, $COOC_2H_5$

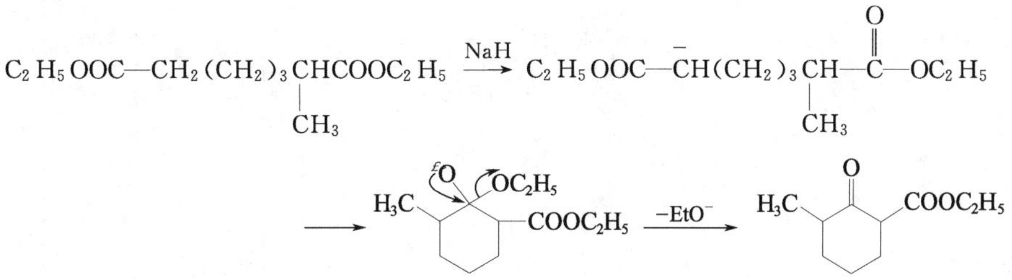

练习 8

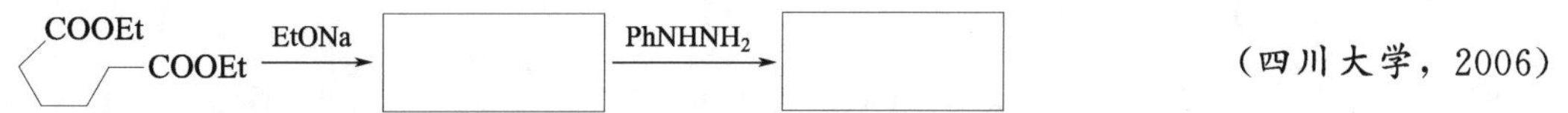

（四川大学，2006）

［答案］

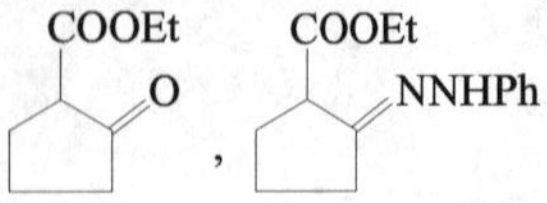

COOEt, COOEt, O, NNHPh

第一步发生分子内酯缩合形成环状β-酮酸酯；酮羰基和苯肼生成相应的苯腙。

练习 9

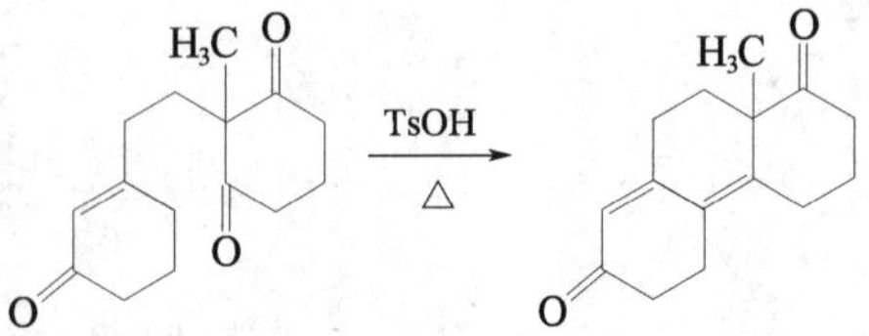

H_3C O TsOH △ O O H_3C O O

［答案］ 机理

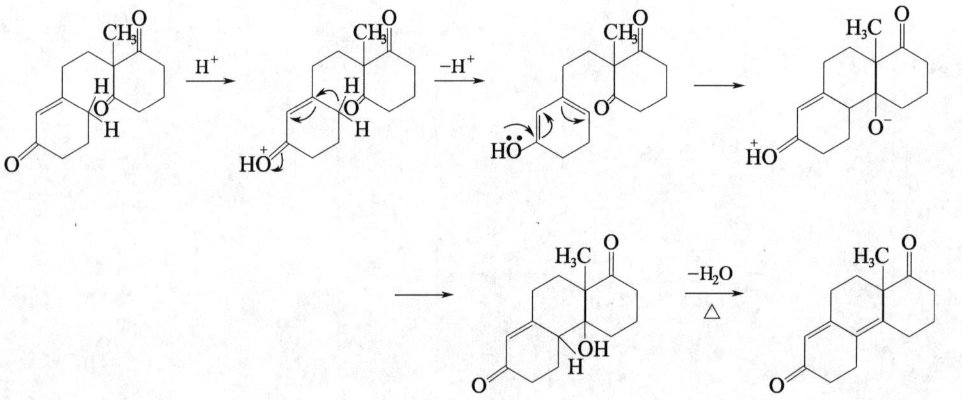

CH_3 O H O H O $\xrightarrow{H^+}$ CH_3 O O H H HO^+ $\xrightarrow{-H^+}$ CH_3 O O HO $\longrightarrow$ H_3C O O^- $\overset{+}{H}O$

$\longrightarrow$ H_3C O OH H O $\xrightarrow[\triangle]{-H_2O}$ H_3C O O

练习 10 机理

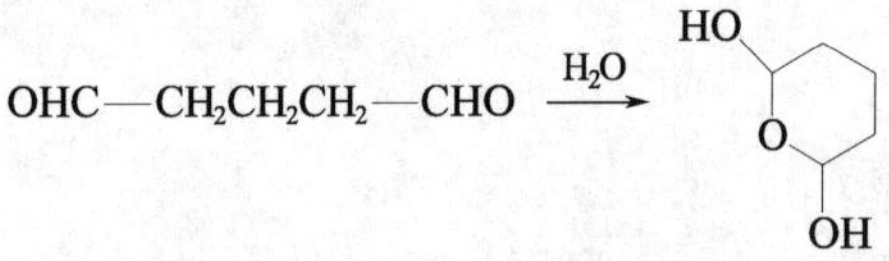

OHC—$CH_2CH_2CH_2$—CHO $\xrightarrow{H_2O}$ HO O OH

［答案］

$$\overset{O}{\overset{\|}{C}}H-CH_2CH_2CH_2-\overset{O}{\overset{\|}{C}}H+H_2O \rightleftharpoons H\overset{O}{\overset{\|}{C}}-CH_2CH_2CH_2-\underset{^+OH_2}{\overset{O^-}{CH}} \rightleftharpoons$$

CH_2CH_2—CH(OH), CH_2—CH(=O)←OH

$\rightleftharpoons$ CH_2—CH(OH), CH_2, $\overset{+}{O}H$, CH_2—CH(O^-) $\rightleftharpoons$ CH_2—CH(OH), CH_2, O, CH_2—CH(OH)

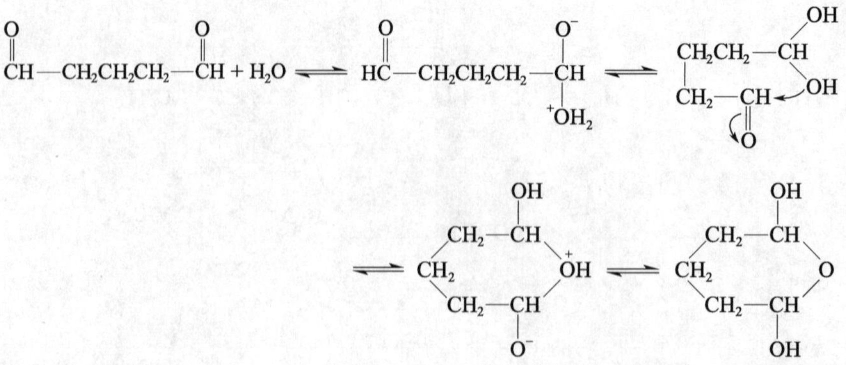

练习 11　机理

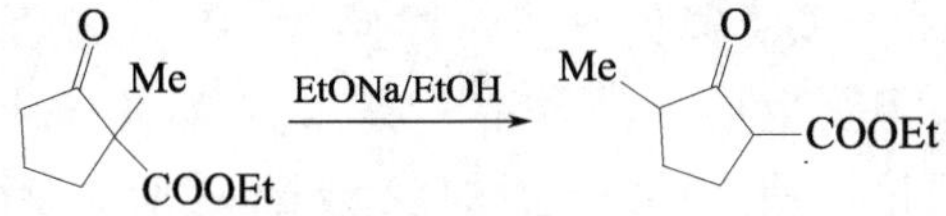

(中国科学院，2009)

[答案]　很典型的逆 Dieckmann 缩合：

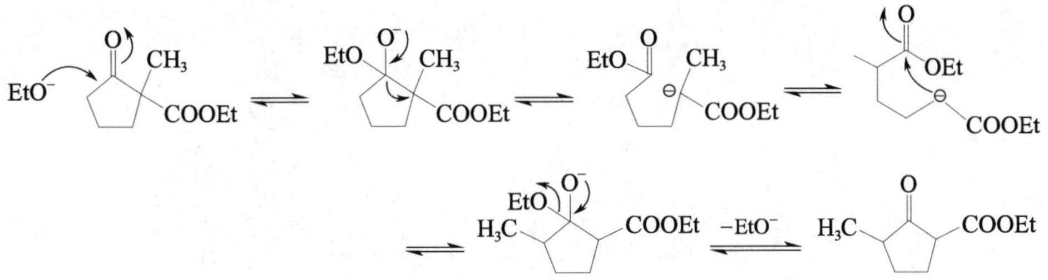

练习 12　机理

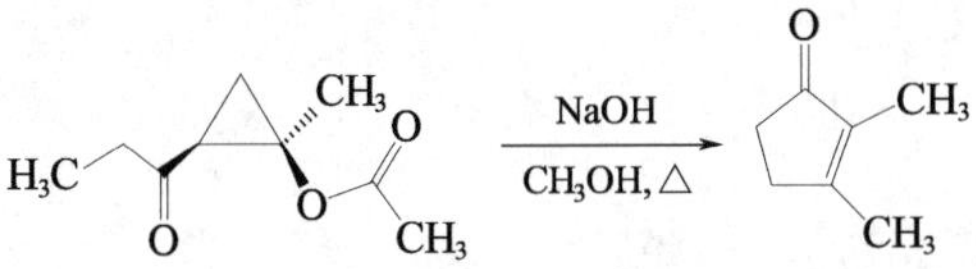

(中国科学技术大学、中国科学院合肥所，2009)

[答案]

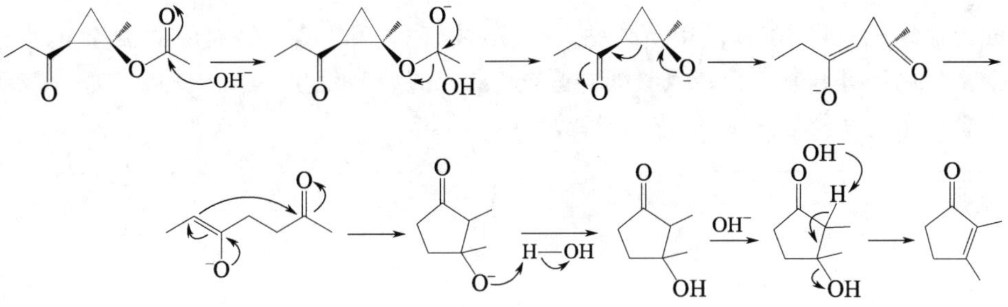

参考文献

[1] Dieckmann W. Ber，1894，27：102.

[2] 孔祥文．有机化学．北京：化学工业出版社，2010：114.

[3] [美] 李杰 (Jie Jack Li)．有机人名反应及机理．荣国斌译，朱士正校．上海：华东理工大学出版社，2003：110.

[4] Jie Jack Li. Name Reaction. 4th ed. Berlin Heidelberg：Springer-Verlag，2009：182.

Henry 硝醇反应

$$C_6H_5CHO + CH_3NO_2 \xrightarrow{OH^-} \xrightarrow{\triangle} \boxed{\quad}$$

碱催化下，硝基甲烷与苯甲醛发生 Aldol 缩合反应得 β-苯基-β-羟基-α-硝基乙烷，再经加热脱水得到β-苯基-α,β-不饱和硝基物，上述反应产物为β-硝基苯乙烯 $C_6H_5CH=CHNO_2$。

含α-H的硝基化合物在碱的作用下可脱去α-H形成碳负离子，因此含α-H的硝基化合物可以在碱性条件下与羰基化合物发生缩合反应生成β-硝基醇，该反应就是Henry硝醇反应[1]。包括醛和由硝基烷烃在碱作用下去质子化产生的氮酸酯之间的硝醇缩合。

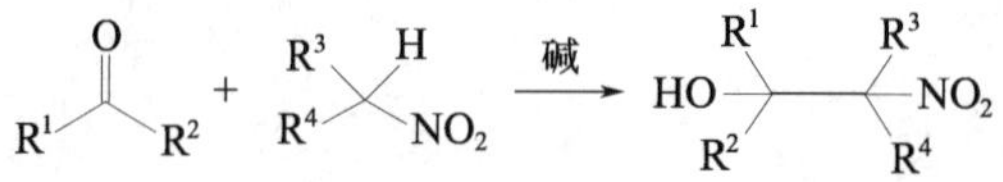

$$R^1COR^2 + R^3R^4CHNO_2 \xrightarrow{碱} HO-CR^1R^2-CR^3R^4-NO_2$$

反应机理如下[2,3]：

1 ⇌(:B / :HB) [2 ↔ 3 氮酸酯] ⇌(HB / :B) 4 氮酸；氮酸酯 + R^3CHO (5) ⇌ 6 ⇌(HB / :B) 7

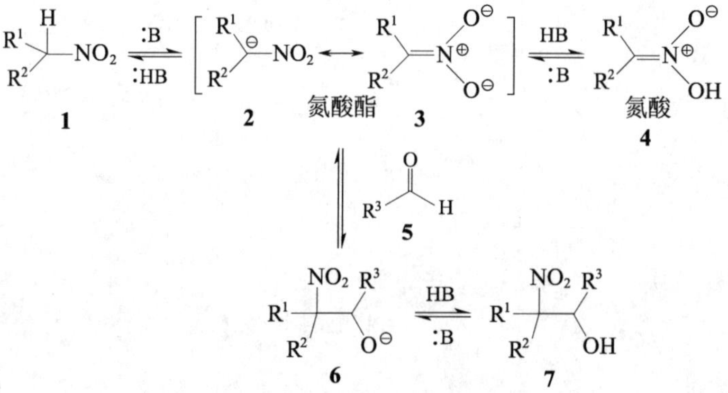

含α-H的硝基物（**1**）在碱作用下失去α-H形成（**2**）和（**3**）叠加的共振杂化体氮酸酯，氮酸酯经酸化可得氮酸（**4**）；氮酸酯与醛酮（**5**）的羰基发生Aldol反应形成β-烷氧负离子（**6**），酸化得到β-羟基硝基物（β-硝基醇）（**7**）。

练习1[4]

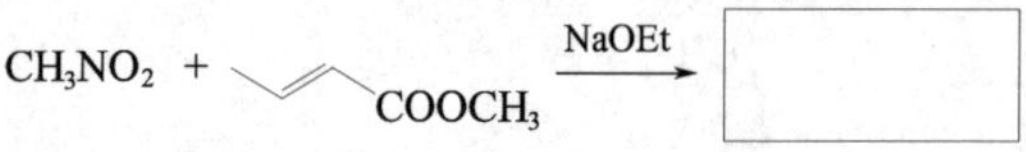

CH_3NO_2 + $CH_3CH=CHCOOCH_3$ $\xrightarrow{NaOEt}$ □ （华东理工大学，2003）

［答案］

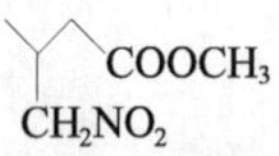

$CH_3CH(CH_2NO_2)CH_2COOCH_3$ 详见Michael加成反应。

练习2

$C_6H_5COOC_2H_5$ + CH_3NO_2 $\xrightarrow{C_2H_5O^-}$ □

［答案］ $C_6H_5COCH_2NO_2+C_2H_5OH$ 详见Claisen酯缩合反应。

练习3

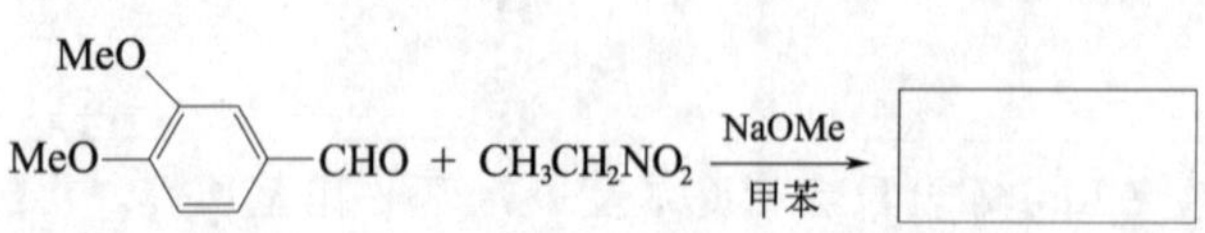

3,4-(MeO)$_2C_6H_3$CHO + $CH_3CH_2NO_2$ $\xrightarrow[甲苯]{NaOMe}$ □ （复旦大学，2005）

［答案］

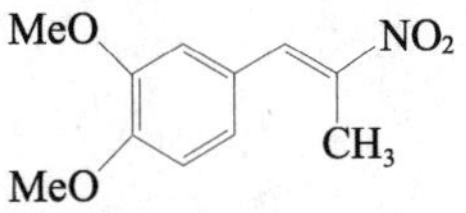

(结构式：MeO, MeO 取代苯环—CH=C(CH$_3$)NO$_2$)　$CH_3CH_2NO_2$ 在碱作用下形成碳负离子，对醛基亲核加成后再脱去一分子水。

练习4　简答

下列化合物哪些可溶于 HCl，哪些可溶于 NaOH 溶液？　（河北工业大学，2002）

A. $CH_3CH_2CH_2NO_2$　B. 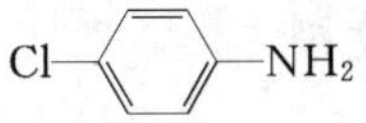 Cl—C_6H_4—NH_2　C. CH_3—CH(CH_3)—NH_2　D. CH_3—CH(CH_3)NO_2

［答案］ 可溶于 HCl 的碱性化合物：B、C。可溶于 NaOH 的酸性化合物：A、D。

在脂肪族硝基化合物中，含有 α-H 的（脂肪族伯或仲硝基化合物）能逐渐溶于氢氧化钠溶液而生成钠盐，说明它们具有一定的酸性。

$$R—\overset{\alpha}{C}H_2—NO_2 + NaOH \longrightarrow [R—CH—NO_2]^- Na^+ + H_2O$$

这是因为具有 α-H 的硝基化合物存在 σ,π-超共轭效应，导致发生互变异构现象的结果：

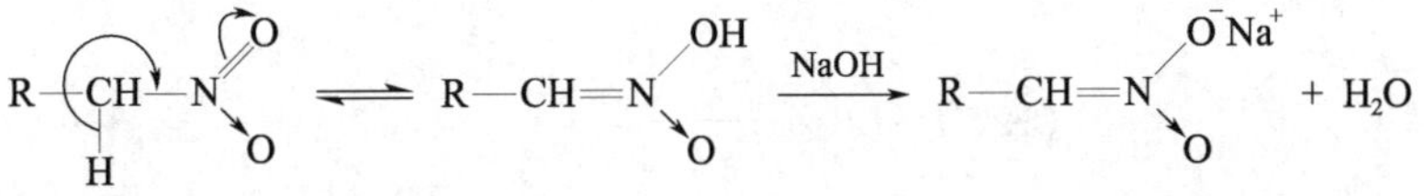

$$R—CH(H)—N(=O)\to O \rightleftharpoons R—CH=N(OH)\to O \xrightarrow{NaOH} R—CH=N(O^-Na^+)\to O + H_2O$$

假酸式(也称为硝基式)　酸式

假酸式-酸式互变异构中，酸式可以逐渐异构成为假酸式，达到平衡时，就成为主要含有假酸式的硝基化合物。虽然酸式含量一般较低，但是加入碱可以破坏酸式和假酸式之间的平衡，假酸式不断转变为酸式直至全部转化为酸式的钠盐，如将该盐小心酸化则可以得到纯酸式结构的产物。酸式分子可与溴的四氯化碳溶液加成，与三氯化铁发生显色反应[5]。

练习5　分离与鉴别

A. $CH_3(CH_2)_4CH_2NO_2$　B. $CH_3(CH_2)_4CH_2NH_2$　C. $CH_3(CH_2)_4CH_3$

（浙江工业大学，2001）

［答案］ 加 $NaNO_2$/HCl 有 N_2 放出的为 B，能溶于 NaOH 溶液的为 A。

练习6　写出反应产物：

$$3HCHO + CH_3NO_2 \xrightarrow{OH^-} \boxed{\quad} \xrightarrow{Fe/H_2SO_4} \boxed{\quad}$$

［答案］

$$3HCHO + CH_3NO_2 \xrightarrow{OH^-} HOCH_2—C(CH_2OH)_2—NO_2 \xrightarrow{Fe/H_2SO_4} HOCH_2—C(CH_2OH)_2—NH_2$$

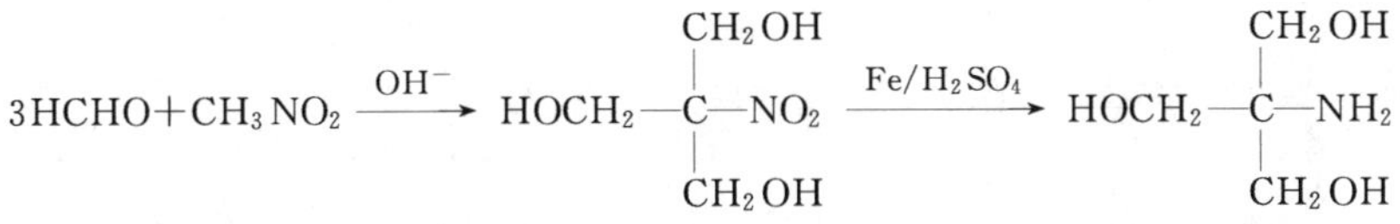

练习7　填空

下列化合物中，（　　）能溶于氢氧化钠溶液中。

A. 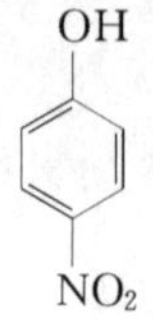 4-硝基苯酚（OH / NO_2 对位取代苯） B. 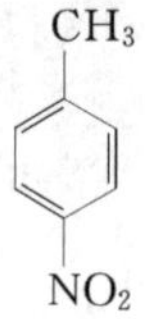 4-硝基甲苯（CH_3 / NO_2 对位取代苯） C. $(CH_3)_3CNO_2$ D. $CH_3CH_2CH_2NO_2$ E. $CH_3CH(CH_3)—NO_2$

（大连理工大学，2003）

［答案］ A，D，E

参考文献

［1］Henry L. Compt Rend，1895，120：1265-1268.
［2］［美］李杰（Jie Jack Li）. 有机人名反应及机理. 荣国斌译. 朱士正校. 上海：华东理工大学出版社，2003：183.
［3］Jie Jack Li. Name Reaction. 4th ed. Berlin Heidelberg：Springer-Verlag，2009：284.
［4］吴范宏. 有机化学学习与考研指津. 2008版. 上海：华东理工大学出版社，2008：181.
［5］孔祥文. 有机化学. 北京：化学工业出版社，2010.

Kharasch 效应

$$CH_3CH_2CH{=}CH_2 \xrightarrow[ROOR]{HBr} \boxed{\quad\quad}$$

（兰州理工大学，2010）

在过氧化物存在下，丁烯与溴化氢加成时，氢原子加到含氢较少的双键碳原子上，而溴原子加到含氢较多的双键碳原子上，形成反 Markovnikov 加成产物 $CH_3CH_2CH_2CH_2Br$。像这种由于过氧化物的存在而引起烯烃加成取向改变的现象，称为过氧化物效应，又称 Kharasch（卡拉施）效应。例如：

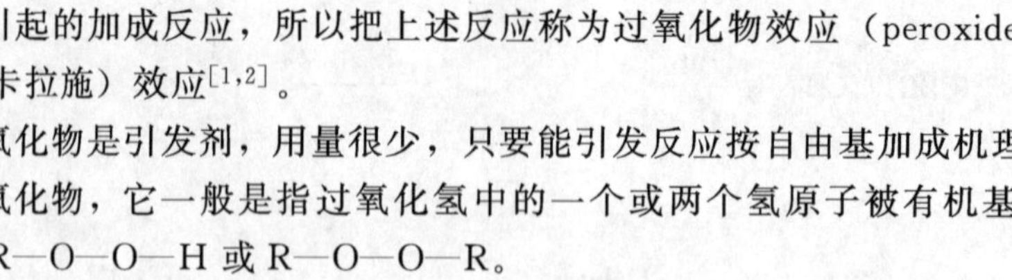

$$CH_3CH_2—CH{=}CH_2 + HBr \xrightarrow{\text{无过氧化物}} CH_3CH_2—CH(Br)—CH_2(H) \quad 90\%$$

$$CH_3CH_2—CH{=}CH_2 + HBr \xrightarrow{\text{有过氧化物}} CH_3CH_2—CH(H)—CH_2(Br) \quad 95\%$$

1933年，美国化学家 M. S. Kharasch（卡拉施）等研究表明，是因为过氧化物的存在引发生成自由基引起的加成反应，所以把上述反应称为过氧化物效应（peroxide effect），或称为 Kharasch（卡拉施）效应[1,2]。

实际上过氧化物是引发剂，用量很少，只要能引发反应按自由基加成机理进行即可。通常采用有机过氧化物，它一般是指过氧化氢中的一个或两个氢原子被有机基团取代的化合物，其通式为 R—O—O—H 或 R—O—O—R。

$$CH_3—C(=O)—O—O—C(=O)—CH_3 \qquad C_6H_5—C(=O)—O—O—C(=O)—C_6H_5$$

过氧化乙酰　　　　过氧化苯甲酰

由于过氧化物的—O—O—键很弱，受热容易均裂成自由基，从而引发试剂生成自由基，然后与烯烃进行加成反应。丙烯与溴化氢自由基加成机理如下：

链引发　$R—O—O—R \xrightarrow[\text{或光}]{\triangle} 2R—O\cdot$

$R—O\cdot + HBr \longrightarrow R—OH + Br\cdot$

在自由基反应机理中，烷氧自由基从溴化氢分子中夺取一个氢原子，同时生成一个溴自由基。

链传递　$Br\cdot + CH_3CH{=}CH_2 \longrightarrow CH_3\dot{C}H—CH_2Br$

$CH_3\dot{C}H—CH_2Br + HBr \longrightarrow CH_3CH_2—CH_2Br + Br\cdot$

溴自由基加在烯烃的碳碳双键的 π 键上，生成最稳定的烷基自由基。由于自由基的稳定性为：叔碳自由基＞仲碳自由基＞伯碳自由基，所以溴自由基总是加到含氢较多的碳原子上，生成较稳定的自由基，烷基自由基从溴化氢中夺取一个氢原子，产生一个新的溴自由基。这一步骤是放热的，所以反应链可以迅速增长[3]。在链增长一步为什么不按下列反应进行？

$$RO\cdot + HBr \longrightarrow ROH + Br\cdot$$
$$RO\cdot + HBr \not\longrightarrow ROBr + H\cdot$$

可从以下三方面来考虑。

① 从亲电性和亲核性上考虑，氧是一个具较强电负性的基团，具有较强的亲核性，因此易于与带有正电性的氢结合，而不与带有负电性的溴结合。

$$\overset{\delta^+}{H} \longrightarrow \overset{\delta^-}{Br}$$

② 从能量上考虑，形成 ROH 是有利的。

$$RO\cdot + HBr \longrightarrow ROH + Br\cdot \qquad \Delta H = 336.1 - 464.4 = -128.3\text{kJ/mol(放热)}$$
$$RO\cdot + HBr \longrightarrow ROBr + H\cdot \qquad \Delta H = 336.1 - 200.8 = 135.3\text{kJ/mol(吸热)}$$

③ 从自由基的稳定性考虑，当反应可以生成两种以上的自由基时，反应总是有利于生成较稳定的自由基，而 Br· 要比 H· 稳定的多。

链终止　$Br\cdot + Br\cdot \longrightarrow Br_2$

$$CH_3\dot{C}H—CH_2Br + CH_3\dot{C}H—CH_2Br \longrightarrow CH_3\underset{\underset{BrCH_2}{|}}{C}H—\underset{\underset{CH_2Br}{|}}{C}HCH_3$$

$$Br\cdot + CH_3\dot{C}HCH_2Br \longrightarrow CH_3\underset{\underset{Br}{|}}{C}H—CH_2Br$$

链终止反应可以循环进行到溴原子或烷基自由基失活为止。

对 HX 而言，过氧化物效应只限于 HBr。HCl 中 H—Cl 键比 H—Br 键牢固得多，需要较高的活化能才能使 H—Cl 键均裂成自由基，这样就阻止了链反应，所以 HCl 不能进行自由基加成反应。HI 均裂的离解能不大，但碘原子与双键加成要求提供较高的活化能，反应活性低，碘原子较容易自相聚合成碘，所以不能进行自由基加成。

利用过氧化物效应，由 α-烯烃与溴化氢反应是制备 1-溴代烷的方法之一。例如，抗精神失常药物炎镇痛、氟奋乃静、三氟拉嗪等的中间体 1-氯-3 溴丙烷就是利用这种方法合成的。

$$ClCH_2-CH=CH_2+HBr\xrightarrow[18℃,85\%]{过氧化苯甲酰}ClCH_2-CH_2-CH_2Br$$

1-氯-3-溴丙烷

炔烃与 HBr 加成也有过氧化物效应，机理与烯烃加成类似。

$$CH_3CH_2CH_2CH_2-C\equiv CH + HBr \xrightarrow{ROOR} CH_3CH_2CH_2CH_2-\underset{H}{C}=\underset{Br}{C}-H$$

烯烃与溴化氢的离子型反应是先加氢生成稳定的碳正离子，而在自由基反应中，则是先加溴，生成较稳定的自由基，因此产生不同的区域选择性。利用烯烃加溴化氢的不同区域选择性可以合成两种类型烯烃，这在有机合成上有重要意义。

练习 1

(1-甲基环己烯)$-CH_3 + HBr \xrightarrow{ROOR}$ [　　]

[答案]

(环己烷，1位 $-CH_3$，2位 Br)

练习 2

$CH_2=CF_2 + CHCl_3 \xrightarrow{ROOR}$ [　　]

[答案]　$F_2CHCH_2CCl_3$。这就是 Kharasch 反应。多卤代烷如 $BrCCl_3$，CCl_4，ICF_3 等在过氧化物或光的作用下，也可以形成多卤代烷基的自由基，因此能够与烯烃发生自由基加成反应。多卤代烷在形成自由基时若有多种选择，一般总是最弱的键较易断裂，最稳定的自由基较易形成[4]。例如

链引发：

$$ROOR \longrightarrow 2RO\cdot$$

$$RO\cdot + Cl_3CBr \longrightarrow ROBr + \cdot CCl_3$$

链转移：

$$CH_2CH=CH_3 + \cdot CCl_3 \longrightarrow CH_3\dot{C}HCH_2CCl_3$$

$$CH_3\dot{C}HCH_2CCl_3 + Cl_3CBr \longrightarrow CH_3CHBrCH_2CCl_3 + \cdot CCl_3$$

链终止：略

在卤化物中，可以进行加成的是 CBr_4，CCl_4，$BrCCl_3$，$BrCHCl_2$，$CHCl_3$，CHI_3 和 CHF_3。含有少于三个卤原子的卤代甲烷却不易加成，除非在这个化合物中还存在其他不饱和基团，例如 $BrCH_2COOC_2H_5$ 和 $ClCH_2COCH_3$。这个反应可以方便地用下列两法进行：a. 将烯烃和卤代甲烷的混合物用紫外线照射；b. 在混合物中加入一种自由基引发剂。最常用的引发剂是过氧化苯甲酰，温度通常为 60～80℃。

练习 3

下列自由基中最稳定的是（　　）。　　　　（中山大学，2003）

A. $C_6H_5\dot{C}H_2$　　B. $C_6H_5CH_2\dot{C}H_2$　　C. $C_6H_5CH_2\dot{C}HCH_3$

[答案]　A。A 中 p-π 共轭效应使其稳定。

练习 4

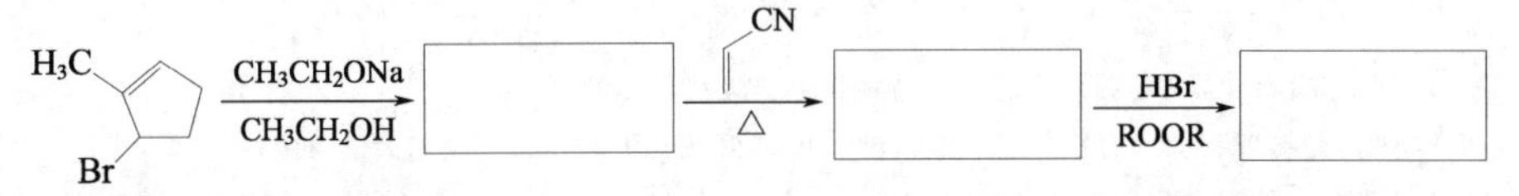

（华南理工大学，2004）

［答案］

H_3C　CN，　H_3C　CN　Br

练习 5　找错并改错。

$CH_3CH{=}CH_2 + HCl \xrightarrow{ROOR'} CH_3CH_2CH_2Cl$　（华南理工大学，2004）

［答案］　HBr 方能进行自由基加成反应。

练习 6　找错并改错。

$CH_3CH_2CH{=}CH_2 + HBr \xrightarrow{\text{过氧化物}} CH_3CH_2CH_2CH_2Br$　（华南理工大学，2001）

［答案］　反应为自由基加成，是双键的反马氏加成。

练习 7

（$CH{=}CH_2$；H—C—Br；CH_3）$+ HBr \longrightarrow$ ☐　（四川大学，2003）

［答案］

（CH_3；H—C—Br；H—C—Br；CH_3）+（CH_3；Br—C—H；H—C—Br；CH_3）　中间体碳正离子为平面结构，加成产物异构体各占 50%。

练习 8

$n\text{-}C_4H_9C{\equiv}CH \xrightarrow[ROOR]{HBr}$ ☐ $\xrightarrow[ROOR]{HBr}$ ☐

［答案］

$n\text{-}C_4H_9C{\equiv}CH \xrightarrow[ROOR]{HBr} n\text{-}C_4H_9CH{=}CHBr \xrightarrow[ROOR]{HBr}$ Br　Br

练习 9

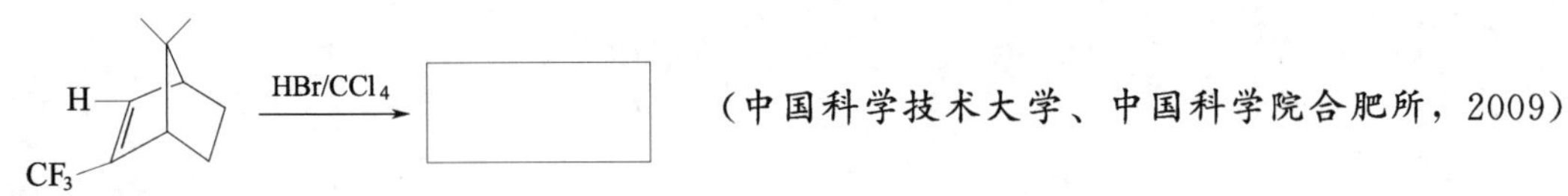

（中国科学技术大学、中国科学院合肥所，2009）

［答案］

H　CF_3　Br　H

参考文献

[1] 邢其毅，徐瑞秋等．基础有机化学（上册）．北京：高等教育出版社，1995.

[2] [英] Richard A Y Jones．物理和机理有机化学．欧音湘，杨志军译．北京：北京理工大学出版社，1992.

[3] 孔祥文．有机化学．北京：化学工业出版社，2010.

[4] 邢其毅，裴伟伟，徐瑞秋等．基础有机化学．北京：高等教育出版社，2005：325.

Knoevenagel 缩合

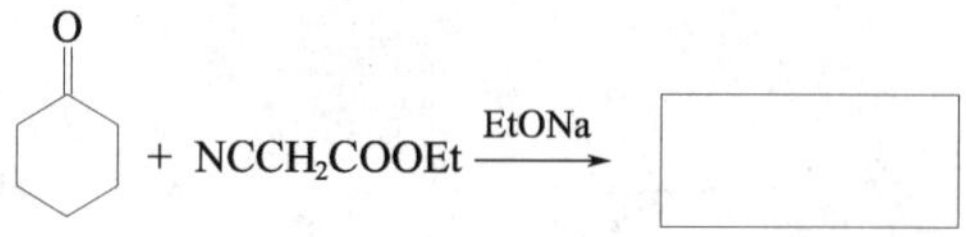

（兰州大学，2005）

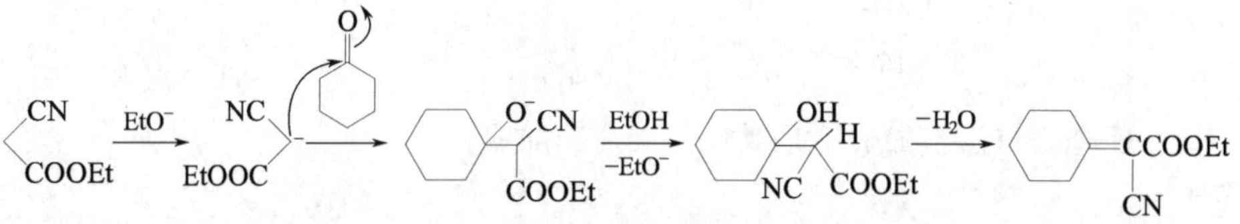

腈乙酸乙酯（活泼亚甲基化合物）在乙醇钠催化下与环己酮发生缩合反应生成 α-环己亚甲基腈乙酸乙酯（α,β-不饱和羧酸酯）[1]，该反应即为 Knoevenagel 缩合反应。

Knoevenagel 缩合反应[2]是指含活泼亚甲基的化合物与醛或酮在弱碱性催化剂（氨、伯胺、仲胺、吡啶等有机碱）存在下缩合得到 α,β-不饱和化合物的反应。

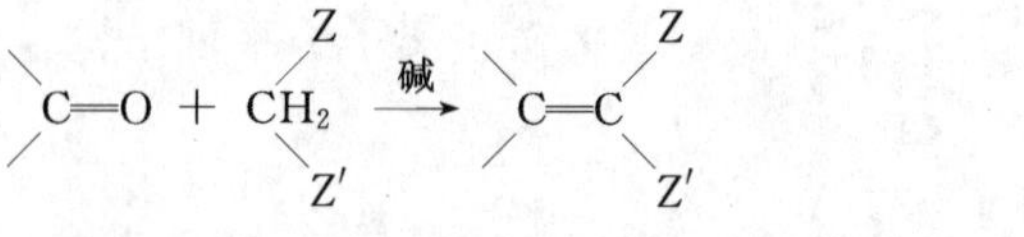

Z,Z'＝—CHO，—COR，—COOR，—CN，—NO_2，—SOR，—SO_2OR

例如：

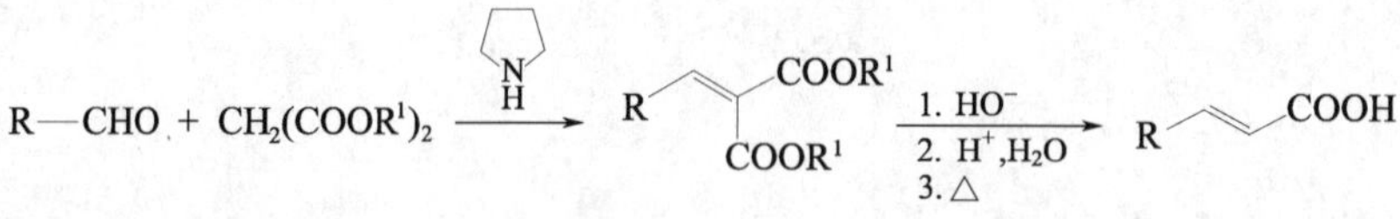

反应机理[3,4]：

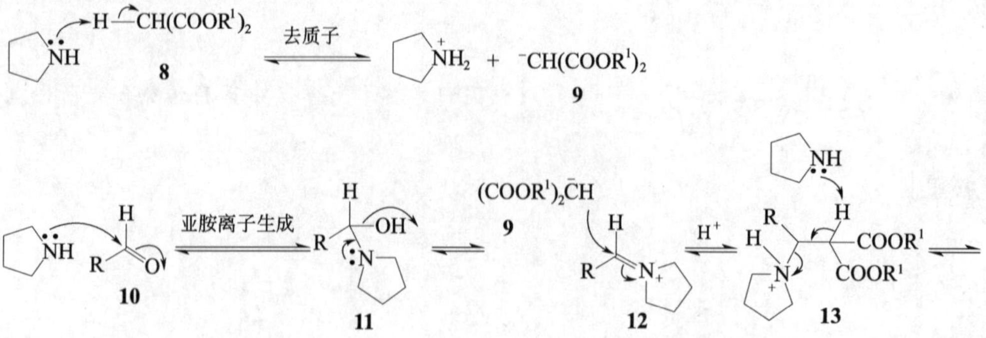

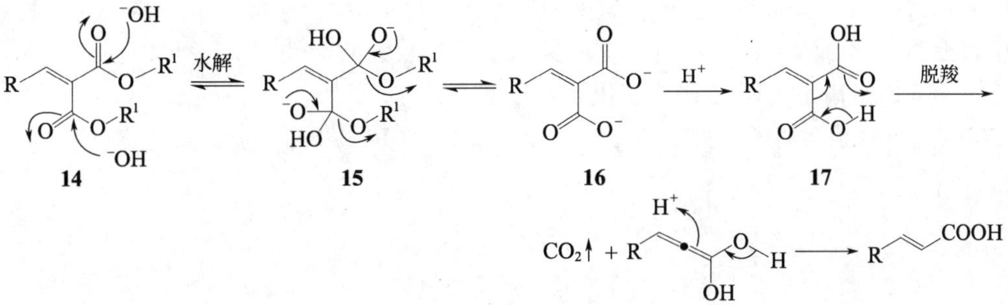

水解　H^+　脱羧

14　15　16　17

$CO_2\uparrow$ + 　　18　　19 ($R-CH=CH-COOH$)

丙二酸酯（**8**）在四氢吡咯作用下失去 *α*-H 形成 *α*-碳负离子（**9**）；另一分子四氢吡咯与醛（**10**）反应先生成 *α*-醇胺（**11**），**11** 消除 OH^- 得亚胺离子（**12**）；**9** 亲核进攻 **12** 形成（**13**）；**13** 在四氢吡咯作用下进行消除反应得到 *α*,*β*-不饱和丙二酸酯（**14**）；**14** 的酯基在 OH^- 作用下形成四面体中间体（**15**），再消去两个 R^1O^- 得 *α*,*β*-不饱和丙二酸盐（**16**）；酸化得 *α*,*β*-不饱和丙二酸（**17**）；**17** 脱羧得丙二烯（**18**）；**18** 重排得目标产物 *α*,*β*-不饱和羧酸（**19**）。

由上述反应过程可以看出，Knoevenagel 反应类似于羟醛缩合，产物是反应物醛（酮）去掉羰基氧原子，另一反应物活泼亚甲基化合物去掉两个 *α*-氢原子后相互以双键相结合[5]。例如：

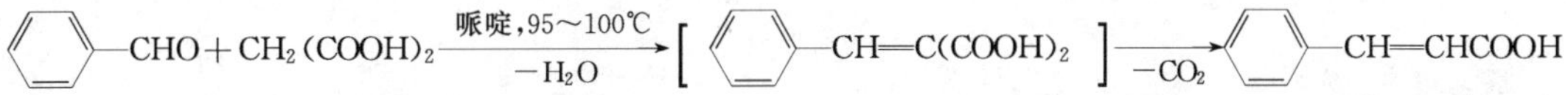

$$C_6H_5-CHO + CH_2(COOH)_2 \xrightarrow[-H_2O]{\text{哌啶},95\sim100^\circ C} [C_6H_5-CH=C(COOH)_2] \xrightarrow{-CO_2} C_6H_5-CH=CHCOOH \quad (80\%\sim95\%)$$

活泼亚甲基化合物，如丙二酸（酯）、*β*-酮酸酯、*β*-二酮、氰基乙酸酯、苯乙氰、硝基亚甲基化合物等的活泼性很大，能产生足够浓度的碳负离子。亚甲基上另一个氢也足够活泼，可以在碱作用下除去，形成双键并使反应朝有利于产物方向进行。Knoevenagel 反应的收率一般都比较高，在有机合成中有广泛的应用，芳香族和脂肪族醛酮均可反应。例如：

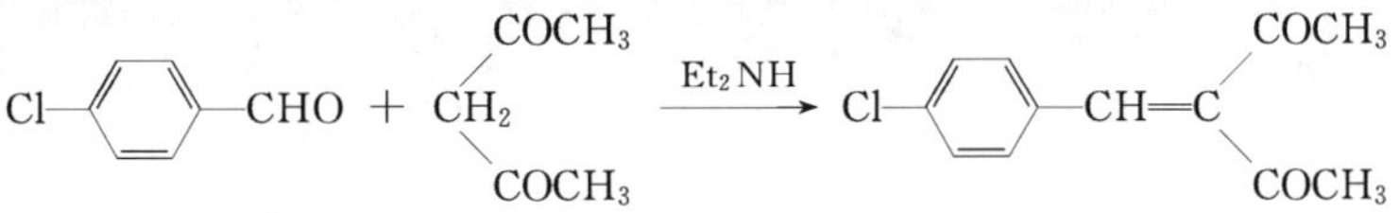

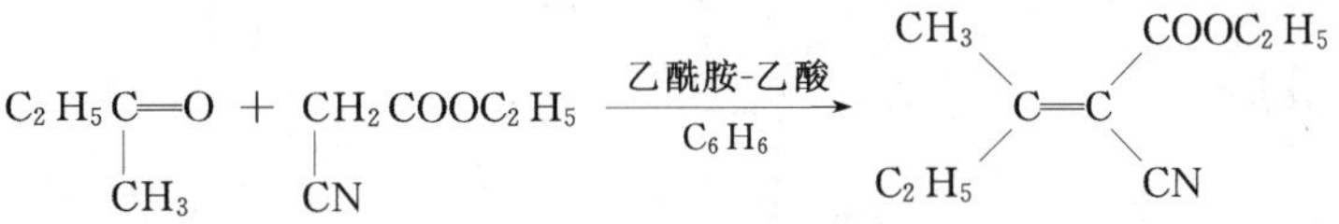

$$Cl-C_6H_4-CHO + CH_2(COCH_3)_2 \xrightarrow{Et_2NH} Cl-C_6H_4-CH=C(COCH_3)_2$$

$$C_2H_5C(CH_3)=O + CH_2(CN)COOC_2H_5 \xrightarrow[C_6H_6]{\text{乙酰胺-乙酸}} (CH_3)(C_2H_5)C=C(COOC_2H_5)(CN) \quad 85\%$$

Knoevenagel 反应的催化剂为弱碱，如胺、吡啶、哌啶。由于活泼亚甲基化合物先与弱碱反应生成碳负离子，降低了醛或酮分子间发生羟醛缩合的可能性，因而该反应产率较高，常用于 *α*,*β*-不饱和化合物的合成。

练习 1　下列负离子最稳定的是（　　）。

A. 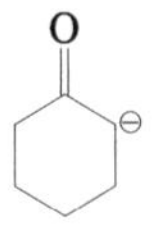　　B. 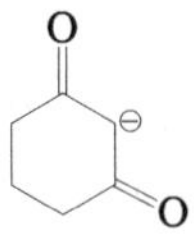　　C. 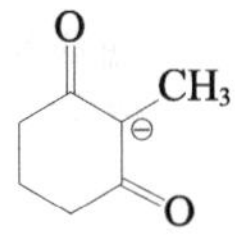　　（大连理工大学，2004）

［答案］　B。B 和 C 均为 *β*-二羰基化合物。在 *β*-二羰基化合物中有两个强吸电子的羰基

去影响它们共同的 α-氢原子，使得 α-碳上的氢原子变得很活泼。因此，β-二羰基化合物也常叫做活泼亚甲基化合物。这个亚甲基上的氢原子具有较大的酸性（$pK_a \approx 10 \sim 14$），在碱的作用下易形成碳负离子。而 C 中有供电子基甲基[6]。

练习 2　下列碳负离子最稳定的是（　　）

A. 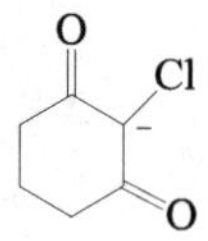　B. 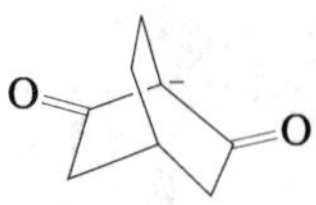　C. 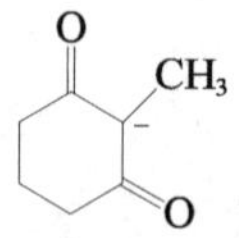　D.

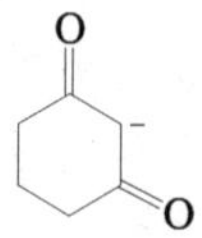

［答案］ A

练习 3[7]

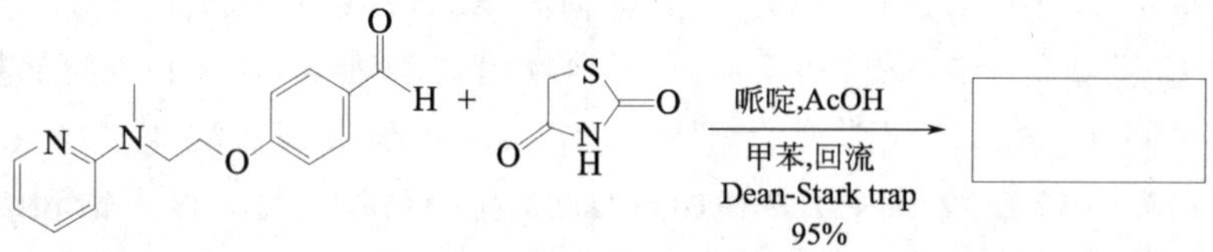

哌啶,AcOH
甲苯,回流
Dean-Stark trap
95%

［答案］

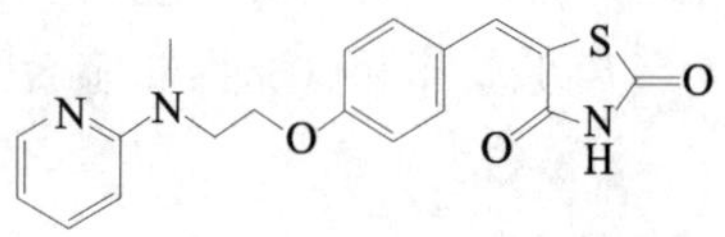

练习 4[8]

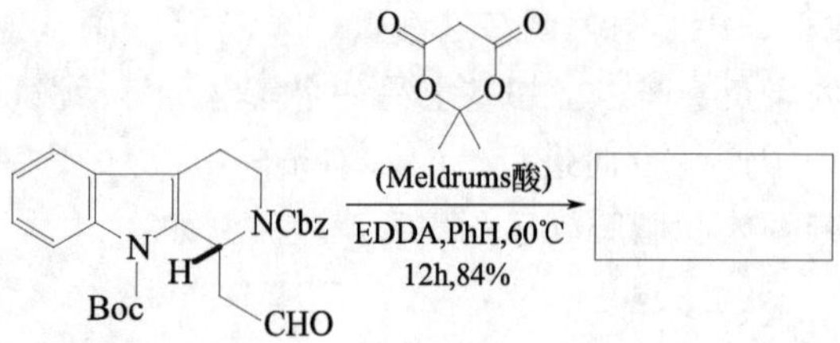

(Meldrums酸)
EDDA,PhH,60℃
12h,84%

［答案］

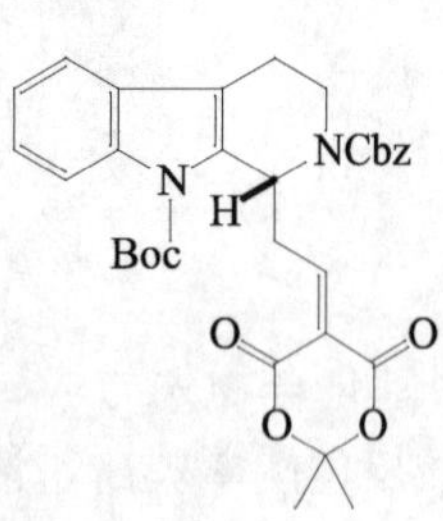

练习 5[9]

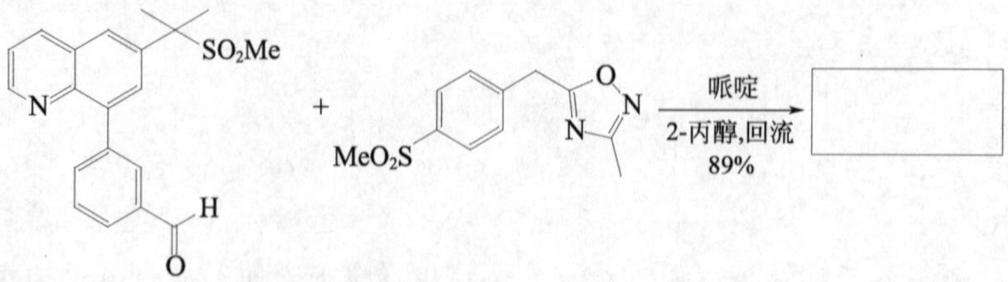

SO_2Me　　MeO_2S

哌啶
2-丙醇,回流
89%

[答案]

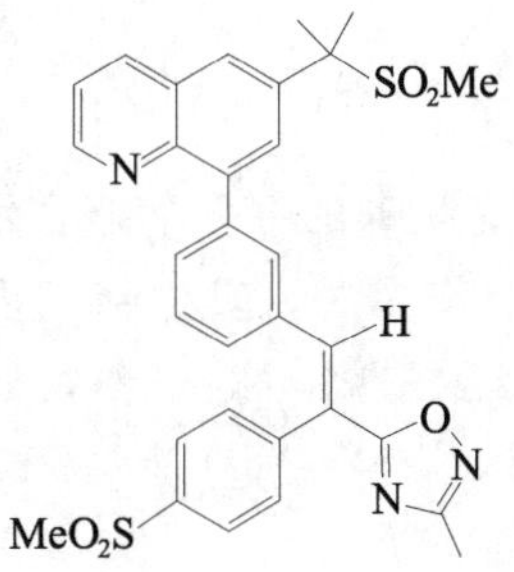

(结构式：6-(2-甲磺酰基丙-2-基)-8-[3-(2-(4-甲磺酰基苯基)-2-(3-甲基-1,2,4-噁二唑-5-基)乙烯基)苯基]喹啉；标注 SO_2Me，N，H，O，N，N，MeO_2S)

练习 6[10]

对甲氧基肉桂酸乙酯是莪术根茎中抗真菌的主要活性成分。它具有广谱的抗真菌作用，对红色发癣菌（皮肤真菌病主要病原菌之一）的最小抑制浓度小于 10 mg/L，对其他皮肤致病真菌也有一定的抑制作用。同时，对甲氧基肉桂酸乙酯对 280～320 nm 紫外线有良好吸收能力，且吸收率高，是一种常用的紫外线吸收剂，也可以作为合成最常用紫外线吸收剂对甲氧基肉桂酸异辛酯和异戊酯的中间体[2]。

对甲氧基肉桂酸乙酯可以用茴香醛、丙二酸二乙酯、氢氧化钾和冰醋酸作原料，以 L-脯氨酸/磷酸钾为催化剂，无水乙醇为溶剂，经 Knoevenagel 缩合反应一锅法合成。请写出该反应的方程式。

[答案]

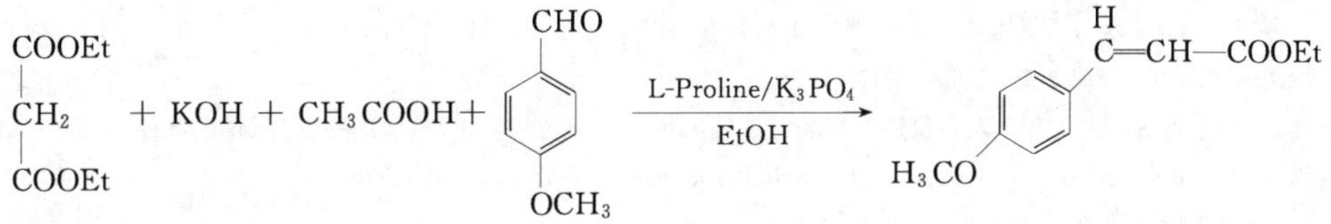

$$CH_2(COOEt)_2 + KOH + CH_3COOH + p\text{-}CH_3OC_6H_4CHO \xrightarrow[\text{EtOH}]{\text{L-Proline}/K_3PO_4} p\text{-}H_3COC_6H_4CH{=}CH{-}COOEt$$

练习 7

$$CH_3COCH_2COOC_2H_5 \xrightarrow[\text{PhCHO}]{C_2H_5ONa,\ C_2H_5OH} \boxed{\quad}$$

（南开大学，2003）

[答案]

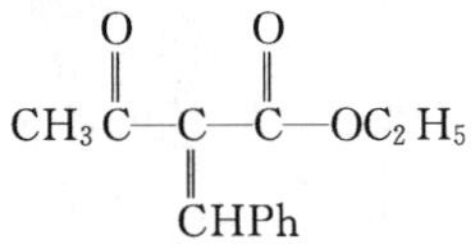

$$CH_3\overset{O}{\overset{\|}{C}}-\underset{\underset{CHPh}{\|}}{C}-\overset{O}{\overset{\|}{C}}-OC_2H_5$$

练习 8[11]

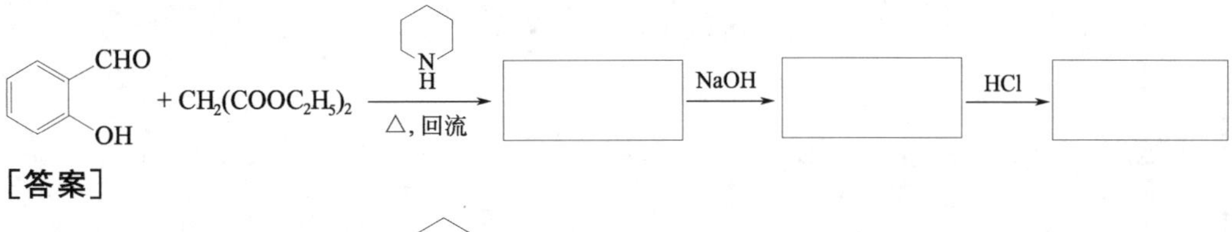

$$o\text{-}HOC_6H_4CHO + CH_2(COOC_2H_5)_2 \xrightarrow[\triangle,\text{回流}]{\text{哌啶}} \boxed{\quad} \xrightarrow{NaOH} \boxed{\quad} \xrightarrow{HCl} \boxed{\quad}$$

[答案]

$$o\text{-}HOC_6H_4CHO + CH_2(COOC_2H_5)_2 \xrightarrow[\triangle,\text{回流}]{\text{哌啶}} \text{3-}COOC_2H_5\text{-香豆素}$$

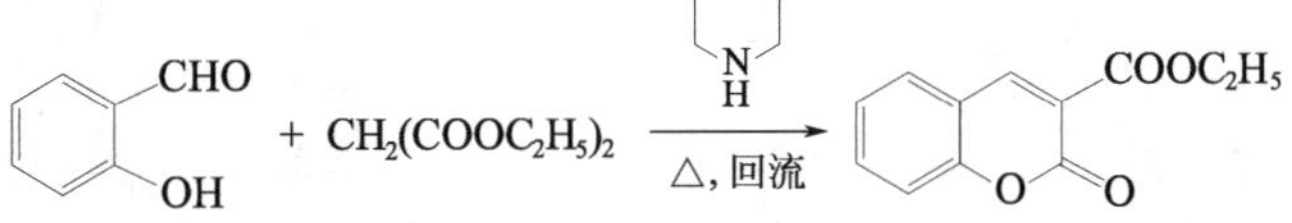

作者采用未见文献报道的合成工艺，即用水杨醛与丙二酸酯在有机碱的催化下缩合生成香豆素-3-羧酸乙酯，含有内酯结构的香豆素-3-羧酸乙酯在与碱相互作用时，发生伴随内酯环断开的内酯皂化[6]，生成的羟基酸盐在盐酸作用下生成羟基酸，脱水闭环得到香豆素-3-羧酸。其合成路线如上。

练习 9[12]

硝酸乙铵盐

rt, 10h, 87%

[答案]

反应物一个是 3-苯基丙烯醛，另一个是腈乙酸乙酯（活泼亚甲基化合物），二者在铵盐催化下发生缩合反应生成 5-苯基-2-氰基-2,4-戊二烯酸乙酯（α,β-不饱和羧酸酯），该反应即为 Knoevenagel 缩合反应。

参考文献

[1] 吴范宏．有机化学学习与考研指津．2008 版．上海：华东理工大学出版社，2008：107.

[2] Knoevenagel E. Ber，1898，31：2596-2619.

[3] [美] 李杰（Jie Jack Li）．有机人名反应及机理．荣国斌译．朱士正校．上海：华东理工大学出版社，2003：220.

[4] Jie Jack Li. Name Reaction. 4th ed. Berlin Heidelberg：Springer-Verlag，2009：315.

[5] 孔祥文．有机化学．北京：化学工业出版社，2010.

[6] 吴范宏．有机化学学习与考研指津．2008 版．武汉：华中理工大学，2008：105.

[7] Cantello B C C，Cawthornre M A，Cottam G P，Duff P T，Haigh D，Hindley R M，Lister C A，Smith S A，Thurlby P L. J Med Chem，1994，37：3977-3985.

[8] Tietze L F，Zhou Y. Angew Chem Int Ed，1999，38：2045-2047.

[9] Shi Y J，Williams J M，MacDonald D. Org Process Res Dev，2006，10：36-45.

[10] 曾庆友，曾明荣，许瑞安．对甲氧基肉桂酸乙酯的一锅式绿色合成．精细化工，2008，25（2）：193.

[11] 刘秀娟，厉连斌，王歌云．香豆素-3-羧酸及其酯的合成研究．化学试剂，2007，29（1）：43-45.

[12] Hu Y，Chen J，Le Z G，Zheng Q G. Synth Commun，2005，35：739-744.

Mannich 反应

$$C_6H_5-\underset{\displaystyle O}{\overset{\|}{C}}-CH_3 + HCHO + HN(CH_3)_2 \xrightarrow[70\%]{HCl} C_6H_5-\underset{\displaystyle O}{\overset{\|}{C}}-CH_2-CH_2-N(CH_3)_2 \cdot HCl$$

苯乙酮（含 α-H 的酮）在酸性条件下与甲醛和二甲胺反应得到 α-二甲氨基甲基苯乙酮

盐酸盐或β-二甲氨基-1-苯基丙酮盐酸盐。反应机理[1]如下：

$$(CH_3)_2\ddot{N}H + H_2C{=}O \rightleftharpoons (CH_3)_2N{-}CH_2{-}\ddot{O}H \overset{H^+}{\rightleftharpoons} (CH_3)_2\ddot{N}{-}CH_2{-}\overset{+}{O}H_2 \overset{-H_2O}{\rightleftharpoons} (CH_3)_2\overset{+}{N}{=}CH_2$$

$$C_6H_5COCH_3 \overset{H^+}{\rightleftharpoons} C_6H_5C(OH){=}CH_2 \xrightarrow{CH_2=\overset{+}{N}(CH_3)_2} C_6H_5COCH_2CH_2\ddot{N}(CH_3)_2 + H^+$$

这种含有α-氢原子的醛、酮，如苯乙酮，与醛和氨（或伯、仲胺）之间发生缩合反应，生成β-氨基酮（Mannich Base）盐酸盐的反应称为 Mannich 反应[2]。

$$RCOCH_3 + HCHO + HNR'_2 \cdot HCl \longrightarrow RCOCH_2CH_2NR'_2 \cdot HCl + H_2O$$

这是一种氨甲基化反应，例如上述的苯乙酮分子中甲基上的α-氢原子被二甲氨基甲基取代。由于 Mannich 碱容易分解为氨（或胺）和α,β-不饱和酮，所以 Mannich 反应提供了一个间接合成α,β-不饱和酮的方法。

$$RCOCH_2CH_2NR'_2 \xrightarrow[\text{或碱},\triangle]{\text{蒸馏}} RCOCH{=}CH_2 + R'_2NH$$

Mannich 碱盐酸盐用碱中和得到的游离β-氨基酮与 KCN 或 NaCN 水溶液加热可生成氰化物，再水解可制得γ-酮酸。

$$C_6H_5COCH_2CH_2N(CH_3)_2 \cdot HCl \xrightarrow{\triangle} (CH_3)_2NH \cdot HCl + C_6H_5COCH{=}CH_2$$

$$C_6H_5COCH_2CH_2N(CH_3)_2 \cdot HCl \xrightarrow{OH^-} C_6H_5COCH_2CH_2N(CH_3)_2 \xrightarrow{KCN} C_6H_5COCH_2CH_2CN \xrightarrow{H_3O^+} C_6H_5COCH_2CH_2COOH$$

Mannich 反应中的反应物胺一般为二级胺，如哌啶、二甲胺等。如果用一级胺，缩合产物的氮原子上还有氢，可以继续发生反应，故有时也可根据需要使用一级胺。如果用三级胺或芳香胺，反应中无法生成亚胺离子，停留在季铵离子一步；也可以是酰胺、氨基酸。

Mannich 反应中的反应物醛中，甲醛是最常用的醛，一般用它的水溶液、三聚甲醛或多聚甲醛。除甲醛外，也可用其他单醛或双醛。反应一般在水、乙酸或醇中进行，加入少量盐酸以保证酸性。

Mannich 反应中的含α-氢的化合物一般为羰基化合物（醛、酮、羧酸、酯）、腈、脂肪硝基化合物、末端炔烃、α-烷基吡啶或亚胺等。若用不对称的酮，则产物是混合物。呋喃、吡咯、噻吩等杂环化合物也可反应。

在苯环上引入甲基用一般的方法比较困难，采用 Mannich 碱氢解可以方便引入甲基。

例如：

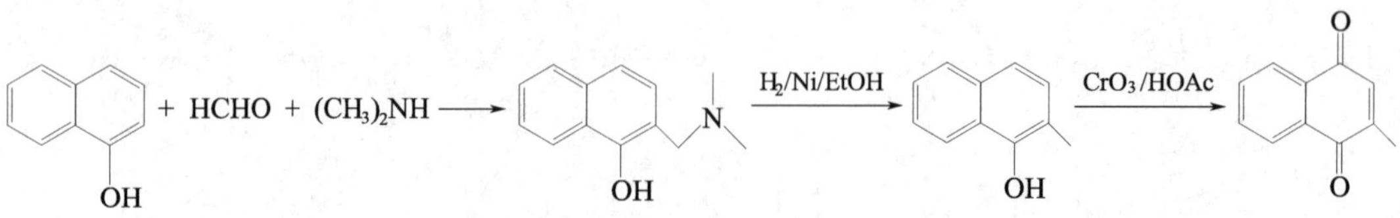

Mannich 碱或其盐酸盐在 Raney Ni 的催化下可以进行氢解，从而制得比原有反应物多一个碳原子的同系物。

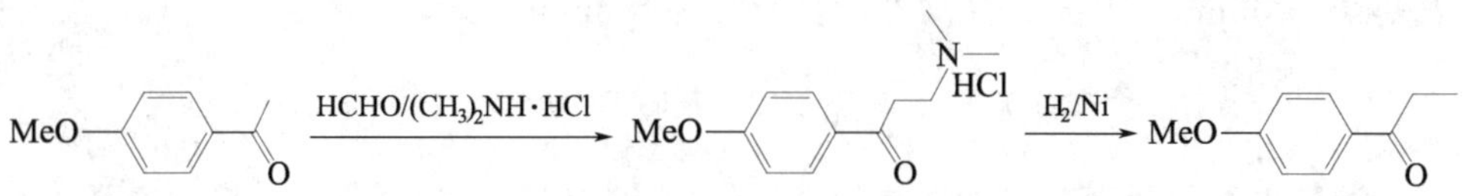

练习 1

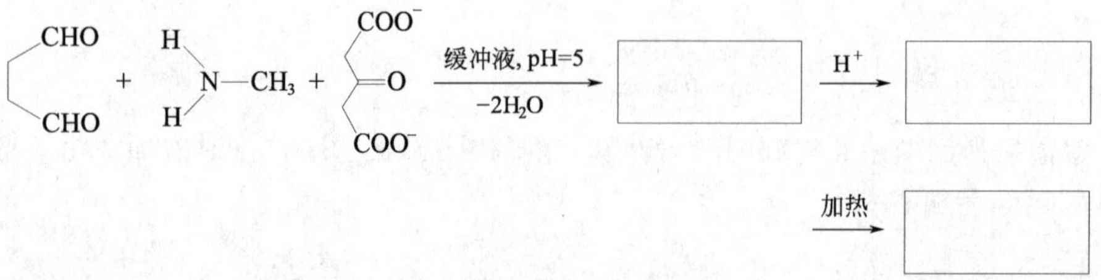

（中国科学技术大学，2011）

［答案］

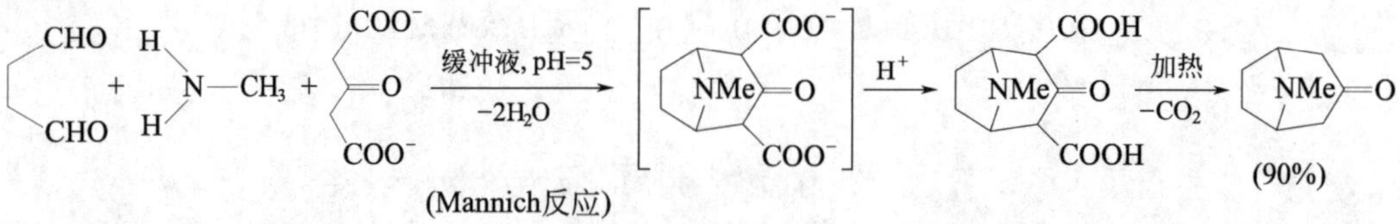

(Mannich反应)

该反应产物托品酮（tropinone）的合成是应用 Mannich 反应的经典例子。1917 年，Robert Robinson（获 1947 年诺贝尔化学奖）以丁二醛、甲胺和 3-氧代戊二酸为原料，利用了 Mannich 反应，在仿生条件下，仅通过一步反应便得到了托品酮。反应的初始产率为 17%，改进后产率可达到 90%。

练习 2[3]

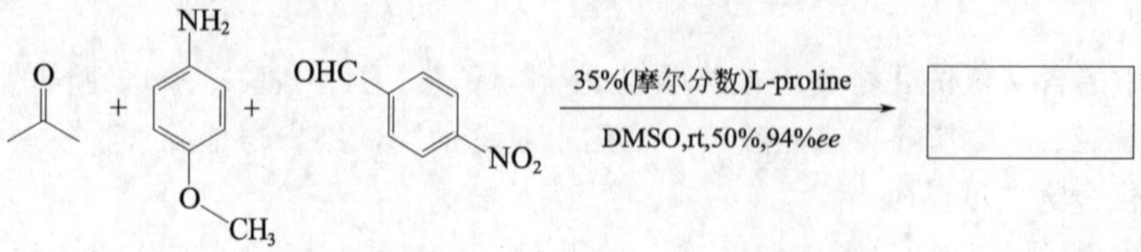

［答案］

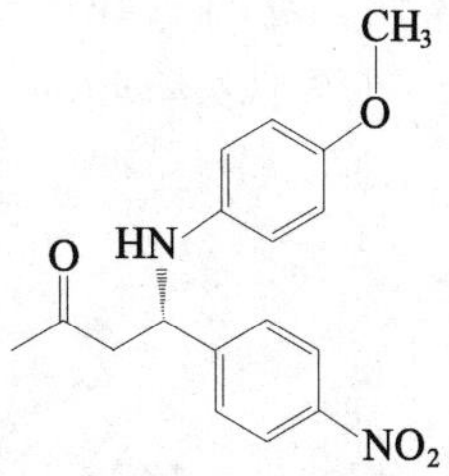

练习 3[4]

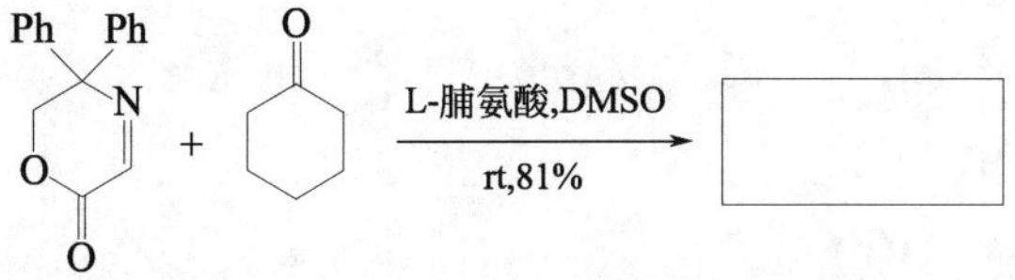

L-脯氨酸，DMSO　rt，81%

［答案］

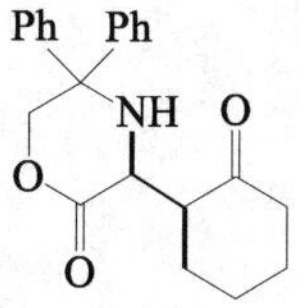

练习 4[5]

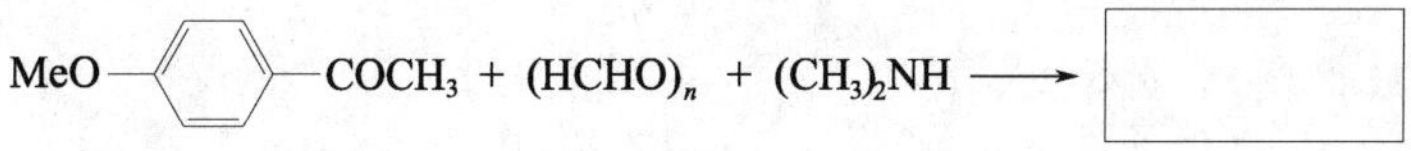

MeO—C₆H₄—$COCH_3$ + $(HCHO)_n$ + $(CH_3)_2NH$ ⟶ □　（复旦大学，2005）

［答案］

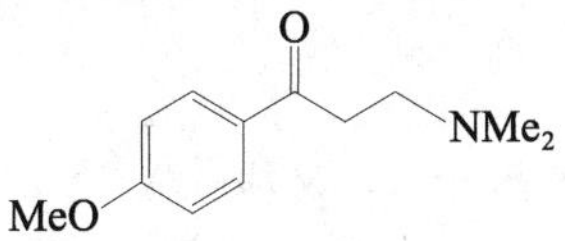

练习 5[6]

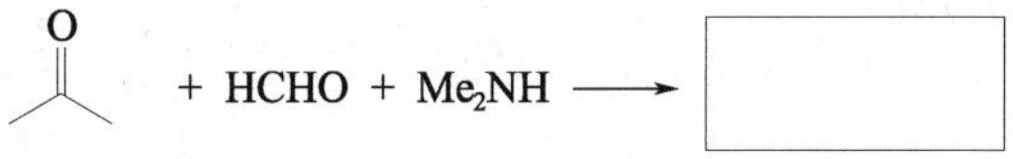

+ HCHO + Me_2NH ⟶ □　（浙江大学，2004）

［答案］

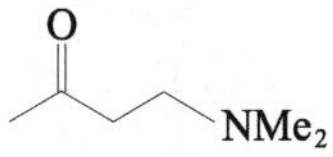

练习 6[7]

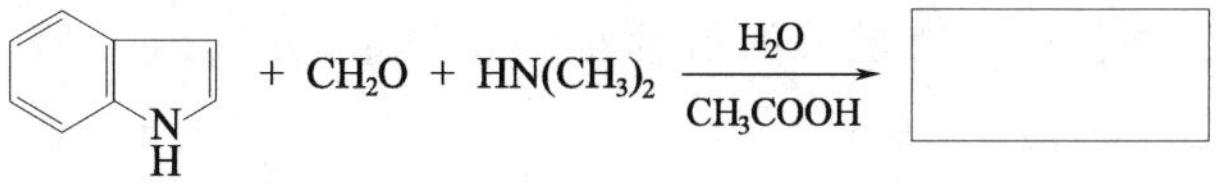

+ CH_2O + $HN(CH_3)_2$ $\xrightarrow[CH_3COOH]{H_2O}$ □　（复旦大学，1999）

[答案]

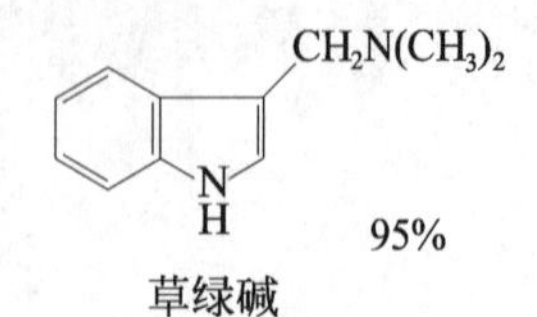

吲哚（A）1位N原子的电子按箭头所示方向转移，形成（B），由于C═N中N吸电子，使其与C═O类似，因此吲哚分子中3位氢是活泼的，可以发生Mannich反应。

(A) (B)

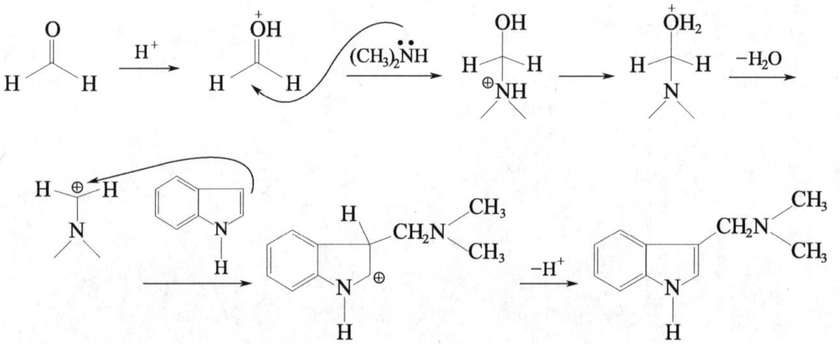

练习 7[8]

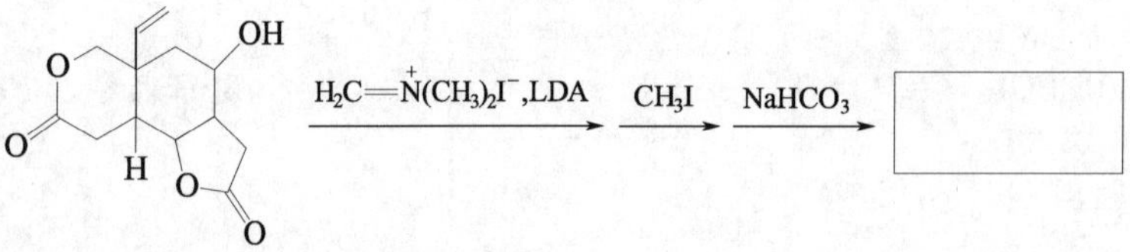

[答案]

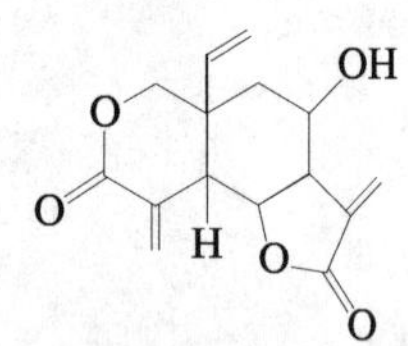

从反应过程可知，含 α-H 的酯通过 Mannich 反应先生成 Mannich 碱，再经碘甲烷的季铵化，Hofmann 消除反应，最后实现原料酯 α-C 的亚甲基化。这也是其他含 α-H 的羰基化合物分子 α-C 上引入一个亚甲基的重要方法。

练习 8

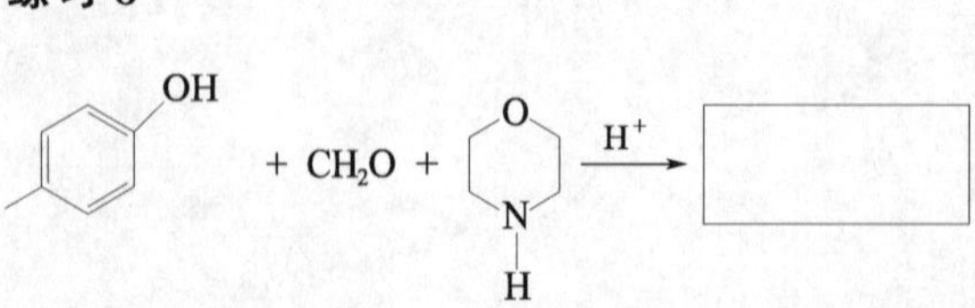

[答案]

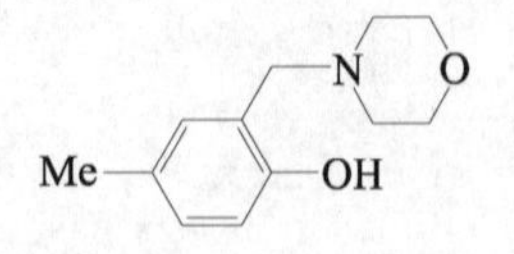

酚的对位或邻位的氢有足够的活泼性，也可发生 Mannich 反应。

练习 9

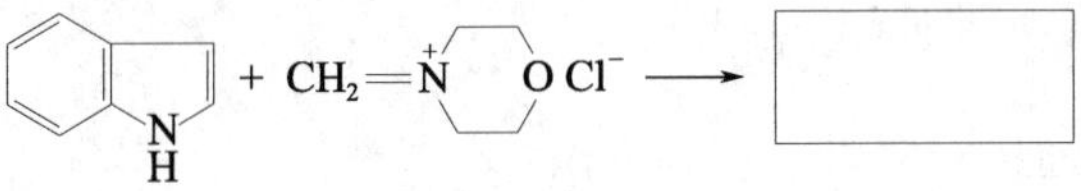

$$\text{吲哚} + CH_2{=}\overset{+}{N}(\text{吗啉})\ Cl^- \longrightarrow \boxed{}$$

[答案]

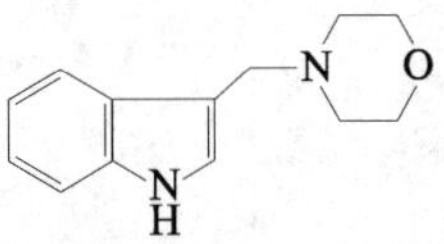

3-(吗啉-4-基甲基)吲哚

练习 10

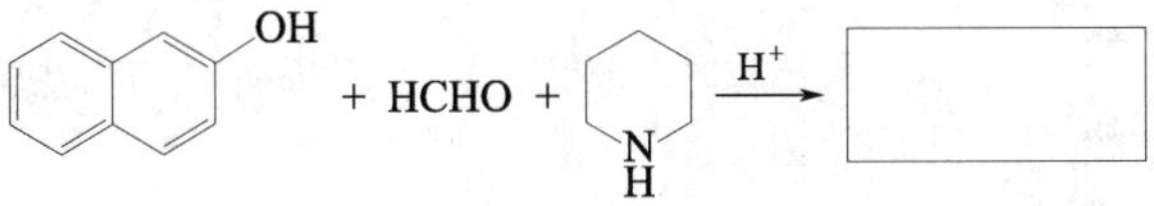

$$\text{2-萘酚} + HCHO + \text{哌啶} \xrightarrow{H^+} \boxed{}$$

[答案]

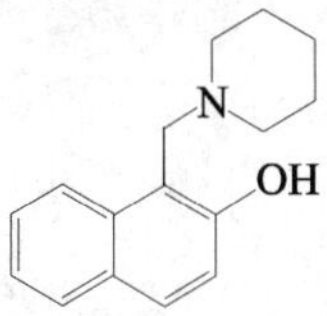

1-(哌啶-1-基甲基)-2-萘酚

练习 11　写出反应机理

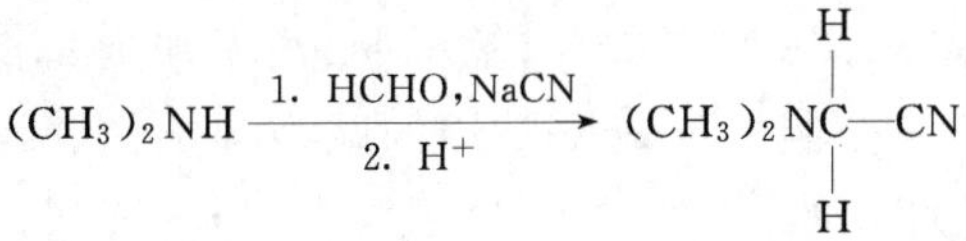

$$(CH_3)_2NH \xrightarrow[2.\ H^+]{1.\ HCHO,NaCN} (CH_3)_2NCH_2{-}CN$$

（复旦大学，2006）

[答案]

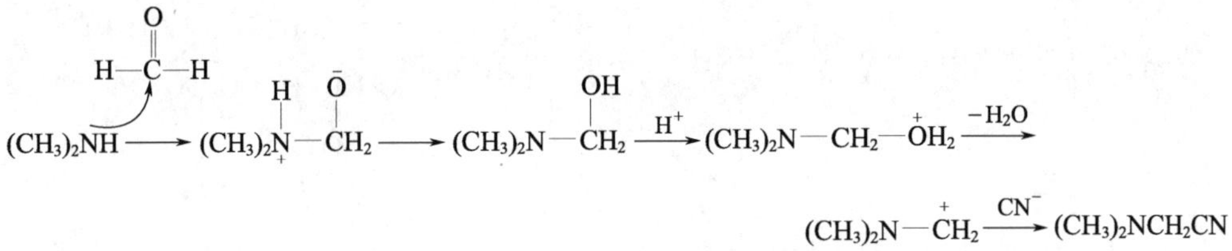

$$(CH_3)_2NH + H{-}\overset{O}{\overset{\|}{C}}{-}H \longrightarrow (CH_3)_2\overset{+}{N}H{-}CH_2{-}O^- \longrightarrow (CH_3)_2N{-}CH_2{-}OH \xrightarrow{H^+} (CH_3)_2N{-}CH_2{-}\overset{+}{O}H_2 \xrightarrow{-H_2O}$$

$$(CH_3)_2N{-}\overset{+}{C}H_2 \xrightarrow{CN^-} (CH_3)_2NCH_2CN$$

练习 12

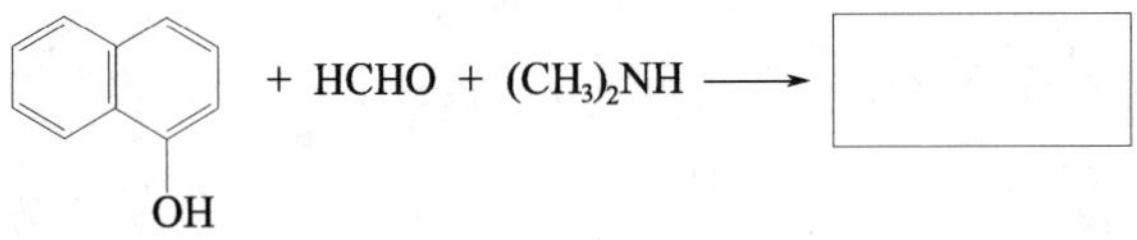

$$\text{1-萘酚} + HCHO + (CH_3)_2NH \longrightarrow \boxed{}$$

（浙江大学，2004）

[答案]

$$\text{1-萘酚-2-}CH_2N(CH_3)_2$$

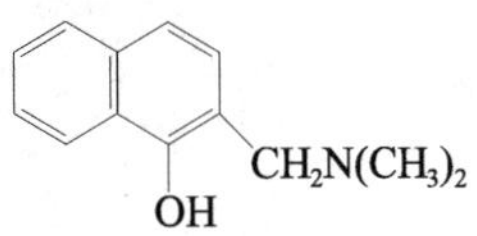

参考文献

[1] 孔祥文．有机化学．北京：化学工业出版社，2010.

[2] Mannich. C，Krösche W. Arch Pharm，1912，250：647-667.

[3] List B. J Am Chem Soc，2000，122：9336-9337.

[4] Hahn B T, Fröhlich R, Harms K, Glorius F. Angew Chem Int Ed, 2008, 47: 9985-9988.
[5] 金圣才. 有机化学名校考研真题详解. 北京:中国水利水电出版社, 2010, 3: 208.
[6] 汪秋安. 有机化学考研指导. 北京:科学出版社, 2005.
[7] 吴范宏. 有机化学学习与考研指津. 2008版. 上海:华东理工大学出版社, 2008: 217.
[8] 邢其毅, 裴伟伟, 徐瑞秋等. 基础有机化学(上、下册). 第3版. 北京:高等教育出版社, 2005.

Michael 加成

2-环己烯酮 + $CH_2(COOC_2H_5)_2$ $\xrightarrow{C_2H_5ONa}$ [ ] (南开大学, 2005)

丙二酸二乙酯和2-环己烯酮在乙醇钠作用下发生 Michael 加成反应生成3-酮基环己基丙二酸二乙酯[1], (3-氧代环己基)$CH(COOEt)_2$, 90%。

活泼亚甲基化合物在碱催化下与α,β-不饱和醛、酮、酯、腈、硝基化合物等可以进行1,4-共轭加成反应,该反应称为 Michael 加成反应[2]。反应的结果总是碳负离子加到α,β-不饱和化合物的β-碳原子上,而α-碳原子上则加上一个氢。反应中常用的碱为醇钠、氢氧化钠、氢氧化钾、氢化钠、吡啶和季铵碱等[3]。例如:

$$CH_2{=}CHCOCH_2CH_3 + CH_3COCH_2COOC_2H_5 \xrightarrow[2.\ C_2H_5OH]{1.\ C_2H_5ONa} CH_3COCH(CH_2CH_2COCH_2CH_3)COOCH_2CH_3$$

$$CH_2{=}CHCOCH_3 + CH_3COCH_2COOC_2H_5 \xrightarrow[2.\ C_2H_5OH]{1.\ C_2H_5ONa} CH_3COCH(COOC_2H_5)CH_2CH_2COCH_3$$

其反应机理以丙二酸二乙酯与丁烯酮在乙醇钠作用下的反应为例表述如下:

$$EtOOCCH_2COOEt\ (\mathbf{20}) \underset{}{\overset{^-OEt}{\rightleftharpoons}} EtOC(O^-){=}CHCOOEt\ (\mathbf{21}) \xrightarrow{CH_2{=}CH{-}COCH_3\ (\mathbf{22})} (EtOOC)_2CHCH_2CH{=}C(O^-)CH_3\ (\mathbf{23})$$

$$\overset{EtOH}{\rightleftharpoons} (EtOOC)_2CHCH_2CH{=}C(OH)CH_3\ (\mathbf{24}) \overset{互变异构}{\rightleftharpoons} (EtOOC)_2CHCH_2CH_2COCH_3\ (\mathbf{25})$$

首先是乙氧负离子夺取丙二酸二乙酯(**20**)α-碳上的活泼氢,生成一个α-碳负离子(烯醇负离子)(**21**),然后碳负离子与丁烯酮(**22**)发生1,4-共轭加成反应形成加成物(**23**),

23 从溶剂乙醇中夺取一个质子形成烯醇（**24**），**24** 经互变异构为目标产物 2-(3-氧代丁基)丙二酸二乙酯（**25**）。

乙酰乙酸乙酯或丙二酸二乙酯和 α,β-不饱和羰基化合物进行 Michael 加成反应，加成产物经水解和加热脱羧，最后得到 1，5-二羰基化合物。因此，Michael 加成反应是合成 1,5-二羰基化合物最好的方法。例如：

$$H_3C-C(=O)-CH(COOC_2H_5)-CH_2CH_2-C(=O)-CH_3 \xrightarrow{H_3O^+} H_3C-C(=O)-CH(COOH)-CH_2CH_2-C(=O)-CH_3 \xrightarrow{\triangle} H_3C-C(=O)-CH_2-CH_2CH_2-C(=O)-CH_3$$

$$\text{3-}[CH(COOC_2H_5)_2]\text{环己酮} \xrightarrow[\triangle]{H_3O^+} \text{3-}(CH_2COOH)\text{环己酮}$$

其他 α,β-不饱和化合物也可以进行类似的 Michael 加成反应。例如：

$$HC\equiv C-COOC_2H_5 + CH_3COCH_2COOC_2H_5 \xrightarrow{C_2H_5ONa} H-C(CH_3COCHCOOC_2H_5)=CH-COOC_2H_5$$

$$CH_3COCH_2COCH_3 + CH_2=CHCN \xrightarrow[25℃]{(C_2H_5)_3N,\text{叔丁醇}} CH_3COCH(CH_2CH_2CN)COCH_3 \quad 71\%$$

练习 1

以 C_3 或 C_3 以下有机物合成 5,5-二甲基-4-乙氧羰基-1,3-环己二酮（结构：环己烷-1,3-二酮，C4 上 COOEt，C5 上两个甲基）　　（兰州大学，2005）

［答案］

$$CH_3COOH \xrightarrow[P]{Cl_2} CH_2(Cl)COOH \xrightarrow{NaOH} CH_2(Cl)COONa \xrightarrow{KCN} CH_2(CN)COONa \xrightarrow[H_2SO_4]{C_2H_5OH} CH_2(COOC_2H_5)_2$$

$$2\,CH_3COCH_3 \xrightarrow{OH^-} (CH_3)_2C=CH-CO-CH_3 \xrightarrow[\text{吡啶}]{CH_2(COOC_2H_5)_2} \text{5,5-二甲基-4-COOEt-1,3-环己二酮}$$

练习 2

将 $CH_3CH=CHCH_2COCH_3$ 转化为 $CH_3CH=CHCH_2-CH(OH)-CH_3$，不可使用的试剂为（　　）。

A. $NaBH_4$　　B. $Al[OCH(CH_3)_2]_3/(CH_3)_2CHOH$

C. H_2/Pd　　D. $LiAlH_4$　　（郑州大学，2006）

[答案] C。Pd催化氢化，双键还原。

练习3

由丙二酸二乙酯及小于等于4个碳的有机物合成（3,4-二羟基环己基丙酸乙酯的丙酮缩酮，侧链为 $CH_2CH_2COOC_2H_5$）

（中国石油大学，2004）

[答案]

$$CH_2(COOC_2H_5)_2 \xrightarrow[2.\ CH_2=CHCH_2Br]{1.\ EtONa} CH_2=CHCH_2CH(COOC_2H_5)_2 \xrightarrow{OH^-} \xrightarrow[\triangle]{H^+}$$

$$CH_2=CHCH_2CH_2COOH \xrightarrow[H^+]{C_2H_5OH} CH_2=CHCH_2CH_2COOC_2H_5 \xrightarrow{\text{丁二烯}} \text{3-环己烯基}-CH_2CH_2COOC_2H_5 \xrightarrow[KMnO_4]{OH^-}$$

$$\text{3,4-(HO)}_2\text{环己基}-CH_2CH_2COOC_2H_5 \xrightarrow[H^+]{CH_3COCH_3} \text{产物}$$

练习4

$$\text{2-甲基环戊酮} + CH_2=CH-COOCH_3 \xrightarrow{(CH_3)_3COK} \boxed{\quad}$$

（中山大学，2003）

[答案]

2-甲基-2-($CH_2CH_2COOCH_3$)环戊酮（H_3C、$CH_2CH_2COOCH_3$ 连于同一碳上）

练习5

$$CH_2=CHCHO + 2HCN \xrightarrow{OH^-} \boxed{\quad}$$

[答案]

$NCCH_2CH_2CH(OH)CN$　丙烯醛与一分子HCN共轭加成后，再加成一分子HCN，得产物。

练习6

$$CH_2=CHCHO + 3C_2H_5SH \xrightarrow{H^+} \boxed{\quad}$$

[答案]

$C_2H_5SCH_2CH_2CH(SC_2H_5)_2$　三分子 C_2H_5SH 与丙烯醛反应，先是1,4-共轭加成，而后是生成硫代缩醛，即为 $C_2H_5SCH_2CH_2CH(SC_2H_5)_2$。

练习7

$$CH_3-\overset{CH_3}{\overset{|}{C}}=CH-\overset{O}{\overset{\|}{C}}-CH_3 \xrightarrow[OH^-]{HCN} \boxed{\quad}$$

[答案]

$$(CH_3)_2C(CN)CH_2COCH_3$$

练习 8

4-甲基-2-环己烯酮 $\xrightarrow{(CH_3)_2CuLi}$ $\xrightarrow{H_3O^+}$ [　　]

[答案]

3,4-二甲基环己酮（CH_3，CH_3）

练习 9[4]

由 $C_6H_5-CH_3$ 合成 $CH_3-C_6H_4-CH{=}CH-CH{=}CH-C_6H_4-CH_3$

[答案]

$$C_6H_5CH_3 \xrightarrow[Cu_2Cl_2,AlCl_3]{CO,HCl} CH_3-C_6H_4-CHO$$

$$C_6H_5CH_3 \xrightarrow[ZnCl_2]{HCHO,HCl} CH_3-C_6H_4-CH_2Cl$$

$$CH_3-C_6H_4-CHO + CH_3CHO \xrightarrow[\triangle]{OH^-} CH_3-C_6H_4-CH{=}CHCHO$$

$$ClCH_2-C_6H_4-CH_3 \xrightarrow[Et_2O]{Mg} ClMgCH_2-C_6H_4-CH_3 \xrightarrow[Et_2O]{p\text{-}CH_3C_6H_4CH{=}CHCHO}$$

$$p\text{-}CH_3C_6H_4CH{=}CH-CH(OMgCl)-CH_2C_6H_4CH_3\text{-}p \xrightarrow[\triangle]{H_3O^+} p\text{-}CH_3C_6H_4CH{=}CHCH{=}CHC_6H_4CH_3\text{-}p$$

练习 10

$$CH_3COCH_2COOC_2H_5 \xrightarrow[\text{2. 2-环己烯酮; 3. } H_3O^+]{\text{1. } C_2H_5MgBr}$$ [　　]

[答案]

3-[$CH(COCH_3)(COOC_2H_5)$]环己酮

RMgBr 是一个碱性试剂，与“三乙”反应生成碳负离子，后者与 α,β-不饱和酮发生共轭加成。

练习 11

$CH_3COCH_2COOC_2H_5 \xrightarrow[NaOC_2H_5]{CH_2=CHCOOC_2H_5} \xrightarrow[2.\ H^+,\triangle]{1.\ OH^-}$ [ ] $\xrightarrow[H^+]{C_2H_5OH}$ [ ] $\xrightarrow{NaOC_2H_5(HOC_2H_5)}$ [ ] $\xrightarrow{CH_2=CHCOCH_3}$ [ ] $\xrightarrow[(-H_2O)]{NaOC_2H_5}$ [ ]

[答案]

$CH_3COCH_2CH_2CH_2COOH$，$CH_3COCH_2CH_2CH_2COOC_2H_5$，1,3-环己二酮，2-($CH_2CH_2COCH_3$)-1,3-环己二酮，

（双环烯酮）。采用“三乙”法合成酮酸，酯化反应后分子内进行缩合反应生成β-二酮，后者与α,β-不饱和酮发生共轭加成反应，最后进行分子内羟酮缩合。

练习 12 合成

（5-H_3CO-1-四氢萘酮，2位带 $CH_2CH_2COOCH_3$）

[答案]

间羟基苯甲酸 + $(CH_3O)_2SO_2 \xrightarrow{NaOH}$ 间甲氧基苯甲酸钠（$COONa$，OCH_3）$\xrightarrow{H_3O^+} \xrightarrow[H^+]{C_2H_5OH}$ 间甲氧基苯甲酸乙酯（$C(=O)-OC_2H_5$，OCH_3）

间甲氧基苯甲酸乙酯（$COOC_2H_5$，OCH_3）+ $CH_2-COOC_2H_5$ / $CH_2-COOC_2H_5$ $\xrightarrow[\text{Claisen酯缩合}]{NaOEt}$ CH_3O-苯基-$\overset{O}{C}CHCOOC_2H_5$（$CH_2COOC_2H_5$）

$\downarrow NaOC_2H_5$

CH_3O-苯基-$\overset{O}{C}\overset{\ominus}{C}COOC_2H_5$（$CH_2COOC_2H_5$）$\xrightarrow[\text{Michael加成}]{CH_2=CH\overset{O}{C}-OCH_3}$ $\xrightarrow{OH^-}$ $\xrightarrow[\triangle]{H^+}$ CH_3O-苯基-$\overset{O}{C}CHCH_2CH_2COOH$（$CH_2COOH$）

$\downarrow$ Zn-Hg,HCl

CH_3O-苯基-$CH_2CHCH_2CH_2COOH$（CH_2COOH）$\xrightarrow[\triangle]{PPA}$ （5-CH_3O-1-四氢萘酮，2位 CH_2CH_2COOH）$\xrightarrow[H^+]{CH_3OH}$ 目标分子

练习 13

$$PhCOCH{=}CH_2 + CH_3OCCH_2CN \xrightarrow[EtOH]{EtONa} \boxed{}$$

［答案］

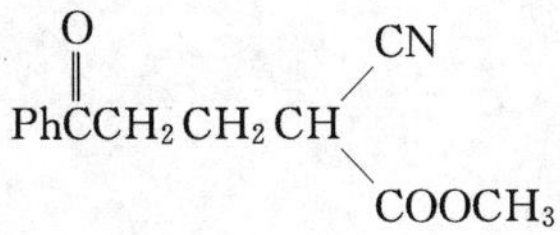

$$PhCCH_2CH_2CH(CN)(COOCH_3)$$

练习 14

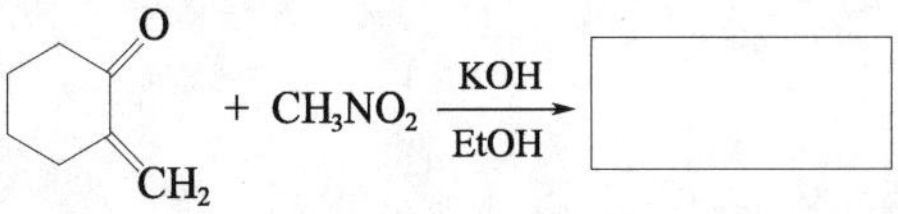

$$2\text{-亚甲基环己酮} + CH_3NO_2 \xrightarrow[EtOH]{KOH} \boxed{}$$

［答案］

$$2\text{-}(CH_2CH_2NO_2)\text{环己酮}$$

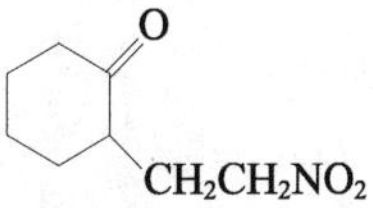

练习 15

$$CH_2(CN)_2 + 2CH_2{=}CHCOCH_3 \xrightarrow{NaOEt} \boxed{}$$

［答案］

$$(CH_3\overset{O}{\overset{\|}{C}}—CH_2CH_2)_2C(CN)_2$$

练习 16

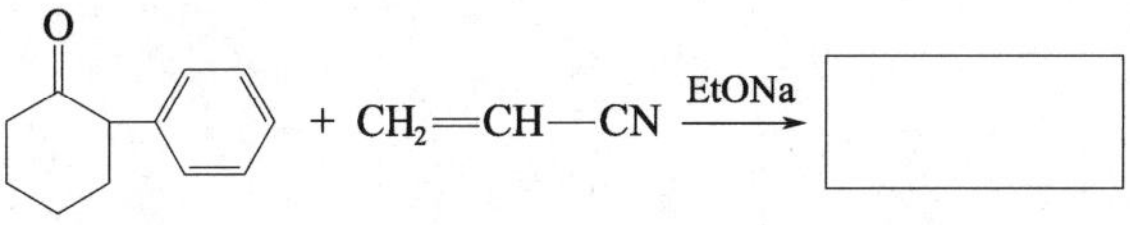

$$2\text{-苯基环己酮} + CH_2{=}CH—CN \xrightarrow{EtONa} \boxed{}$$

［答案］

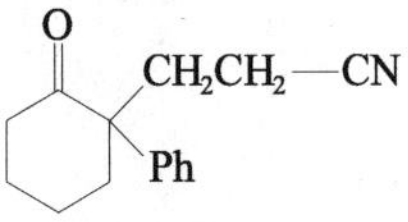

$$2\text{-}(CH_2CH_2—CN)\text{-}2\text{-Ph-环己酮}$$

练习 17 机理

$$3\text{-}OCH_3\text{-}2\text{-OH-苯甲醛(CHO)} + CH_2{=}CHCN \xrightarrow{NaOH} 8\text{-}OCH_3\text{-}2H\text{-色烯-3-CN}$$

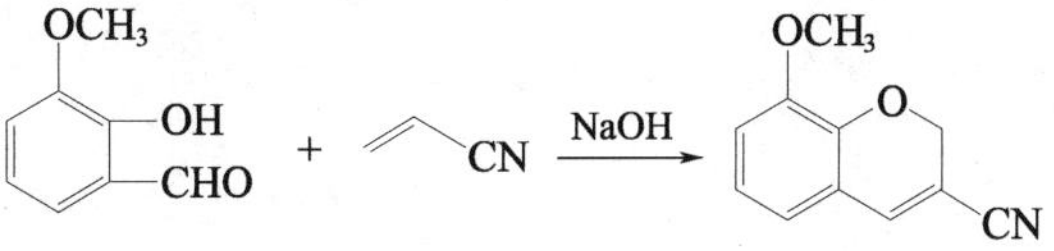

（复旦大学，2006）

[答案]

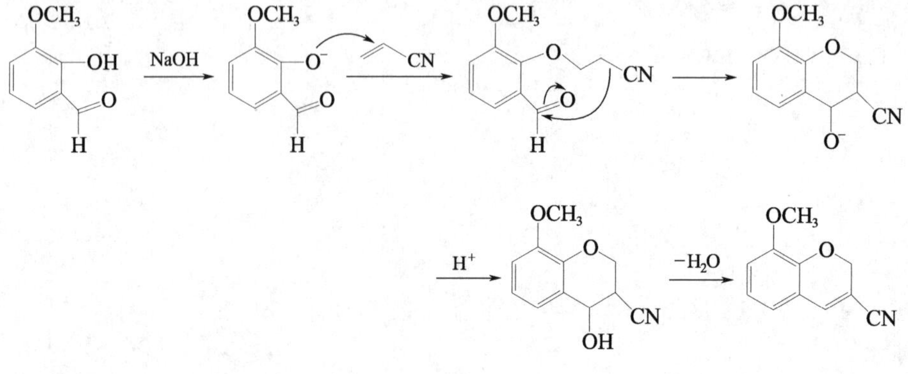

练习 18[5]

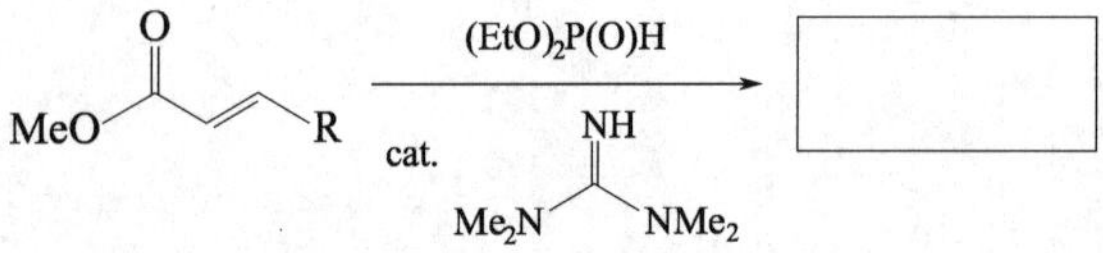

[答案]

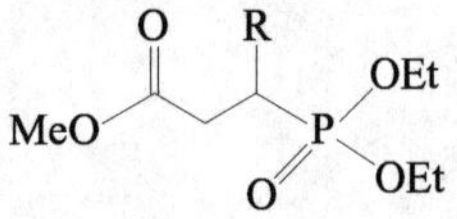

R=H, 71%
R=Me, 51%

练习 19[6]

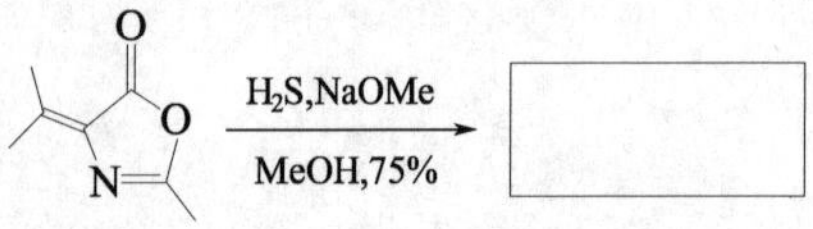

[答案]

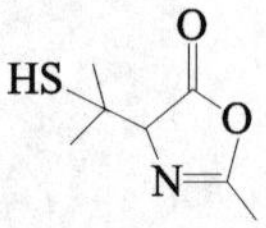

练习 20[7]

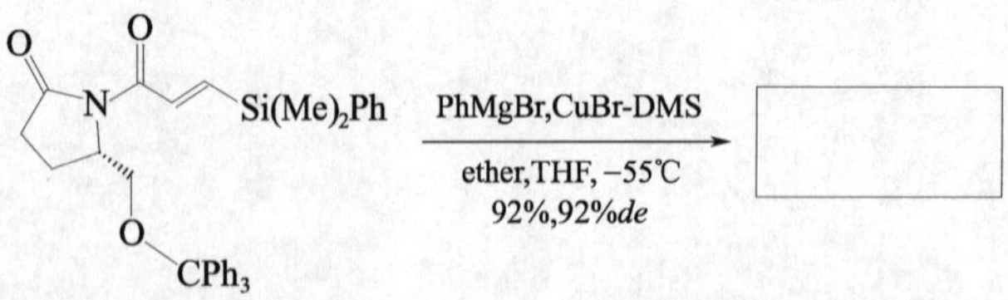

[答案]

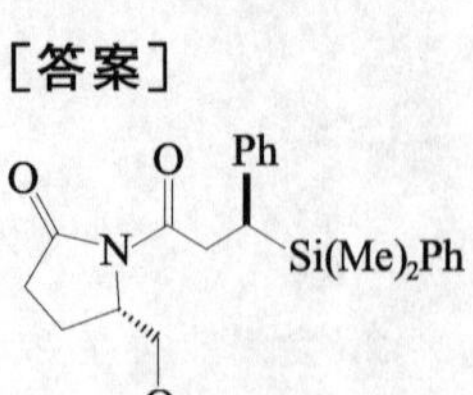

练习 21　填空

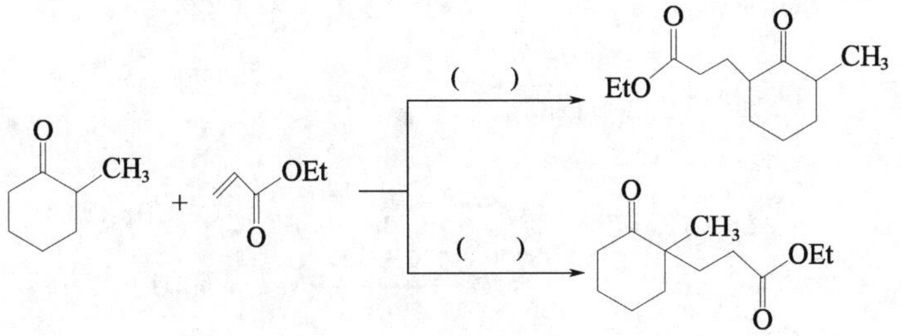

(中国科学技术大学，2009)

[答案]

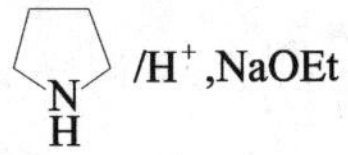

/H^+,NaOEt

练习 22

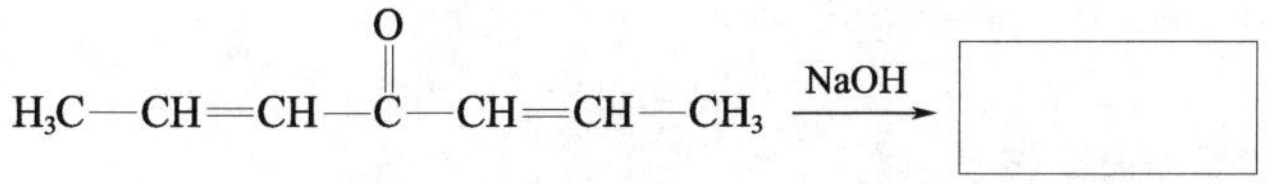

$H_3C—CH═CH—\overset{O}{\overset{\|}{C}}—CH═CH—CH_3 \xrightarrow{NaOH}$ [ ]

(中国科学技术大学、中国科学院合肥所，2009)

[答案]

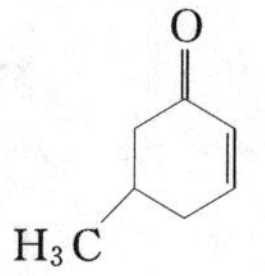

H_3C

练习 23　合成

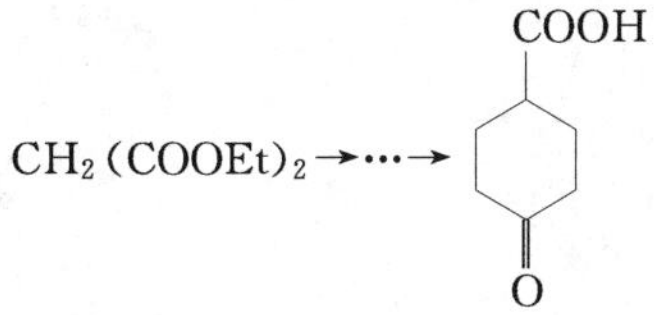

$CH_2(COOEt)_2 \rightarrow \cdots \rightarrow$ COOH

(中国科学技术大学、中国科学院合肥所，2009)

[答案]

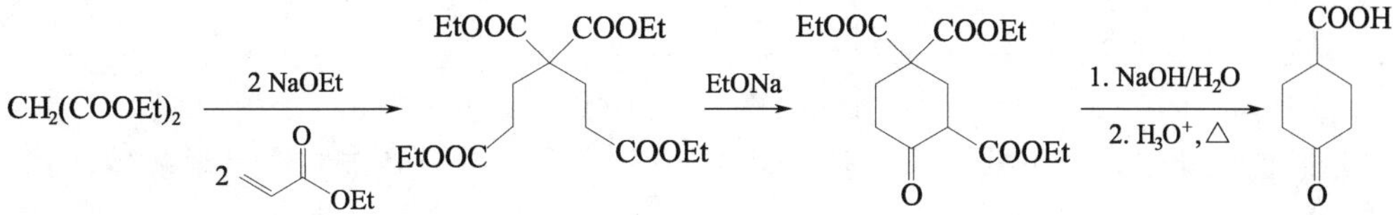

$CH_2(COOEt)_2 \xrightarrow[2\ \text{CH}_2=\text{CHCOOEt}]{2\ NaOEt}$ EtOOC COOEt EtOOC COOEt $\xrightarrow{EtONa}$ EtOOC COOEt COOEt O $\xrightarrow[2.\ H_3O^+,\triangle]{1.\ NaOH/H_2O}$ COOH O

练习 24　合成

$CH_2(COOEt)_2 \longrightarrow \cdots \longrightarrow$ CH_2CH_2COOH O O

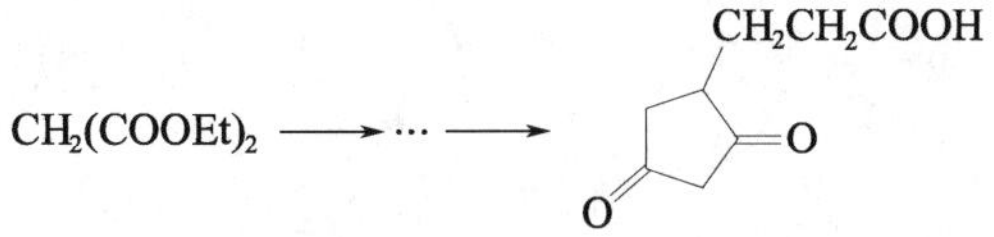

(南开大学，2009)

［答案］

$$CH_2(COOEt)_2 \xrightarrow[2.\ CH_2=CHCOOEt]{1.\ EtONa} \text{EtOOCCH}_2\text{CH}_2\text{CH(COOEt)}_2 \xrightarrow[2.\ ClCH_2COCH_3]{1.\ EtONa} CH_3COCH_2C(COOEt)_2CH_2CH_2COOEt \xrightarrow{EtONa}$$

$$\text{EtOOCCH}_2\text{CH}_2\text{-(COOEt)-环戊烷-2,4-二酮} \xrightarrow[2.\ H^+, \triangle]{1.\ OH^-(aq)} \text{2-(}CH_2CH_2COOH\text{)-环戊烷-1,3-二酮}$$

练习 25

$$\text{2-乙烯基吡啶 (}CH=CH_2\text{)} \xrightarrow[EtONa]{CH_2(COOEt)_2} \boxed{\quad}$$

（武汉大学，2005）

［答案］

2-吡啶基-$CH_2CH_2CH(COOEt)_2$

参考文献

［1］吴范宏．有机化学学习与考研指津．2008版．上海：华东理工大学出版社，2008：119，120，124.

［2］Michael A. J Prakt Chem，1887，35：349.

［3］孔祥文．有机化学．北京：化学工业出版社，2010.

［4］姜文凤，陈宏博．有机化学学习指导及考研试题精解：第3版．大连：大连理工出版社，2005：241.

［5］Simoni D，Invidiata F P，Manferdini M，Lampronti I，Rondanin R，Roberti M，Pollini G P. Tetrahedron Lett，1998，39：7615-7618.

［6］D'Angelo J，Desmaële，D，Dumas F，Guingant A. Tetrahedron Asymmetry，1992，3：459-505.

［7］Hunt D A. Org Prep Proced Int，1989，21：705-749.

Perkin 反应

$$p\text{-}CH_3C_6H_4CHO + Ac_2O \xrightarrow[\triangle]{CH_3COONa} \boxed{\quad}$$

（复旦大学，2000）

---

p-$CH_3C_6H_4CH=CHCOONa$

在乙酸钠催化下，对甲基苯甲醛和乙酸酐反应生成3-(对甲基苯基）丙烯酸钠，其反应过程为：

$$(CH_3CO)_2O \xrightarrow{CH_3COONa} {}^{-}CH_2C(=O)OC(=O)CH_3 \xrightarrow{H_3C\text{-}C_6H_4\text{-}CHO} H_3C\text{-}C_6H_4\text{-}CH(O^-)\text{-}CH_2\text{-}C(=O)OC(=O)CH_3 \xrightarrow{-CH_3COO^-} \text{T.M.}$$

芳醛与脂肪族酸酐在相应羧酸的碱金属盐存在下共热发生的缩合反应称为Perkin反应[1]。当酸酐包含两个α-氢原子时，通常生成α,β-不饱和羧酸。这是制备α,β-不饱和羧酸的一种方法[2]。例如：

$$C_6H_5CHO + (CH_3CO)_2O \xrightarrow[170\sim180℃]{CH_3COOK} C_6H_5CH{=}CHCOOK + CH_3COOH$$

$$C_6H_5CH{=}CHCOOK \xrightarrow{H^+} C_6H_5CH{=}CHCOOH$$

此反应是碱催化的缩合反应。因羧酸的碱金属盐遇水分解，使其失去催化活性，所以反应需在无水条件下进行[3]。有时也可使用三乙胺或碳酸钾作为碱催化此反应。脂肪醛不易发生Perkin反应。例如以芳香醛和乙酸酐为原料合成肉桂酸：

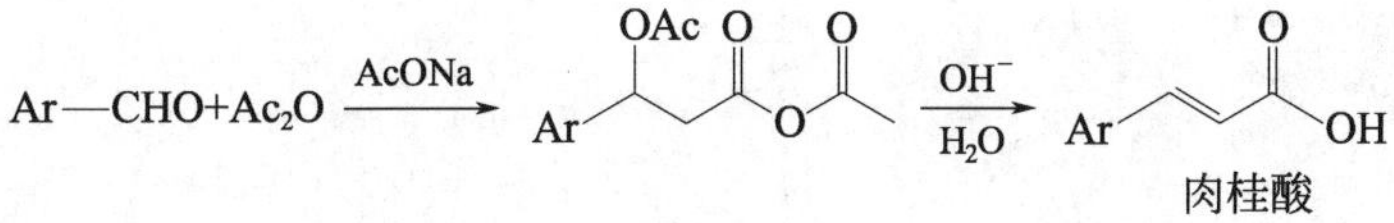

$$Ar{-}CHO + Ac_2O \xrightarrow{AcONa} \cdots \xrightarrow[H_2O]{OH^-} \text{肉桂酸}$$

反应机理[4,5]：

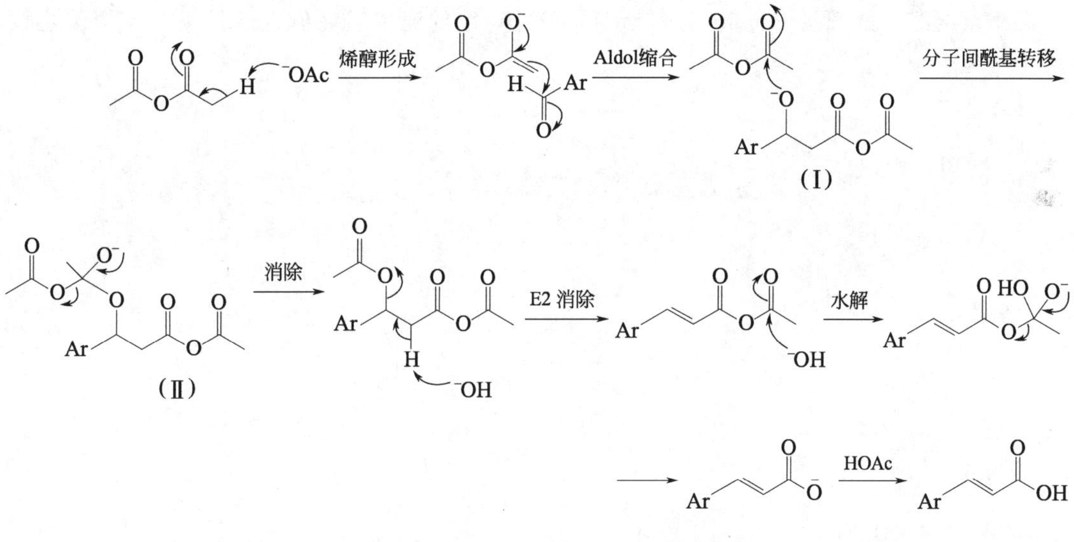

（Ⅰ）　（Ⅱ）

羧酸盐的负离子作为质子接受体，与酸酐作用，形成一个羧酸酐的α-碳负离子（烯醇负离子），该负离子与醛发生亲核加成产生烷氧负离子四面体中间体（Ⅰ），该中间体进攻另一分子乙酸酐的羰基，发生分子间酰基转移，形成新的烷氧负离子四面体中间体（Ⅱ），然后消去乙酸根负离子，形成中间体（Ⅰ）的乙酰化物，在碱作用下发生E2消除，失去质子及酰氧基，产生一个不饱和的酸酐，在碱作用下发生加成-消除，再经酸化，最后得到芳基不饱和羧酸，主要是反式羧酸。

肉桂酸的工艺中，采用对苯二酚为阻聚剂，通过正交试验，选择了最佳工艺，从而降低了反应温度，缩短了反应时间，最佳条件为 n(苯甲醛)∶n(乙酐)∶n(碳酸钾)＝1∶3∶1.08，对苯二酚2%（摩尔分数），反应时间1h，反应温度为180℃，肉桂酸产率可达74.74%，熔点132～133℃。

练习 1

$$\text{2-呋喃甲醛(CHO)} + (CH_3CH_2\overset{O}{\overset{\|}{C}})_2O \xrightarrow[\triangle]{CH_3CH_2\overset{O}{\overset{\|}{C}}-OK} \boxed{\quad}$$

（兰州大学，2000）

[答案]

$$\text{2-呋喃基}-CH{=}\underset{}{\overset{CH_3}{\overset{|}{C}}}-COOH$$

练习 2

$$C_6H_5CHO \xrightarrow[CH_3CH_2COOK]{(CH_3CH_2CO)_2O,\triangle} \xrightarrow{H_3O^+} \boxed{\quad}$$

$$C_6H_5CHO \xrightarrow[OH^-,\triangle]{CH_3CH_2NO_2} \boxed{\quad}$$

[答案]

$$C_6H_5-CH{=}\underset{CH_3}{\underset{|}{C}}-COOH，\quad C_6H_5-CH{=}\underset{CH_3}{\underset{|}{C}}-NO_2$$

丙酸酐与苯甲醛发生 Perkin 反应，$CH_3CH_2NO_2$ 的亚甲基在碱性条件下与苯甲醛也发生类似的缩合反应。

练习 3

$$\text{邻羟基苯甲醛(OH, CHO)} + (CH_3CO)_2O \xrightarrow{CH_3COONa} \boxed{\quad}$$

[答案]

$$\text{邻-OH-}C_6H_4-CH{=}CHCOOH \xrightarrow{-H_2O} \text{香豆素}$$

(香豆素)

练习 4

$$PhCHO + (PhCH_2CO)_2O \xrightarrow{PhCH_2COONa} \boxed{\quad}$$

[答案]

$$\overset{Ph}{\underset{H}{>}}C{=}C\overset{Ph}{\underset{COOH}{<}}$$

立体化学：优先生成β-大基团与羧基处于反式的产物。

参考文献

[1] Perkin W H. J Chem Soc，1868，21：53.

[2] 孔祥文．有机化学．北京：化学工业出版社，2010.

[3] 孔祥文．有机化学实验．北京：化学工业出版社，2011.

[4] [美] 李杰（Jie Jack Li）．有机人名反应及机理．荣国斌译．朱士正校．上海：华东理工大学出版社，2003：305.

[5] Jie Jack Li. Name Reaction. 4th ed. Berlin Heidelberg：Springer-Verlag，2009：424.

Prins 反应

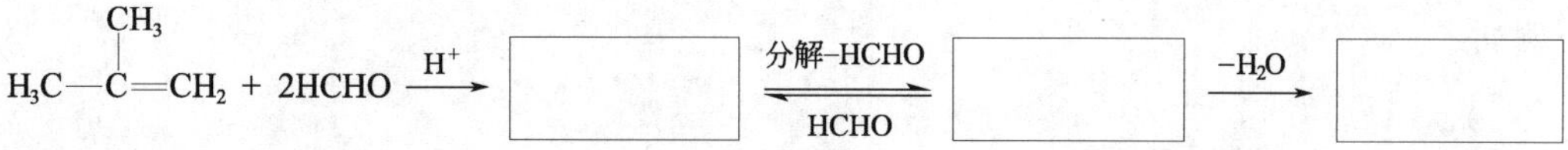

$$H_3C-C(CH_3)=CH_2 + 2HCHO \xrightarrow{H^+} \boxed{} \underset{HCHO}{\overset{\text{分解}-HCHO}{\rightleftharpoons}} \boxed{} \xrightarrow{-H_2O} \boxed{}$$

反应产物结构依次为：

4,4-二甲基-1,3-二噁烷，$H_3C-C(CH_3)(OH)-CH_2CH_2OH$，$H_2C=C(CH_3)-CH=CH_2$

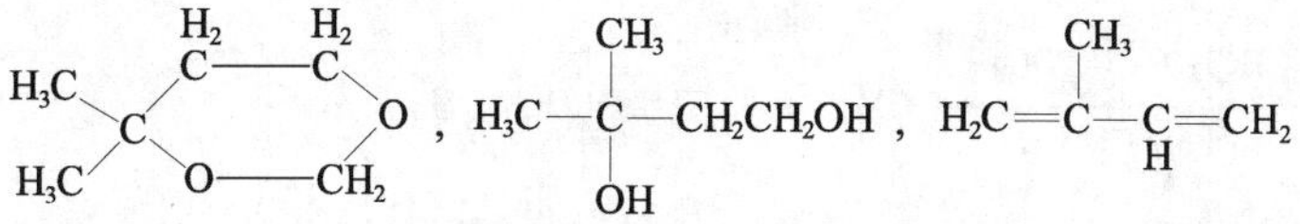

上述反应用到了 Prins 反应，系法国石油研究所以异丁烯、甲醛为原料，在强酸性催化剂存在下反应，主要得到 4,4-二甲基-1,3-二噁烷，再经分解得到异戊二烯[1]。

Prins 于 1919 年对苯乙烯、萜烯等和甲醛的反应作了详细的报道，发现在无机酸催化剂存在下，烯烃和甲醛水溶液一起加热发生加成得到增加一个末端碳原子的 1,3-二醇，1,3-二醇和甲醛进一步反应生成 1,3-二噁烷，亦可得到不饱和醇等，何者为主要产物取决于反应物烯烃的结构和反应条件。现在通常将烯烃和醛（如甲醛、三氯乙醛等）的缩合反应称为 Prins 反应[2]。反应通式为：

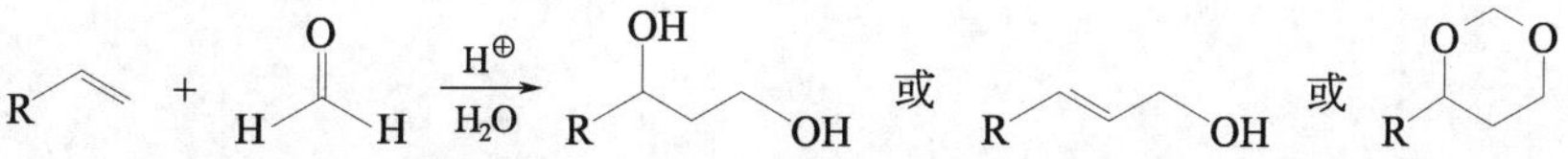

$$RCH=CH_2 + HCHO \xrightarrow[H_2O]{H^{\oplus}} RCH(OH)CH_2CH_2OH \text{ 或 } RCH=CHCH_2OH \text{ 或 } \text{4-R-1,3-二噁烷}$$

① 酸催化反应：在无机酸存在下，烯烃和醛加成生成 1,3-二噁烷和 1,3-二醇，二者的比例因酸的浓度和温度而异。通常在 20%～65%的硫酸水溶液中低温（25～65℃）反应时，主要生成 1,3-二噁烷和及少量二醇[3]。例如：

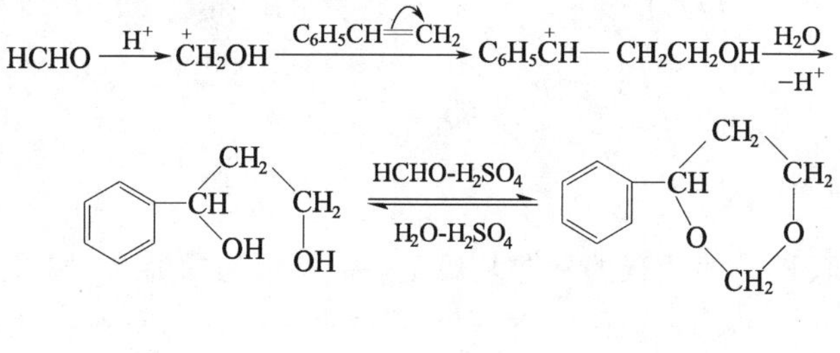

$$HCHO \xrightarrow{H^+} \overset{+}{C}H_2OH \xrightarrow{C_6H_5CH=CH_2} C_6H_5\overset{+}{C}H-CH_2CH_2OH \xrightarrow[-H^+]{H_2O}$$

$$C_6H_5CH(OH)CH_2CH_2OH \underset{H_2O-H_2SO_4}{\overset{HCHO-H_2SO_4}{\rightleftharpoons}} \text{4-苯基-1,3-二噁烷}$$

反应机理[4,5]：

$$HCHO \underset{}{\overset{H^{\oplus}}{\rightleftharpoons}} H_2C^{\oplus}OH \xrightarrow{RCH=CH_2} R\overset{\oplus}{C}HCH_2CH_2OH \xrightarrow{H_2O} RCH(OH)CH_2CH_2OH$$

$$HCHO + R\overset{\oplus}{C}HCH_2CH_2OH \longrightarrow \text{中间体} \xrightarrow{-H^{\oplus}} \text{4-R-1,3-二噁烷}$$

$$R\overset{\oplus}{C}HCH(H)CH_2OH \xrightarrow[:B]{-H^{\oplus}} RCH=CHCH_2OH$$

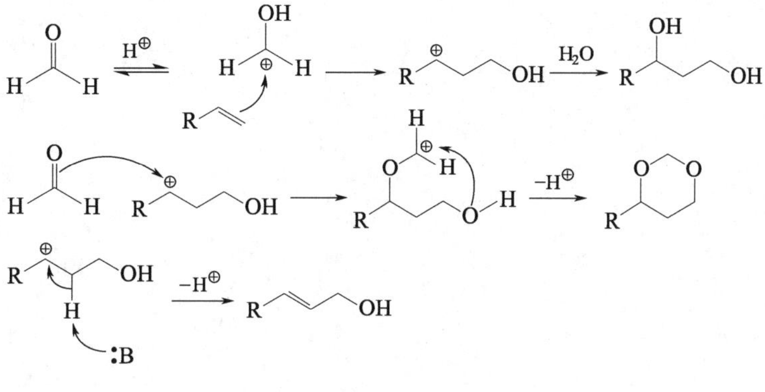

H^+首先和醛的C═O作用生成碳正离子（钅羊盐），这个碳正离子再进攻C═C键得到β-羟基碳正离子，后者和水反应得到1,3-二醇、和甲醛进一步反应生成1,3-二噁烷，失去H^+得到烯烃。稀硫酸是很好的催化剂，磷酸及三氟化硼亦可用作催化剂。

② 金属卤化物催化反应：烯烃和醛在无水条件下反应，生成不饱和醇或1,3-二噁烷。其中以异丁烯和聚甲醛或三氯乙醛等在$AlCl_3$，$SnCl_4$存在下的反应最为重要，得到不饱和醇。例如：

$$(CH_3)_2C{=}CH_2 \xrightarrow[AlCl_3,0\sim35^\circ C]{HCHO,SnCl_4或} H_2C{=}C(CH_3){-}CH_2CH_2OH \xrightarrow[或\triangle]{H^+} CH_3{-}C(CH_3){=}CH{-}CH_2OH$$

$$(CH_3)_2C{=}CH_2 \xrightarrow[SnCl_4]{HCHO+CH_3COOH} CH_2{=}C(CH_3){-}CH_2CH_2OCOCH_3$$

$$(CH_3)_2C{=}CH_2 \xrightarrow{CCl_3CHO,AlCl_3} CH_2{=}C(CH_3){-}CH_2{-}CH(OH){-}CCl_3 \xrightarrow[或\triangle]{H^+} CH_3{-}C(CH_3){=}CH{-}CH(OH){-}CCl_3$$

不对称取代的烯烃如丙烯或丁烯极易反应，由苯乙烯、α-甲基苯乙烯、烯丙基苯、对烯丙基苯甲醚得到1,3-二氧杂环己烷。芳香族烯烃和甲醛加成得到苯基-1,3-二氧杂环己烷。

$$Ph{-}CH{=}CH_2 \xrightarrow{H^+} \text{4-苯基-1,3-二氧杂环己烷 (Ph—CH, CH}_2\text{, CH}_2\text{, O, C}H_2\text{, O 成环)}$$

其它活泼的醛类及酮类，例如水合三氯乙醛及乙酰乙酸酯类和烯类共热（不需要催化剂）时亦能发生此反应。在这种情况下产物为β-羟基烯，其反应历程如下：

$$R{-}CH_2{-}CH{=}CH_2 + {>}C{=}O \longrightarrow R{-}CH{=}CH{-}CH_2{-}C({<})OH$$

这个反应为可逆反应，即适当的β-羟基烯受热能裂解为烯烃和羰基化合物。

练习1　机理

$$HCHO + R{-}CH{=}CH_2 \xrightarrow[H_2O]{H^+} R{-}CH(OH){-}CH_2{-}CH_2OH$$

（复旦大学，2005）

［答案］

$$HCHO \underset{}{\overset{H^+}{\rightleftharpoons}} H_2C{=}O^+H \longleftrightarrow H_2C^+{-}OH \xrightarrow{R{-}CH{=}CH_2} R{-}C^+H{-}CH_2{-}CH_2OH \xrightarrow[-H^+]{H_2O} R{-}CH(OH){-}CH_2{-}CH_2OH$$

练习 2　完成反应

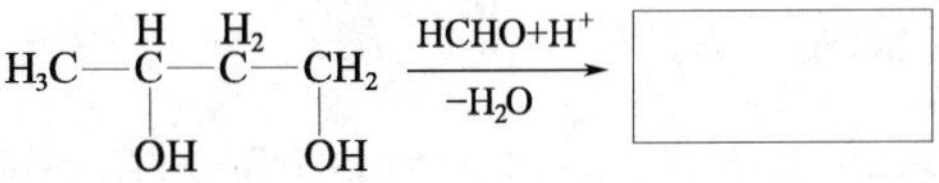

$$H_3C-\underset{OH}{\overset{H}{C}}-\overset{H_2}{C}-\underset{OH}{CH_2}\xrightarrow[-H_2O]{HCHO+H^+}\boxed{\quad}$$

[答案]

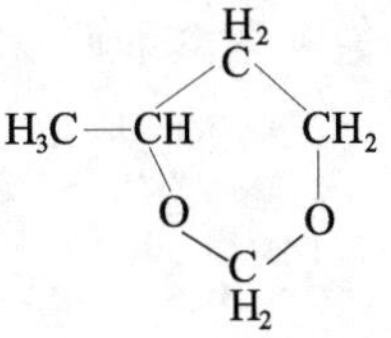

(4-甲基-1,3-二噁烷)

练习 3　机理

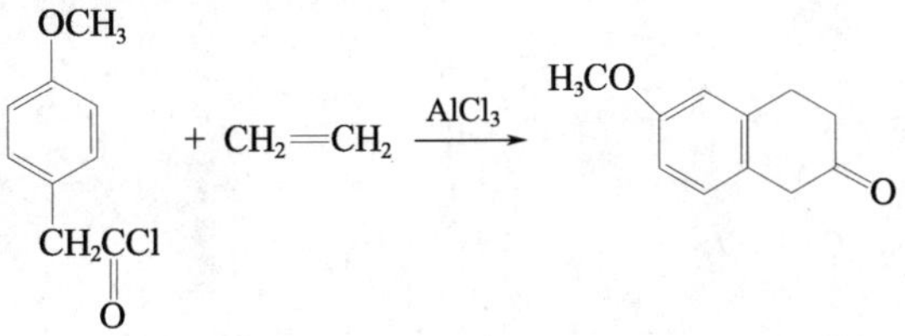

$$p\text{-}CH_3OC_6H_4CH_2COCl + CH_2{=}CH_2 \xrightarrow{AlCl_3}$$ 6-甲氧基-2-萘满酮

（中国科学技术大学，2002；中国石油大学，2004）

[答案]　酰卤在无水 $AlCl_3$ 作用下生成酰基碳正离子，除可对苯环进行酰基化外，也可以先对烯烃进行亲电加成，生成的碳正离子再对苯环进行亲电取代。

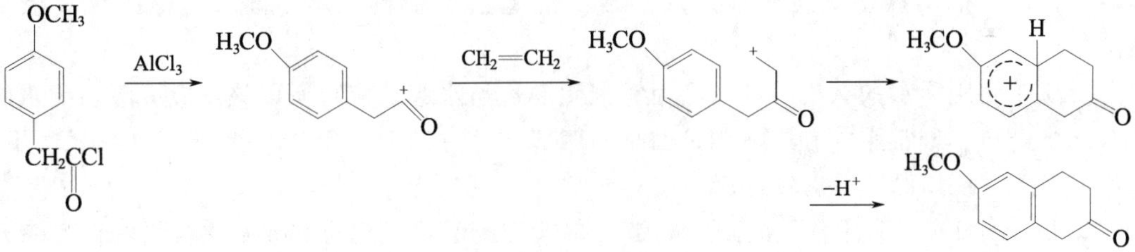

参考文献

[1] 顾可权．重要有机化学反应．第 2 版．上海：上海科学技术出版社，1984：544-548.

[2] Prins H J. Chem Weekblad，1919，16：1072-1023.

[3] 俞凌翀．有机化学中的人名反应．北京：科学技术出版社，1984：449-450.

[4] Jie Jack Li. Name Reaction. 4th ed. Berlin Heidelberg：Springer-Verlag，2009：251.

[5] [美] 李杰（Jie Jack Li）．有机人名反应及机理．荣国斌译．朱士正校．上海：华东理工大学出版社，2003：324.

Reformatsky 反应

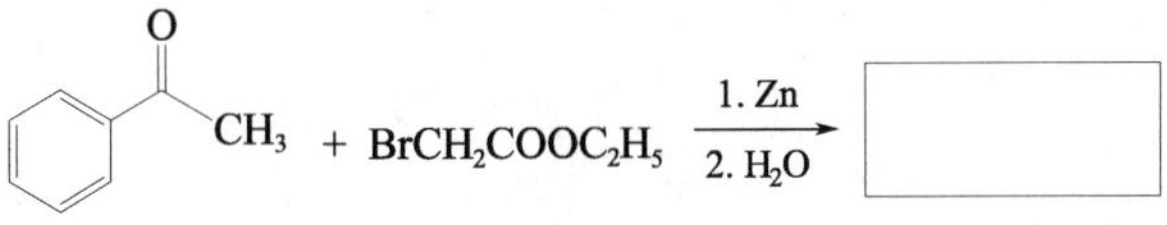

$$C_6H_5COCH_3 + BrCH_2COOC_2H_5 \xrightarrow[2.\ H_2O]{1.\ Zn} \boxed{\quad}$$

（郑州大学，2006）

苯乙酮、α-溴代乙酸乙酯和金属锌反应再水解得到β-苯基-β-羟基丁酸乙酯，

$$C_6H_5C(OH)(CH_3)CH_2COOC_2H_5$$

α-卤代（氯或溴）羧酸酯与金属锌反应生成有机锌试剂。它的性质与 Grignard 试剂类似，但活性较 Grignard 试剂小，也能与醛、酮进行加成反应，但不能与酯羰基发生反应，反应的产物为 β-羟基酸酯，产物也可以经水解、脱水等反应得到 α,β-不饱和羧酸，此反应称为 Reformatsky 反应[1]。反应通式：

$$>C{=}O + XCH_2COOC_2H_5 \xrightarrow[\text{亲核加成}]{Zn} >C(OZnX)CH_2COOC_2H_5 \xrightarrow[\text{水解}]{H_2O,H^+} >C(OH)CH_2COOC_2H_5 \xrightarrow[\triangle]{H_2O,H^+} >C{=}CHCOOH$$

反应机理[2~4]：

$$BrCH_2COOR + Zn \longrightarrow \left[CH_2{=}C(O^-)OR \longleftrightarrow {}^-CH_2C(=O)OR \right] ZnBr$$

$$Br{-}Zn{-}O{-}C(OR){=}CH_2 + >C{=}O \longrightarrow Br{-}Zn{-}O{-}C{<}{-}CH_2{-}C(=O)OR \xrightarrow{H_2O} >C(OH){-}CH_2{-}C(=O){-}OR$$

首先是 α-溴代酸酯与锌经氧化加成反应得到中间体有机锌试剂（organozine reagent），然后有机锌试剂与羰基进行亲核加成形成 β-酯基乙氧基溴化锌，再水解得产物 β-羟基羧酸酯。

反应应使用无水的有机溶剂，因为锌催化剂易与水起反应，所以该反应一般在无水的有机溶剂中进行。最常用的有机溶剂是乙醚、四氢呋喃（THF）和苯。此外，二甲氧基甲烷、二甲基亚砜（DMSO）等也较常用。

Reformatsky 反应中常见的副反应是 α-溴代酸酯的自身缩合和羰基化合物的自身缩合反应等。α-溴代酸酯的自身缩合可以通过 α-溴代酸叔丁酯的使用而得到抑制。

以 α-溴代酸酯最为常用。因为 α-碘代酸酯的活性大且稳定性差，而 α-氯代酸酯的活性小，与锌的反应速度很慢或是难发生反应，所以一般较少用。α-溴代酸酯类试剂的活性顺序是：

$$Br{-}CRR'{-}COOEt > Br{-}CHR{-}COOEt > Br{-}CH_2{-}COOEt$$

在醛和酮中，醛的活性较酮大，脂肪醛的活性又大于芳香醛，但脂肪醛在给定的条件下易发生自身缩合等副反应。酮能顺利地进行 Reformatsky 反应，但位阻较大的酮所生成的 β-羟基酸酯易脱水生成 α,β-不饱和酸酯，而在碱性条件下它又能发生逆向的醇醛缩合反应。

练习 1 填空

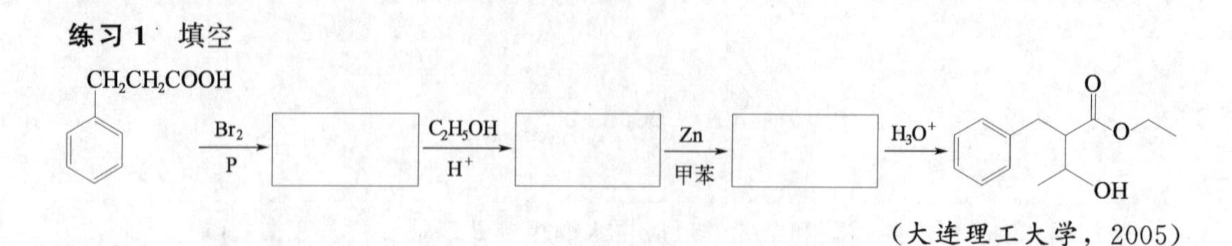

（大连理工大学，2005）

［答案］

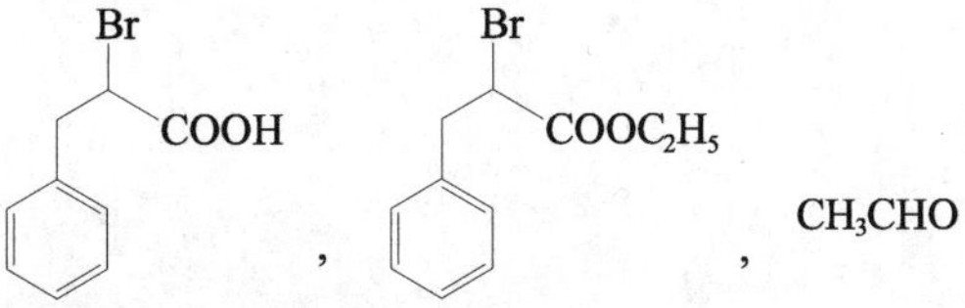

$PhCH_2CH(Br)COOH$，$PhCH_2CH(Br)COOC_2H_5$，CH_3CHO

练习 2[5]　合成

间苯二酚 —→ … —→ 4-苯并呋喃乙酸（CH_2COOH）

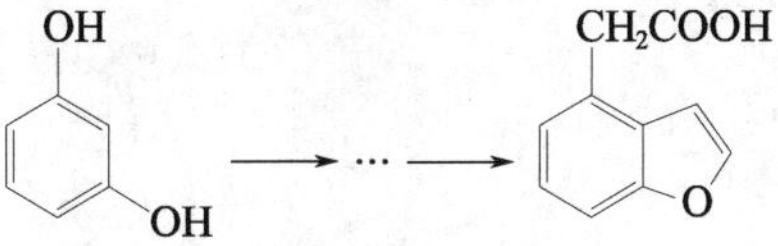

［答案］ 4-苯并呋喃乙酸是合成“依那朵林”药的关键的中间体。“依那朵林（enadoline)”是“K 亚型阿片受体”选择性的激动剂药物之一，有着异常高的 K 受体亲和力和选择性，具有强烈的抗伤害感受作用，且抗机械和化学伤害性刺激的效果优于热刺激。“依那朵林”的镇痛效果是吗啡的 25 倍，“螺朵林（sqiradoline)”的 17 倍，而其副作用却能大大降低，是一种值得继续开发研究的低成瘾性的强效镇痛药。4-苯并呋喃乙酸的合成反应如下：

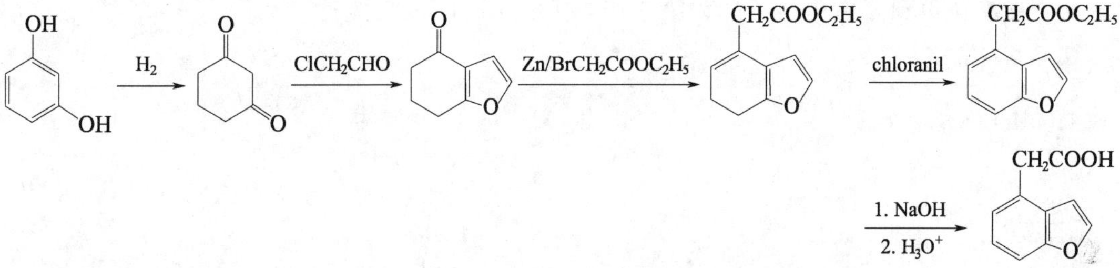

间苯二酚 $\xrightarrow{H_2}$ 1,3-环己二酮 $\xrightarrow{ClCH_2CHO}$ 4-氧代-4,5,6,7-四氢苯并呋喃 $\xrightarrow{Zn/BrCH_2COOC_2H_5}$ （$CH_2COOC_2H_5$）二氢苯并呋喃 $\xrightarrow{chloranil}$ （$CH_2COOC_2H_5$）苯并呋喃 $\xrightarrow[2.\ H_3O^+]{1.\ NaOH}$ （CH_2COOH）苯并呋喃

练习 3[5]　合成

CH_3COCH_3 —→ … —→ 甲瓦龙酸内酯（HO）

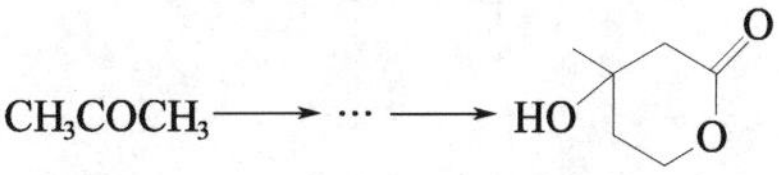

［答案］ 目标产物甲瓦龙酸内酯（MVA）是合成生物药物萜类化合物的重要前体，在植物细胞培养过程中添加适量的 MVA，可成倍地提高一些天然产物的产量。随着国内外生物技术的飞速发展，MVA 的需求量越来越大，市场前景广阔。此类合成的原料较难以得到，不适宜大规模的生产，但可以通过 Reformatsky 试剂及其反应，用廉价的丙酮、甲醛以及溴乙酸乙酯和锌粉作为原料，较易合成：

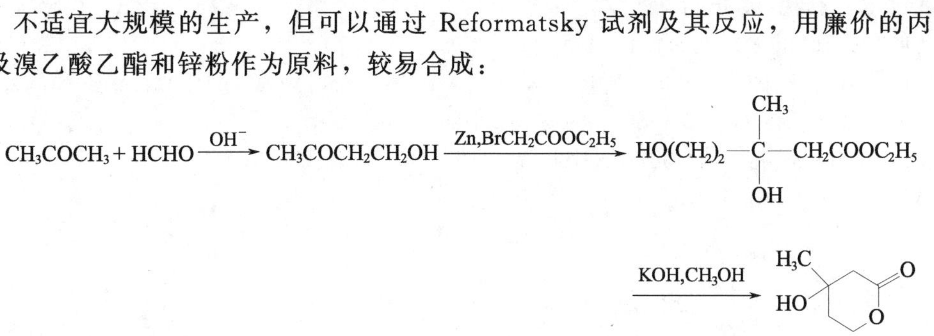

$$CH_3COCH_3+HCHO\xrightarrow{OH^-}CH_3COCH_2CH_2OH\xrightarrow{Zn,BrCH_2COOC_2H_5}HO(CH_2)_2-\underset{OH}{\overset{CH_3}{C}}-CH_2COOC_2H_5$$

$$\xrightarrow{KOH,CH_3OH}$$ （H_3C，HO）甲瓦龙酸内酯

练习 4　填空

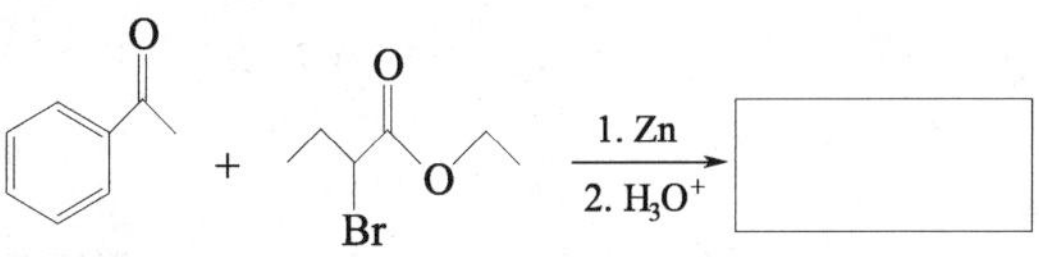

苯乙酮 + 2-溴丁酸乙酯 $\xrightarrow[2.\ H_3O^+]{1.\ Zn}$ □　　（兰州大学，2005）

[答案]

H_3C COOEt CH_2CH_3

练习 5 填空

$CH_3CH_2COOH \xrightarrow[P]{Br_2}$ [ ] $\xrightarrow[H^+]{C_2H_5OH}$ [ ] $\xrightarrow[甲苯]{Zn}$ ( ) $\xrightarrow{H_3O^+}$ OH CHCOOC$_2$H$_5$ CH$_3$

（大连理工大学，2004）

[答案]

$CH_3CHCOOH$（Br），$CH_3CHCOOC_2H_5$（Br），O

第一步羧酸在磷催化下与卤素发生 α-卤代（Hell-Volhard-Zelimsky 反应）生成 α-卤代酸，第二步酯化得到 α-卤代羧酸酯，第三步是 Reformatsky 反应。

练习 6 填空

$CH_3CH_2COOH \xrightarrow[2.\ C_2H_5OH/H^+]{1.\ Br_2/P(少量)}$ [ ] $\xrightarrow{Zn}$ [ ] $\xrightarrow[2.\ H_3O^+]{1.\ CH_3COCH_3}$ [ ]

（北京理工大学，2006）

[答案]

Br O O，ZnBr O O，HO CH$_3$ $H_3C—C—C—C—O$ CH$_3$ H$_3$C H O

第一步 α-溴代，酯化；第二步生成锌试剂；第三步 Reformasky 反应。

参考文献

[1] Reformatsky S. Ber，1887，20：1210-1211.
[2] 孔祥文．有机化学．北京：化学工业出版社，2010：114.
[3] [美] 李杰（Jie Jack Li）．有机人名反应及机理．荣国斌译．朱士正校．上海：华东理工大学出版社，2003：329.
[4] Jie Jack Li. Name Reaction. 4th ed. Berlin Heidelberg：Springer-Verlag，2009：456.
[5] 陈中元，严剑峰．Reformatsky 试剂及其反应在制药上的新应用．河北化工，2006，29（11）：9-11.

Reimer-Tiemann 反应

OH + $CHCl_3 \xrightarrow{NaOH} \xrightarrow{H^+}$ [ ]

（中国石油大学，2004）

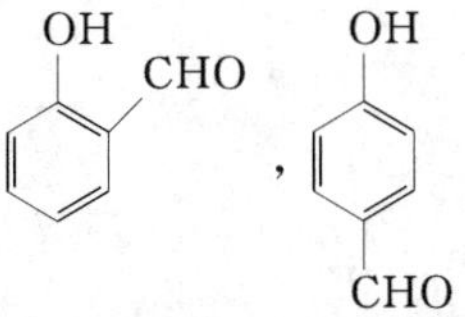

由于甲酰氯和甲酸酐都不稳定，故用Fridel-Crafts酰化反应难以合成芳醛。苯酚与氯仿在碱性溶液中加热生成邻位及对位羟基苯甲醛的反应称为Reimer-Tiemann反应，产物一般以邻位为主，常用的碱性溶液是氢氧化钠、碳酸钾、碳酸钠水溶液。

Reimer-Tiemann反应[1]是酚类化合物和氯仿在强碱水溶液中反应，在酚羟基的邻位及对位引入一个醛基（—CHO）的过程。这个反应是一个典型的亲电芳环取代反应，亲电试剂是二氯卡宾（∶CCl_2），但仅有苯环上富电子的酚类（实际上是酚氧负离子）才可发生此类反应。含有羟基的喹啉、吡咯、茚等杂环化合物也能进行此反应[2,3]。

反应机理[4]：

氯仿在碱溶液中首先产生三氯甲基碳负离子，然后发生α-消去，氯离子离去，形成二氯碳烯（二氯卡宾）：

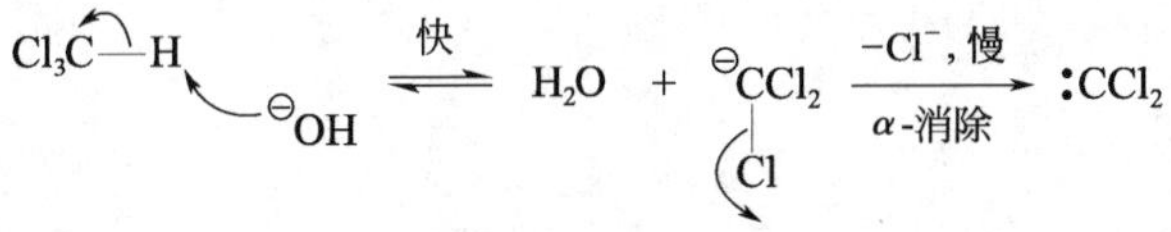

$$Cl_3C-H + {}^{\ominus}OH \xrightleftharpoons{快} H_2O + {}^{\ominus}CCl_2Cl \xrightarrow[\alpha\text{-消除}]{-Cl^-,\ 慢} :CCl_2$$

酚在碱溶液中形成酚盐：

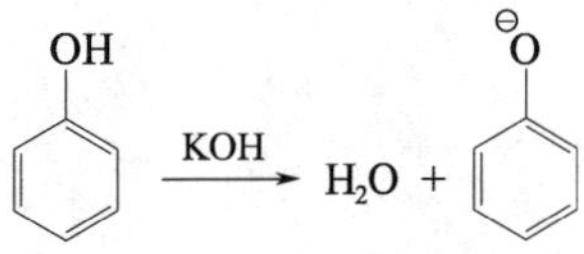

$$C_6H_5OH \xrightarrow{KOH} H_2O + C_6H_5O^{\ominus}$$

二氯碳烯它是一个缺电子的亲电试剂，进攻苯氧负离子的邻位苯环碳原子发生加成反应形成σ-络合物，然后质子转移至二氯甲基碳原子上得到邻二氯甲基苯氧负离子，接着消去一个氯离子得6-烯基-2,4-环己二烯酮，后者在碱作用下得到α-氯醇，再消去一个氯离子得到目标产物邻羟基苯甲醛。

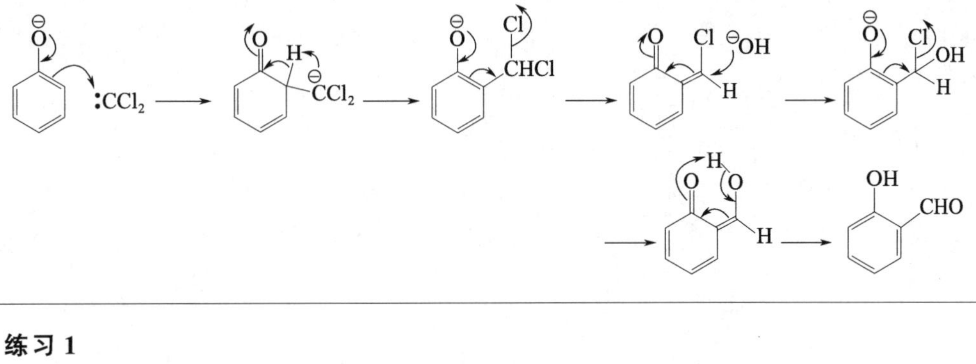

练习1

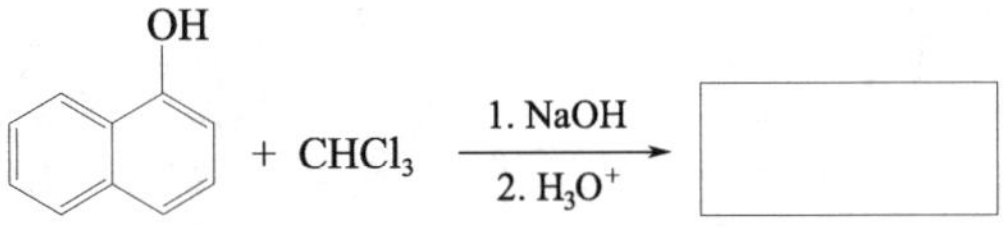

1-萘酚 + $CHCl_3$ $\xrightarrow[2.\ H_3O^+]{1.\ NaOH}$ [　　　]　（兰州大学，2005）

［解答］

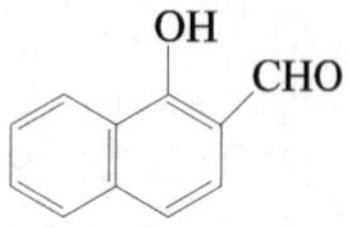

OH
CHO

练习 2[5]

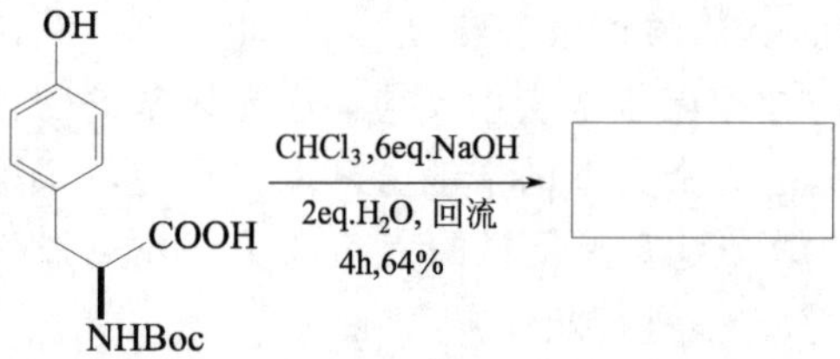

OH
COOH
NHBoc
$CHCl_3$,6eq.NaOH
2eq.H_2O, 回流
4h,64%

［解答］

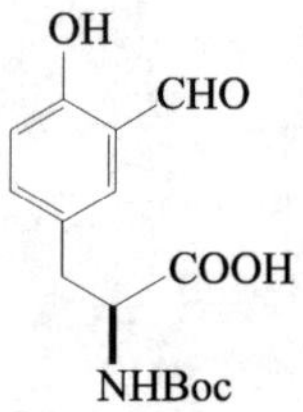

OH
CHO
COOH
NHBoc

练习 3

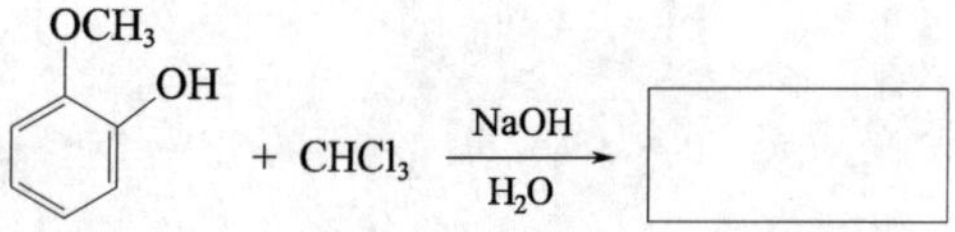

OCH_3
OH
+ $CHCl_3$
NaOH
H_2O

［解答］

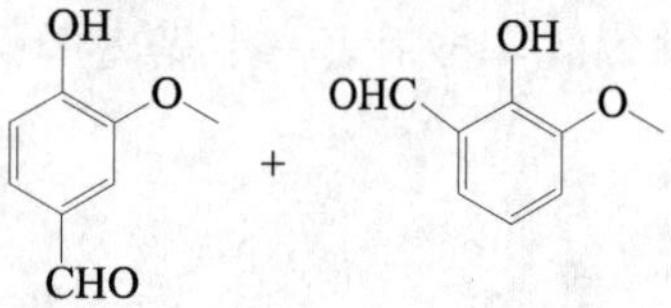

OH
CHO
+
OH
OHC

练习 4

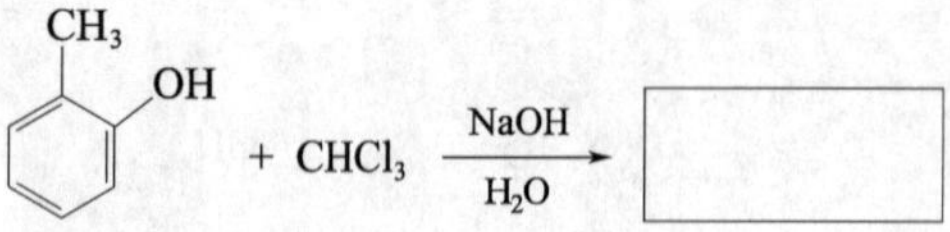

CH_3
OH
+ $CHCl_3$
NaOH
H_2O

［解答］

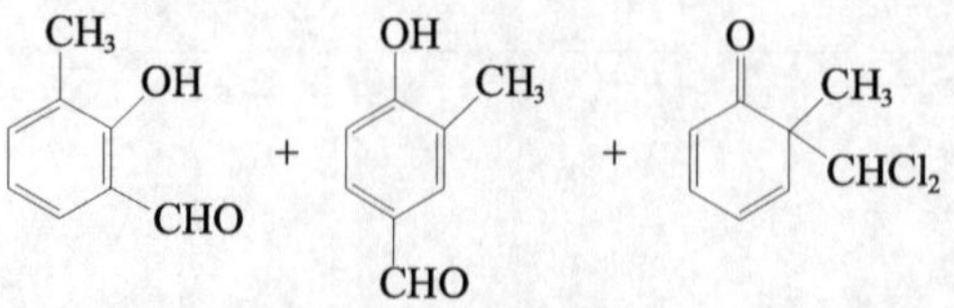

CH_3
OH
CHO
+
OH
CH_3
CHO
+
O
CH_3
$CHCl_2$

酚羟基的邻位或对位有取代基时，常有副产物 2,2-或 4,4-二取代的环已二烯酮产生。

练习 5 由苯酚合成邻甲氧基苯甲酸甲酯[6]。

［答案］

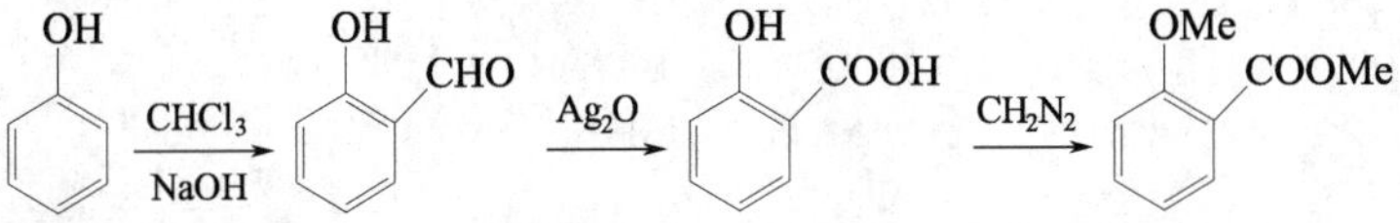

OH　$\xrightarrow[NaOH]{CHCl_3}$　OH CHO　$\xrightarrow{Ag_2O}$　OH COOH　$\xrightarrow{CH_2N_2}$　OMe COOMe

练习6　机理

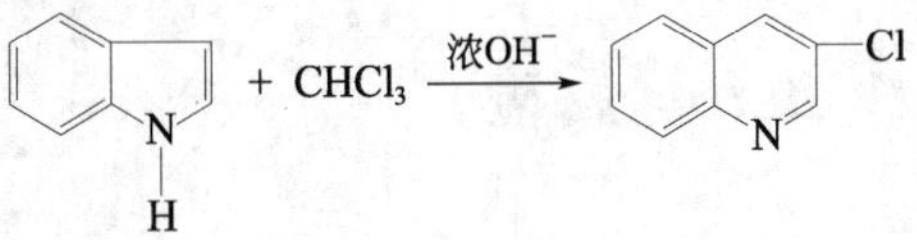

N H + $CHCl_3$ $\xrightarrow{浓OH^-}$ Cl N

（兰州大学，2000）

［答案］

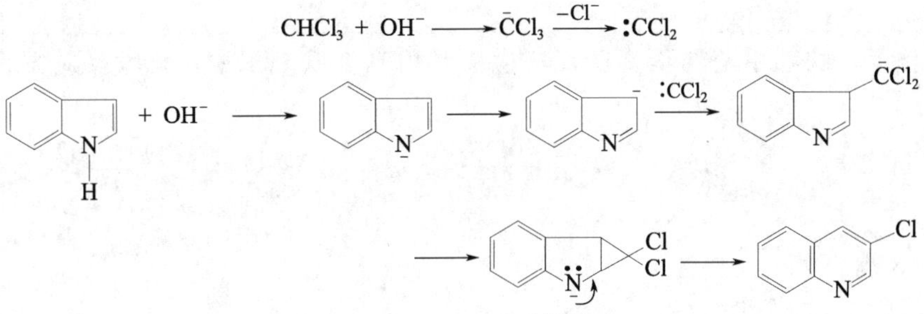

$$CHCl_3 + OH^- \longrightarrow \bar{C}Cl_3 \xrightarrow{-Cl^-} :CCl_2$$

N H + OH^- ⟶ N⁻ ⟶ N ⁻ $\xrightarrow{:CCl_2}$ $\bar{C}Cl_2$ N

⟶ Cl Cl N̈⁻ ⟶ Cl N

邻基参与

练习7

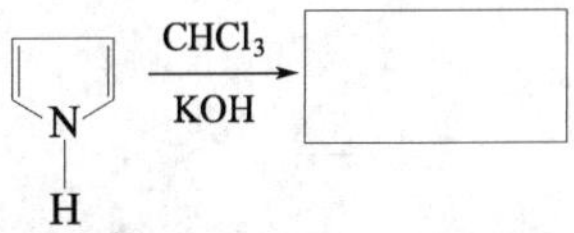

N H $\xrightarrow[KOH]{CHCl_3}$ ［　　］

［答案］

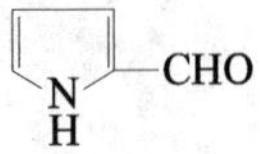

N H CHO

练习8[7]

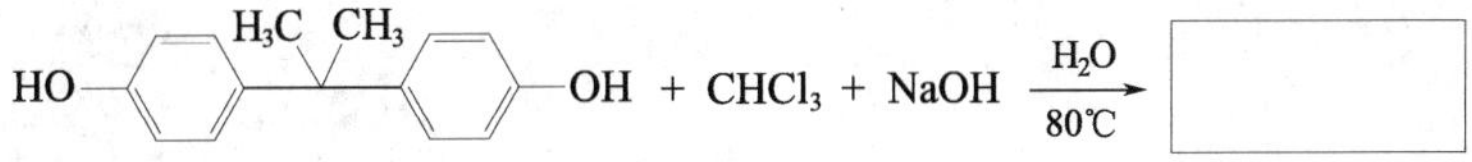

HO—C_6H_4—$C(CH_3)_2$—C_6H_4—OH + $CHCl_3$ + NaOH $\xrightarrow[80℃]{H_2O}$ ［　　］

［答案］

HO　H_3C　CH_3　OH　HC＝O

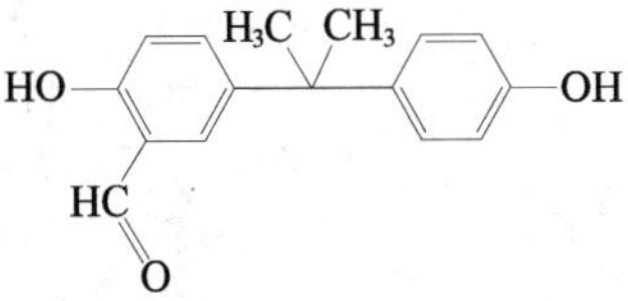

2-(3-甲酰基-4-羟基苯基)-2-(4-羟基苯基)丙烷

参考文献

[1] Reimer K，Tiemann F. Ber，1876，9：824-828.

[2] 屈尔蒂，曹科．有机合成中命名反应的战略性应用．北京：科学出版社，2007：379.

[3] 孔祥文．有机化学．北京：化学工业出版社，2010：251.

[4] Jie Jack Li. Name Reaction. 4th ed. Berlin Heidelberg：Springer-Verlag，2009：460.
[5] Jung M E，Lazarova T I. J Org Chem，1997，62：1553-1555.
[6] 张力学．大学有机化学基础 习题与考研解答．上海：华东理工大学出版社，2006：314.
[7] 李立军，刘丽英．一种新的联苯胺希夫碱的合成．广东化工，2009，36（8）：43-44.

Stetter 反应（Michael-Stetter 反应）

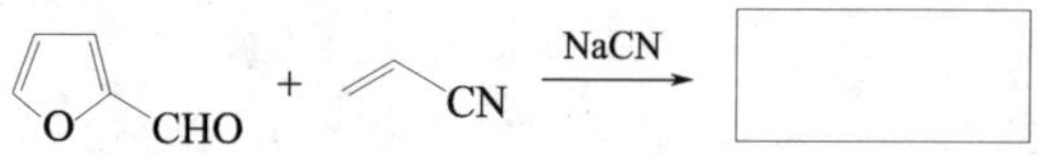

（复旦大学，2005）

在氰化钠催化下，呋喃甲醛与丙烯腈反应生成腈丙基-2-呋喃甲酮，化学反应方程式如下：

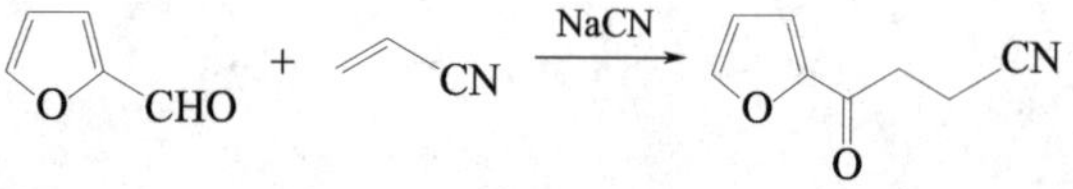

反应机理：

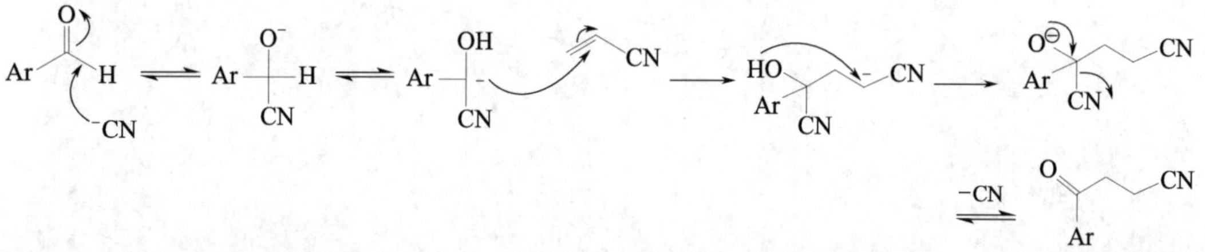

Stetter 反应[1~3]是指醛和 α,β-不饱和酮（酯）得到 1,4-二羰基衍生物的反应。用噻唑啉替代腈化物做催化剂，该反应也称为 Michael-Stetter 反应。反应通式：

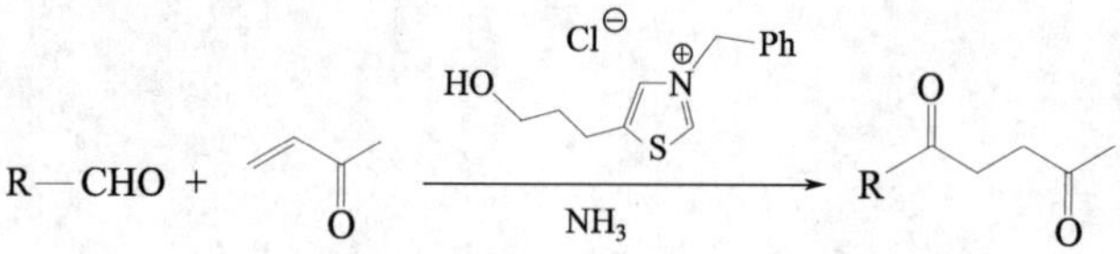

反应机理[4,5]：

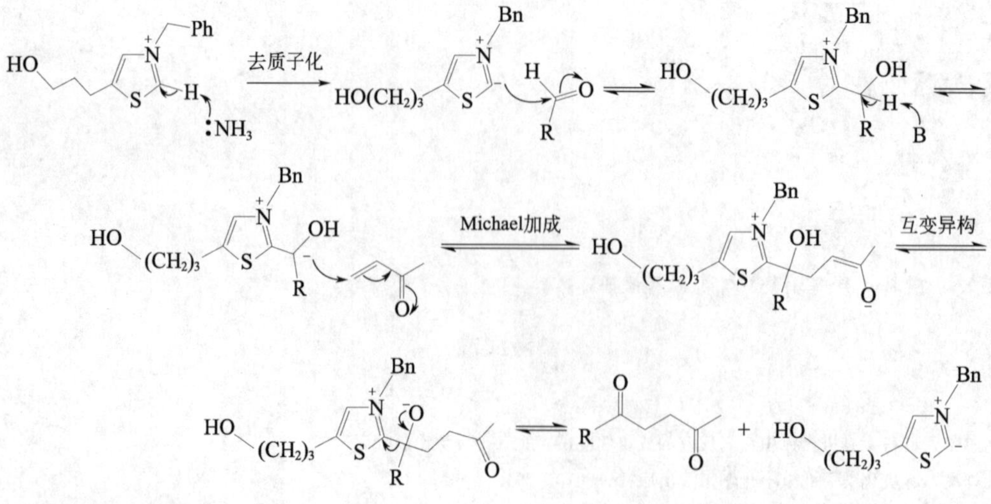

首先是氰基负离子或噻唑负离子进攻醛羰基进行亲核加成形成 α-仲醇，该仲醇在碱作用下失去 α-H 得到 α-碳负离子，从而使亲电性的醛羰基碳转化为亲核性。然后是碳负离子对不饱和化合物的 Michael 加成，最后消除氰基负离子或噻唑负离子，得到 1,4-二羰基化合物，完成一个催化循环。

练习 1[6]

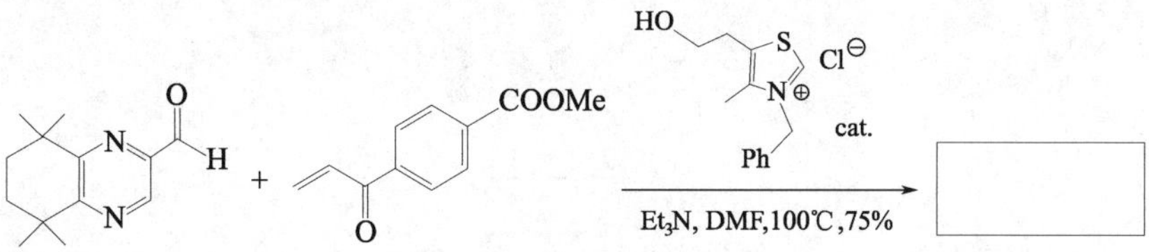

COOMe　HO　S　$Cl^{\ominus}$　N　$N^{\oplus}$　H　cat.　Ph　N　O　Et_3N, DMF, 100℃, 75%

[答案]

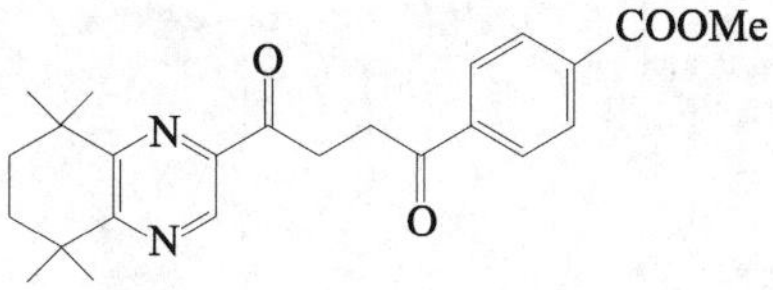

COOMe　O　N　N　O

练习 2

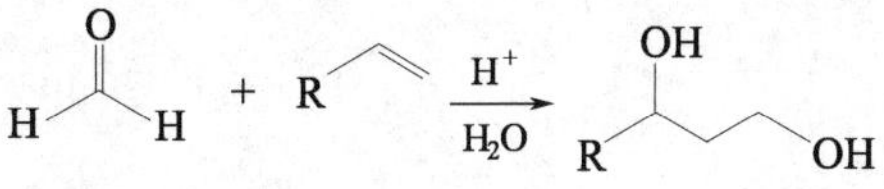

O　H　H　+　R　$\xrightarrow[H_2O]{H^+}$　OH　R　OH　（复旦大学，2005）

[答案]

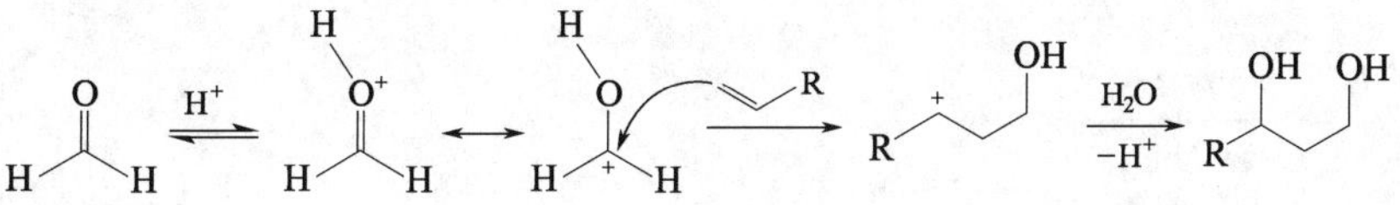

H　H　O　H^+　O^+　O　R　OH　H_2O　OH　OH　H　H　H　H　H　+　H　R　+　$-H^+$　R

练习 3[7]

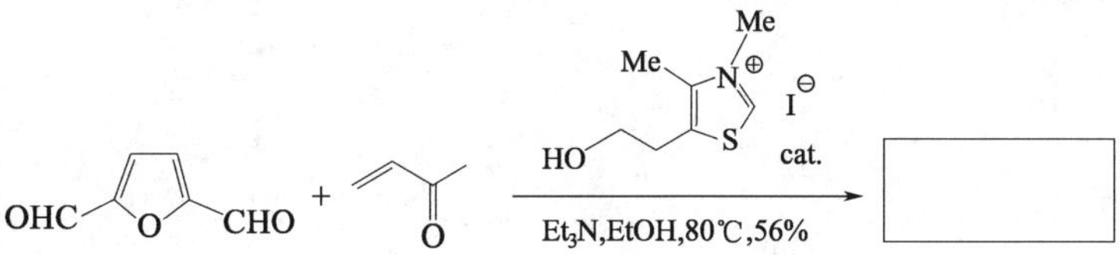

Me　Me　$N^{\oplus}$　$I^{\ominus}$　HO　S　cat.　OHC　O　CHO　+　O　Et_3N, EtOH, 80℃, 56%

[答案]

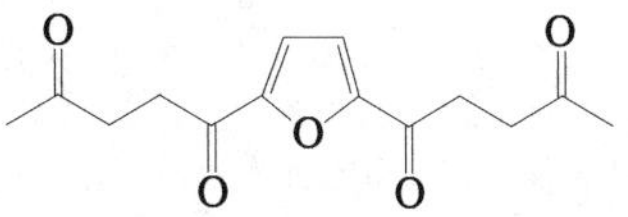

O　O　O　O　O　O

练习 4[8]

Me　Me　$N^{\oplus}$　$I^{\ominus}$　CN　HO　S　MeOOC　2.3eq.　OHC　TEA, *i*-PrOH, 80℃　67%

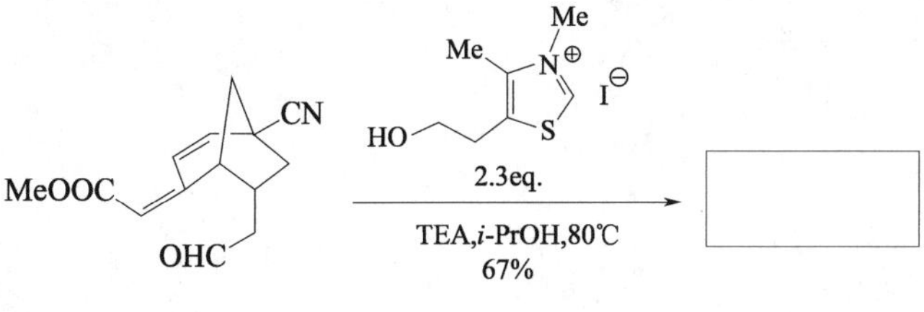

[答案]

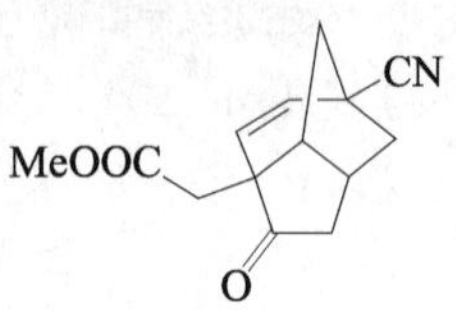

MeOOC CN

O

练习 5[9]

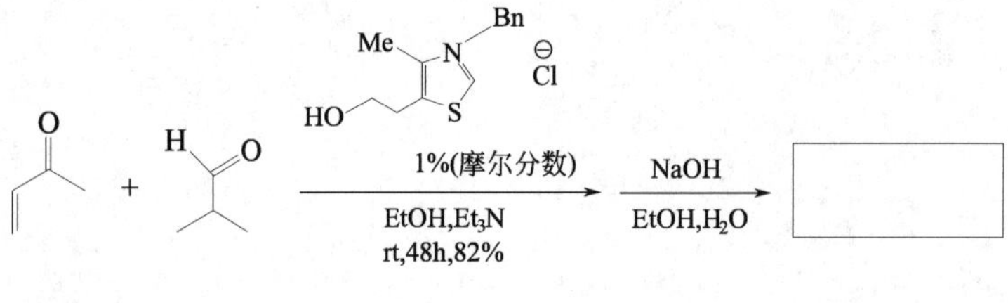

Me N Bn Cl HO S

O H O

1%(摩尔分数)

EtOH,Et_3N

rt,48h,82%

NaOH

EtOH,H_2O

[答案]

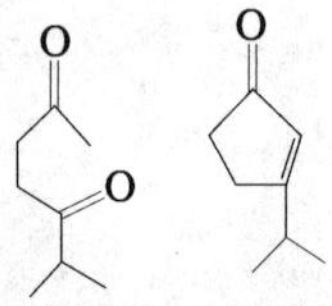

O O O

练习 6[9]

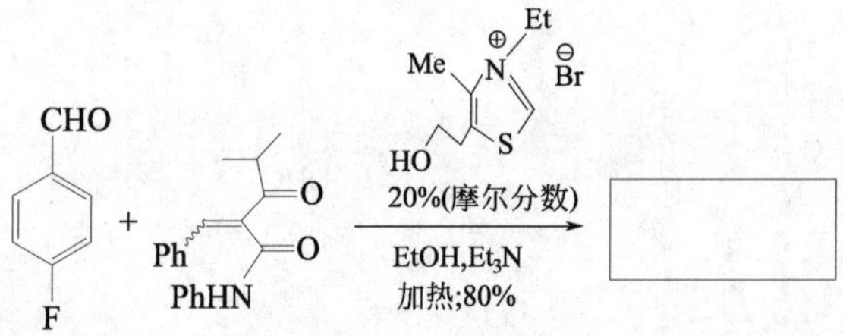

Me N Et Br HO S

CHO + O

F Ph PhHN O

20%(摩尔分数)

EtOH,Et_3N

加热;80%

[答案]

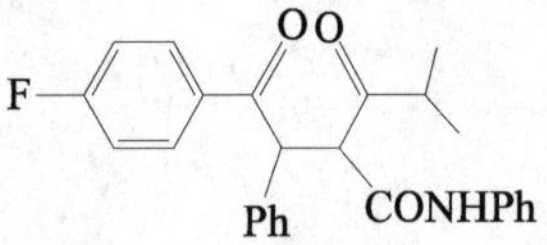

F O O

Ph CONHPh

练习 7[9]

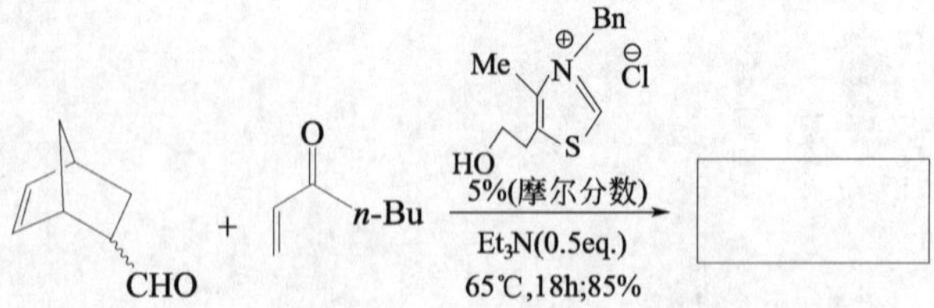

Me N Bn Cl HO S

O

CHO + n-Bu

5%(摩尔分数)

Et_3N(0.5eq.)

65℃,18h;85%

[答案]

O

n-Bu

O

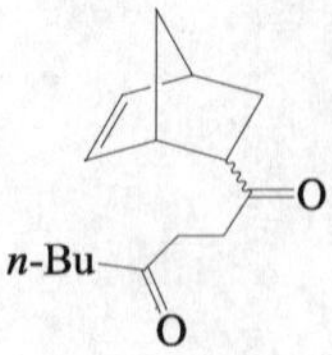

参考文献

[1] Stetter H，Schreckenberg H. Angew Chem，1973，85：89.

[2] Stetter H. Angew Chem，1976，88：695-704.

[3] Stetter H，Kuhlmann H，Haese W. Org Synth，1987，65：26.

[4] Jie Jack Li. Name Reaction. 4th ed. Berlin Heidelberg：Springer-Verlag，2009：525.

[5] [美] 李杰 (Jie Jack Li)．有机人名反应及机理．荣国斌译．朱士正校．上海：华东理工大学出版社，2003：387.

[6] Kikuchi K，Hibi S，Yoshimura H，Tokuhara N，Tai K，Hida T，Yamauchi T，Nagai M. J Med Chem，2000，43：409-419.

[7] El-Haji T，Martin J C，Descotes G. J Heterocycl Chem，1983，20：233-235.

[8] Trost B M，Shuey C D，DiNinno F Jr，McElvain S S. J Am Chem Soc，1979，101：1284-1285.

[9] 陈耀全，吴毓林．有机合成中的命名反应的战略性应用．北京：科学出版社，2007：433.

Stobbe 缩合反应

$$(H_3C)_2C{=}O + CH_2COOEt\text{—}CH_2COOEt \xrightarrow{EtONa} \boxed{\quad}$$

$$(H_3C)_2C{=}C(CH_2COOH)\text{—}COOC_2H_5$$

丙酮和丁二酸二乙酯在乙醇钠作用下发生缩合反应生成 α-亚丙基丁二酸单乙酯。

这种在碱性条件下丁二酸二乙酯及其衍生物和羰基化合物的反应称为 Stobbe 缩合反应[1]，通式如下：

$$RC(O)R^1 + EtOOC\text{—}CH_2CH_2\text{—}COOEt \xrightarrow[t\text{-BuOH}]{t\text{-BuOK}} RR^1C{=}C(COOEt)CH_2COOH$$

反应历程[2]：

t-BuO$^{\ominus}$ 夺取 H → 烯醇负离子 + R^{1}C(O)R ⇌ Aldol 加成 (R^1, R, COOEt, O$^{\ominus}$, EtO, O) ⇌ 五元环中间体 (R^1, R, COOEt, O, EtO, O$^{\ominus}$) ⇌ 内酯 (R^1, R, COOEt, H, O, t-BuO$^{\ominus}$) ⇌ RR^{1}C=C(COOEt)CH$_2$COO$^{\ominus}$ $\xrightarrow{H^{\oplus}}$ RR^{1}C=C(COOEt)CH$_2$COOH

在 Stobbe 缩合反应中，叔丁醇钾首先夺取丁二酸二乙酯的一个 α-氢原子，形成烯醇负离子，然后该烯醇负离子进攻醛或酮的羰基发生 Aldol 亲核加成，得到的 β-醇氧负离子与分子内的酯缩合反应形成内酯，内酯在叔丁醇钾的催化下开环、消除、酸化得目标产物 α-亚烃基丁二酸单酯衍生物。

Stobbe 缩合所用的碱性催化剂和反应条件与 Claisen 缩合基本上相似。Stobbe 缩合主要用于酮化合物，如果对称酮分子中不含有活泼 α-氢则只得到一种产物，收率很好，如果是不对称酮，则得到顺反异构体的混合物。例如，3,4-二氯二苯甲酮、丁二酸二乙酯和叔丁醇钾按 1∶1.6∶0.95 的摩尔比在叔丁醇中在氮气保护下，回流 16h，经酸化，后处理得 α-(3,4-二氯二苯基）亚甲基丁二酸单乙酯粗品，收率 80%，作为医药中间体可直接用于下一步反应。

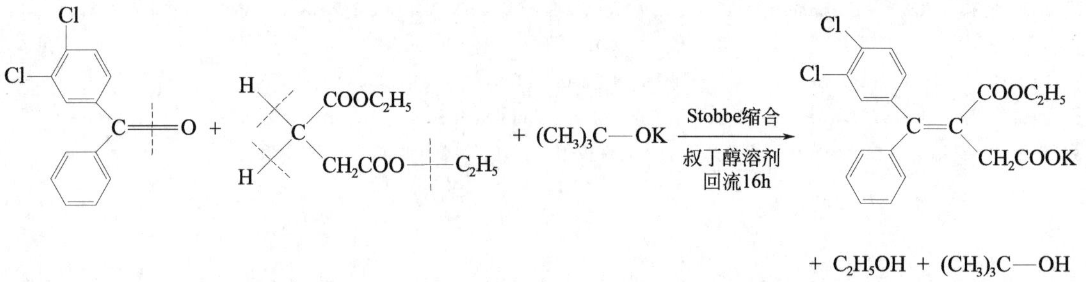

Stobbe缩合
叔丁醇溶剂
回流16h

$+ (CH_3)_3C—OK$ → $+ C_2H_5OH + (CH_3)_3C—OH$

练习 1　机理

$CH_2COOC_2H_5$ / $CH_2COOC_2H_5$ + 环己酮 —1. t-BuOK；2. H_3O^+→ 产物（$COOC_2H_5$，CH_2COOH）

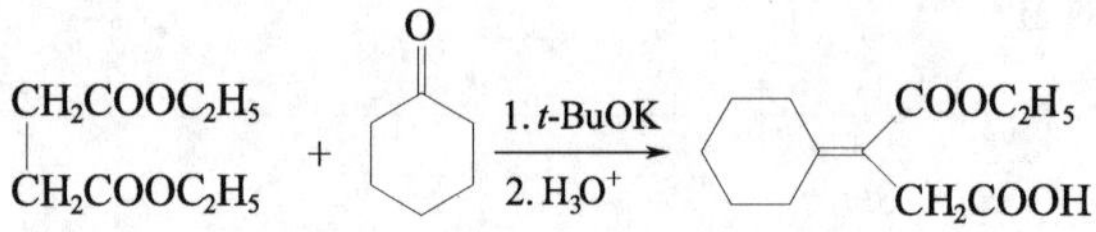

（南京工业大学，2004）

［答案］

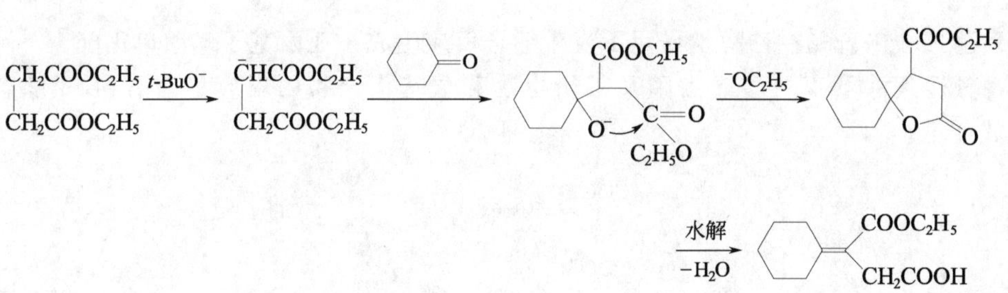

t-BuO$^-$　$^-OC_2H_5$　水解　$-H_2O$

练习 2[3]

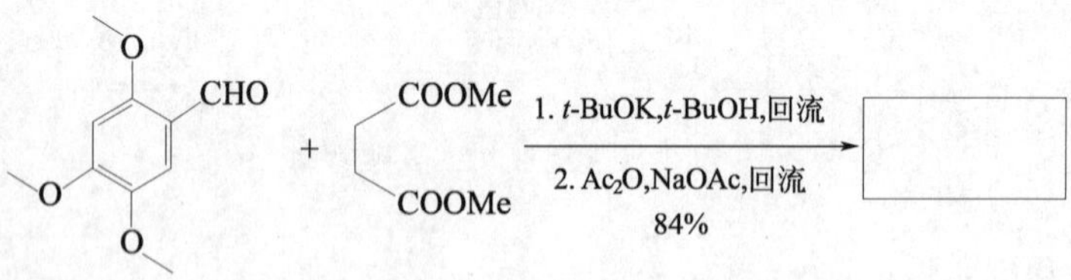

1. t-BuOK,t-BuOH,回流
2. Ac_2O,NaOAc,回流
84%

［答案］

COOMe　OAc

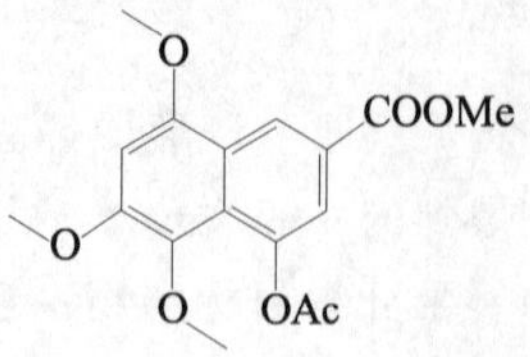

练习 3[4]

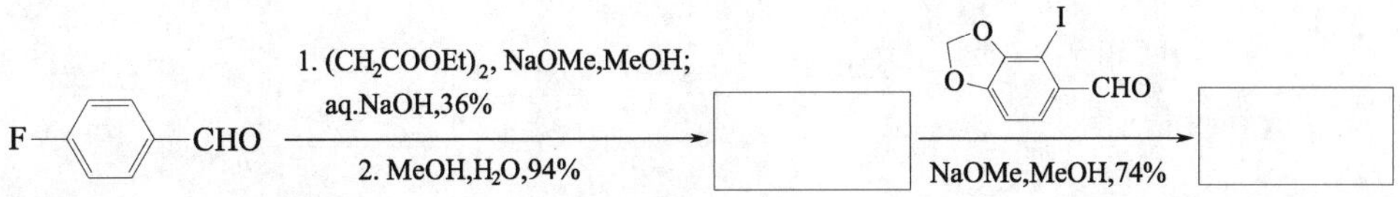

1. $(CH_2COOEt)_2$, NaOMe, MeOH; aq.NaOH, 36%

2. MeOH, H_2O, 94%

NaOMe, MeOH, 74%

［答案］

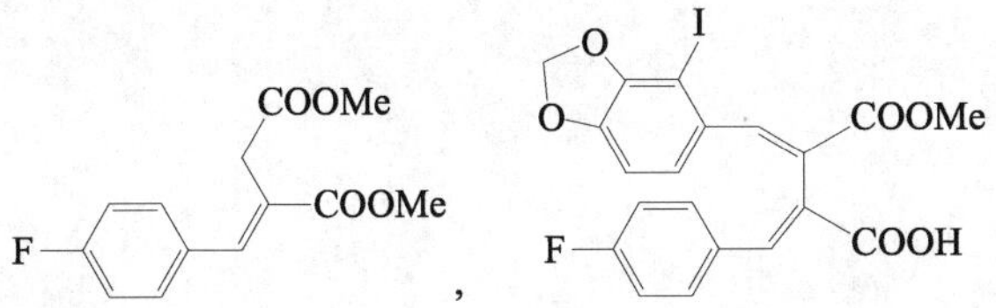

练习 4[5]

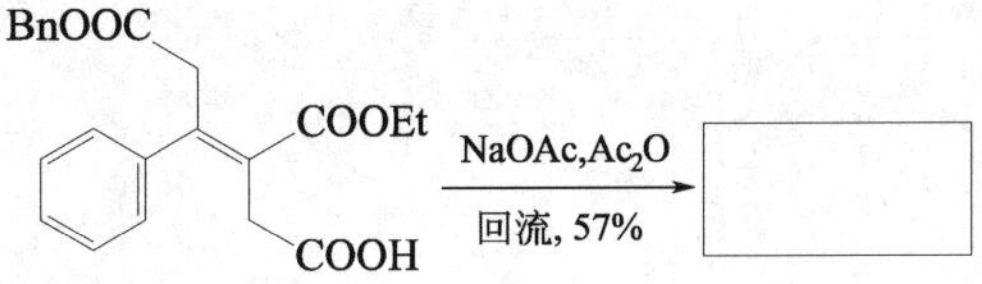

NaOAc, Ac_2O

回流, 57%

［答案］

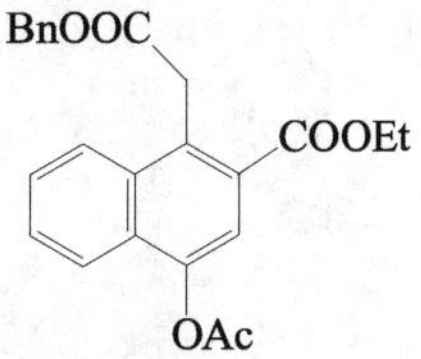

练习 5[6]

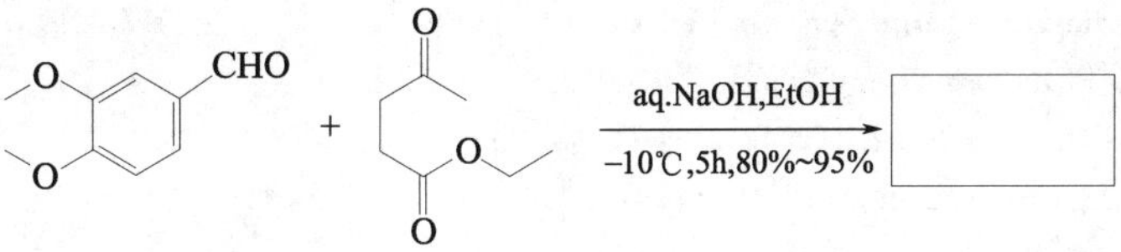

aq.NaOH, EtOH

−10℃, 5h, 80%~95%

［答案］

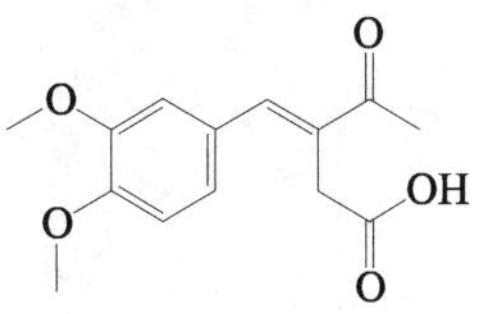

某些 β-酮酸酯和醚的类似物也可与醛或酮反应，得到 Stobbe 缩合产物。

练习 6

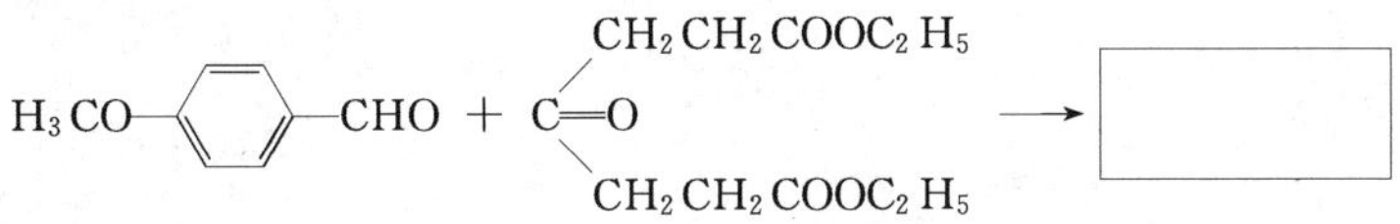

$H_3CO-C_6H_4-CHO + O{=}C(CH_2CH_2COOC_2H_5)_2 \longrightarrow$ □

［答案］

$H_3CO-C_6H_4-CH{=}C(CH_2COOC_2H_5)-C({=}O)-CH_2CH_2COOC_2H_5$

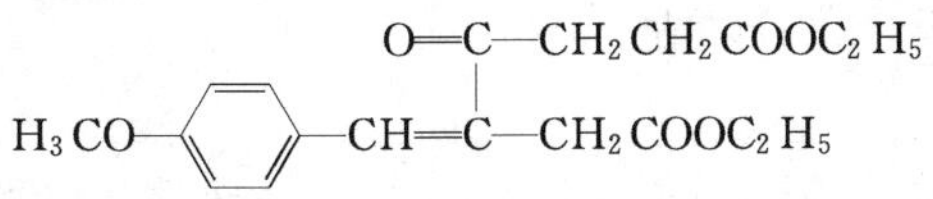

练习 7

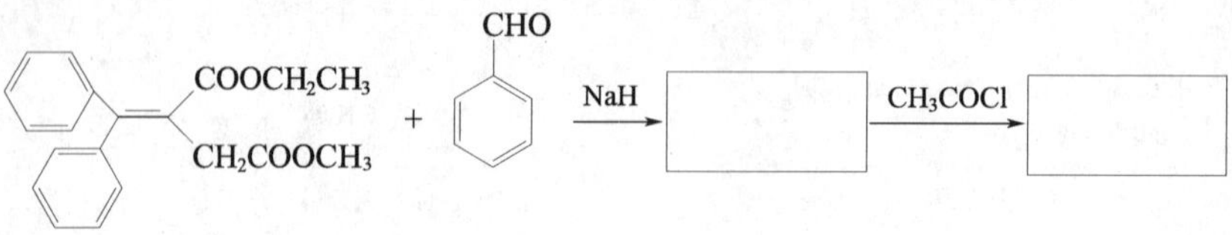

[答案]

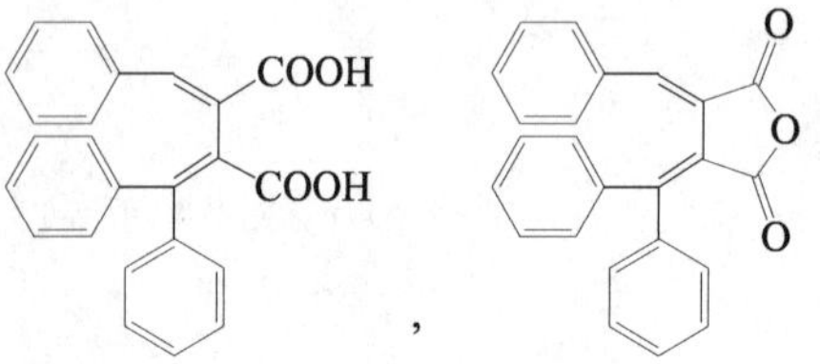

，

练习 8

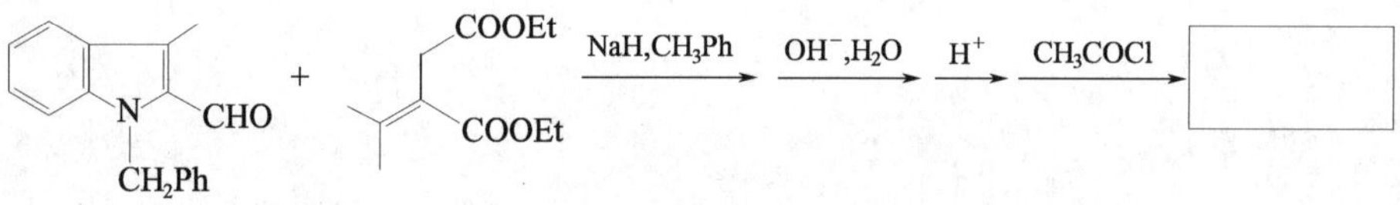

[答案][7]

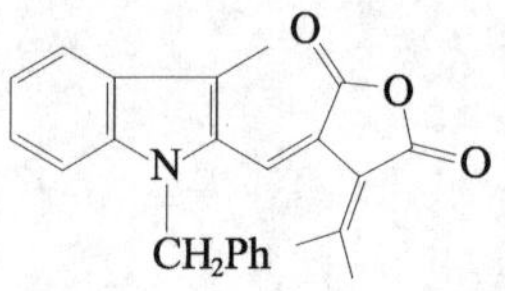

在氢化钠和甲苯存在下，1-苄基-3-甲基吲哚-2-甲醛与亚异丙基丁二酸二乙酯发生 Stobbe 缩合反应，经过碱性水解和酸化得到二酸化合物，接着在乙酰氯存在下脱水，合成 2-(1-苄基-3-甲基-2-吲哚亚甲基)-3-亚异丙基丁二酸酐。

参考文献

[1] Stobbe H. Ber，1893，26：2312.

[2] Jie Jack Li. Name Reaction. 4th ed. Berlin Heidelberg：Springer-Verlag，2009：532.

[3] Giles R G F，Green I R，van Eeden N Eur. J Org Chem，2004：4416-4423.

[4] Mizufune H，Nakamura M，Mitsudera H. Tetrahedron，2006，62：8539-8549.

[5] Sato A，Scott A，Asao T，Lee M. J Org Chem，2006，71：4692-4695.

[6] Mahajan V A，Shinde P D，Borate H B，Wakharkar R D. Tetrahedron Lett，2005，46：1009-1012.

[7] 董文亮，赵宝祥，申东守. 2-(1-苄基-3-甲基-2-吲哚亚甲基)-3-亚异丙基丁二酸酐的合成及其光致变色性能研究 [D]. 上海：中国科学院上海冶金研究所，2000.

Stork 烯胺反应

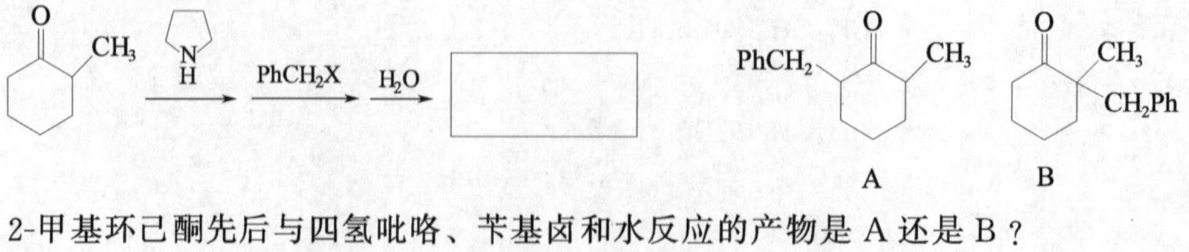

A　　B

2-甲基环己酮先后与四氢吡咯、苄基卤和水反应的产物是 A 还是 B？

是 A。反应中，2-甲基环己酮首先与四氢吡咯反应形成烯胺，然后与苄基卤发生 α-位的

苄基化反应，最后水解得产物[1]。

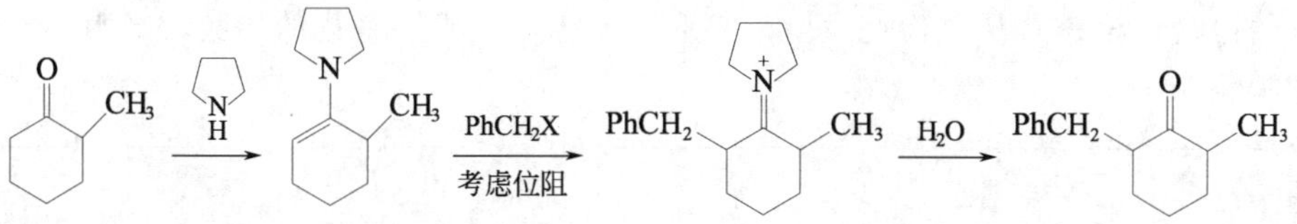

上述反应的第二步，在烯胺位阻较小的一侧进行烷基化反应。

先看看这个反应：

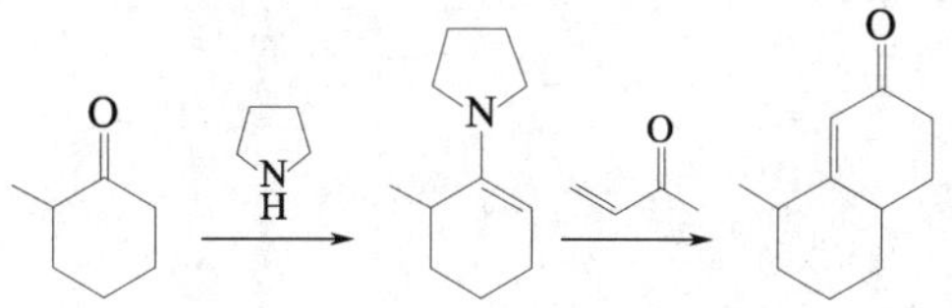

2-甲基环己酮与四氢吡咯反应形成的烯胺与丁烯酮发生类似于 Michael 加成、再经 Aldol加成环化得到产物。这种烯胺与 α,β-不饱和羰基化合物发生的 Michael 加成的反应就是 Stork 烯胺反应[2~6]。

反应中采用体积较大的胺如四氢吡咯、哌啶等，使对甲基乙烯酮的共轭加成在两个可能的烯胺中从位阻较小的一面进攻，实现关环反应。

反应机理[7]：

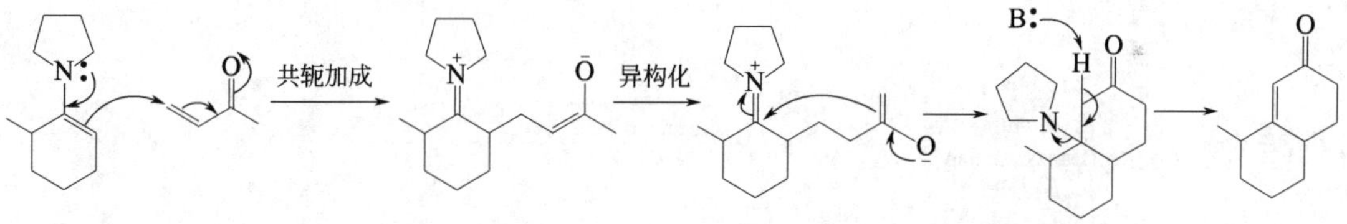

首先酮与胺反应形成的烯胺与 α,β-不饱和醛、酮共轭加成，生成含亚胺离子结构的烯醇负离子，经异构化所得的新的烯醇负离子进攻分子内的亚胺离子的碳原子，形成 β-氨基酮，最后在碱作用下消除四氢吡咯得到目标产物。

酮与胺反应形成烯胺，烯胺与 α,β-不饱和醛、酮共轭加成，生成新的烯胺，烯胺水解得邻位取代的酮。当亲电试剂为酰卤时，则形成 1,3-二酮（称为 Stork 酰化）。当亲电试剂为卤代烷或反应性较低亲电试剂时，则可使酮或醛烷基化。例如：

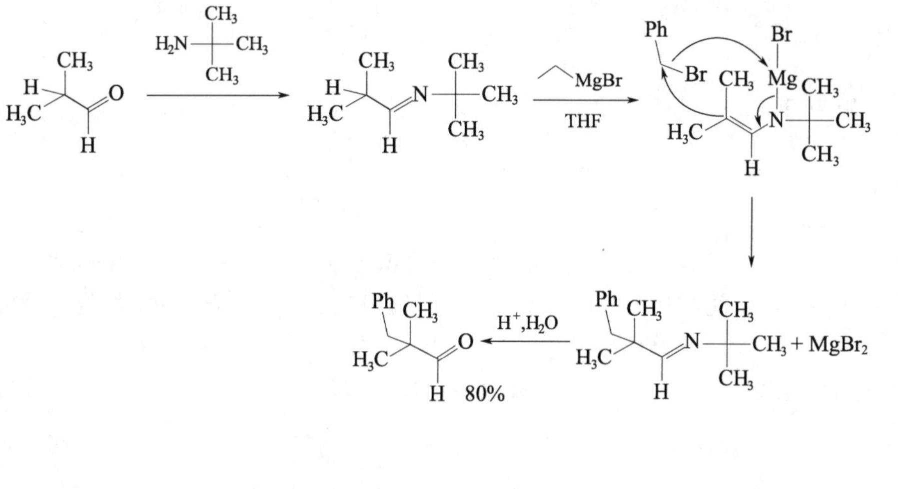

此反应中，羰基化合物先与一级胺发生缩合，转变成亚胺。亚胺接着与 Grinard 试剂反应成相应的镁盐，该镁盐与卤代烷发生亲核取代反应，生成烷基化的烯胺，经由再次水解产生烷基化酮。

练习 1[8]

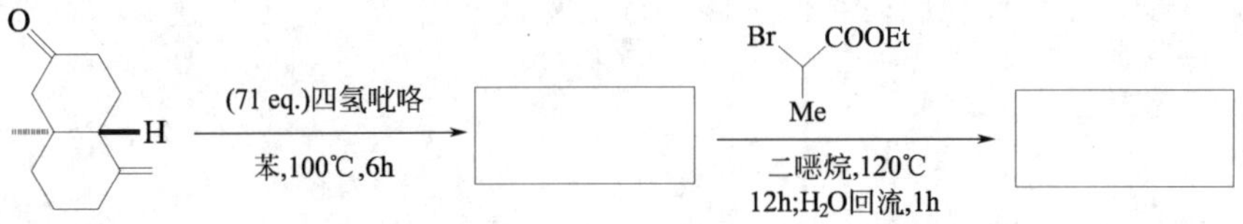

(71 eq.)四氢吡咯

苯,100℃,6h

Br COOEt Me

二噁烷,120℃

12h;H_2O回流,1h

[答案]

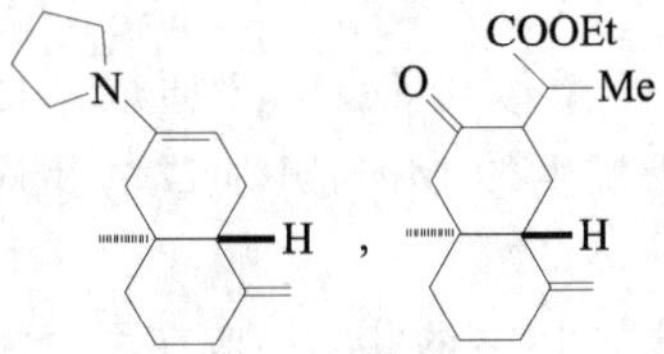

COOEt Me N H , O H

练习 2[8]

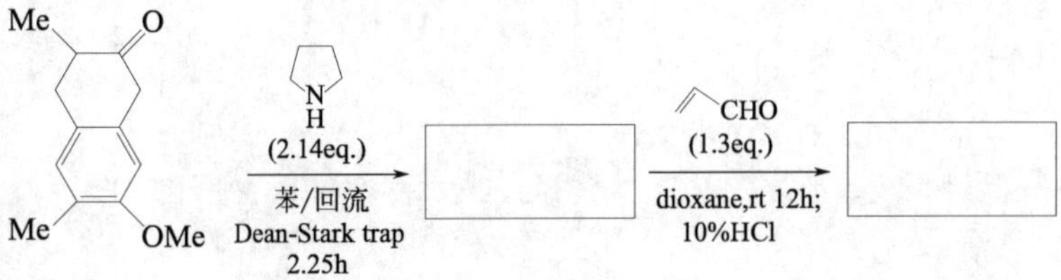

Me O Me OMe

N H (2.14eq.)

苯/回流

Dean-Stark trap

2.25h

CHO (1.3eq.)

dioxane,rt 12h;

10%HCl

[答案]

Me N Me OMe , OH Me O Me OMe

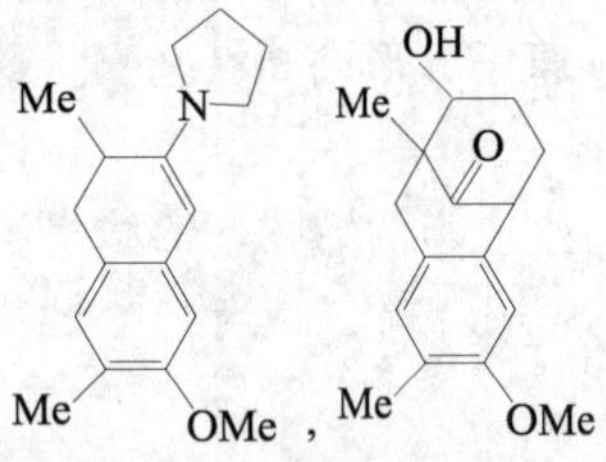

练习 3

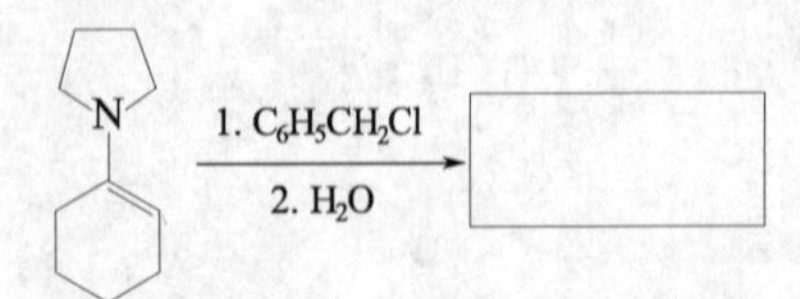

（郑州大学，2006）

[答案]

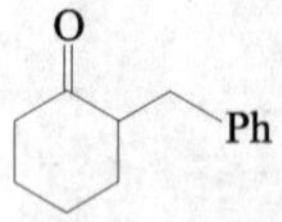

O Ph

有 α-H 的醛、酮和仲胺在酸性条件下反应脱水，生成烯胺。烯胺的结构与烯醇负离子相似，可与卤代烃、α,β-不饱和羰基化合物等发生反应，产物水解得到α-烃化的醛、酮，1,5-二羰基化合物等。

需要值得注意的是，不对称酮与仲胺反应生成烯胺时，由于位阻的影响，主要生成双键在取代基较少一侧的烯胺。

练习4

（中山大学，2003）

$\xrightarrow[H^+]{(CH_3)_2NH}$ □ $\xrightarrow[2.\ H_3O^+]{1.\ \text{环氧}-Ph}$ □

[答案]

$N(CH_3)_2$，O

此题中第一步为含 α-H 的醛、酮和二级胺在酸催化下反应脱去一分子水，生成烯胺。由于烯胺的结构与烯醇负离子相似，在第二步中与环氧化合物在碱性条件下开环，负离子进攻环醚空间位阻小的一侧。反应机理如下：

$N(CH_3)_2$ ⟷ $\oplus N(CH_3)_2$ ⟶ OH, Ph, $\oplus N(CH_3)_2$ $\xrightarrow{H_3O^+}$ 产物

练习5

$\xrightarrow[2.\ H_2O]{1.\ CH_3I}$ □ $\xrightarrow{CH_3CO_3H}$ □　　（兰州大学，1999）

[答案]

CH_3，CH_3

$\xrightarrow{CH_3I}$ CH_3 $\xrightarrow{H_2O}$ CH_3

$$\text{—}\overset{O}{\overset{\|}{C}}\text{—}CH_2\text{—}\begin{cases}\xrightarrow{SeO_2}\text{—}\overset{O}{\overset{\|}{C}}\text{—}\overset{O}{\overset{\|}{C}}\text{—}\\ \xrightarrow{RCO_3H}\text{—}\overset{O}{\overset{\|}{C}}\text{—}O\text{—}CH_2\text{—}\end{cases}$$

练习6　合成

以环己酮为主要原料合成 (CH_3, O)　　（武汉大学，2005）

[答案]

$\xrightarrow{H^+}$ $\xrightarrow{\text{哌啶 (NH)}}$ $\xrightarrow{MeI}$ $\xrightarrow{H^+/H_2O}$ CH_3, O $\xrightarrow[\text{甲基乙烯基酮}]{KOH}$ CH_3, O

练习 7 合成

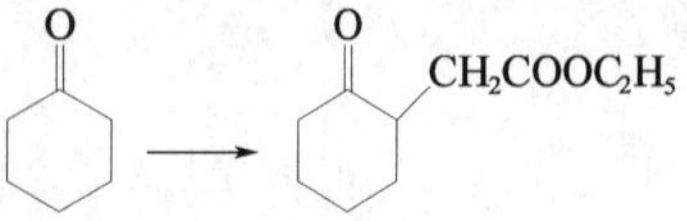

（中国科学技术大学，2003）

［答案］

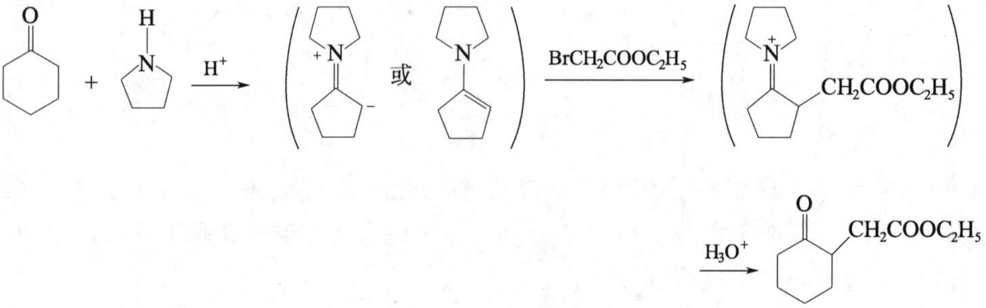

$BrCH_2COOC_2H_5$

H_3O^+

练习 8 比较这两个反应，并写出其反应产物。

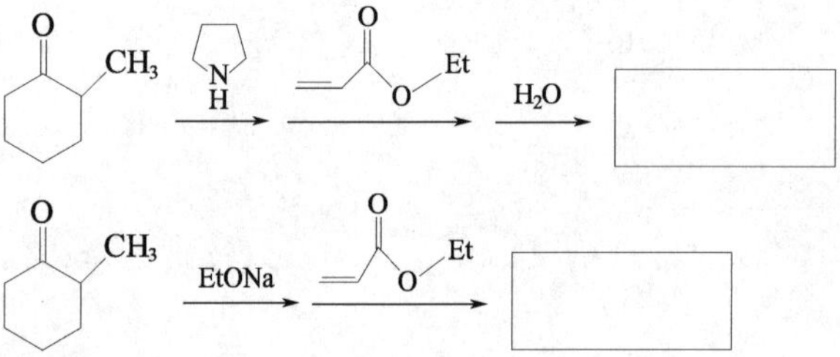

［答案］

第一个反应产物是：

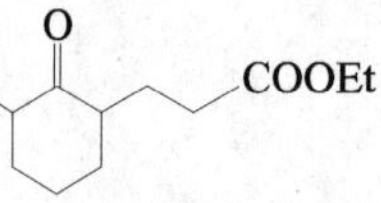

第二个反应产物是：

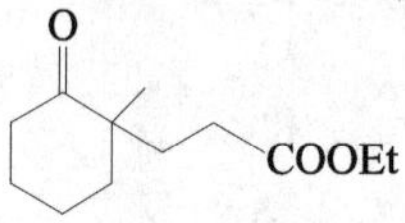

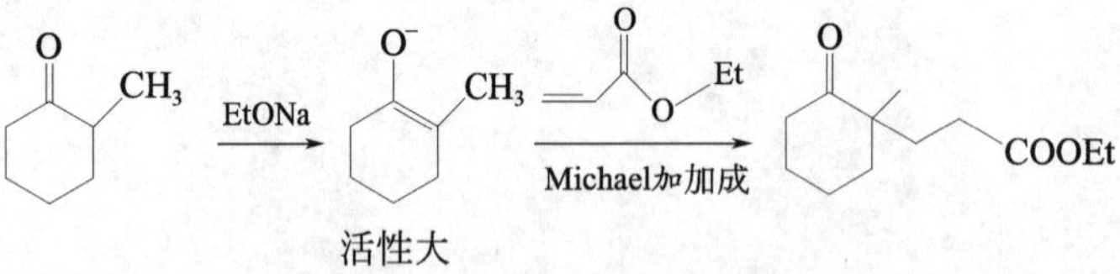

活性大

练习 9

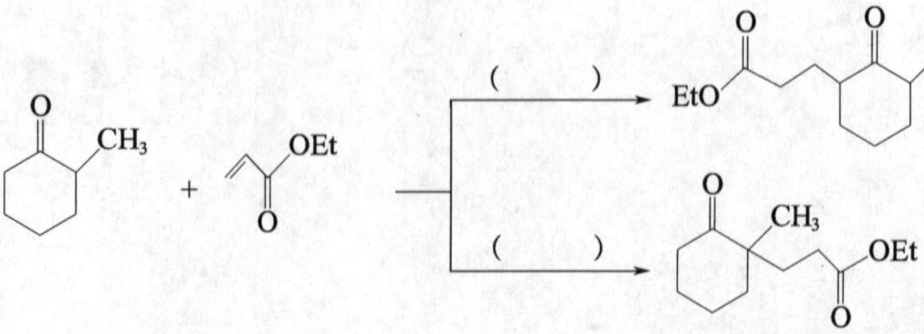

（中国科学技术大学、中国科学院合肥所，2009）

[答案]

$/H^+$；NaOEt

练习 10　合成

CHO ⟶ ··· ⟶　　（中国科学技术大学、中国科学院合肥所，2009）

[答案]

CHO $\xrightarrow{\text{NH}}$ ⟶ $\xrightarrow[2.\ H_3O^+]{1.\ \text{CN}}$ CN CHO $\xrightarrow[\text{NaOH}]{\text{O}}$ CN O $\xrightarrow[2.\ H_3O^+]{1.\ LiCH_3}$ TM

练习 11

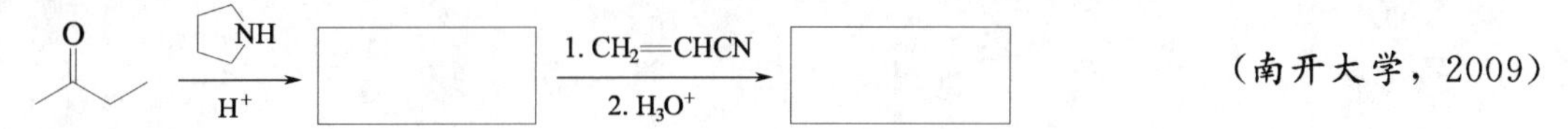

[答案]

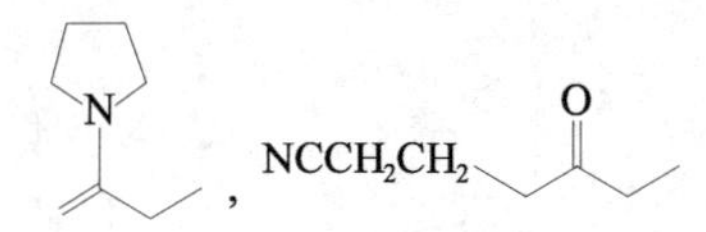

参考文献

[1] 张力学．大学有机化学基础习题与考研题解．第 2 版．上海：华东理工大学出版社，291.

[2] Stork G，Terrell R，Szmuszkovicz J. J Am Chem Soc，1954，76：2029.

[3] Autrey R L，Tahk F C Tetrahedron，1968，24：3337.

[4] Hickmott P W. Tetrahedron，1982，38：1975.

[5] Szablewski M. J Org Chem，1994，59：954.

[6] Hammadi M，Villemin D. Synth Commun，1996，26：2901.

[7] [美] 李杰（Jie Jack Li）．有机人名反应及机理．荣国斌译．朱士正校．上海：华东理工大学出版社，2003：398.

[8] Laszlo K. Barbar C. 有机合成中命名反应的战略性应用．北京：科学出版社，2007：444.

Tollens 反应

$$(CH_3)_2CHCHO + 2HCHO + H_2O \longrightarrow \boxed{}$$

$$(CH_3)_2C(CH_2OH)_2 + HCOOH$$

异丁醛和甲醛在碱催化下首先发生 Aldol 缩合生成 α-羟甲基异丁醛，然后再进行 Cannizzaro 反应得到 2,2-二甲基丙二醇和甲酸，总反应称为 Tollens 反应。

Tollens 反应[1~6]是指含 α-H 的醛、酮在碱［Na_2CO_3 或 $Ca(OH)_2$］存在下和不含 α-H 的醛、酮（如甲醛）反应生成多元醇类化合物的反应。该反应其实是 Aldol 缩合反应与

Cannizzaro 反应的合并反应。反应通式为：

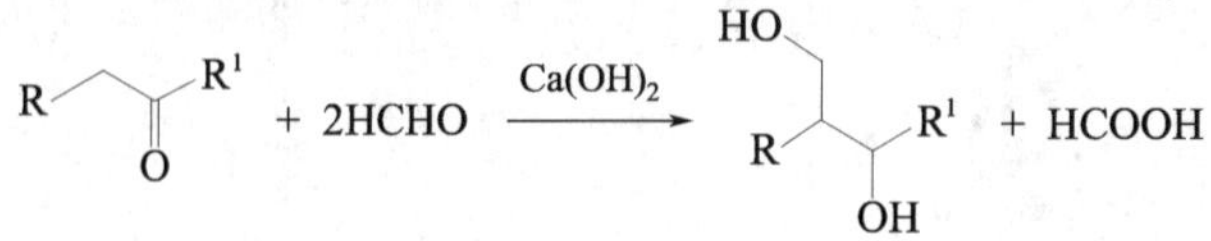

反应机理[7]：

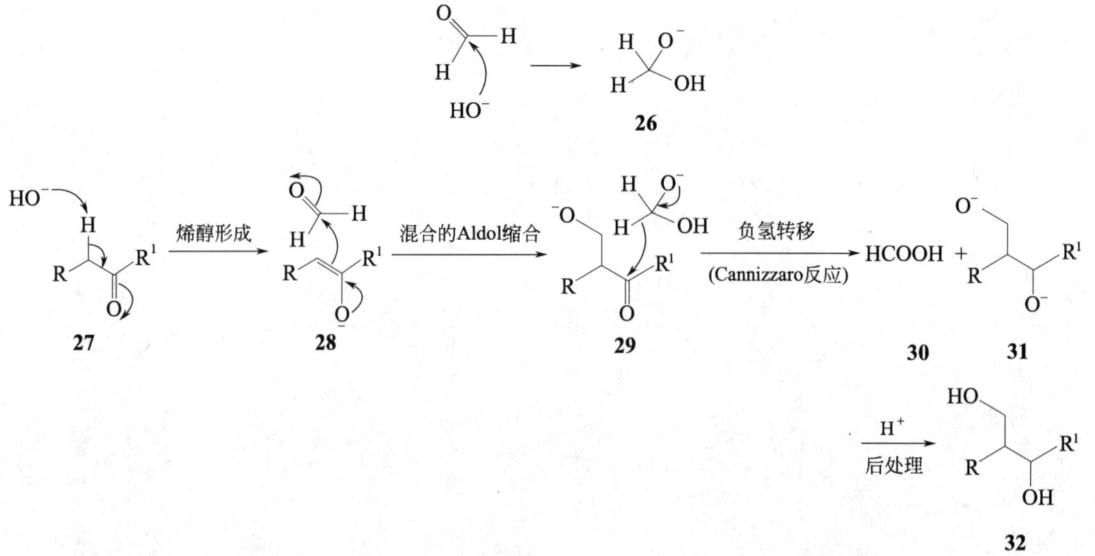

甲醛（无 α-活泼氢的醛）在 OH^- 作用下形成同碳二元醇氧负离子（**26**）；含有 α-氢的醛或酮（**27**）在 OH^- 作用下形成烯醇负离子（**28**），**28** 与甲醛发生混合的 Aldol 缩合反应得到 β-羟基醛或酮的醇氧负离子（**29**）；然后 **29** 与甲醛进行交叉 Cannizzaro 反应，即 **26** 的 α-氢以负氢离子转移给 **29** 的羰基，**26** 被氧化成为甲酸（**30**），**29** 被还原成 1,3-二醇的双负离子（**31**），**31** 经酸化得 1,3-二醇（**32**）。

练习 1

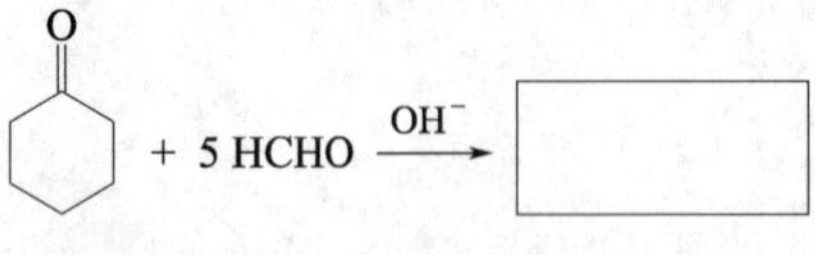

$+ 5\,HCHO \xrightarrow{OH^-}$

[答案]

$+ HCOOH$

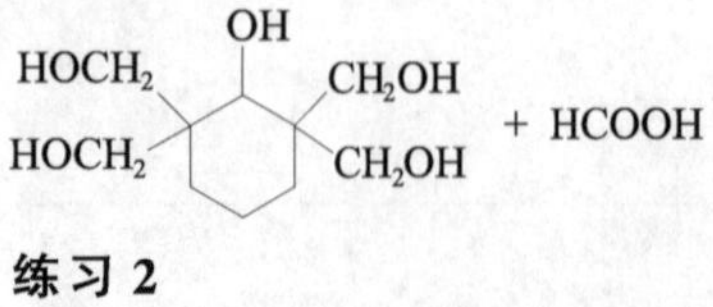

练习 2

$(CH_3)_2CHCH_2CHO + 3HCHO + H_2O \longrightarrow$

[答案]

$(CH_3)_2CHC(CH_2OH)_3 + HCOOH$

练习 3

（结构式：2-甲基丁醛）CHO $\xrightarrow[\text{稀}OH^-]{HCHO}$ [　　] $\xrightarrow[\text{浓}OH^-]{HCHO}$ [　　] + [　　]

（北京理工大学，2005）

[答案]

（结构式：CHO，CH_2OH）, $HCOO^-$, （结构式：CH_2OH，CH_2OH）

第一步羟醛缩合；第二步发生歧化反应，有供电子基的醛易被还原。

练习 4

$HCHO + CH_3CHO \xrightarrow{\text{稀}OH^-}$ [　　] $\xrightarrow[\text{浓}OH^-]{HCHO}$ [　　]　（浙江大学，2004）

[答案] 此题中第一步为 1mol 乙醛与 3mol HCHO 发生 3 次羟醛缩合反应，第二步是无 α-H 醛的歧化反应。

$(HOCH_2)_3CCHO$，$HCOO^-$，$C(CH_2OH)_4$

参考文献

[1] Parry-Jones R，Kumar. J Educ Chem，1985，22：114.
[2] Jenkins I D. J Chem Educ，1987，64：164.
[3] Munoz S，Gokel G W. J Am Chem，Soc，1993，115：4899.
[4] Yin Y，Li Z Y，Zhong Z，Gates B，Xia Y，Venkateswaran S. J Materials Chem，2002，12：522.
[5] Breedlove C H，Softy John. J College Sci Teaching，1983，12：281.
[6] Huang S，Mau A W H. J Phys Chem B，2003，107：3455.
[7] [美] 李杰 (Jie Jack Li). 有机人名反应及机理. 荣国斌译. 朱士正校. 上海：华东理工大学出版社，2003：412.

第7章　成环反应

Buchner-Curtius-Schlotterbeck 反应

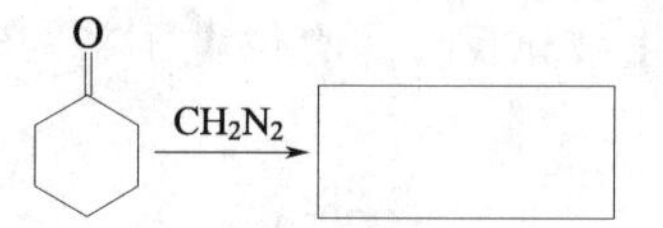

（浙江大学，2004）

环已酮与重氮甲烷反应得到多一个碳原子的环庚酮，。重氮甲烷与醛酮反应生成多一个亚甲基的酮，机理如下：

$$\mathrm{RC(=O)R} + :\overset{-}{C}H_2-\overset{+}{N}\equiv N: \longrightarrow \mathrm{R-C(R)(O^-)-CH_2-\overset{+}{N}\equiv N:} \longrightarrow \mathrm{R-C(=O)-CH_2-R}$$

首先重氮甲烷与醛酮发生亲核加成生成烷氧负离子中间体，然后烷基迁移得到多一个碳原子的酮。该反应就是 Buchner-Curtius-Schlotterbeck 反应[1]，可用于环酮的扩环，副产物是环氧化合物。

脂肪族重氮化物与醛的反应：

$$RCHN_2 + R'CHO \longrightarrow RCH_2COR' + N_2$$

脂肪族重氮化物与酮的反应：

$$\mathrm{RC(=O)R^1} + \mathrm{R^2CH{=}N_2} \longrightarrow \mathrm{RC(=O)CHR^1R^2}$$

反应机理如下[2]：

$$\mathrm{R^2CH{=}N_2} \longleftrightarrow \mathrm{R^2\overset{-}{C}H-\overset{+}{N}\equiv N} \longleftrightarrow \mathrm{R^2CH{=}\overset{+}{N}{=}\overset{-}{N}} + \mathrm{RC(=O)R^1} \xrightarrow{\text{亲核加成}} \mathrm{R^2CH(\overset{+}{N}\equiv N)-C(R)(R^1)O^-} \xrightarrow{\text{重排}} \mathrm{R^1CH(R^2)C(=O)R} + N_2\uparrow$$

脂肪族重氮化物进攻酮的羰基碳原子发生亲核加成生成烷氧负离子中间体（不稳定的四面体中间体），然后烷基（—R^1）以负离子的形式迁移到与氮原子相连的碳原子上、消去一分子氮后得到 α-碳原子上连有两个烷基（—R^1 和—R^2）的酮。

练习 1

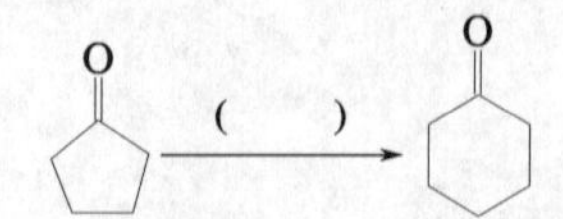

（中国科学技术大学、中国科学院合肥所，2009）

[答案] CH_2N_2

练习 2

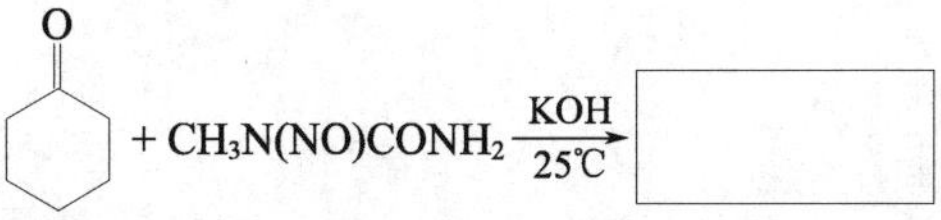

O

$+ CH_3N(NO)CONH_2 \xrightarrow[25℃]{KOH}$ [ ]

[解答]

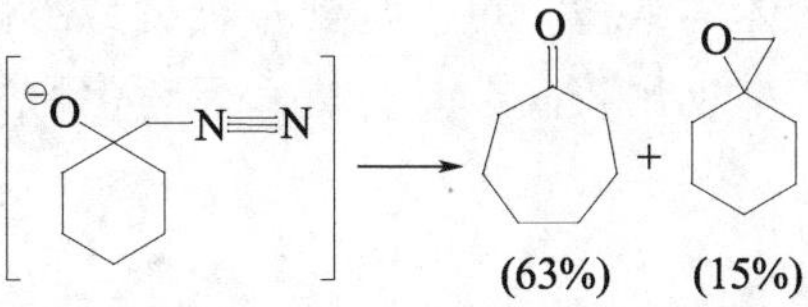

$^{\ominus}O$　N≡N　⟶　O　+　O

(63%)　(15%)

$CH_3N(NO)CONH_2$ 是产生重氮烷类衍生物的试剂。重氮烷类可由对应的氨基烷类与亚硝酸作用产生 *N*-亚硝基化合物，再解离而得到重氮烷类。制备时需特别注意，与重金属作用或加热时，可能会爆炸。在光照下，重氮烷转变成性质活泼的激发态亚烷：CR_2，即端烯。

练习 3[3]

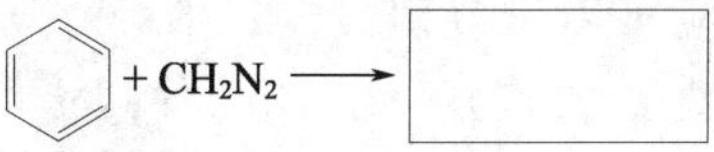

$+ CH_2N_2 \longrightarrow$ [ ]

[解答]

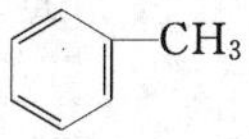

CH_3

参考文献

[1] Buchner E，Curtius T. Ber，1885. 18：2371.

[2] [美] 李杰 (Jie Jack Li)．有机人名反应及机理．荣国斌译．朱士正校．上海：华东理工大学出版社，2003：58.

[3] 巨勇，赵国辉，席婵娟．有机合成化学与路线设计．北京：清华大学，2002：189.

Diels-Alder 反应

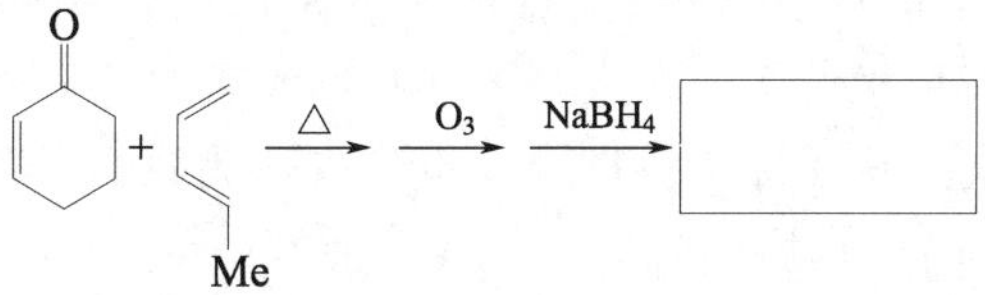

O　+　Me　$\xrightarrow{\triangle}$ $\xrightarrow{O_3}$ $\xrightarrow{NaBH_4}$ [ ]　　（中国科学技术大学，2010）

环己烯酮与 1,3-戊二烯在加热时发生 Diels-Alder 反应，再经臭氧化和硼氢化钠还原生成（Me、H、O、HO、HO、H）。

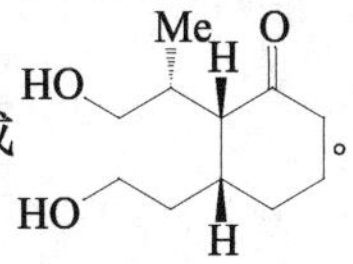

1928 年，德国化学家 O. Diels（狄尔斯）和他的学生 K. Alder（阿尔德）在研究 1,3-丁二烯和顺丁烯二酸酐的互相作用时发现了一类反应——共轭二烯烃和某些具有碳碳双键、叁键的不饱和化合物进行 1,4-加成，生成六元环状化合物的反应，这类反应称为 Diels-Alder

反应[1~3]，又称双烯合成反应（diene synthesis）。反应中即使新形成的环之中的一些原子不是碳原子，这个反应也可以继续进行。一些 Diels-Alder 反应是可逆的，这样的环分解反应叫逆 Diels-Alder 反应。例如：

200℃,20MPa
500℃,镍铬丝

Diels-Alder 反应的反应物分成两部分，一部分提供共轭双烯，称为双烯体，另一部分提供不饱和键，称为亲双烯体。改变共轭双烯和亲双烯体的结构，可以得到多种类型的化合物，并且许多反应在室温或在溶剂中加热即可进行，产率也比较高，是合成六元环化物的重要方法。例如：

20℃
苯

1,3-丁二烯（双烯体）　顺丁烯二酸酐（亲双烯体）

1,3-丁二烯和顺丁烯二酸酐反应生成白色固体，该反应可用于鉴别共轭二烯烃。Diels-Alder 反应的应用范围非常广泛，在有机合成中有非常重要的作用[4]。Diels-Alder 获得 1950 年的诺贝尔化学奖。

反应通式为：

EDG　EWG　△　EDG　EWG

双烯体　亲双烯体　加成物

EDG=供电子基团;　EWG=吸电子基团

反应机理[5]：

EDG　EWG　△　EDG　EWG　HOMO　LUMO　EDG　EWG

Diels-Alder 反应是一步完成的，新的 σ 键和 π 键的生成和旧的 π 键的断裂是同步进行的。反应时，反应物分子彼此靠近互相作用，形成一个环状过渡态，然后逐渐转化为产物分子。也即旧键的断裂和新键的形成是相互协调地在同一步骤中完成的。具有这种特点的反应称为协同反应（synergistic reaction）。在协同反应中，没有活性中间体如碳正离子、碳负离子、自由基等产生。协同反应的机理要求双烯体的两个双键必须取 *S*-顺式构象，如下面的 **1**～**4**。*S*-反式的双烯体不能发生该类反应，如 **5**、**6**。空间位阻因素对 Diels-Alder 反应的影响较大，有些双烯体的两个双键虽然是 *S*-顺式构象，但由于 1,4-位取代基的位阻较大，如 **7**，也不能发生该类反应。2,3 位有取代基的共轭体系对 Diels-Alder 反应不形成位阻，合适的取代基还能促使双烯体取 *S*-顺式构象，此时对反应有利。

1 开链共轭双烯　**2** 同环共轭双烯　**3** 异环共轭双烯　**4** 环内外共轭双烯

S-顺式构象

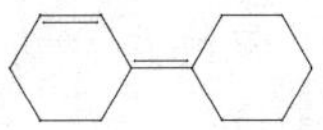

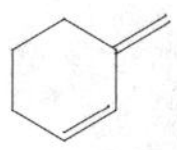

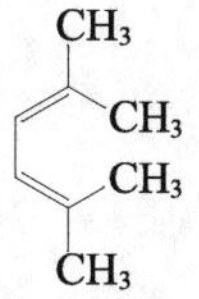

5　　6　　7

S-反式构象　　*S*-顺式构象(位阻大)

正常的 Diels-Alder 反应主要是由双烯体的 HOMO 与亲双烯体的 LUMO 发生作用。反应过程中，电子从双烯体的 HOMO 流入亲双烯体的 LUMO，因此，带有供电子基的双烯体 **8**～**10** 和带有吸电子基的亲双烯体 **11**～**18** 对反应有利。

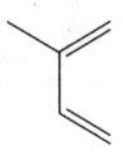

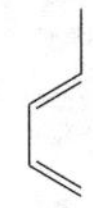

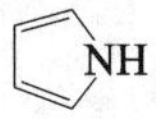

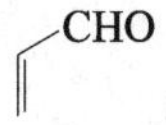

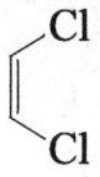

CHO　COOCH$_3$　Cl　Cl　NH

8　**9**　**10**　**11**　**12**　**13**

O　O　O　CN　NO$_2$　O　O　COOCH$_3$　C　C　COOCH$_3$

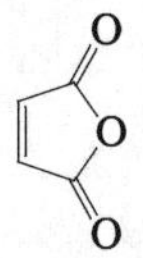

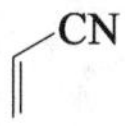

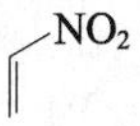

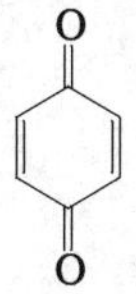

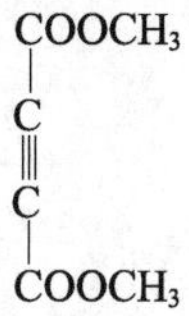

14　**15**　**16**　**17**　**18**

Diels-Alder 反应是立体专一的顺式加成反应，加成产物仍保持双烯体和亲双烯体原来的构型。例如：

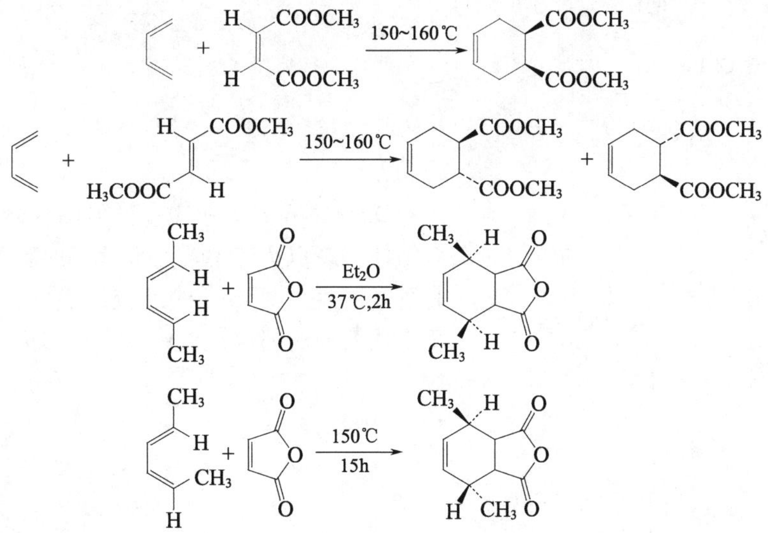

$$\text{丁二烯} + \text{H(COOCH}_3\text{)C=C(COOCH}_3\text{)H (顺)} \xrightarrow{150\sim160℃} \text{顺式产物 (COOCH}_3\text{, COOCH}_3\text{)}$$

$$\text{丁二烯} + \text{H(COOCH}_3\text{)C=C(H)H}_3\text{COOC (反)} \xrightarrow{150\sim160℃} \text{COOCH}_3\text{, COOCH}_3 + \text{COOCH}_3\text{, COOCH}_3$$

CH$_3$　H　H　CH$_3$　+　O　O　O　$\xrightarrow[37℃,2h]{Et_2O}$　CH$_3$　H　O　O　O　CH$_3$　H

CH$_3$　H　CH$_3$　H　+　O　O　O　$\xrightarrow[15h]{150℃}$　CH$_3$　H　O　O　O　H　CH$_3$

练习 1

CH$_3$　H　H　H　+　CH$_3$O—C(=O)　H　H　H　⟶　[　]

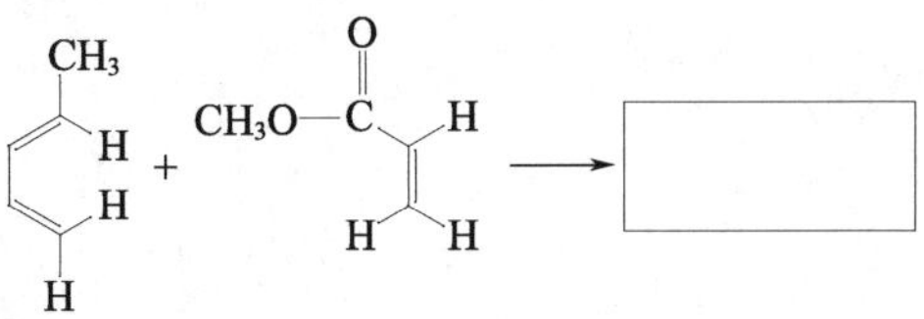

[答案]

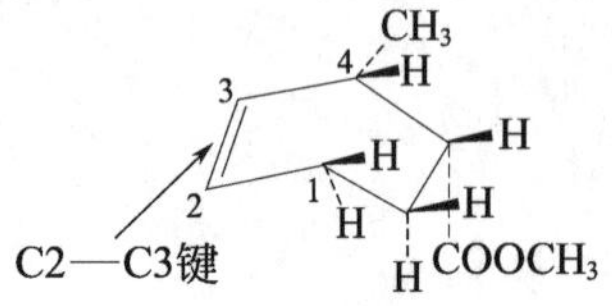

（内型加成产物）

当双烯体上有给电子取代基、而亲双烯体上有不饱和基团（如 >C=O，—COOH，—COOR，—C≡N，$—NO_2$）与烯键（或炔键）共轭时，优先生成内型加成产物。内型加成产物是指双烯体中的C2—C3键和亲双烯体中与烯键（或炔键）共轭的不饱和基团处于平面同侧时的生成物。两者处于异侧时的生成物则为外型产物。

练习2

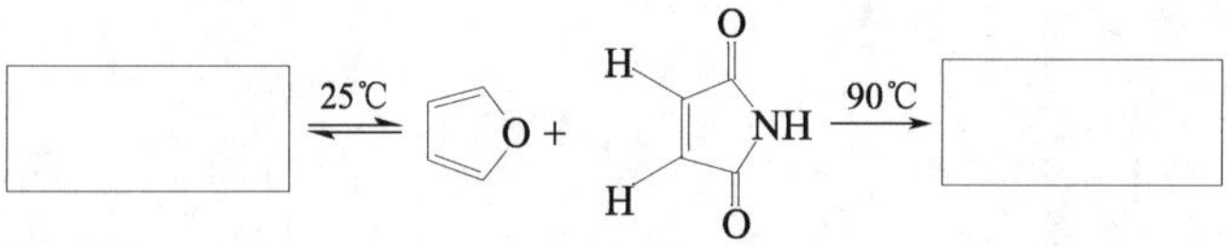

[答案]

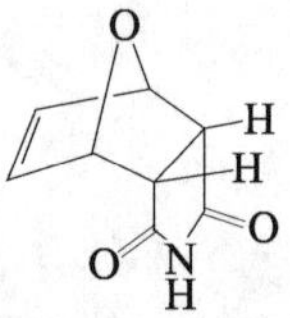

（内型加成产物） 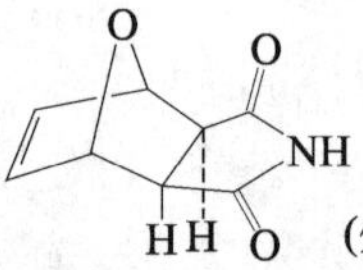　（外型加成产物）

实验证明：内型加成产物是动力学控制的，而外型加成产物是热力学控制的。内型产物在一定条件下放置若干时间，或通过加热等条件，可能转化为外型产物。

练习3

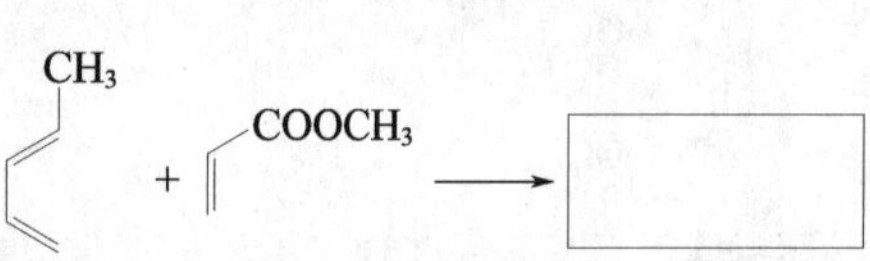

[答案]

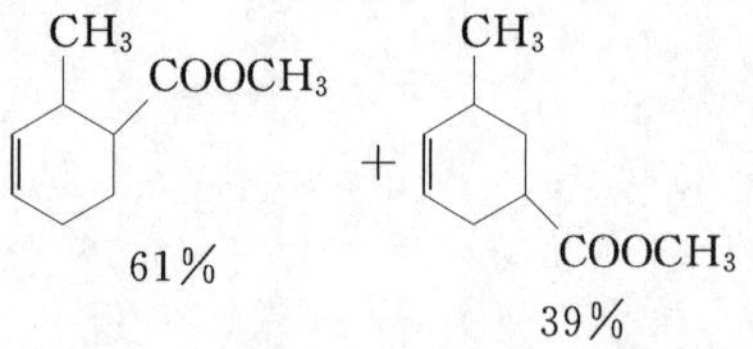

61%　39%

Diels-Alder反应具有很强的区域选择性。当双烯体与亲双烯体上均有取代基时，从反应式看，有可能产生两种不同的反应产物。实验证明：两个取代基处于邻位或对位的产物占优势。

练习4

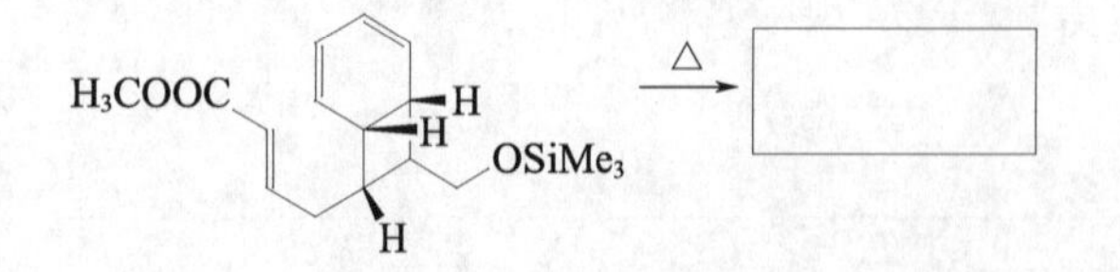

（南开大学，2009）

[答案]

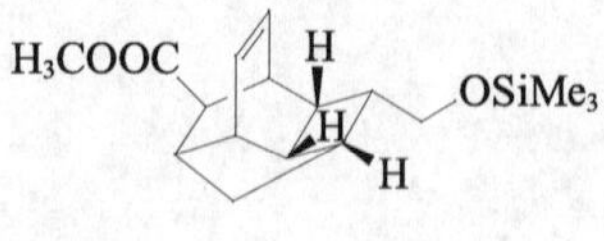

练习 5[6]

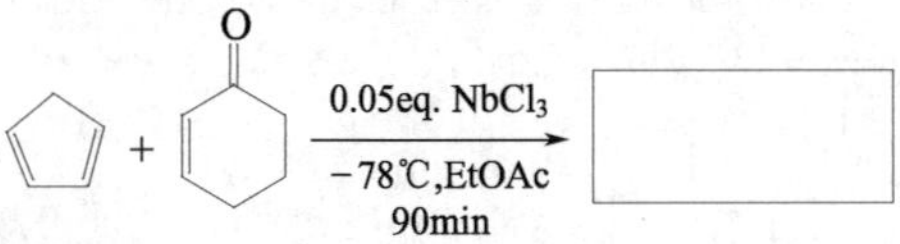

0.05eq. $NbCl_3$

−78℃,EtOAc

90min

[答案]

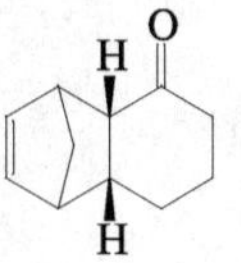

H O

74%

(*endo*)

H

练习 6[7]

O

F O

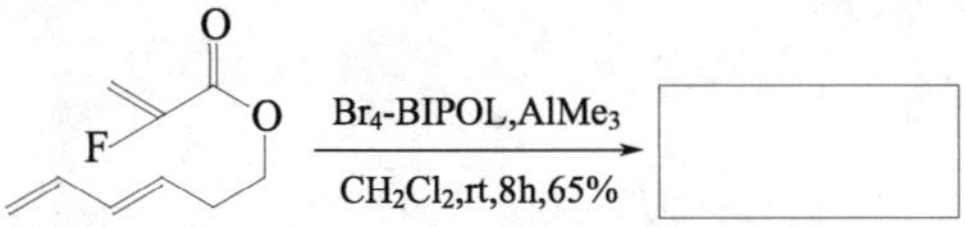

Br_4-BIPOL,$AlMe_3$

CH_2Cl_2,rt,8h,65%

[答案]

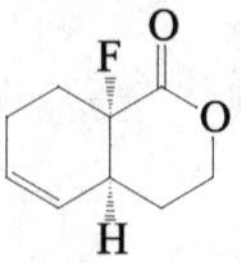

F O

O

H

练习 7[8]

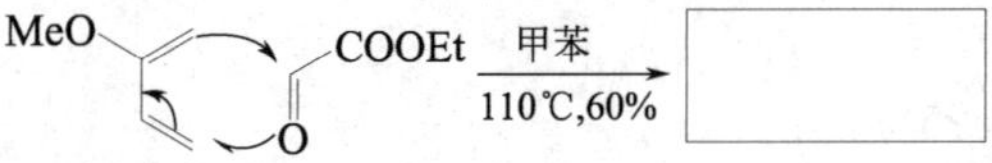

MeO COOEt

O

甲苯

110℃,60%

[答案]

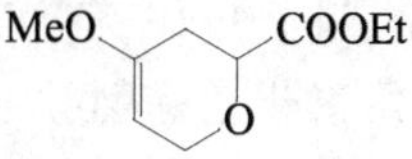

MeO COOEt

O

练习 8[9]

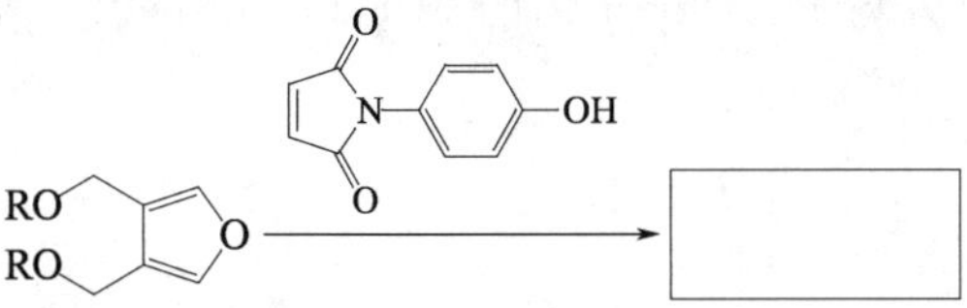

O

N OH

O

RO

RO O

[答案]

O

RO

O N OH

RO

O

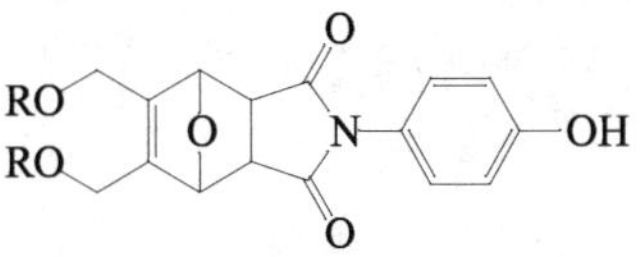

2001年，McElhanon 和 Wheeler[10]首次采用收敛法，通过呋喃/MI之间的D-A反应制备树状分子。随后Sanyal[11]，Kakkar[12]等人也进行了相关的研究并取得了进展。

参考文献

[1] Diels O，Alder K. Synthesen in der hydroaromatischen Reihe J. Justus Liebig's Annalen der Chemie，1928，460：98-122.

[2] Diels O，Alder K. Synthesis in the hydroaromatic series，IV. Announcement：The rearrangement of malein acid anhydride on arylated diene，triene and fulvene. Ber. 1929，62：2081 & 2087.

[3] Synthesis of the hydro aromatic sequence. Ann，1929，470：62.

[4] 孔祥文．有机化学．北京：化学工业出版社，2010：114.

[5] Jie Jack Li. Name Reaction. 4th ed. Springer-Verlag Berlin Heidelberg，2009：184.
[6] Mauricio Gomes Constantino，Valdemar Lacerda Júnior and Gil Valdo José da Silva. Niobium Pentachloride Activation of Enone Derivatives：Diels-Alder and Conjugate Addition Products. J Molecules，2002，7：456-465.
[7] Saito A，Yanai H，Sakamoto W，et al. J Fluorine Chem. 2005，126：709-714.
[8] Wender P A，Keenan R M，Lee H Y. J Am Chem Soc，1987，109：4390-4392.
[9] 熊兴泉，陈会新 . Diels-Alder 环加成点击反应 . 有机化学，2013，33.
[10] McElhanon J R，Wheeler D R. J Org Lett，2001，3：2681.
[11] Kose M M，Yesibag G，Sanyal A. J Org Lett，2008，10：2353.
[12] Vieyres A，Lam T，Gillet R，et al. J Chem Commun，2010，46：1875.

Haworth 反应

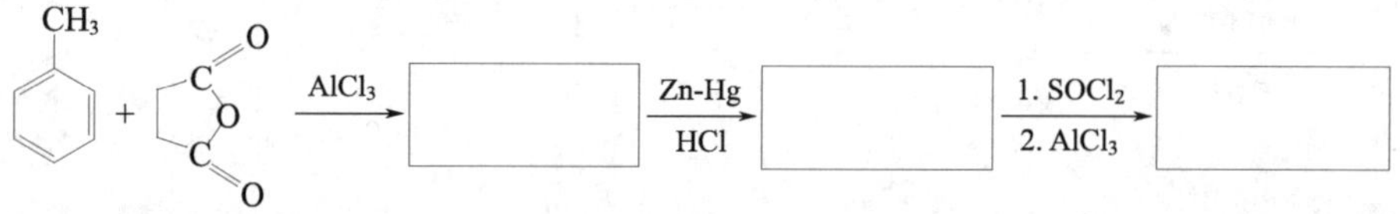

（四川大学，2005）

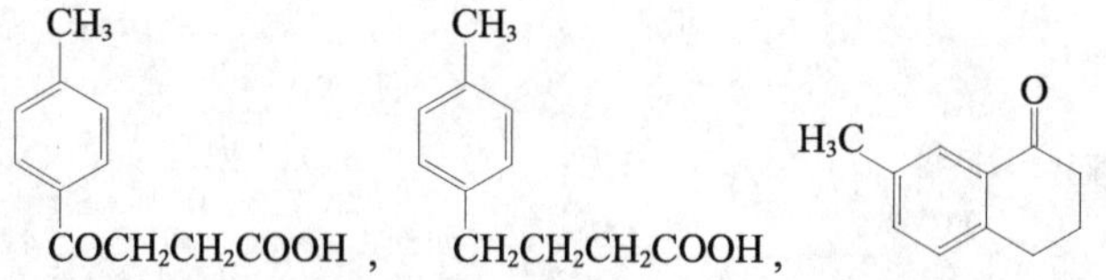

甲苯和丁二酸酐在三氯化铝催化下发生 Friedel-Crafts 反应得 4-(对甲基苯基)-4-丁酮酸；4-(对甲基苯基)-4-丁酮酸与锌汞齐在浓盐酸溶液中回流发生 Clemmensen 反应，分子中羰基被还原成亚甲基得到 4-(对甲基苯基) 丁酸；4-(对甲基苯基) 丁酸用氯化亚砜氯化、三氯化铝催化分子内 Friedel-Crafts 反应得目标产物 7-甲基-1-四氢萘酮（7-甲基-1-萘满酮)。

芳环和丁二酸酐发生 Friedel-Crafts 反应、羰基还原和分子内的 Friedel-Crafts 反应制备四氢萘酮（1-萘满酮）的反应为 Haworth 反应。例如：

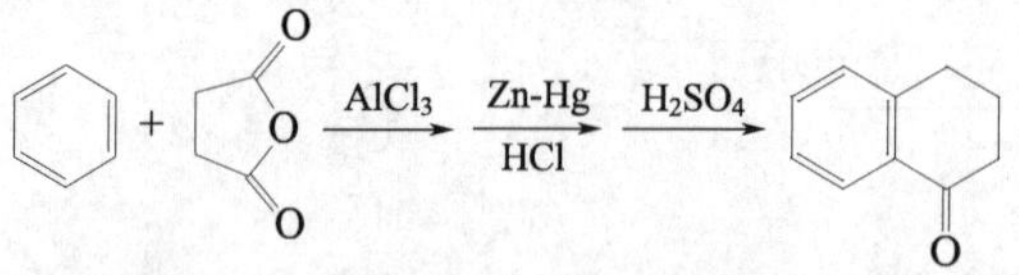

苯和丁二酸酐经过 Friedel-Crafts 反应-还原反应-Friedel-Crafts 反应三个过程反应生成四氢萘酮。Haworth 反应是合成 1-四氢萘酮的一个传统方法[1]。

反应机理[2]：

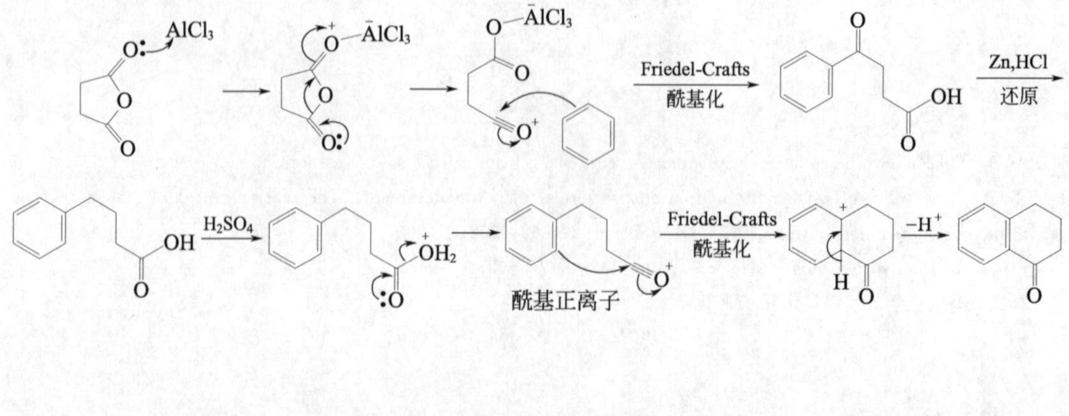

首先丁二酸酐与催化剂三氯化铝作用形成络合物，然后另一个酰氧键断裂得到酰基正离子；酰基正离子与苯环发生亲电取代反应（Friedel-Crafts 酰基化）得到 4-苯基-4-丁酮酸；4-苯基-4-丁酮酸经 Clemmensen 反应，分子中的酮羰基被还原为亚甲基，得到 4-苯基丁酸；4-苯基丁酸在硫酸作用下首先形成𬭩盐，再消去一分子水得到酰基正离子，酰基正离子进攻邻位的苯环碳原子形成 σ-络合物，接着失去一个质子，完成第二次 Friedel-Crafts 酰基化反应，环合成环酮。环化步骤除硫酸外，磷酸、多聚磷酸、氢氟酸、三氟乙酸酐等可用作催化剂。

练习 1[3]

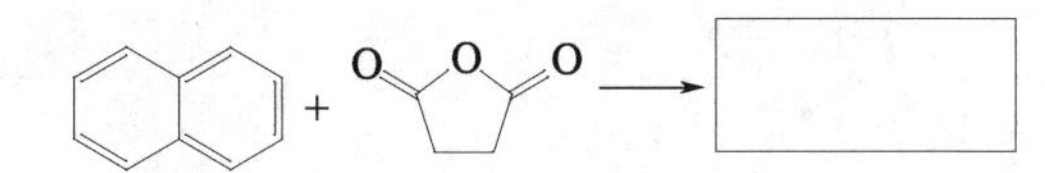

1. R: $AlCl_3$, S: $PhNO_2$, 16h, rt
2. R: N_2H_4-H_2O, S: $(HOCH_2CH_2)_2O$, 16h, 195℃
3. C: $MeSO_3H$, S: $MeSO_3H$, 1h, 90℃

[答案]

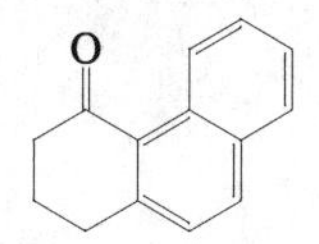

练习 2[4]

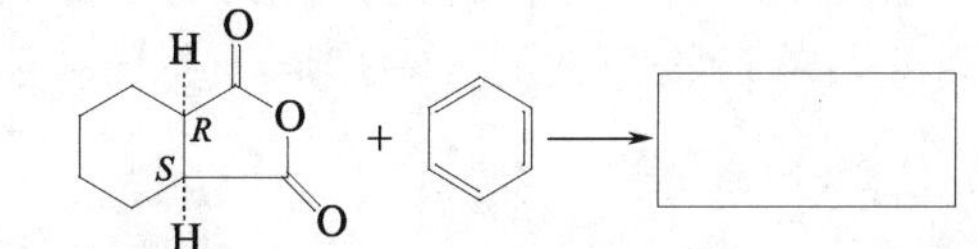

1. R: $AlCl_3$, S: Benzene
2. R: N_2H_4, KOH, S: $(HOCH_2CH_2)_2O$
3. R: $SOCl_2$, S: Benzene

[答案]

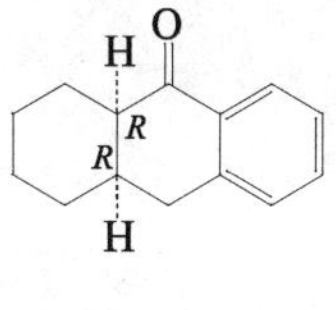

练习 3[5,6]　由苯和丁二酸酐合成萘。

[答案]

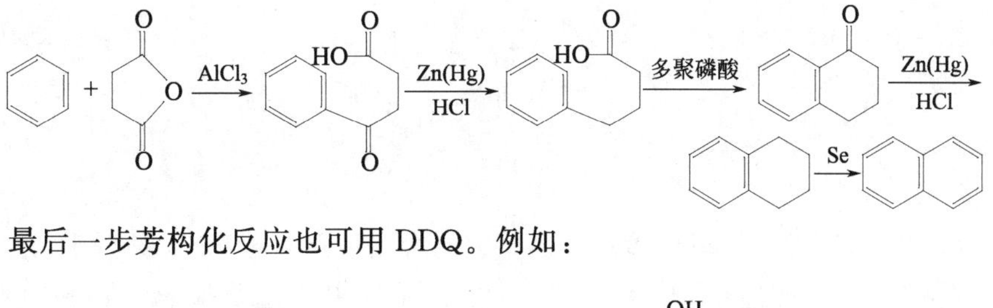

最后一步芳构化反应也可用 DDQ。例如：

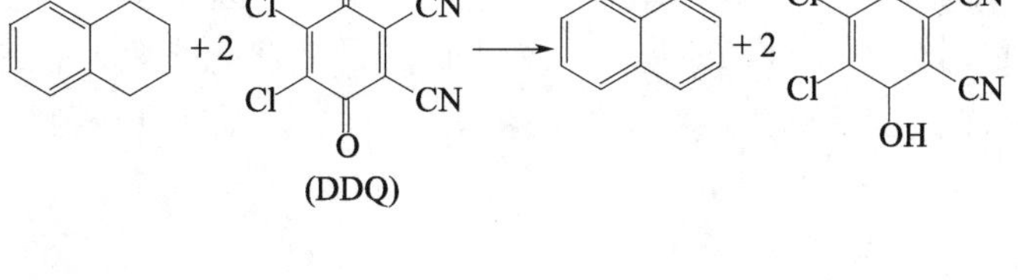

练习 4[7] 以萘、丁二酸酐为主要原料合成菲。

[答案]

$\xrightarrow{AlCl_3}$ β-(1-萘甲酰基)丙酸 + β-(2-萘甲酰基)丙酸

还原 还原

COOH HOOC

$(H_3PO_4)_x$ $(H_3PO_4)_x$

1. 还原 2. 脱氢 1. 还原 2. 脱氢

菲

用萘和丁二酸酐发生傅-克酰基化反应，萘的 1 位及 2 位上都可被酰化，得到两个异构体，即 β-（1-萘甲酰基）丙酸和 β-（2-萘甲酰基）丙酸，然后按标准的方法还原、关环、还原、脱氢就得到菲。

练习 5[7] 以苯、苯酐为主要原料合成蒽。

[答案]

$\xrightarrow{AlCl_3}$ $\xrightarrow{H_2SO_4}$ $\xrightarrow[\text{2. 脱氢(Pd/C)}]{\text{1. 还原(HCl-Zn)}}$

练习 6[7] 以 2,7-二甲基萘为主要原料合成蔻。

[答案]

H_3C CH_3 $\xrightarrow{NBS}$ $BrCH_2$ CH_2Br $\xrightarrow{C_6H_5Li}$ $\xrightarrow[\text{2. Se}]{\text{1. AlCl}_3}$

蔻可以看作是由六个苯环并合而成的多环芳烃，它的熔点很高（430℃），非常稳定。在自然界中不存在，现在可用多种方式合成。其中一个方法是利用傅-克反应及硒脱氢反应而实现的。用 2,7-二甲萘通过 *N*-溴代丁二酰亚胺进行苯甲型的溴化，两个甲基的氢各被一个溴取代，然后用武兹 Wurtz 反应将两分子缩合，即得到一个十四元的环状化合物。在三氯化铝的作用下即行关环。这步反应的过程是和芳烃被烯烃烷基化相类似的。最后用硒脱氢即得到蔻。

参考文献

[1] Robert Downs Haworth. Syntheses of alkylphenanthrenes. Part Ⅰ. 1-，2-，3-，and 4-Methylphenanthrenes. J Chem Soc，1932：1125.

[2] [美] 李杰 (Jie Jack Li). 有机人名反应及机理. 荣国斌译. 朱士正校. 上海：华东理工大学出版社，2003：175.

[3] Wiznycia，Alexander V. et al. Iron（Ⅱ）and zinc（Ⅱ）monohelical binaphthyl salen complexes. Chemical Communications (Cambridge，United Kingdom)，2005 (37)：4693-4695.

[4] Mathur K C and Bhargava，Lajwanti. Cycloalkanes：Part Ⅳ. Friedel-Crafts condensation of cis-cyclohexane-1，2-dicarboxylic acid anhydride with aromatic compounds and synthesis of simple and substituted 2,3-tetramethylene-5，6-benzocyclohexanes. Journal of the Indian Chemical Society，1986，63 (2)：250-252.

[5] March J，Advanced Organic Chemistry. 3rd ed. New York：John Wiley & Sons Inc，1985：486-488.

[6] 孔祥文. 有机化学. 北京：化学工业出版社，2010.

[7] 邢其毅，徐瑞秋，周政等. 基础有机化学. 第2版. 北京：高等教育出版社，1993：306.

Robinson-Schöph 反应

CHO / CHO + CH_3NH_2 + COOH / =O / COOH ⟶ [　]

（中国科学技术大学，2011）

丁二醛、甲胺和3-氧代戊二酸反应生成称为托品酮（颠茄酮）的产物。化学反应方程式如下。

CHO / CHO + CH_3NH_2 + COOH / =O / COOH ⟶ NMe=O + $2CO_2$↑ + $2H_2O$

1917年，Robinson[1]以丁二醛、甲胺和3-氧代戊二酸为原料，在仿生条件（即模仿生物体内的条件）下，通过Mannich反应一锅法合成了托品酮，产率达17%，该反应称为Robinson-Schöph反应。后经改进产率可以超过90%[2]。

反应机理[3]：

CH_3—NH_2: … $\xrightarrow{-H_2O}$ … 19 ⟶ 20 ⟶ 21 $\xrightarrow{-H_2O}$ 22 ⟶ 23 ⟶ CO_2+ 24 $\xrightarrow{-CO_2}$ TM

甲基胺与丁二醛先进行亲核加成反应，而后失水生成亚胺 **19**；烯醇化的 3-氧代戊二酸与 **19** 反应生成 **20**，**20** 进行分子内亲核加成反应构建出第一个环 **21**，**21** 失水成 **22**，**22** 分子中的新的烯醇负离子与亚胺离子发生加成反应得 **23**，**23** 脱羧得 **24**，**24** 再脱羧得目标产物托品酮。

练习 1

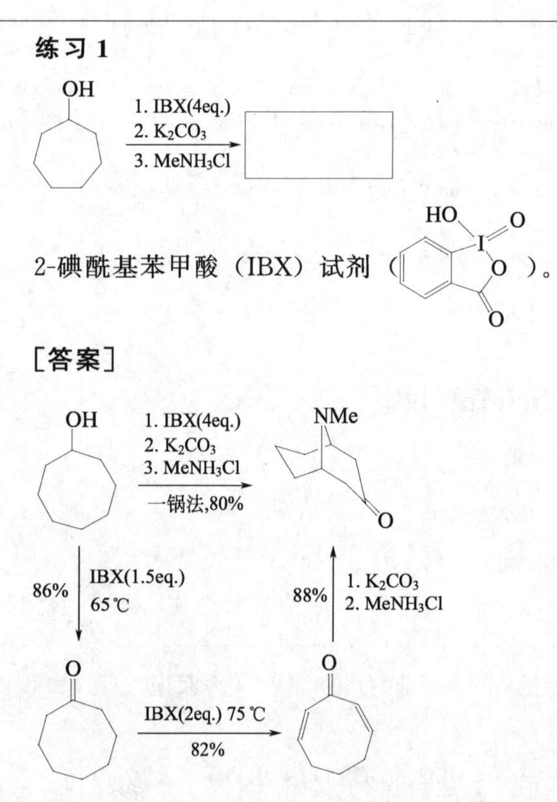

K. C. Nicolaou 采用过量的 2-碘酰基苯甲酸（IBX）试剂，利用一锅法反应，将醇（环庚醇）氧化成酮的同时形成 α,β-不饱和结构，进一步加入甲胺可直接生成托品酮及其类似物。IBX 通过一步将醛酮、饱和醇氧化为 α,β-不饱和醛酮化合物的反应机理如下：

R^1　R^2　OH　SET　**25**　**26**　**27**

$-[H_2O]$　HO　IBA　**28**　**29**

羰基化合物在弱酸（IBX）的作用下烯醇化（**25**）后与 IBX 消除一分子水，得到中间体（**26**），**26** 经过单电子转移过程后得到自由基阳离子（**27**），然后发生分子内的电子传递得到过渡态（**28**），最后消除一分子水得到 α,β 不饱和羰基化合物（**29**）与 IBA。

练习 2[4]

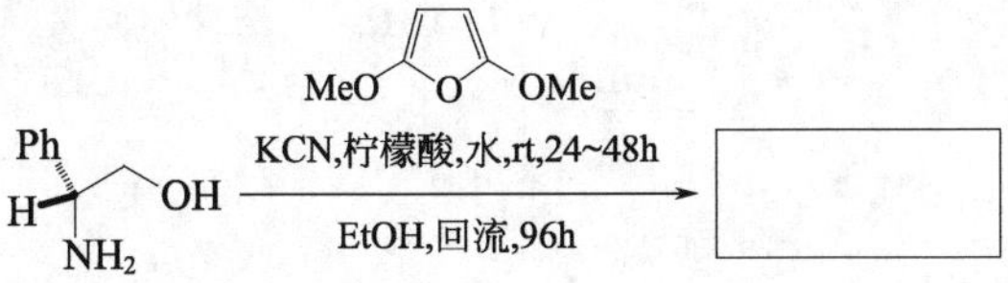

MeO　O　OMe

KCN,柠檬酸,水,rt,24~48h

EtOH,回流,96h

Ph　H　OH　NH_2

[答案]

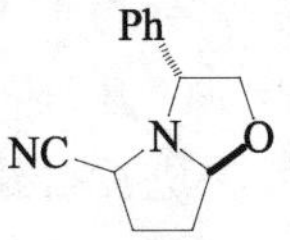

Ph　NC　N　O

练习 3[5]

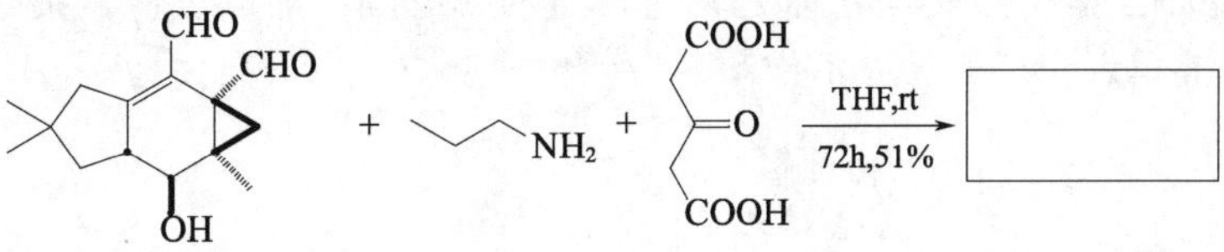

CHO　CHO　OH　+　NH_2　+　COOH　O　COOH

THF,rt　72h,51%

[答案]

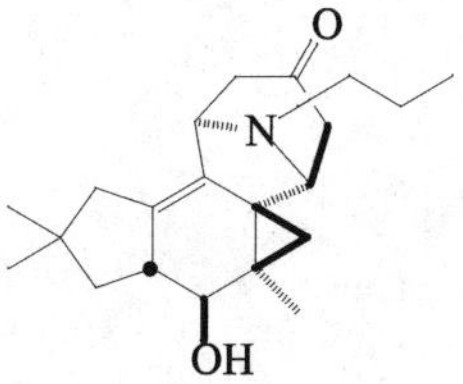

O　N　OH

参考文献

[1] Robinson R. J Chem Soc，1917，111：762-768.
[2] Arthur J Birch. Investigating a Scientific Legend：The Tropinone Synthesis of Sir Robert Robinson，F. R. S. Notes and Records of the Royal Society of London，1993，47：277-296.
[3] Jie Jack Li. Name Reaction. 4th ed. Berlin Heidelberg：Springer-Verlag，2009：474.
[4] Royer J，Husson H P. Tetrahedron Lett，1987，28：6175-6178.
[5] Jarevång T，Anke H，Anke T，Erkel G，Sterner O. Acta Chem Scand，1998，52：1350-1352.

Robinson 关环反应

以环己酮为主要原料合成，

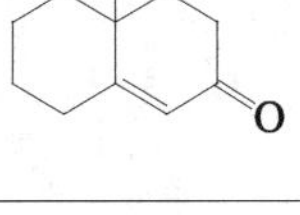

CH_3　O

（武汉大学，2005）

环己酮在酸性条件下与哌啶缩合生成烯胺。然后烯胺与碘甲烷进行甲基化、再水解得到

α-甲基环己酮。α-甲基环己酮在碱存在下与丁烯酮首先发生 Michael 加成反应生成 1,5-二羰基化合物，然后再进行分子内的 Aldol 缩合反应形成 α,β-不饱和环己酮衍生物，其反应用下式表示：

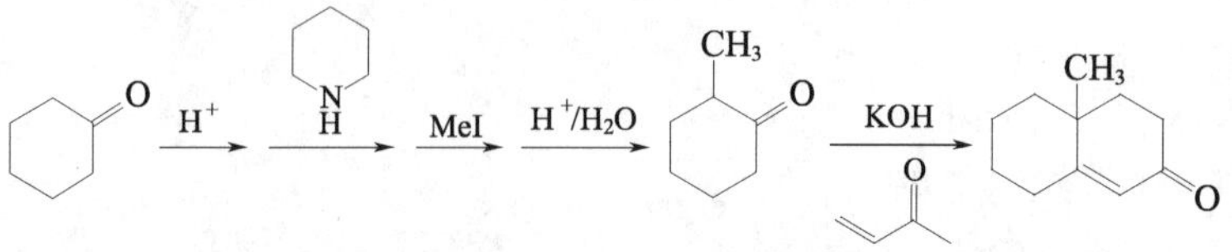

由上式可知，第一步为环己酮的 α-位甲基化（含有 α-氢的醛、酮和仲胺在酸性条件下加成脱水生成烯胺。烯胺的结构与烯醇负离子相似，可以与卤代烃、α,β-不饱和羰基化合物等发生反应，产物水解得到 α-烷基化的醛、酮，1,5-二羰基化合物）。第二步反应为 α-甲基环己酮在碱存在下与丁烯酮首先发生 Michael 加成反应生成 1,5-二羰基化合物，然后再进行分子内的 Aldol 缩合反应形成 α,β-不饱和环己酮衍生物，该步反应即为 Robinson 关环反应。

Robinson 关环反应是指环己酮衍生物与甲基乙烯基酮进行 Michael 加成反应，接着进行分子内的 Aldol 缩合反应得到六元环的 α,β-不饱和酮衍生物的反应。反应通式为[1]：

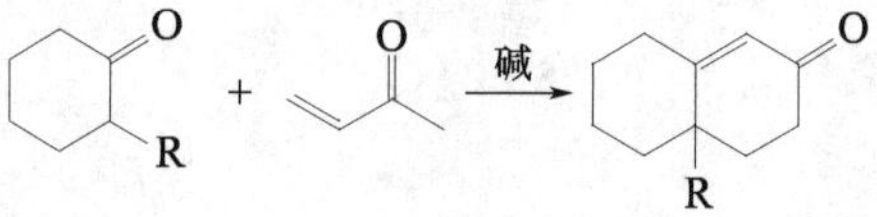

反应机理：

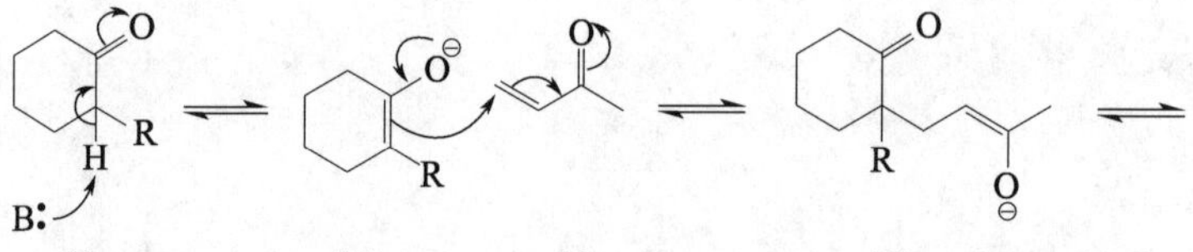

30　　31　　32　　33

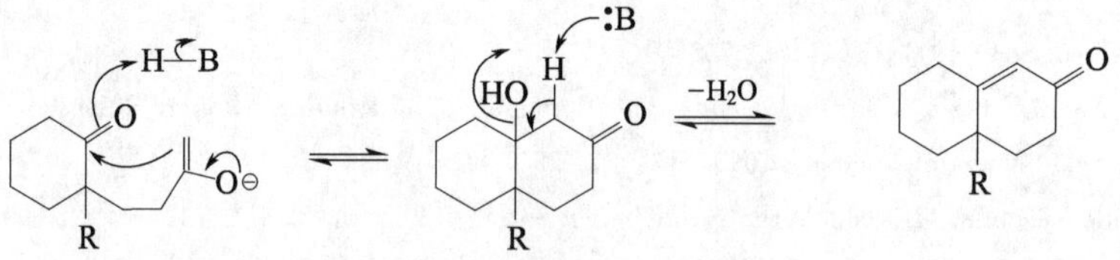

34　　35　　36

不对称环己酮（**30**）在碱作用下形成较稳定的烯醇负离子（**31**），**31** 与丁烯酮（**32**）发生 Michael 加成反应生成 1,5-二羰基化合物的烯醇负离子（**33**），**33** 经互变异构形成新的烯醇负离子（**34**），**34** 进行分子内的 Aldol 缩合反应得到（**35**），**35** 脱水得六元环的 α,β-不饱和酮衍生物（**36**）。

练习 1　完成下述反应。

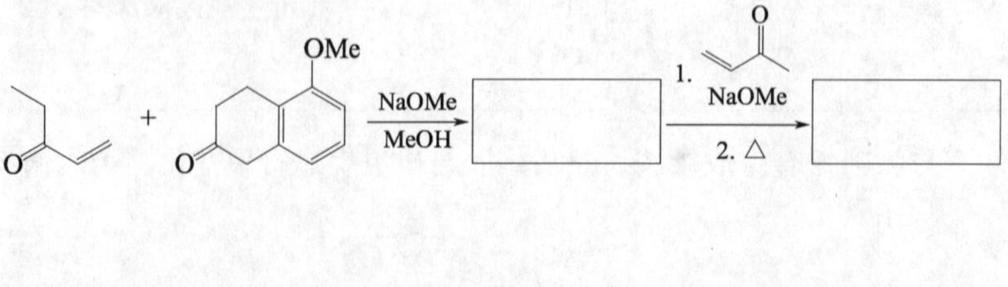

［答案］

练习 2

（北京理工大学，2006）

［答案］

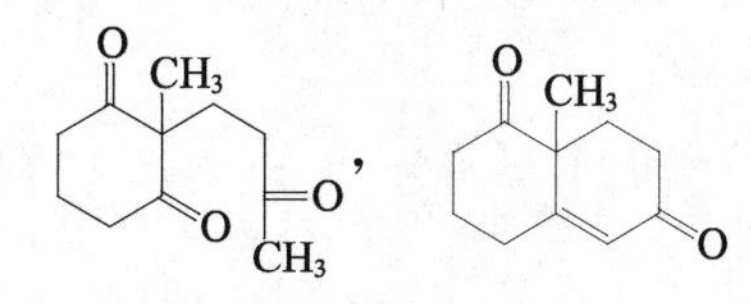

Michael 加成反应可与 Claisen 缩合或羟醛缩合等反应联用，合成环状化合物，也称为 Robinson 关环，往往是在一个六元环上，再加上四个碳原子，形成一个二并六元环[2]。

练习 3

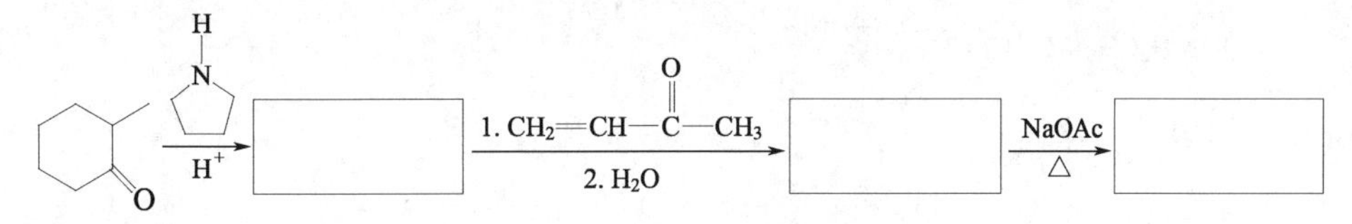

［答案］

需要值得注意的是不对称酮与仲胺反应发生烯胺时，由于位阻的影响，主要生成双键在取代基较少一侧的烯胺。

练习 4

（中山大学，2005）

[答案]

O

练习 5

CH_3 + O $\xrightarrow{OH^-}$ [ ] $\xrightarrow{(CH_2=CH)_2CuLi}$ [ ] （吉林大学，2005）

[答案]

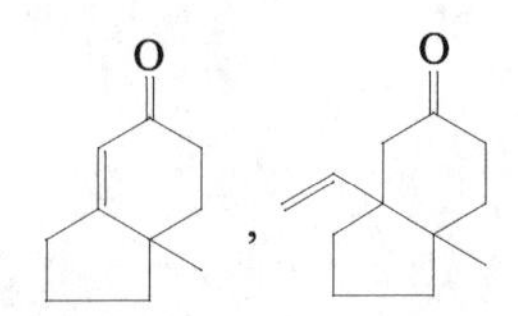

第一步经两次酮的亲核加成得到。第二步为有机酮锂试剂与 α,β-不饱和酮的 1,4-加成反应，而有机锂试剂和格氏试剂与 α,β-不饱和酮的反应主要生成 1,2-加成产物。

练习 6

O CN $\xrightarrow[\text{DBU,tol.,回流,20h,16\%}]{}$ [ ]

[答案][3]

O NC

练习 7

R O + $CH_3\overset{O}{\overset{\|}{C}}CH_2CH_2\overset{+}{N}(C_2H_5)_2CH_3I^-$ $\xrightarrow{NaNH_2}$ [ ]

[答案][4]

R O + $CH_3\overset{O}{\overset{\|}{C}}CH_2CH_2\overset{+}{N}(C_2H_5)_2CH_3I^-$ $\xrightarrow{NaNH_2}$ R O $CH_2CH_2\overset{O}{\overset{\|}{C}}CH_3$ (37) $\longrightarrow$ R O OH (38) $\longrightarrow$ R O (39)

R＝烷基、$—C_6H_5$ 、$—COOC_2H_5$ 、$—O\overset{O}{\overset{\|}{C}}CH_3$ 等。

在很多情况下可以分离出未关环前的共轭加成物，然后再用催化量的氢氧化钠的乙醇溶液，即发生关环作用。所用 α,β-不饱和酮可以通过曼氏碱的四级铵盐制备，后来发现，就用曼氏碱本身，经加热后得出的不饱和酮无需分离出来，马上就和碳负离子发生麦克尔反应，得 **37**，**37** 再发生分子内羟醛缩合反应得 **38**，**38** 失水得 **39**。

上述反应的特点除在一个环上再加一个环外，还可在两个环相稠合的碳原子上引入角甲基（两个环共用碳上的甲基），这个甲基很难用其它方法引入，很多药物如激素等有角甲基的结构，可通过此法引入。

参考文献

[1] Jie Jack Li. Name Reaction. 4th ed. Berlin Heidelberg：Springer-Verlag，2009：470.

[2] 孔祥文．有机化学．北京：化学工业出版社，2010.

[3] Jahnke A，Burschka C，Tacke R，Kraft P. Svnthesis，2009：62-68.

[4] 邢其毅，徐瑞秋，周政等．基础有机化学．第 2 版．北京：高等教育出版社，1993：682.

Simmons-Smith 反应（环丙烷化）

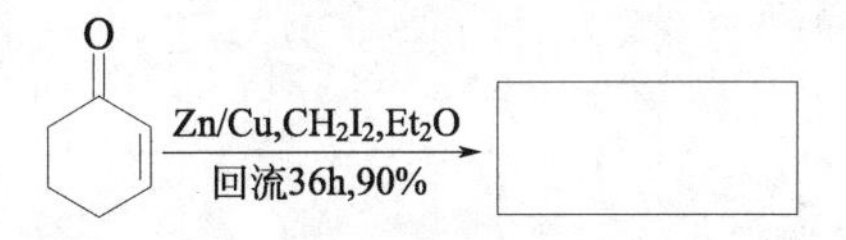

二碘甲烷和 Zn/Cu(锌铜合金，由金属锌和硫酸铜溶液反应而得）在乙醚的悬浮液中，加入 2-环己烯酮，加热回流反应 36h，经环丙烷化得到二环［4.1.0］庚-2-酮[1]。化学反应方程式如下：

$$\text{2-环己烯酮} \xrightarrow[\text{回流36h,90\%}]{Zn/Cu,CH_2I_2,Et_2O} \text{二环[4.1.0]庚-2-酮}$$

这种用 CH_2I_2 和 Zn/Cu 对烯烃或炔烃进行的环丙烷化的反应称为 Simmons-Smith 反应[2]。反应通式为：

$$CH_2I_2 + Zn(Cu) \longrightarrow ICH_2ZnI \xrightarrow{\text{烯烃}} \text{环丙烷衍生物}$$

反应机理[3]：

$$I{-}CH_2{-}I \xrightarrow{Zn} ICH_2ZnI$$

CH_2I_2 和 Zn 进行氧化加成反应生成类卡宾的有机锌试剂 ICH_2ZnI，即为 Simmons-Smith 试剂。Simmons-Smith 试剂也存在如下平衡：

$$2ICH_2ZnI \rightleftharpoons (ICH_2)_2Zn + ZnI_2$$

Simmons-Smith 试剂与烯烃反应生成环丙烷衍生物：

$$\text{I-CH}_2\text{-ZnI} + \text{烯烃} \longrightarrow [\text{I}\cdots\text{ZnI 过渡态}] \longrightarrow \text{环丙烷衍生物} + ZnI_2$$

练习 1

$$\text{(Z)-}PhCH_2CH{=}CHCH_2OCH_3 + CH_2I_2 \xrightarrow[Et_2O]{Zn(Cu)} \boxed{\quad}$$

（中国科学院，2009）

［答案］

顺式-1-苄基-2-(甲氧甲基)环丙烷（$PhCH_2$、CH_2OCH_3 位于环丙烷同侧）

练习 2

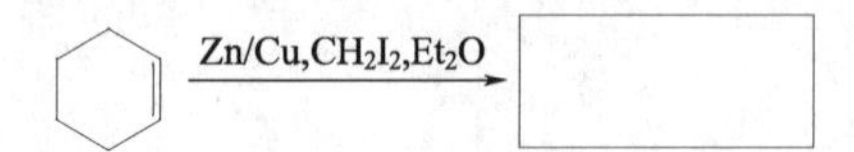

［答案］ 在乙醚中，环己烯在 CH_2I_2、Zn/Cu 作用下环丙烷化得到二环［4.1.0］庚烷[4,5]，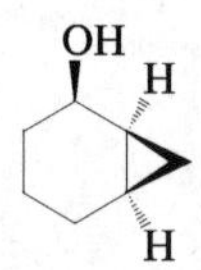。Simmons-Smith 反应是立体专一的顺式加成。通常受位阻效应的影响，反应在双键位阻较小的一侧发生[6,7]。

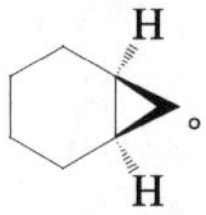

练习 3

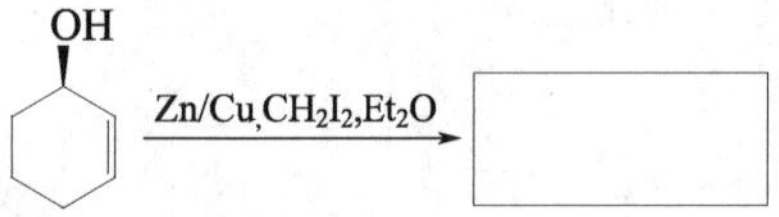

Zn/Cu,CH_2I_2,Et_2O

［答案］

Simmons-Smith 反应是立体专一的顺式加成，当双键上连有一个手性碳，该手性碳上又连有羟基时，由于羟基可以与锌配位，反应往往在羟基的同侧发生，尽管这时的空间位阻可能较大[8]。

练习 4[9]

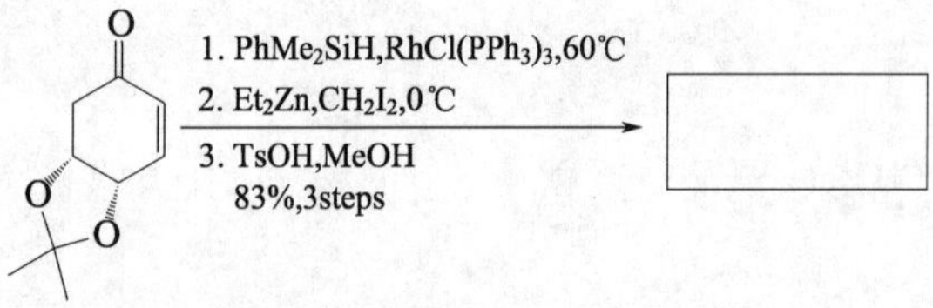

1. $PhMe_2SiH$,$RhCl(PPh_3)_3$,60℃
2. Et_2Zn,CH_2I_2,0℃
3. TsOH,MeOH
83%,3steps

［答案］

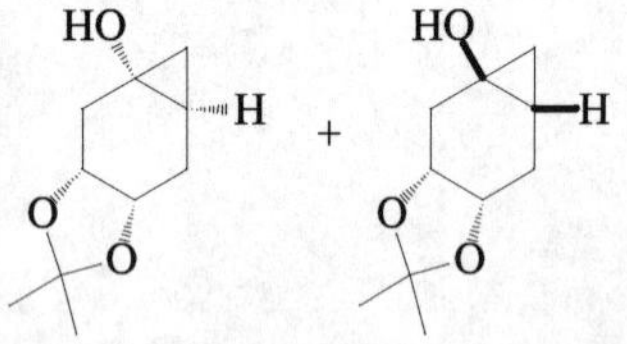

Simmons-Smith 试剂虽然不是卡宾，但能在十分温和的条件下与烯烃反应生成环丙烷衍生物，产率良好。烯烃中的其他基团如卤素、羧基、氨基、羰基、酯基均不受影响。

练习 5[10]

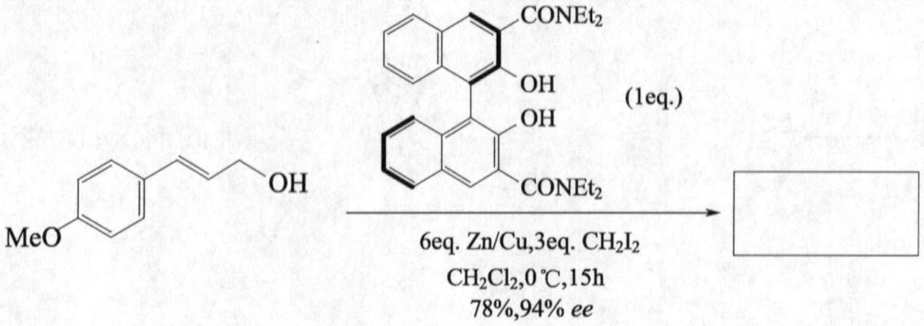

CONEt2 OH OH CONEt2 (1eq.)

6eq. Zn/Cu,3eq. CH_2I_2
CH_2Cl_2,0℃,15h
78%,94% *ee*

[答案]

参考文献

[1] Limasset J C, Amice P, Conia J M. Bull Soc Chim Fr, 1969: 3981-3990.

[2] Simmons H E, Smith R D. J Am Chem Soc, 1958, 80: 5323-5324.
Simmons H E, Smith R D. J Am Chem Soc, 1959, 81: 4256-4257.

[3] Jie Jack Li. Name Reaction. 4th ed. Berlin Heidelberg: Springer-Verlag, 2009: 507.

[4] Smith R D, Simmons H E. Norcarane. Org Synth. Coll Vol, 5: 855.

[5] Ito Y, Fujii S, Nakatuska M, Kawamoto F, Saegusa T, One-Carbon Ring Expansion Of Cycloalkanones To Conjugated Cycloalkenones: 2-Cyclohepten-1-one. Org Synth Coll, 1988, 6: 327.

[6] Simmons H E, et al. (Review) Org React, 1973, 20: 1.

[7] Girard C, Conia J M. J Chem Res, (S) (Review). 1978: 182.

[8] Paul A Grieco, Tomei Oguri, Chia-Lin J Wang, Eric Williams. Stereochemistry and total synthesis of (±)-ivangulin. J Org Chem, 1977, 42: 4113.

[9] Shan M, O'Doherty G A. Synthesis, 2008: 3171-3179.

[10] Kitajima H, Ito K, Aoki Y, Katsuki T. Bull Chem Soc Jpn, 1997, 70: 207-217.

Thorpe-Ziegler 反应

丁腈在乙醇钠作用下经缩合、水解可得到 α-乙基-β-酮己腈[1]。

上述反应为 Thorpe 反应。Thorpe 反应是脂肪腈在碱催化下自身缩合生成亚胺（异构为烯胺）的反应。它由 Jocelyn Field Thorpe 首先发现[2,3]。在碱作用下离去 α-H 的腈对另一分子腈的氰基进行亲核加成生成烯胺。Thorpe 反应生成的烯胺水解得到 β-酮基腈。反应机理如下：

LDA(二异丙基氨基锂)

上述反应产物结构为：，该反应为分子内的碱催化腈缩合反应。

Thorpe-Ziegler 反应是分子内的 Thorpe 反应模式，它是 Ziegler 对 Thorpe 反应的改进，是碱催化下将二腈缩合成亚胺后异构为烯胺的反应[4]。例如：

反应机理[5]：

在碱作用下失去 α-H 的腈对另一分子腈的氰基进行亲核加成得到亚胺，之后异构为烯胺。

上述反应产生的亚胺或者烯胺的水解产物是 α-氰基酮，继续水解得到 β-酮酸，脱羧生成环酮。例如：

二腈 $N\equiv C(CH_2)_nC\equiv N$ ，其中 $n=4,5$ 或大于 13，将发生分子内的 Thorpe-Ziegler 缩合反应，收率高，是合成环状化合物的一个重要方法。这一反应曾被用于生物碱依波加因(Ibogamine) 外消旋体的合成。

练习 1[6]

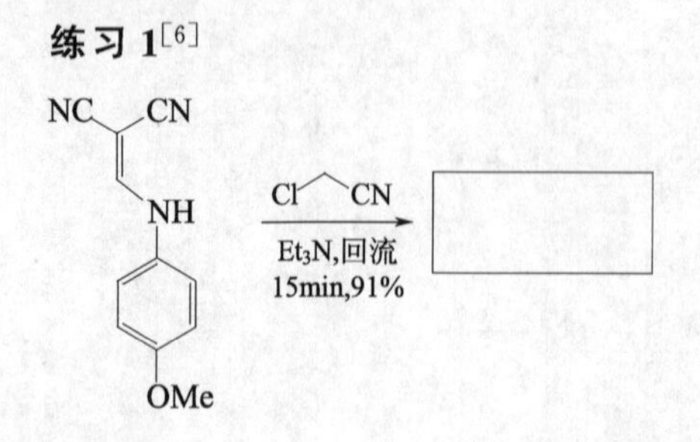

[答案]

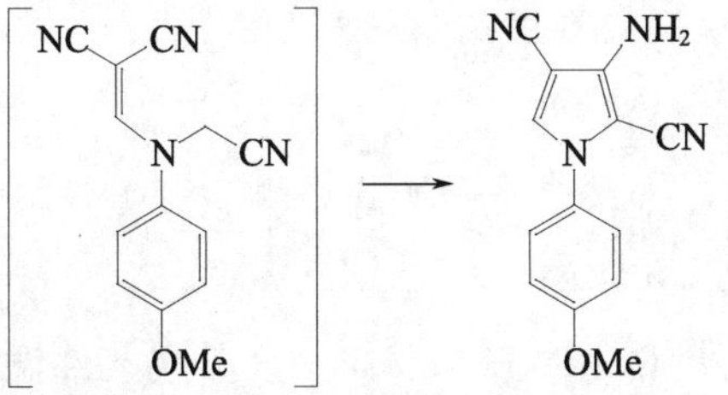

NC CN, N CN, OMe → NC NH2, CN, N, OMe

练习 2[7]

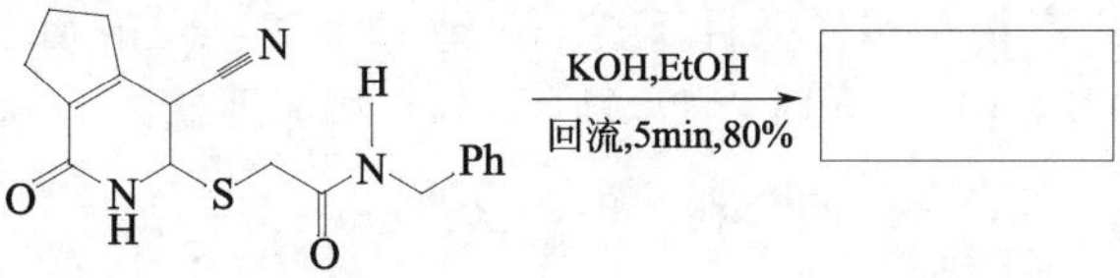

N, H, N, Ph, O, N, H, S, O —— KOH,EtOH / 回流,5min,80% ——→ □

[答案]

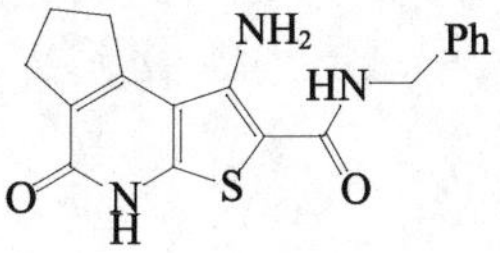

NH_2, Ph, HN, O, N, H, S, O

练习 3　机理

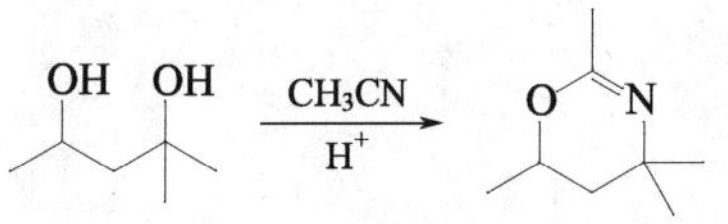

OH OH —— CH_3CN / H^+ ——→ O N　　（云南大学，2004）

[答案]

OH OH —H^+→ —$-H_2O$→ OH + ← N≡C—CH_3 → CH_3, +C, N, ÖH N —$-H^+$→ O N

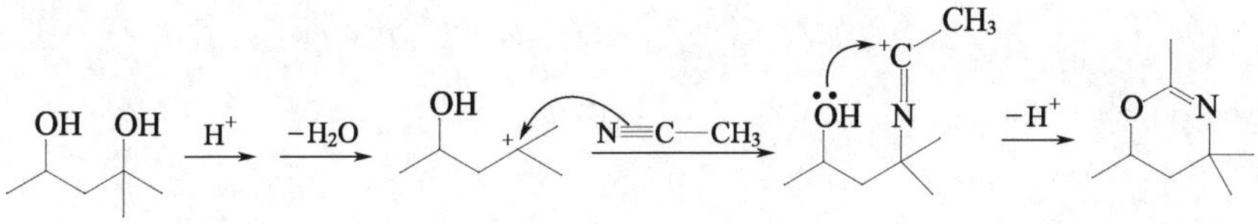

参考文献

[1] 黄培强，陈毅辉，郑啸等．有机人名反应、试剂与规则．北京：化学工业出版社，2007：131.

[2] Baron H，Remfry F G P，Thorpe Y F. J Chem Soc，1904，85：1726-1761.

[3] Ziegler K，et al. Ann，1933，504：94-130.

[4] Malassene R，Toupet L，Hurvois J P，Moinet C. Synlett，2002：895-898.

[5] Jie Jack Li. Name Reaction. 4th ed. Berlin Heidelberg：Springer-Verlag，2009：546.

[6] Salaheldin A M，Oliveira-Campos A M F，Rodrigues L M. ARKIVOC，2008：180-190.

[7] Dotsenko V V，Krivokolysko S G，Litvinov V P. Monatsh Chem，2008，139：271-275.

Weiss 反应

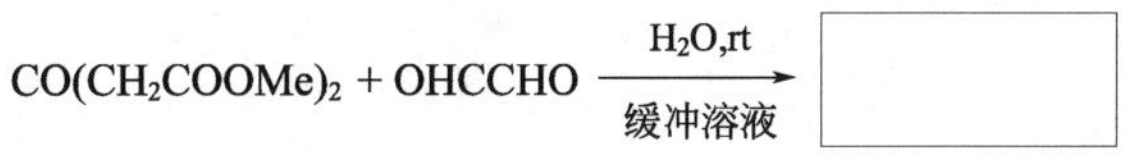

$CO(CH_2COOMe)_2$ + OHCCHO —— H_2O,rt / 缓冲溶液 ——→ □

上述反应产物是什么呢？在反应中，两分子3-氧代戊二酸二甲酯与一分子乙二醛在酸性水溶液中反应首先生成顺式双环[3.3.0]辛烷-3,7-二酮-2,4,6,8-四羧酸甲酯，再经酸催化水解、脱羧得到顺式双环[3.3.0]辛烷-3,7-二酮，化学反应方程式如下[1]：

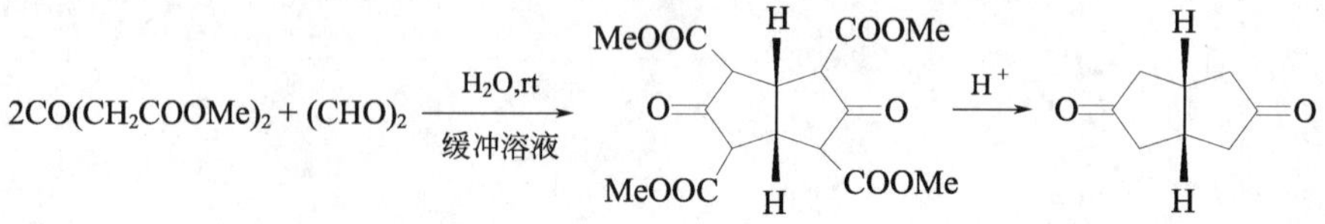

$$2CO(CH_2COOMe)_2 + (CHO)_2 \xrightarrow[\text{缓冲溶液}]{H_2O,rt} \text{(四羧酸甲酯二酮)} \xrightarrow{H^+} \text{(二酮)}$$

该反应由 Weiss 和 Edwards 于 1968 年发现[2]，因此命名为 Weiss 反应。该反应条件温和，在水溶液中进行，一步可得到二环化合物，这是除 Diels-Alder 反应外，其他合成反应难以达到的；产物立体选择性高，一般为顺式产物；碱性条件下进行时产率很高[3]，例如：上述反应中，pH 5.3 时，产率为 15%～30%，pH 8.3 时，产率达 77%。反应通式为[4]：

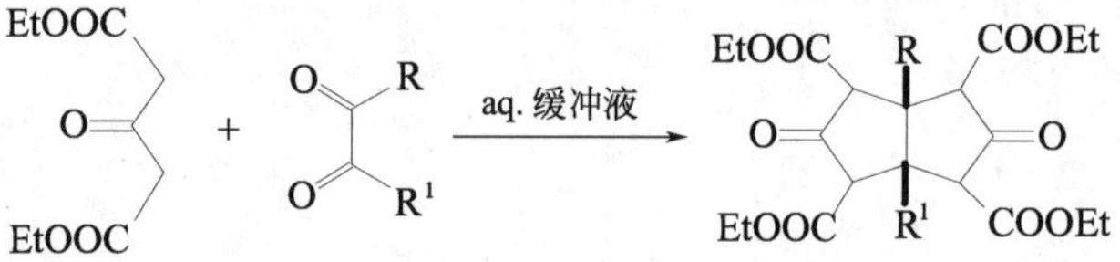

$$\text{EtOOCCH}_2\text{COCH}_2\text{COOEt} + \text{RCOCOR}^1 \xrightarrow{\text{aq. 缓冲液}} \text{产物}$$

反应机理[5]：

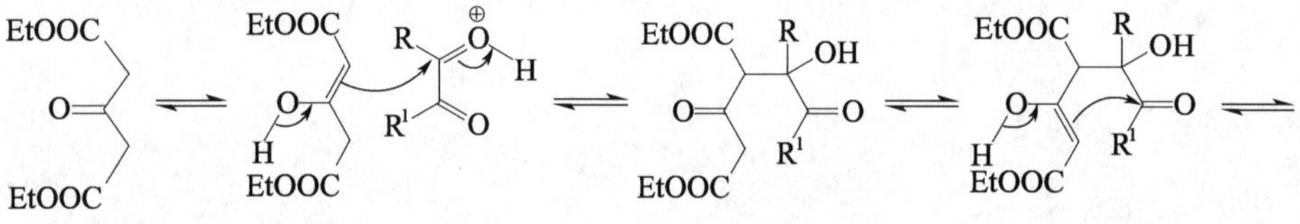

40 ⇌ 41 42 ⇌ 43 ⇌ 44 ⇌

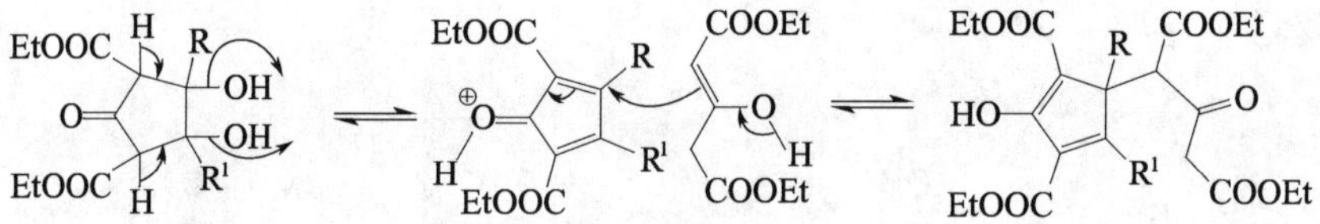

45 ⇌ 46 ⇌ 47

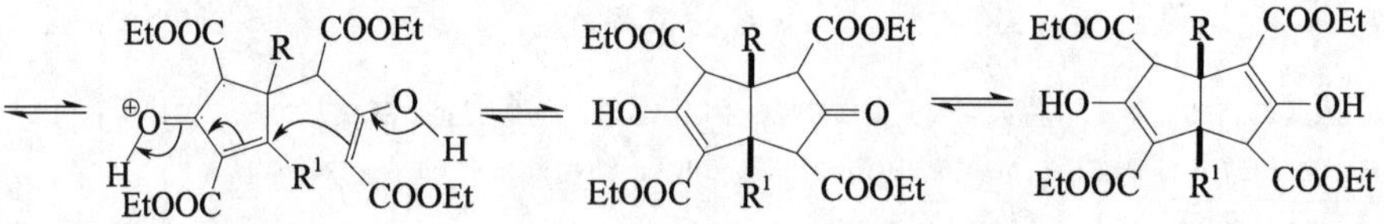

⇌ 48 ⇌ 49 ⇌ 50

在酸催化下，3-氧代戊二酸二乙酯（**40**）异构为烯醇式（**41**）与羰基质子化的邻二羰基化合物（**42**）进行 Aldol 缩合形成 *β*-羟基酮（酯）（**43**），**43** 异构为烯醇式（**44**），**44** 经分子内的 Aldol 缩合环化形成邻二醇也即［双-*β*-羟基酮（酯）］（**45**），**45** 在酸催化下，脱去两分子水后得环戊二烯酮二羧酸酯（**46**）。**41** 进攻 **46** 的 *β*-双键碳原子发生 Michael 加成得（**47**），**47** 异构为（**48**），**48** 分子内进行 Michael 加成环化形成（**49**），**49** 可异构为（**50**）。

练习 1[6]

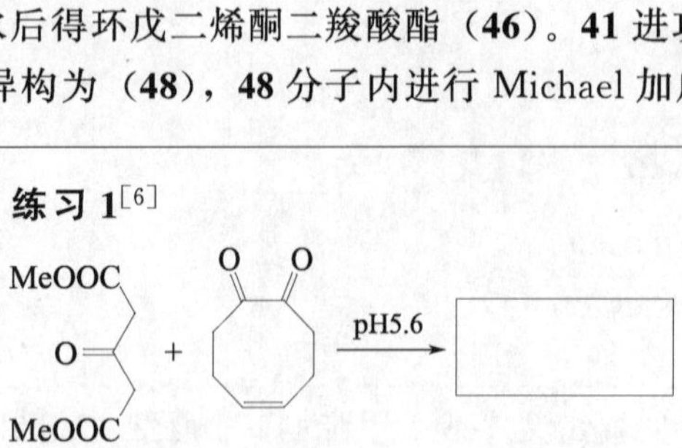

$$\text{MeOOCCH}_2\text{COCH}_2\text{COOMe} + \text{(环辛烯-1,2-二酮)} \xrightarrow{pH5.6} \boxed{\quad}$$

[答案]

MeOOC　COOMe
MeOOC　COOMe
,86%

练习 2[7]

$COOCH_3$　O　$COOCH_3$　+　O　CHO　1. pH8.3　2. HOAc/HCl,△

[答案]

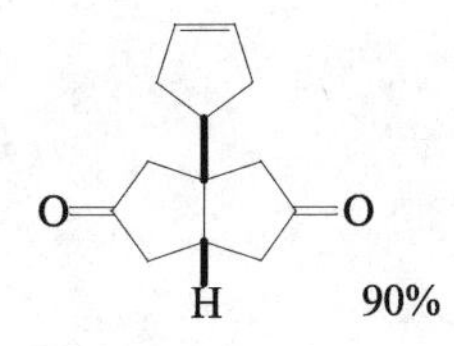

3-环戊烯基乙酮醛与二甲基-3-氧代戊二酸酯进行 Weiss 反应，再水解、脱羧，以 90%的产率得二酮。

练习 3[8]

Et　O　Me　O　$+2CO(CH_2COOEt)_2$　$NaHCO_3$　$H_2O/MeOH$　rt,24h,86%

[答案]

EtOOC　Et　COOEt　O　O　EtOOC　Me　COOEt　⇌　EtOOC　Et　COOEt　HO　OH　EtOOC　Me　COOEt　+　EtOOC　Et　COOEt　HO　OH　EtOOC　Me　COOEt

练习 4[9]

COOMe　O　COOMe　+　$(H_2C)_n$　O　O　缓冲溶液　pH5.6,室温　H_3O^+,△　H_2NNH_2　$-OH^-$

[答案]

COOMe　COOMe　$(H_2C)_n$　O　O,　COOMe　COOMe　$(H_2C)_n$　O　O,　$(H_2C)_n$

参考文献

[1] 潘东，杨世柱 . Weiss 反应及其在有机合成中的进展 . 化学试剂，1995，17 (4)：217-221.

[2] Weiss U，Edwards J M. Tetrahedron Lett，1968，9：4885-4887.

[3] Bertz S H，Cook J M，Gawish A，Weiss U. Org Synth，1986，64：27-38.

[4] [美] 李杰 (Jie Jack Li) . 有机人名反应及机理. 荣国斌译. 朱士正校 . 上海：华东理工大学出版社，2003：429.

[5] Jie Jack Li. Name Reaction. 4th ed. Berlin Heidelberg：Springer-Verlag，2009：568.
[6] Bertz S H，Cook J M，Gawish A，Weiss U. Org Synth，1986，64：27-38.
[7] Kubiak G，Fu X，Gupta A K，et al. Tetrahedron Lett，1990，31：4285-4288.
[8] Williams R V，Gadgil V R，Vij As，Cook J M，Kubiak G，Huang Q. J Chem Soc Perkin Trans，1997，1：1425-1428.
[9] Weber R W，Cook J M. Can J Chem，1978，56：189.

周环反应

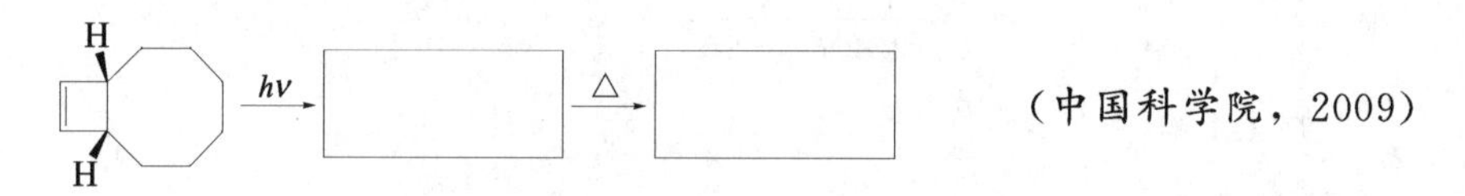

在光或热的作用下，共轭烯烃转变为环烯烃或它的逆反应——环烯烃开环变为共轭烯烃，这类反应统称为电环化反应[1]。电环化反应是可逆的，有时也将共轭烯烃转变为环烯烃的反应称为电环合反应，而逆反应称为电开环反应。反应朝哪个方向进行主要取决于链形共轭多烯与环烯烃的热力学稳定性。例如：

电环化反应常用顺旋和对旋来描述不同的立体化学过程。顺旋是指两个键朝同一方向旋转，可分为顺时针顺旋和反时针顺旋两种。对旋是指两个键朝相反的方向旋转，对旋又分为内向对旋和外向对旋两种。

π 电子数	$4n+2$		$4n$	
顺旋	△	$h\nu$	△	$h\nu$
	禁阻	允许	允许	禁阻
对旋	△	$h\nu$	△	$h\nu$
	允许	禁阻	禁阻	允许

上表中无论是链形共轭烯烃转变为环烯烃还是环烯烃转化为链形共轭烯烃，表中的 π 电子数均指链形共轭烯烃的 π 电子数。

练习 1

[答案]

CH_3 H CH_3 H

练习 2

写出下列反应的反应机理，并用前线轨道理论解释为什么得到这些产物[2]。

H_3C C_2H_5 H H $\xrightarrow[\triangle]{PhK}$ $\xrightarrow{H^+}$ H_3C C_2H_5 (±) + H_3C C_2H_5 (±)

[答案]

CH_3 C_2H_5 H H ^-Ph → CH_3 C_2H_5 ≡ CH_3 C_2H_5 $\xrightarrow[\triangle]{对旋关环}$

CH_3 C_2H_5 (±) ≡ CH_3 C_2H_5 (±) ⟷ CH_3 C_2H_5 (±)

H^+ H^+

CH_3 C_2H_5 (±) CH_3 C_2H_5 (±)

在加热条件下，戊二烯基负离子的前线轨道是 ψ_3。

ψ_3 CH_3 C_2H_5 ⟶ CH_3 C_2H_5 + CH_3 C_2H_5

(1) (2)

从分子轨道的对称性可以看出，对旋关环是对称性允许的。内向对旋关环得（1），外向对旋关环得（2），（1）和（2）是一对对映体。

练习 3

（中国科学技术大学，2010）

[答案]

O

参考文献

[1] 邢其毅，徐瑞秋，周政等．基础有机化学．第2版．北京：高等教育出版社，1993：836.

[2] 裴伟伟．基础有机化学习题解析．北京：高等教育出版社，2006：419.

第8章　重排反应

Arndt-Eistert 反应

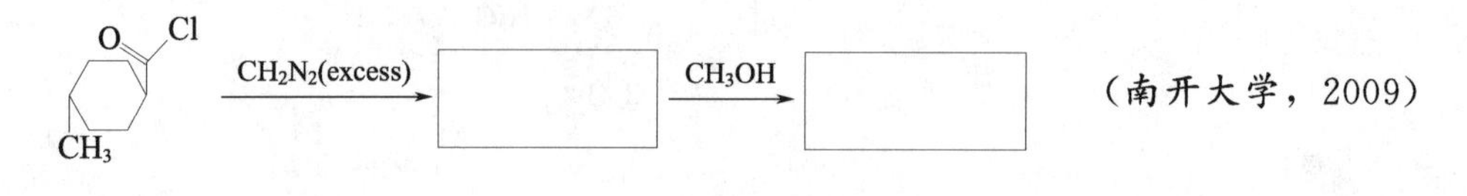

（南开大学，2009）

反-4-甲基环己基甲酰氯与过量的重氮甲烷反应得到烯酮 CH=C=O / CH_3，然后与甲醇反应生成反-4-甲基环己基乙酸甲酯，CH_2COOCH_3 / CH_3。

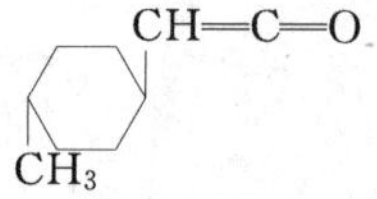

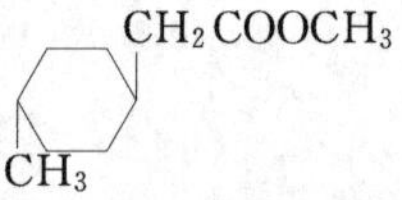

酰氯与重氮甲烷反应，然后在氧化银催化下与水共热得到酸的反应称为 Arndt-Eistert 反应[1]。该反应用于合成在原羧酸基础上增加一个碳原子的羧酸。

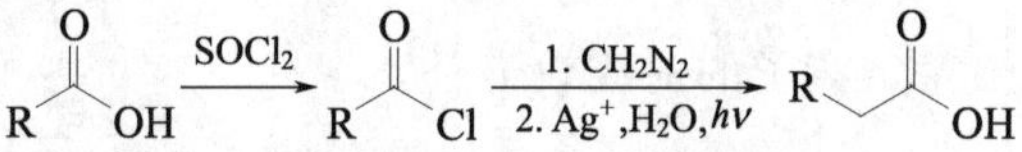

$$RCOOH \xrightarrow{SOCl_2} RCOCl \xrightarrow[2.\ Ag^+, H_2O, h\nu]{1.\ CH_2N_2} RCH_2COOH$$

反应机理[2]：

1

$\xrightarrow[h\nu]{-N_2\uparrow}$

2　　3

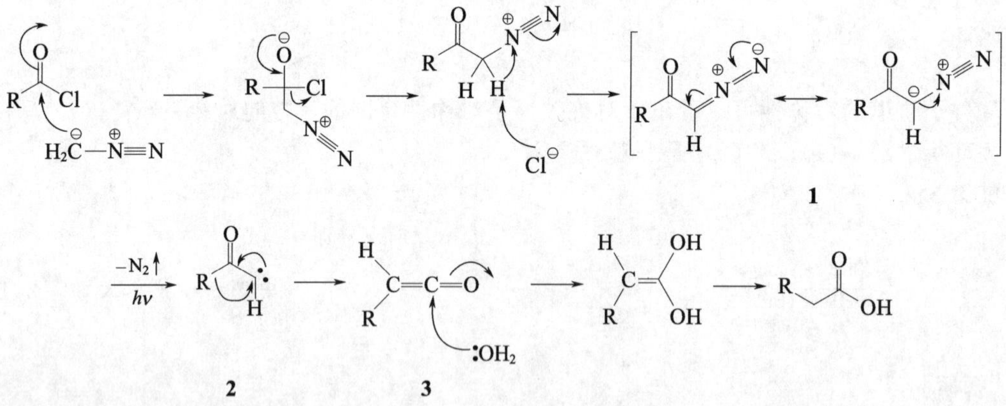

重氮甲烷与酰氯反应首先形成重氮酮（**1**），**1** 在氧化银催化下与水共热，得到酰基卡宾（**2**）并放出氮气，**2** 发生重排得烯酮（**3**），**3** 与水反应生成酸，若与醇或氨（胺）反应，则得酯或酰胺。

练习 1

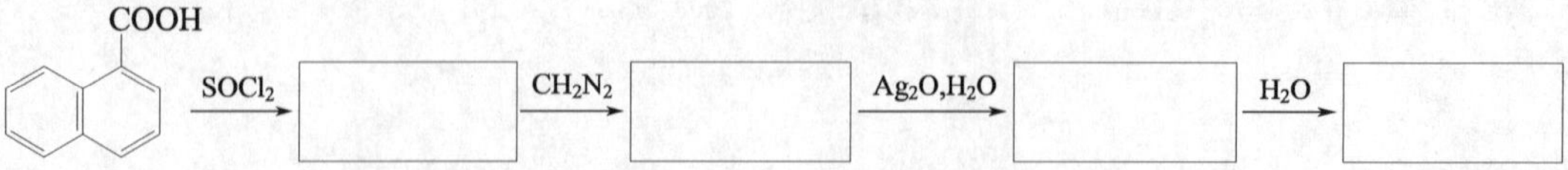

COOH　$\xrightarrow{SOCl_2}$ □ $\xrightarrow{CH_2N_2}$ □ $\xrightarrow{Ag_2O, H_2O}$ □ $\xrightarrow{H_2O}$ □

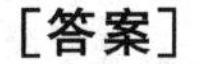

[答案]

COCl（1-萘基），COCHN₂（1-萘基），CH═C═O（1-萘基），CH_2COOH（1-萘基）

练习 2

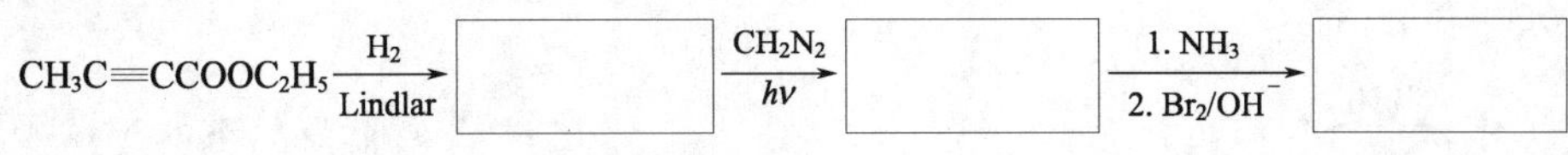

$CH_3C \equiv CCOOC_2H_5 \xrightarrow[\text{Lindlar}]{H_2}$ [　　] $\xrightarrow[h\nu]{CH_2N_2}$ [　　] $\xrightarrow[2.\ Br_2/OH^-]{1.\ NH_3}$ [　　]

（南开大学，2009）

[答案]

CH_3、$COOC_2H_5$ 顺式烯烃，　CH_3、$COOC_2H_5$ 环丙烷，　CH_3、NH_2 环丙烷

练习 3

$HO-C_6H_4-CH(OH)-COOH \xrightarrow{CH_2N_2}$ [　　]

（中国科学技术大学、中国科学院合肥所，2009）

[答案]

$HO-C_6H_4-CH(OH)-COOMe$

羧酸可以与重氮甲烷反应形成甲酯[3]：

$$RCOOH + CH_2N_2 \longrightarrow RCOOCH_3 + N_2$$

此法产率很高，反应在室温进行。由于重氮甲烷剧毒，且容易爆炸，一般把它溶在乙醚溶液中，经常在合成后马上使用，或者其乙醚溶液在冰箱中短时间放置。此法适合于小量合成，尤其适合对于高温敏感的甲酯的合成。例如：

$$(CH_3)_3CCOCH_2COOH \xrightarrow{CH_2N_2} \underset{58\%}{(CH_3)_3CCOCH_2COOCH_3}$$

反应过程如下：

$$RCOO-H + :^{-}CH_2-\overset{+}{N}\equiv N: \longrightarrow RCO\overset{-}{O} + CH_3-\overset{+}{N}\equiv N: \longrightarrow RCOOCH_3 + N_2$$

羧酸将质子转移给重氮甲烷，形成羧酸负离子及 $CH_3-\overset{+}{N}\equiv N$，然后羧酸负离子进攻 $CH_3-\overset{+}{N}\equiv N$，这是一个 S_N2 反应。

练习 4

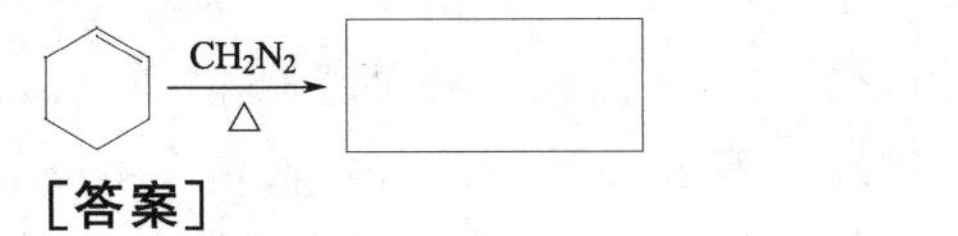

（南京工业大学，2005）

[答案]

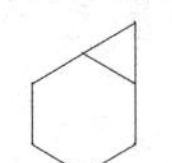

CH_2N_2 受热分解产生卡宾 $:CH_2$

练习 5

$H_3C(H)C=C(H)CH_2CH_3 + CHCl_3 \xrightarrow[(CH_3)_3COH]{(CH_3)_3COK}$ [　　]

（中国科学技术大学，2003）

［答案］

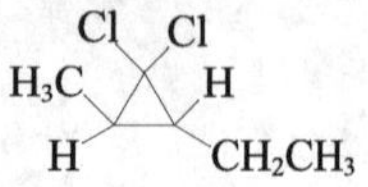

$HCCl_3$ 与强碱作用生成 $:CCl_2$，后者加成到双键上，生成环丙烷衍生物。

练习 6

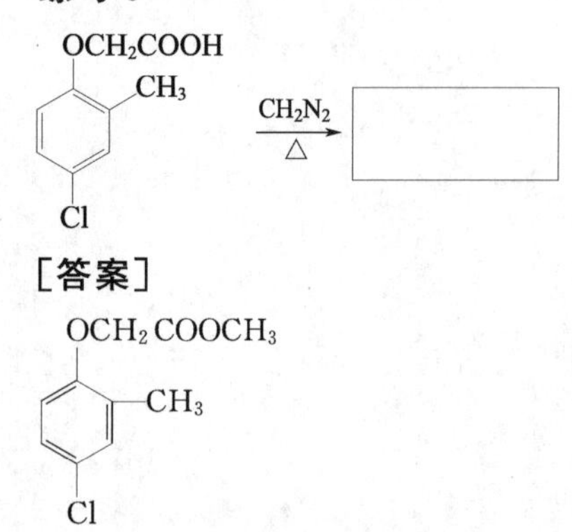

（中国科学技术大学，2010）

参考文献

［1］ Arndt F，Eistert B. Ber，1935，68：200-208.

［2］ Jie Jack Li. Name Reaction. 4th ed. Berlin Heidelberg：Springer-Verlag，2009：10.

［3］ 邢其毅，徐瑞秋，周政等．基础有机化学．第 2 版．北京：高等教育出版社，1993：543.

Beckmann 重排

写出 1-苯基-1-丙酮肟与 PCl_5 反应的产物。

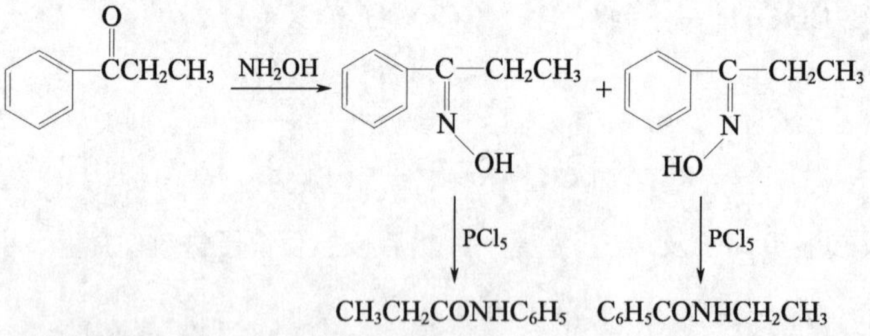

$CH_3CH_2CONHC_6H_5$　$C_6H_5CONHCH_2CH_3$

1-苯基-1-丙酮与羟胺反应生成两个异构的 1-苯基-1-丙酮肟，在 PCl_5 作用下发生重排生成两种酰胺产物[1]，这种酮与羟胺反应生成的产物酮肟（ketoxime）在酸性催化剂（如硫酸、多聚磷酸以及可以产生强酸的五氯化磷、三氯化磷、苯磺酰氯和亚硫酰氯等）作用下，酮肟重排成酰胺的反应称为 Beckmann 重排[2]。其特点是不对称的酮肟分子中与羟基处于反位的基团重排到氮原子上。

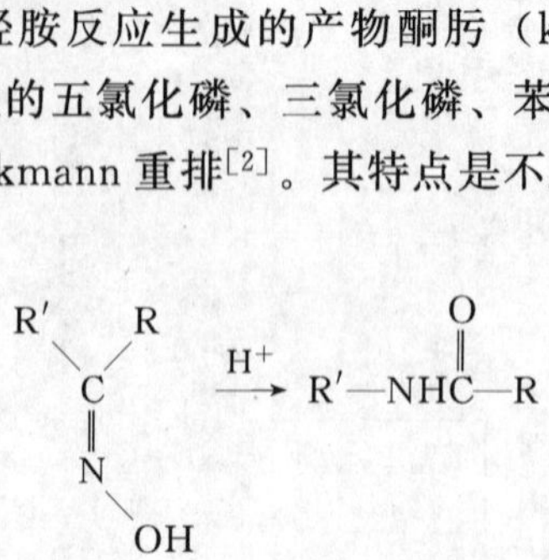

$$R'C(R)=N-OH \xrightarrow{H^+} R'-NHC(=O)-R$$

反应历程[3,4]如下：

$$\mathrm{R'(R)C{=}N{-}OH} + H^+ \rightleftharpoons \mathrm{R'(R)C{=}N{-}\overset{+}{O}H_2} \longrightarrow [\mathrm{R'{-}N{=}\overset{+}{C}{-}R} \longleftrightarrow \mathrm{R'{-}\overset{+}{N}{\equiv}C{-}R}]$$

$$\xrightarrow{H_2O} \mathrm{R'{-}N{=}C(\overset{+}{O}H_2){-}R} \overset{-H^+}{\rightleftharpoons} \mathrm{R'{-}N{=}C(OH){-}R} \rightleftharpoons \mathrm{R'{-}NHC({=}O){-}R}$$

酮肟在酸性催化剂作用下形成僳盐，然后失去一分子水，同时羟基反位的R′基团带着一对电子转移到氮原子上，形成一个碳正离子，再与水结合成僳盐，失去质子得α-羟基亚胺，最后异构化为取代酰胺[5]。例如：

$$\mathrm{C_6H_5C({=}NOH)C_6H_4NO_2\text{-}p} \overset{H^+}{\rightleftharpoons} \mathrm{C_6H_5C({=}N\overset{+}{O}H_2)C_6H_4NO_2\text{-}p} \xrightarrow[-H^+]{H_2O} \mathrm{C_6H_5N{=}C(OH)C_6H_4NO_2\text{-}p}$$

$$\xrightarrow{\text{互变异构}} \mathrm{C_6H_5NHC({=}O)C_6H_4NO_2\text{-}p}$$

贝克曼重排反应的特点是：①是酸催化的，帮助—OH离去；②离去基团与迁移基团处于反式，这是根据产物推断的；③基团的离去与基团的迁移是同步的，如果不是同步，羟基以水的形式先离去，形成氮正离子，这时相邻碳上两个基团均可迁移，得到混合物，但实验结果只有一种产物，因此反应是同步的；④迁移基团在迁移前后构型不变，例如：

$$t\text{-Bu}(CH_2CH_3)(H)C{-}C(CH_3){=}N{-}OH \xrightarrow[\text{乙醚}]{H_2SO_4} t\text{-Bu}(CH_2CH_3)(H)C{-}NHC({=}O)CH_3$$

通过Beckmann重排反应，可以由环己酮肟重排生成己内酰胺（caprolactam）。内酰胺（lactam）是分子内的羧基和胺（氨）基失水的产物。己内酰胺在硫酸或三氯化磷等作用下可开环聚合得到尼龙-6（Nylon 6），又称锦纶，这是一种优良的合成纤维。

$$\text{环己酮} \xrightarrow[H^+]{NH_2OH} \text{环己酮肟} \xrightarrow{H^+} \text{己内酰胺} \longrightarrow \mathrm{{-}[C({=}O){-}(CH_2)_5{-}NH]_n{-}}$$

己内酰胺　　　　尼龙-6

传统上用Brϕnsted酸，如H_2SO_4、PPA（多聚磷酸），需要苛刻条件（如在120℃下）。近年发现，Lewis酸（如$AlCl_3$，$InCl_3$）或TCT（2,4,6-三氯-1,3,5-三嗪）等可提高烃基离去能力的试剂均可使反应在非常温和的条件下进行（如下式）。在微波促进下，蒙脱土K10、有机铑试剂也可催化贝克曼重排反应。

$$\text{1-茚酮肟} \xrightarrow[-40℃,\ CH_2Cl_2]{AlCl_3} \text{3,4-二氢-2(1H)-喹啉酮}$$

练习 1

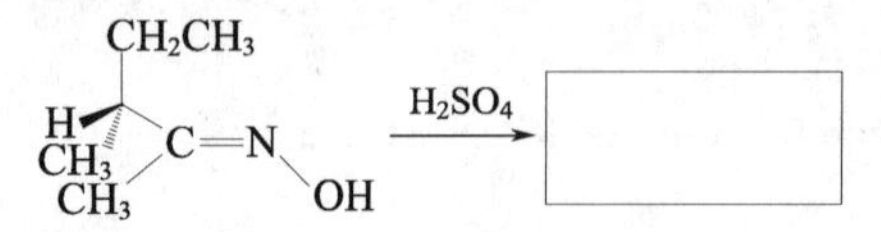

（兰州理工大学，2010）

[答案]

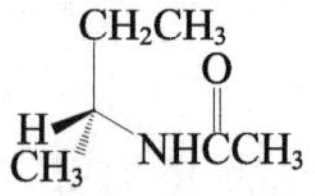

$CH_3CH_2CH(CH_3)NHCOCH_3$ （(R)-构型）

(R)-3-甲基-2-戊酮肟在硫酸作用下得到 (R)-N-仲丁基乙酰胺。

练习 2

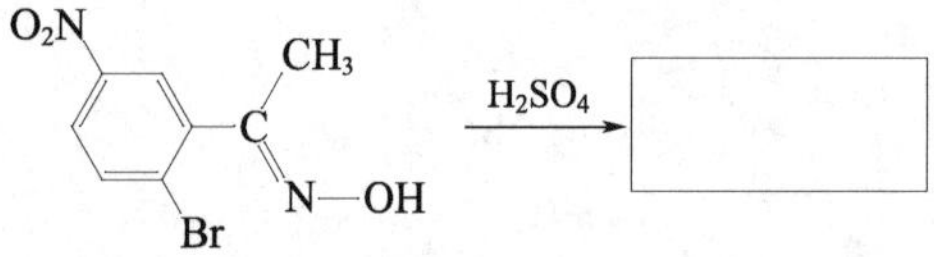

O_2N　CH_3　C=N—OH　Br　$\xrightarrow{H_2SO_4}$ □

[答案]

O_2N　NH—C(=O)—CH_3　Br

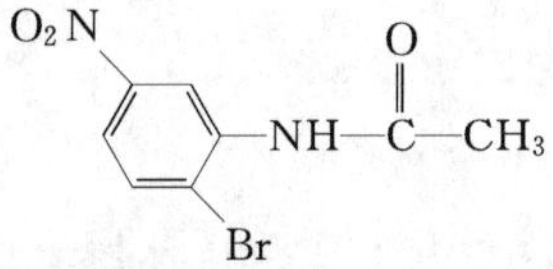

练习 3

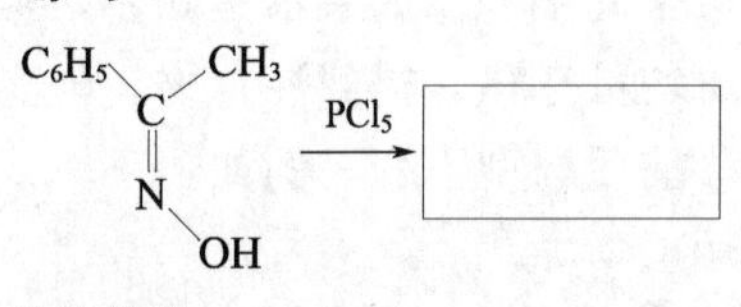

（大连理工大学，2005）

[答案]

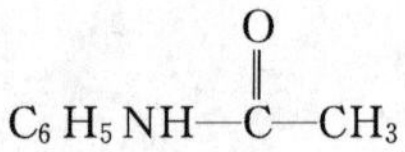

$C_6H_5NH—C(=O)—CH_3$

练习 4

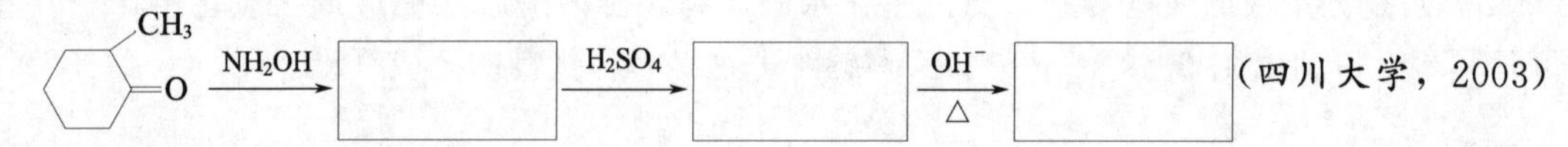

（四川大学，2003）

[答案]

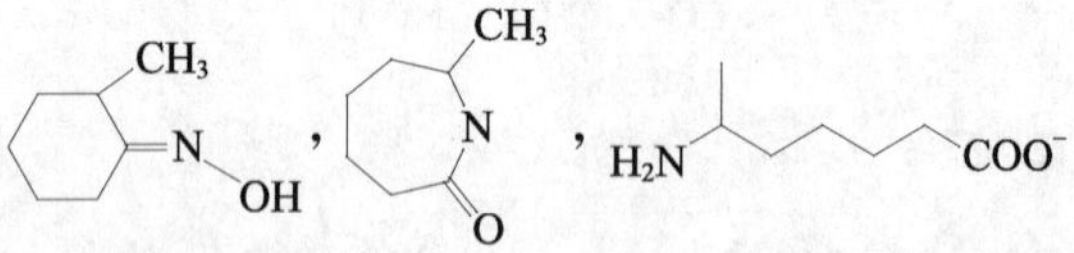

CH_3　N　OH，　CH_3　N　O，　H_2N　COO^-

肟与亚硝基化合物能互变异构，存在下列平衡：

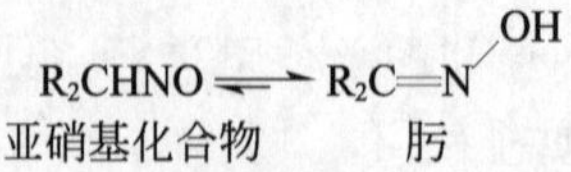

$$\underset{\text{亚硝基化合物}}{R_2CHNO} \rightleftharpoons \underset{\text{肟}}{R_2C{=}N{-}OH}$$

亚硝基化合物只在没有 α-氢时是稳定的，如果有 α-氢，平衡有利于肟。

肟有 Z,E 异构体，但经常得到一种异构体。Z 构型一般不稳定，容易变位 E 构型，例如苯甲醛肟，有两个异构体，Z 构型的熔点为 35℃，溶于醇后加一点酸，就可变位 E 构型的，熔点 132℃。

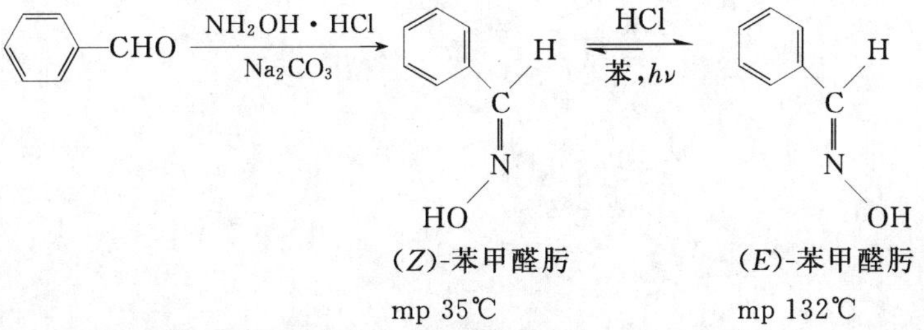

CHO $\xrightarrow[Na_2CO_3]{NH_2OH \cdot HCl}$ (Z)-苯甲醛肟 $\underset{苯, h\nu}{\overset{HCl}{\rightleftharpoons}}$ (E)-苯甲醛肟

(Z)-苯甲醛肟　　(E)-苯甲醛肟

mp 35℃　　mp 132℃

(E) -苯甲醛肟不能用化学试剂转为 Z 构型的，只有在光的作用下，才能转为 (Z) -苯甲醛肟。

练习 5

（兰州大学，2005）

[答案]

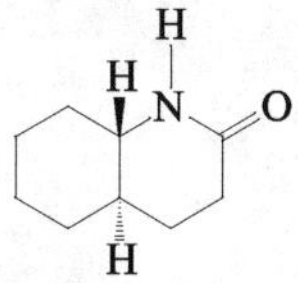

练习 6

写出采用 PCl_5 为催化剂的 Beckmann 重排反应机理。

[答案]

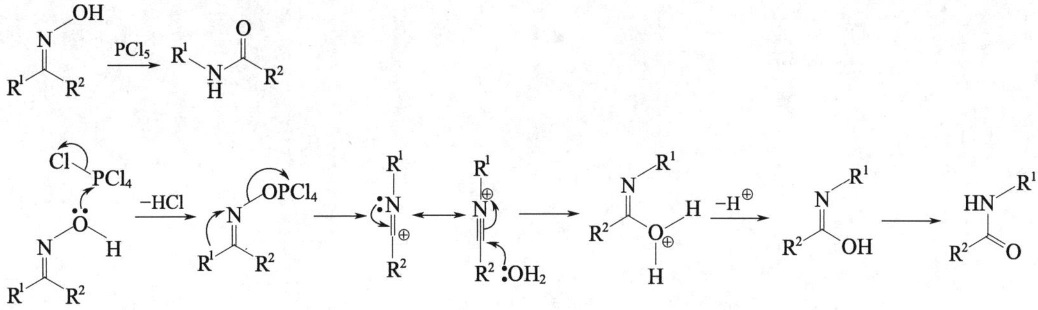

$\xrightarrow{PCl_5}$

$\xrightarrow{-HCl}$　$\xrightarrow{-H^{\oplus}}$

练习 7　机理

1. NH_2OH/HCl
2. H_2SO_4, △

A　B　C

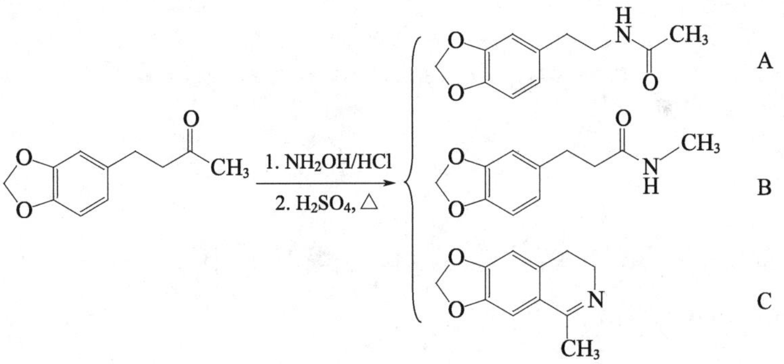

（中国科学技术大学、中国科学院合肥所，2009）

［答案］

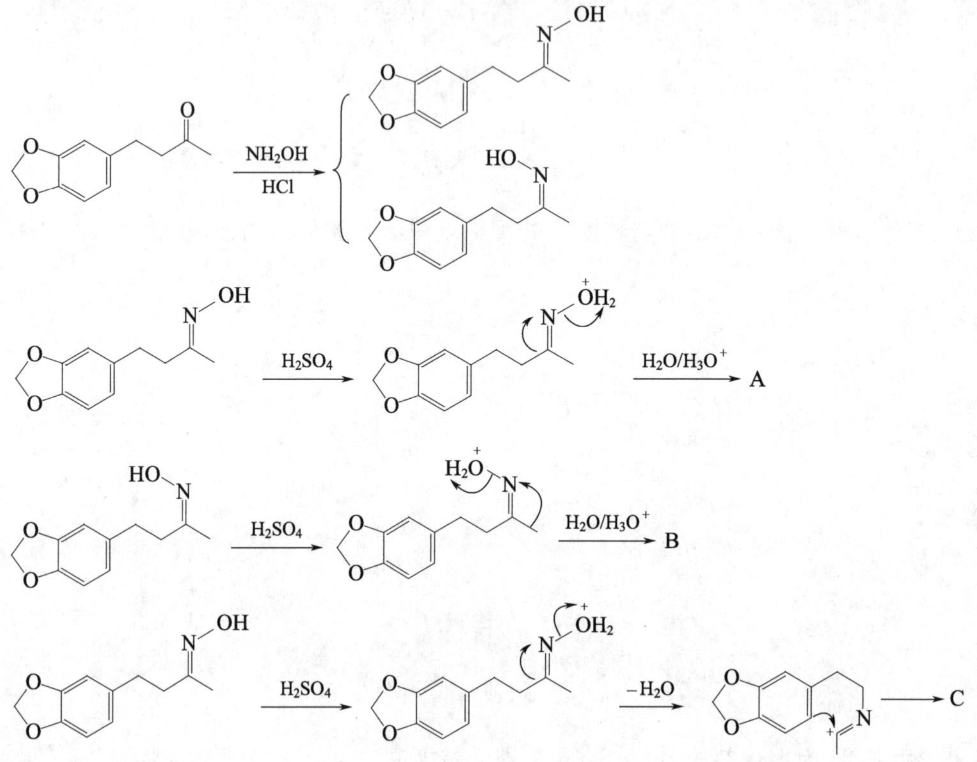

$\xrightarrow[HCl]{NH_2OH}$

$\xrightarrow{H_2SO_4}$ $\xrightarrow{H_2O/H_3O^+}$ A

$\xrightarrow{H_2SO_4}$ $\xrightarrow{H_2O/H_3O^+}$ B

$\xrightarrow{H_2SO_4}$ $\xrightarrow{-H_2O}$ $\longrightarrow$ C

练习 8

$\xrightarrow{PCl_5}$

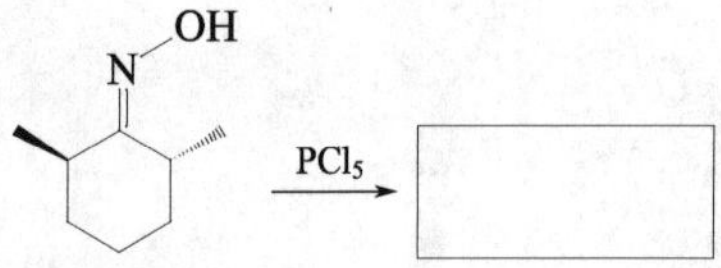

（南开大学，2009）

［答案］

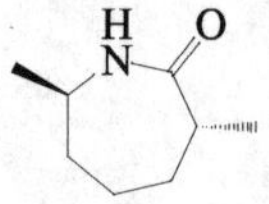

参考文献

［1］孙昌俊，王秀菊．有机化学考研辅导．北京：化学工业出版社，2012：4.
［2］Beckmann E. Chem Ber，1886，89：988.
［3］Jie Jack Li. Name Reaction. 4th ed. Berlin Heidelberg：Springer-Verlag，2009：33.
［4］［美］李杰（Jie Jack Li）．有机人名反应及机理．荣国斌译．朱士正校．上海：华东理工大学出版社，2003：28.
［5］孔祥文．有机化学．北京：化学工业出版社，2010.

Benzil-Benzilic acid 重排（二苯乙醇酸重排）

在浓碱作用下，苯乙酮醛将生成什么产物？

$$PhCOCHO \xrightarrow[H_2O]{浓NaOH} \square$$

A. $Ph-C(=O)-COO^-$　B. $Ph-CH(OH)-CHO$　C. $PhCH_2COO^-$　D. $Ph-CH(OH)-COO^-$

（复旦大学，2000；吉林大学，2005）

苯乙酮醛是一种无 α-H 的二羰基化合物，在碱的作用下发生歧化反应，分子中的醛羰基被氧化成酸，酮羰基被还原为醇羟基，其反应产物为：$PhCHOHCO_2^-$ (D)。

该反应称为 Benzil-Benzilic acid 重排[1]，即二苯乙醇酸重排，反应中二苯乙二酮迁移重排为二苯乙醇酸。反应通式：

$$ArCOCOAr \xrightarrow{KOH} Ar_2C(OH)COOH$$

反应机理[2]：

$$\underset{\mathbf{4}}{ArCOCOAr} + {}^{\ominus}OH \rightleftharpoons \underset{\mathbf{5}}{ArCOC(Ar)(OH)O^{\ominus}} \rightleftharpoons \underset{\mathbf{6}}{Ar_2C(O^{\ominus})COOH} \rightleftharpoons \underset{\mathbf{7}}{Ar_2C(OH)COO^{\ominus}} \xrightarrow{H-OH} \underset{\mathbf{8}}{Ar_2C(OH)COOH}$$

首先氢氧根离子进攻二芳基乙二酮（**4**）的羰基碳原子，发生亲核加成反应形成（**5**），**5** 分子中醇羟基所在的碳原子连接的芳基带着一对电子迁移到邻位羰基碳原子上形成（**6**），**6** 分子内质子转移形成（**7**），该步是驱动整个反应的步骤，最后 **7** 与水分子进行质子交换形成目标产物二芳基乙醇酸（**8**）。

练习 1　完成反应并写出反应机理。

$$PhCOCOPh \xrightarrow[2.\ H^+]{1.\ KOH} \boxed{\quad}$$

[答案]　α-二酮在强碱作用下，发生分子内重排生成 α-羟基酸。其反应机理为：

$$Ph-CO-CO-Ph \xrightleftharpoons{OH^-} Ph-CO-C(O^-)(Ph)-OH \rightleftharpoons Ph-C(O^-)(Ph)-C(=O)-OH \xrightarrow{H^+转移} Ph_2C(OH)-COO^- \xrightarrow{H^+} Ph_2C(OH)-COOH$$

练习 2　写出反应机理。

$$\text{环己烷-1,2-二酮} \xrightarrow[CH_3OH]{CH_3ONa} \text{1-羟基环戊烷甲酸甲酯 (OH, COOCH}_3\text{)}$$

[答案]

$$\text{环己烷-1,2-二酮} + CH_3O^- \longrightarrow \text{2-}O^-\text{-2-}OCH_3\text{-环己酮} \longrightarrow \text{1-}O^-\text{-环戊基-}C(=O)OCH_3 \xrightarrow{CH_3OH} \text{1-HO-环戊基-}C(=O)OCH_3$$

练习 3 完成下列转变。

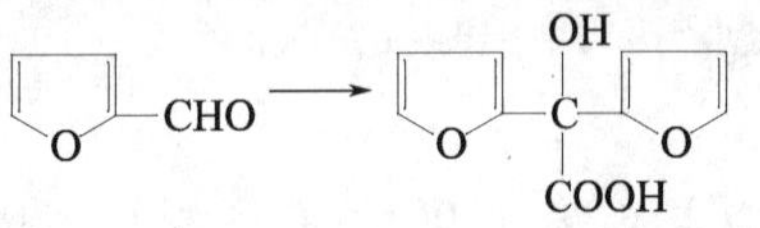

[答案]

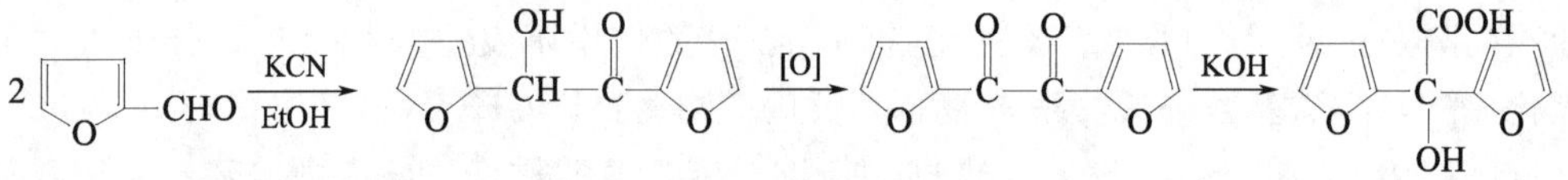

练习 4 完成下列转变。

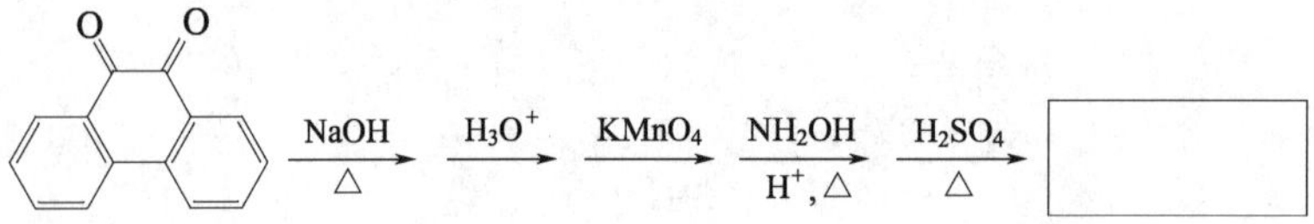

[答案]

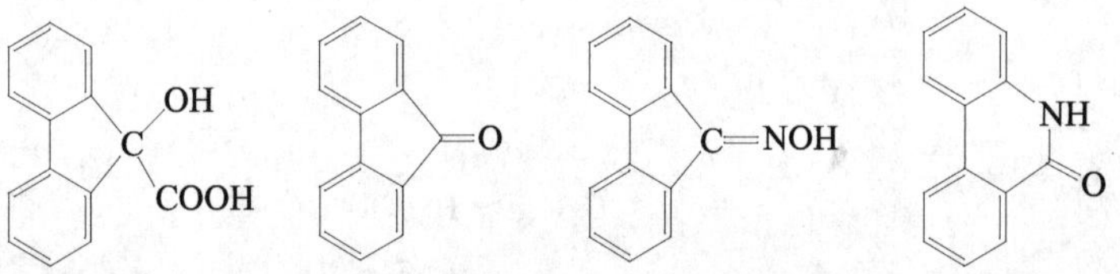

菲醌相当于 α-二酮，在碱（OH^-）的作用下重排生成羟基乙酸，$KMnO_4$ 又将其氧化为芴酮，后者与 NH_2OH 反应生成酮肟，然后在 H_2SO_4 作用下重排为酰胺。

练习 5 完成下列转变。

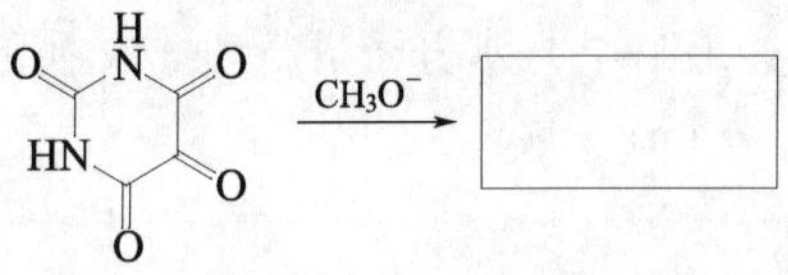

[答案]

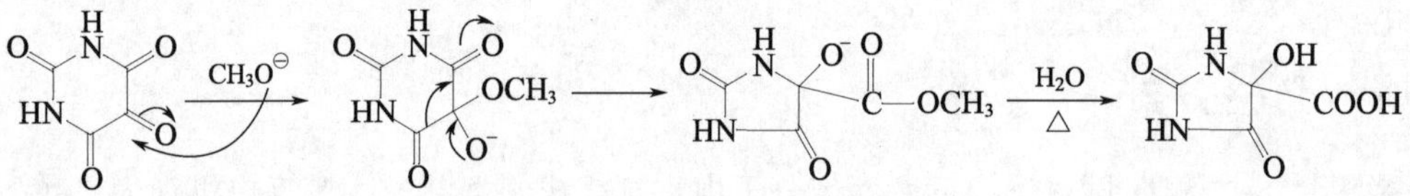

练习 6

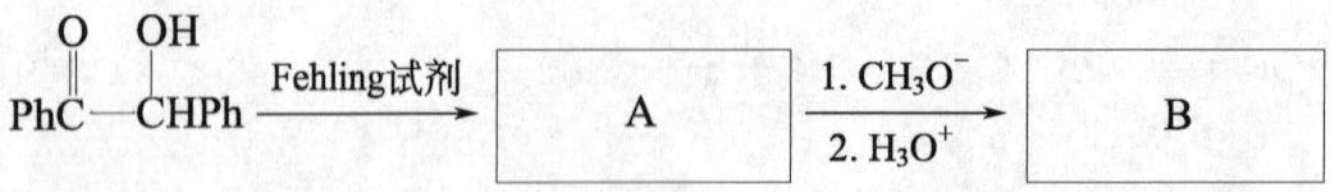

PhC(=O)—CHPh(OH) —Fehling试剂→ [A] —1. CH_3O^-；2. H_3O^+→ [B]

[答案]

A. 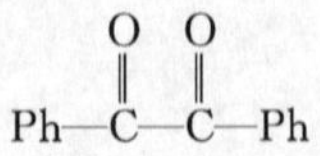 Ph—C(=O)—C(=O)—Ph　B. 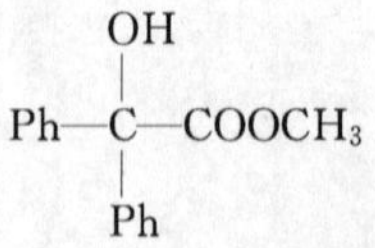 Ph—C(OH)(Ph)—$COOCH_3$ 。

参考文献

[1] Liebig J. Justus Liebigs Ann Chem，1838：27.

[2] Jie Jack Li. Name Reaction. 4th ed. Berlin Heidelberg：Springer-Verlag，2009：36.

Carroll 重排

试为下列反应建议合理、可能、分步的反应机理。有立体化学及稳定构象需要说明。

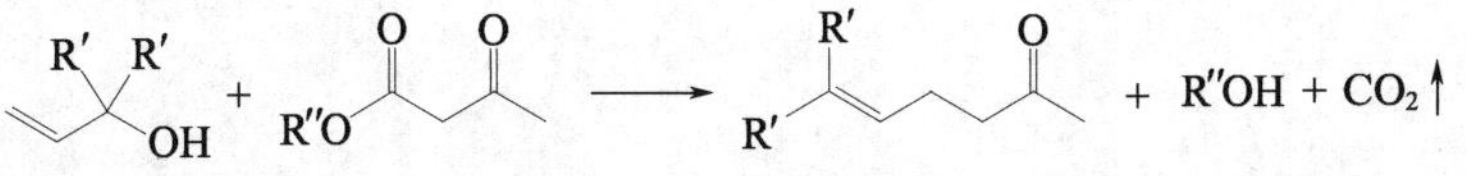

(中国科学院，2009)

烯丙基醇和β-酮酸酯反应，经酯化反应形成酯，然后酯羰基异构为烯醇，再在加热条件下，经重排得γ-烯键的β-酮酸酯，最后脱羧得到γ-酮烯烃。反应机理如下：

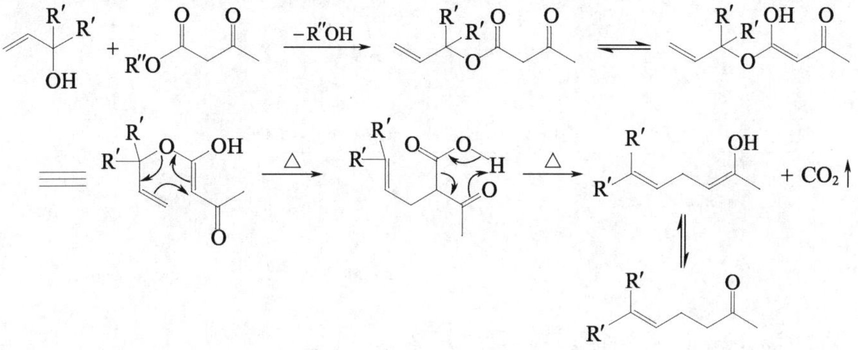

该反应为 Carroll 重排反应[1,2]。反应通式为：

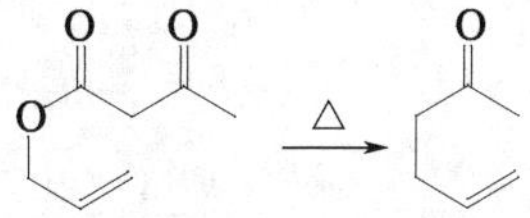

反应机理[3]：

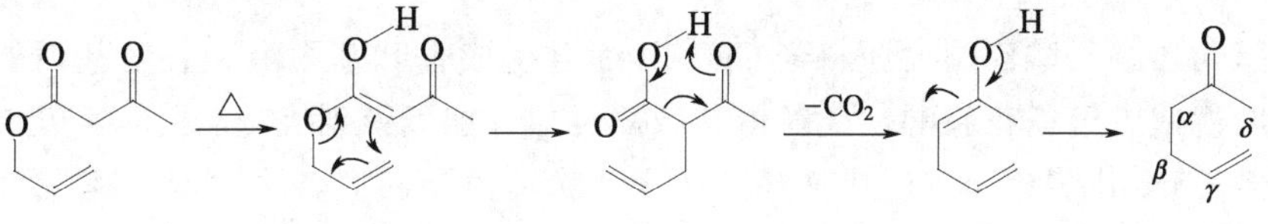

乙酰乙酸烯丙酯（**9**）在加热情况下，首先分子中酯羰基异构为烯醇（**10**），然后进行[3,3] σ-重排形成（**11**），**11** 经脱羧得（**12**），再经酮-烯醇互变异构得γ-烯酮（**13**）。

练习1 写出下述反应产物[4]。

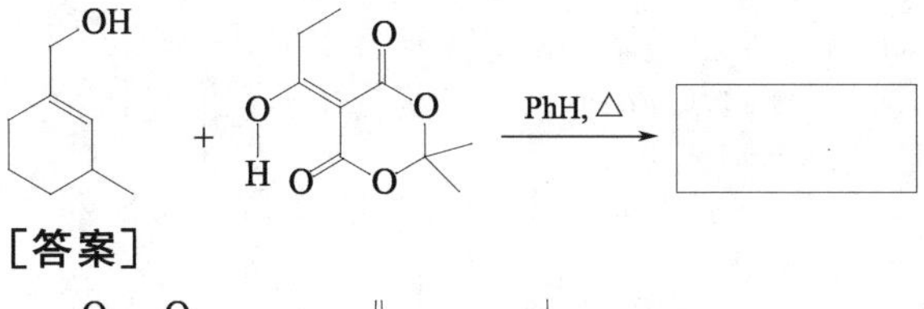

[答案]

上述反应中，第一步为酯化反应生成烯丙基醇β-酮酸酯，第二步为 Carroll 重排反应。

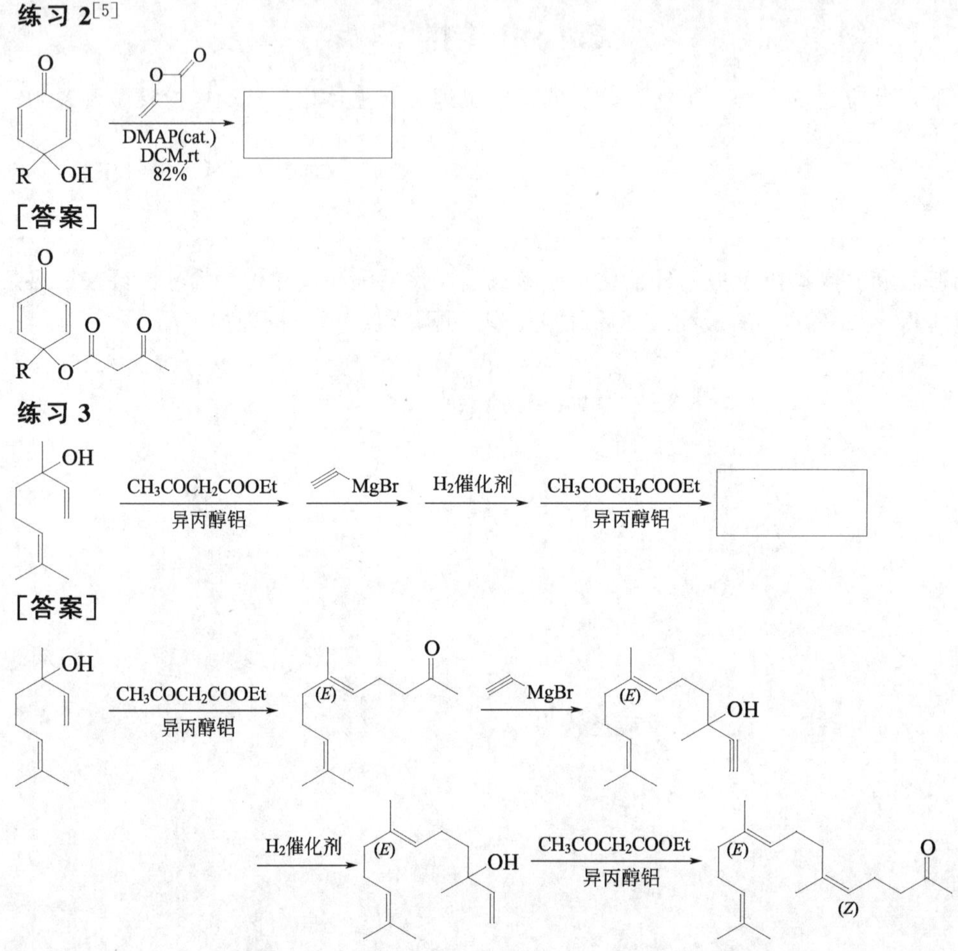

以芳樟醇与乙酰乙酸乙酯为原料经 Carroll 缩合生成香叶基丙酮，香叶基丙酮与乙炔基格氏试剂反应生成脱氢橙花叔醇，脱氢橙花叔醇经部分加氢得到橙花叔醇，橙花叔醇与乙酰乙酸乙酯再经 Carroll 缩合反应生成最终产物金合欢基丙酮，又名法呢酮，其化学名称为 6,10,14-三甲基-5,9,13-十五碳三烯-2-酮，是自然界分布较广的一种香型成分，该化合物具有清甜香、玫瑰香，用于香精调配中，可产生清香效应，在调香中有较高的实用价值。

参考文献

[1] Carroll M F. J Chem Soc，1940：704-706.

[2] Carroll M F. J Chem Soc，1941：507-511.

[3] Jie Jack Li. Name Reaction：4th ed. Berlin Heidelberg：Springer-Verlag，2009：96.

[4] 黄培强．有机人名反应试剂与规则．北京：化工工业出版社，2008：336.

[5] 陈耀全．有机合成中命名反应的战略性应用．北京：科学出版社，2007：77.

Ciamician-Dennsted 重排

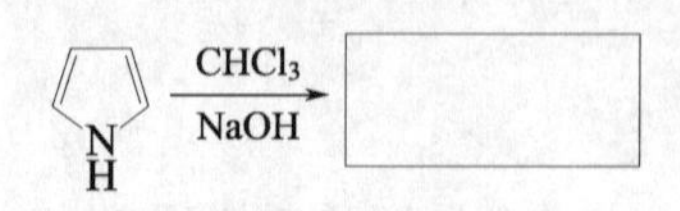

氯仿和氢氧化钠反应得到的二氯卡宾与吡咯发生二氯环丙烷化，然后在碱催化下重排生成 3-氯吡啶，（3-氯吡啶结构式）。反应机理[1]如下：

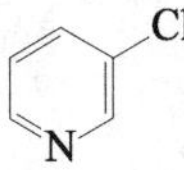

$Cl_3C{-}H + {}^-OH \longrightarrow H_2O + {}^-CCl_2{-}Cl \xrightarrow[\alpha\text{-消除}]{-Cl^-} \pm CCl_2 \equiv :CCl_2$（卡宾）

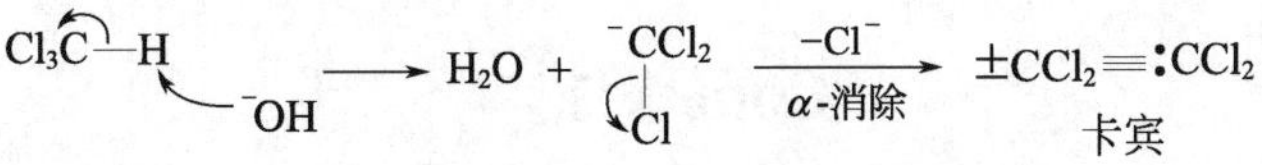

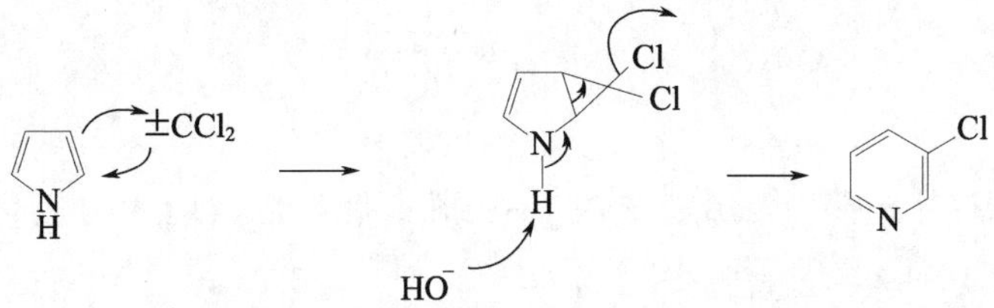

反应中，氯仿和氢氧化钠反应生成卡宾，卡宾进攻吡咯分子的双键发生环丙烷化，再经碱催化重排得到 3-氯吡啶，该反应称为 Ciamician-Dennsted 重排[2]。

练习 1　写出下列反应产物并解释其机理。

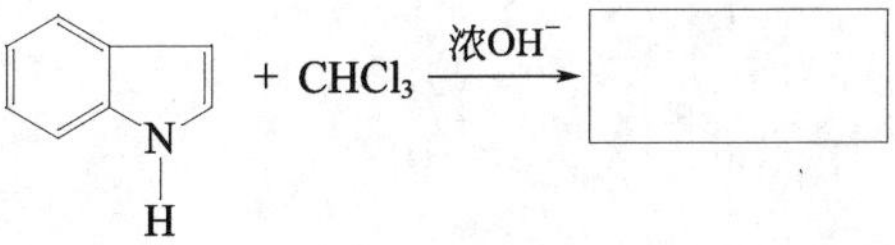

吲哚 + $CHCl_3$ $\xrightarrow{浓OH^-}$ □

（兰州大学，2000；复旦大学，1995）

[答案]

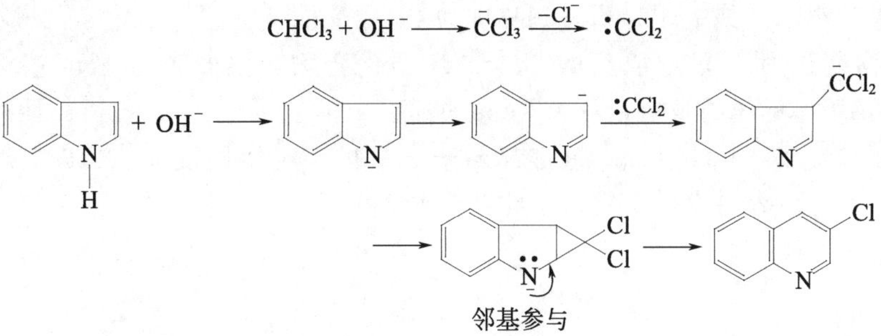

$CHCl_3 + OH^- \longrightarrow \bar{C}Cl_3 \xrightarrow{-Cl^-} :CCl_2$

邻基参与

练习 2[3]

$\xrightarrow[PhH, \triangle, 54\%]{2eq.\ PhHgCCl_3}$ □

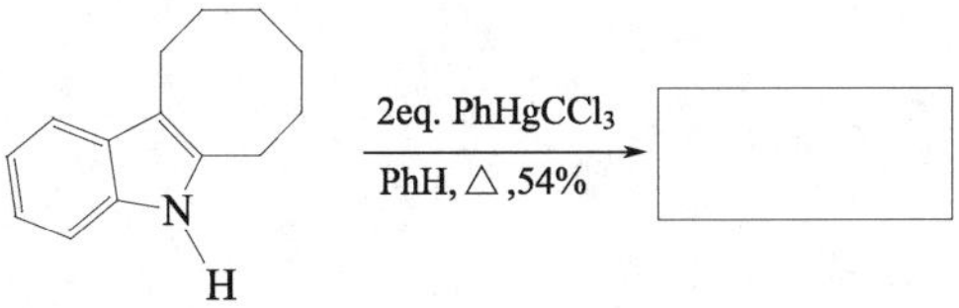

[答案]

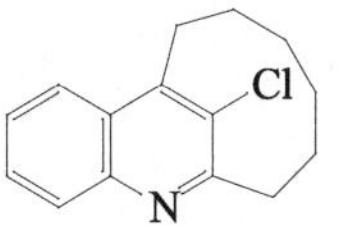

参考文献

[1] [美] 李杰 (Jie Jack Li)．有机人名反应及机理．荣国斌译．朱士正校．上海：华东理工大学出版社，2003：72.

[2] Ciamician G L, Dennsted M. Ber, 1881, 14: 1153.
[3] Parham W E, Davenport R W, Biasotti J B. J Org Chem, 1970, 35: 3775-3779.

Cope 重排

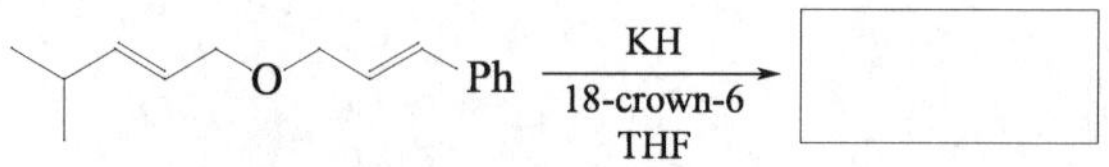

KH / 18-crown-6 / THF （复旦大学，2006）

4-甲基-2-戊烯基-3-苯基-2-丙烯基醚在 18-冠醚-6 和四氢呋喃中与氢化钾反应得到 7-甲基-3-苯基-5-辛烯醛，。

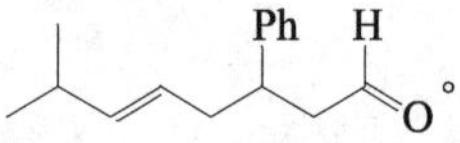

反应机理[1]为：

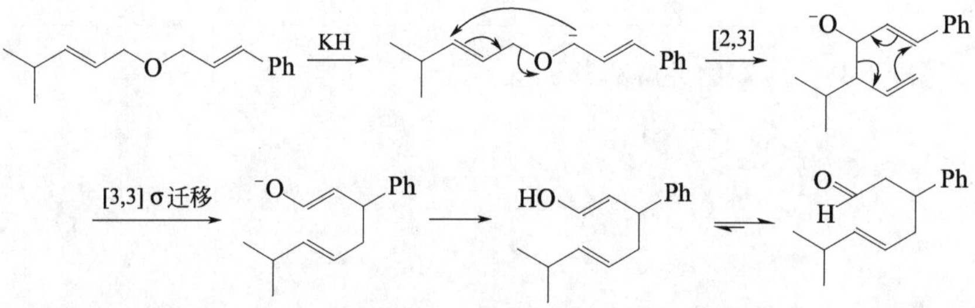

KH　[2,3]　[3,3] σ迁移

由上述反应机理可见，第二步反应产物属于 1,5-二烯类化合物，在第三步发生［3,3］σ 迁移后经过烯醇化得到最后产物。其中［3,3］σ 迁移即为 Cope 重排反应。

1,5-二烯类化合物受热时可重排成新的 1,5-二烯类化合物，类似于 *O*-烯丙基重排 (Claisen 重排)，为 *C*-烯丙基的重排反应，称为 Cope 重排[2]。

Cope，含氧 Cope 和负离子含氧 Cope 重排都属于 σ 重排一类协同反应。1,5-二烯在 150～200℃单独加热短时间就容易发生重排，并且产率非常好。

反应通式为：

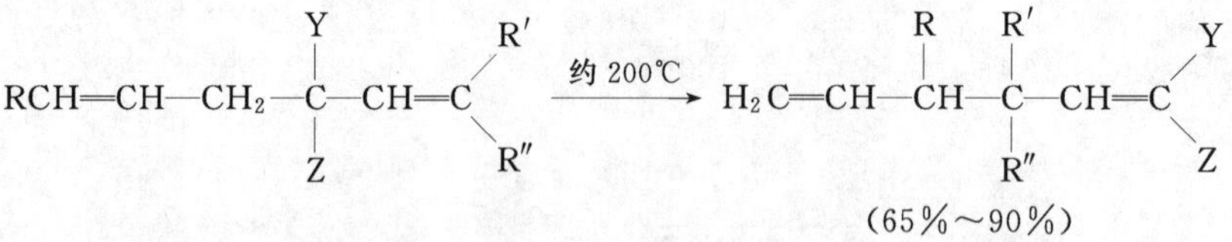

$$RCH{=}CH{-}CH_2{-}C(Y)(Z){-}CH{=}C(R')(R'') \xrightarrow{约\ 200℃} H_2C{=}CH{-}CH(R){-}C(R')(R''){-}CH{=}C(Y)(Z)$$

(65%～90%)

R, R′, R″＝—H, Alk; Y, Z＝—COOEt, —CN, —C_6H_5

例如：

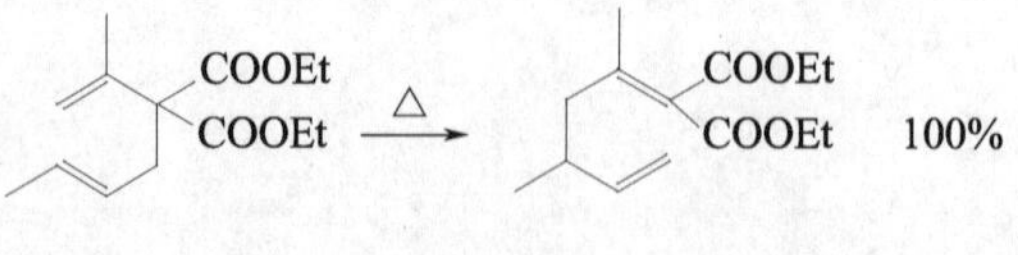

COOEt COOEt △ COOEt COOEt 100%

反应机理如下：

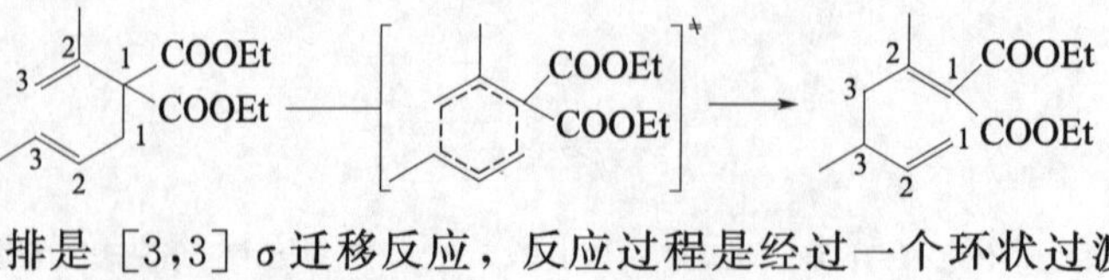

可以看出，Cope 重排是［3,3］σ 迁移反应，反应过程是经过一个环状过渡态进行的协同反

应。在立体化学上，表现为经过椅式环状过渡态：

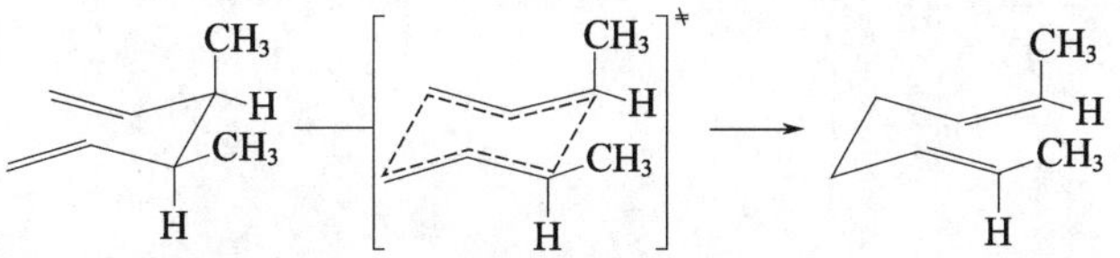

Cope 重排和其它周环反应的特点一样，也具有高度的立体选择性。例如：内消旋-3,4-二甲基-1,5-己二烯重排后，几乎全部是（Z,E)-2,6-辛二烯：

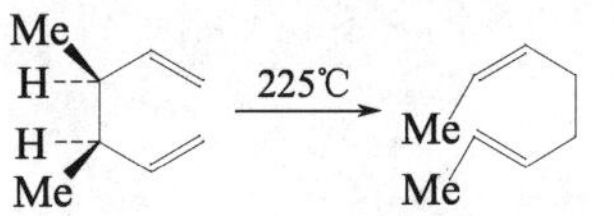

［延伸］

① Aza-Cope 重排（氮杂 Cope)：含氮分子也可以发生 Cope 重排，该类反应叫“Aza-Cope 重排”。重排分子中含亚胺离子结构单元的氮杂-［3,3］σ 迁移重排，生成产物为胺的衍生物。如下所示：

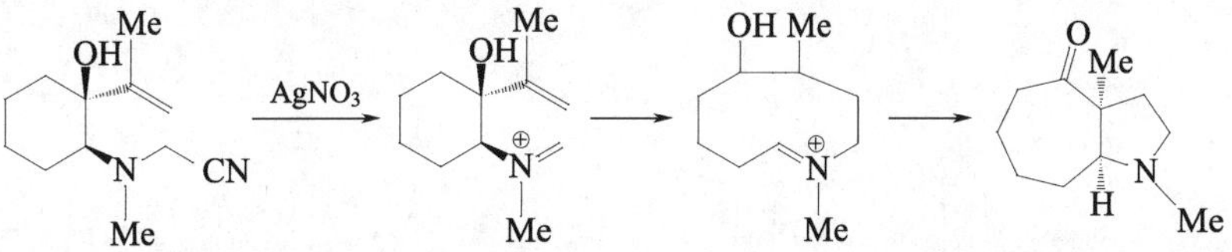

在这个反应中，Ag^+ 作为一个 Lewis 酸，脱去氰基。接下来发生一个［3,3］σ 迁移重排，得到一个既含有一个烯醇基团，又含有一个亚胺基团的中间体。烯醇和亚胺相互反应，最后生成一个二元环的氨基酮。Aza-Cope 重排的起因是氮原子上的腈甲基化的 Mannich 反应形成亚胺离子继而引发 Cope 重排[3]。

② Oxy-Cope 重排（氧杂 Cope)：含烯丙基及乙烯基的醇重排后先形成烯醇式产物继而转化为羟基衍生物的重排反应。

如果在 C_3 上连有一个羟基，那么用一个强碱，例如氢化钾，可以在低很多的温度下实现 Cope 重排，这种特殊的反应叫做“Oxy-Cope 重排”。经过中间体烯醇的酮-烯醇互变异构，最终得到一个醛或一个酮。如下所示：

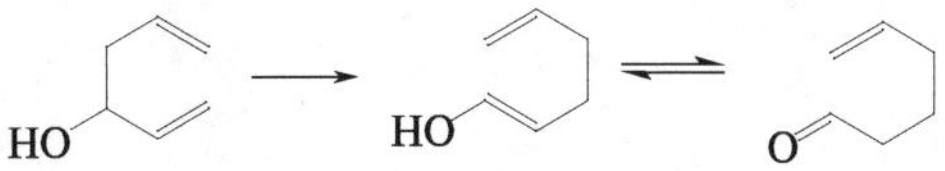

1980 年，Evans 等人在合成 erythrojuvabion 的时候详细研究了该反应的立体选择性，不同的起始物会产生不同的产物，而且中间体既可能是椅式构型，又可能是船式构型，决定因素是保持体系能量最低[4]。

练习 1

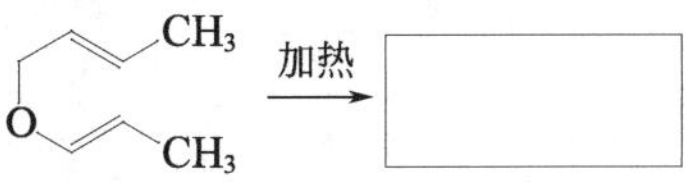

（复旦大学，2006)

［答案］

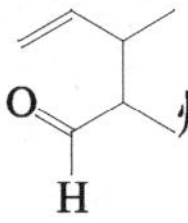

烯丙基乙烯醚重排形成烯醇再异构成醛。

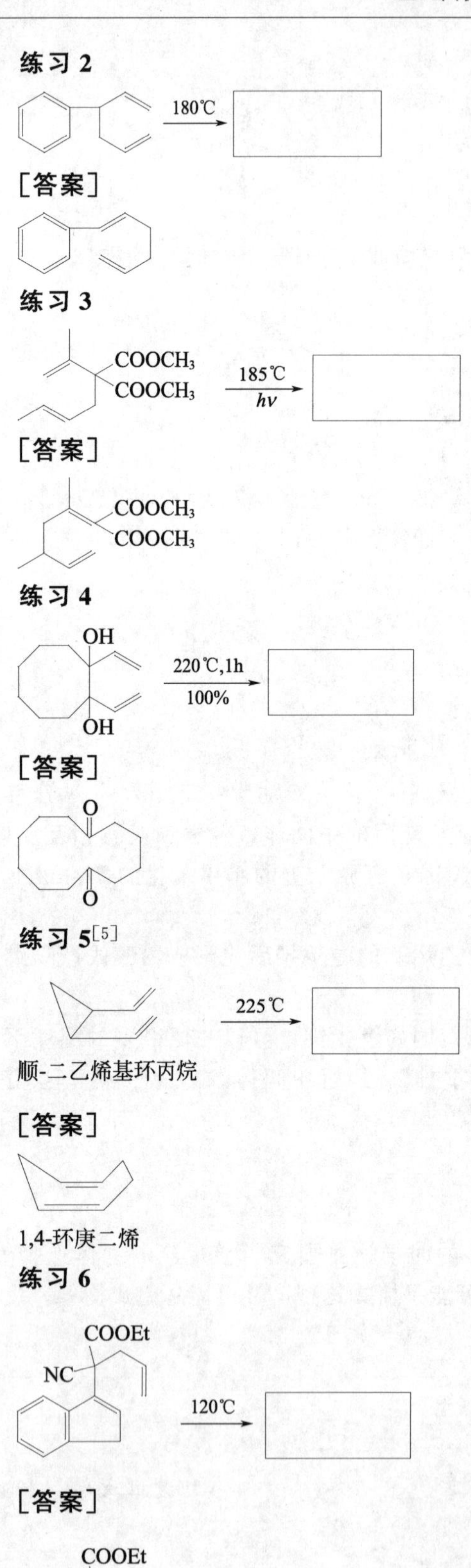
练习 2
180℃
[答案]
练习 3
COOCH3
COOCH3
185℃
hν
[答案]
COOCH3
COOCH3
练习 4
OH
OH
220℃,1h
100%
[答案]
O
O
练习 5[5]
225℃
顺-二乙烯基环丙烷
[答案]
1,4-环庚二烯
练习 6
COOEt
NC
120℃
[答案]
COOEt
NC

练习7

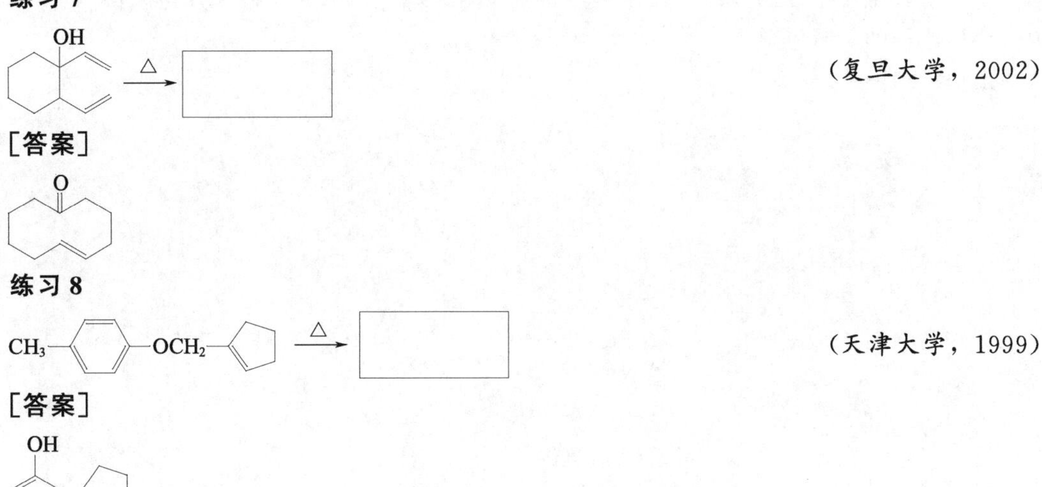

（复旦大学，2002）

[答案]

练习8

（天津大学，1999）

[答案]

参考文献

[1] 吴范宏．有机化学学习与考研指津．2008版．上海：华东理工大学出版社，2008：67.

[2] Cope A C，Hardy E M. J Am Chem Soc，1940，62：441-444.

[3] 黄培强．有机人名反应试剂与规则．北京：化学工业出版社，2008：345.

[4] 杨炳辉．抗体酶催化Oxy-Cope重排反应的研究．有机化学，2000，20（5）：725-730.

[5] 荣国斌．有机人名反应——机理及应用．第4版．北京：科学出版社，2011：84.

Curtius重排反应

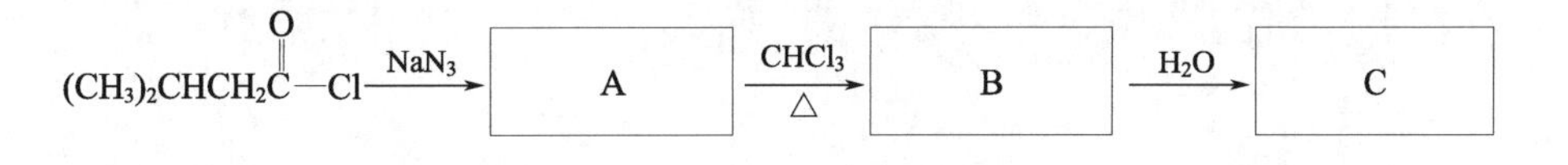

A. $(CH_3)_2CHCH_2C(=O)—N_3$　　B. $(CH_3)_2CHCH_2—N=C=O$　　C. $(CH_3)_2CHCH_2—NH_2$

异戊酰氯与叠氮化钠反应生成异戊酰叠氮化物（A），A在溶剂氯仿中加热经Curtius重排为异丁基异氰酸酯（B），B水解得最终产物异丁胺（C）。产物异丁胺（C）比原料异戊酰氯分子少了一个碳原子。

那么什么是Curtius重排呢？酰基叠氮化合物在惰性溶剂中受热分解脱氮生成异氰酸酯的反应，称为Curtius重排[1]。通式如下：

$$RC(=O)Cl \xrightarrow{NaN_3} RC(=O)N_3 \xrightarrow{\triangle} N_2\uparrow + R—N=C=O$$

$$R—N=C=O \xrightarrow{Nu—H} R—NH—C(=O)Nu$$

$$R—N=C=O \xrightarrow[-CO_2]{H_2O} R—NH_2$$

由上式可知，重排生成的异氰酸酯水解则得到少一个碳原子的胺，若采用醇来醇解，则得到少一个碳原子的氨基甲酸酯。

反应机理[2,3]：

异氰酸酯中间体

首先叠氮化物进攻酰氯的羰基碳原子发生亲核加成、再消去氯离子形成亲核取代产物酰基叠氮化物，后者在加热条件下放出氮气，同时得到异氰酸酯，异氰酸酯水解后得到少一个碳原子的胺，并放出二氧化碳。

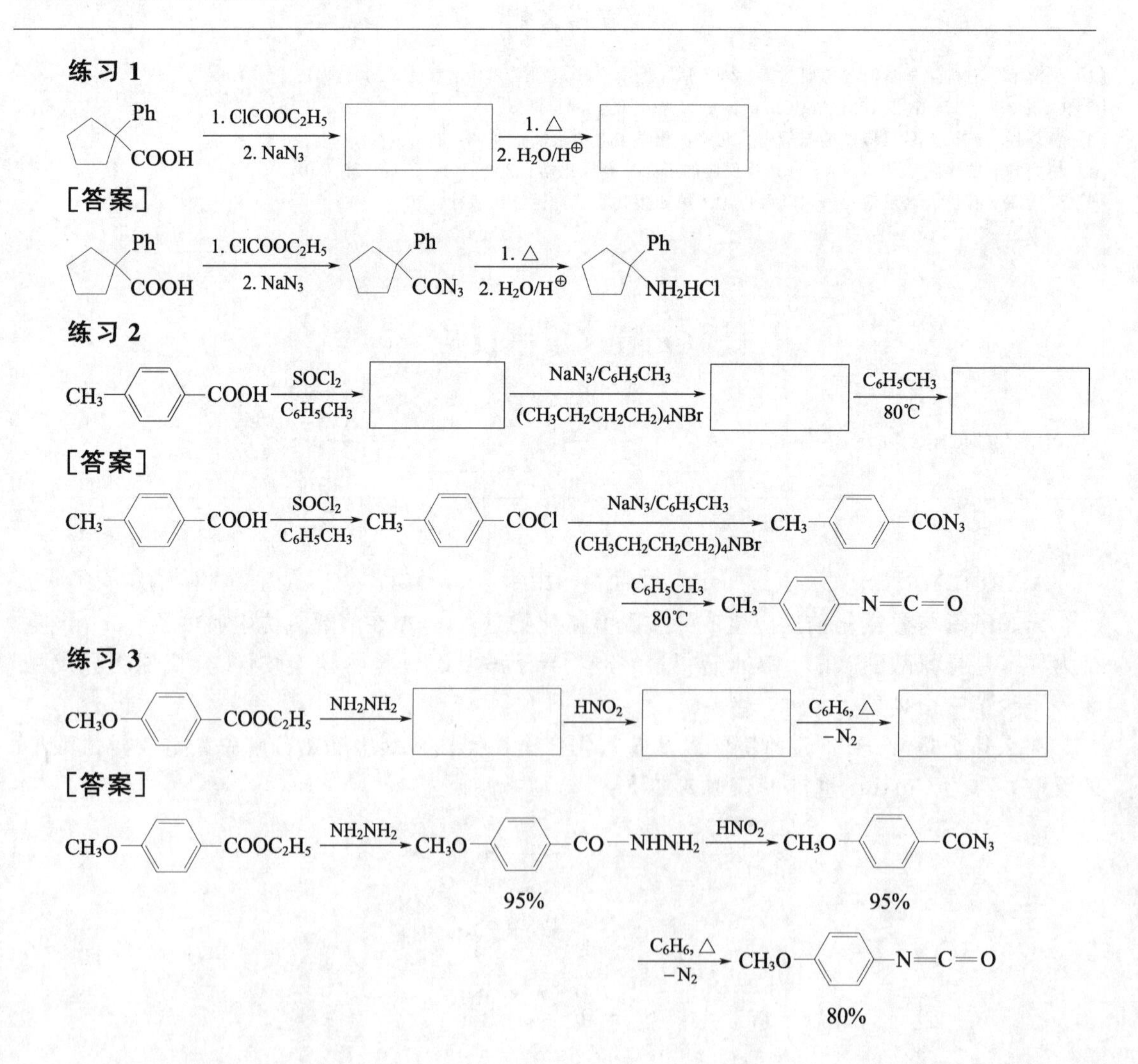

练习 4

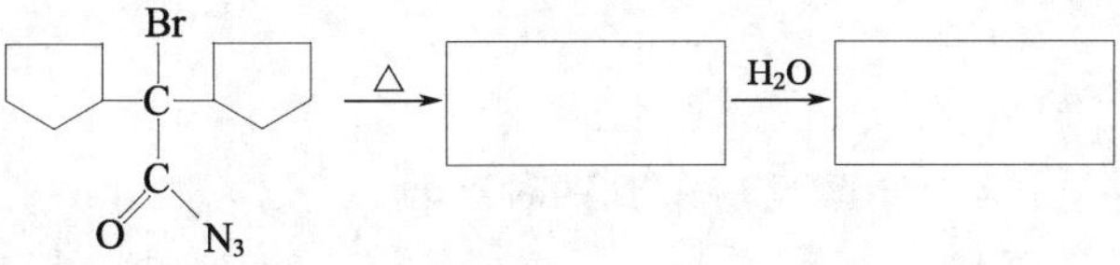

[答案]

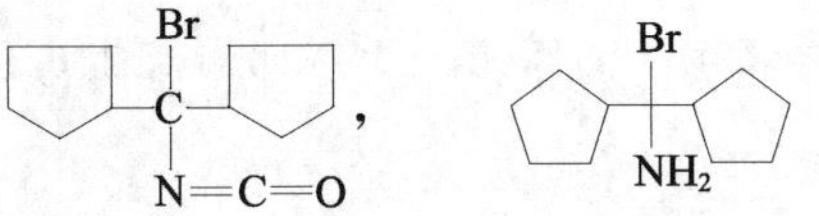

练习 5[4]

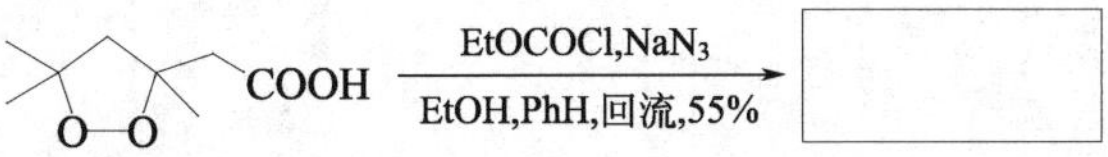

EtOCOCl,NaN_3 / EtOH,PhH,回流,55%

[答案]

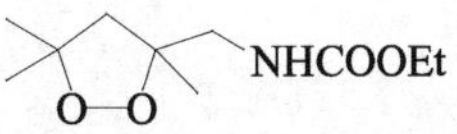

NHCOOEt

练习 6[5,6]

NH_2NH_2 → HNO$_2$ → EtOH → H_2O

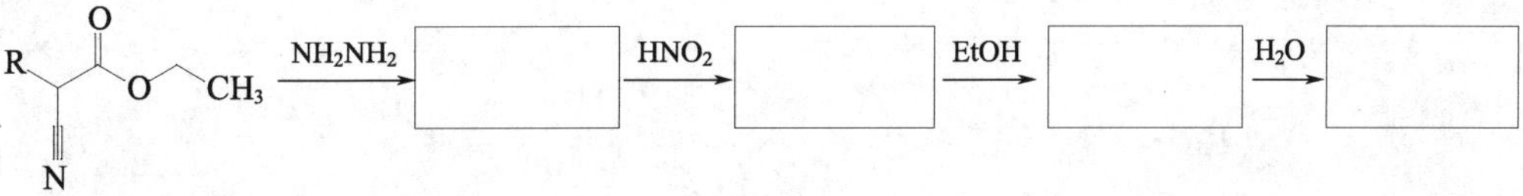

[答案]

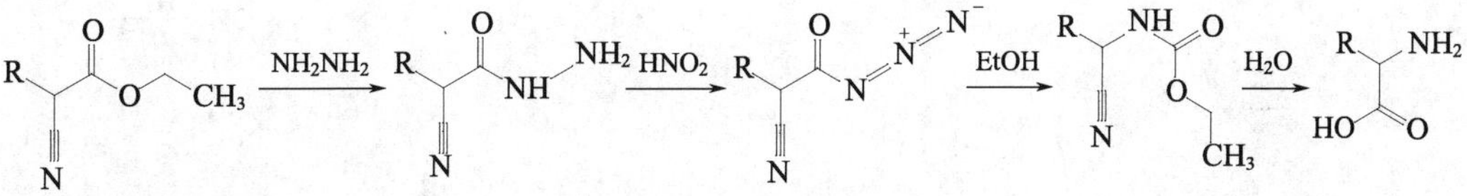

在 Curtius 重排反应的基础上，Darapasky（A. Darapasky，1936）降解以 α-氰基酯为原料，通过重排反应生成氨基酸。

参考文献

[1] Curtius T. Ber，1890，23：3033-3041.
[2] [美] 李杰（Jie Jack Li）. 有机人名反应及机理. 荣国斌译. 朱士正校. 上海：华东理工大学出版社，2003：98.
[3] Jie Jack Li. Name Reaction. 4th ed. Berlin Heidelberg：Springer-Verlag，2009：162.
[4] Dussault P H，Xu C. Tetrahedron Lett，2004，45：7455-7457.
[5] Darapsky A. J Prakt Chem，1936，146：250.
[6] Darapsky A and Hillers D. J Prakt Chem，1915，92：297.

Demjanov 重排

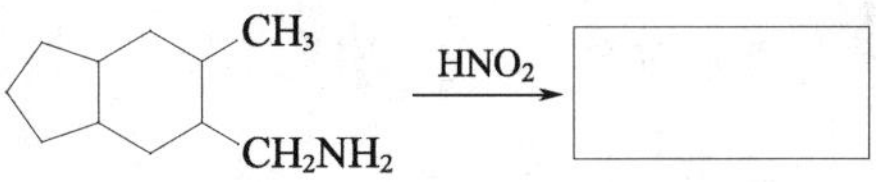

CH_3　CH_2NH_2　HNO_2

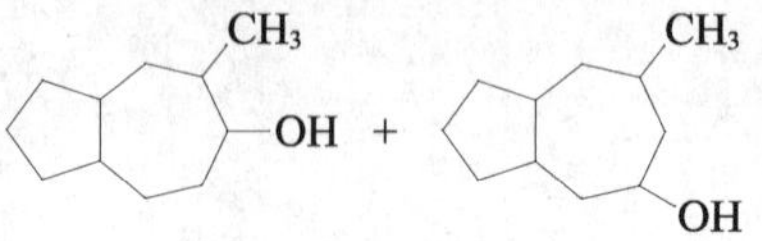

3-甲基-4 氨基甲基二环［4.3.0］壬烷与亚硝酸反应得到两种产物，分别是 3-甲基二环［5.3.0］-4-癸醇和 5-甲基二环［5.3.0］-3-癸醇[1]。

伯氨基脂环化合物重氮化后，失去氮而形成相应的碳正离子，而后发生重排，得到扩环或缩环的醇，该反应称为 Demjanov 重排[2]。

脂肪环碳上形成的碳正离子可发生缩环重排，如下式。

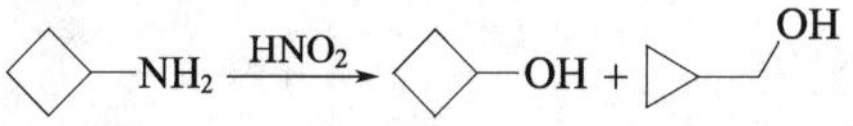

而伯碳正离子可发生扩环重排，如下式。

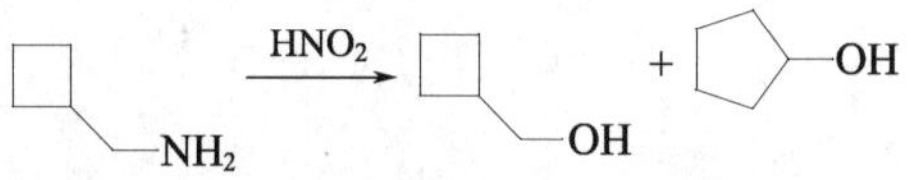

反应机理[3]：

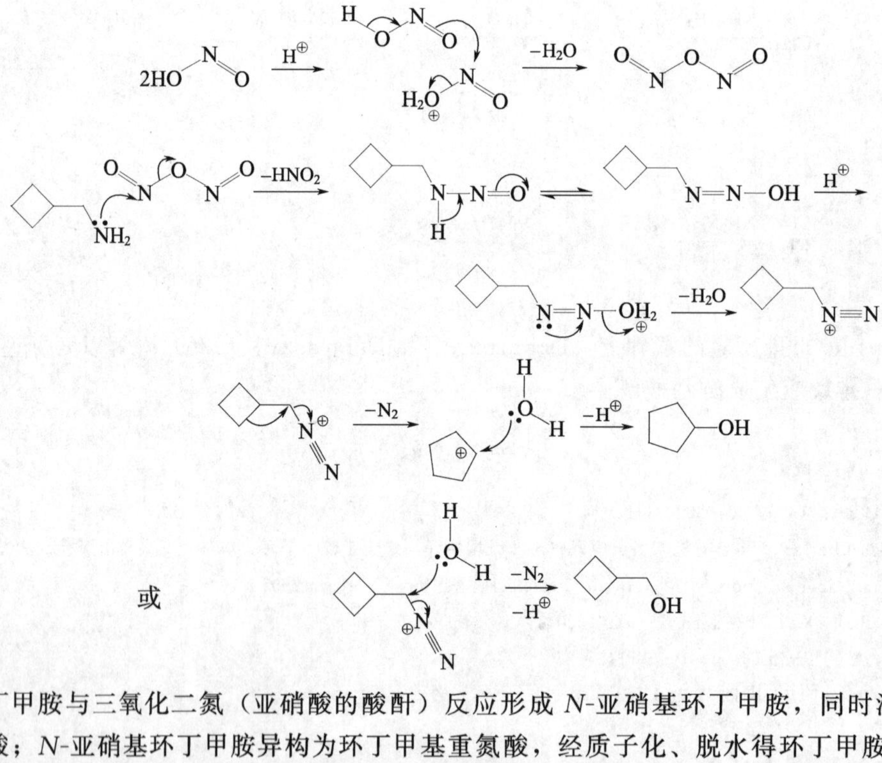

或

环丁甲胺与三氧化二氮（亚硝酸的酸酐）反应形成 *N*-亚硝基环丁甲胺，同时消去一分子亚硝酸；*N*-亚硝基环丁甲胺异构为环丁甲基重氮酸，经质子化、脱水得环丁甲胺重氮盐。重氮盐放出氮气、扩环生成环戊基正离子，再与水反应、脱去质子得到环戊醇。若水分子进攻重氮盐 α-碳原子、放出氮气、脱质子则得到环丁甲醇。

脂肪族伯胺与亚硝酸钠、盐酸作用，通常得到醇、烯、卤代烃的多种产物的混合物，合成上无实用价值。但 β-氨基醇与亚硝酸作用可主要得到酮[4]。例如：

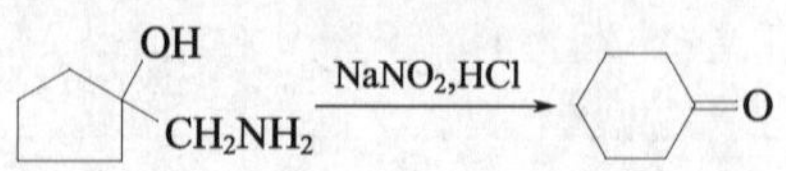

这种扩环反应在合成 7～9 元环状化合物时，特别有用。该扩环反应与频哪醇重排相似。重排后的产物更稳定。由环已酮合成环庚酮的反应如下：

HCN　　LiAlH$_4$　　NaNO$_2$,HCl

β-氨基醇类化合物重氮化后发生扩环重排得到环酮，该反应称为 Tiffeneau-Demjanov 扩环，类似与 Demjanov 重排，用于 C_4～C_8 元环的扩环，收率较单纯的 Demjanov 扩环好[5]。

练习 1

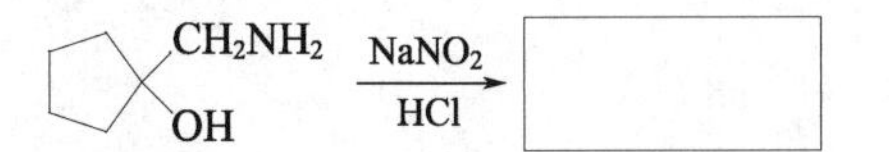

（大连理工大学，2005）

[答案]

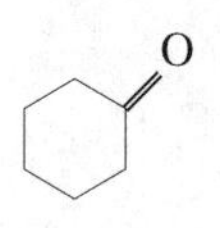

伯胺重氮化，放出 N_2 生成碳正离子，碳正离子扩环重排生成 ，再脱去 H^+ 形成酮。

练习 2　写出反应机理。

HONO

（浙江大学，2005）

[答案]

NO$^+$　　$-H^+$　　H^+　　$-H^+$

H^+, $-H_2O$　　$-N_2$　　C^+重排 扩环　　$-H^+$

练习 3[6]

NaNO$_2$,HOAc　100℃,2h

[答案]

30%　　16%

练习 4[7]

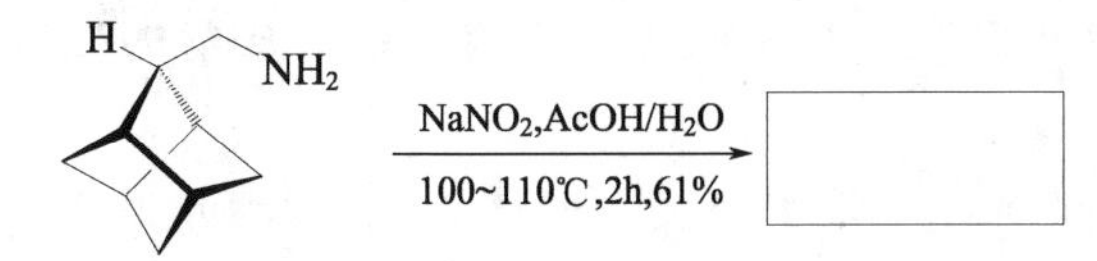

[答案]

参考文献

[1] [美] Jie Jack Li. 有机人名反应-机理及应用. 第4版. 北京：科学出版社，2011：175.
[2] Demjanov N J，Lushnikov M. J Russ Phys Chem Soc，1903，35：26-42.
[3] Jie Jack Li. Name Reaction. 4th ed. Berlin Heidelberg：Springer-Verlag，2009：175.
[4] 孔祥文. 有机化学. 北京：化学工业出版社，2010：114.
[5] 黄培强. 有机人名反应、试剂与规则. 北京：化学工业出版社，2008：348.
[6] Diamond J，Bruce W F，Tyson F T. J Org Chem，1965，30：1840-184.
[7] Nakazaki M，Naemura K，Hashimoto M. J Org Chem，1983，48：2289-2291.

Dienone-Phenol（二烯酮-酚）重排反应

50% H_2SO_4 回流,80%

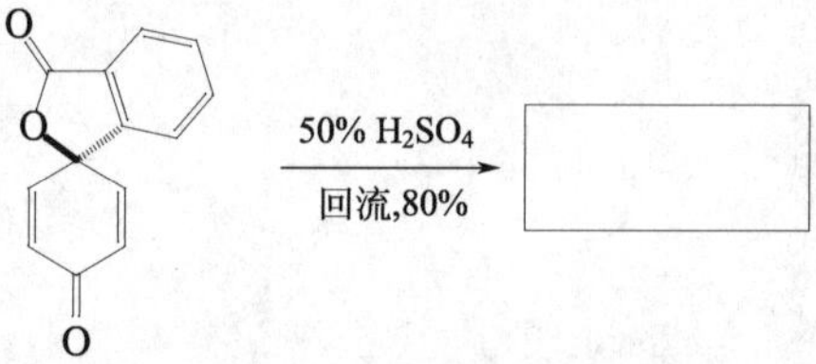

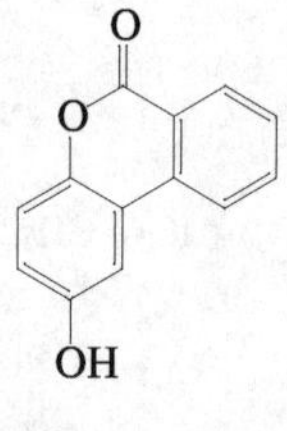

该反应也是4,4-双取代环己二烯酮衍生物，在50%硫酸溶液中回流得到4,4-双取代苯酚衍生物[1]。这种在酸的作用下4,4-二取代环己二烯酮发生烷基的1,2迁移，重排为3,4-二取代酚的反应称为Dienone-Phenol（二烯酮-酚）重排反应[2~4]。

反应机理：

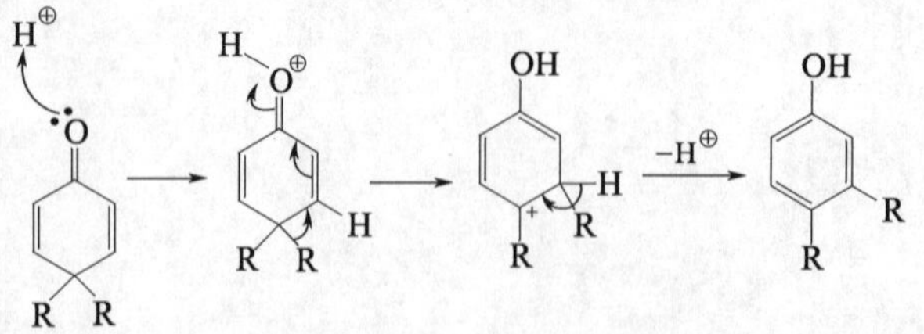

$-H^{\oplus}$

4位连有两个烷基的环己二烯酮，用酸处理时发生烷基的1,2-迁移，重排成酚的反应，为一种制酚的方法。

环己二烯酮-苯酚重排中取代基迁移倾向的大小，能更好的理解碳正离子反应中的1,2

迁移。当前普遍接受的观点是，环己二烯酮上的吸电子取代基比供电子取代基更容易发生迁移。

练习 1　下述反应是怎样进行的？

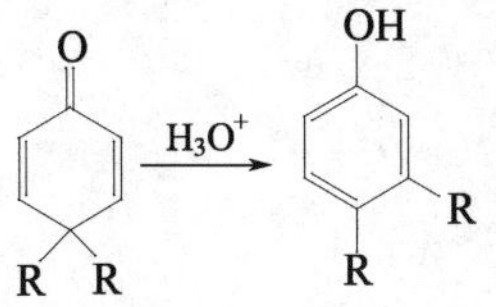

O　$\xrightarrow{H_3O^+}$　OH

R　R　　　R　R

（浙江大学，2004）

［答案］

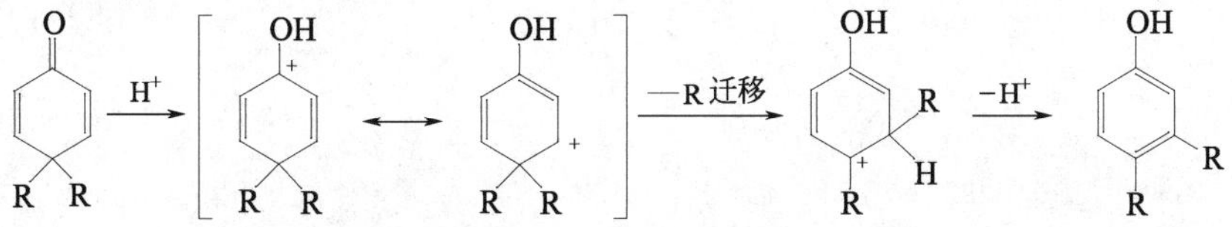

O　$\xrightarrow{H^+}$　[OH + ⟷ OH +]　$\xrightarrow{—R\ 迁移}$　OH R + H R　$\xrightarrow{-H^+}$　OH R R

R　R　　R　R　　R　R

4,4-二取代环己二烯酮在酸催化下重排为 3,4-二取代酚。

练习 2　写出下述反应机理

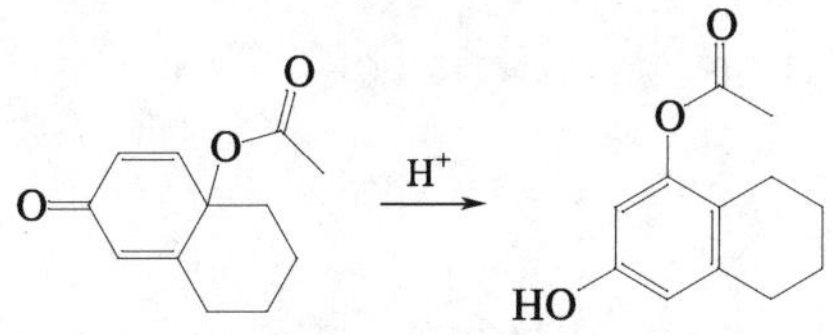

O　O　O　$\xrightarrow{H^+}$　O　O　HO

［答案］

O　O　O　$\xrightarrow{H^+}$　HO+　O　O　⟶　HO　⊕　O　O　⟶　HO　O　O　⊕　$\xrightarrow{-H^+}$　TM

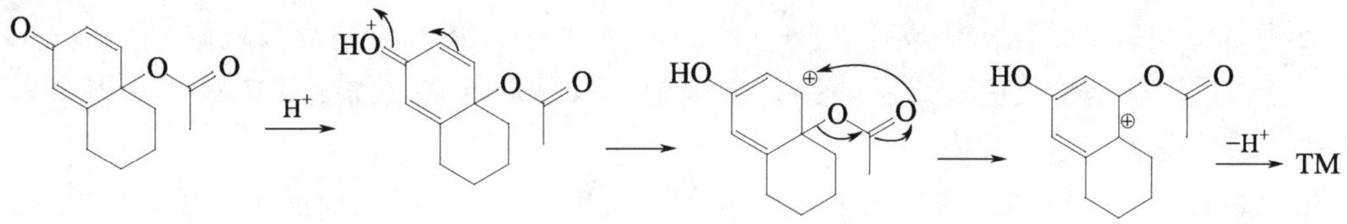

练习 3　写出下述反应机理。

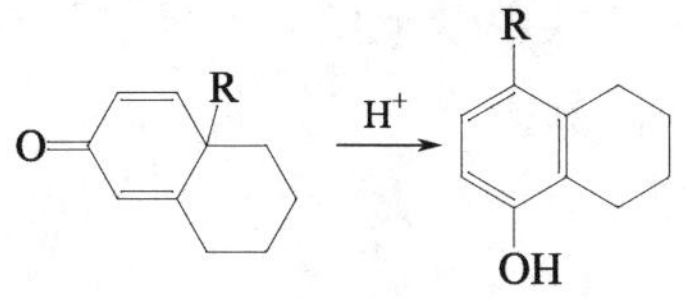

O　R　$\xrightarrow{H^+}$　R　OH

［答案］

O　R　$\xrightarrow{H^+}$　HO+　R　⟶　HO　R　⊕　⟶　HO　⊕　R

⟶　HO　⊕　R　⟶　OH　⊕　R　$\xrightarrow{-H^+}$　TM

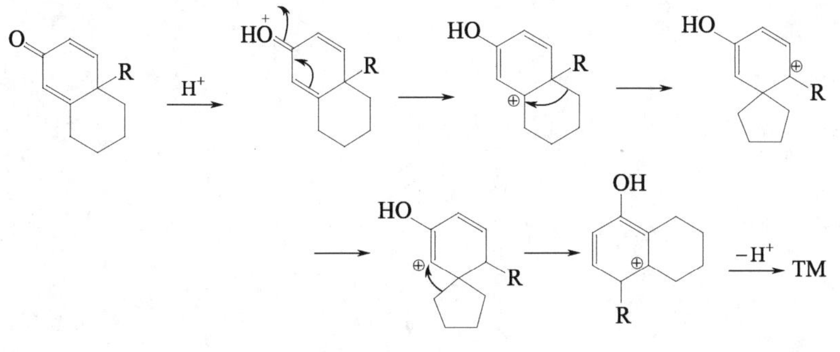

参考文献

[1] Hart D J, Kim A, Krishnamurthy R, Merriman G H, Waltos A M. Tetrahedron, 1992, 48: 8179-8188.

[2] Shine H J. In Aromatic Rearrangements, New York: Elsevier, 1967: 55-68.

[3] Schultz A G, Hardinger S A. J Org Chem, 1991, 56: 1105-1111.

[4] Schultz A G, Green N J. J Am Chem Soc, 1992, 114: 1824-1829.

Favorskii 反应

以乙炔为原料合成 2-甲基-3-辛炔-2-醇

$$CH\equiv CH \longrightarrow HO-C(CH_3)_2-C\equiv C-(CH_2)_3CH_3$$

（复旦大学，2004）

$$HC\equiv CH \xrightarrow{NaNH_2} HC\equiv CNa \xrightarrow{CH_3CH_2CH_2CH_2Br} CH_3CH_2CH_2CH_2C\equiv CH$$

$$\xrightarrow{NaNH_2} CH_3CH_2CH_2CH_2C\equiv CNa \xrightarrow{CH_3COCH_3} CH_3CH_2CH_2CH_2C\equiv CC(ONa)(CH_3)CH_3$$

$$\xrightarrow{H_3O^+} HO-C(CH_3)_2-C\equiv C-(CH_2)_3CH_3$$

首先乙炔与氨基钠反应形成乙炔钠，然后乙炔钠与 1-溴丁烷进行亲核取代反应得 1-己炔；1-己炔再与氨基钠反应形成己炔钠；己炔钠与丙酮进行亲核加成反应得 2-甲基-3-辛炔-2-醇钠，酸化得到目标化合物。

由上述合成反应可知，炔基负离子作为亲核试剂，除常与卤代烃反应合成炔烃外，还可作为亲核试剂与羰基进行亲核加成。

α-端炔与羰基化合物在碱性介质（如无水氢氧化钾或氨基钠）中发生反应，生成羰基加成产物炔醇称为 Favorskii 反应[1~7]。醚、液氨、乙二醇醚、四氢呋喃、二甲亚砜及二甲苯等可用作这个反应的溶剂。

$$R-C\equiv C-H + R'COR'' \xrightarrow{Base} R-C\equiv C-C(OH)R'R''$$

反应机理：

炔烃的末端氢原子具有酸性，用碱处理时可发生去质子化，产生炔基碳负离子。然后炔基碳负离子对醛或酮发生亲核加成，产生炔丙醇类化合物。

$$HC\equiv CR' \xrightarrow{OH^-} {}^-C\equiv CR' \xrightarrow{R-CO-R} R-C(O^-)(R)-C\equiv CR' \xrightarrow{H_2O} R-C(R)(OH)-C\equiv CR'$$

例如[8]：

$$HC\equiv CH + CH_2O \xrightarrow[\text{压力}]{KOH} HC\equiv CCH_2OH + HOCH_2C\equiv CCH_2OH$$

炔丙醇　　丁炔-1,4-二醇

$$HC\equiv CH + CH_3\overset{O}{\overset{\|}{C}}CH_3 \xrightarrow{KOH} HC\equiv C\underset{OH}{\underset{|}{\overset{CH_3}{\overset{|}{C}}}}CH_3 + CH_3\underset{OH}{\underset{|}{\overset{CH_3}{\overset{|}{C}}}}C\equiv C\underset{OH}{\underset{|}{\overset{CH_3}{\overset{|}{C}}}}CH_3$$

2-甲基-3-丁炔-2-醇　2,5-二甲基-3-己炔-2,5-二醇

练习　合成

$$HC\equiv CH \longrightarrow \cdots \longrightarrow CH_2{=}\overset{CH_3}{\overset{|}{C}}{-}CH{=}CH_2$$

[答案]

$$(CH_3)_2C{=}O + HC\equiv CH \xrightarrow{KOH} CH_3{-}\underset{OH}{\underset{|}{\overset{CH_3}{\overset{|}{C}}}}{-}C\equiv CH \xrightarrow[Pd]{H_2} CH_3{-}\underset{OH}{\underset{|}{\overset{CH_3}{\overset{|}{C}}}}{-}CH{=}CH_2$$

$$\xrightarrow[-H_2O]{Al_2O_3} CH_2{=}\overset{CH_3}{\overset{|}{C}}{-}CH{=}CH_2$$

参考文献

[1] Favorskii A. J Russ Phys Chem Soc，1905，37：643. Chem Zentr，1905，Ⅱ：1018.

[2] Babayan A，Akopyan B，Gyuli-Kevhyan R. J Gen Chem（U S S R），1939，9：1631；C. A. 1940，34：2788.

[3] Johnson A W. The Chemistry of Acetylenic Compounds I. London，1946：14.

[4] Bergmann E D. The Chemistry of Acetylene and Related Compounds. New York，1948：49.

[5] Piganiol P. Acetylene Compounds in Organic Synthesis. New York，1955：10.

[6] Schachat N，Bagnell J J Jr J Org Chem，1962，27：1498.

[7] Tadeschi R J，et al. J Org Chem，1963，28：1740.

[8] 孔祥文．有机化学．北京：化学工业出版社，2010：114.

Favorskii 重排

完成下述反应并写出反应机理[1]

2-氯环己酮 $\xrightarrow[CH_3OH]{CH_3ONa}$ □　　　　（中山大学，2005）

2-氯环己酮 $\xrightarrow{CH_3ONa}$ 碳负离子 $\xrightarrow{-Cl^-}$ 环丙酮中间体 $\xrightarrow{^-OCH_3}$ 四面体氧负离子中间体 $\longrightarrow$ 环戊基碳负离子（$-C(=O)-OCH_3$） $\xrightarrow{CH_3OH}$ 环戊烷甲酸甲酯（$C_5H_9-C(=O)-OCH_3$）

环丙酮中间体

2-氯环己酮在甲醇钠作用下失去6位的α-H形成α-碳负离子，然后碳负离子亲核进攻羰基邻位C—Cl的碳原子形成环丙酮衍生物；接着甲醇钠进攻环丙酮的羰基形成半缩醛氧负离子，然后开环得环戊烷甲酸甲酯的β-碳负离子，最后与甲醇进行质子交换得到目标产物环戊烷甲酸甲酯。

这个反应先后经亲核取代、亲核加成、消除三种反应历程，特别注意的是羰基的两个α-位碳原子均将参与重排反应，例如：

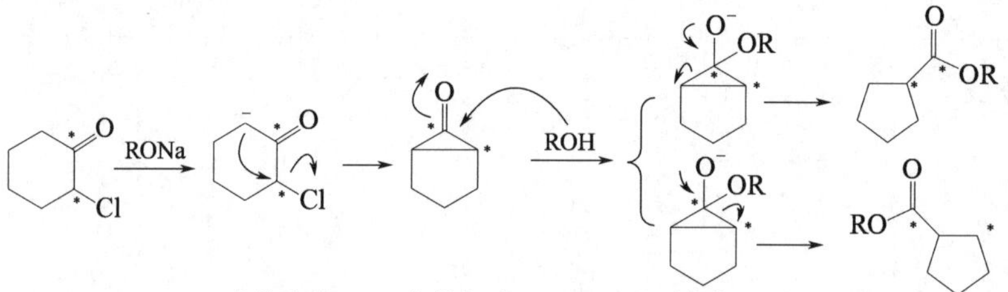

RONa ROH

亲核取代 亲核加成 消除

环丙酮中间体

从上述反应过程可知，2-氯环己酮在甲醇钠的甲醇溶液中加热得到环戊基甲酸甲酯，由六元环重排为五元环，该反应即为Favorskii重排反应[2,3]。反应通式为：

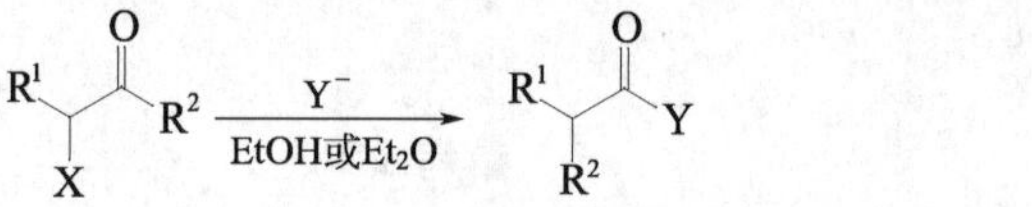

Y^- EtOH或Et_2O

Y=OH, OR, NR_2

从反应结果可以看出，反应物中与羰基相连的R^2，在产物中替代卤原子与R^1共同连接在羰基的α-碳原子上，而亲核试剂部分则连接在羰基的另一侧。

在Favorskii重排反应中，α-卤代酮在氢氧化钠水溶液中加热重排生成含相同碳原子数的羧酸；如为环状α-卤代酮，则导致环缩小。环酮的反应常用于合成张力较大的四元环体系。

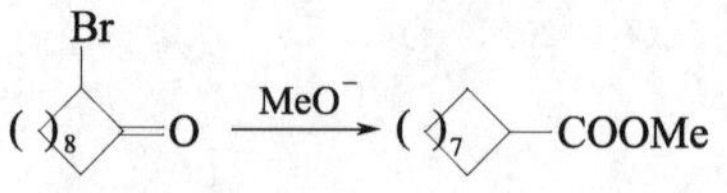

MeO^- COOMe

例如：

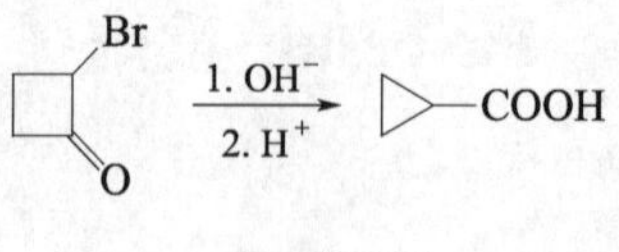

1. OH^- 2. H^+ COOH

NaOH,H_2O COONa H^+ COOH

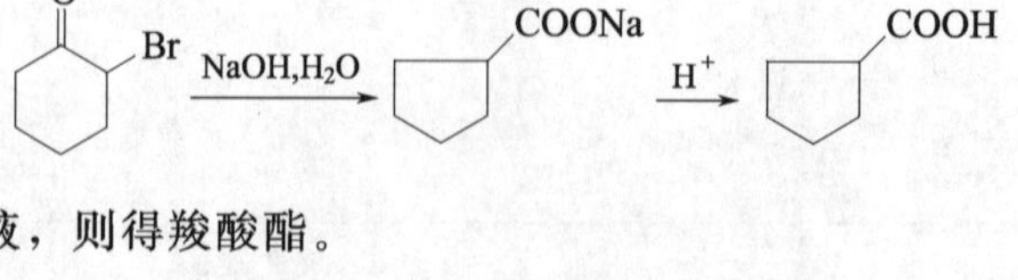

如用醇钠的醇溶液，则得羧酸酯。

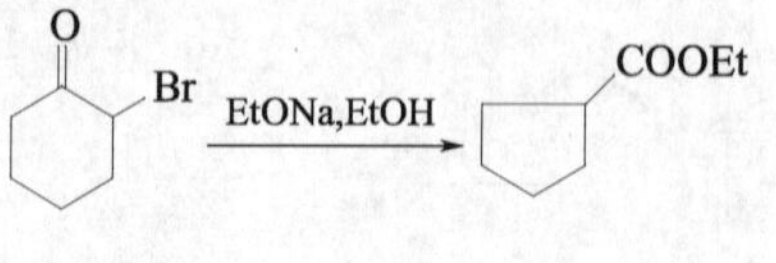

EtONa,EtOH COOEt

如果使用的碱是氨基钠，则得酰胺。

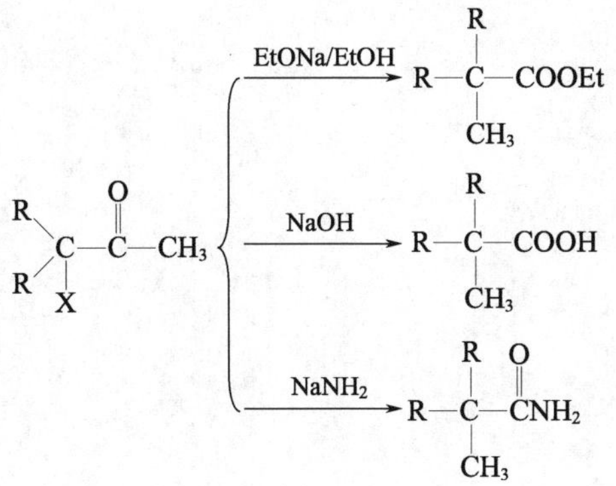

反应机理如下：

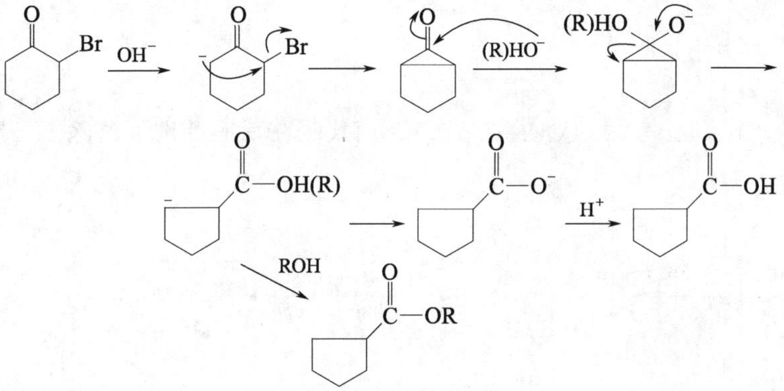

由反应机理可见，α-卤代酮用碱处理时骨架发生重排。反应过程有两步，一是α-卤代酮在碱的作用下首先在卤原子另一侧形成烯醇负离子，烯醇负离子进攻溴原子连接的碳原子，溴离子离去，形成环丙酮中间体；二是碱进攻环丙酮羰基碳原子发生亲核加成，形成四面体中间体氧负离子，结果推动一个基团迁移到相邻的碳原子上（三元环开环），得到羧酸的β-碳负离子，最后获得一个质子得到产物羧酸。

若反应物分子为非烯醇化的酮，则发生 Quasi-Favorskii 重排反应，例如：

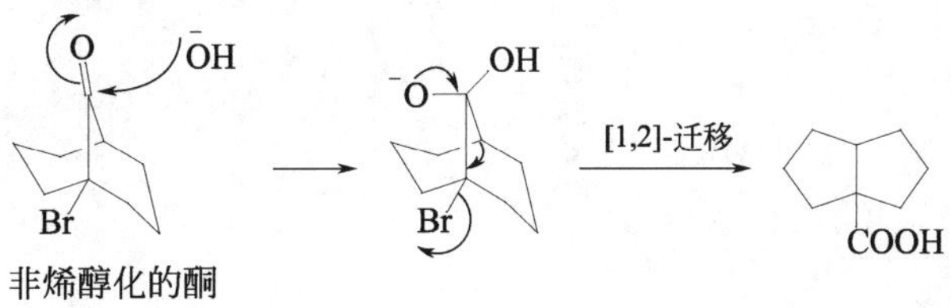

非烯醇化的酮

练习 1

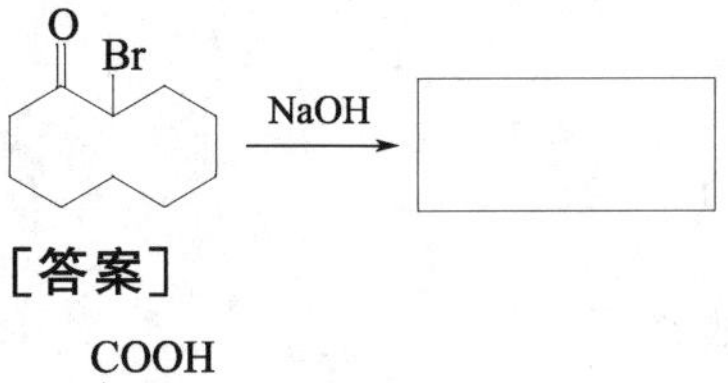

[答案]

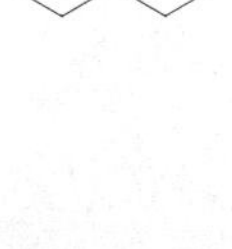

练习 2[4]

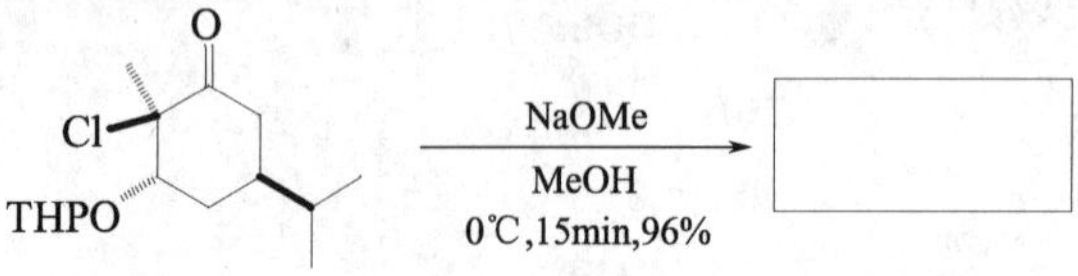

THPO, Cl, O → NaOMe / MeOH / 0℃,15min,96% → □

［答案］

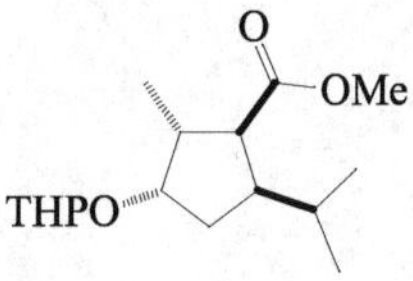

THPO, O, OMe

练习 3

$CH_3-\underset{Br}{CH}-\overset{O}{\overset{\|}{C}}-CH_2Br \xrightarrow{KHCO_3}$ □

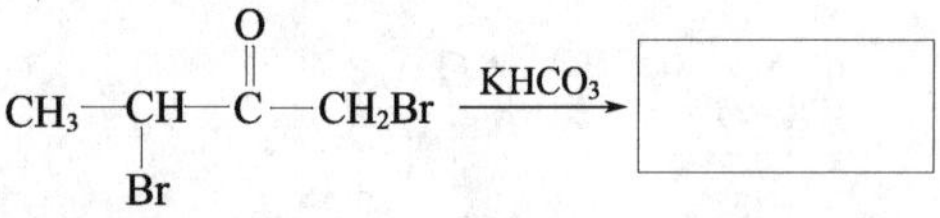

［答案］ $CH_3-CH=CH-COOH$ 。α,α'-二卤代酮在反应条件下消除 HX 生成 α,β-不饱和羰基化合物。

练习 4[3]

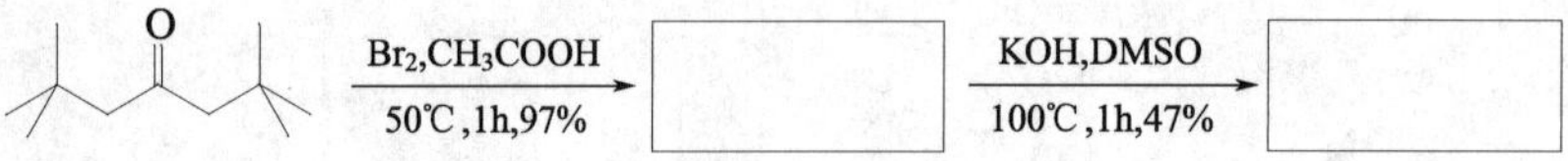

O → Br_2,CH_3COOH / 50℃,1h,97% → □ → KOH,DMSO / 100℃,1h,47% → □

［答案］

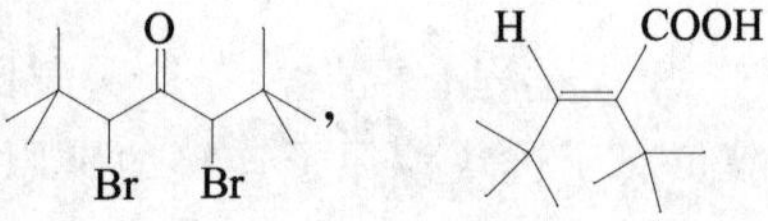

O, Br, Br ， H, COOH

练习 5[5]

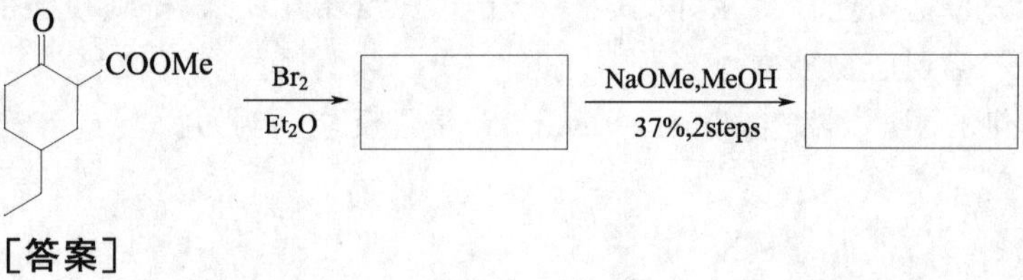

O, COOMe → Br_2 / Et_2O → □ → NaOMe,MeOH / 37%,2steps → □

［答案］

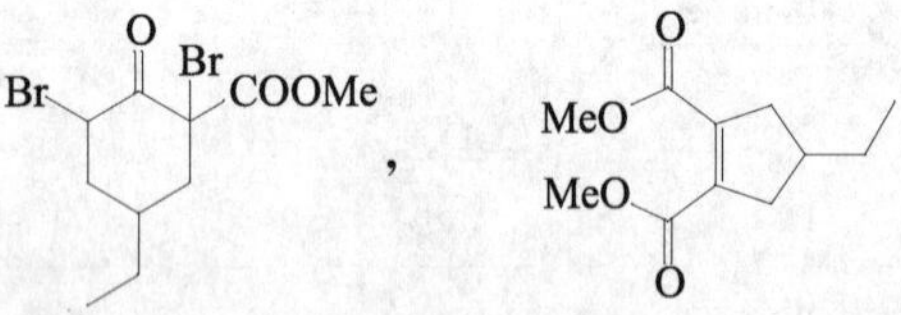

Br, O, Br, COOMe ， MeO, O, MeO, O

练习 6

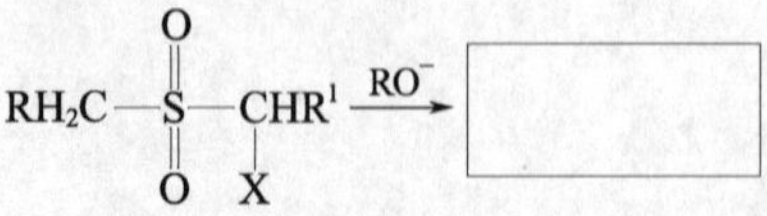

$RH_2C-\overset{O}{\overset{\|}{\underset{O}{\underset{\|}{S}}}}-\underset{X}{CHR^1} \xrightarrow{RO^-}$ □

［答案］

$$RH_2C-\overset{O}{\overset{\|}{\underset{O}{\underset{\|}{S}}}}-\underset{X}{CHR^1} \xrightarrow{RO^-} R\overset{-}{C}H-\overset{O}{\overset{\|}{\underset{O}{\underset{\|}{S}}}}-\overset{+}{C}HR^1 \longrightarrow \text{(环砜: O, S, O; R, R}^1\text{)} \longrightarrow RCH=CHR^1$$

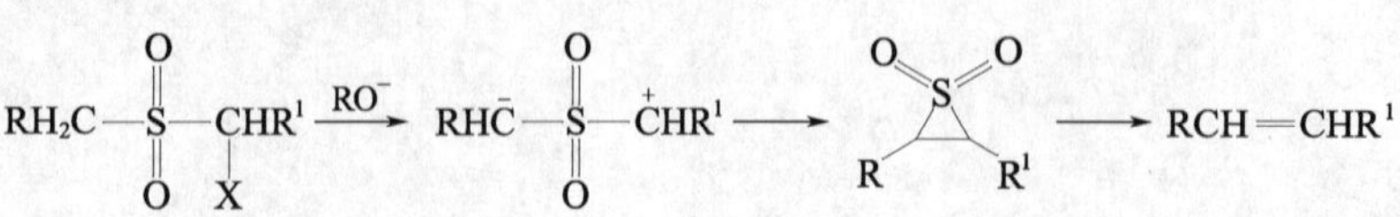

α-卤代砜可以进行类似的重排反应生成硫杂环丙烷结构，然后消除一个 SO_2，生成烯烃。

练习 7

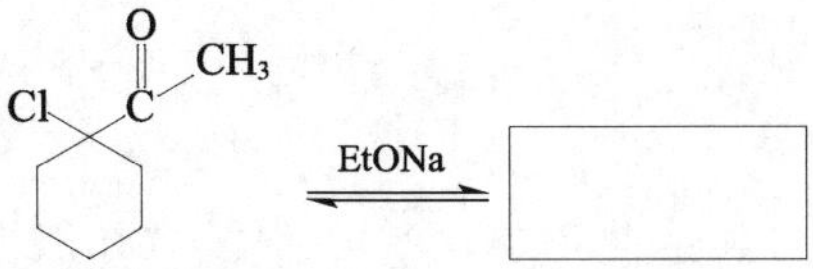

Cl, C(=O)CH₃ (cyclohexane) ⇌(EtONa) [ ]

［答案］

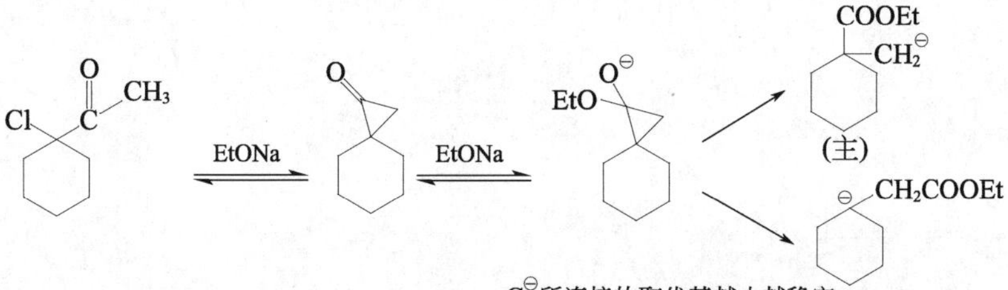

EtONa, EtONa

COOEt, $CH_2^{\ominus}$ (主)

CH_2COOEt

$C^{\ominus}$所连接的取代基越少越稳定

练习 8

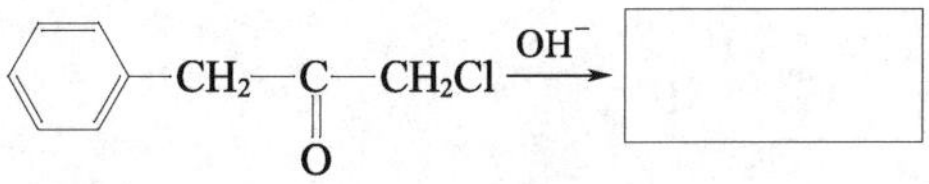

CH_2—C(=O)—CH_2Cl →(OH^-) [ ]

［答案］

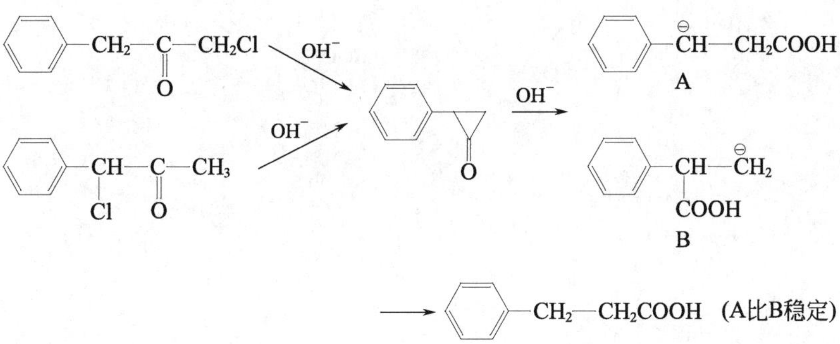

CH_2—C(=O)—CH_2Cl (OH^-)

CH(Cl)—C(=O)—CH_3 (OH^-)

OH^-

$\overset{\ominus}{C}H$—CH_2COOH A

CH(COOH)—$\overset{\ominus}{C}H_2$ B

→ CH_2—CH_2COOH (A比B稳定)

练习 9

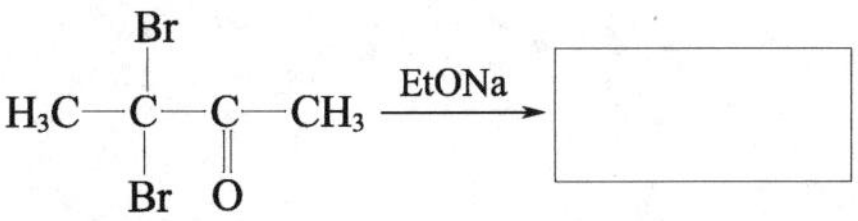

H_3C—C(Br)(Br)—C(=O)—CH_3 →(EtONa) [ ]

［答案］

H_3C—C(Br)(Br)—C(=O)—CH_3 →(EtONa) Br, CH_2, H_3C, C, O →($EtO^{\ominus}$) Br, CH_2, H_3C, C, $^{\ominus}O$, OEt → Br—C(CH_3)(COOEt)—$\overset{\ominus}{C}H_2$ → H_3C(EtOOC)C=CH_2

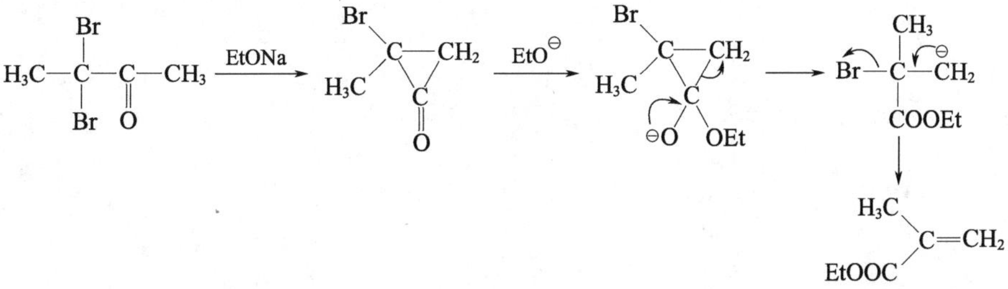

练习 10

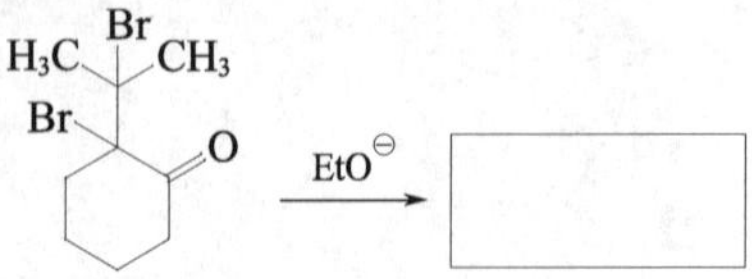

$\xrightarrow{EtO^{\ominus}}$ □

［答案］

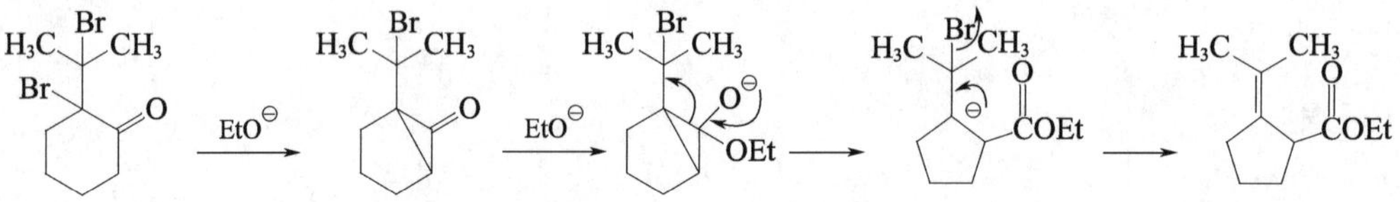

$\xrightarrow{EtO^{\ominus}}$ $\xrightarrow{EtO^{\ominus}}$ $\longrightarrow$ $\longrightarrow$

练习 11

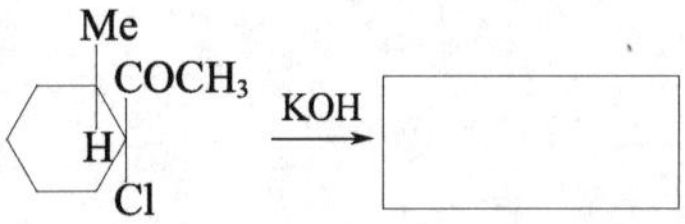

$\xrightarrow{KOH}$ □

［答案］

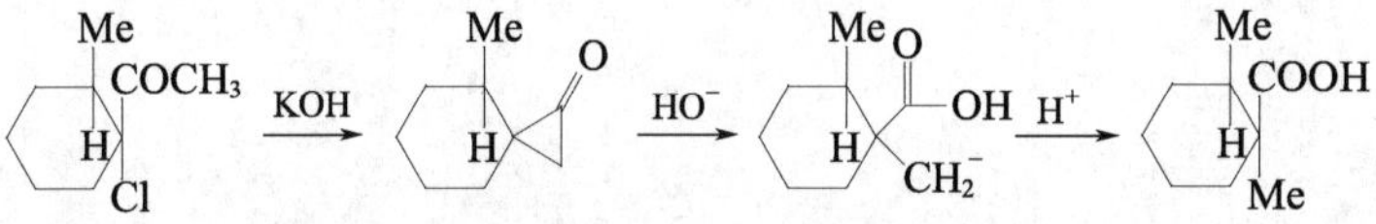

$\xrightarrow{KOH}$ $\xrightarrow{HO^-}$ $\xrightarrow{H^+}$

比较

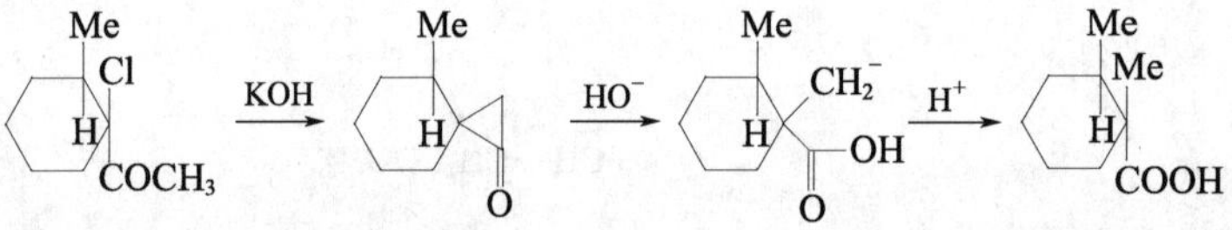

$\xrightarrow{KOH}$ $\xrightarrow{HO^-}$ $\xrightarrow{H^+}$

练习 12

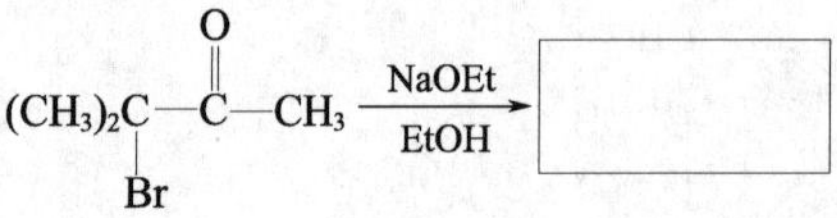

$(CH_3)_2CBr-CO-CH_3 \xrightarrow[EtOH]{NaOEt}$ □

［答案］

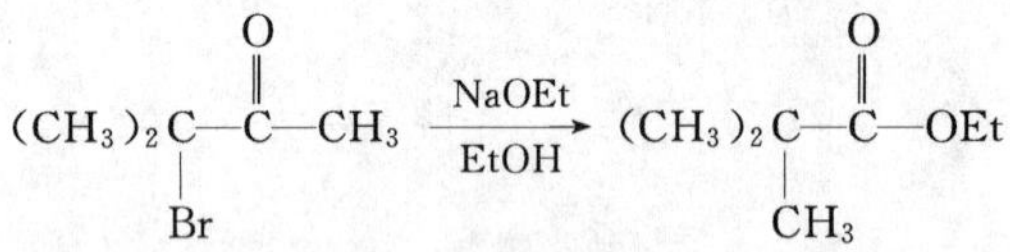

$$(CH_3)_2CBr-CO-CH_3 \xrightarrow[EtOH]{NaOEt} (CH_3)_2C(CH_3)-CO-OEt$$

比较：

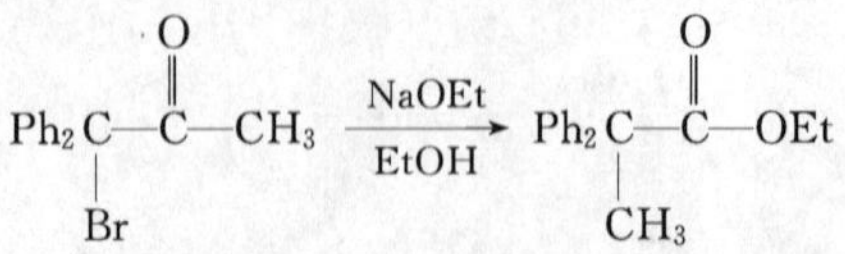

$$Ph_2CBr-CO-CH_3 \xrightarrow[EtOH]{NaOEt} Ph_2C(CH_3)-CO-OEt$$

练习 13 写出反应产物和机理

$\xrightarrow[EtOH]{EtONa}$ □

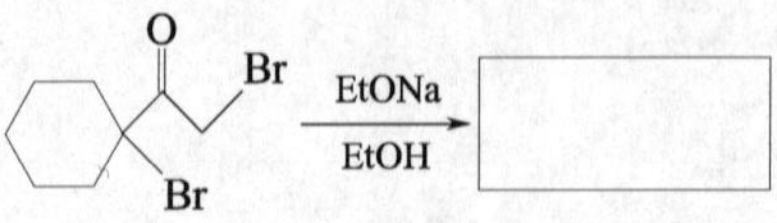

（复旦大学，2002）

[答案]

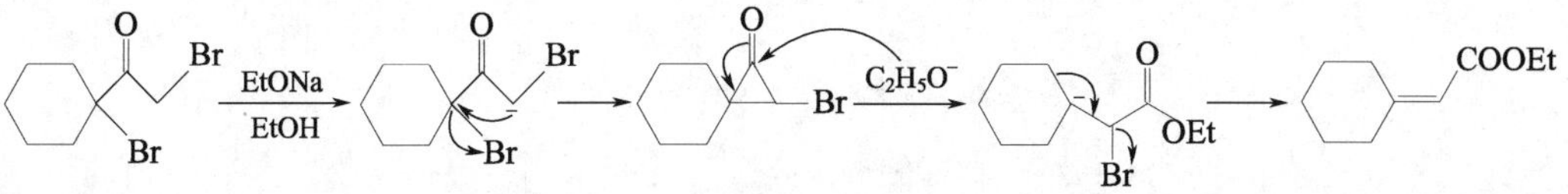

$\xrightarrow[EtOH]{EtONa}$ $\xrightarrow{C_2H_5O^-}$ COOEt

练习 14　写出下述反应机理：

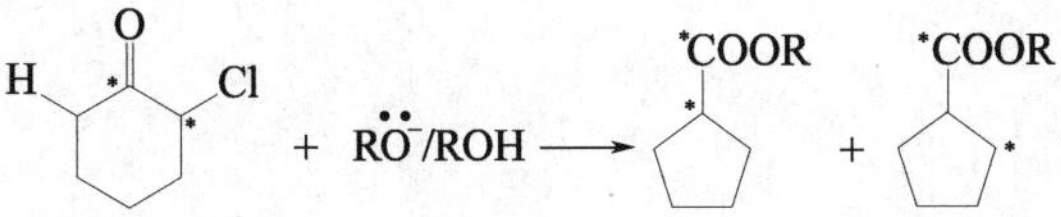

H　Cl　+ RO^-/ROH ⟶ *COOR + *COOR　（兰州理工大学，2011；复旦大学，1997）

（注：* 表示同位素标记）

[答案]

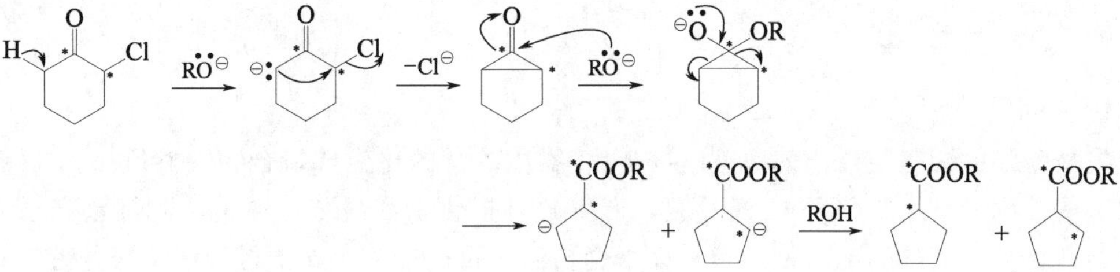

$\xrightarrow{RO^{\ominus}}$ $\xrightarrow{-Cl^{\ominus}}$ $\xrightarrow{RO^{\ominus}}$ OR

⟶ *COOR + *COOR $\xrightarrow{ROH}$ *COOR + *COOR

参考文献

[1] 吴范宏．有机化学学习与考研指津．2008 版．北京：华东理工大学出版社，2008：123.

[2] Favorskii A E. J Prakt Chem，1895，51：533-563.

[3] Favorskii A E. J Prakt Chem，1913，88：658.

[4] Pogrebnoi S，Saraber F C E，Jansen B J M，de Groot A．Tetrahedron，2006，62：1743-1748.

[5] White J D，Dillon M P，Butlin R J．J Am Chem Soc，1992，114：9673-9674.

Fries 重排

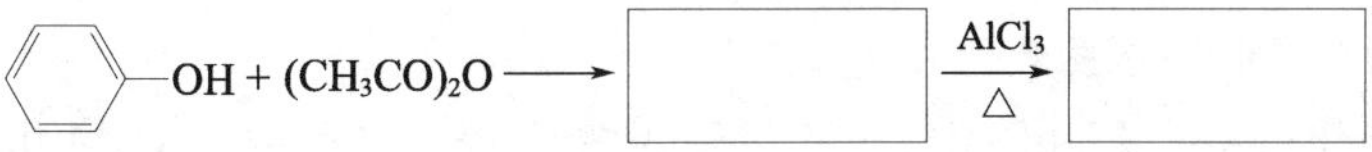

C_6H_5—OH + $(CH_3CO)_2O$ ⟶ [　　] $\xrightarrow[\triangle]{AlCl_3}$ [　　]　（南京航空航天大学，2008）

苯酚与乙酸酐反应生成乙酸苯酚酯，C_6H_5—$OOCCH_3$；该酚酯在 $AlCl_3$ 催化下重排得到邻羟基苯乙酮，（OH）C_6H_4—$COCH_3$。

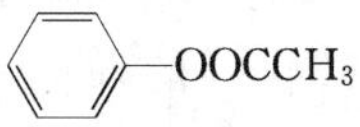

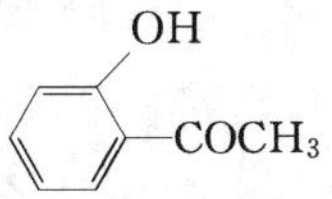

酚酯与 Lewis Acid 如 $AlCl_3$、$ZnCl_2$、$FeCl_3$ 等一起加热，可以发生 Fries 重排反应[1]，将酰基移至酚羟基的邻位或对位。该反应常用来制备酚酮。在较低的温度下，主要得到对位异构体；而在较高的温度下，主要得到邻位异构体[2]。

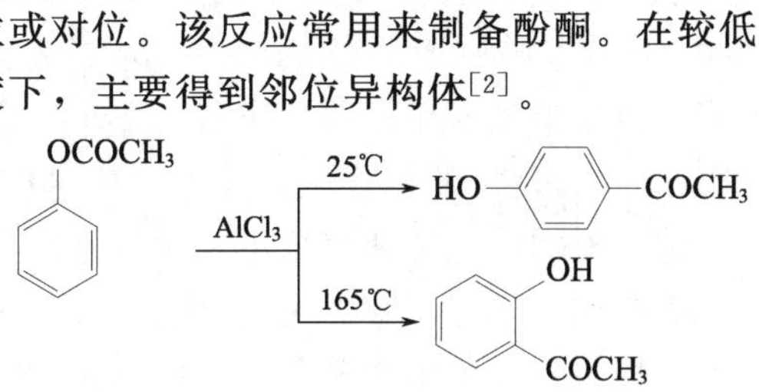

$C_6H_5OCOCH_3$ $\xrightarrow{AlCl_3}$ 25℃ ⟶ HO—C_6H_4—$COCH_3$；165℃ ⟶ 邻-HO—C_6H_4—$COCH_3$

Fries 重排反应通式为：

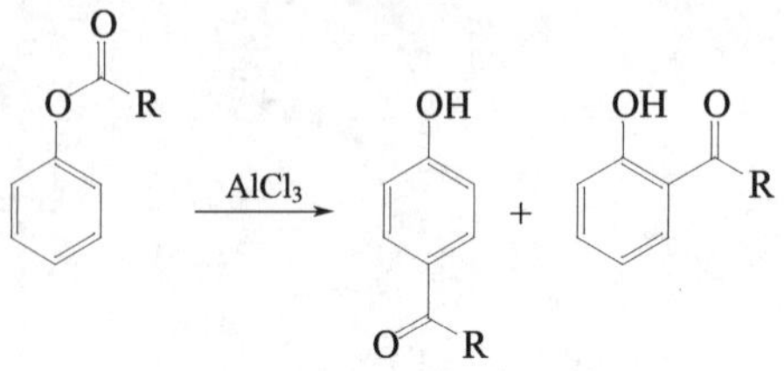

反应机理[3]：

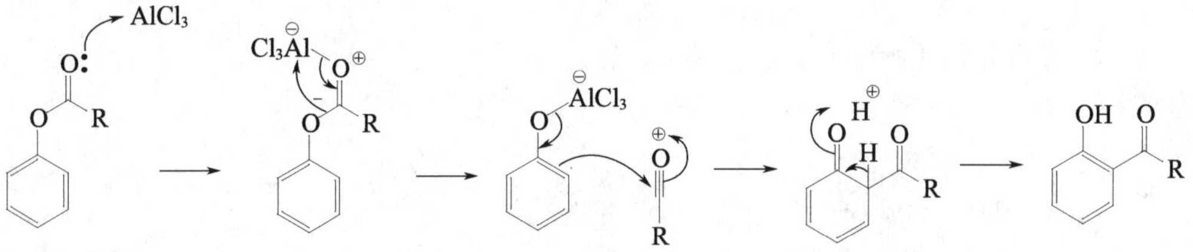

首先是酚酯的羰基与催化剂 $AlCl_3$ 按 1∶1 物质的量的比生成络合物，然后 Al—O 键断裂，铝基重排到酚氧上，CO—O 键断裂，产生酚基铝化物和酰基正离子，酰基正离子作为亲电试剂进攻苯环上的 π 电子云，形成 σ 络合物后，再失去一个质子得到产物羟基芳酮。进攻邻位苯环碳原子，则得邻酰基苯酚。进攻对位苯环碳原子，则得对酰基苯酚。

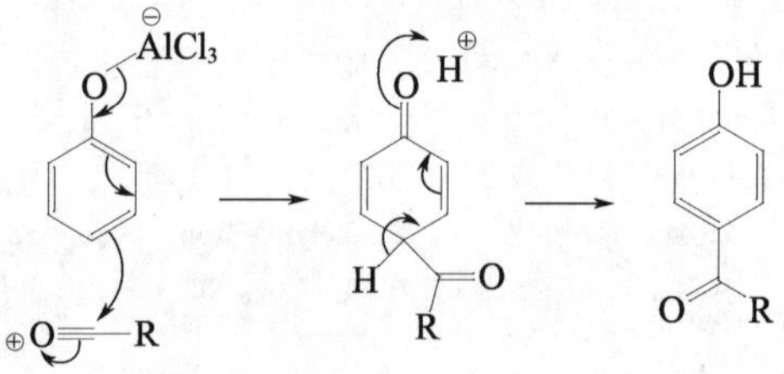

学习 Fries 重排反应还应了解如下几点。

① 这个方法是在酚的芳环上引入酰基的重要方法，该反应常用来制备酚酮。脂肪或芳香羧酸的酚酯都可以发生重排。因取代基影响反应，底物不能含有位阻大的基团。当酚组分的芳香环上有间位定位基存在时，重排一般不能发生。

② 反应常用的 Lewis 酸催化剂有三氯化铝、三氟化硼、氯化锌、氯化铁、四氯化钛、四氯化锡和三氟甲磺酸盐。也可以用氟化氢或甲磺酸等质子酸催化。邻、对位产物的比例取决于原料酚酯的结构、反应条件和催化剂的种类等。一般来说，对位产物是动力学控制产物，邻位产物是热力学控制产物。反应在低温（100℃以下）下进行时主要生成对位产物，而在较高温度时一般得到邻位产物。可利用邻、对位性质上的差异来分离这两者。一般邻位异构体可以生成分子内氢键，可随水蒸气蒸出。

③ Fries 重排也可以在没有催化剂的情况下进行，但需要有紫外光的存在。产物仍然是邻或对羟基芳酮。这种类型的 Fries 重排称为“光 Fries 重排”。光 Fries 重排产率很低，很少用于合成。不过苯环上连有间位定位基时仍然可以进行光 Fries 重排。

④ 一般而言、采用较高的温度和过量的催化剂，均可提高邻位异构体的产率，酯本身的结构对反应的进行，亦有一定的影响。反应速率依下列次序递减：

$CH_3(CH_2)_nCO—(n=0\sim4)>C_6H_5CH_2CO—>C_6H_5CH_2CH_2CO—>C_6H_5CH═CHCO—>C_6H_5CO—$

芳环上的供电子取代基使反应活化，吸电子基团使反应钝化。

实例 1 乙酰丁香酮的合成

主要有以下两条路线：一条为以 1-(3,4,5-三甲氧基苯基) 乙酮为原料，碘化镁为催化剂，脱甲基合成得到乙酰丁香酮；另一条为以 2,6-二甲氧基-4-乙酰基苯氧乙酸乙酯为原料，经异裂反应合成出乙酰丁香酮。两条路线虽然经一步反应即可得到终产物，但原料价格昂贵。以 2,6-二甲氧基苯酚为原料，经酰化、Fries 重排两步反应合成乙酰丁香酮，简便易行，原料便宜，产率高，生产成本较低[4]。合成路线见下图。

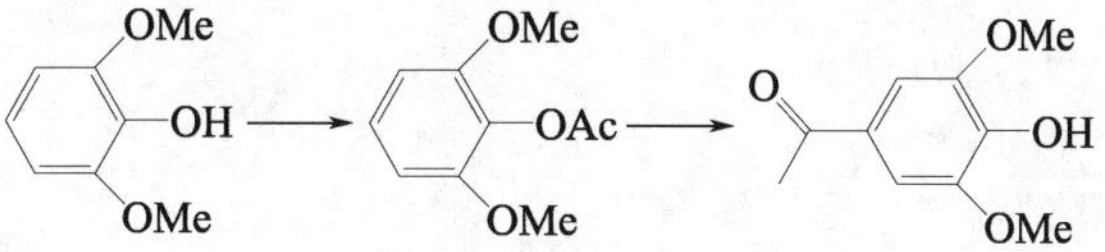

OMe, OH → OMe, OAc → O, OMe, OH, OMe

实例 2 2-羟基-3-氨基苯乙酮盐酸盐的合成

以价廉易得的 4-氯苯酚替代 4-溴苯酚，并在无溶剂条件下与乙酰氯加热得到乙酸 4-氯苯酚酯 (**15**)；**15** 也无需在溶剂存在下，用 $AlCl_3$ 进行催化，发生 Fries 重排得到 5-氯-2-羟基苯乙酮 (**16**)；**16** 以冰醋酸代替毒性较大的四氯化碳作溶剂，常温下用发烟硝酸硝化得到 5-氯-2-羟基-3-硝基苯乙酮 (**17**)；**17** 经 Pd/C 催化氢化得 2-羟基-3-氨基苯乙酮 (**18**)，该反应中用碳酸氢钠代替了盐酸，减轻了对反应釜的腐蚀，同时碳酸氢钠可中和反应生成的氯化氢，避免还原产物成盐后析出，简化了后处理步骤；**18** 直接在 0℃条件下加盐酸成盐，即得到目的产物 2-羟基-3-氨基苯乙酮盐酸盐 (**14**)。本法成本低，收率高，污染少，适合于工业化生产。五步反应的总收率可达 70%[5]。化合物 **14** 的合成路线如下式：

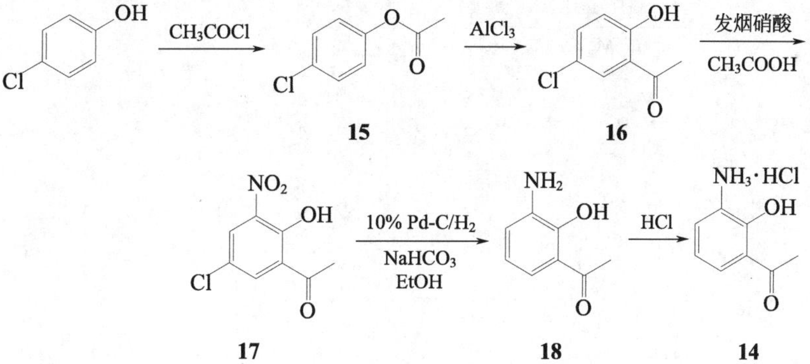

OH, Cl —CH_3COCl→ O, O, Cl (**15**) —$AlCl_3$→ OH, Cl, O (**16**) —发烟硝酸 / CH_3COOH→

NO_2, OH, Cl, O (**17**) —10% Pd-C/H_2 / $NaHCO_3$ / EtOH→ NH_2, OH, O (**18**) —HCl→ $NH_3\cdot HCl$, OH, O (**14**)

练习 1

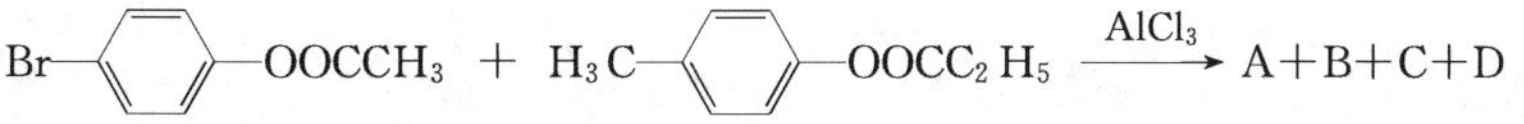

Br—C₆H₄—$OOCCH_3$ + H_3C—C₆H₄—$OOCC_2H_5$ —$AlCl_3$→ A+B+C+D （武汉大学，2005）

［答案］ 两种酯在 $AlCl_3$ 作用下得到如下四种产物：

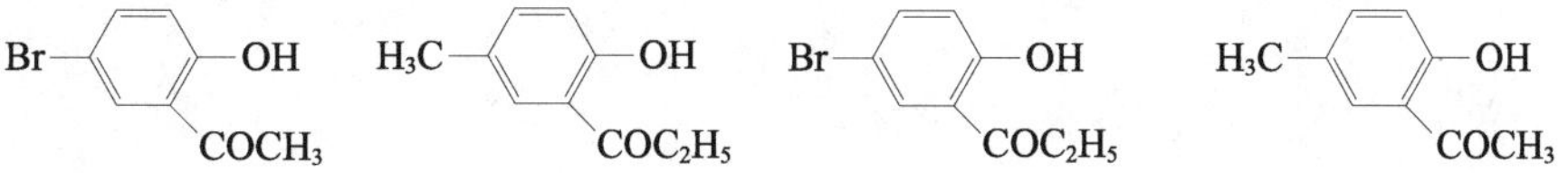

A: Br, OH, $COCH_3$　B: H_3C, OH, COC_2H_5　C: Br, OH, COC_2H_5　D: H_3C, OH, $COCH_3$

练习 2[6]

OMe, O, O, Br, Br —$ZrCl_4$,PhCl / 160℃,3h,63%→ [ ]

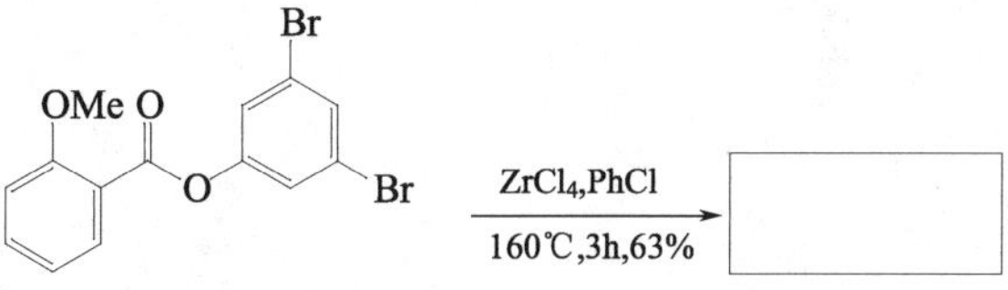

[答案]

练习 3[7]

10% Bi(OTf)$_3$,PhMe

110℃,15h,64%

[答案]

练习 4[8]

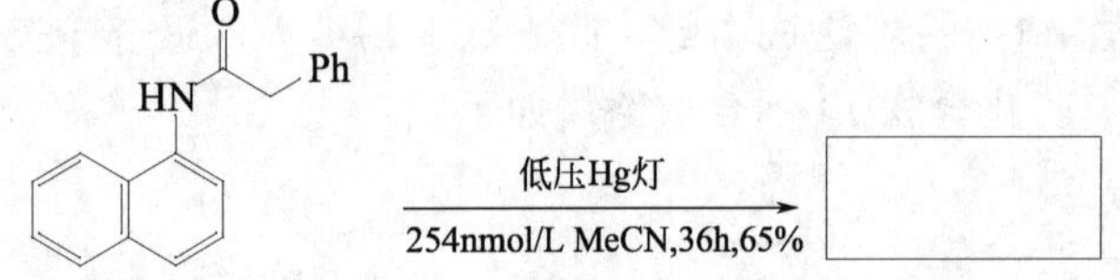

[答案]

练习 5[9]

2.1eq. LTMP

−78℃~rt,97%

[答案]

练习 6[10]

LDA,THF,−78℃

H_3O^+,80%

[答案]

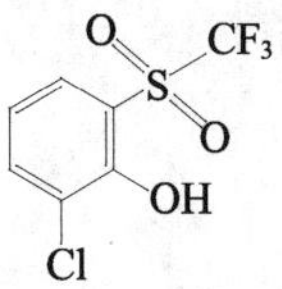

参考文献

[1] Fries K，Finck G. Ber，1908，41：4271-4284.
[2] 孔祥文．有机化学．北京：化学工业出版社，2010.
[3] Jie Jack Li. Name Reaction. 4th ed. Berlin Heidelberg：Springer-Verlag，2009：240.
[4] 张立光．乙酰丁香酮的合成．齐鲁药事，2012，31 (4)：195-196.
[5] 于欣红，肖繁花，程华艳等．2-羟基-3-氨基苯乙酮盐酸盐的合成．化学世界，2011，52 (10)：620-623.
[6] Tisserand S，Baati R，Nicolas M，Mioskowski C. J Org Chem，2004，69：8982-8983.
[7] Ollevier T，Desyroy V，Asim M，Brochu M C. Synlett，2004：2794-2796.
[8] Ferrini Serena，Ponticelli Fabio，Taddei Maurizio Org Lett，2007，9：69-72.
[9] Macklin T K，Panteleev J，Snieckus V. Angew Chem，Int Ed，2008，47：2097-2101.
[10] Dyke A M，Gill D M，Harvey J N，Hester A J，Lloyd-Jones G C，Munoz M P，Shepperson I R. Angew Chem Int Ed 2008，47：5067-5070.

Hofmann 重排

写出下列转变的机理

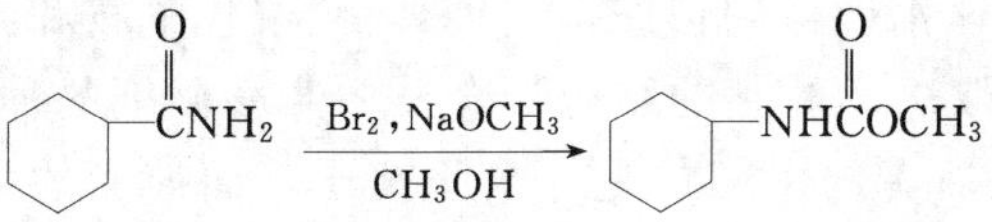

$$\text{C}_6\text{H}_{11}\text{CONH}_2 \xrightarrow[\text{CH}_3\text{OH}]{\text{Br}_2,\text{NaOCH}_3} \text{C}_6\text{H}_{11}\text{NHCOCH}_3$$

（中国科学院、中国科学技术大学，2004；兰州大学，2002）

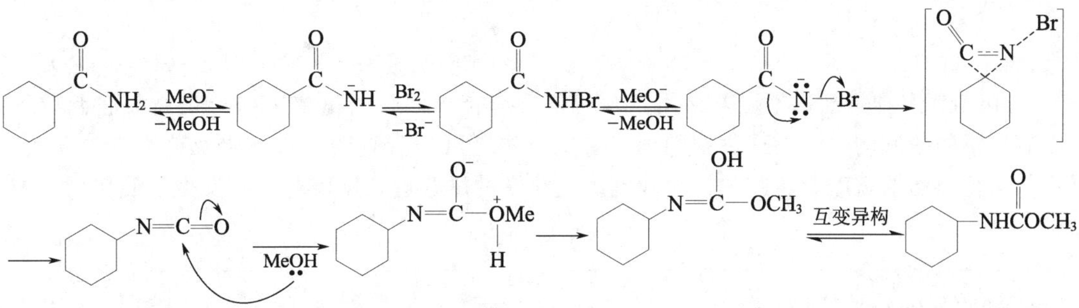

$$\text{C}_6\text{H}_{11}\text{CONH}_2 \underset{-\text{MeOH}}{\overset{\text{MeO}^-}{\rightleftharpoons}} \text{C}_6\text{H}_{11}\text{CO}\bar{\text{N}}\text{H} \underset{-\text{Br}^-}{\overset{\text{Br}_2}{\rightleftharpoons}} \text{C}_6\text{H}_{11}\text{CONHBr} \underset{-\text{MeOH}}{\overset{\text{MeO}^-}{\rightleftharpoons}} \text{C}_6\text{H}_{11}\text{CO}\bar{\text{N}}\text{—Br} \longrightarrow [\text{过渡态}]$$

$$\longrightarrow \text{C}_6\text{H}_{11}\text{N=C=O} \xrightarrow{\text{MeOH}} \text{C}_6\text{H}_{11}\text{N=C(O}^-\text{)—}\overset{+}{\text{O}}\text{(H)Me} \longrightarrow \text{C}_6\text{H}_{11}\text{N=C(OH)—OCH}_3 \underset{}{\overset{\text{互变异构}}{\rightleftharpoons}} \text{C}_6\text{H}_{11}\text{NHCOCH}_3$$

在上述反应中，环己基甲酰胺在甲醇钠的甲醇溶液中，经溴代、重排先得到环己基异氰酸酯，再经醇解得产物甲氧基羰基环己胺，该反应即为 Hofmann 反应。

酰胺与次氯酸钠或次溴酸钠的碱溶液作用时，脱去羰基生成伯胺，在反应中使碳链减少一个碳原子，这是由 A. W. Hofmann 首先发现制备伯胺的重要方法，通常称为 Hofmann 反应[1]，又称 Hofmann 降解反应。

$$\text{R—}\overset{\text{O}}{\overset{\|}{\text{C}}}\text{—NH}_2 \xrightarrow[\text{NaOH}]{\text{Br}_2} \text{R—N=C=O} \xrightarrow{\text{H}_2\text{O}} \text{RNH}_2$$

这个反应的过程比较复杂，其反应经过以下的步骤。

① 在碱的催化下，酰胺上的氮原子发生溴代反应，得到 *N*-溴代酰胺的中间体。

$$RC(=O)NH_2 \xrightarrow{^-OH} RC(O^-)=NH \xrightarrow{Br-Br} R-C(=O)-NHBr$$

② 在碱的作用下，氮原子上的氢原子被消除，生成 *N*-溴代酰胺负离子，烷基转移氮原子上，同时脱去溴负离子，生成异氰酸酯。

$$RC(=O)NHBr \xrightarrow{^-OH} RC(O^-)=N-Br \longrightarrow R-N=C=O$$

③ 异氰酸酯中含有累积双键，很容易与水发生加成反应后，在碱液中很快脱去二氧化碳生成伯胺。

$$R-N=C=O \xrightarrow{^-OH} R-NH-C(=O)-OH \xrightarrow{^-OH} R-NH_2 + CO_2\uparrow$$

在反应过程中由于发生了重排，所以称为 Hofmann 重排反应。该反应过程虽然很复杂，但其反应产率较高，产品较纯。

重排产物是异氰酸酯，它在碱性条件下迅速水碱得到伯胺。中间体 *N*-溴代酰胺和异氰酸酯均已从反应介质中分离，重排的最终产物取决于烃基的结构、介质中亲核试剂的种类。Hofmann 重排与 Beckmann 重排的差别，只是后者的中间体是一个正离子，而前者的中间体是一个不稳定的氮烯。异氰酸酯在碱性溶液中很容易水解成胺[2]。

例如：

$$(CH_3)_3CCH_2-\overset{\overset{\displaystyle O}{\|}}{C}-NH_2 + Br_2 + 4NaOH \xrightarrow{94\%} (CH_3)_3CCH_2-NH_2 + 2NaBr + Na_2CO_3 + 2H_2O$$

Hofmann 重排是制备不能直接用亲核取代反应合成伯胺的重要方法，是由酰胺制取少一个碳原子的伯胺的方法，适用范围很广。反应物可以是脂肪族、脂环族及芳香族的酰胺。其中，由低级脂肪酰胺制备胺的产率较高。光化学的酰胺进行反应时，不发生消旋作用（构型保持）。

练习 1

由 甲苯（$C_6H_5CH_3$） 合成 间氯苯胺（3-Cl-$C_6H_4NH_2$） （同济大学，1999）

[答案]

$$C_6H_5CH_3 \xrightarrow[H_2SO_4]{K_2Cr_2O_7} C_6H_5COOH \xrightarrow[Fe]{Cl_2} m\text{-}ClC_6H_4COOH \xrightarrow{NH_3} m\text{-}ClC_6H_4COONH_4 \xrightarrow{-H_2O} m\text{-}ClC_6H_4CONH_2 \xrightarrow[NaOH]{Br_2} m\text{-}ClC_6H_4NH_2$$

练习 2

$$H-\overset{CH_3}{\underset{H_2C-Ph}{C}}-COCl \xrightarrow[2.\ Br_2\text{-}NaOH]{1.\ NH_3} \boxed{\quad}$$

（大连理工大学，2005）

[答案]

$$H-\overset{CH_3}{\underset{H_2C-Ph}{C}}-NH_2$$

酰氯氨解生成酰胺，再发生 Hofmann 降解生成伯胺，其间手性胺的构型不变。

练习 3[3]

写出 $R-\overset{O}{\overset{\|}{C}}-NH_2$ 用溴与 C_2H_5ONa 作用生成 $RHN-COOC_2H_5$ 的反应机理

（南京航空航天大学，2006）

[答案]

$$R-\overset{O}{\overset{\|}{C}}-NH_2+Br_2 \longrightarrow RCONHBr \xrightarrow{C_2H_5O^{\ominus}} R-\overset{O}{\overset{\|}{C}}-\overset{\ominus}{N}-Br \longrightarrow R-N=C=O \xrightarrow{C_2H_5OH}$$

$$R-N=\underset{OC_2H_5}{\underset{|}{C}}-OH \longrightarrow RHN-COOC_2H_5$$

练习 4　写出下述反应机理。

$$C_6H_4(COOH)(CONH_2) \xrightarrow{NaOH,Br_2} C_6H_4(COONa)(NH_2)$$

（中山大学，2003）

[答案]

$$C_6H_4(COOH)(CONH_2) \xrightarrow{NaOH,Br_2} C_6H_4(COONa)(CONHBr) \xrightarrow{NaOH} C_6H_4(COONa)(C(=O)-\ddot{N}^{-}) \longrightarrow O=C=N-C_6H_4-COONa$$

$$\xrightarrow{NaOH,H_2O} H_2N-C_6H_4-COONa$$

练习 5

$$\text{(H)(Me)(Et)C}-\overset{O}{\overset{\|}{C}}-NH_2 \xrightarrow{Br_2/NaOH} \boxed{\quad}$$

（浙江大学，2005）

[答案]

$$\text{(H)(Me)(Et)C}-NH_2$$

练习 6

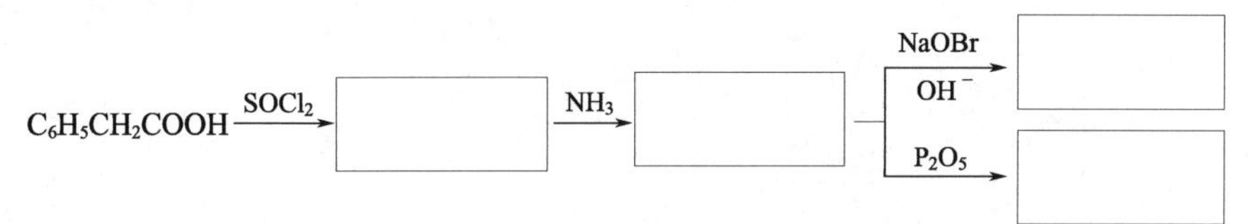

[答案] $C_6H_5CH_2COCl$，$C_6H_5CH_2CONH_2$，$C_6H_5CH_2NH_2$，$C_6H_5CH_2CN$

练习 7 写出下述反应机理

$Ph_2C(OH)CONH_2 \xrightarrow{Br_2/NaOH} Ph_2C{=}O$ （云南大学，2004）

[答案]

$Ph_2C(OH)CONH_2 \xrightarrow{OH^-} \xrightarrow{Br_2} \xrightarrow{-HBr} Ph_2C(OH){-}CO\ddot{N}: \longrightarrow Ph_2C(OH){-}NCO \xrightarrow{H_2O} Ph_2C(NH_2)(OH) \xrightarrow{-NH_3} Ph_2C{=}O$

练习 8[4]

邻苯二甲酰亚胺 $\xrightarrow{NaOCl}$ □ （中国科学院，1998）

[答案]

邻氨基苯甲酸钠（苯环上 COONa、NH_2）

练习 9[5]

3-吡啶甲酰胺（$CONH_2$） $\xrightarrow[NaOH]{Br_2}$ □

[答案]

3-氨基吡啶（NH_2）

练习 10

$CH_3C{\equiv}CCOOC_2H_5 \xrightarrow[Lindlar]{H_2}$ □ $\xrightarrow[h\nu]{CH_2N_2}$ □ $\xrightarrow[2.\ Br_2/OH^-]{1.\ NH_3}$ □

（南开大学，2009）

[答案]

顺式 $CH_3CH{=}CHCOOC_2H_5$（H、H 同侧），顺式 2-甲基环丙烷甲酸乙酯（CH_3、$COOC_2H_5$），顺式 2-甲基环丙胺（CH_3、NH_2）

练习 11

烟碱（3-吡啶基-N-甲基吡咯烷，CH_3） $\xrightarrow{HNO_3}$ □ $\xrightarrow{SOCl_2}$ □ $\xrightarrow{NH_3}\xrightarrow{Br_2/NaOH}$ □

（四川大学，2002）

[答案]

3-吡啶甲酸（COOH），3-吡啶甲酰氯（COCl），3-氨基吡啶（NH_2）

练习12

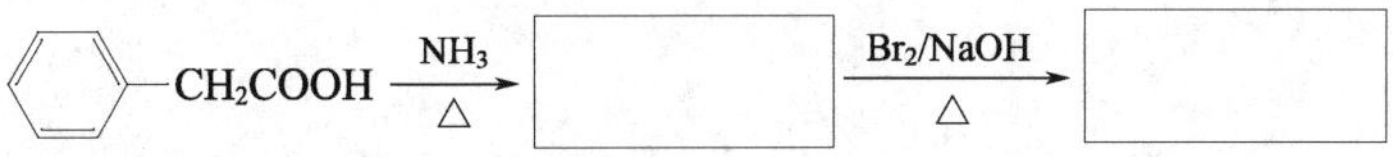

$$\text{C}_6\text{H}_5\text{-CH}_2\text{COOH} \xrightarrow[\triangle]{NH_3} \boxed{\quad} \xrightarrow[\triangle]{Br_2/NaOH} \boxed{\quad}$$

（兰州理工大学，2011）

［答案］ 苯乙酸与氨一起加热反应生成苯乙酰胺 $C_6H_5-CH_2CONH_2$ ，后者在碱性条件下用溴处理得少一个碳原子的苄胺 $C_6H_5-CH_2NH_2$ 。

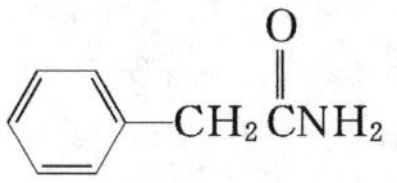

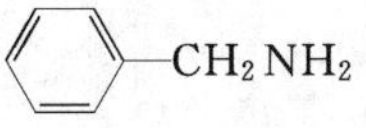

参考文献

[1] Hofmann A W. Ber，1881，14：2725-2736.

[2] 孔祥文．有机化学．北京：化学工业出版社，2010：114.

[3] 金圣才．有机化学名校考研真题详解．北京：中国水利水电出版社，2010：3.

[4] 姜文凤，陈宏博．有机化学学习指导及考研试题精解．第3版．大连：大连理工出版社，2005.

[5] 孙昌俊，王秀菊．有机化学考研辅导．北京：化学工业出版社，2012：134.

Lossen 重排

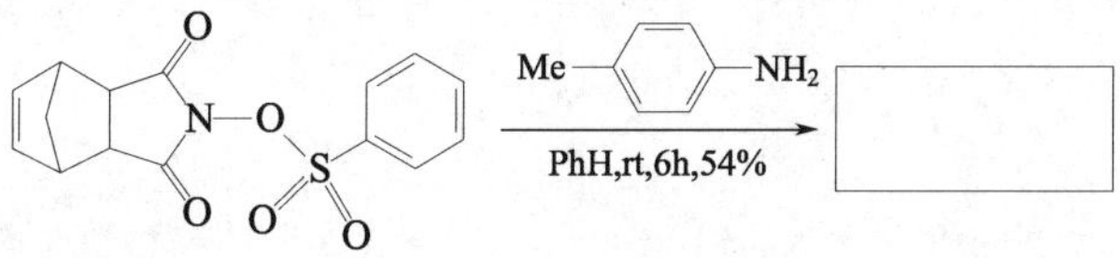

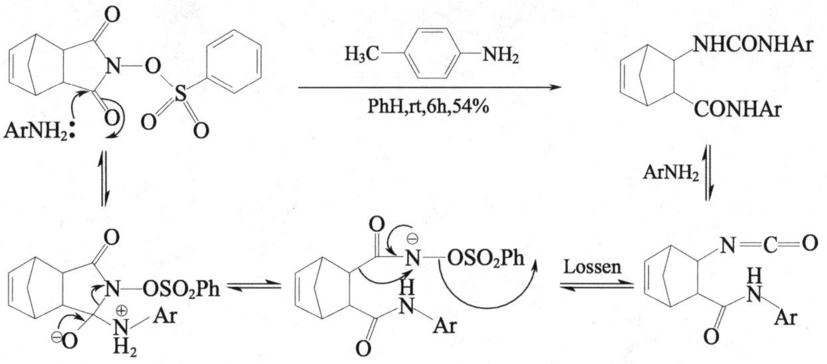

Me—C₆H₄—NH₂ ; PhH,rt,6h,54%

H₃C—C₆H₄—NH₂ ; PhH,rt,6h,54% ; NHCONHAr ; CONHAr ; ArNH₂ ; $N—OSO_2Ph$; Lossen ; N=C=O ; Ar

活化的异羟肟酸酯在热或碱性环境下重排生成异氰酸酯[1]的反应称为Lossen重排反应[2]，该反应产物异氰酸酯可进一步转换为脲或胺等。异羟肟酸的活化可用*O*-酰基化、*O*-芳基化、*O*-磺酰化和氯化来实现。还有一些异羟肟酸可以由聚磷酸、碳二亚胺、硅基化和Mitsunobu反应条件来活化。反应通式：

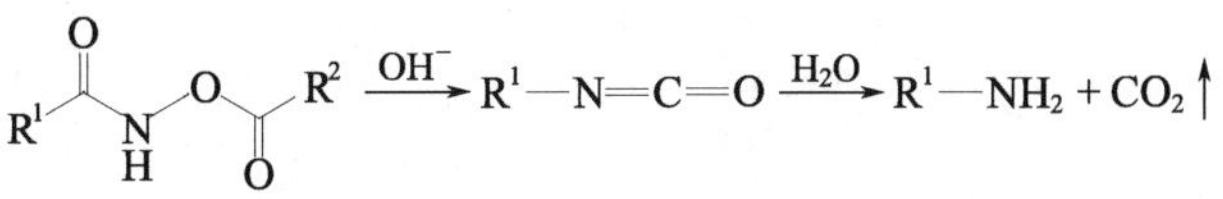

$$R^1C(=O)NH-O-C(=O)R^2 \xrightarrow{OH^-} R^1-N=C=O \xrightarrow{H_2O} R^1-NH_2 + CO_2\uparrow$$

反应机理如下[3]：

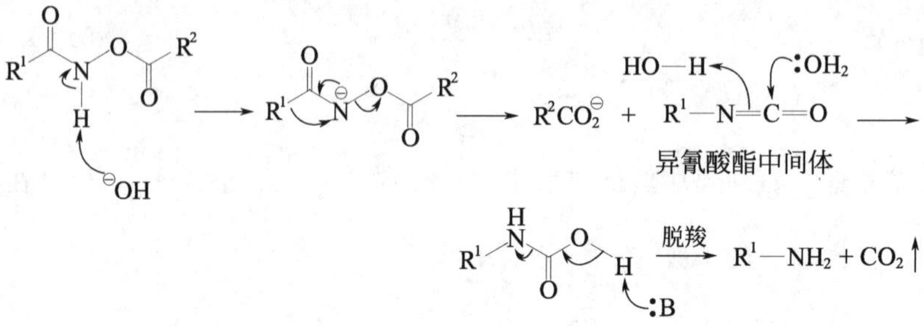

异氰酸酯中间体

脱羧

$R^1—NH_2 + CO_2↑$

练习 1

H_2NOH

PPA,△

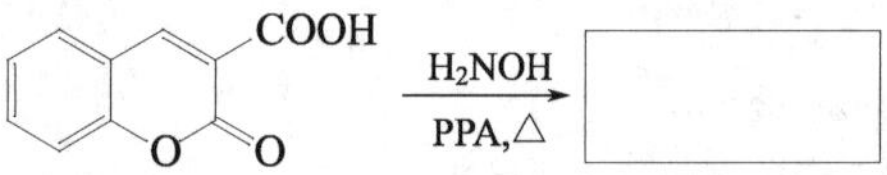

[答案]

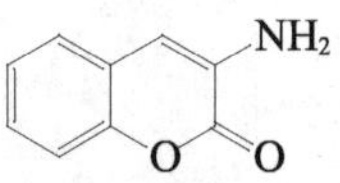

Lossen 重排反应的主要缺点是首先要制备异羟肟酸前体，若用多聚磷酸（PPA）为催化剂，那么重排反应就大为简化，不需先制成异羟肟酸，只需将羧酸与羟胺在多聚磷酸中加热，即可将羧基变成氨基。该反应可应用于许多芳胺的制备，如 2-萘胺，4-硝基苯胺，3-氨基香豆素的合成[4,5]。

练习 2[6]

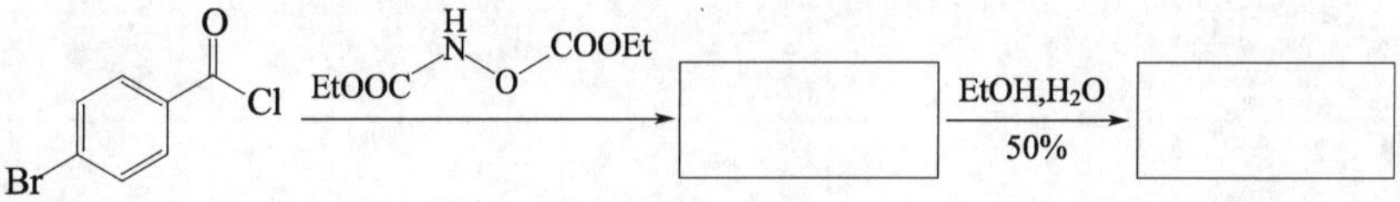

EtOH,H_2O

50%

（兰州大学，2002）

[答案]

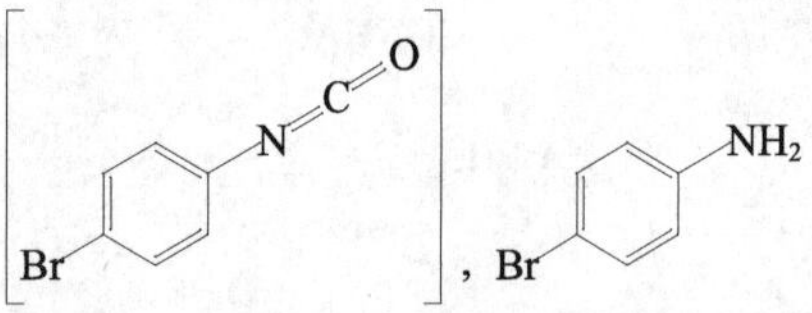

练习 3[7]

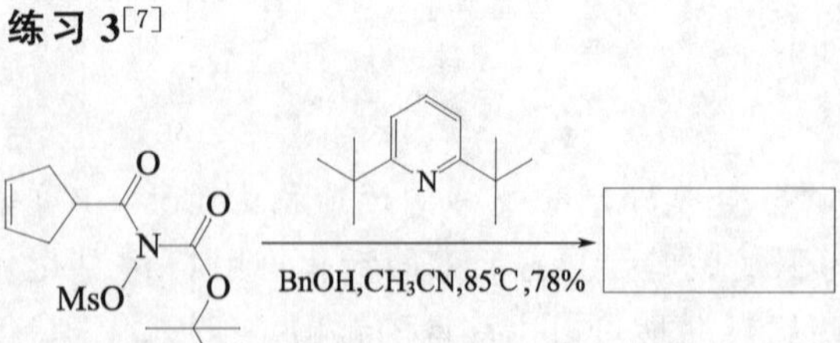

BnOH,CH_3CN,85℃,78%

[答案]

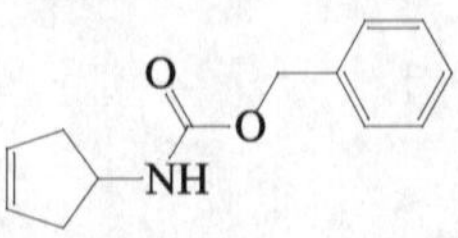

参考文献

[1] Abbady M S，Kandeel M M，Youssef M S K. Phosphorous. Sulfur and Silicon，2000，163：55-64.
[2] Lossen W. Ann，1872，161：347.
[3] Jie Jack Li. Name Reaction. 4th ed. Berlin Heidelberg：Springer-Verlag，2009：333.
[4] Snydbr H R，Elston C T，Kellom D B. Polyphosphoric acid as a reagenl in organic chemistry Ⅳ. Coversion of aromatic acids and their derivatives to amines. J Am Chem Soc，1953，75：2014-2015.
[5] 孙一峰，宋化灿，许晓航等. 3-氨基香豆素及其衍生物的合成. 中山大学学报：自然科学版，2002，41（6）：42-45.
[6] Anilkumar R，Chandrasekhar S，Sridhar M. Tetrahedron Lett，2000，41：5291-5293.
[7] Stafford J A，Gonzales S S，Barrett D G，Suh E M，Feldman P L. J Org Chem，1998，63：10040-10044.

Meyer-Schuster 重排

$$(C_6H_5)_2C(OH)-C\equiv CH \xrightarrow{H_2SO_4} \boxed{\quad}$$

$$(C_6H_5)_2C(OH)-C\equiv CH \underset{-H^+}{\overset{H^+}{\rightleftharpoons}} (C_6H_5)_2C(^+OH_2)-C\equiv CH \underset{H_2O}{\overset{-H_2O}{\rightleftharpoons}} [(C_6H_5)_2C-C\equiv CH]^+ \underset{-H_2O}{\overset{H_2O}{\rightleftharpoons}}$$

$$(C_6H_5)_2C=C=CH(^+OH_2) \underset{H^+}{\overset{-H^+}{\rightleftharpoons}} (C_6H_5)_2C=C=CH(OH) \longrightarrow (C_6H_5)_2C=CH-CHO$$

二苯基炔丙醇在酸催化下首先形成锌盐，脱水得炔丙基正离子，与水反应形成丙二烯醇锌盐，失去一个质子后得二苯基丙二烯醇，最后异构为二苯基丙烯醛[1]。这是 Meyer-Schuster 重排（*α*-乙炔醇转变为不饱和酮或醛）之一例。

α-炔基取代的仲或叔醇，在酸性催化剂存在条件下，经 1,3-迁移异构化为 *α*,*β*-不饱和羰基化合物的反应称为 Meyer-Schuster 重排反应[2]。炔基为中间炔时，产物为酮。当炔基是终端炔时，产物是醛，又被称为 Rupe 重排反应（Rupe rearrangement）。例如：

$$Ph_2C(OH)-C\equiv C-Ph \xrightarrow{H^+} Ph_2C=CH-C(=O)-Ph$$

反应通式为：

$$R_2C(OH)-C\equiv C-R^1 \xrightarrow{H^+,H_2O} R_2C=CH-C(=O)R^1$$

反应机理[3]：

$$R_2C(OH)-C\equiv C-R^1 \xrightarrow{H^{\oplus}} R_2C(\overset{\oplus}{O}H_2)-C\equiv C-R^1 \longrightarrow R_2\overset{\oplus}{C}-C\equiv C-R^1 \longleftrightarrow$$

$$R_2C=C=\overset{\oplus}{C}R^1 \xrightarrow{:OH_2} R_2C=C=C(OH)R^1 \xrightarrow{H^{\oplus}} \xrightarrow{\text{互变异构化}} R_2C=CH-C(=O)R^1$$

这个反应历程可能是首先形成鎓盐，生成的碳正离子重排后再经水解，进一步重排为α,β-不饱和酮。关于碳正离子已用核磁共振和紫外光谱证明其存在。当某些反应在乙酸中进行时得到了丙二烯正离子存在的证明[4]。

α-炔醇的制备：α-端炔与羰基化合物在碱性介质（如无水氢氧化钾或氨基钠）中发生反应，生成羰基加成产物炔醇称为 Favorskii 反应。醚、液氨、乙二醇醚、四氢呋喃、二甲亚砜及二甲苯等可用作这个反应的溶剂。

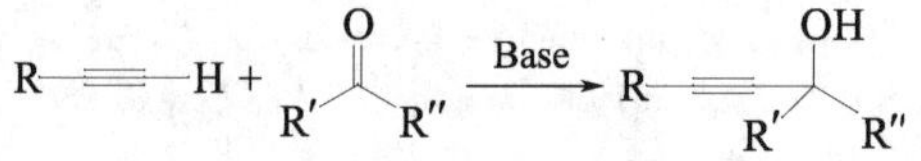

$$R-C\equiv C-H + R'C(=O)R'' \xrightarrow{\text{Base}} R-C\equiv C-C(OH)R'R''$$

端炔的末端氢原子具有酸性，用碱处理时可发生去质子化，产生炔基碳负离子。然后炔基碳负离子对醛或酮发生亲核加成，产生炔丙醇类化合物。

练习 1[5]

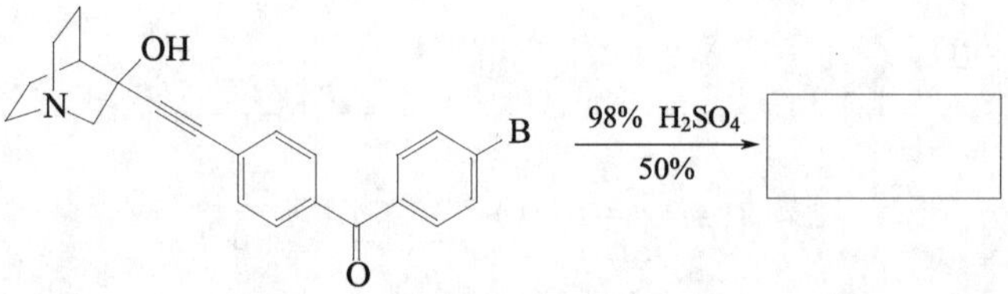

OH　N　B　O　　$\xrightarrow[50\%]{98\%\ H_2SO_4}$ [　　]

[答案]

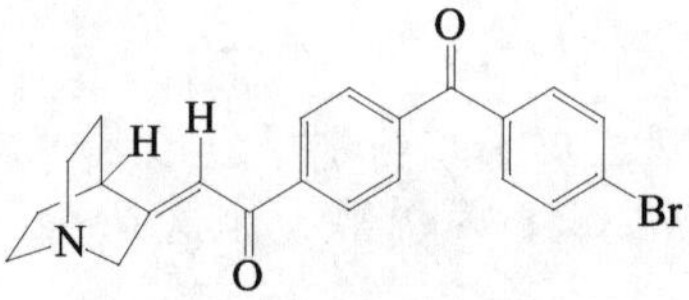

O　H　H　N　O　Br

练习 2[6]

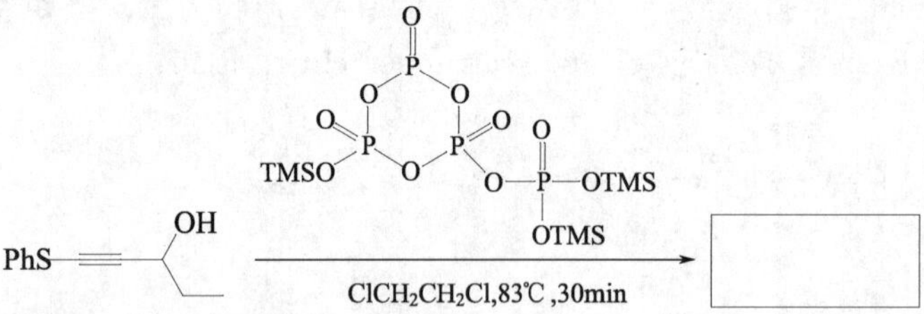

PhS　OH　　TMSO、O、P、OTMS、OTMS　　$\xrightarrow[ClCH_2CH_2Cl,83℃,30min]{}$ [　　]

[答案]

PhS(C=O)　54%，　PhS　46%

练习 3[7]

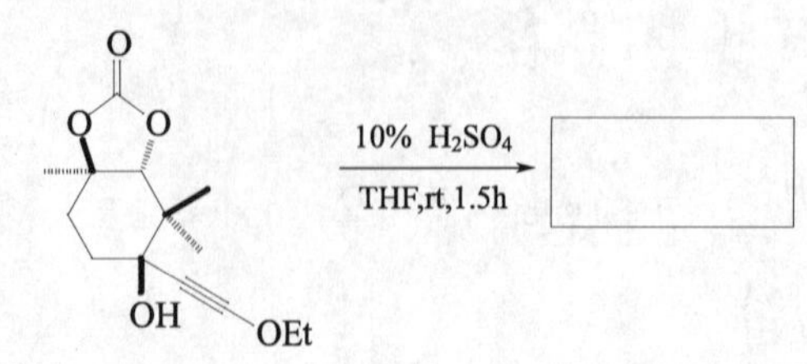

[答案]

70%　COOEt　+　HO　21%　COOEt

练习 4[8]

PMBN　COOEt　OH　EtOOC　OMe　OMe　$BF_3 \cdot Et_2O$ / TFA,89%

[答案]

PMBN　COOEt　OMe　OMe　EtOOC　O

练习 5

H_3C　O　1. NaC≡CH / 2. H_3O^+

[答案]

H_3C　OH　C≡CH

参考文献

[1] 沈世瑜，王炎．高等有机化学习题集．合肥：中国科学技术大学出版社，1992：159，167.

[2] Meyer K H，Schuster K. Ber，1922，55：819-823.

[3] Jie Jack Li. Name Reaction. 4th ed. Berlin Heidelberg：Springer-Verlag，2009：353.

[4] 俞凌翀．有机化学中的人名反应．北京：科学出版社，1984：160-161.

[5] Brown G R，Hollinshead D M，Stokes E S，Clarke D S，Eakin M A，Foubister A J，Glossop S C，Griffiths D，Johnson M C，McTaggart F，Mirrlees D J，Smith G J，Wood R. J Med Chem，1999，42：1306-1311.

[6] Yoshimatsu M，Naito M，Kawahigashi M，Shimizu H，Kataoka T. J Org Chem，1995，60：4798-4802.

[7] Crich D，Natarajan S，Crich J Z. Tetrahedron，1997，53：7139-7158.

[8] Williams C M，Heim R，Bernhardt P V. Tetrahedron，2005，61：3771-3779.

Payne 重排

TrO　HO　HO　OTr　O　NaOMe,MeOH / 回流,1h,84%

注：Tr：Try，三苯甲基。

上述反应的产物是[1] TrO O OH HO OTr。

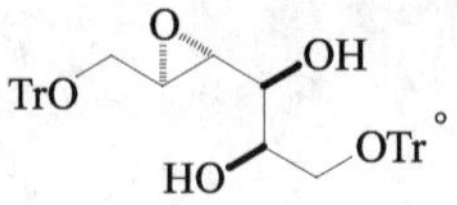

反应物为2,3-环氧醇类衍生物，在碱的存在下异构化为1,2-环氧-3-醇类衍生物，该反应称为Payne重排反应[2]，反应通式如下。

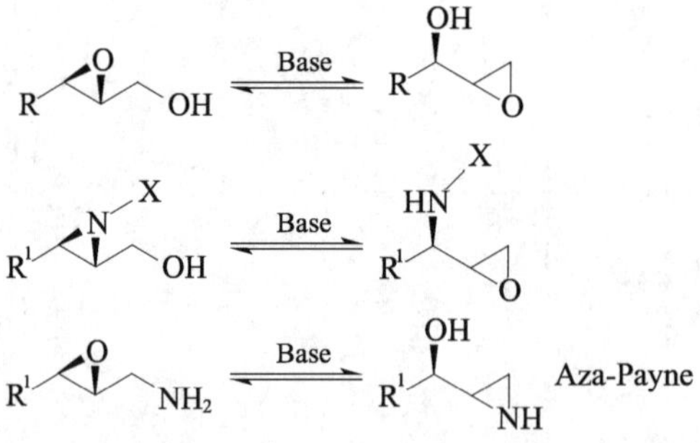

R O OH —Base→ R OH O

R^1 N X OH —Base→ R^1 HN X O

R^1 O NH_2 —Base→ R^1 OH NH　Aza-Payne

R^1 = alkyl 或 aryl　X = H，mesyl，tosyl 等

反应机理[3]

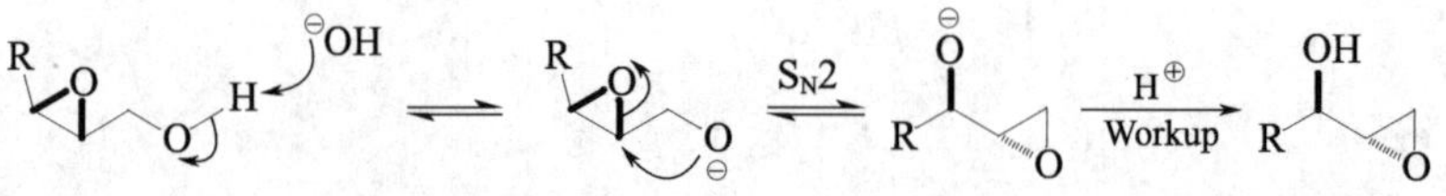

R O O H ⊖OH ⇌ R O O⊖ —S_N2→ R O⊖ O —$H^{\oplus}$ Workup→ R OH O

2,3-环氧醇在碱作用下失去醇羟基质子形成2,3-环氧醇氧负离子，然后该氧负离子亲核进攻2位的环氧基碳原子得1,2-环氧醇氧负离子，最后经酸化得到目标产物1,2-环氧醇类衍生物。

练习1

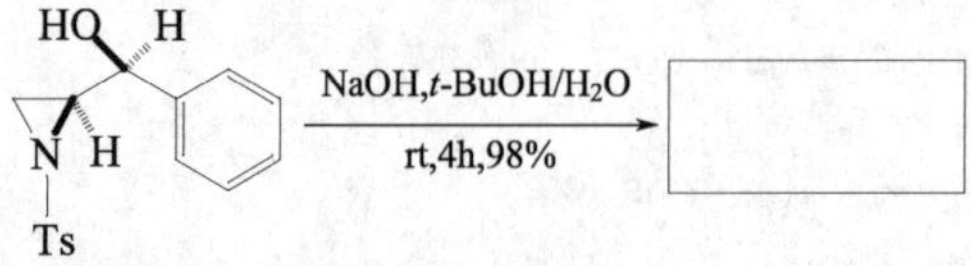

HO H N H Ts —NaOH, t-BuOH/H_2O, rt, 4h, 98%→ [ ]

[答案]

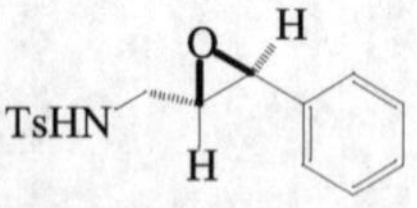

TsHN O H H　该反应为杂原子Payne重排反应[4]。

练习2 写出(*S*)-普萘洛尔（*β*-受体阻断药）的合成原理及步骤。

[答案]

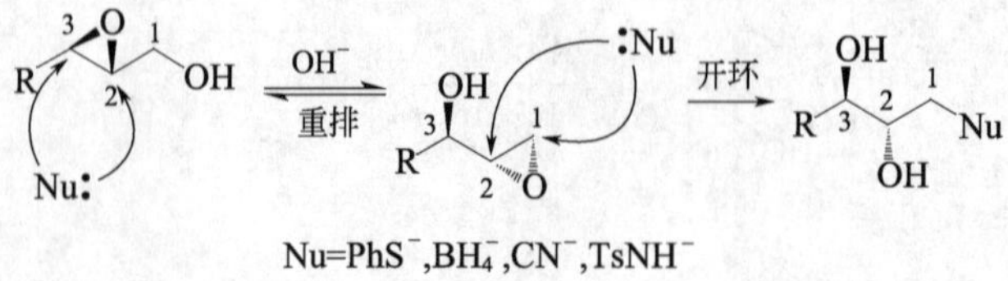

R 3 O 2 1 OH Nu: —OH^- 重排→ R 3 OH 2 O 1 :Nu —开环→ R 3 OH 2 OH 1 Nu

Nu=PhS^-, BH_4^-, CN^-, $TsNH^-$

在碱性条件下，2,3-环丙醇先发生 Payne 重排反应，然后进行开环反应，例如 (*S*)-普萘洛尔 (*β*-受体阻断药) 的合成。

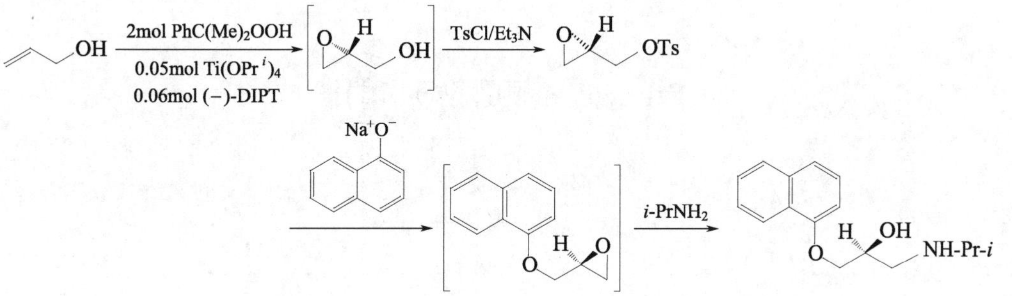

2mol $PhC(Me)_2OOH$, 0.05mol $Ti(OPr^i)_4$, 0.06mol (−)-DIPT; $TsCl/Et_3N$; OTs; Na^+O^-; *i*-$PrNH_2$; NH-Pr-*i*

练习 3

BnO; OH; NaOH,PhSH

[答案]

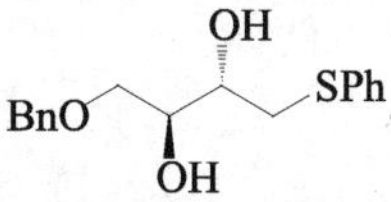

OH; SPh; BnO; OH

练习 4

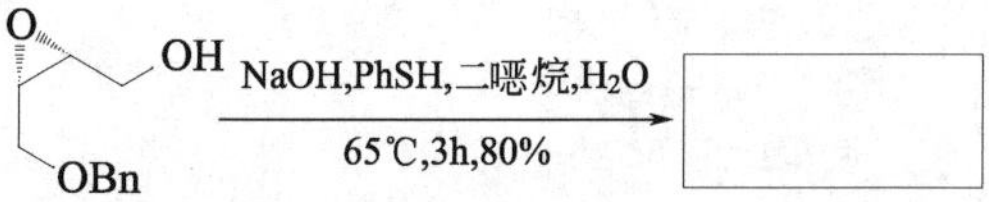

OH; NaOH,PhSH,二噁烷,H_2O; 65℃,3h,80%; OBn

[答案]

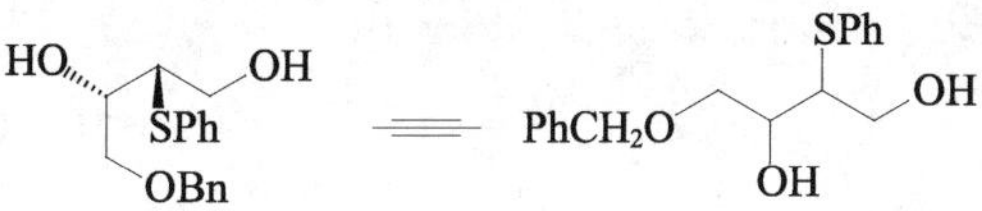

HO; OH; SPh; OBn; $PhCH_2O$; SPh; OH; OH

练习 5　机理

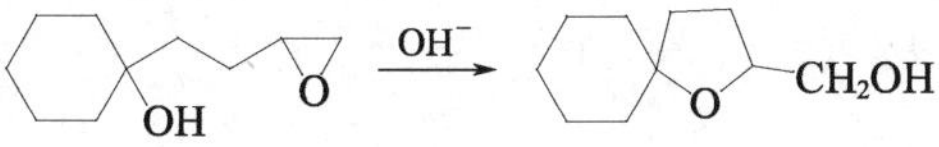

OH^-; OH; CH_2OH　　(四川大学，2003)

[答案]

OH; + OH^-; O^-; OH; $-OH^-$; OH; CH_2OH

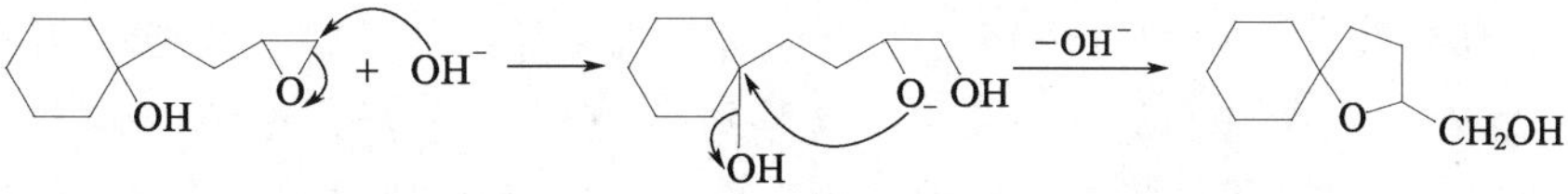

此反应包括两次亲核取代的过程。首先环氧乙烷的碱性开环是 S_N2 历程，接着氧负离子作为强亲核试剂进行分子内 S_N2 反应，闭环得到稳定的五元环结构。

参考文献

[1] Buchanan J G，Edgar A R. Carbohydr Res，1970，10：295-302.
[2] Payne G B. J Org Chem，1962，27：3819-3822.

[3] Jie Jack Li. Name Reaction. 4th ed. Berlin Heidelberg: Springer-Verlag, 2009: 421.
[4] Feng X, Qiu G, Liang S, Su J, Teng H, Wu L, Hu X. Russ J Org Chem, 2006, 42: 514-500.

Pinacol（频哪醇）重排

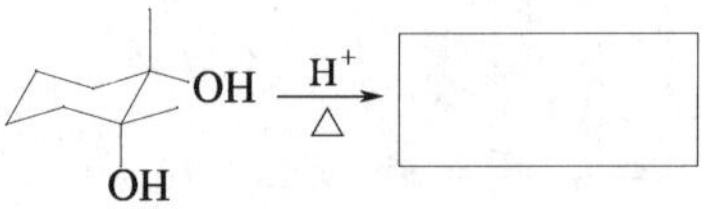

（兰州理工大学，2011）

1,2-二甲基-1,2-环己二醇在酸存在下加热经频哪醇重排可得 2,2-二甲基环己酮。

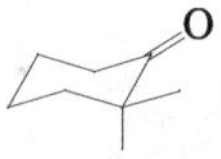

两个羟基都连在叔碳原子的 α-二醇称为频哪醇（pinacol）。频哪醇在酸的催化下脱去一分子水，并且碳架发生重排，生成产物俗称频哪酮（pinacolone），这个重排反应叫做频哪醇重排[1~3]（pinacol rearrangement），该重排也即 Wagner-Meerwein 重排。例如：

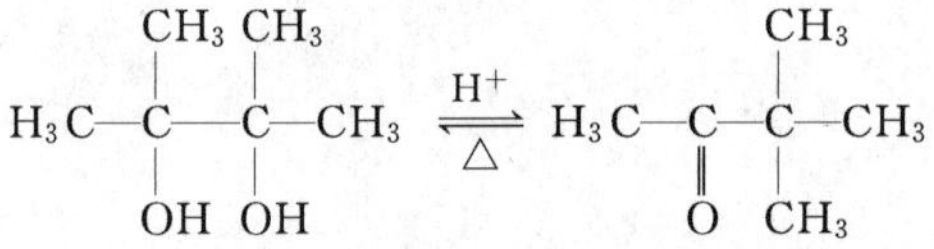

2,3-二甲基-2,3-丁二醇（频哪醇） $\xrightleftharpoons[\triangle]{H^+}$ 3,3-二甲基-2-丁酮（频哪酮）

反应机理[4]如下：

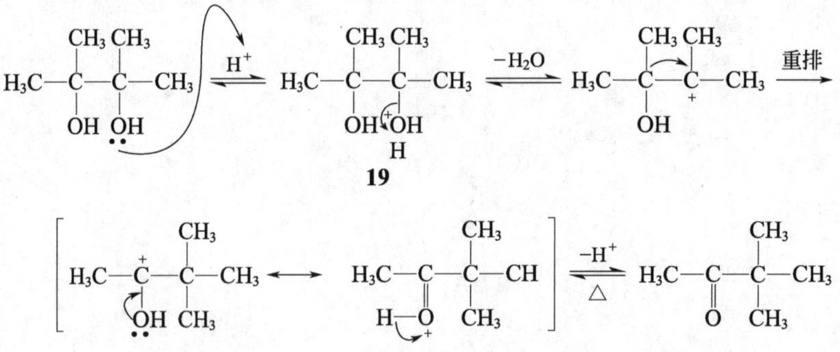

19　20　21

在酸的作用下，频哪醇分子中的一个羟基质子化后形成镁盐，然后脱水生成碳正离子（**19**），**19** 立即重排生成 **20**，**20** 中氧原子一对电子转移到 C—O 间，形成共振结构 **21**，重排的动力是重排后生成的 **20** 由于共振获得了额外的稳定作用，能量比 **19** 还低，虽然 **19** 是一个叔碳正离子。有证据表明，水分子的离去与烃基的迁移可能是同时进行的。

在不对称取代的 α-二醇中，可以生成两种碳正离子，哪一个羟基被质子化后离去，这与离去后形成的碳正离子的稳定性有关，一般形成比较稳定的碳正离子的碳原子上的羟基被质子化。若重排时有两种不同的基团可供选择时，通常能提供电子、稳定正电荷较多的基团优先迁移，因此芳基比烷基更易迁移[5~7]，如负电子烷基（多取代烷基）更易迁移，迁移能力大小一般为：

叔烷基＞环己基＞仲烷基＞苄基＞苯基＞伯烷基＞甲基＞H

取代芳基的迁移能力大小一般为：

$$p\text{-MeOAr} > p\text{-MeAr} > p\text{-ClAr} > p\text{-BrAr} > p\text{-NO}_2\text{Ar}$$

但通常得到两种重排产物。迁移基团与离去基团处于反式位置时重排速率较快。例如：

$$H_3C-CH(OH)-C(OH)(CH_3)-CH_3 \xrightarrow[-HSO_4^-]{H_2SO_4} H_3C-CH(OH)-C(\overset{+}{O}H_2)(CH_3)-CH_3 \longrightarrow H_3C-CH(OH)-\overset{+}{C}(CH_3)-CH_3 \longrightarrow$$

$$H_3C-\overset{+}{C}(OH)-CH(CH_3)-CH_3 \xrightarrow{-H^+} H_3C-C(=O)-CH(CH_3)-CH_3$$

考虑碳正离子稳定性

又如：

$$H_3C-C(Ph)(OH)-C(Ph)(OH)-CH_3 \xrightarrow{H^+} H_3C-C(=O)-C(Ph)_2-CH_3 + Ph-C(=O)-C(Ph)(CH_3)-CH_3$$

（主要产物）　（次要产物）

练习 1　填空

$$C_6H_5COCH_3 \xrightarrow[2.\ H_3O^+]{1.\ Mg(Hg)} (A) \xrightarrow{H_2SO_4} (B)$$

（清华大学，1998；南京大学，2003）

[答案]

A. $C_6H_5-C(OH)(CH_3)-C(OH)(CH_3)-C_6H_5$　　B. $CH_3C(=O)-C(CH_3)(C_6H_5)-C_6H_5$

在频哪醇重排反应中，能提供电子，稳定正电荷较多的基团优先迁移。

练习 2　填空

（南开大学，2002）

[答案]

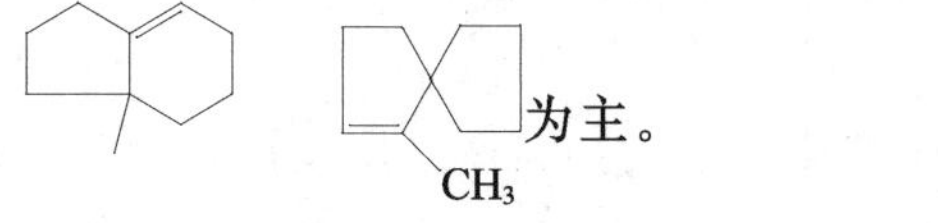

碳正离子重排，发生扩环反应，得到更为稳定的消除产物，而不是以……为主。

重排　$-H^+$

练习 3　填空

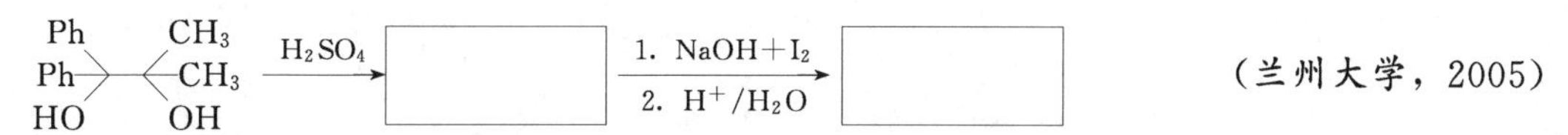

（兰州大学，2005）

[答案]

$Ph_2C(CH_3)COCH_3$，$Ph_2C(CH_3)COOH$ 频哪醇重排，甲基发生迁移；得到的甲基酮发生碘仿反应。

$$Ph_2C(OH)-C(CH_3)_2OH \xrightarrow{H^+} Ph_2C(\overset{+}{O}H_2)-C(CH_3)_2OH \xrightarrow{-H_2O} Ph_2\overset{+}{C}-C(CH_3)_2OH$$

$$\xrightarrow[\text{迁移}]{-CH_3} Ph_2C(CH_3)-\overset{+}{C}(CH_3)-OH \longrightarrow Ph_2C(CH_3)-CO-CH_3$$

在不对称取代的乙二醇中，哪一个羟基被质子化后离去，这与离去后形成碳正离子的稳定性有关，一般形成比较稳定的碳正离子的碳上的羟基被质子化。

练习 4

用反应历程解释下面的反应事实。

$$\text{环丁基}-C(CH_3)_2OH \xrightarrow{CH_3SH/H_2SO_4} \text{2-甲硫基-1,1-二甲基环戊烷}$$

（南开大学，2003）

[答案]

$$\text{环丁基}-C(CH_3)_2OH + H^+ \longrightarrow \text{环丁基}-C(CH_3)_2OH_2^+ \longrightarrow \text{环丁基}-\overset{+}{C}(CH_3)_2 \xrightarrow{\text{扩环}} \text{环戊基正离子}$$

$$\xrightarrow{CH_3SH} H-\overset{+}{S}CH_3\text{取代环戊烷} \xrightarrow{-H^+} SCH_3\text{取代二甲基环戊烷}$$

醇在 H^+ 催化下羟基质子化变成更易离去的 H_2O，生成活性中间体——碳正离子，由于离子中有不稳定的四元环，所以碳正离子发生扩环重排成稳定的五元环结构。

练习 5

预测下列反应的主要产物，并提出合理的分步机理。

$$\text{1,2-二甲基环己-1,2-二醇} \xrightarrow{-H_2O} \text{2,2-二甲基环己酮}$$

（中国石油大学，2004；浙江工业大学，2003）

[答案]

离去基团与迁移基处于反式，重排迅速，甲基迁移得环己酮。

$$\text{1,2-二甲基环己-1,2-二醇} \xrightarrow[-H_2O]{H^+} \text{碳正离子} \longrightarrow \text{甲基迁移后的碳正离子(OH)} \xrightarrow{-H^+} \text{2,2-二甲基环己酮}$$

而

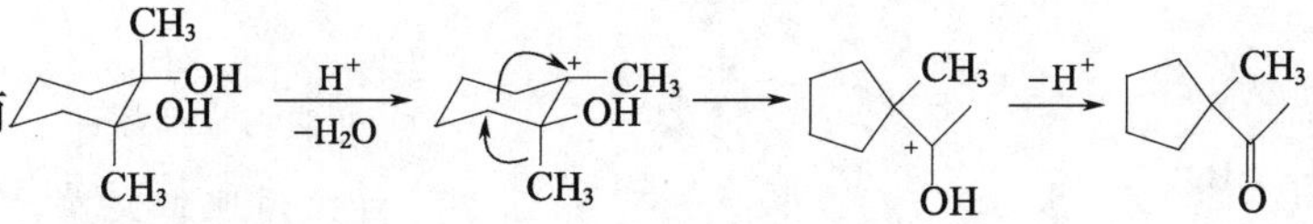

由于迁移基团与离去基团不处于反应位置，反应很慢，并导致环缩小反应。

练习 6

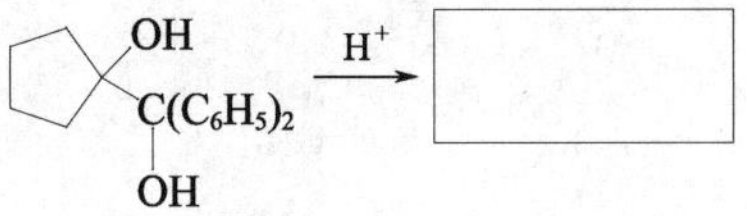

（郑州大学，2006）

［答案］

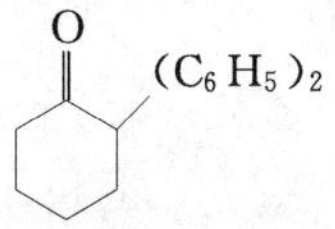

练习 7　机理

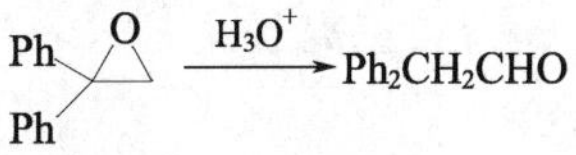

Ph_2CH_2CHO

（四川大学，2005）

［答案］

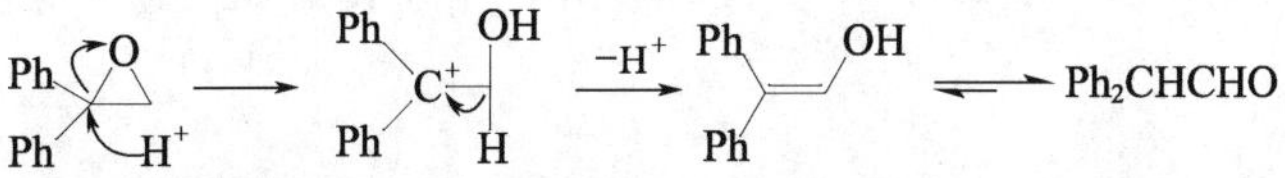

Ph_2CHCHO

练习 8　机理

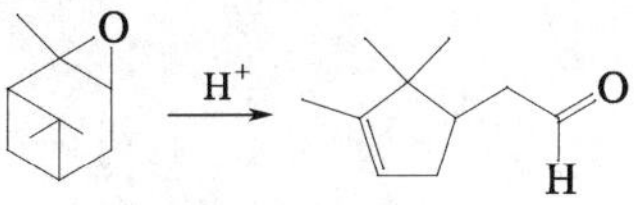

（复旦大学，2004）

［答案］

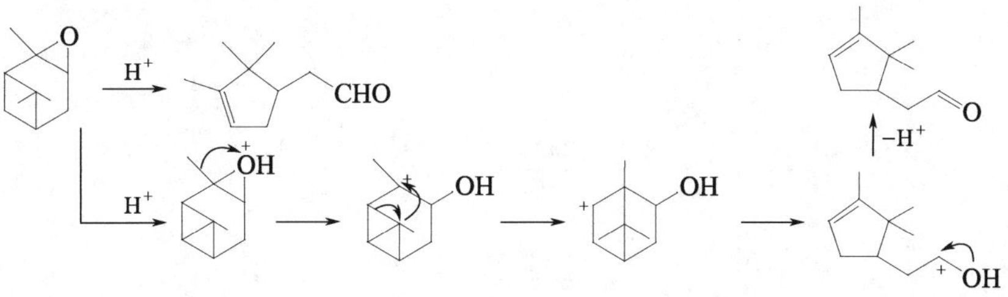

练习 9　机理

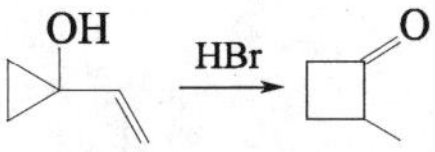

（南京工业大学，2006）

［答案］

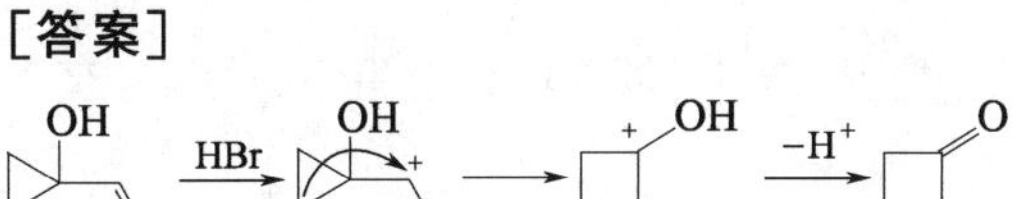

练习 10 机理

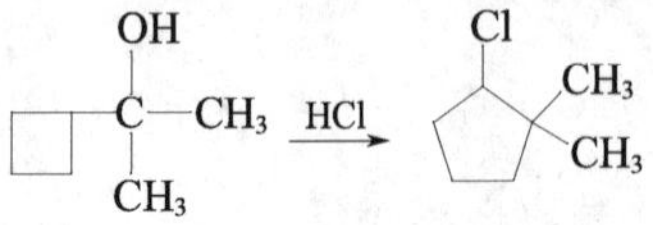

$\text{环丁基}-C(OH)(CH_3)-CH_3 \xrightarrow{HCl}$ 2-Cl-1,1-二甲基环戊烷（Cl, CH_3, CH_3）

（兰州理工大学，2010）

［答案］

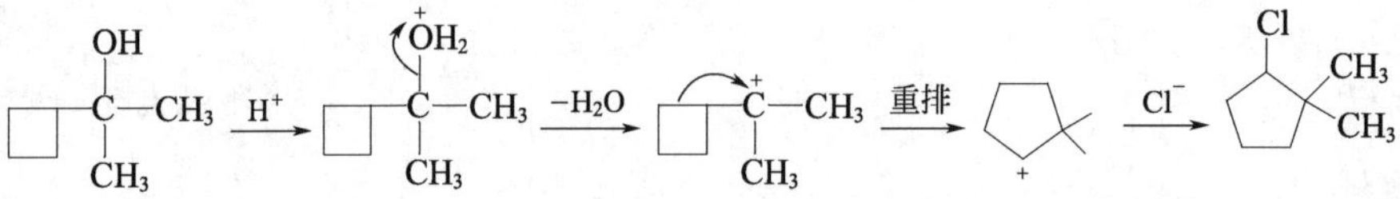

$\text{环丁基}-C(OH)(CH_3)-CH_3 \xrightarrow{H^+} \text{环丁基}-C(\overset{+}{O}H_2)(CH_3)-CH_3 \xrightarrow{-H_2O} \text{环丁基}-\overset{+}{C}(CH_3)-CH_3 \xrightarrow{\text{重排}}$ 碳正离子（+） $\xrightarrow{Cl^-}$ 2-Cl-1,1-二甲基环戊烷（Cl, CH_3, CH_3）

练习 11

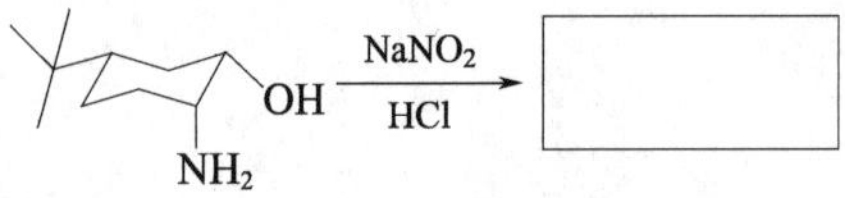

（含 OH、NH_2 的叔丁基环己烷） $\xrightarrow[HCl]{NaNO_2}$ □

（中国科学院，2009）

［答案］

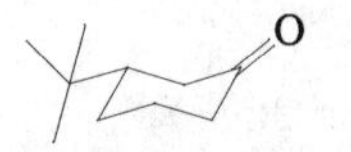

脂肪重氮盐非常不稳定，立即分解出氮气，成为碳正离子。

练习 12

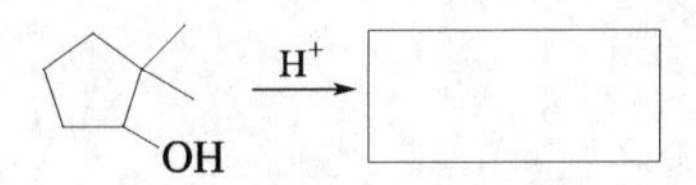

（中国科学技术大学，2011）

［答案］

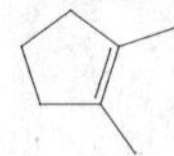

练习 13

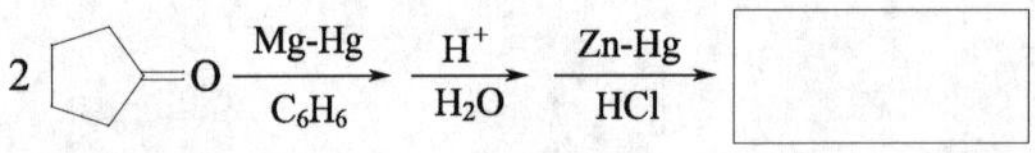

2 环戊酮 $\xrightarrow[C_6H_6]{Mg\text{-}Hg} \xrightarrow[H_2O]{H^+} \xrightarrow[HCl]{Zn\text{-}Hg}$ □

（中国科学技术大学，2011）

［答案］

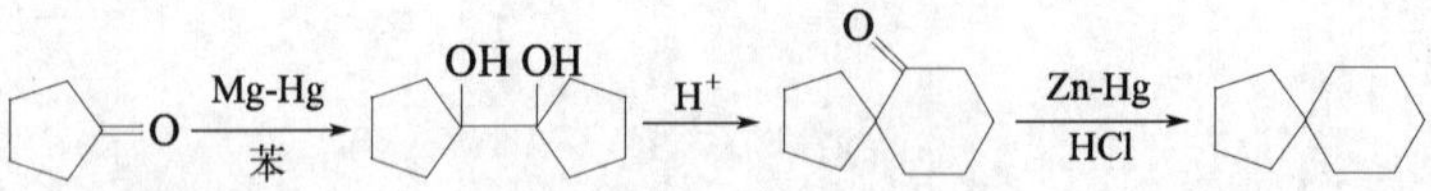

环戊酮 $\xrightarrow[\text{苯}]{Mg\text{-}Hg}$ （OH OH 频哪醇） $\xrightarrow{H^+}$ （螺环酮，O） $\xrightarrow[HCl]{Zn\text{-}Hg}$ （螺环烷烃）

练习 14

$Ph-C(CH_3)(OH)-CH_2NH_2 \xrightarrow{NaNO_2/HCl}$ □

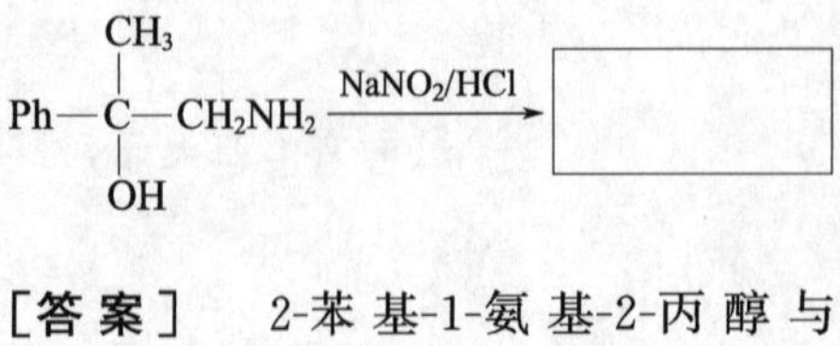

（中国科学技术大学，1999）

［答案］ 2-苯基-1-氨基-2-丙醇与亚硝酸反应经频哪醇重排可得 α-苯基丙酮，$CH_3\overset{O}{\overset{\|}{C}}CH_2Ph$ 。

参考文献

[1] Fittig R. Ann，1860，114：54-63.
[2] Magnus P，Diorazio L，Donohoe T J，Giles M，Pye P，Tarrant J，Thom S. Tetrahedron，1996，52：14147-14176.
[3] Razavi H，Polt R. J Org Chem，2000，65：5693-5706.
[4] 孔祥文．有机化学．北京：化学工业出版社，2010.
[5] 边延江，彭晓霞，武晓松等．化学通报，2011，74（9）：810-816.
[6] 高飞，吕秀阳．化工学报，2006，57（1）：57-60.
[7] Mladenova G，Singh A. J Org Chem，2004，69：2017-2023.

Rupe 重排

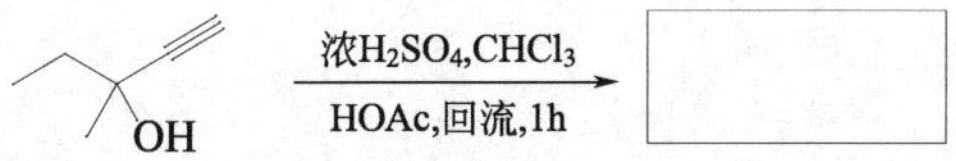

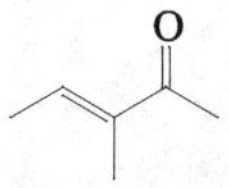

浓H_2SO_4,$CHCl_3$
HOAc,回流,1h
OH

O

3-甲基-1-戊炔-3-醇在浓硫酸催化下水解生成3-甲基-3-戊炔-2-酮[1,2]，该反应为Rupe重排反应。

Rupe重排反应[3~5]是指α-端基炔基叔醇在酸（如甲酸）催化下经烯炔中间体，重排为α,β-不饱和甲基酮而非相应的α,β-不饱和醛。例如：

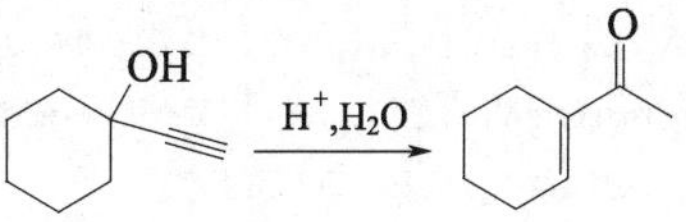

OH　H^+,H_2O　O

反应机理[6]如下：

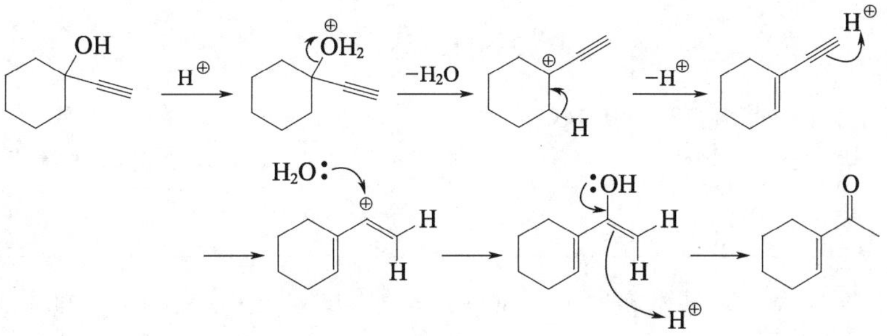

OH　$H^{\oplus}$　$\overset{\oplus}{O}H_2$　$-H_2O$　⊕　H　$-H^{\oplus}$　$H^{\oplus}$

H_2O:　⊕　H　H　:OH　H　H　$H^{\oplus}$　O

1-乙炔基环己醇在酸催化下形成𬭩盐，脱水得碳正离子，消去β-H得1-乙炔基环己烯；接着分子中的叁键质子化得烯基正离子，水解得烯醇，最后异构得到甲基环己烯酮。

Rupe重排反应与Meyer-Schuster重排反应比较。

① Rupe重排反应：α-端基炔基叔醇在酸（如甲酸）催化下经烯炔中间体，重排为α,β-不饱和甲基酮而非相应的α,β-不饱和醛。

② Meyer-Schuster 重排反应：α-端基炔基仲醇在酸（如甲酸）催化下经 1,3-迁移异构，重排为 α,β-不饱和羰基化合物。端基炔基生成醛，链间炔基生成酮。

③ Rupe 重排反应与 Meyer-Schuster 重排反应，在 Lewis 酸的条件下均可发生重排反应。但是 Rupe 重排反应只能生成酮，但是 Meyer-Schuster 重排反应如果为端基炔基生成醛，链间炔基生成酮。

练习[7]

HCOOH,回流

15min,42%

［答案］

参考文献

［1］ Baran J，Klein H，Schade C，Will E，Koschinsky R，Bäuml E，Mayr H. Tetrahedron，1988，44：2181-2184.

［2］ 常永娟．近临界水中少量助剂促进的 Rupe 重排反应研究［D］．东北师范大学理工学院，2012：51-63.

［3］ Rupe H，Kambli E. Helv Chim Acta，1926，9：672.

［4］ Swaminathan S，Narayanan K V. Chem Rev，1971，71：429-438.

［5］ Hasbrouck R W，Anderson Kiessling A D. J Org Chem，1973，38：2103-2106.

［6］ Jie Jack Li. Name Reaction. 4th ed. Berlin Heidelberg：Springer-Verlag，2009：480.

［7］ Takeda K，Nakane D，Takeda M. Org Lett，2000，2：1903-1905.

Claisen 重排

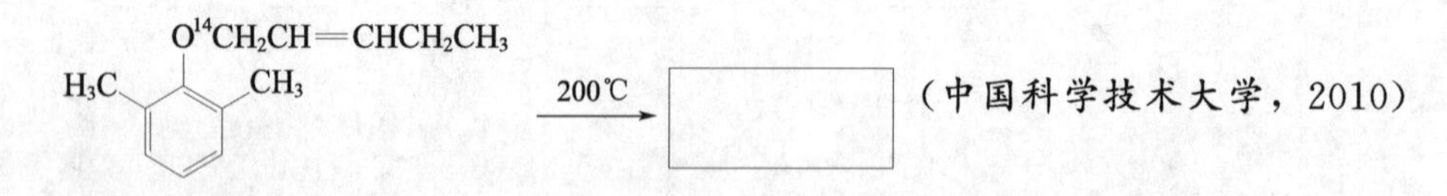

（中国科学技术大学，2010）

2-戊烯基-2,6-二甲基苯基醚在 200℃加热，经 Claisen 重排得 4-(2-戊烯基)-2,6-二甲基苯酚，（OH，H_3C，CH_3，${}^{14}CH_2-CH=CHCH_2CH_3$）。由产物结构可知，反应物酚醚的两个邻位都有取代基（甲基），则重排发生在对位，且取代基与苯环相连的碳原子仍为^{14}C。

芳基烯丙基醚在高温（200℃）的条件下可重排成邻烯丙基酚，这个反应称为 Claisen

重排[1~7]。

$$\text{C}_6\text{H}_5\text{OCH}_2(\alpha)-\text{CH}(\beta)=\overset{14}{\text{C}}\text{H}_2(\gamma) \xrightarrow[6\text{h}]{200℃} o\text{-HOC}_6\text{H}_4-\overset{14}{\text{C}}\text{H}_2(\gamma)-\text{CH}(\beta)=\text{CH}_2(\alpha)\quad 85\%$$

由于芳基烯丙基醚很容易从 Ar—ONa＋$BrCH_2CH{=}CH_2$ 得到，因此该反应是在酚的苯环上导入烯丙基的好方法[8]。

$$p\text{-CH}_3\text{C}_6\text{H}_4\text{OH} \xrightarrow[\text{NaOH}]{\text{ClCH}_2\text{CH}=\text{CHC}_6\text{H}_5} p\text{-CH}_3\text{C}_6\text{H}_4\text{O}-\text{CH}_2\text{CH}=\text{CHC}_6\text{H}_5 \xrightarrow{\triangle} \text{2-OH-5-CH}_3\text{C}_6\text{H}_3-\text{CH}(\text{C}_6\text{H}_5)-\text{CH}=\text{CH}_2$$

Claisen 重排反应是一个协同反应，在反应过程中通过电子迁移形成环状过渡态。反应机理如下：

$$\text{PhO}-\text{CH}_2(\alpha)-\text{CH}(\beta)=\text{CH}_2(\gamma) \xrightarrow{200℃} [\text{环状过渡态}]^{\neq} \longrightarrow \text{6-烯丙基-2,4-环己二烯酮(6-H)} \xrightarrow{\text{互变异构}} o\text{-HOC}_6\text{H}_4-\text{CH}_2(\gamma)-\text{CH}(\beta)=\text{CH}_2(\alpha)$$

环状过渡态

若芳基烯丙基醚的两个邻位已有取代基，则重排发生在对位。例如：

$$\text{2,6-(CH}_3)_2\text{C}_6\text{H}_3\text{OCH}_2(\alpha)-\text{CH}(\beta)=\text{CH}_2(\gamma) \xrightarrow{\triangle} \text{4-HO-3,5-(CH}_3)_2\text{C}_6\text{H}_2-\text{CH}_2(\alpha)-\text{CH}(\beta)=\text{CH}_2(\gamma)$$

反应机理如下：

$$\text{2,6-(CH}_3)_2\text{C}_6\text{H}_3\text{O}-\text{CH}_2(\alpha)-\text{CH}(\beta)=\text{CH}_2(\gamma) \xrightarrow{\triangle} [\;]^{\neq} \longrightarrow \text{6-烯丙基-2,6-二甲基-2,4-环己二烯酮} \equiv \text{6-烯丙基-2,6-二甲基-2,4-环己二烯酮} \longrightarrow$$

$$[\;]^{\neq} \longrightarrow \text{2,6-二甲基-4-H-4-}(\text{CH}_2(\alpha)-\text{CH}(\beta)=\text{CH}_2(\gamma))\text{-2,5-环己二烯酮} \longrightarrow \text{4-HO-3,5-(CH}_3)_2\text{C}_6\text{H}_2-\text{CH}_2(\alpha)-\text{CH}(\beta)=\text{CH}_2(\gamma)$$

当芳基烯丙基醚的两个邻位和一个对位都有取代基时，不发生 Claisen 重排。

取代的烯丙基芳基醚重排时，无论原来的烯丙基的双键是 E 构型还是 Z 构型的，重排后的双键总是 E 构型的，这是因为此重排反应经过的六元环状过渡态具有稳定椅型构象的缘故[9]。

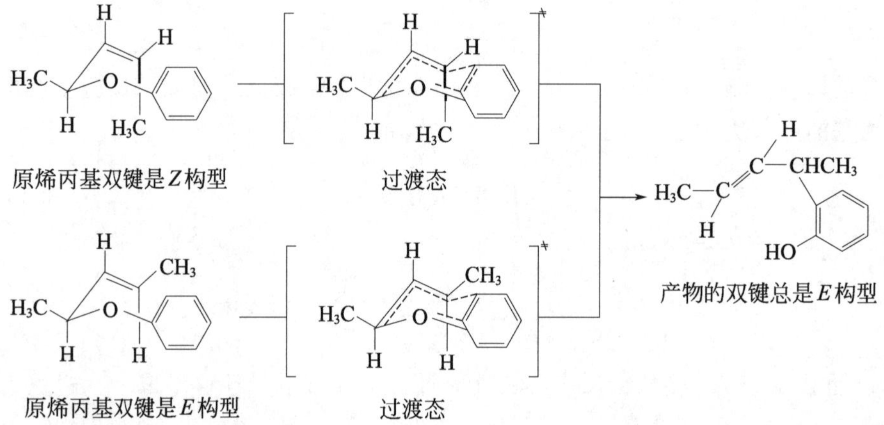

原烯丙基双键是 Z 构型　　过渡态

原烯丙基双键是 E 构型　　过渡态

产物的双键总是 E 构型

Claisen，Eschenmoser-Claisen，Johnson-Claisen，Ireland-Claisen 重排：都属于［3,3］σ 重排的同一类协同效应。

Claisen 重排

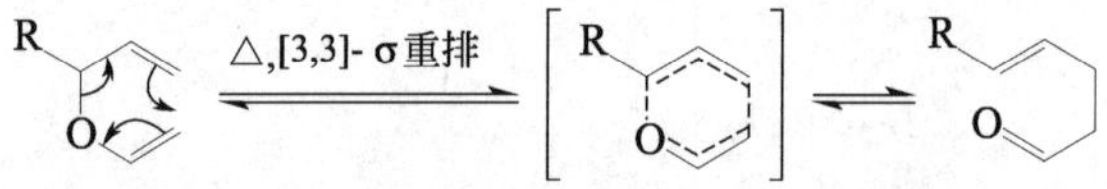

△,[3,3]- σ重排

Eschenmoser-Claisen（酰胺缩醛）重排

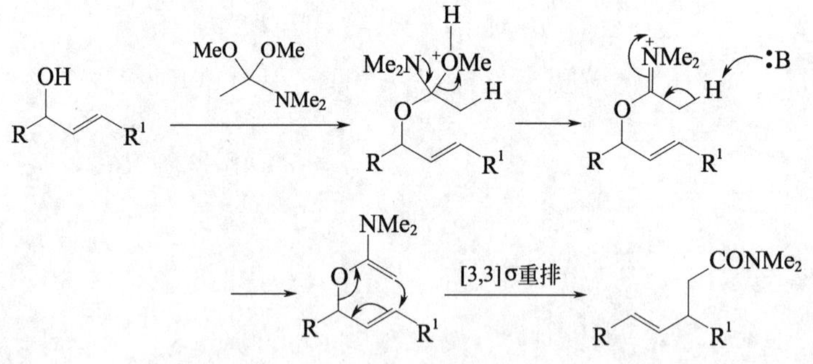

[3,3] σ重排

Johnson-Claisen（原酸酯）重排

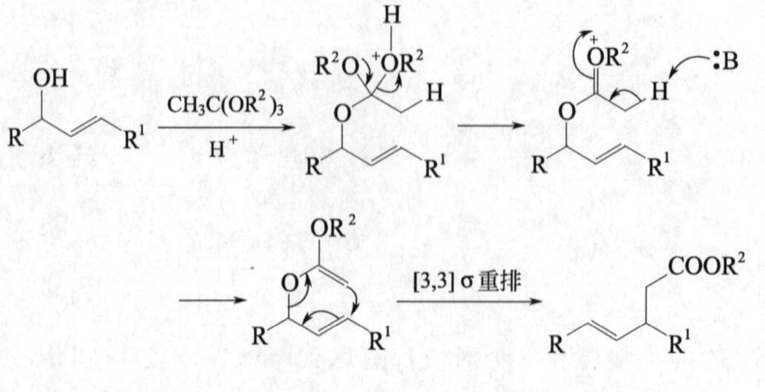

$CH_3C(OR^2)_3$, H^+

[3,3] σ重排

Ireland-Claisen 重排

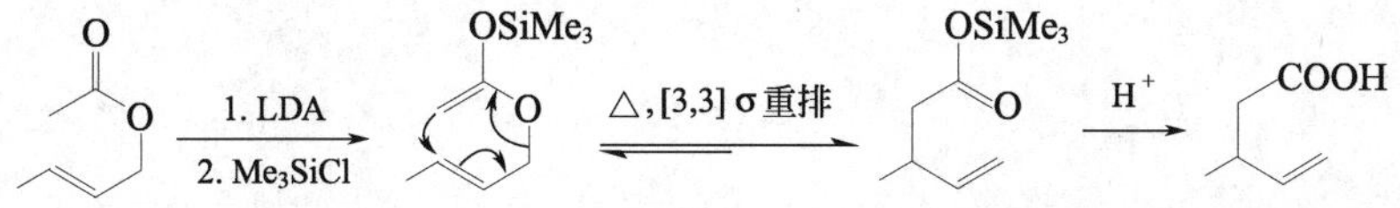

OSiMe$_3$　1. LDA　2. Me$_3$SiCl　△, [3,3] σ重排　OSiMe$_3$　H$^+$　COOH

练习 1

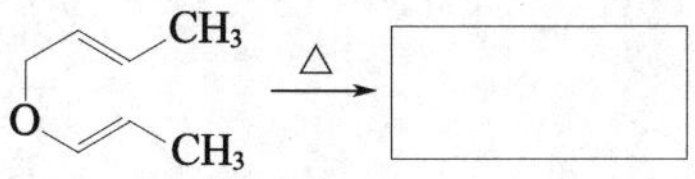

CH$_3$　O　CH$_3$　△ → [ ]　（复旦大学，2006）

[答案]

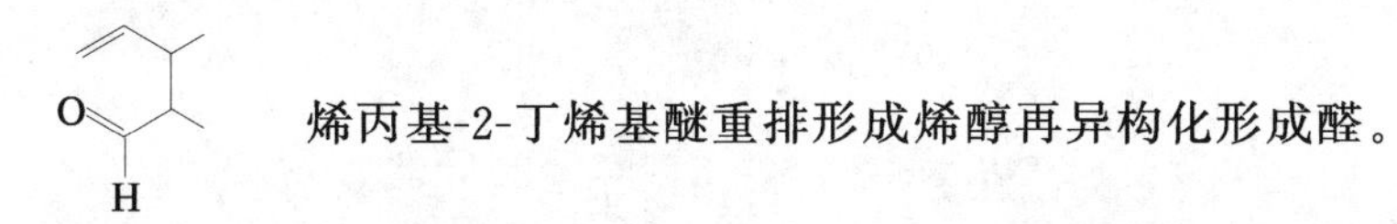

烯丙基-2-丁烯基醚重排形成烯醇再异构化形成醛。

练习 2

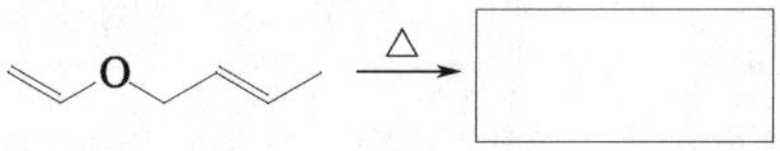

O　△ → [ ]　（四川大学，2005）

[答案]

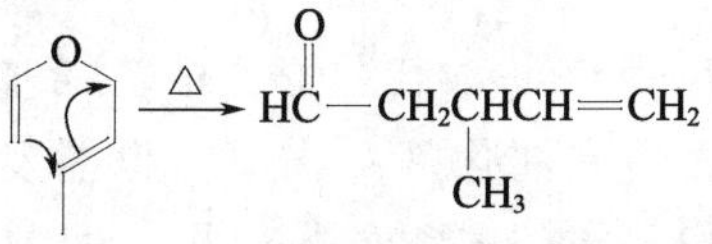

$$\xrightarrow{\triangle} \mathrm{HC(=O)—CH_2CH(CH_3)CH{=}CH_2}$$

乙烯基-2-丁烯基醚受热重排同属 Claisen 重排反应（重排后，生成的是羰基化合物）。

练习 3

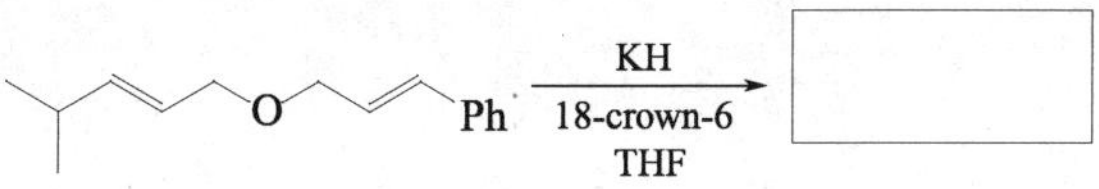

O　Ph　KH / 18-crown-6 / THF → [ ]　（复旦大学，2006）

[答案]

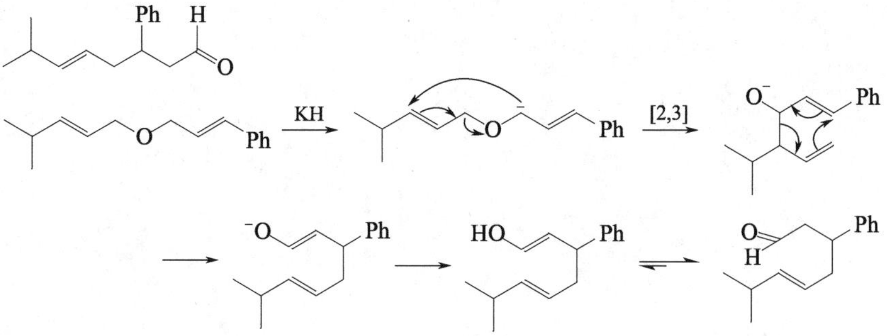

Ph　H　O

O　Ph　KH →　O　Ph　[2,3] →　O$^-$　Ph

→　$^-$O　Ph　→　HO　Ph　⇌　O　H　Ph

练习 4

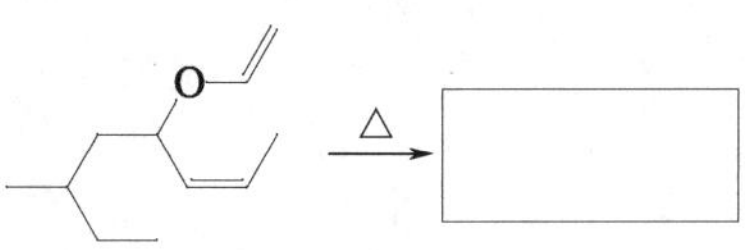

O　△ → [ ]　（复旦大学，2005）

[答案]

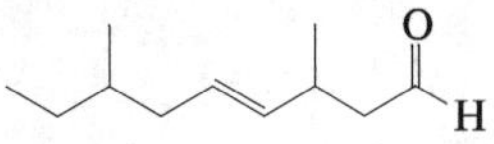

练习 5

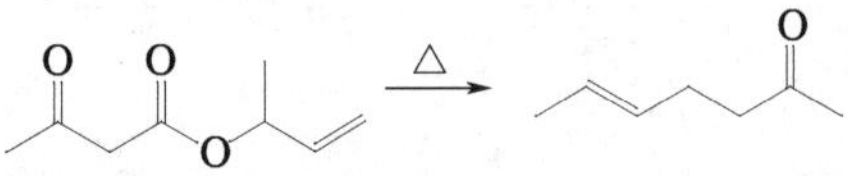

$\xrightarrow{\triangle}$

（复旦大学，2000）

[答案]

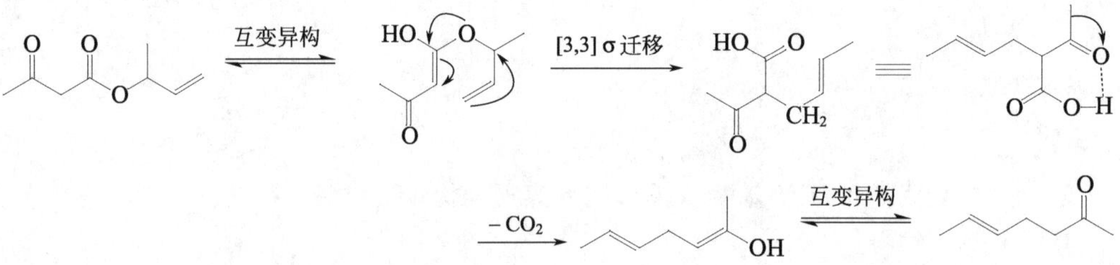

互变异构 [3,3]σ迁移 HO O HO O CH_2 O O—H

$-CO_2$ OH 互变异构 O

练习 6

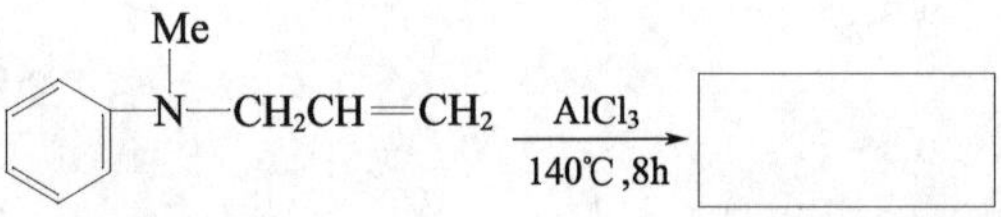

Me N—$CH_2CH{=}CH_2$ $\xrightarrow[140℃,8h]{AlCl_3}$ □

[答案]

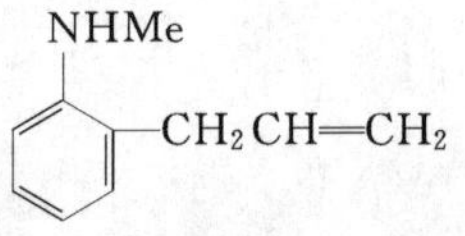

NHMe $CH_2CH{=}CH_2$ (88%)

将烯丙基醚的醚氧原子用—NH—取代，形成的乙烯基烯丙基胺及其结构类似物，在加热或催化剂存在下，也能发生 Claisen 重排，生成相应的［3,3］σ 迁移重排产物，即氨基 Claisen 重排。

练习 7

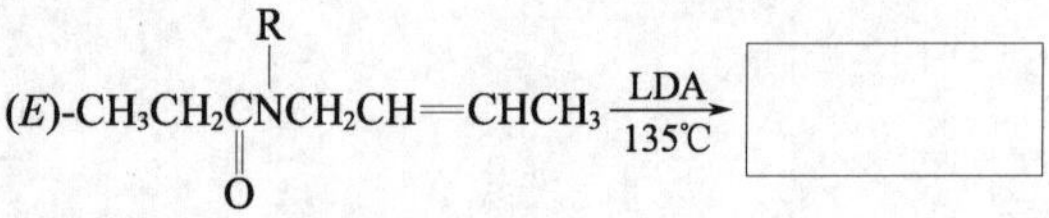

(*E*)-$CH_3CH_2C(=O)N(R)CH_2CH{=}CHCH_3$ $\xrightarrow[135℃]{LDA}$ □

[答案]

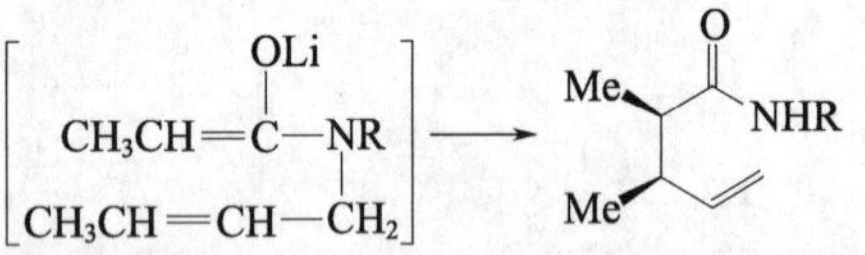

$\left[\begin{array}{l} CH_3CH{=}C(OLi){-}NR \\ CH_3CH{=}CH{-}CH_2 \end{array}\right]$ ⟶ Me, Me, NHR (94%)

练习 8

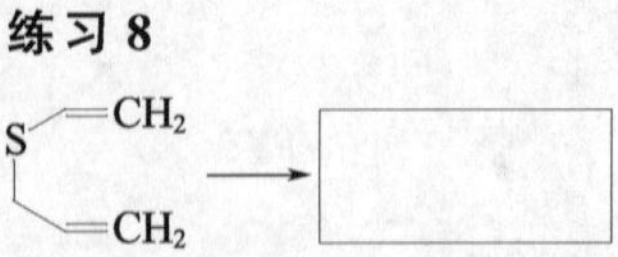

S($CH{=}CH_2$)($CH_2CH{=}CH_2$) ⟶ □

[答案]

$S{=}CH{-}CH_2$
$H_2C{=}CH{-}CH_2$

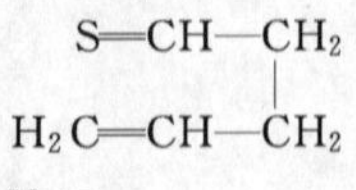

将烯丙基乙烯基醚中的氧原子以电子等价体硫原子取代，也能进行类似的 Claisen 重排反应。

练习 9

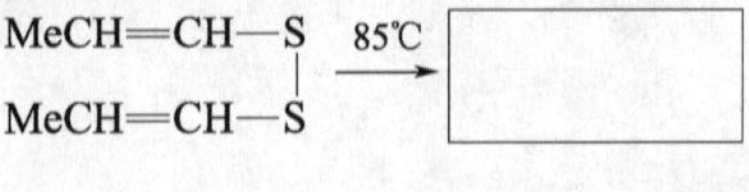

$MeCH{=}CH{-}S$
$MeCH{=}CH{-}S$ $\xrightarrow{85℃}$ □

[答案]

MeCH═CH—S—S—CH═CHMe $\xrightarrow{85℃}$ CH_3—CH—CH═S / CH_3—CH—CH═S ⇌ … → … $\xrightarrow{-H_2S}$ …

烯丙基乙烯基硫醚中的亚甲基用硫原子取代后的产物能发生二硫 Claisen 重排。如洋葱油二丙烯二硫醚，经重排、脱硫化氢得 3,4-二甲基噻吩。

练习 10

CH_3—⟨苯环⟩—OCH_2—⟨环戊烯基⟩ $\xrightarrow{\triangle}$ □　　（天津大学，1999）

[答案]

练习 11

$\xrightarrow{\triangle}$ □　　（复旦大学，2005）

[答案] 烯丙基邻甲氧基苯基醚加热重排为 2-烯丙基-6-甲氧基苯酚。

练习 12

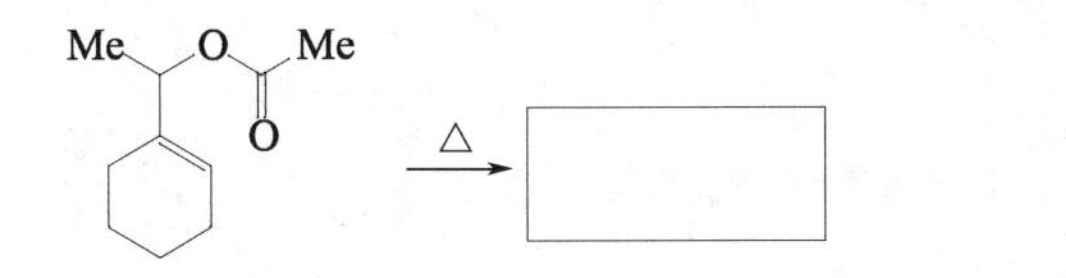

（中国科学技术大学，2011）

[答案]

参考文献

[1] Claisen L. Ber，1912，45：3157-3166.

[2] Rhoads S J，Raulins N R. Org React，1975，22：1-252.

[3] Wipf P. In Comprehensive Organic Synthesis. Trost B M，Fleming I Eds，Pergamon，1991，5：827-873.

[4] Ganem B. Angew Chem Int Ed，1996，35：937-945.

[5] Ito H，Taguchi T. Chem Soc Rev，1999，28：43-50.

[6] Castro A M M. Chem Rev，2004，104：2939-3002.

[7] Jürs S, Thiem J. Tetrahedron Asymmetry, 2005, 16: 1631-1638.
[8] 孔祥文. 有机化学. 北京: 化学工业出版社, 2010: 114.
[9] 邢其毅, 裴伟伟, 徐瑞秋等. 基础有机化学. 第3版. 北京: 高等教育出版社, 2005: 832.

Sommelet-Hauser 重排(铵叶立德重排)

$C_6H_5CH_2N^+(CH_3)_3 \xrightarrow{NH_2^-}$ □

三甲基苄基铵盐在强碱作用下经 Sommelet-Hauser 重排反应[1]得到 2-甲基-*N*,*N*-二甲基苄基胺,(邻位 CH_3、$CH_2N(CH_3)_2$ 取代苯)。由反应物苄基季铵盐转变为邻甲基苄基叔胺。

反应机理如下[2]:

NH_2^- 夺取季铵盐甲基上的 H → NH_3 + 铵叶立德 $\xrightarrow{[2,3]\sigma\text{重排}}$ (H—NH_2) $\xrightarrow{\text{芳构化}}$ 产物

铵叶立德

三甲基苄基铵离子与氨基物作用,失去一个质子,生成氮叶立德,氮叶立德发生[2,3]σ迁移得σ-络合物,再经芳构化,得到最终产物。

与 Sommelet-Hauser 重排过程相似的苯甲基硫叶立德重排生成(2-甲基苯基)二甲硫醚:

$C_6H_5CH_2-S^+(CH_3)-^-CH_2 \longrightarrow$ 2-CH_3-$C_6H_4CH_2SCH_3$

一般认为反应先是发生[2,3]σ迁移,然后互变异构得到重排产物:

CH_3, ${}^1S^+$, ${}^2\,{}^-CH_2$, ${}^1CH_2$, 2, 3 $\longrightarrow$ ($=CH_2$, CH_2SCH_3) $\rightleftharpoons$ (CH_3, CH_2SCH_3)

Sommelet-Hauser 重排反应还与 Stevens 重排反应相似。

Stevens 重排:季铵盐分子中与氮原子相连的碳原子上具有吸电子的取代基 Y 时,在强碱作用下,得到一个重排的三级胺:

$$Y-CH_2-\overset{R}{\underset{R}{N^+}}-R \xrightarrow{NaNH_2} Y-\underset{R}{CH}-\overset{R}{N}-R$$

Y=RCO—,ROOC—,—Ph 等,最常见的迁移基团为烯丙基、二苯甲基、3-苯基丙炔基、苯甲酰甲基等,反应机理如下。

反应的第一步是碱夺取酸性的氢原子形成内沁盐，然后重排得三级胺：

$$Y—CH_2—\overset{R}{\underset{R}{N^+}}—R \xrightarrow{NaNH_2} Y—\bar{C}H—\overset{R}{\underset{R}{N^+}}—R \longrightarrow Y—\underset{R}{CH}—\overset{R}{N}—R$$

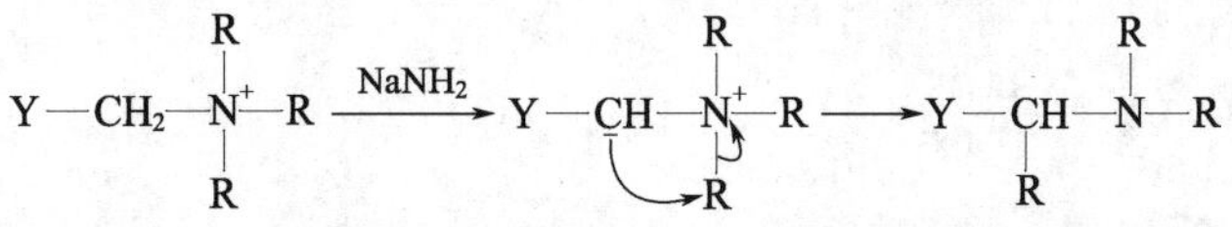

硫叶立德也能发生这样的反应：

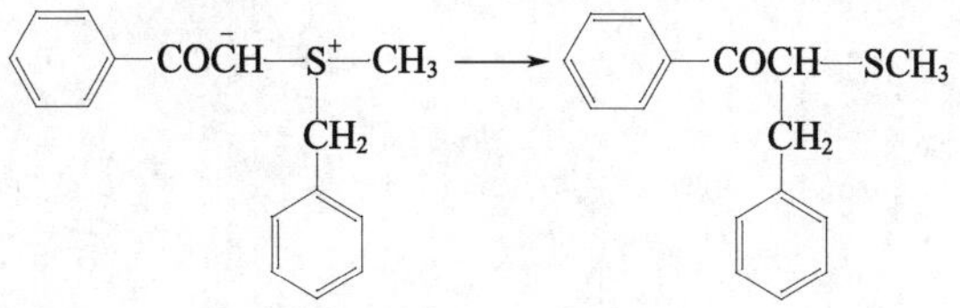

$$C_6H_5—CO\bar{C}H—\underset{CH_2C_6H_5}{S^+}—CH_3 \longrightarrow C_6H_5—CO\underset{CH_2C_6H_5}{CH}—SCH_3$$

硫叶立德的反应是通过溶剂化的紧密自由基对进行的，重排时，与硫原子相连的苯甲基转移到与硫相连的碳负离子上。反应机理：

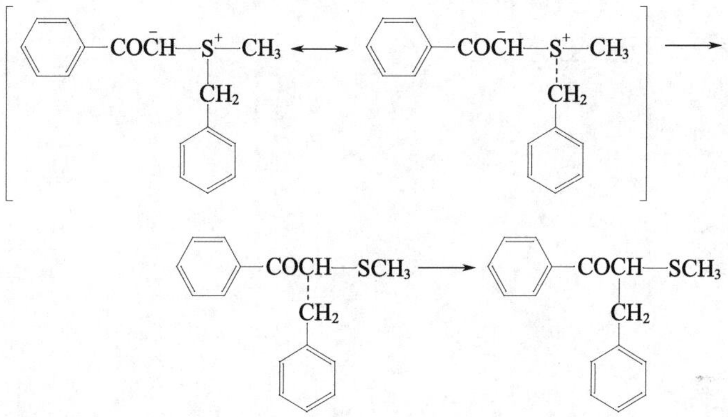

$$\left[C_6H_5—CO\bar{C}H—\underset{CH_2C_6H_5}{S^+}—CH_3 \longleftrightarrow C_6H_5—CO\bar{C}H—\underset{\vdots\, CH_2C_6H_5}{S^+}—CH_3\right] \longrightarrow$$

$$C_6H_5—CO\underset{\vdots\, CH_2C_6H_5}{CH}—SCH_3 \longrightarrow C_6H_5—CO\underset{CH_2C_6H_5}{CH}—SCH_3$$

由于自由基对的结合非常快，因此，当苯甲基的碳原子是个手性碳原子时，重排后其构型保持不变。

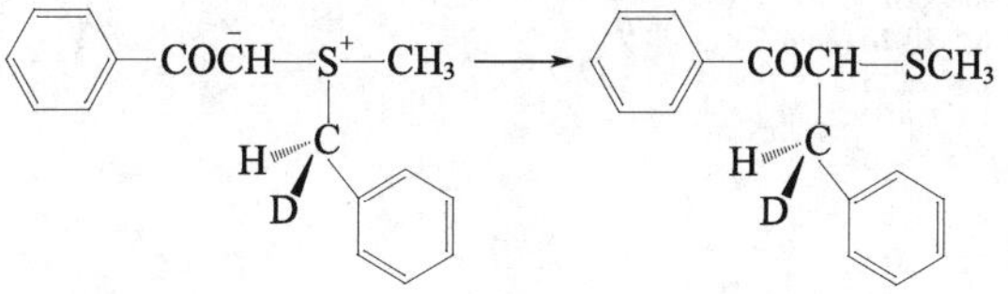

$$C_6H_5—CO\bar{C}H—\underset{C(H)(D)C_6H_5}{S^+}—CH_3 \longrightarrow C_6H_5—CO\underset{C(H)(D)C_6H_5}{CH}—SCH_3$$

形成的叶立德是 Stevens 重排反应的中间体，所以除氮叶立德、硫叶立德外，氧叶立德也可以发生 Stevens 重排。

练习 1

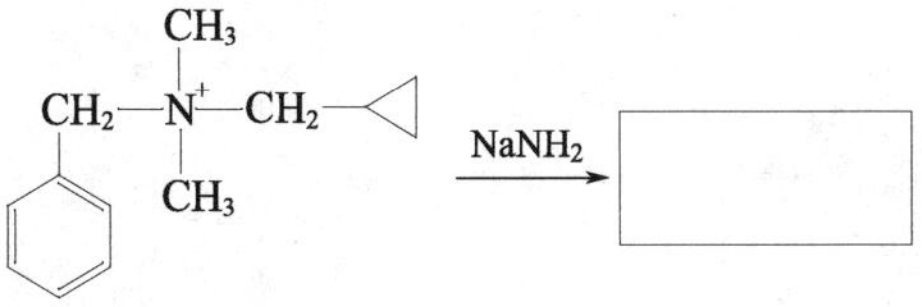

$$C_6H_5CH_2—\overset{CH_3}{\underset{CH_3}{N^+}}—CH_2—C_3H_5 \xrightarrow{NaNH_2} \boxed{\quad}$$

［答案］

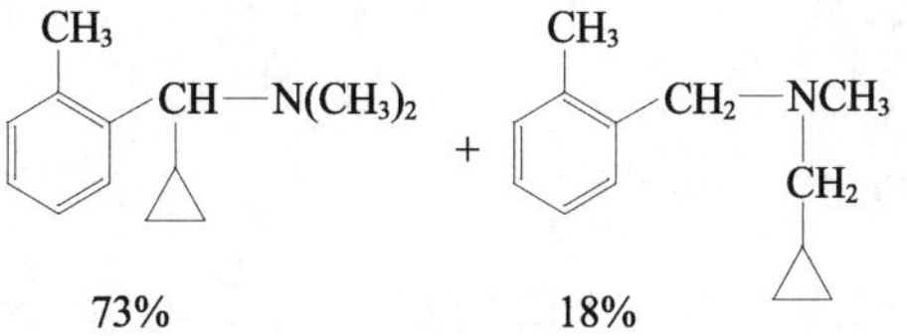

$$\text{邻-}CH_3C_6H_4—\underset{C_3H_5}{CH}—N(CH_3)_2 \quad (73\%) \quad + \quad \text{邻-}CH_3C_6H_4—CH_2—\underset{CH_2C_3H_5}{NCH_3} \quad (18\%)$$

练习 2

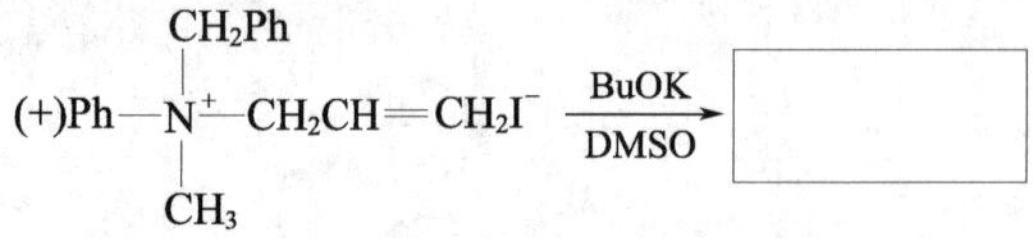

$$(+)Ph-\overset{CH_2Ph}{\underset{CH_3}{N^+}}-CH_2CH{=}CH_2I^- \xrightarrow[DMSO]{BuOK} \boxed{\quad}$$

[答案]

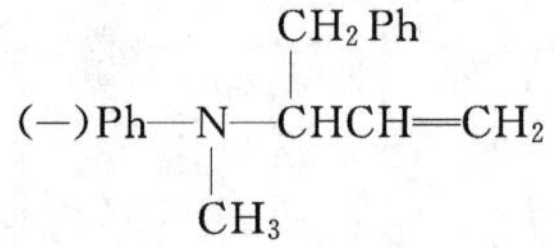

$$(-)Ph-\overset{CH_2Ph}{\underset{CH_3}{N}}-\overset{}{C}HCH{=}CH_2$$

练习 3[3]

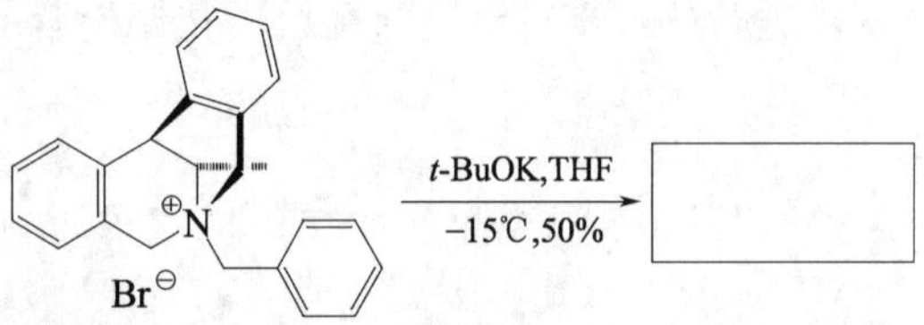

Br⊖ ⊕N

t-BuOK,THF

−15℃,50%

[答案]

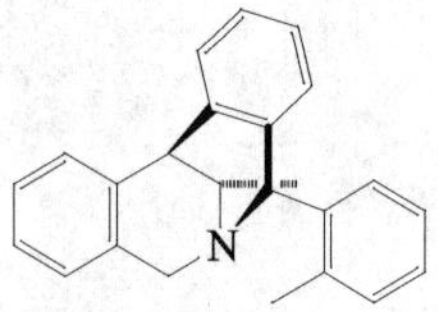

N

练习 4[4]

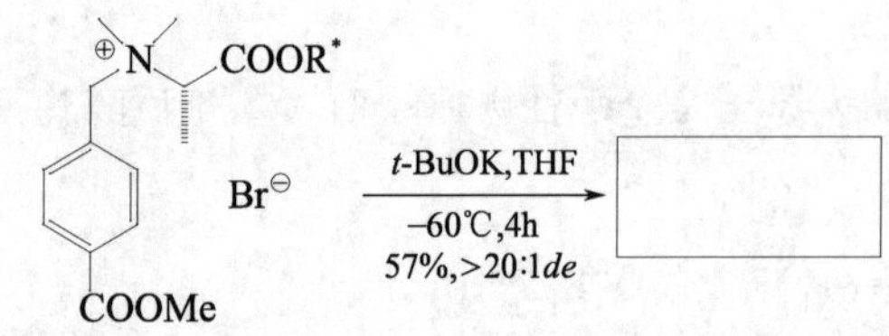

⊕N COOR*

Br⊖

COOMe

t-BuOK,THF

−60℃,4h

57%,>20:1*de*

R*=(−)-8-phenylmenthyl

[答案]

N COOR*

COOMe

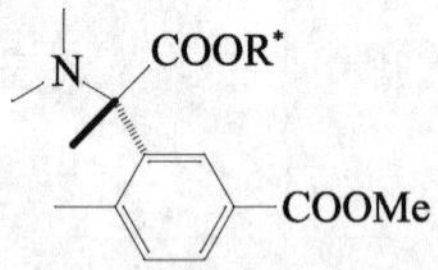

参考文献

[1] Sommelet M. Compt Rend，1937，205：56-58.

[2] Jie Jack Li. Name Reaction. 4th ed. Berlin Heidelberg：Springer-Verlag，2009：517.

[3] Hanessian S，Talbot C，Saravanan P. Synthesis，2006：723-734.

[4] Tayama E，Orihara K，Kimura H. Org Biomol Chem，2008，6：3673-3680.

Wagner-Meerwein 重排

写出下面反应的产物以及可能的副产物，并写出你认为合理的反应机理。

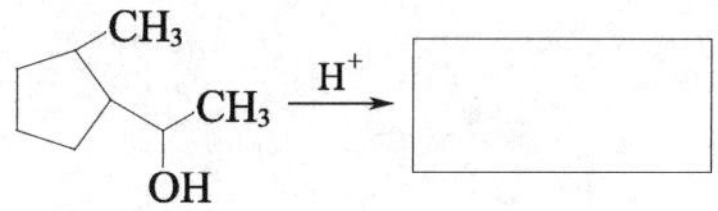

（华东理工大学，2006）

在酸性条件下，醇羟基先质子化形成僠盐，H_2O 离去，产生碳正离子，碳正离子发生重排形成更为稳定的碳正离子，得到不同产物，具体如下：

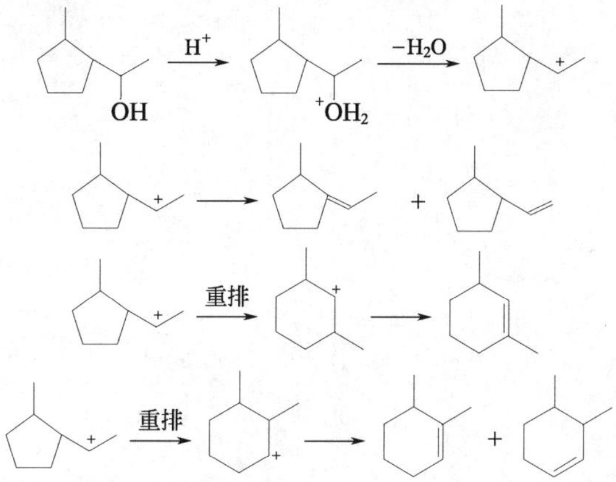

在酸催化下醇分子中的烷基迁移生成更多取代的烯烃，这种重排反应称为 Wagner-Meerwein 重排[1,2]。反应中，中间体碳正离子发生 1,2-重排反应，并伴随有氢、烷基或芳基迁移[3]。例如：

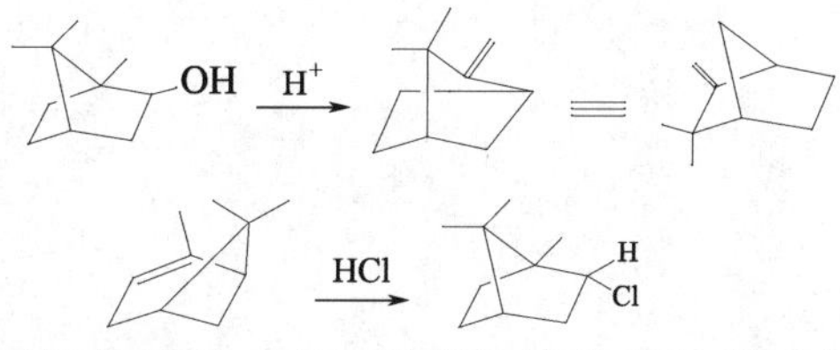

反应的推动力是由较不稳定的碳正离子重排为较稳定的碳正离子。碳正离子的稳定性顺序为：3°＞2°＞1°。

Wagner-Meerwein 重排反应机理如下[4,5]：

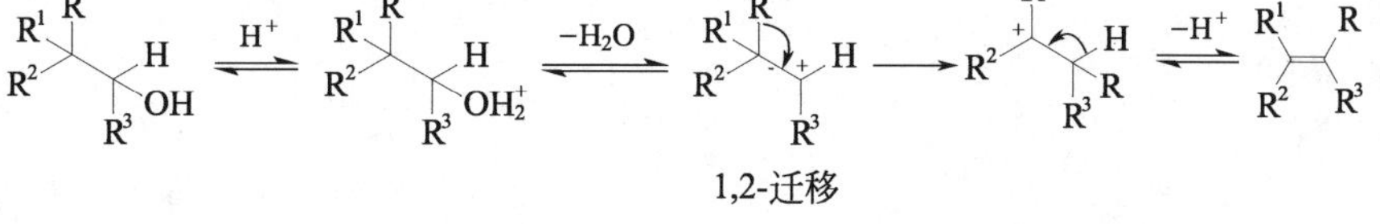

1,2-迁移

练习 1

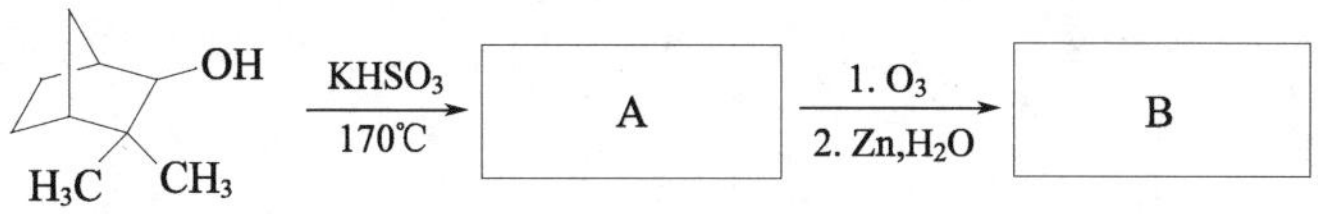

（兰州大学，2001）

［答案］

A. 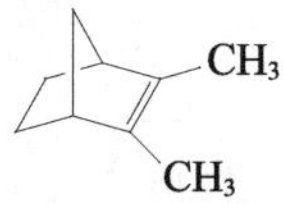　　B.

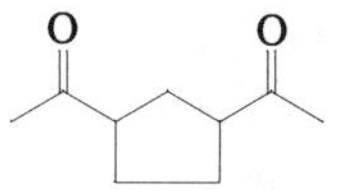

第一步为 E1 反应历程，反应过程中发生碳正离子重排生成较为稳定的消除产物。

练习 2

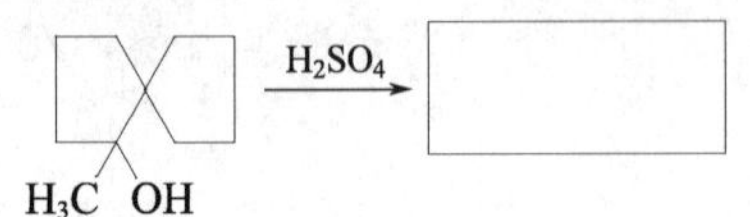

（南开大学，2002）

［答案］

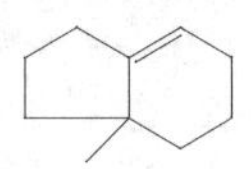

练习 3 机理

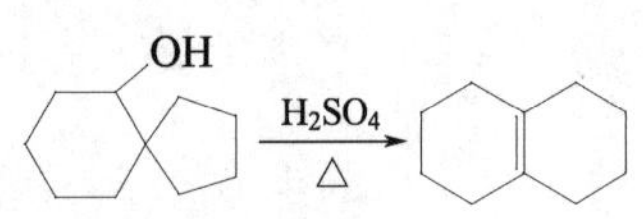

（郑州大学，2006）

［答案］

OH $\xrightarrow{H_2SO_4}$ OH_2^+ $\xrightarrow{-H_2O}$ + $\longrightarrow$ + $\xrightarrow{-H^+}$

练习 4 机理

OH $\xrightarrow{H_3PO_4}$ +

（湖南大学，2004）

［答案］

OH $\xrightarrow{H^+}$ $\overset{+}{O}H_2$ $\xrightarrow{-H_2O}$ + $\longrightarrow$ + $\xrightarrow{-H^+}$ +

少

练习 5 机理

CH_3 OH $\xrightarrow{\triangle}$ + H_2O

（南京工业大学，2005）

［答案］

OH CH_3 $\xrightarrow{H^+}$ OH_2^+ CH_3 $\xrightarrow{-H_2O}$ + CH_3 $\longrightarrow$ H + $\longrightarrow$

练习 6 机理

OH $\xrightarrow{H^+}$

（中国石油大学，2004）

［答案］

OH $\xrightarrow[2.\ -H_2O]{1.\ H^+}$ + $\longrightarrow$ + H $\xrightarrow{-H^+}$

练习 7 机理

CH_3 CH_3 CH_2 $\xrightarrow{H_2SO_4}$ $\xrightarrow{H_2O}$ HO

（上海交通大学，2004）

［答案］

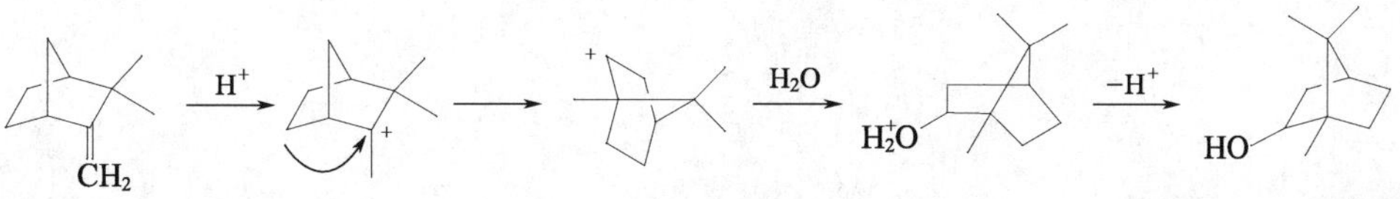

CH_2 $\xrightarrow{H^+}$ + $\longrightarrow$ + $\xrightarrow{H_2O}$ $H_2\overset{+}{O}$ $\xrightarrow{-H^+}$ HO

练习8　机理

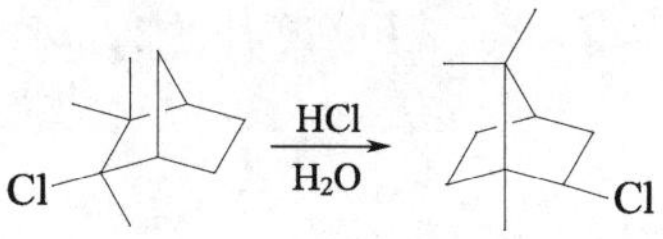

Cl $\xrightarrow[H_2O]{HCl}$ Cl　　（中国科学技术大学，2002）

［答案］　此反应为S_N1，单分子亲核取代反应，涉及碳正离子的重排。

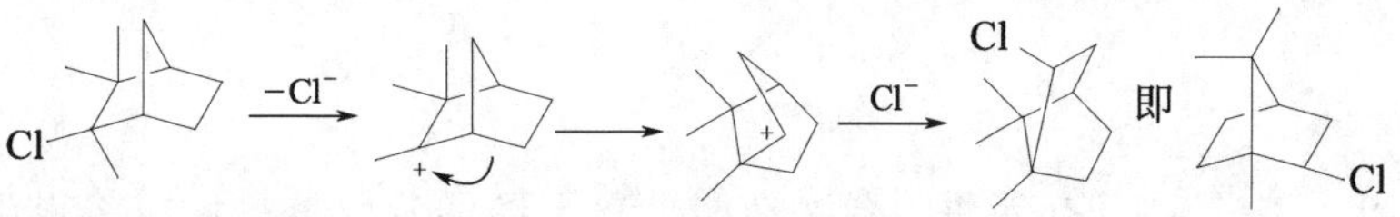

Cl $\xrightarrow{-Cl^-}$ + $\longrightarrow$ + $\xrightarrow{Cl^-}$ Cl　即　Cl

练习9　机理

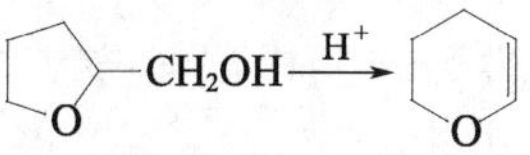

$CH_2OH \xrightarrow{H^+}$ O　　（南开大学，2009）

［答案］

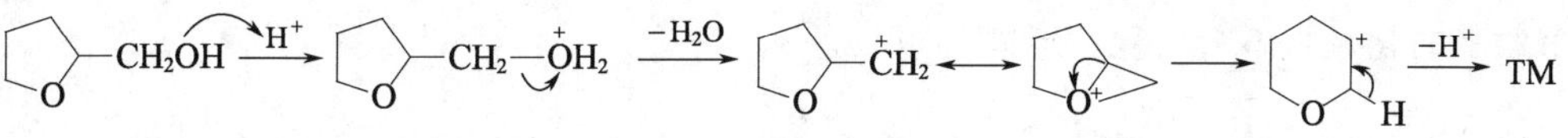

O $CH_2OH \xrightarrow{H^+}$ O $CH_2-\overset{+}{O}H_2 \xrightarrow{-H_2O}$ O $\overset{+}{C}H_2 \longleftrightarrow$ $\overset{+}{O}$ $\longrightarrow$ O + H $\xrightarrow{-H^+}$ TM

练习10

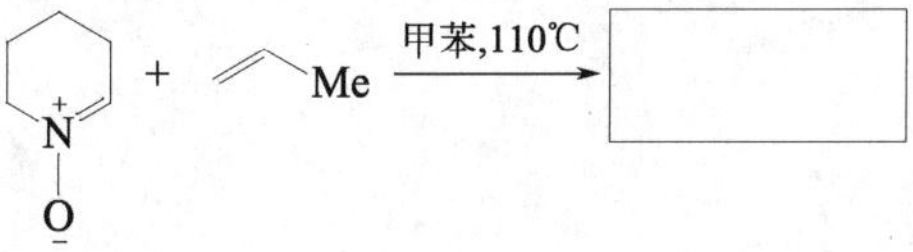

$\overset{+}{N}$–$\overset{-}{O}$ + Me $\xrightarrow{\text{甲苯,110℃}}$ [　　]　　（复旦大学，2003）

［答案］

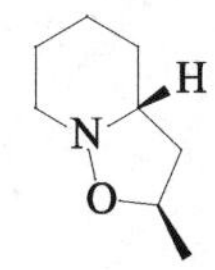

参考文献

［1］Wagner G J. Russ Phys Chem Soc，1899，31：690.

［2］Hogeveen H，Van Kruchten E M G A. Top Curr Chem，1979，80：89-124.

［3］孔祥文．有机化学．北京：化学工业出版社，2010.

［4］Jie Jack Li. Name Reaction. 4th ed. Berlin Heidelberg：Springer-Verlag，2009：566.

［5］［美］李杰（Jie Jack Li）．有机人名反应及机理．荣国斌译．朱士正校．上海：华东理工大学出版社，2003：426.

Zinin 联苯胺重排（半联苯胺重排）

下列反应中A、B、C三种产物不能全部得到，请判断哪一些化合物不能得到，并写出合适的反应机理说明此实验结果。

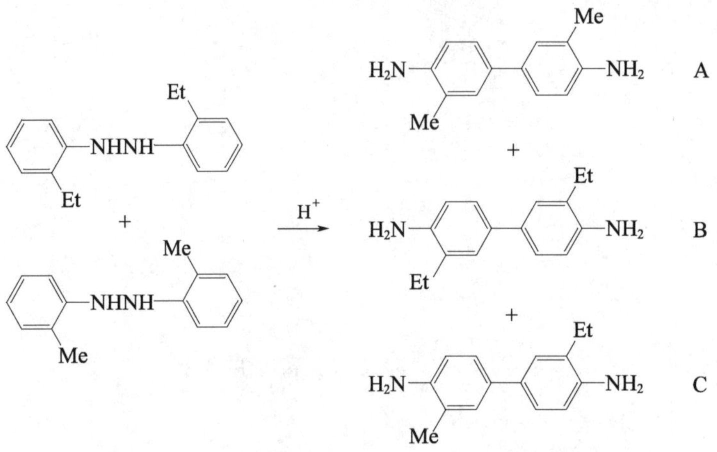

（中国科学院，2009）

2,2′-二甲基二苯肼和2,2′-二乙基二苯肼混合物在酸催化下经联苯胺重排反应将得到产物A和B，不能得到C。

联苯胺重排反应（benzidine rearrangement）是指1,2-二芳基肼类（氢化偶氮芳基化合物）在强酸性条件下经［5,5］σ迁移反应重排为4,4′-二氨基联苯的反应[1,2]。

联苯胺重排属于分子内过程，不会出现交叉重排产物。所以，联苯胺上分别带一个甲基和一个乙基的化合物不会出现。通式如下：

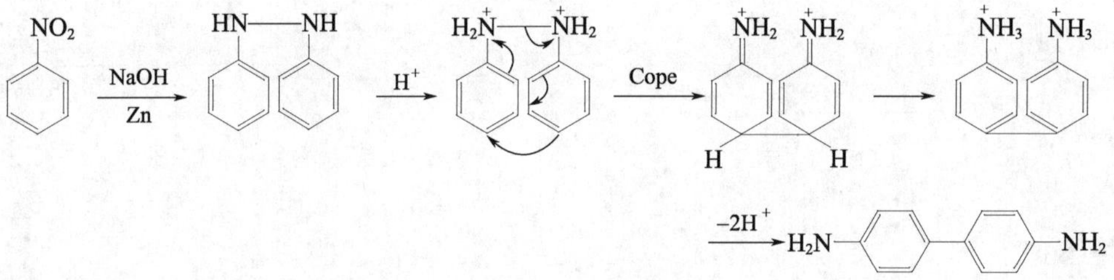

练习1 写出下述反应产物。

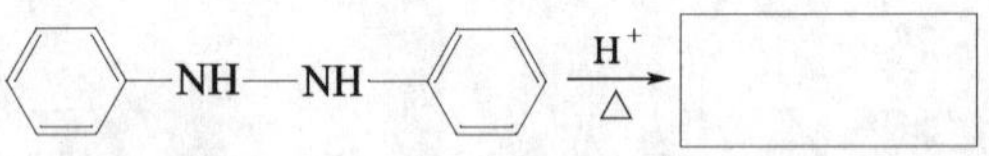

［答案］

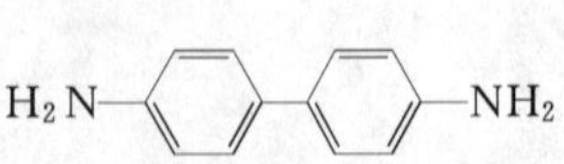

H_2N—C₆H₄—C₆H₄—NH_2（≈70%），联苯胺，mp 127℃。

反应中也产生2,2′和2,4′-二氨基联苯(a)和(b)，还有半联胺(c)和(d)等副产物[3]。

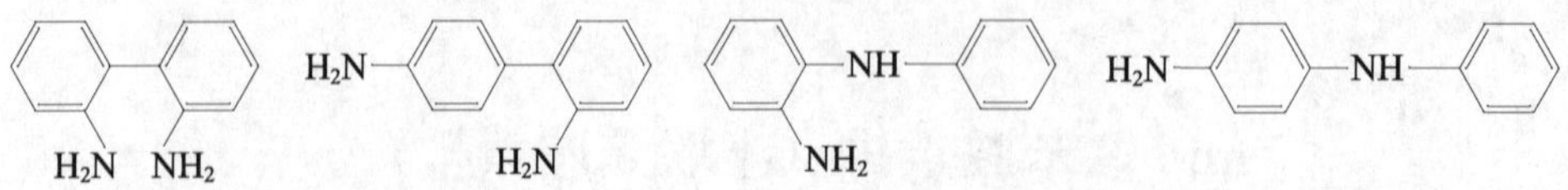

(a) (b) (c) (d)

练习 2　写出下述反应产物。

O_2N—⟨苯环⟩—NH—NH—⟨苯环⟩—NO_2 $\xrightarrow[\text{重排}]{H^+}$ □

[答案][3]

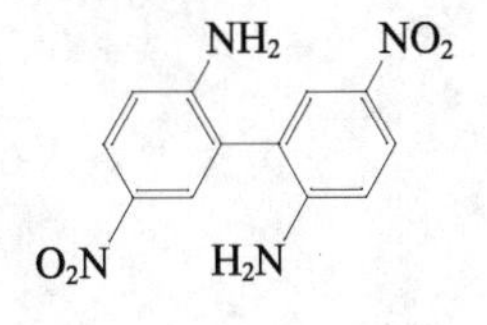

对位取代的氢化偶氮苯也能发生此重排，一般情况下，重排在邻位发生。但若对位被磺酸基、羧基占领时，重排仍在对位发生，这可能与磺化反应是可逆的，苯环上的羧基较易脱羧有关。

练习 3　写出下述反应产物。

NH_2（苯胺）$\xrightarrow{\text{浓}H_2SO_4}$ □

[答案][4]　苯胺也可以磺化，磺化时硫酸首先与苯胺成盐，若用发烟硫酸为磺化试剂，在室温进行反应，主要得间位取代产物，若用浓硫酸磺化，反应在长时间加热的条件下进行，则主要产物是对氨基苯磺酸。

NH_2（苯胺）$\xrightarrow{\text{浓}H_2SO_4}$ $\overset{+}{N}H_3HSO_4^-$（苯环）$\xrightarrow{180\sim190℃}$ NH_2/SO_3H（对位）$\longrightarrow$ $\overset{+}{N}H_3$/SO_3^-（对位）

N-取代苯胺也能发生类似的重排，主要生成对位重排产物，对位被占据时则生成邻位产物。

NH—Y（苯环）$\xrightarrow[\triangle]{H^+}$ NH_2/Y（对位）

练习 4　写出下述反应产物。

H_3C—⟨苯环⟩—NH—NH—⟨苯环⟩—CH_3 $\xrightarrow{H^+}$ □

[答案]

H_3C—⟨苯环⟩—NH—⟨苯环（CH_3，H_2N）⟩

(*o*-半胺)

芳环有一个对位被封闭时，重排得对半联苯胺。两个对位都被封闭，则得邻半联苯胺。

R—⟨苯环⟩—$\overset{H}{N}$—$\overset{H}{N}$—⟨苯环⟩ $\xrightarrow{H^+}$ R—⟨苯环⟩—$\overset{H}{N}$—⟨苯环⟩—NH_2

R＝卤素，烷基，烷氧基，氨基，二甲氨基

例如：

$$H_3C-C_6H_4-NHNH-C_6H_5 \xrightarrow{H^+} H_3C-C_6H_4-NH-C_6H_4-NH_2$$

练习 5 写出下述反应产物。

$$(o\text{-}CH_3OC_6H_4)NH-NH(o\text{-}C_2H_5OC_6H_4) \xrightarrow{H^+} \boxed{\quad}$$

（中山大学，2003）

［答案］

$$H_2N-C_6H_3(OCH_3)-C_6H_3(OC_2H_5)-NH_2$$

练习 6 合成

甲苯 →…→ Br—C₆H₃(CH₃)—C₆H₃(CH₃)—Br（各苯环上 CH_3 位于 Br 的邻位）

（兰州大学，2005）

［答案］

$$C_6H_5CH_3 \xrightarrow[\text{浓}HNO_3]{\text{浓}H_2SO_4} o\text{-}CH_3C_6H_4NO_2 \xrightarrow{Zn,NaOH} (o\text{-}CH_3C_6H_4)NHNH(o\text{-}CH_3C_6H_4) \xrightarrow[\triangle]{H^+} H_2N-C_6H_3(CH_3)-C_6H_3(CH_3)-NH_2$$

$$\xrightarrow[2.\ CuBr,HBr]{1.\ NaNO_2,HBr} Br-C_6H_3(CH_3)-C_6H_3(CH_3)-Br$$

练习 7 合成

$C_6H_5NO_2$ →…→ Br—C₆H₃(Br)—C₆H₃(Br)—Br（2,2',4,4'-四溴联苯）

（兰州大学，2002）

［答案］

$$C_6H_5NO_2 \xrightarrow[Br_2]{Fe} m\text{-}BrC_6H_4NO_2 \xrightarrow[EtOH]{NaOH,Zn} (m\text{-}BrC_6H_4)NH-NH(m\text{-}BrC_6H_4) \xrightarrow{H^+} H_2N-C_6H_3(Br)-C_6H_3(Br)-NH_2$$

$$\xrightarrow[0\sim5^\circ C]{NaNO_2,HBr} BrN_2-C_6H_3(Br)-C_6H_3(Br)-N_2Br \xrightarrow{CuBr,HBr} Br-C_6H_3(Br)-C_6H_3(Br)-Br$$

参考文献

[1] Zinin N. J Prakt Chem，1845，36：93.
[2] [美] 李杰 (Jie Jack Li). 有机人名反应及机理. 荣国斌译，朱士正校. 上海：华东理工大学出版社，2003：453.
[3] 邢其毅，裴伟伟，徐瑞秋等. 基础有机化学. 第 3 版. 北京：高等教育出版社，2005：798.
[4] 孔祥文. 有机化学. 北京：化学工业出版社，2010.

异常 Claisen 重排

$PhNEt_2$,230℃
5.5h,63%

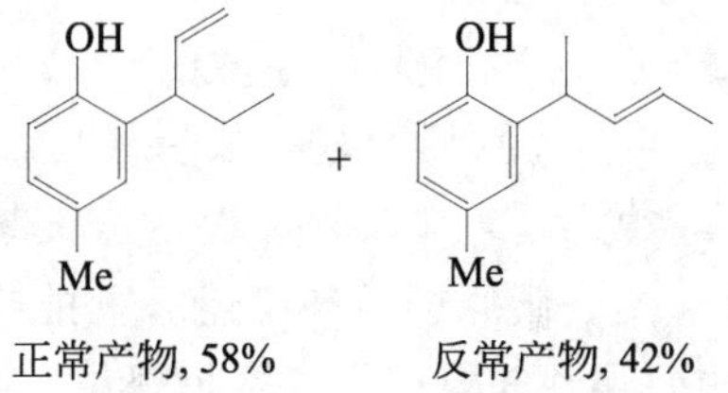

正常产物, 58%　　反常产物, 42%

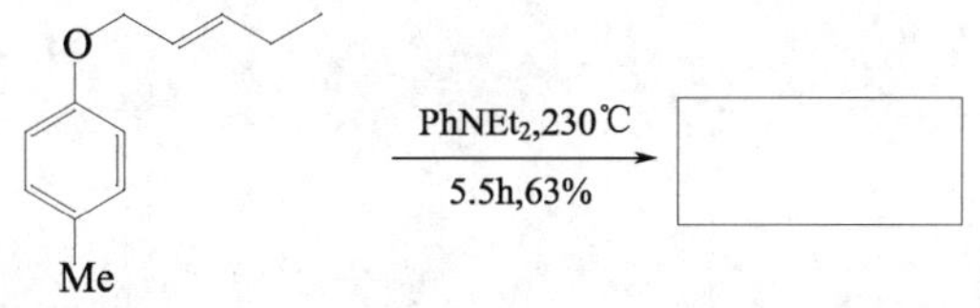

上述反应生成两种产物，其中正常产物为 Claisen 重排反应产物，而反常产物为异常 Claisen 重排反应生成的产物[1]。当反应条件改变时，重排反应产物的比例也随之不同，例如：

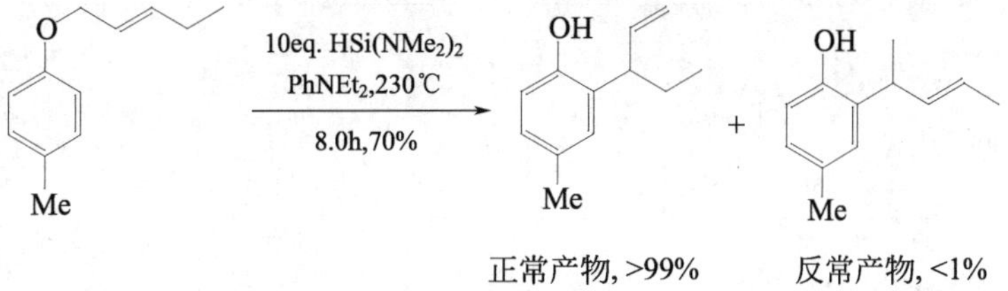

10eq. $HSi(NMe_2)_2$
$PhNEt_2$,230℃
8.0h,70%

正常产物, >99%　　反常产物, <1%

那么何为异常 Claisen 重排反应呢？异常 Claisen 重排反应即为正常 Claisen 重排产物进一步重排，结果是 β-碳原子与芳环相连[2]。例如[3]：

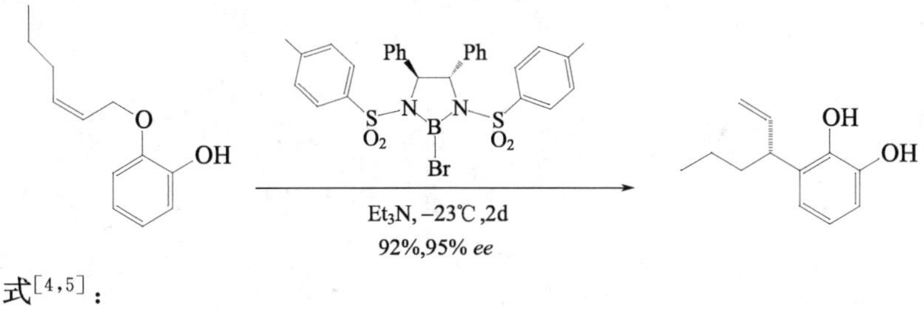

Et_3N, −23℃,2d
92%,95% *ee*

反应通式[4,5]：

△

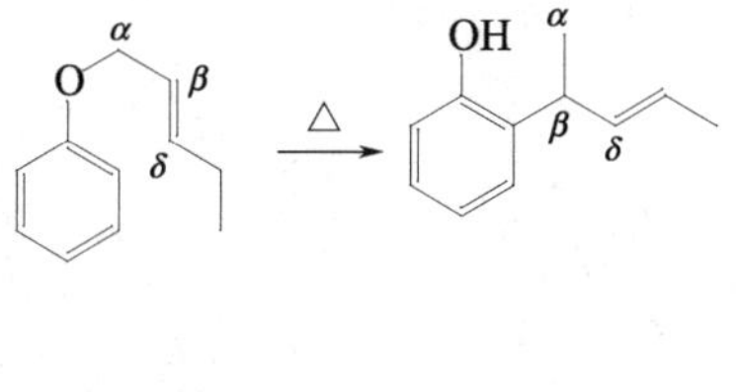

反应机理[6]：

(2-戊烯基) 苯基醚 (**22**) 经 [3,3]-σ 重排 (正常的 Claisen) 得 6-(1-乙基烯丙基)-2,4-环己二烯-1-酮 (**23**)，**23** 异构为 2-(1-乙基烯丙基) 苯酚 (**24**)，**24** 经氢原子迁移形成 **25** 和 **26**，**25** 经 [1,5]氢原子迁移得到 **27**。

小结：正常 Claisen 重排反应是 δ-碳原子与环相连的重排产物，当烯丙基芳基醚的两个邻位未被取代基占满时，重排主要得到邻位产物，两个邻位均被取代基占据时，重排得到对位产物。对位、邻位均被占满时不发生此类重排反应。异常的 Claisen 重排反应是 β-碳原子与环相连。因此二者的产物不同。

练习 1

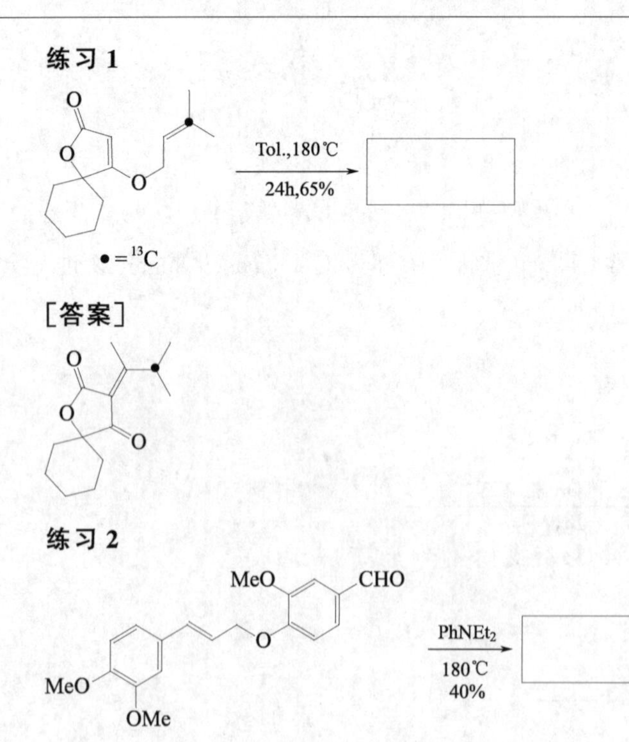

［答案］

参考文献

［1］Fukuyama T，Li T，Peng G. Tetrahedron Lett，1994，35：2145-2148.
［2］Hansen H J. In Mechanisms of Molecular Migrations：Thyagarajan B S. 3rd ed. New York Wiley-Interscience，1971：177-236.
［3］Ito H，Sato A，Taguchi T. Tetrahedron Lett，1997，38：4815-4818.
［4］Jie Jack Li. Name Reaction. 4th ed. Heidelberg：Springer-Verlag Berlin，2009：121.
［5］［美］李杰（Jie Jack Li）. 有机人名反应及机理. 荣国斌译. 朱士正校 . 上海：华东理工大学出版社，2003：1.
［6］Schobert R，Siegfried S，Gordon G，Mulholland D，Nieuwenhuyzen M. Tetrahedron Lett，2001，42：4561-4564.

第 9 章　杂环合成

Paal-Knorr 吡咯合成

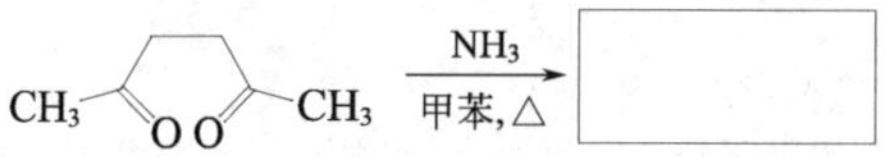

2,5-己二酮与氨反应得到 2,5-二甲基吡咯，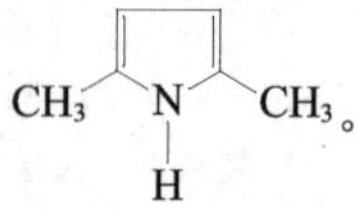。

1,4-二酮与浓氨水或醋酸铵的醋酸溶液作用生成多取代的吡咯，与一级胺作用能生成氮上带有取代基的吡咯。这种通过 1,4-二羰基化合物与氨或一级胺缩合制备吡咯的反应称为 Paal-Knorr 吡咯合成反应[1,2]。反应通式为：

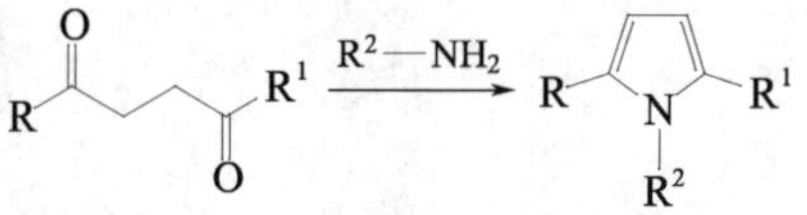

反应机理[3]：

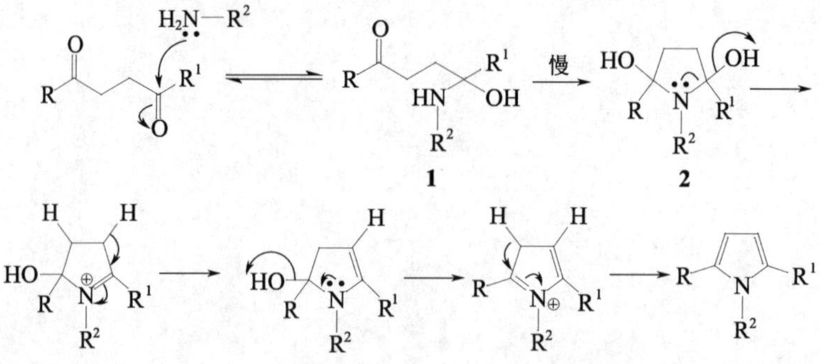

氨或伯胺的氨基亲核进攻 1,4-二羰基化合物的羰基形成 α-羟胺（**1**），**1** 的氨基亲核进攻分子内的另一个羰基环化生成 α,α'-二羟基胺（**2**），**2** 经过两次失水得到目标产物 2,5-烷基吡咯及其衍生物。

练习 1[4]

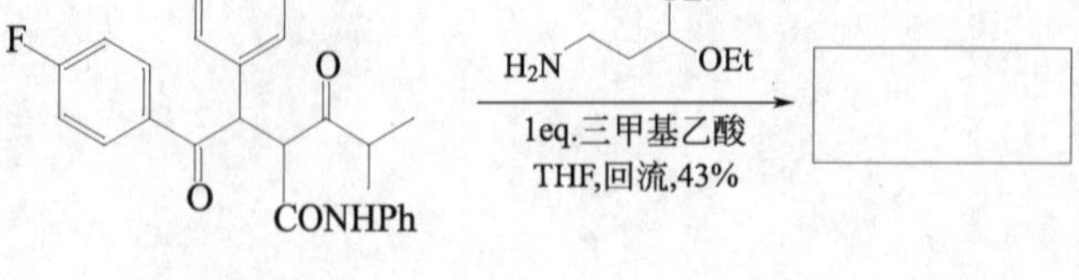

[答案]

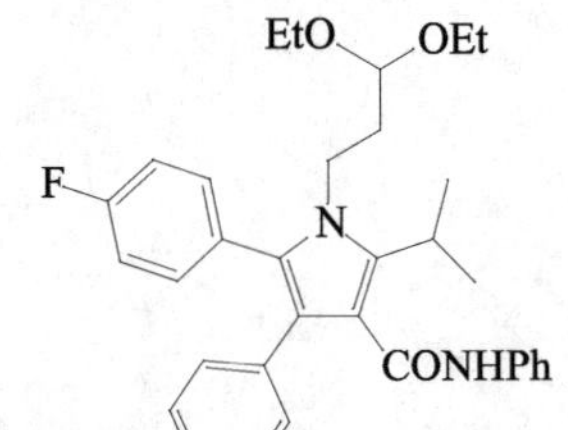

采用 Paal-Knorr 合成法可以合成降血脂药阿托伐他汀（atorvastatin）的重要中间体五取代吡咯衍生物。

练习 2

EtOOC　COOEt
CH_3　O O　CH_3

$\xrightarrow[\triangle]{NH_3}$ [　　]

[答案]

EtOOC　COOEt
CH_3　N　CH_3
H

练习 3[5]

O　Cl
F　O
N

$\xrightarrow[\text{HOAc}]{NH_4OAc}$ [　　]
110℃
90%

[答案]

N
F　N H　Cl

练习 4[6]

N H　O　O　H

RNH_2,AcOH,MeOH,40℃;
或RNH_2,AcOH,NaOAc,甲苯,60℃;
或NH_4OAc,28% NH_4OH,EtOH,40℃
30%~96%

[答案]

R
N
N H

练习 5

O O

$\xrightarrow[\text{HOAc}]{CH_3NH_2}$ [　　]

[答案]

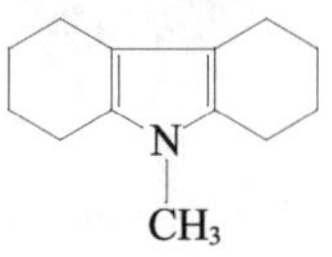

N-CH_3

练习 6

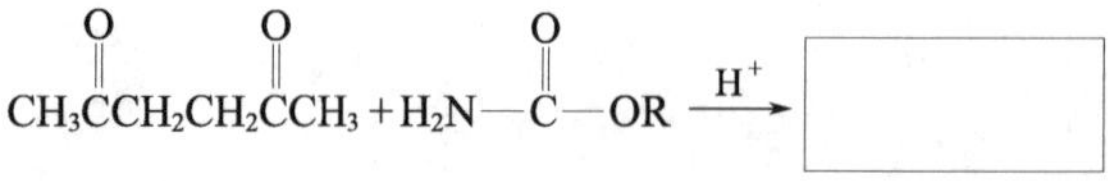

$CH_3\overset{O}{\overset{\|}{C}}CH_2CH_2\overset{O}{\overset{\|}{C}}CH_3 + H_2N-\overset{O}{\overset{\|}{C}}-OR \xrightarrow{H^+}$ □

R ＝—C_2H_5 ，—C_4H_7 ，—CH_2Ph ，—$(CH_2)_9CH_3$ ，—$(CH_2)_{17}CH_3$

[答案] 2,5-己二酮与氨基甲酸酯在酸催化下进行缩合反应可生成 *N*-烷氧羰基-2,5-二甲基吡咯[7]，其结构式为：

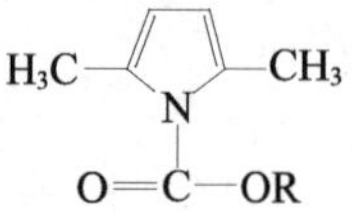

R ＝—C_2H_5 ，—C_4H_7 ，—CH_2Ph ，—$(CH_2)_9CH_3$ ，—$(CH_2)_{17}CH_3$ 。

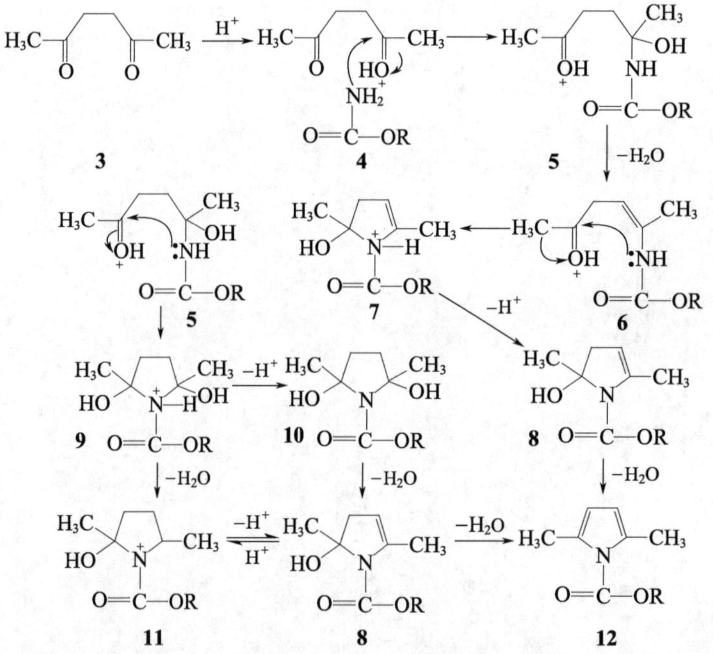

首先二酮中的一个羰基在酸作用下形成正碳中心，然后氨基甲酸酯氮原子上的孤电子对进攻正碳中心得到中间体（**5**）。接着可能有 2 种途径继续反应，其一，中间产物（**5**）脱水后生成 **6**，然后氮原子上的孤电子对进攻另一羰基的碳原子生成 **7**，再去氢离子，脱水得到目标产物（**12**）。另一条途径是中间体（**5**）分子中氮原子孤电子对继续进攻另一个羰基碳原子后得到 2,5-二羟基四氢吡咯衍生物（**10**），然后脱去两分子水得到目标产物（**12**）。另外，**9** 也有可能先脱水得 **11**，后脱氢离子得到中间体（**8**）。总而言之，这个反应的机理虽然较复杂，但可以肯定的是二酮分子中的羰基在氢离子作用下形成正碳中心，有利于氮原子孤电子对的进攻，得到的羟基取代中间体脱水后生成目标产物。

参考文献

[1] Paal C. Ber，1985，18：367.

[2] Knorr L. Ber，1985，18：299.
[3] Jie Jack Li. Name Reaction. 4th ed. Berlin Heidelberg：Springer-Verlag，2009：411.
[4] (a) Brower P L，Butler D E，Deering C F，Le T V，Millar A，Nanninga T N，Roth B D. Tetrahedron Lett，1992，33：2279-2282；(b) Baumann K L，Butler D E，Deering C F，Mennen K E，Millar A，Nanninga T N，Palmer C W，Roth B D. Tetrahedron Lett，1992，33：2279，2283-2284.
[5] de Laszlo S E，Visco D，Agarwal L，et al. Bioorg Med Chem Lett，1998，8：2689-2694.
[6] Fu L，Gribble G W. Tetrahedron Lett，2008，49：7352-7354.
[7] 张娟，张晓东，刘毅锋等. Paal-Knorr缩合法合成 *N*-烷氧羰基-2,5-二甲基吡咯. 现代化工，2006，26 (11)：47-49.

Paal-Knorr 呋喃合成

$(CH_3)_3C$–CO–CH_2CH_2–CO–$C(CH_3)_3$ —TsOH / 甲苯,△→ [ ]

2,2,7,7-四甲基-3,6-辛二酮在甲苯中，在对甲苯磺酸作用下加热反应得到2,5-二叔丁基呋喃，$(CH_3)_3C$–(呋喃)–$C(CH_3)_3$。

1,4-二酮用浓硫酸、多聚磷酸、$SnCl_2$、DMSO处理能脱水生成多取代的呋喃。任何1,4-二羰基化合物或是它们的类似物，在质子酸以及Lewis酸，或是脱水剂的作用下都能发生这样的转化。这种合成方法得到了广泛的应用，被称为Paal-Knorr呋喃合成反应[1~3]。反应通式为：

R–CO–CH(R^1)–CH(R^2)–CO–R^3 —cat.H^+ 或P_2O_5→ 2-R-3-R^1-4-R^2-5-R^3-呋喃

反应机理[4]：

H⊕ R R1 R2 R3 O → R HO R1 R2 R3 O H⊕ (13) → H R1 R2 R R3 O⊕ (14) → R1 R2 R O R3 + $H_3O^{\oplus}$

13 14

在酸催化下，1,4-二羰基化合物分子中的一个羰基的烯醇羟基的氧原子亲核进攻分子内的另一个羰基的碳原子生成环状半缩酮化合物（**13**），**13**经获取H^+后失水形成（**14**），**14**失H^+异构得到目标产物2,3,4,5-四烷基取代吡咯及其衍生物。

练习1[5]

OMe O *n*-Bu O MeO OMe —*p*-TsOH / 甲苯 / 98%→ [ ]

[答案]

MeO OMe O n-Bu MeO

练习 2[6]

磷酸 130~140℃,4~6h CH_3

[答案]

N H O CH_3

练习 3[7]

R—CO—CH═C(SMe)—CO—R $\xrightarrow[72\%\sim89\%]{SnCl_2,H^+}$ □ $\xrightarrow[88\%\sim92\%]{Br_2,CHCl_3}$ □

[答案]

R—CO—CH═C(SMe)—CO—R $\xrightarrow[72\%\sim89\%]{SnCl_2,H^+}$ SMe R O R $\xrightarrow[88\%\sim92\%]{Br_2,CHCl_3}$ Br SMe R O R

30% HBr-HOAc,$CHCl_3$,58%~64%

参考文献

[1] Paal C. Ber，1884，17：2756-2767.

[2] Knorr L. Ber，1885，17：2863-2870.

[3] Paal C. Ber，1885，18：367-371.

[4] Jie Jack Li. Name Reaction. 4th ed. Berlin Heidelberg：Springer-Verlag，2009：409.

[5] de Laszlo S E，Visco D，Agarwal L，et al. Bioorg Med Chem Lett，1998，8：2689-2694.

[6] Kaniskan N，Elmali D，Civcir P U. Arkivoc，2008，xii：17-29.

[7] Yin G，Wang Z，Chen A，Gao M，Wu A，Pan Y. J Org Chem，2008，73：3377-3383.

Paal-Knorr 噻吩合成

由 CH_3COOEt 合成 H_3C—(噻吩, S)—CH_3。

目标分子为噻吩类化合物，可用 Paal-Knorr 合成法合成。

（1）首先合成 $CH_3COCH_2CH_2COCH_3$：

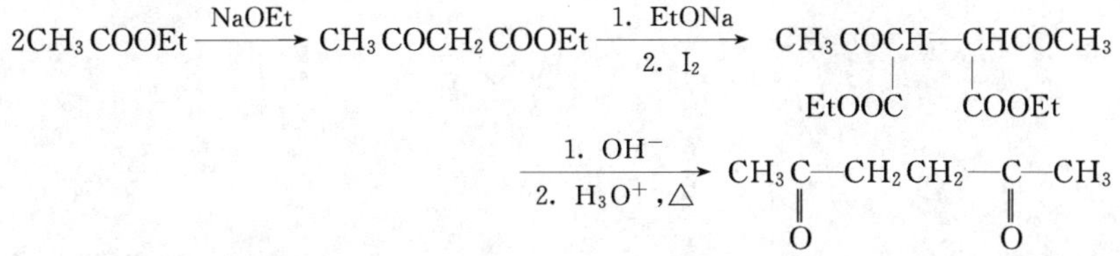

$$2CH_3COOEt \xrightarrow{NaOEt} CH_3COCH_2COOEt \xrightarrow[2.\ I_2]{1.\ EtONa} \underset{EtOOC}{CH_3COCH}—\underset{COOEt}{CHCOCH_3}$$

$$\xrightarrow[2.\ H_3O^+,\triangle]{1.\ OH^-} CH_3\overset{O}{\overset{\|}{C}}—CH_2CH_2—\overset{O}{\overset{\|}{C}}—CH_3$$

（2）Paal-Knorr 合成反应：

$$CH_3CCH_2CH_2CCH_3 \xrightarrow[\triangle]{P_2S_5} \text{2,5-二甲基噻吩}$$

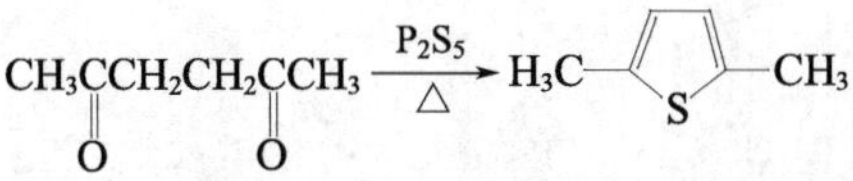

以 1,4-二羰基化合物为原料，与硫化物反应制备噻吩及其衍生物的反应称为 Paal-Knorr 噻吩合成法[1,2]。

Paal-Knorr 噻吩合成反应机理[3]：

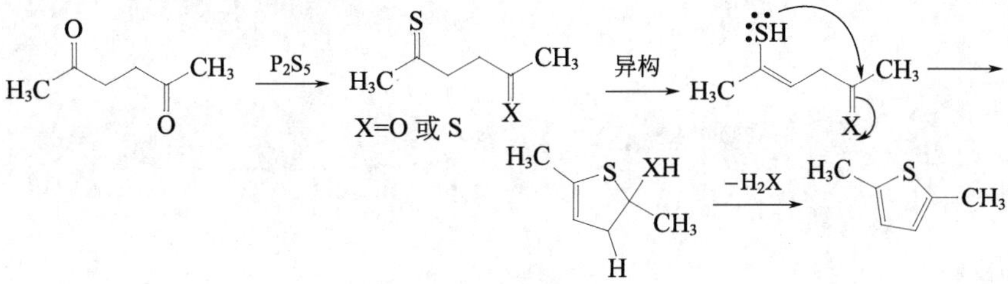

P_2S_5；X=O 或 S；异构；$-H_2X$

练习 1

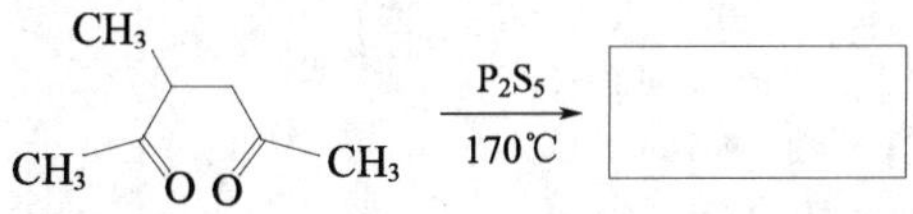

P_2S_5，170℃

[答案]

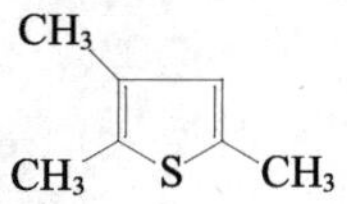

练习 2[4]

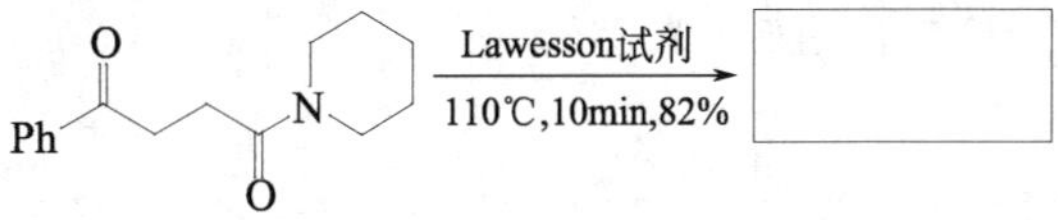

Lawesson试剂，110℃,10min,82%

注：Lawesson 试剂为（结构式）。

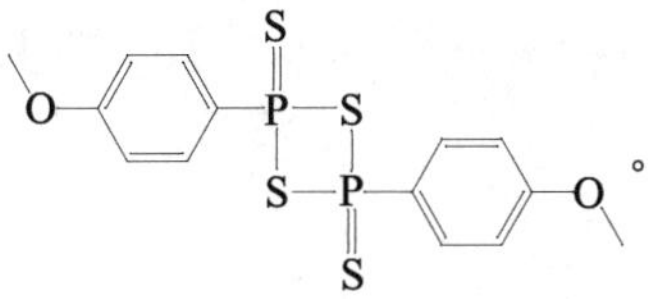

[答案]

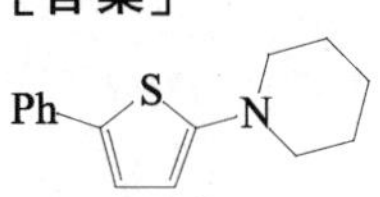

练习 3[5]

Lawesson试剂，氯苯,回流,36h，69%

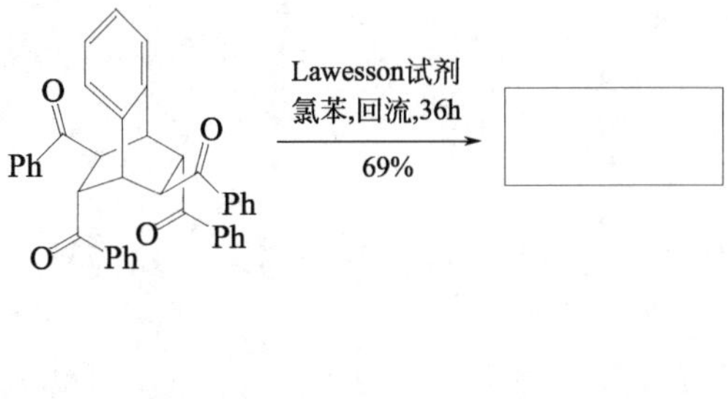

［答案］

Ph　Ph　S　S　Ph　Ph

练习 4

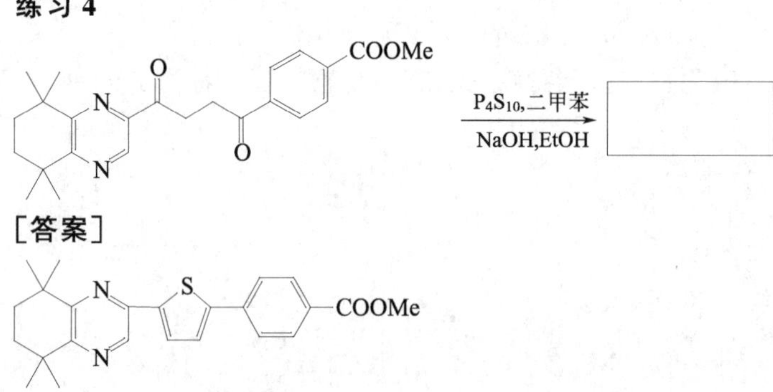

［答案］

N　S　N　COOMe

参考文献

［1］ Paal C. Ber，1885，18：2251-2254.

［2］ Paal C. Ber，1885，18：367-371.

［3］ Jie Jack Li. Name Reaction. 4th ed. Berlin Heidelberg：Springer-Verlag，2009：408.

［4］ Thomsen I，Pedersen U，Rasmussen P B，Yde B，Andersen T P，Lawesson S O. Chem Lett，1983：809-810.

［5］ Parakka J P，Sadannandan E V，Cava M P. J Org Chem，1994，59：4308-4310.

Friedländer 喹啉合成

以胡椒醛为起始原料，通过 Friedländer 喹啉合成法合成 10*H*-［1,3］二氧杂［4,5-*g*］［1,2-*b*］喹啉衍生物。

胡椒醛经硝化生成 6-硝基胡椒醛，再还原硝基得 6-氨基胡椒醛，6-氨基胡椒醛再与茚酮衍生物进行 Friedländer 缩合反应生成 10*H*-［1,3］二氧杂［4,5-*g*］［1,2-*b*］喹啉衍生物[1]。反应方程式为：

CHO　$\xrightarrow[(CH_3CO)_2O]{HNO_3}$　CHO, NO_2　$\xrightarrow[NH_3,HCl]{FeSO_4\cdot 7H_2O}$　CHO, NH_2

R^1, R^2, R^3, O　$\xrightarrow{C_2H_5OH,C_2H_5ONa}$　1, 2, 3, 4, 5 N, 6, 7, 8, 9, 10, 11, 12, R^1, R^2, R^3

Friedländer 喹啉合成法是指在酸、碱或加热条件下，α-氨基芳醛（酮）与另一分子醛（酮）

缩合得到喹啉衍生物的反应[2]。参加反应的两种醛（酮）至少有一种分子中含有 α-亚甲基氢。反应通式为：

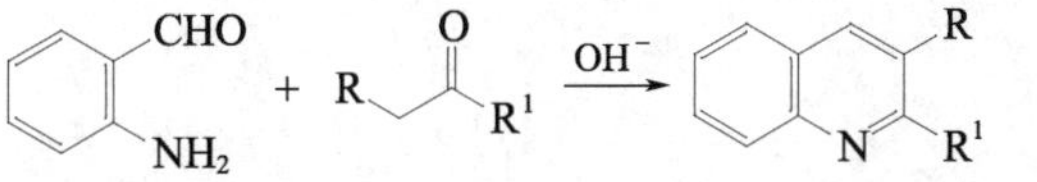

$$\text{邻氨基苯甲醛} + RCH_2COR^1 \xrightarrow{OH^-} \text{2-}R^1\text{-3-}R\text{-喹啉}$$

反应机理[3]：

（反应机理图：15、16、17）

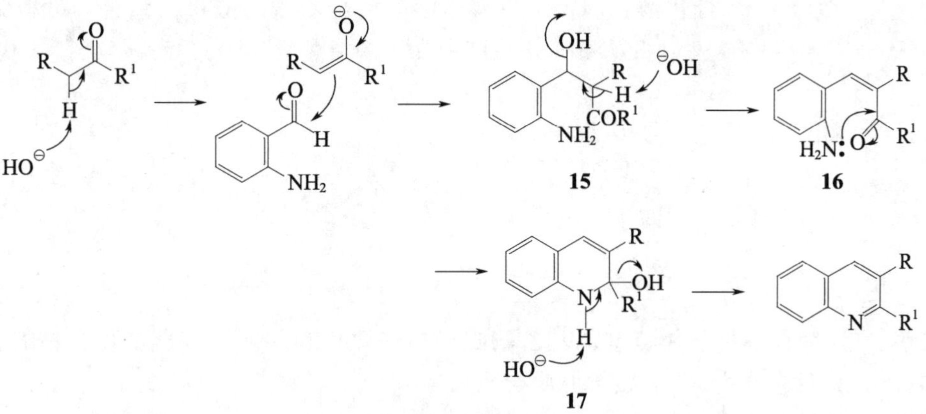

含有 α-H 的醛（酮）首先在碱作用下形成烯醇负离子，然后进攻邻氨基芳醛（酮）的羰基经 Aldol 缩合生成 β-羟基醛（酮）（**15**），**15** 再在碱催化下脱水得到 α,β-不饱和醛（酮）（**16**），**16** 分子中的氨基进攻分子内的羰基发生亲核加成生成 α-醇胺（**17**），**17** 在碱催化下脱水得到目标产物喹啉衍生物。

练习 1

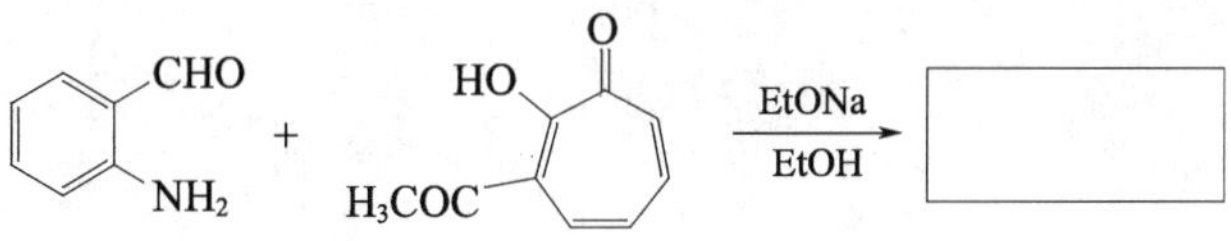

CHO, NH_2 + HO, O, H_3COC $\xrightarrow[EtOH]{EtONa}$ □

［答案］

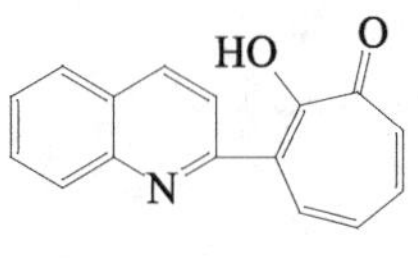

HO, O, N

练习 2

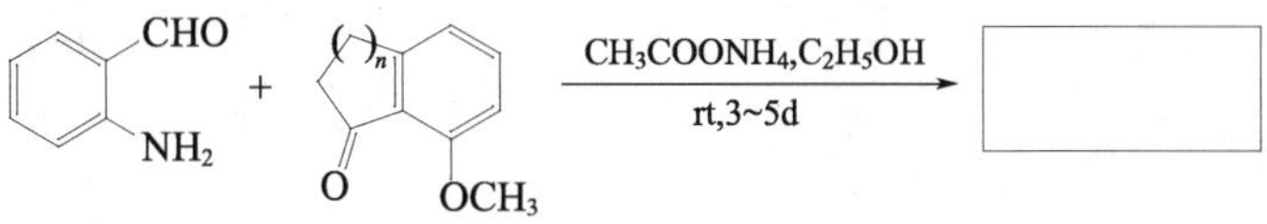

CHO, NH_2 + $(\;)_n$, O, OCH_3 $\xrightarrow[rt,3\sim5d]{CH_3COONH_4,C_2H_5OH}$ □

［答案］

$(\;)_n$, N, OCH_3

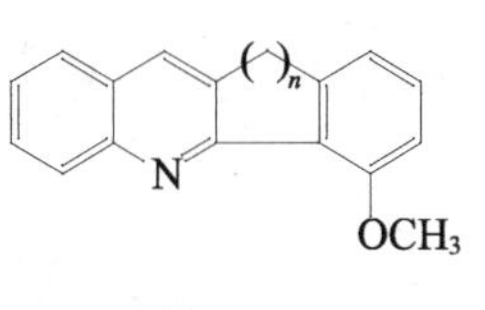

Friedländer 缩合反应所必需的原料之一——活泼亚甲基化合物不仅仅是指开链醛酮，环酮也可以参与缩合，但相对于开链醛酮来说，环酮作为原料时反应时间较长，需要的条件也相对苛刻[4,5]。

练习 3

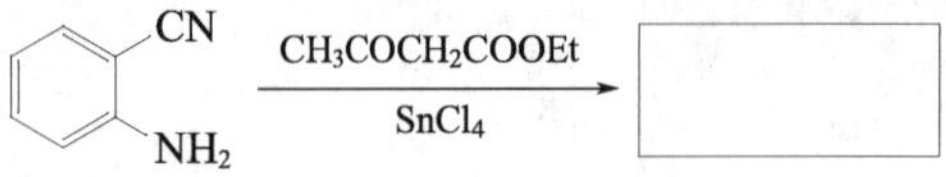

[答案]

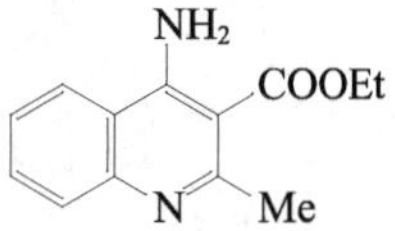

据文献［6,7］报道以2-氨基苯氰为原料，以无水四氯化锡为催化剂，用无水甲苯作溶剂，与乙酰乙酸甲酯缩合，可得到2-甲基-4-氨基喹啉-3-甲酸甲酯，淡黄色粉末，产率36.1%．mp 159～160 ℃。

练习 4 写出下述反应产物和反应机理。

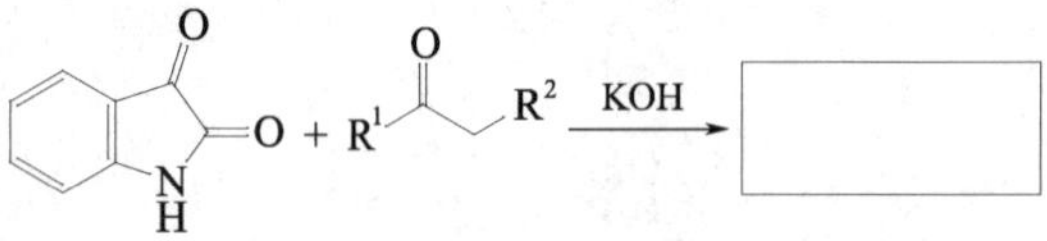

[答案][8] 碱性条件下邻氨基苯基乙酮酸（靛红酸）和 α-亚甲基羰基化合物缩合生成喹啉-4-羧酸，该反应称为 Pfitzinger 喹啉合成法。

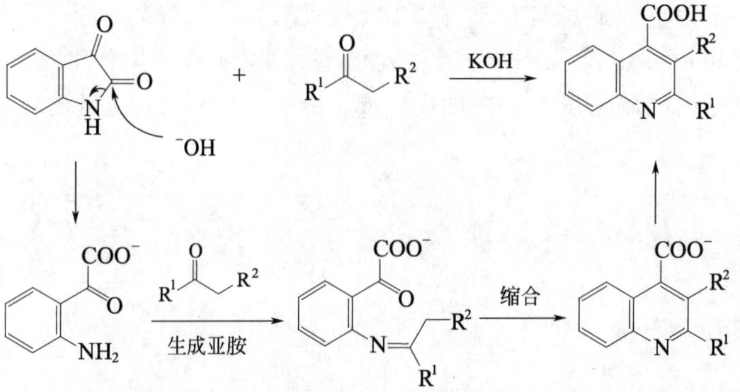

练习 5 写出下述反应产物。

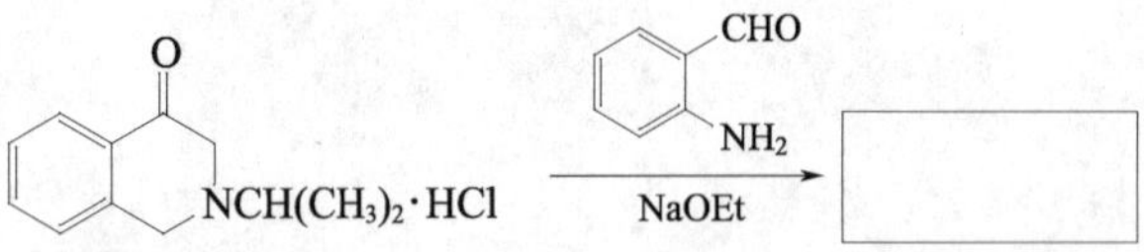

[答案][9]

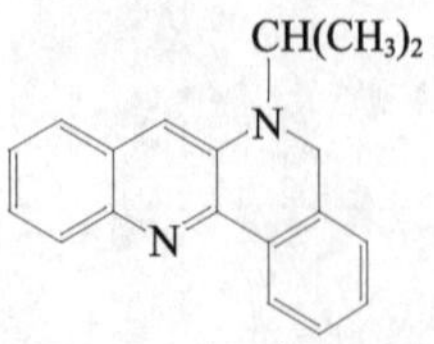

练习 6 机理

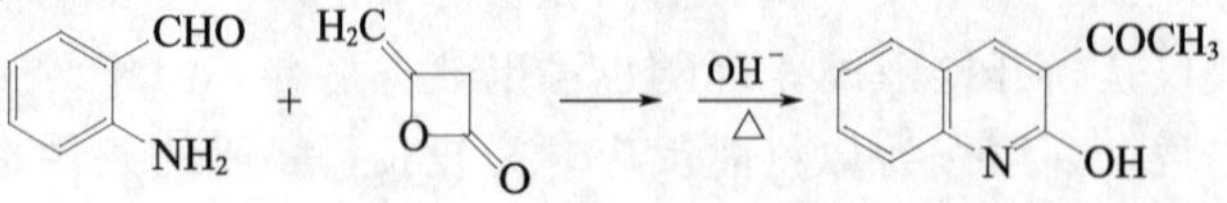

（南开大学，2009；中国科学技术大学，2011）

[答案]

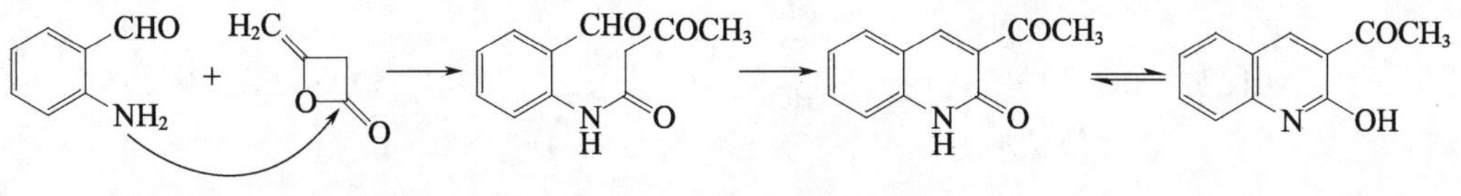

参考文献

[1] 杨定乔，吕芬，李文辉等. Friedländer 法合成茚并喹啉类衍生物. 有机化学，2004，24（11）：1465-1468.

[2] Friedlander P. Ber，1882，15：2572-2575.

[3] Jie Jack Li. Name Reaction. 4th ed. Berlin Heidelberg：Springer-Verlag，2009：238.

[4] Antkowiak R，Antkowiak W Z，Czerwinski G. Hindered *n*-Oxides of Cavity Shaped Molecules. Tetrahedron，1990，46（7）：2445-2452.

[5] Thummel R P，Jahng Y D. Polyaza Cavity Shaped Molecules 4 Annelated Derivatives of 2,2′:6′,2″-Terpyridine. The Journal of Organic Chemistry，1985：50.

[6] Veronese A C，Callegari R，Morelli C F. Tetrahedron，1995，51：12277.

[7] 陈玉，柏舜，艾勇等. 新型嘧啶并喹啉衍生物的合成及体外抑菌活性评价. 有机化学，2013，33（5）：1074-1079.

[8] [美] 李杰（Jie Jack Li）. 有机人名反应及机理. 荣国斌译. 朱士正校. 上海：华东理工大学出版社，2003：311.

[9] 钱建华，张宝砚，刘琳等. 2-异丙基-3-乙氧甲酰基-1,2,3,4-四氢异喹啉-4-酮衍生物的合成. 有机化学，2003，23（12）：1432-1434.

Skraup 喹啉合成

$H_3BO_3, H_2SO_4, FeSO_4$

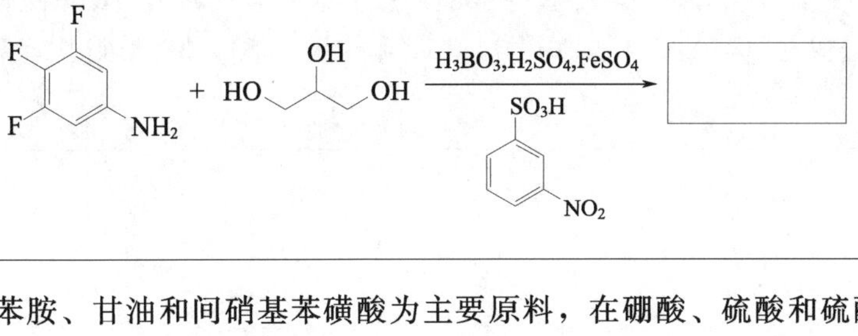

3,4,5-三氟苯胺、甘油和间硝基苯磺酸为主要原料，在硼酸、硫酸和硫酸亚铁存在下加热反应得到 5,6,7-三氟喹啉，收率 80%[1]。产物结构式为：。该反应为 Skraup 喹啉合成实例之一。

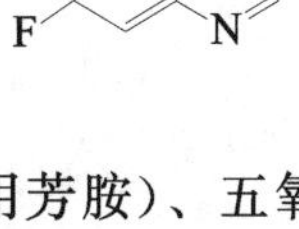

苯胺（或其它芳胺）、甘油、硫酸和硝基苯（相应于所用芳胺）、五氧化二砷（As_2O_5）或三氯化铁等氧化剂一起反应，生成喹啉的反应即为 Skraup 喹啉合成[2]。本合成法是合成喹啉及其衍生物最重要的合成法。例如：

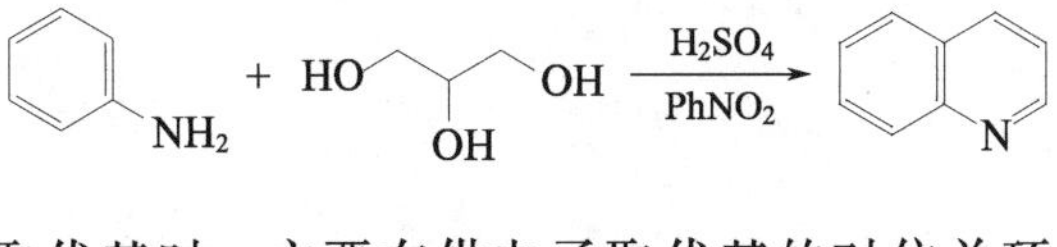

H_2SO_4, $PhNO_2$

苯胺环上间位有供电子取代基时，主要在供电子取代基的对位关环，得 7-取代喹啉；当苯胺环上间位有吸电子取代基时，则主要在吸电子取代基的邻位关环，得 5-取代喹啉。

反应机理[3]：

HO OH OH $\xrightarrow{H^{\oplus}}$ HO (H) OH $\overset{\oplus}{O}H_2$ (**18**) ⟶ HO OH ≡ HO CHO (**19**) $\xrightarrow{H^{\oplus}}$ $H_2\overset{\oplus}{O}$ CHO H (**20**)

⟶ O $H^{\oplus}$ H (**21**) $H_2\ddot{N}$-Ph ⟶ $H^{\oplus}$ O H N H (**22**) ⟶ O N H (**23**) $\xrightarrow{H^{\oplus}}$ $\overset{\oplus}{O}$ H $\ddot{N}$ H (**24**) ⟶ H OH $\overset{\oplus}{N}$ H (**25**)

⟶ OH N H (**26**) $\xrightarrow{H^{\oplus}}$ $\overset{\oplus}{O}H_2$ H N H (**27**) ⟶ N H (**28**) $\xrightarrow[-H_2]{PhNO_2}$ N

在酸催化下，丙三醇的羟基形成慃盐（**18**），**18** 脱水得 β-羟基丙醛（**19**），**19** 再次形成慃盐（**20**）后脱水得到丙烯醛（**21**），苯胺的氨基进攻丙烯醛（**21**）的末端双键碳原子发生 1,4-共轭加成反应生成 β-苯基氨基丙烯醇（**22**），**22** 异构得 β-苯基氨基丙醛（**23**），**23** 在酸催化下分子中的羰基被质子化后得 **24**，**24** 与分子内氨基邻位的苯环碳原子进行关环反应形成四面体（**25**），**25** 消去一个质子后形成闭环共轭体系苯环结构（**26**），**26** 在酸催化下分子中的羟基被质子化后得慃盐（**27**），**27** 脱水得 1,2-二氢喹啉（**28**），**28** 经硝基苯氧化后得到目标产物喹啉。

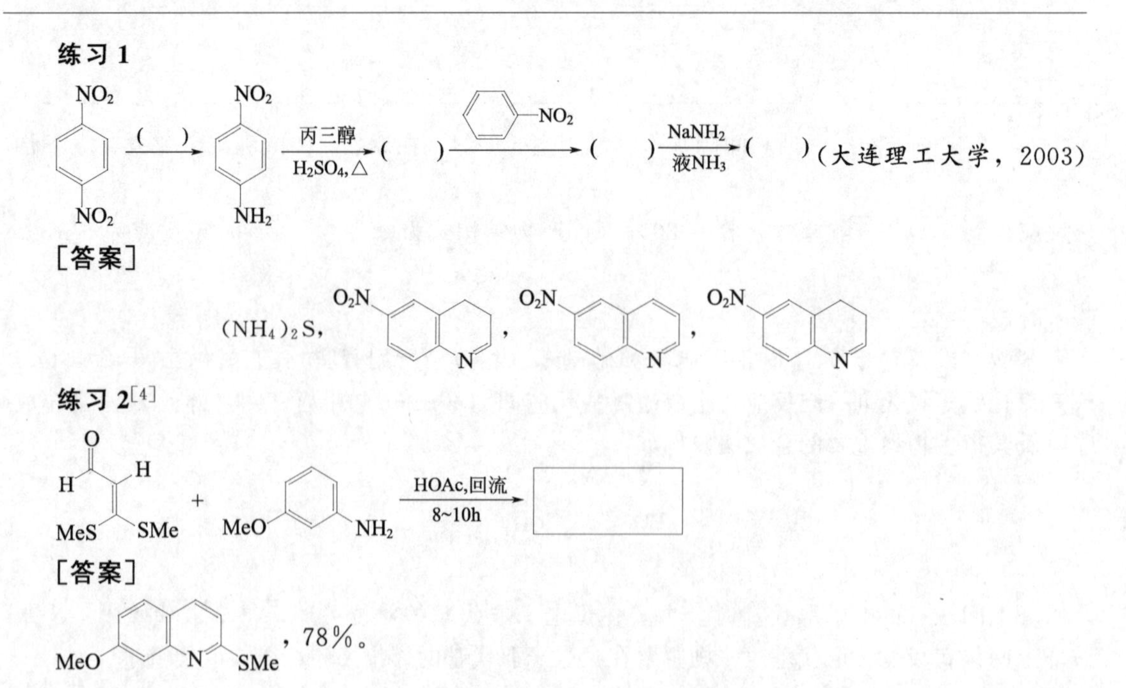

练习3

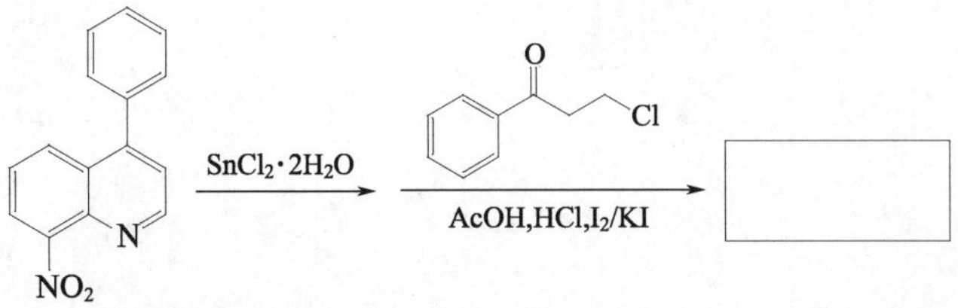

$SnCl_2 \cdot 2H_2O$

AcOH,HCl,I_2/KI

NO_2　N　O　Cl

［答案］ 4-苯基-8-硝基喹啉经还原得到4-苯基-8-氨基喹啉，后者通过Skraup喹啉合成法合成4,7-二苯基-1,10-菲啰啉。文献报道[5]都是以砷酸作为氧化剂在浓硫酸或浓盐酸中反应制得，反应温度140℃，反应很剧烈，能耗过大，而且砷酸是一种剧毒物质，严重污染环境。文献［6］研究了一种环境友好且适宜操作的氧化剂，即用乙酸代替浓硫酸或浓盐酸，采用无毒的I_2/KI代替砷酸作为氧化剂，合成4,7-二苯基-1,10-菲啰啉。反应方程式如下式所示。

$SnCl_2 \cdot 2H_2O$　AcOH,HCl,I_2/KI

NO_2　NH_2　N　O　Cl

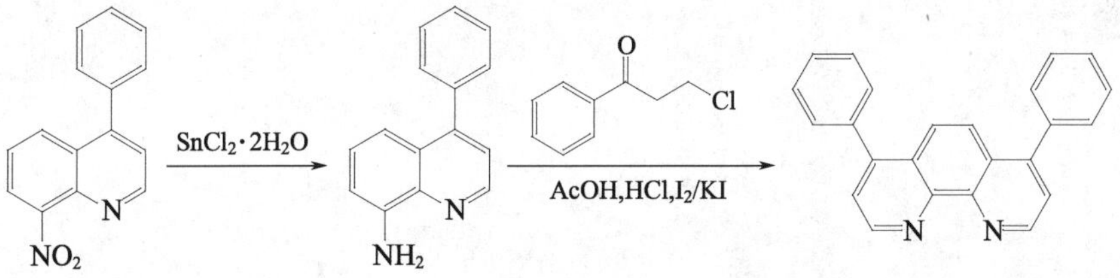

练习4　写出以邻氨基苯酚、邻硝基苯酚和丙烯醛合成8-羟基喹啉的反应和机理。

［答案］ Skraup喹啉合成法合成8-羟基喹啉最初是用邻氨基苯酚、邻硝基苯酚和甘油在浓硫酸存在下，于135～145℃反应6～8h制得，收率为94%，此反应过于剧烈，加入硼酸和硫酸亚铁可以使反应缓和，但后处理困难，甘油用量较大，焦油量多。文献［7］以丙烯醛代替甘油，把丙烯醛慢慢滴加到加热的含有邻氨基苯酚、邻硝基苯酚的盐酸溶液中反应，经中和、分层和蒸馏等后处理得到8-羟基喹啉。反应方程式如下式所示。

OH　NH_2　+　OH　NO_2　+　CHO　HCl　N　OH

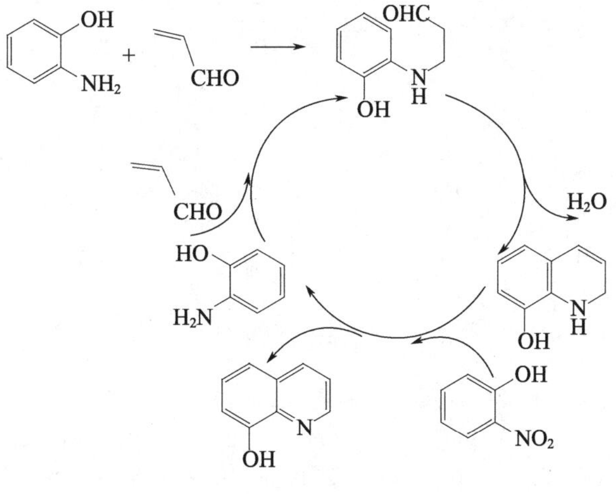

OH　NH_2　+　CHO　→　OHC　N　H　OH

H_2O

CHO　HO　H_2N　N　H　OH

N　OH　OH　NO_2

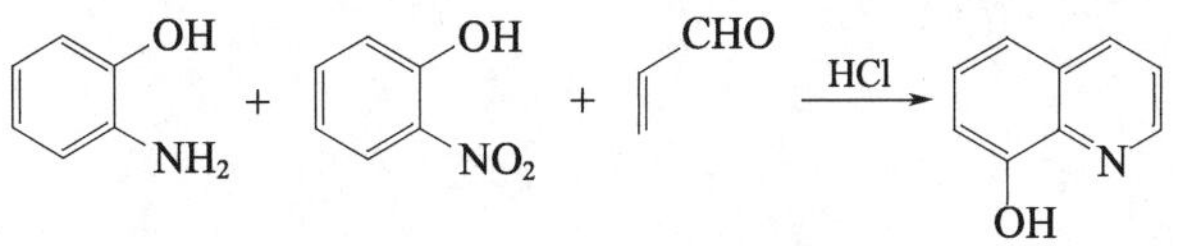

练习 5

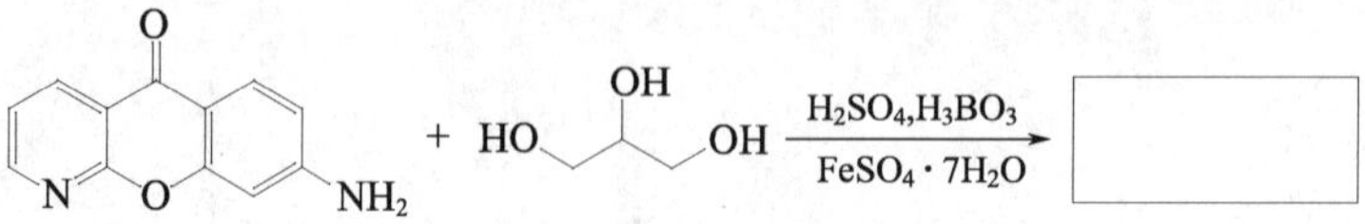

[答案]

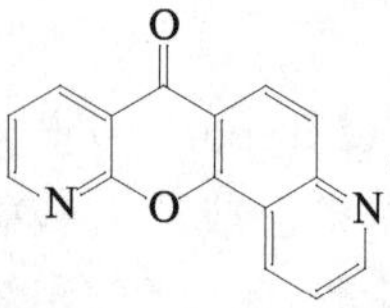

，收率 75%[8]。

练习 6

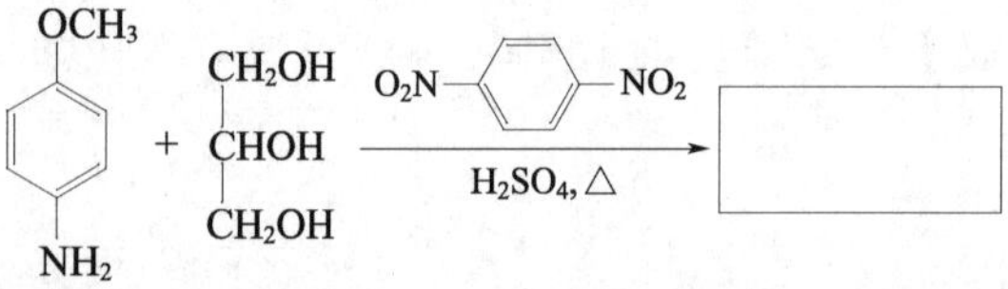

(武汉工程大学，2003)

[答案]

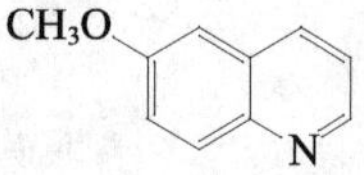

练习 7

由苯酚和不超过 3 个碳的原料和必要试剂合成

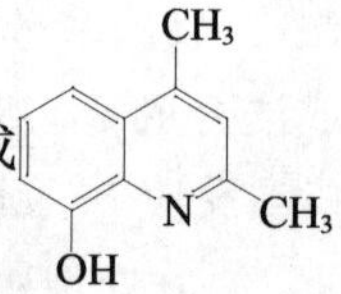

(南京大学，2002)

[答案]

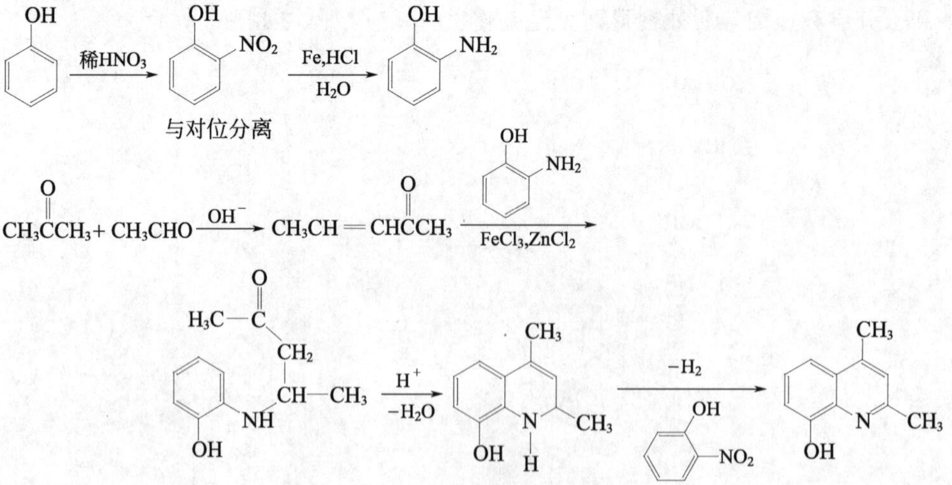

参考文献

[1] Oleynik I I, Shteingarts V D. J Fluorine Chem, 1998, 91: 25-26.

[2] (a) Skraup Z H. Monatsh Chem, 1880, 1: 316; (b) Skraup Z H. Ber, 1880, 13: 2086.

[3] Jie Jack Li. Name Reaction. 4th ed. Berlin Heidelberg: Springer-Verlag, 2009: 509.

[4] Panda K，Siddiqui I，Mahata P K，Ila H，Junjappa H. Synlett，2004：449-452.
[5] Case F H. J Org Chem，1951，16：1541.
Case F H，Strohm P F. J Org Chem，1962，27：1641.
Choo D C，Seo S Y，Kim T W，Jin Y Y，Seo J H，Kim Y K. J Nanosci Nanotechnol，2010，10：3614.
[6] 张红梅，曹湖军，张志勇等 . 4,7-二苯基-1,10-菲啰啉的合成研究 . 有机化学，2012，32：621-623.
[7] 张珍明，李树安，葛洪玉 . Skraup 喹啉法合成 8-羟基喹啉 . 精细石油化工，2007，24（1）：32-33.
[8] Fujiwara H，Kitagawa K. Heterocycles，2000，53：409-418.

Pictet-Gams 异喹啉合成

$\xrightarrow{CH_3COCl}$ $\xrightarrow{P_2O_5,\ \text{四氢萘},\ \triangle}$ $\xrightarrow[190℃]{Pd\text{-}C}$

β-苯乙胺与羧酐或酰氯反应形成 *N*-乙酰-*β*-苯乙胺，然后在脱水剂如五氧化二磷、三氯氧磷、五氯化磷等作用下，脱水关环，再脱氢得 1-甲基-3,4-二氢异喹啉。该反应为 Bischler-Napieralski 二氢异喹啉合成法，是合成 1-取代异喹啉化合物最常用的方法。例如：

$\xrightarrow{CH_3COCl}$ $\xrightarrow{P_2O_5,\ \text{四氢萘},\ \triangle}$ $\xrightarrow[190℃]{Pd\text{-}C}$

Pictet-Gams 反应是 Bischler-Napieralski 反应的改进法，用 *β*-甲氧基或 *β*-羟基芳乙胺为反应物，可不经氧化或脱氢，直接得到异喹啉类化合物。

N-酰基-*β*-羟基-*β*-苯乙胺与五氧化二磷（脱水剂）在惰性溶剂中共沸，环化脱水生成异喹啉的反应称为 Pictet-Gams 异喹啉合成[1,2]。例如：

$\xrightarrow[\text{回流}]{P_2O_5,\text{萘烷}}$

反应机理[3]：

29　30

31　32

N-酰基-*β*-羟基-*β*-苯乙胺与五氧化二磷反应形成化合物 **29**，分子关环形成 **30**，**30** 消去一分子亚磷酸得 **31**，**31** 与五氧化二磷反应得 **32**，再消去一分子亚磷酸得目标产物异喹啉。

练习 1

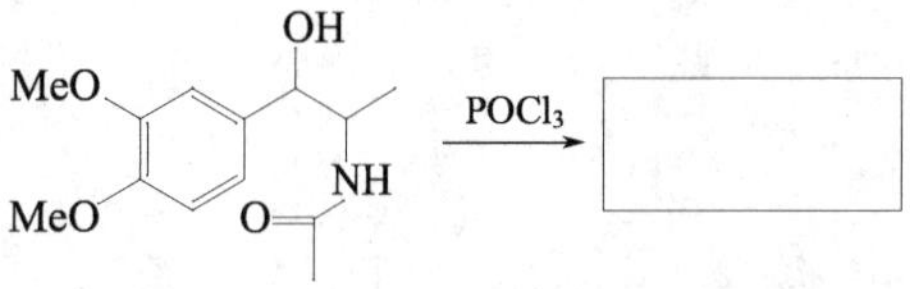

$\xrightarrow{POCl_3}$

［答案］ *N*-乙酰基-*α*-甲基-*β*-羟基-*β*-(3,4-二甲氧基苯基）乙胺与三氯氧磷共热，可不经氧化或脱氢，直接得到1,3-二甲基-6,7-二甲氧基异喹啉，其结构式如下：

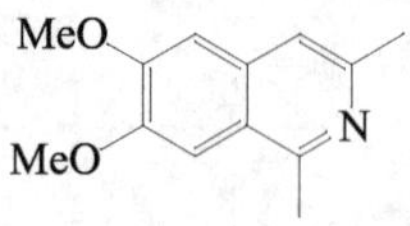

练习 2 以苯乙酮为主要原料合成 1-取代异喹啉。

［答案］

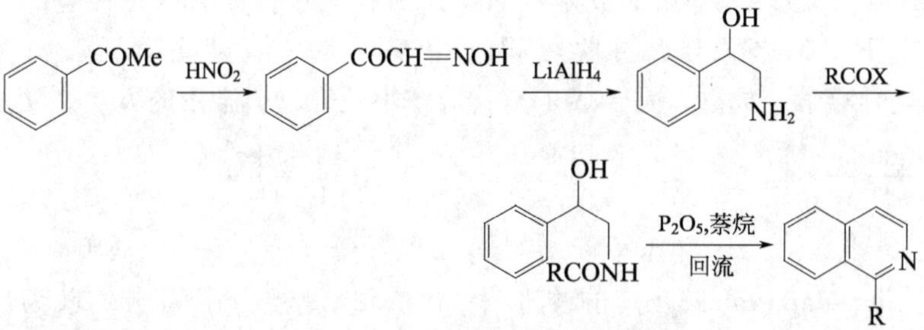

$\xrightarrow{HNO_2}$ COCH=NOH $\xrightarrow{LiAlH_4}$ $\xrightarrow{RCOX}$

$\xrightarrow[\text{回流}]{P_2O_5,\text{萘烷}}$

练习 3[4]

$\xrightarrow[\text{邻二氯苯}]{P_2O_5}$

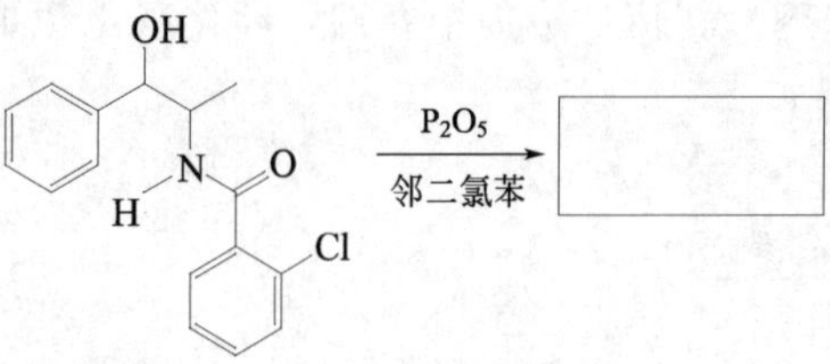

［答案］

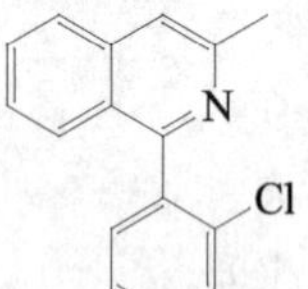

练习 4

以 $C_6H_5CH_2CH_2NH_2$ 和 CH_3COCl 为原料（无机试剂任选）合成 1-甲基异喹啉。

（华中科技大学，2003）

［答案］

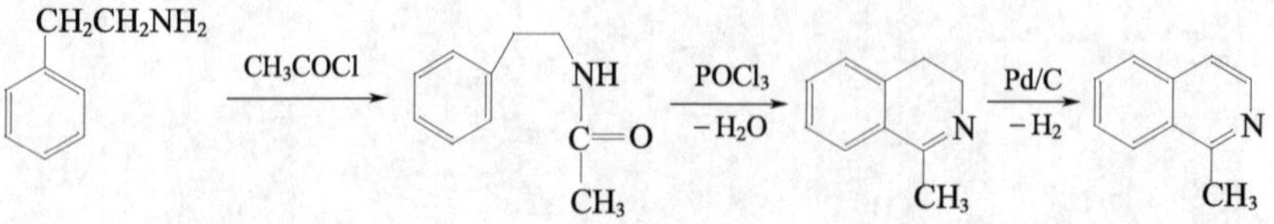

$\xrightarrow{CH_3COCl}$ $\xrightarrow[-H_2O]{POCl_3}$ $\xrightarrow[-H_2]{Pd/C}$

参考文献

[1] Pictet A，Kay F W. Ber，1909，42：1973-1979.

[2] Pictet A，Gams A. Ber，1909，42：2943-2952.

[3] Jie Jack Li. Name Reaction. 4th ed. Berlin Heidelberg：Springer-Verlag，2009：432.

[4] Manning H C，Goebel T，Marx J N，Bornhop D. J Org Lett，2002，4：1075-1081.

附　　录

有机化学模拟试题一

一、命名下列化合物，并标明其构型（每小题 1 分，共 10 分）

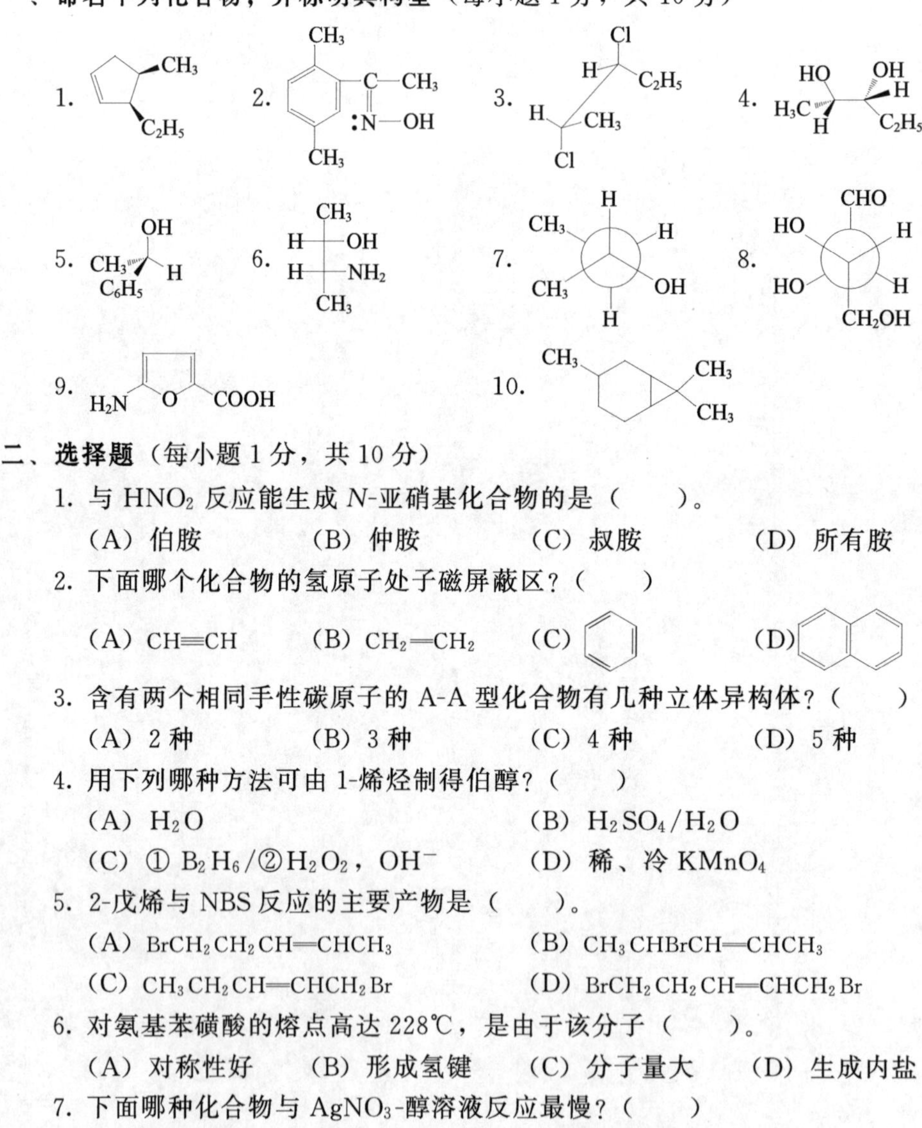

二、选择题（每小题 1 分，共 10 分）

1. 与 HNO_2 反应能生成 *N*-亚硝基化合物的是（　　）。

(A) 伯胺　(B) 仲胺　(C) 叔胺　(D) 所有胺

2. 下面哪个化合物的氢原子处于磁屏蔽区？（　　）

(A) CH≡CH　(B) CH_2═CH_2　(C)　(D)

3. 含有两个相同手性碳原子的 A-A 型化合物有几种立体异构体？（　　）

(A) 2 种　(B) 3 种　(C) 4 种　(D) 5 种

4. 用下列哪种方法可由 1-烯烃制得伯醇？（　　）

(A) H_2O　(B) H_2SO_4/H_2O

(C) ① B_2H_6/② H_2O_2，OH^-　(D) 稀、冷 $KMnO_4$

5. 2-戊烯与 NBS 反应的主要产物是（　　）。

(A) $BrCH_2CH_2CH$═$CHCH_3$　(B) $CH_3CHBrCH$═$CHCH_3$

(C) CH_3CH_2CH═$CHCH_2Br$　(D) $BrCH_2CH_2CH$═$CHCH_2Br$

6. 对氨基苯磺酸的熔点高达 228℃，是由于该分子（　　）。

(A) 对称性好　(B) 形成氢键　(C) 分子量大　(D) 生成内盐

7. 下面哪种化合物与 $AgNO_3$-醇溶液反应最慢？（　　）

(A) $[(CH_3)_2CH]_3CCl$　(B) *t*-$BuCH_2Cl$

(C) —Cl　(D) Cl

8. α,β-环戊烯酮与二甲基铜锂反应的产物是（　　）。

(A) 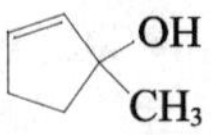 OH CH_3　(B) 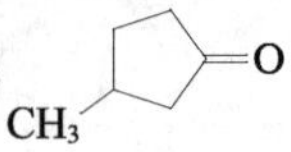 CH_3 =O　(C) 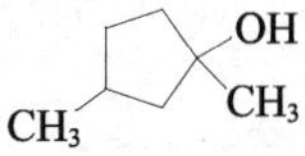 OH CH_3 CH_3　(D) 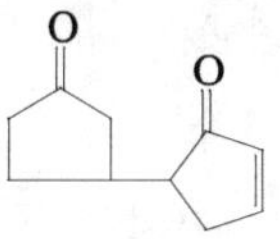 O O

9. 化合物 Ph_3P 的名称为（　　）。

(A) 三苯基磷　(B) 三苯基　(C) 三苯基膦　(D) 三苯化磷

10. 苯与 $(CH_3)_2CHCH_2Cl$ 在无水 $AlCl_3$ 作用下主要生成什么产物？（　　）

(A) 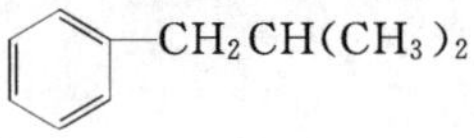 C_6H_5—$CH_2CH(CH_3)_2$　(B) 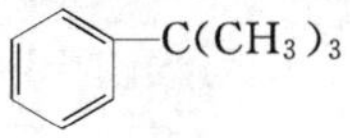 C_6H_5—$C(CH_3)_3$

(C) 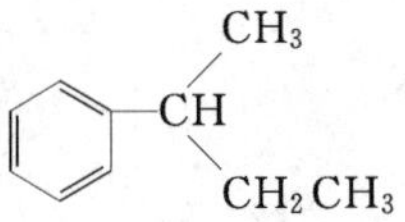 C_6H_5—$CH(CH_3)CH_2CH_3$　(D) 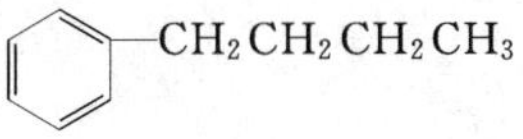 C_6H_5—$CH_2CH_2CH_2CH_3$

三、完成反应并请注明立体化学问题（每空 1 分，共 30 分）

1. 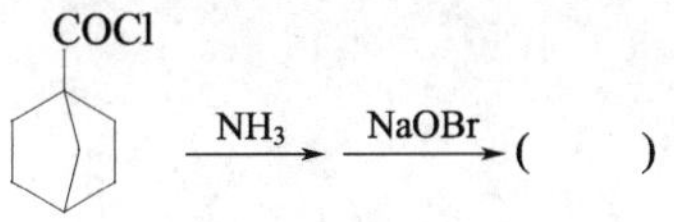 (COCl) $\xrightarrow{NH_3}\xrightarrow{NaOBr}$（　　）

2. 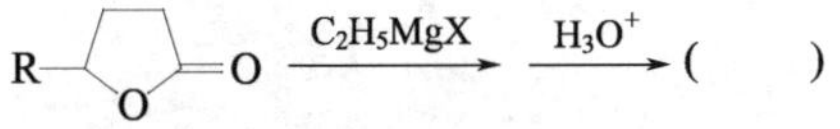 R—(γ-内酯)=O $\xrightarrow{C_2H_5MgX}\xrightarrow{H_3O^+}$（　　）

3. (CF_3)—C_6H_4—Cl + $NaNH_2$（液氨溶液中）⟶（　　）

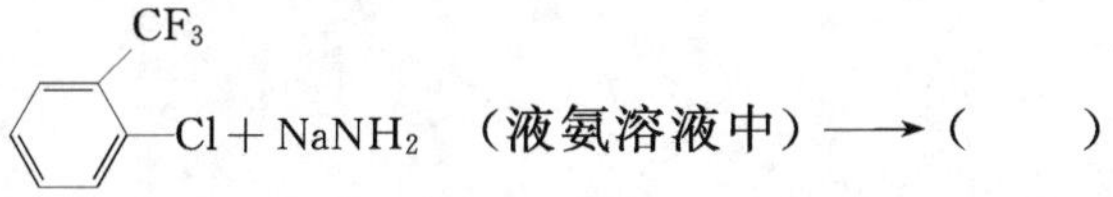

4. $(C_6H_5)_3\overset{+}{P}—\overset{-}{C}H(CH_2)_3COC_6H_5 \xrightarrow{\triangle}$（　　）

5. $CH_3COCH_2COC_2H_5 + (CH_3)_2Cd \xrightarrow[2.\ H^+]{1.\ 乙醚}$（　　）

6. 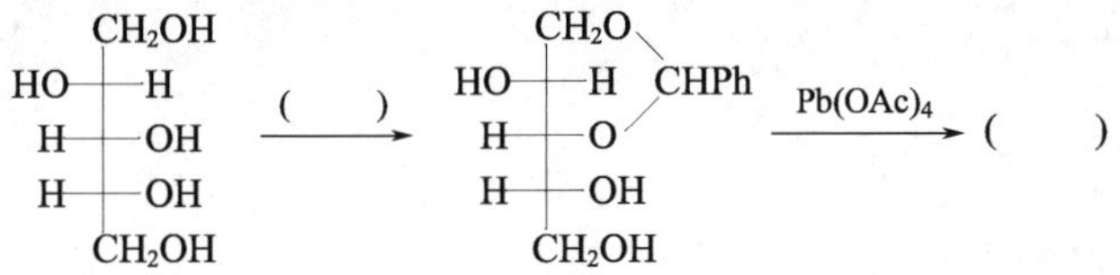 CH_2OH, HO—H, H—OH, H—OH, CH_2OH $\xrightarrow{(\quad)}$ CH_2O, HO—H, CHPh, H—O, H—OH, CH_2OH $\xrightarrow{Pb(OAc)_4}$（　　）

7. 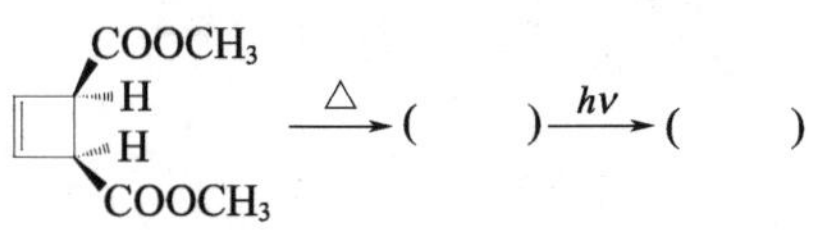 $COOCH_3$, H, H, $COOCH_3$ $\xrightarrow{\triangle}$（　　）$\xrightarrow{h\nu}$（　　）

8. 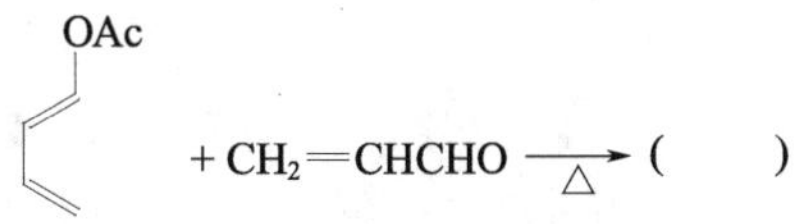 OAc + CH_2=CHCHO $\xrightarrow{\triangle}$（　　）

9. 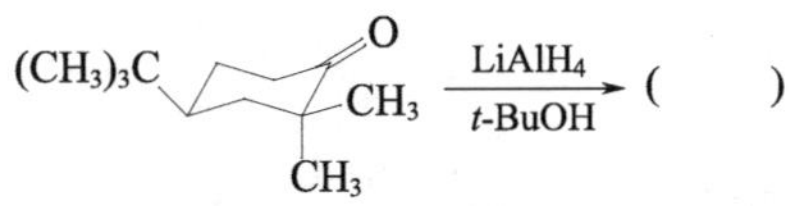 $(CH_3)_3C$—(环己酮) O, CH_3, CH_3 $\xrightarrow[t\text{-}BuOH]{LiAlH_4}$（　　）

10. 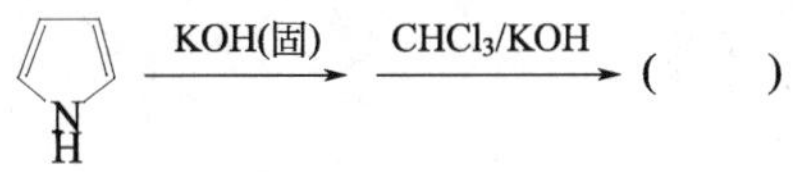 (吡咯) N H $\xrightarrow{KOH(固)}\xrightarrow{CHCl_3/KOH}$（　　）

11. 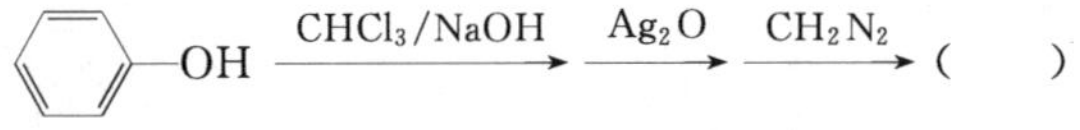 C_6H_5—OH $\xrightarrow{CHCl_3/NaOH}\xrightarrow{Ag_2O}\xrightarrow{CH_2N_2}$（　　）

12. 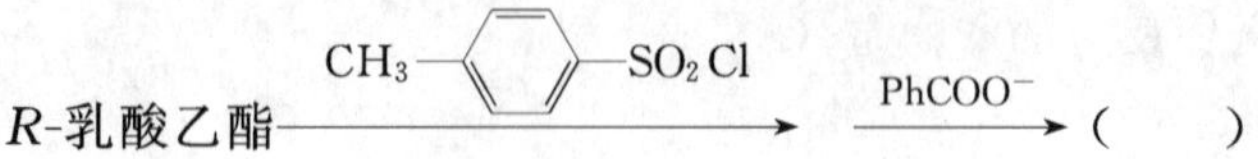 R-乳酸乙酯 $\xrightarrow{CH_3-C_6H_4-SO_2Cl}$ $\xrightarrow{PhCOO^-}$ (　　)

13. 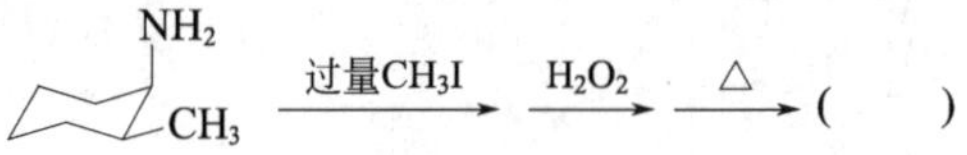 (1-氨基-2-甲基环己烷, NH_2, CH_3) $\xrightarrow{过量CH_3I}$ $\xrightarrow{H_2O_2}$ $\xrightarrow{\triangle}$ (　　)

14. 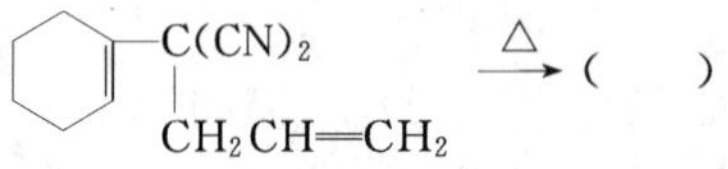 (环己烯基-$C(CN)_2$-$CH_2CH=CH_2$) $\xrightarrow{\triangle}$ (　　)

15. 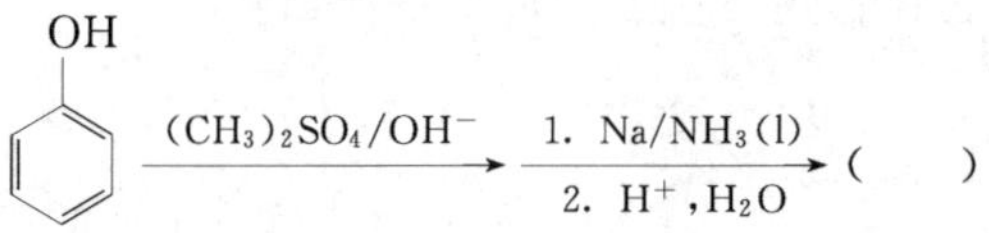 (苯酚, OH) $\xrightarrow{(CH_3)_2SO_4/OH^-}$ $\xrightarrow[2.\ H^+, H_2O]{1.\ Na/NH_3(l)}$ (　　)

16. 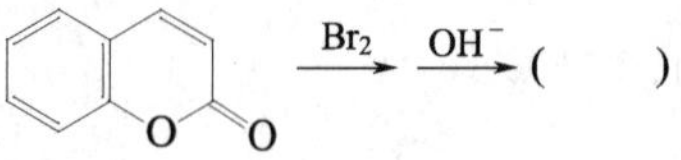 (香豆素) $\xrightarrow{Br_2}$ $\xrightarrow{OH^-}$ (　　)

17. 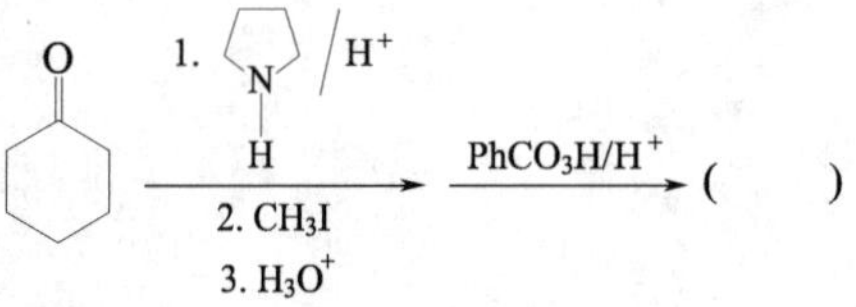 (环己酮) $\xrightarrow[2.\ CH_3I \quad 3.\ H_3O^+]{1.\ 四氢吡咯/H^+}$ $\xrightarrow{PhCO_3H/H^+}$ (　　)

18. 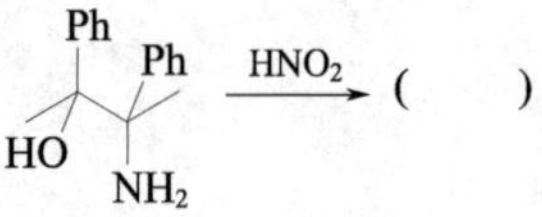 (Ph, Ph, HO, NH_2) $\xrightarrow{HNO_2}$ (　　)

19. 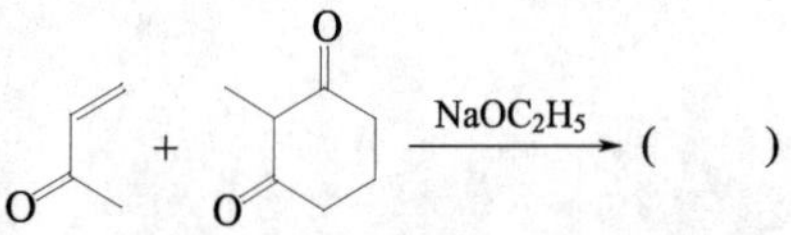 (甲基乙烯基酮) + (2-甲基-1,3-环己二酮) $\xrightarrow{NaOC_2H_5}$ (　　)

20. 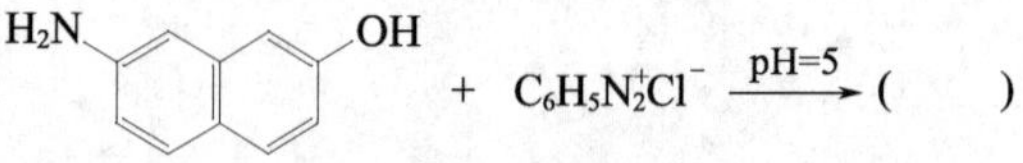 (H_2N-萘-OH) + $C_6H_5N_2^+Cl^-$ $\xrightarrow{pH=5}$ (　　)

21. 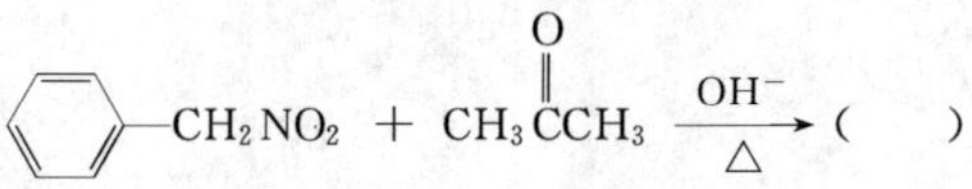 $C_6H_5-CH_2NO_2$ + $CH_3\overset{O}{\overset{\|}{C}}CH_3$ $\xrightarrow[\triangle]{OH^-}$ (　　)

22. 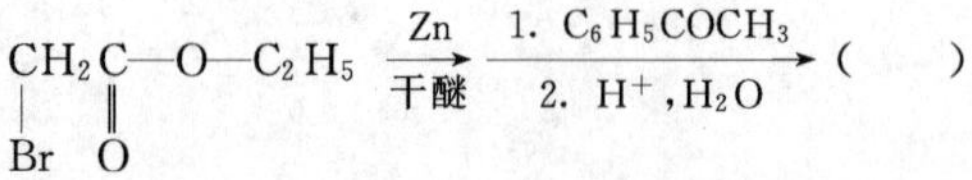 $\underset{Br}{CH_2}\underset{O}{\overset{}{C}}-O-C_2H_5$ $\xrightarrow[干醚]{Zn}$ $\xrightarrow[2.\ H^+, H_2O]{1.\ C_6H_5COCH_3}$ (　　)

23. 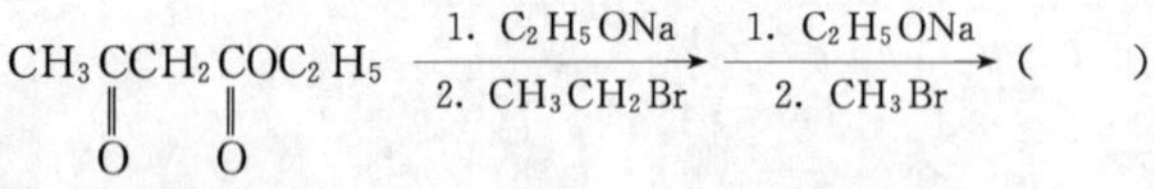 $CH_3\underset{O}{C}CH_2\underset{O}{C}OC_2H_5$ $\xrightarrow[2.\ CH_3CH_2Br]{1.\ C_2H_5ONa}$ $\xrightarrow[2.\ CH_3Br]{1.\ C_2H_5ONa}$ (　　)

24. 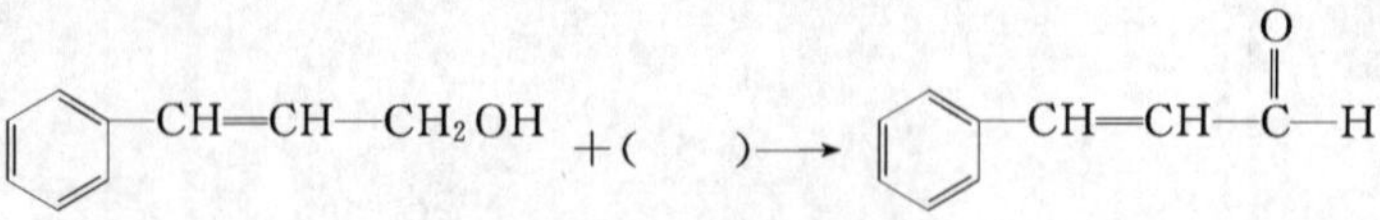 $C_6H_5-CH=CH-CH_2OH$ +(　　)$\longrightarrow$ $C_6H_5-CH=CH-\overset{O}{\overset{\|}{C}}-H$

25. 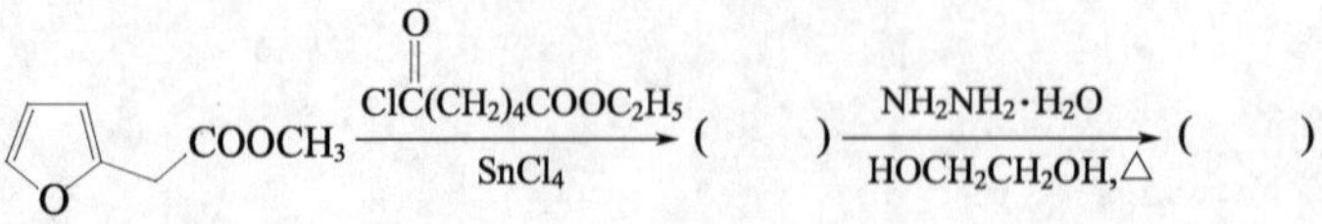 (2-呋喃基)CH_2COOCH_3 $\xrightarrow[SnCl_4]{ClC(O)(CH_2)_4COOC_2H_5}$ (　　) $\xrightarrow[HOCH_2CH_2OH, \triangle]{NH_2NH_2 \cdot H_2O}$ (　　)

26. 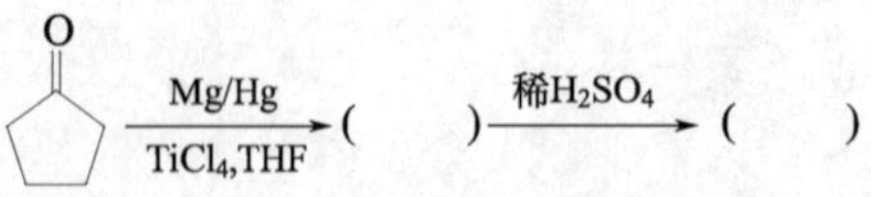 (环戊酮) $\xrightarrow[TiCl_4, THF]{Mg/Hg}$ (　　) $\xrightarrow{稀H_2SO_4}$ (　　)

27. 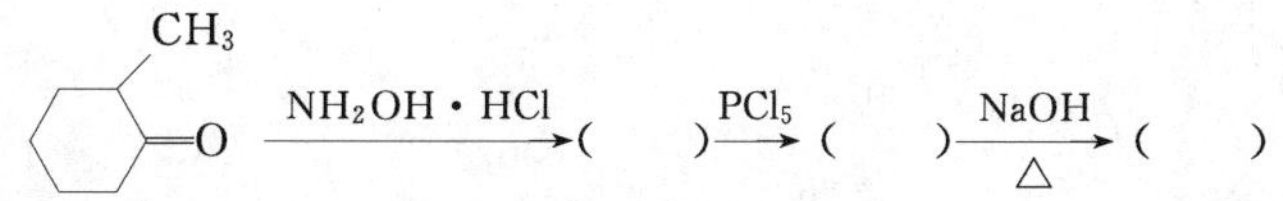 2-甲基环己酮 $\xrightarrow{NH_2OH \cdot HCl}$ (　　) $\xrightarrow{PCl_5}$ (　　) $\xrightarrow[\triangle]{NaOH}$ (　　)

四、用化学方法鉴别下列各组化合物（每小题 5 分，共 10 分）

1. 对甲基苯胺　*N*-甲基苯胺　*N*,*N*-二甲基苯胺

2. 戊醛　2-戊酮　3-戊酮

五、分离混合物（每小题 5 分，共 10 分）

1. 用化学方法分离苯甲酸、丁醚、环己酮和苯酚。

2. 除去苯甲醇中的少量苯甲醛和苯甲酸。

六、简答题（每小题 2 分，共 10 分）

1. 为什么芳香族重氮正离子（ $Ar-\overset{+}{N}\equiv N$ ）比脂肪族重氮正离子（ $R-\overset{+}{N}\equiv N$ ）稳定，请解释之。

2. 写出下列反应过程中出现的中间体

(1) $CH_3CH=CH_2 + Br_2 \xrightarrow{CCl_4} CH_3CHBrCH_2Br$

(2) 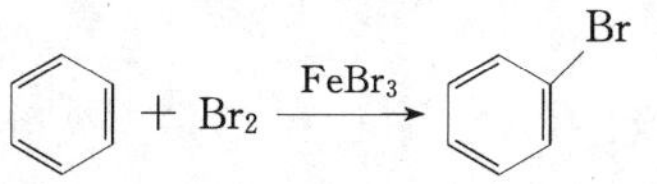 苯 $+ Br_2 \xrightarrow{FeBr_3}$ 溴苯

(3) 甲苯 $+ Cl_2 \xrightarrow{光}$ $C_6H_5-CH_2Cl$

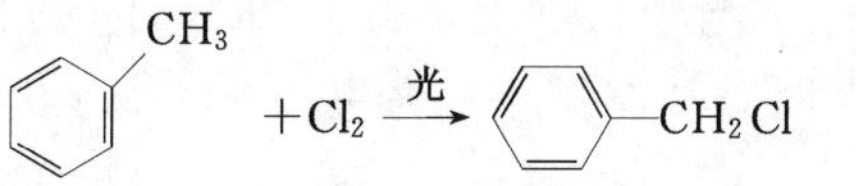

(4) 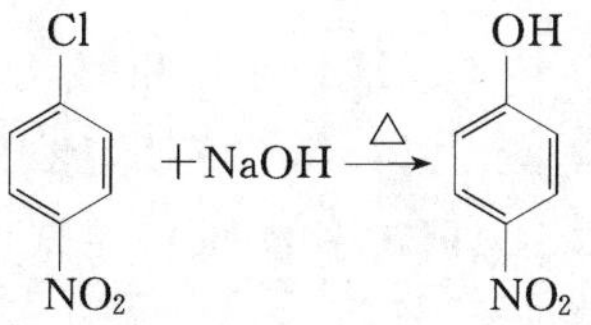 对硝基氯苯 $+ NaOH \xrightarrow{\triangle}$ 对硝基苯酚

七、试为下列反应提出合理的反应历程（每小题 5 分，共 25 分）

1. $C_2H_5SCH(CH_3)CH_2OH \xrightarrow{HCl} C_2H_5SCH_2CHClCH_3$

2. 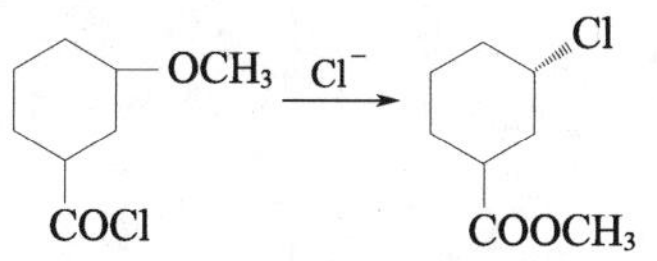 3-甲氧基环己烷甲酰氯（OCH_3，$COCl$） $\xrightarrow{Cl^-}$ 3-氯环己烷甲酸甲酯（Cl，$COOCH_3$）

3. 完成反应并提出其历程： $H-C(COPh)(CH_3)-NHCH_3 \xrightarrow[95\%乙醇]{H_2/Pt}$ (　　)

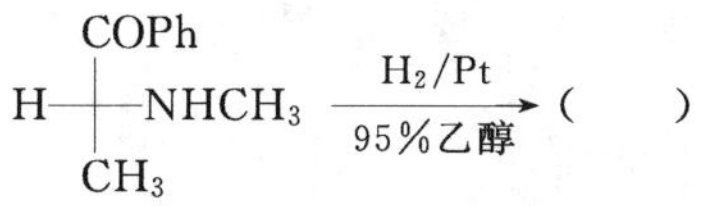

4. 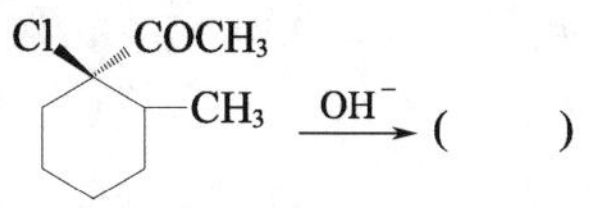 1-氯-1-乙酰基-2-甲基环己烷（Cl，$COCH_3$，CH_3） $\xrightarrow{OH^-}$ (　　)

5. 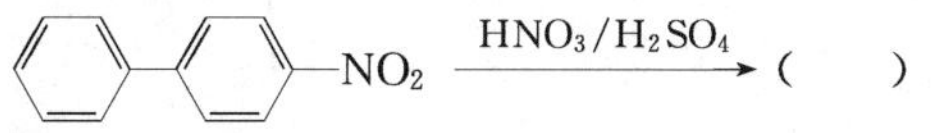 4-硝基联苯（$C_6H_5-C_6H_4-NO_2$） $\xrightarrow{HNO_3/H_2SO_4}$ (　　)

八、合成题（每小题 5 分，共 25 分）

1. 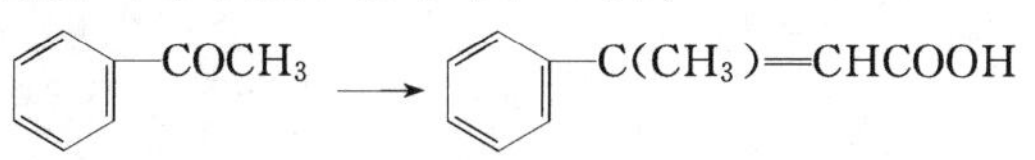 $C_6H_5-COCH_3 \longrightarrow C_6H_5-C(CH_3)=CHCOOH$

2. (环丁酮-2-基)CH_2NHCH_3 ⟶ 2-亚甲基环丁酮 ($=CH_2$)

3. 3-甲基吡啶 ($-CH_3$) ⟶ 3-氨基吡啶 ($-NH_2$)

4. 对甲氧基苯甲醛 (CHO, OCH_3) ⟶ 6-甲氧基异喹啉 (CH_3O)

5. 以 C_3 及 C_3 以下的有机化合物及必要试剂制备 1,2-环戊烷二甲酸（$COOH$，$COOH$）

九、推测结构（每小题 5 分，共 20 分）

1. 2,4-戊二酮与等物质量的 NaH 反应，有气体放出，产物用碘甲烷处理，得分子式为 $C_6H_{10}O_2$ 的两化合物 A 和 B，A 用酸水解，又得到 2,4-戊二酮，化合物 B 对稀酸稳定。试推测 A、B 的结构式。

2. 化合物 A（$C_7H_{12}O_4$）与亚硝酸反应得 B（$C_7H_{11}O_5N$），B 和 C 是互变异构体，C 经乙酸酐反应，得 D（$C_9H_{15}O_5N$）；D 在碱作用下与苄氯反应，得 E（$C_{16}H_{21}O_5N$），E 用稀碱水解，再酸化加热，得 F（$C_9H_{11}O_2N$），F 同时具有氨基和羧基，一般以内盐形式存在。试推测 A、B、C、D、E、F 的结构式。

3. 化合物 A（$C_9H_{18}O_2$）对碱稳定，经酸性水解得 B（$C_7H_{14}O_2$）和 C（C_2H_6O），B 与硝酸银氨溶液反应，再酸化得 D，D 经碘仿反应酸化得 E，将 E 加热得化合物 F（$C_6H_8O_3$）；F 的 NMR 数据；δ1(3H，二重峰)；δ2.1(1H，多重峰)；δ2.8(4H，二重峰)。推测 A、B、C、D、E、F 结构式。

4. 化合物 A 的 IR 为 3200～3600cm^{-1}；NMR：δ0.9(3H，三重峰)；δ1.1(3H，单峰)，δ1.6(2H，四重峰)。3 个峰面积比为 3∶7∶2 质谱：弱的分子离子峰的 $m/z=88$，基峰为 $m/z=59$，其它各主要峰分别为 $m/z=73,70,59,55$。

推测 A 的结构，并解释各峰的归属。

参考答案

一、命名下列化合物，并标明其构型

1. 顺-4-甲基-3-乙基环戊烯 2.（*E*）-2,5-二甲基苯乙酮肟 3.(2*S*,3*S*)-2,3-二氯戊烷 4.（2*S*,3*R*）-2,3-戊二醇 5.(*R*)-1-苯乙醇 6.(2*S*,3*R*)-3-氨基-2-丁醇 7.（*R*)-2-丁醇 8.(2*R*,3*S*)-2,3,4-三羟基丁醛 9. 5-氨基-2-呋喃甲酸 10. 3,7,7-三甲基双环［4.1.0］庚烷

二、选择题

1.（B） 2.（A） 3.（B） 4.（C） 5.（B） 6.（D） 7.（D） 8.（B） 9.（C） 10.（B）

三、完成反应并注明立体化学问题

1. 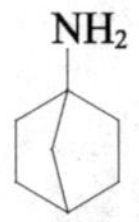 NH_2（桥环结构）

2. $RCH(OH)CH_2CH_2C(OH)(C_2H_5)_2$

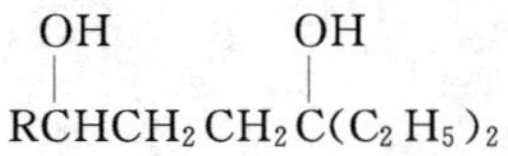

3. 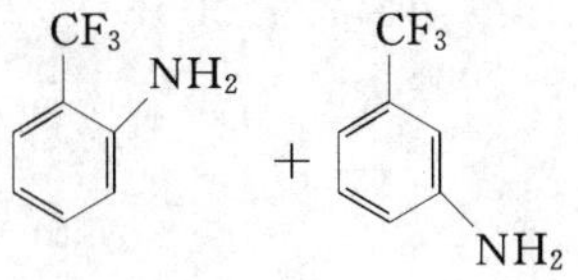 CF_3，NH_2（苯环） + CF_3，NH_2（苯环）

4. 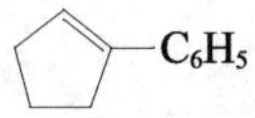 C_6H_5（环戊烯）

5. $CH_3-C(OH)(CH_3)-CH_2-C(=O)-C_2H_5$

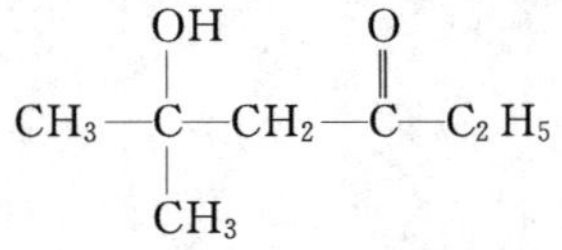

6. 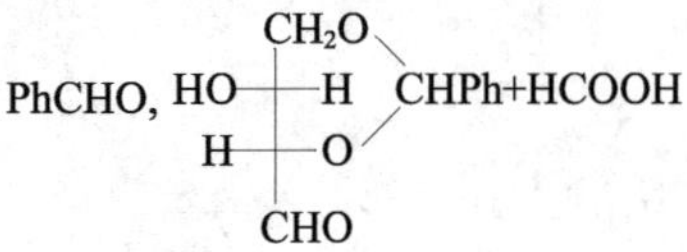 PhCHO, CH_2O，HO—H，H—O，CHO，CHPh+HCOOH

7. 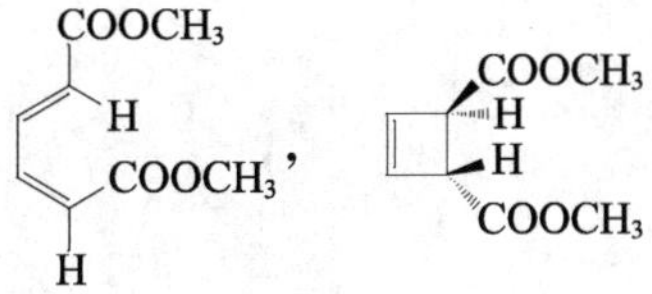 $COOCH_3$，H，$COOCH_3$，H，$COOCH_3$，H，H，$COOCH_3$

8. 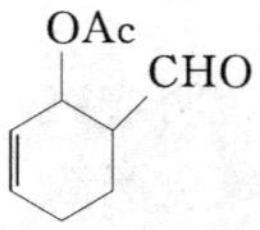 OAc，CHO

9. 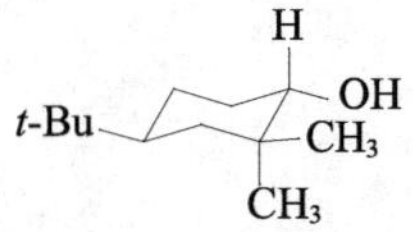 *t*-Bu，H，OH，CH_3，CH_3

10. 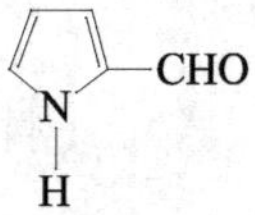 N，H，CHO

11. 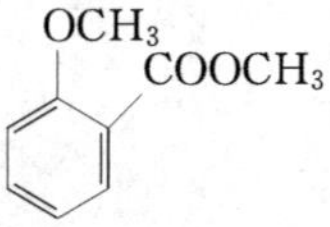 OCH_3，$COOCH_3$

12. 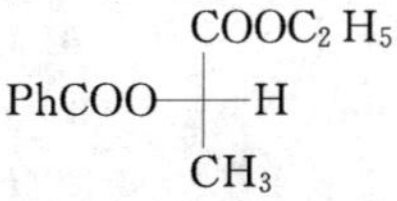 $COOC_2H_5$，PhCOO—H，CH_3

13.  CH_3

14. 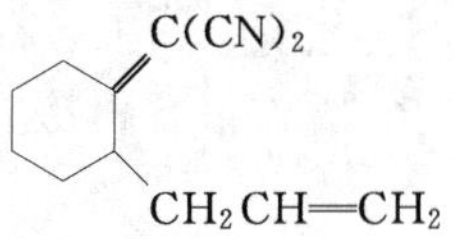 $C(CN)_2$，$CH_2CH=CH_2$

15.  OCH_3

16. 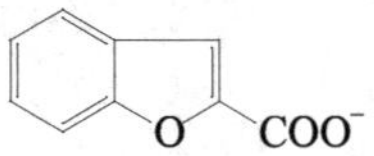 O，COO^-

17. 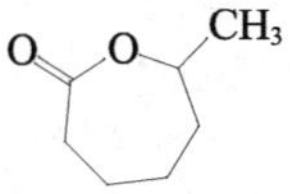 O，O，CH_3

18. 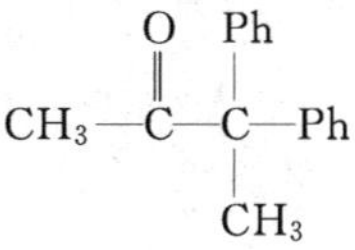 $CH_3-C(=O)-C(Ph)(Ph)-CH_3$

19. 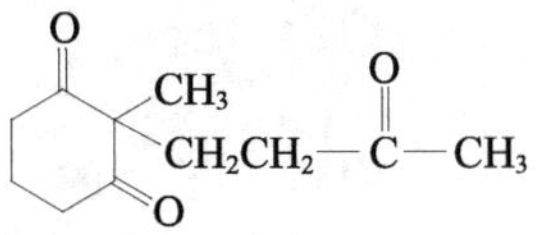 O，CH_3，$CH_2CH_2-C(=O)-CH_3$，O

20. 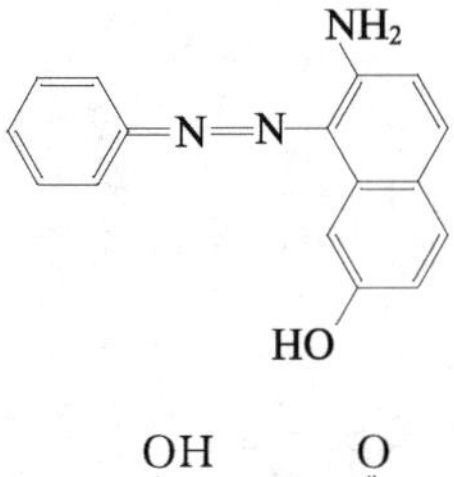 N=N，NH_2，HO

21. 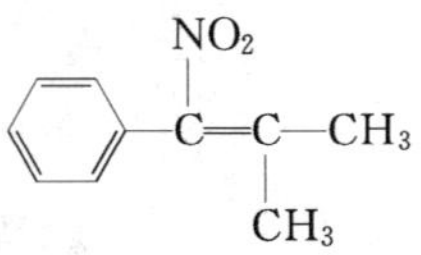 NO_2，$C=C-CH_3$，CH_3

22. 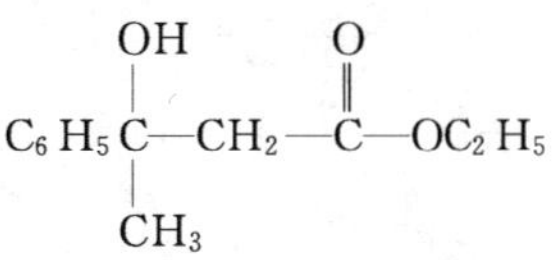 $C_6H_5C(OH)(CH_3)-CH_2-C(=O)-OC_2H_5$

23. 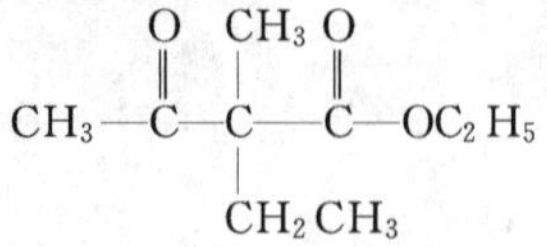 $CH_3-\overset{O}{\overset{\|}{C}}-\underset{CH_2CH_3}{\overset{CH_3}{C}}-\overset{O}{\overset{\|}{C}}-OC_2H_5$　　24. CrO_3＋吡啶

25. 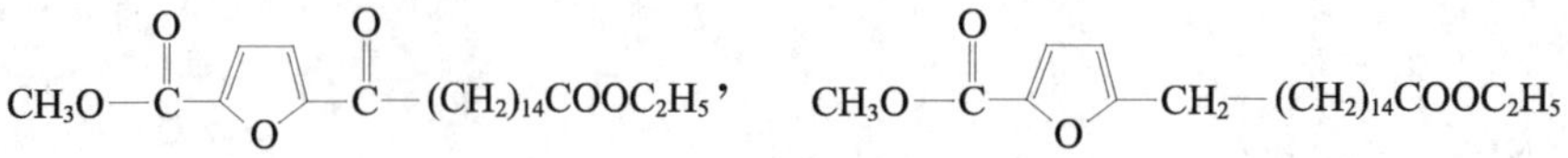 $CH_3O-\overset{O}{\overset{\|}{C}}-$(2,5-呋喃二基)$-\overset{O}{\overset{\|}{C}}-(CH_2)_{14}COOC_2H_5$，$CH_3O-\overset{O}{\overset{\|}{C}}-$(2,5-呋喃二基)$-CH_2-(CH_2)_{14}COOC_2H_5$

26. 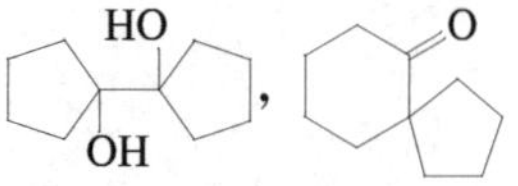 1,1′-二羟基联环戊基（HO、OH），螺[4.5]癸-6-酮（O）

27. 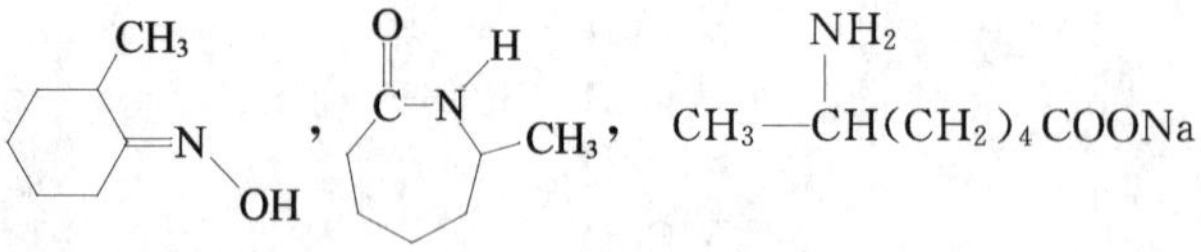 2-甲基环己酮肟（CH_3，=N—OH），7-甲基-己内酰胺（$\overset{O}{\overset{\|}{C}}-\overset{H}{N}$，$-CH_3$），$CH_3-\overset{NH_2}{CH}(CH_2)_4COONa$

四、用化学方法鉴别下列各组化合物

1. 对甲基苯胺、*N*-甲基苯胺、*N*,*N*-二甲基苯胺 $\xrightarrow[NaOH]{TsCl}$ 透明溶液、黄色沉淀、不反应，油状物

2. 戊醛、2-戊酮、3-戊酮 $\xrightarrow{\text{Tollens 试剂}}$ 银镜、×、× ；×、× $\xrightarrow{I_2+NaOH}$ CH_3（黄↓）、×

五、分离混合物

1. C_6H_5COOH、$(n\text{-}C_4H_9)_2O$、$C_6H_{10}O$、C_6H_5OH $\xrightarrow[\text{2. 分液}]{\text{1. 5\%}NaHCO_3}$ 水层 $\xrightarrow{H^+}$ 苯甲酸；有机层 $\xrightarrow[\text{2. 分液}]{\text{1. 5\%}NaOH}$ 水层 $\xrightarrow{H^+}$ 苯酚；有机层

有机层 $\xrightarrow[\text{2. 过滤}]{\text{1. 饱和 }NaHSO_3}$ 滤液 ⟶ 正丁醚；滤饼 $\xrightarrow{H^+\text{或}OH^-}$ 环己酮

2. C_6H_5COOH、C_6H_5CHO、$C_6H_5CH_2OH$ $\xrightarrow{H_2O_2}$ C_6H_5COOH、$C_6H_5CH_2OH$ $\xrightarrow[\text{2. 分液}]{\text{1. 5\%}NaHCO_3}$ 水层 $\xrightarrow{H^+}$ 苯甲酸；有机层 ⟶ 苯甲醇 $\xrightarrow{\text{干燥，蒸馏}}$ 苯甲醇（纯）

六、简答题

1. $Ar-\overset{+}{N}\equiv N$ 中氮原子上的正电荷可分散到苯环上；$R-\overset{+}{N}\equiv N$ 中氮原子上的正电荷不能有效地分散。

2. (1) 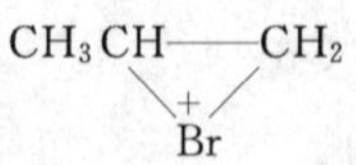 CH_3CH-CH_2（环状 $\overset{+}{Br}$ 溴鎓离子）　(2) 苯环正离子（+，Br，H）　(3) 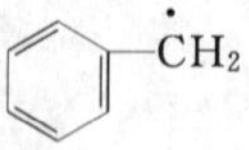 $C_6H_5\dot{C}H_2$　(4) 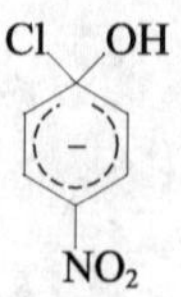 对硝基苯环负离子（Cl，OH，−，NO_2）

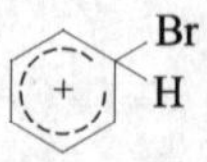

七、试为下列反应提出合理的反应历程

1. 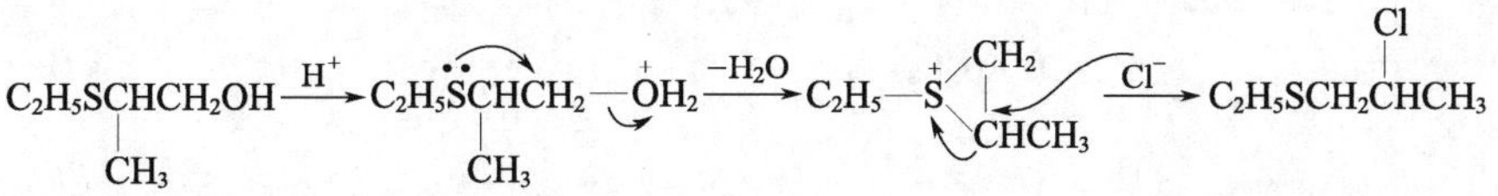 $C_2H_5S\underset{CH_3}{CH}CH_2OH \xrightarrow{H^+} C_2H_5\ddot{S}\underset{CH_3}{CH}CH_2-\overset{+}{O}H_2 \xrightarrow{-H_2O} C_2H_5-\overset{+}{S}<(CH_2, CHCH_3) \xrightarrow{Cl^-} C_2H_5SCH_2\overset{Cl}{C}HCH_3$

2. OCH$_3$, COCl $\equiv$ CH$_3$O, C(=O)—Cl $\rightleftharpoons$ H, $\ddot{O}$CH$_3$, C(=O)—Cl $\xrightarrow{Cl^-}\xrightarrow{-Cl^-}$ Cl, CH$_3$O, H, C=O $\equiv$ Cl, COOCH$_3$

3. $H-\overset{COPh}{\underset{CH_3}{C}}-NHCH_3 \equiv$ H, Ph, CH$_3$, O, N—CH$_3$, H $\xrightarrow{H_2/Pt}$ Ph, H, CH$_3$, H, OH, NHCH$_3$ $\equiv$ CH$_3$；CH$_3$NH—C—H；HO—C—H；Ph

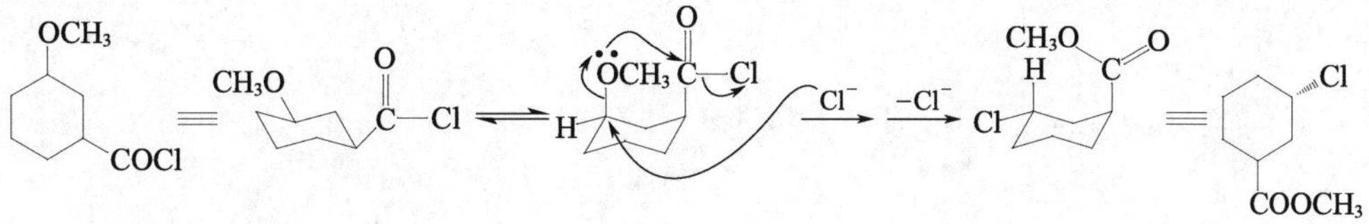

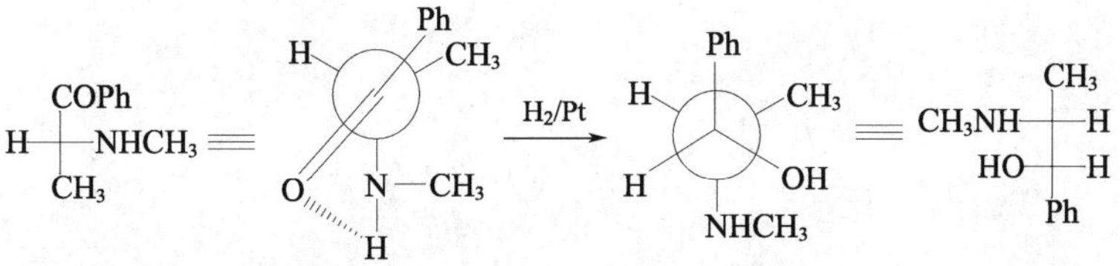

4. 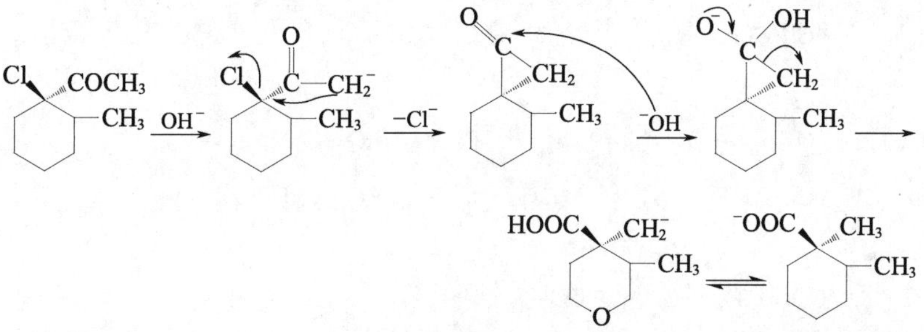 Cl, COCH$_3$, CH$_3$ $\xrightarrow{OH^-}$ Cl, C(=O)—CH$_2^-$, CH$_3$ $\xrightarrow{-Cl^-}$ O=C, CH$_2$, CH$_3$ $\xrightarrow{^-OH}$ O$^-$, OH, C, CH$_2$, CH$_3$ $\longrightarrow$

HOOC, CH$_2^-$, CH$_3$ $\rightleftharpoons$ $^-$OOC, CH$_3$, CH$_3$

5. $H_2SO_4 + HO-NO_2 \rightleftharpoons H_2\overset{+}{O}-NO_2 + HSO_4^-$

$H_2\overset{+}{O}-NO_2 \longrightarrow \overset{+}{N}O_2 + H_2O$

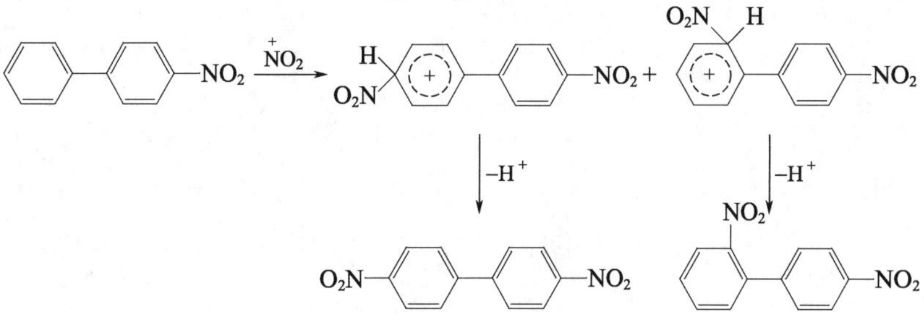

—NO$_2$ $\xrightarrow{\overset{+}{N}O_2}$ H, O$_2$N, (+), —NO$_2$ + O$_2$N, H, (+), —NO$_2$

$-H^+$ 　　　　$-H^+$

O$_2$N—C$_6$H$_4$—C$_6$H$_4$—NO$_2$　　NO$_2$, —NO$_2$

(主要产物)　　(次要产物)

八、合成题

1. 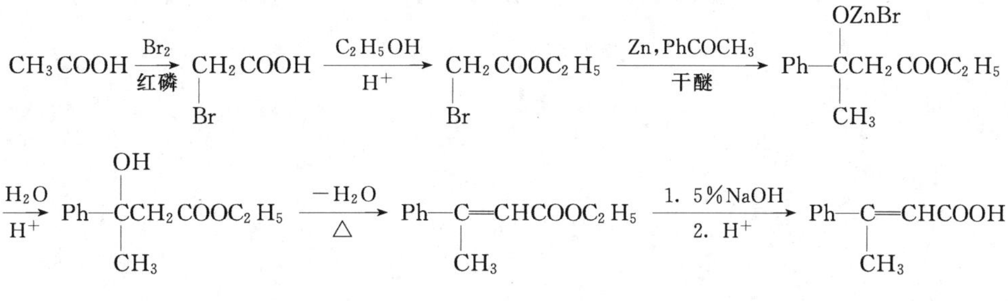 $CH_3COOH \xrightarrow[\text{红磷}]{Br_2} \underset{Br}{CH_2}COOH \xrightarrow[H^+]{C_2H_5OH} \underset{Br}{CH_2}COOC_2H_5 \xrightarrow[\text{干醚}]{Zn,PhCOCH_3} Ph-\overset{OZnBr}{\underset{CH_3}{C}}CH_2COOC_2H_5$

$\xrightarrow[H^+]{H_2O} Ph-\overset{OH}{\underset{CH_3}{C}}CH_2COOC_2H_5 \xrightarrow[\triangle]{-H_2O} Ph-\underset{CH_3}{C}=CHCOOC_2H_5 \xrightarrow[2.\ H^+]{1.\ 5\%NaOH} Ph-\underset{CH_3}{C}=CHCOOH$

2. 2-(甲氨基甲基)环丁酮 $\xrightarrow{过量CH_3I}$ 环丁酮-$CH_2\overset{+}{N}(CH_3)_3\cdot I^-$ $\xrightarrow{湿Ag_2O}$ 环丁酮-$CH_2\overset{+}{N}(CH_3)_3\cdot OH^-$ $\xrightarrow{\triangle}$ 2-亚甲基环丁酮（$=CH_2$）

3. 3-甲基吡啶（$-CH_3$） $\xrightarrow{KMnO_4}$ 吡啶-3-$COOH$ $\xrightarrow{SOCl_2}$ 吡啶-3-$COCl$ $\xrightarrow{NH_3}$ 吡啶-3-$C(=O)-NH_2$ $\xrightarrow{NaOBr}$ 吡啶-3-NH_2

4. 对甲氧基苯甲醛（CHO，OCH_3） $\xrightarrow{H_2N-CH_2CH_2-OH}$ $CH{=}N{-}CH_2CH_2OH$（对位 OCH_3） $\xrightarrow{H_2SO_4}$ 6-甲氧基-3,4-二氢异喹啉（OCH_3） $\xrightarrow[-H_2]{Pd/C}$ 6-甲氧基异喹啉（CH_3O）

5. $2ClCH_2COOH \xrightarrow{NaCN} 2\ CN-CH_2COOH \xrightarrow{H_2SO_4,C_2H_5OH} 2CH_2(COOC_2H_5)_2 \xrightarrow[2NaOC_2H_5]{BrCH_2CH_2CH_2Br}$

$CH_2CH_2CH_2$ 连接两个 $CH(COOC_2H_5)_2$ $\xrightarrow[C_2H_5ONa]{I_2}$ 环戊烷-1,2-二（$C(COOC_2H_5)_2$） $\xrightarrow[3.\ \triangle,-CO_2]{1.\ H_2O/OH^-\quad 2.\ H^+}$ 环戊烷-1,2-二甲酸（$COOH$，$COOH$）

九、推测结构

1. （A） $CH_3\overset{OCH_3}{\overset{|}{C}}{=}CH-\overset{O}{\overset{\|}{C}}-CH_3$ （B） $CH_3-\overset{O}{\overset{\|}{C}}-\underset{CH_3}{\underset{|}{CH}}-\overset{O}{\overset{\|}{C}}-CH_3$

2. $CH_2(COOC_2H_5)_2$ (A) $\xrightarrow{HNO_2}$ $(COOC_2H_5)_2CH-N{=}O$ (B) $\rightleftharpoons$ $(COOC_2H_5)_2C{=}NOH$ (C) $\xrightarrow{(CH_3CO)_2O}$ $(COOC_2H_5)_2CHNHCOCH_3$ (D) $\xrightarrow[OH^-]{PhCH_2Cl}$

$PhCH_2-C(COOC_2H_5)_2-NHCOCH_3$ (E) $\xrightarrow[2.\ H^+]{1.\ H_2O/OH^-}$ $PhCH_2\underset{NH_2}{\underset{|}{C}H}COOH$ (F)

3. 2-乙氧基-4,6-二甲基四氢吡喃（OC_2H_5，CH_3，CH_3） (A) $\xrightarrow{H_2O/H^+}$ $CH_3\overset{OH}{\overset{|}{C}H}CH_2\underset{CH_3}{\underset{|}{C}H}CH_2CHO$ (B) $+ CH_3CH_2OH$ (C)

(B) $\xrightarrow[2.\ H^+]{1.\ Ag(NH_3)_2NO_3}$ $CH_3\overset{OH}{\overset{|}{C}H}CH_2\underset{CH_3}{\underset{|}{C}H}CH_2COOH$ (D) $\xrightarrow[2.\ H^+]{1.\ I_2+NaOH}$ $HOOCCH_2\underset{CH_3}{\underset{|}{C}H}CH_2COOH$ (E)

$\xrightarrow{\triangle}$ CH_3-CH（3-甲基戊二酸酐，环中 O，两个 $C{=}O$） (F)

4. A的结构为 $CH_3-\underset{OH}{\overset{CH_3}{C}}-CH_2-CH_3$

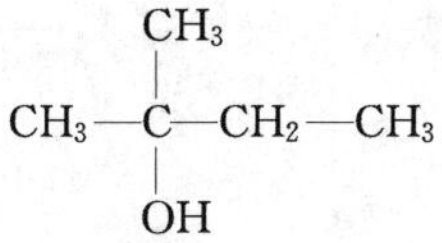

IR：ν_{O-H} 3200～3600cm^{-1}　　NMR：$\underset{\delta 1.1}{CH_3}-\underset{OH}{\overset{CH_3}{C}}-\underset{\delta 1.6}{CH_2}-\underset{\delta 0.9}{CH_3}$

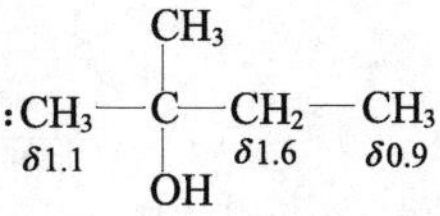

MS：（碎片：73，29，59）　$[M]^+$：m/z88

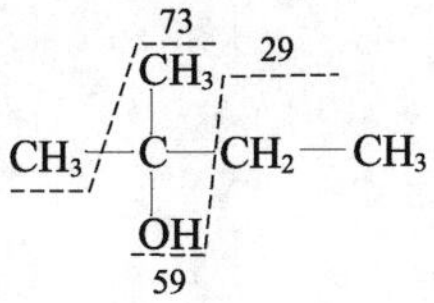

m/z70：M—H_2O

m/z55：M—H_2O—CH_3

有机化学模拟试题二

一、完成下列反应，若有立体化学问题请注明；若不反应，用NR表示（共20分，除第3小题4分外，其余各题每小题2分）

1.  （氯代环戊烷，楔形键Cl）$\xrightarrow[\text{丙酮}]{KI}$（　　）

2. 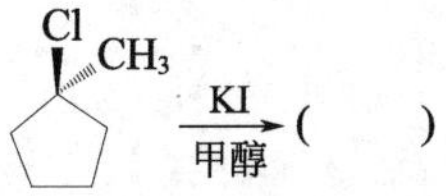 （1-氯-1-甲基环戊烷）$\xrightarrow[\text{甲醇}]{KI}$（　　）

3. 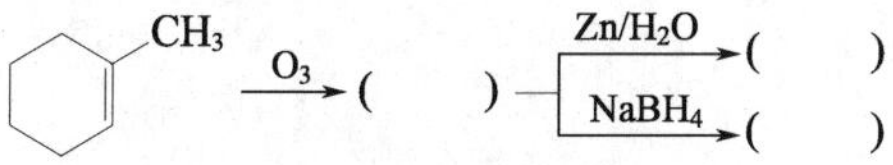 （1-甲基环己烯）$\xrightarrow{O_3}$（　　）$\xrightarrow{Zn/H_2O}$（　　）；$\xrightarrow{NaBH_4}$（　　）

4. （　　）$\xleftarrow[EtOH]{H^+}$（环氧化物，H，CH_3）$\xrightarrow[PhMgBr]{BF_3}$（　　）

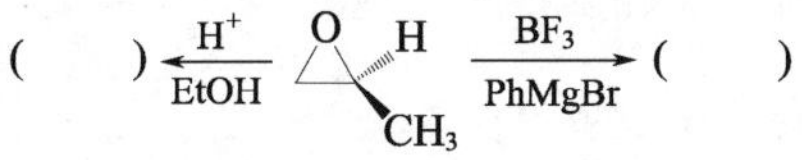

5. 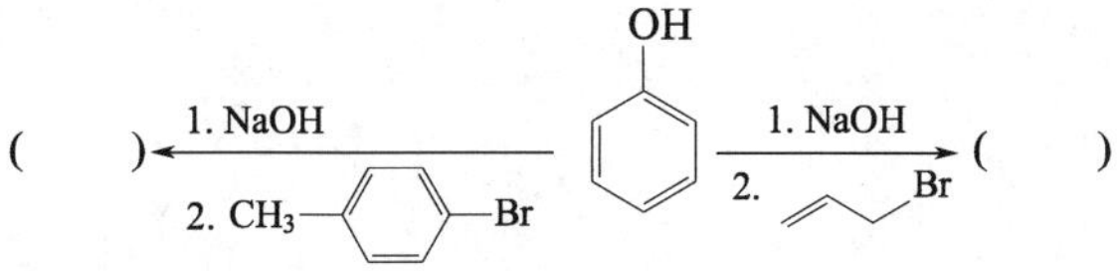 （　　）$\xleftarrow[\text{2. } CH_3-C_6H_4-Br]{\text{1. NaOH}}$（苯酚）$\xrightarrow[\text{2. 烯丙基溴 Br}]{\text{1. NaOH}}$（　　）

6. 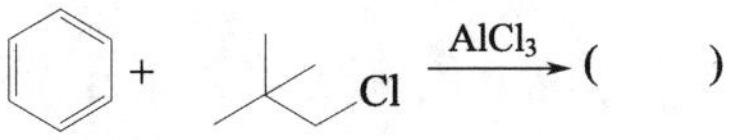 （苯）+（新戊基氯 Cl）$\xrightarrow{AlCl_3}$（　　）

7. 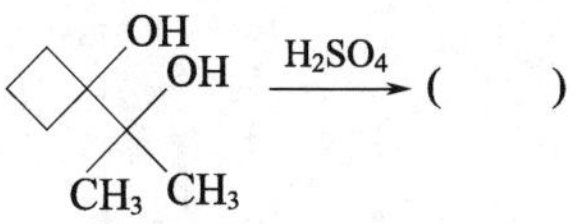 （1-(2-羟基丙-2-基)环丁醇，OH，OH，CH_3，CH_3）$\xrightarrow{H_2SO_4}$（　　）

8. 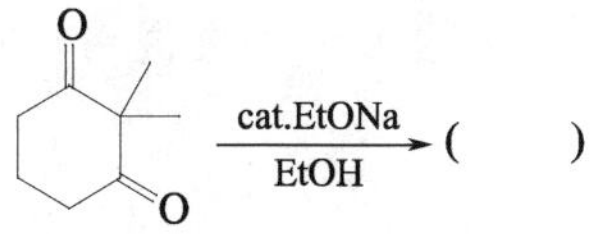 （2,2-二甲基环己-1,3-二酮，O，O）$\xrightarrow[EtOH]{cat.EtONa}$（　　）

9. 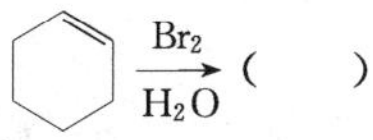 （环己烯）$\xrightarrow[H_2O]{Br_2}$（　　）

二、为下列转变提供所需的试剂，必要时注明用量。有的转变可能需要不止一步反应，请分别写出每步反应所需的试剂（20分，每小题2分）

1. 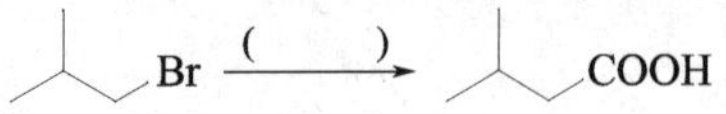 Br $\xrightarrow{(\quad)}$ COOH

2. 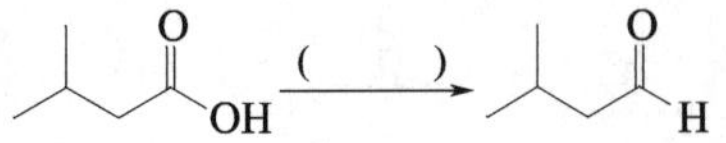 OH (O) $\xrightarrow{(\quad)}$ H (O)

3. *n*-Bu(C=O)OH $\xrightarrow{(\quad)}$ *n*-Bu(C=O)CH_3

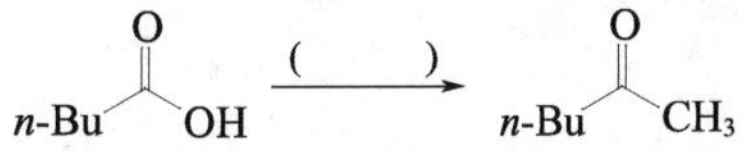

4. 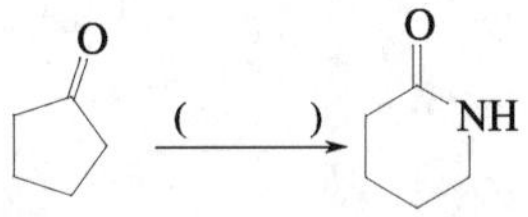 O $\xrightarrow{(\quad)}$ O, NH

5. 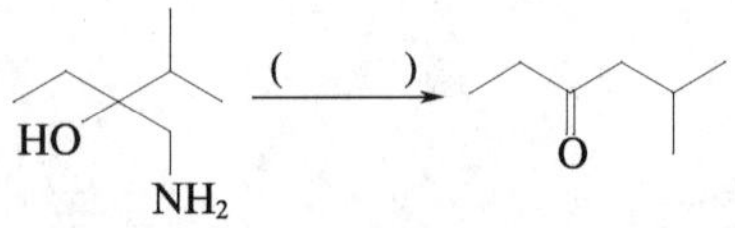 HO, NH_2 $\xrightarrow{(\quad)}$ O

6. 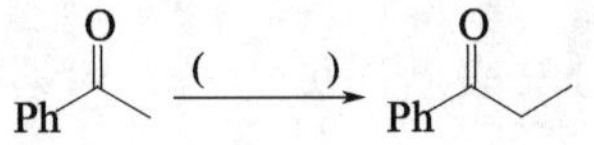 Ph(C=O) $\xrightarrow{(\quad)}$ Ph(C=O)

7. 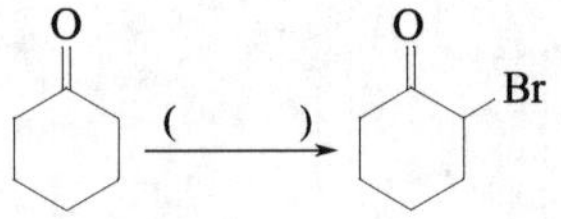 O $\xrightarrow{(\quad)}$ O, Br

8. 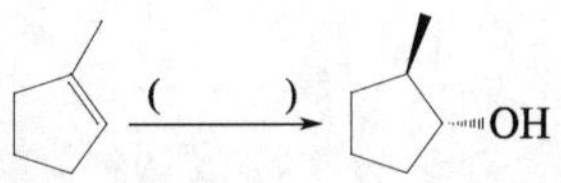 $\xrightarrow{(\quad)}$ OH

9. 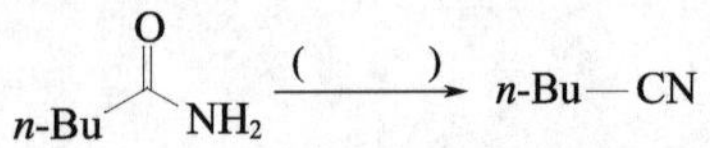 *n*-Bu(C=O)NH_2 $\xrightarrow{(\quad)}$ *n*-Bu—CN

10. EtBr $\xrightarrow{(\quad)}$ Et—NH_2

三、判断题（共28分。1、2两个小题各5分；3、4两个小题各9分）

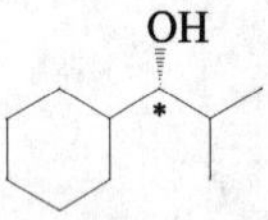

1. 指定下列各化合物手性中心的绝对构型（*R*/*S*）。

A Cl, CH_3　　B OH　　C OH, CH_3

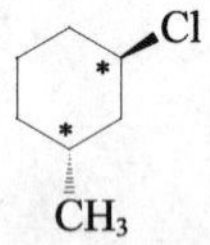

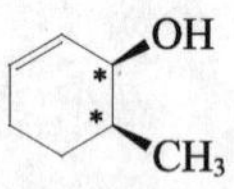

2. 下列化合物和苯在相同条件下分别进行芳环上的溴代反应，分别比较各化合物的反应速度是比苯快还是慢？

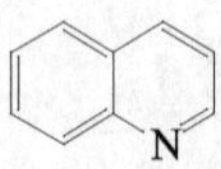

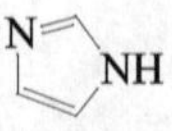

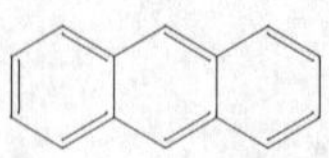

A S　　B N　　C N, NH　　D　　E H, N, CH_3, O

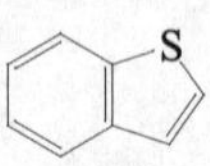

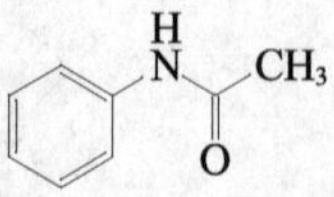

3. 试比较下列三组反应，每一组反应中哪个反应（A或B）速度更快？简要说明你的判断的理由。

a.
$CH_3CH_2Br + CN^- \xrightarrow{CH_3OH} CH_3CH_2CN$　　A

$CH_3CH_2Br + CN^- \xrightarrow[DMF]{} CH_3CH_2CN$　　B

b.

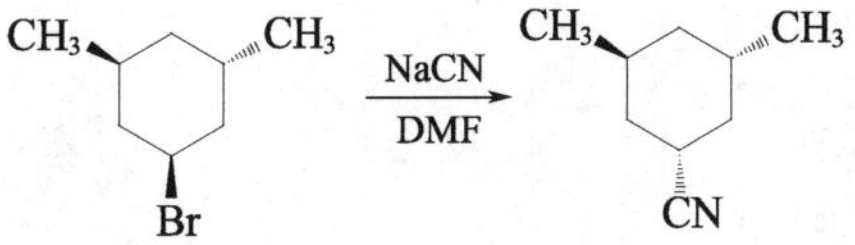

$$CH_3,CH_3\text{-环己基-Br} \xrightarrow[DMF]{NaCN} CH_3,CH_3\text{-环己基-CN} \quad A$$

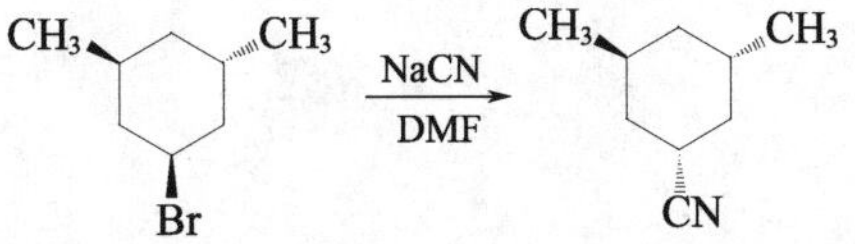

$$CH_3,CH_3\text{-环己基-Br} \xrightarrow[DMF]{NaCN} CH_3,CH_3\text{-环己基-CN} \quad B$$

c.

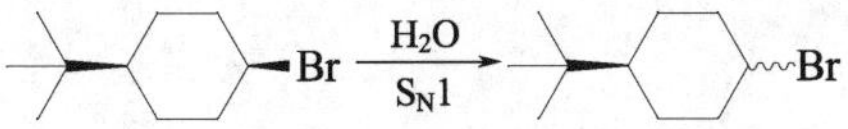

$$\text{叔丁基环己基-Br} \xrightarrow[S_N1]{H_2O} \text{叔丁基环己基-Br} \quad A$$

$$\text{叔丁基环己基-Br} \xrightarrow[S_N1]{H_2O} \text{叔丁基环己基-Br} \quad B$$

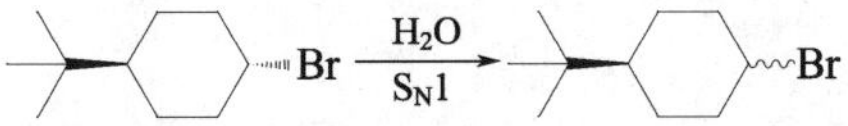

4. a. 下面三个反应都生成环状和链状两种产物。环状产物是分子内反应生成的，而链状产物是分子间反应生成的。试写出每个反应的两种产物。

(i) 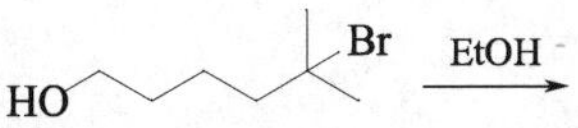 HO～～～C(CH₃)₂Br $\xrightarrow{EtOH}$

(ii) 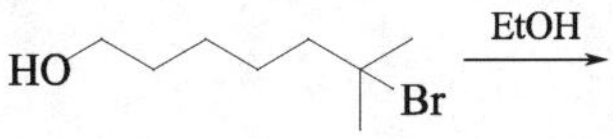 HO～～～～C(CH₃)₂Br $\xrightarrow{EtOH}$

(iii) 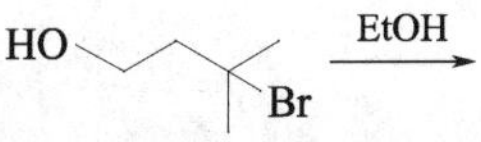 HO～～C(CH₃)₂Br $\xrightarrow{EtOH}$

b. 哪个反应生成的环状产物比例最高?

c. 哪个反应生成的链状产物比例最高?

d. 简要解释 b 和 c 答案选择的理由。

四、合成（共 30 分，每小题 5 分）:

A 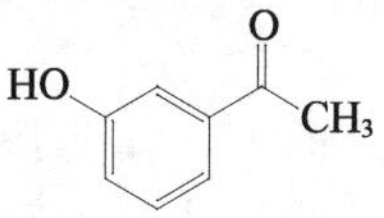　B 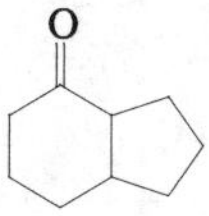　C

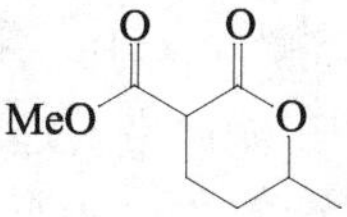

D 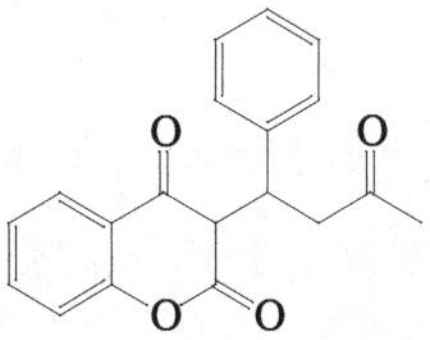　E 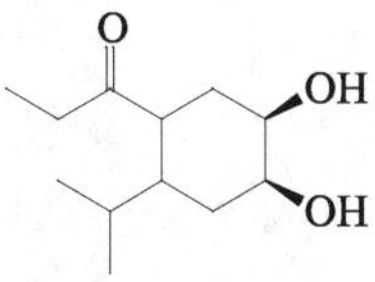　F

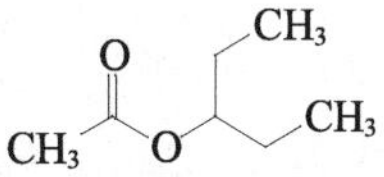

1. 以苯为原料及必要的有机、无机试剂合成化合物 A。

2. 用环己酮为原料及必要的有机、无机试剂合成化合物 B。

3. 用丙二酸酯和不大于 3 个碳的醇为原料和其它必要的有机、无机试剂合成化合物 C。

4. 化合物 D 是一种普通的灭鼠药，请用不大于 7 个碳的有机原料及必要的有机、无机试剂合成它。

5. 用不大于 4 个碳原子的有机原料及必要的有机、无机试剂合成化合物 E（只要求相对立体化学，即右边两个取代基为顺式）。

6. 用乙酸甲酯为原料和必要的有机、无机试剂合成化合物 F。产物中的所有碳原子都必须来自乙酸甲酯。

五、机理题（共 30 分，每小题 6 分）

为下列转变提供合理的、分步的反应机理；用箭头表示电子对的转移。如涉及立体化学问题，你提出的机理要能解释中间体和最终产物的立体构型。

1. 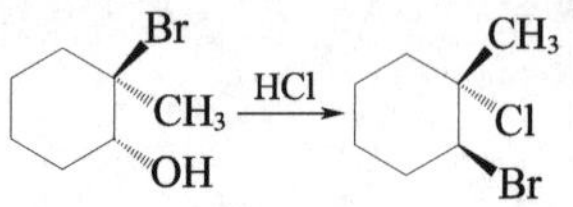 $\xrightarrow{HCl}$

2. 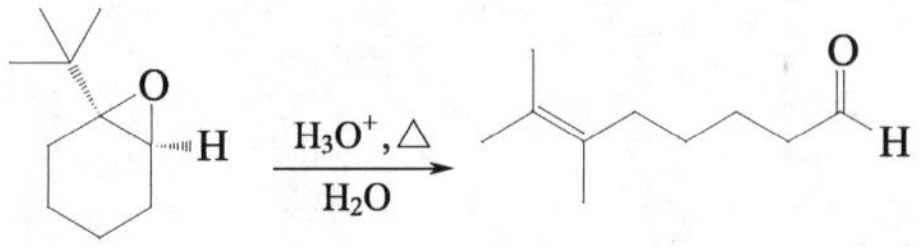 $\xrightarrow[H_2O]{H_3O^+,\triangle}$

3. 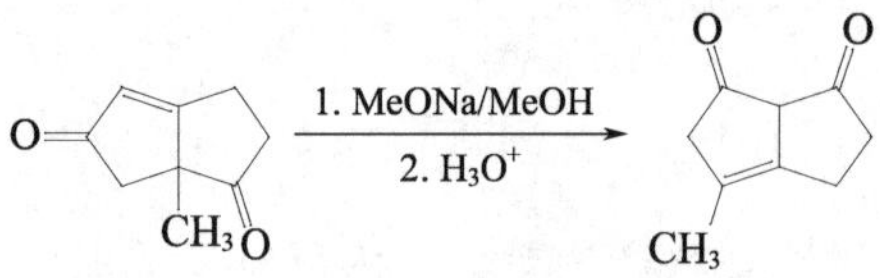 $\xrightarrow[2.\ H_3O^+]{1.\ MeONa/MeOH}$

4. 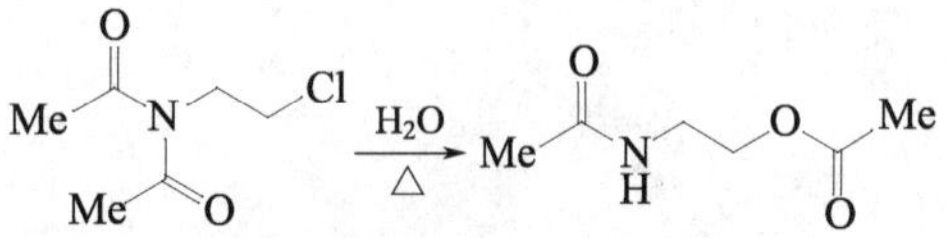 $\xrightarrow[\triangle]{H_2O}$

5. 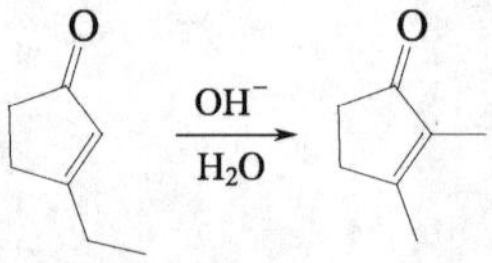 $\xrightarrow[H_2O]{OH^-}$

六、推测结构（共 22 分。1、2 题各 6 分，3、4 题各 5 分）

1. (a) 写出满足下列实验数据的所有结构（包括对映体、非对映体或几何异构体）。

元素分析：C：66.63；H：11.18

MS：72（M^+）

IR（cm^{-1}）：3435（强宽峰）；1645（弱）

(b) 当该化合物用吡啶-三氧化铬处理时，IR 3435cm^{-1}处的吸收消失，而在 1685cm^{-1}处出现一个新的峰。你在（a）中写出的那些结构中，哪一个（或哪几个）化合物符合这一条件？

2. 在 5-苯基-2-戊酮的质谱中，除了出现 $m/z=162(M^+)$外，还出现若干碎片峰 M_f^+。现给出几个主要碎片峰的 m/z 值，请在旁边的空格中填上相应的 M_f^+ 结构，在右边的空格中写上与这个 M_f^+ 同时生成的中性碎片 M_{neu} 的结构和质量数。

	M_f^+ 的结构	M_{neu}的结构	M_{neu}的质量数
(a) $M_f^+=147$	(　　)	(　　)	(　　)
(b) $M_f^+=91$	(　　)	(　　)	(　　)
(c) $M_f^+=58$	(　　)	(　　)	(　　)

3. 化合物 A，其波谱和分析数据如下。

元素分析：C：93.06；H：6.94

MS：116（M^+）、77；IR（cm^{-1}）：2075（弱）

^{13}C NMR：132.1、128.2、128.1、122.3、86.8、81.0、1.1

试根据以上信息推出化合物 A 的结构，并简要说明你的推断理由。

4. 化合物 A 和 B 用 NaOH 处理只得到一种化合物 C：

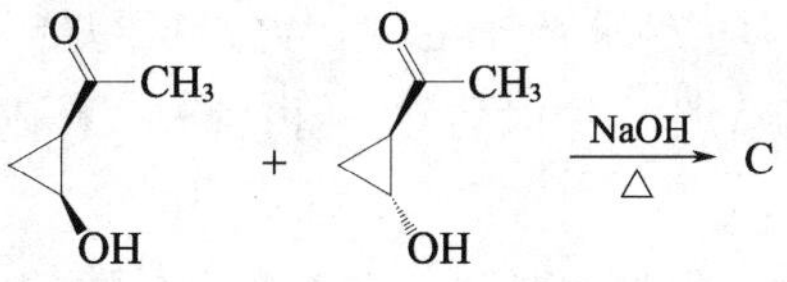

C有如下分析数据。

元素分析：C：73.15；H：7.937；MS：82（M^+）

^{13}C NMR：210.1、164.6、135.4、34.0、29.0

(a) 根据上述信息，试推断C的结构，并简要说明推断理由。

(b) 写出A、B转变为C的合理的、分步的反应机理。

参考答案

一、

1. 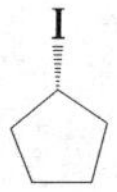　2. 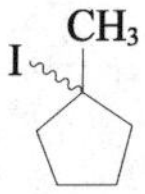　3. 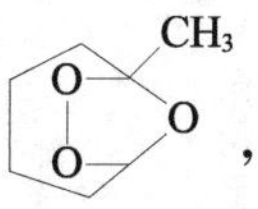　， 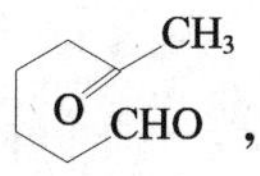　，

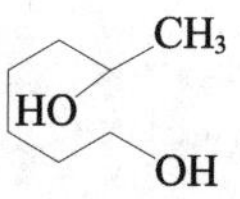

4. 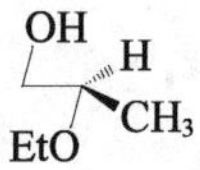　，Ph　5. 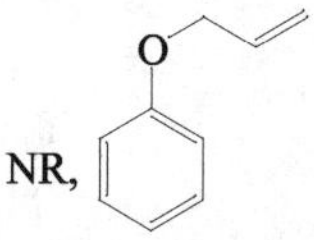 NR,　6.

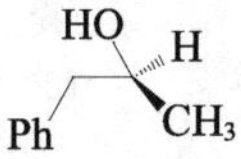

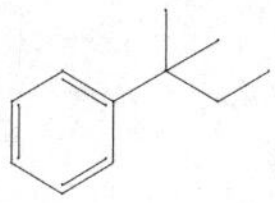

7. 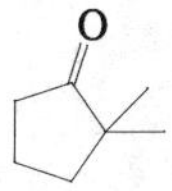　8. 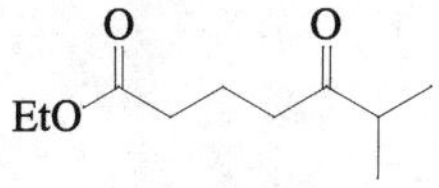　9.

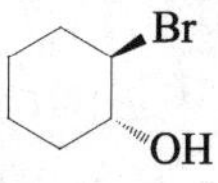

二、

1. ①NaCN；　②H_3O^+或①Mg/乙醚；　②CO_2；　③H_3O^+

2. ①$SOCl_2$；　②LiAlH(t-BuO)$_3$；　③H_3O^+或①$LiAlH_4$；　②H_3O^+；　③CrO_3/Py

3. ①$SOCl_2$；　②Me_2Cd或与过量的MeLi反应后水解

4. ①NH_2OH/H^+；　②H_2SO_4 或 PCl_5，Beckmann重排

5. $NaNO_2$/HCl

6. ①LDA（1mol）；　②MeI；必须用强碱，否则易导致自身缩合

7. Br_2(1mol)/HAc

8. ①B_2H_6；　②H_2O_2/OH^-

9. P_2O_5 或 $POCl_3$

10. ①NaN_3；　②$LiAlH_4$；　③H_3O^+

三、

1. A（1R，3R）；　B（R）；　C（3S，4S）

2. 除了B比苯慢以外，其它都比苯快：A、C的五元杂环为富电子芳环；E的乙酰氨基是供电子基；D中间的环具有很强的双键性；B中的吡啶环为缺电子的芳环。

3. a中比较的是溶剂的影响：甲醇为极性溶剂，它会使亲核试剂溶剂化，从而减慢反应速

度；而 DMF（二甲基甲酰胺）为极性非质子溶剂，它的氧是带负电的，可以使带正电荷的部分溶剂化而不使负的亲核试剂溶剂化，这时的 CN^- 相当于“裸露的”，具有极强的亲核性。所以 B 比 A 快。

b 和 c 比较的是反应物的立体化学的影响。在 b 中，B 的反应物必定要有一个甲基处在 *a* 键上，它会妨碍试剂的背面进攻，而在 A 中，三个取代基都在 *e* 键，没有这种位阻：

CH_3 CH_3 Br CH_3 Br CH_3

A B

所以 A 比 B 要快。

在 c 中，二者生成的中间体是一样的：

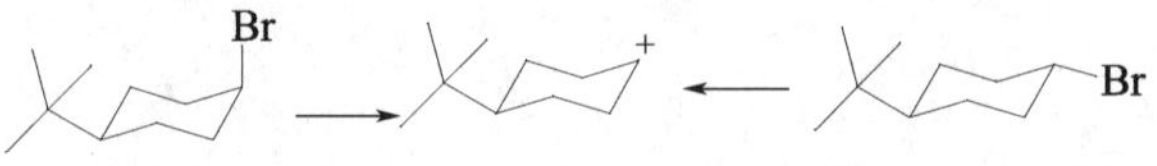

Br + Br

A B

但 A 中的 Br 处在 *a* 键上，与 4-位的叔丁基有一定的空间排斥，转变为碳正离子将解除这种排斥；而在 B 中就没有这种空间缓解的效应，因此，A 比 B 要快。

4. a 各反应的产物为：

(ⅰ) 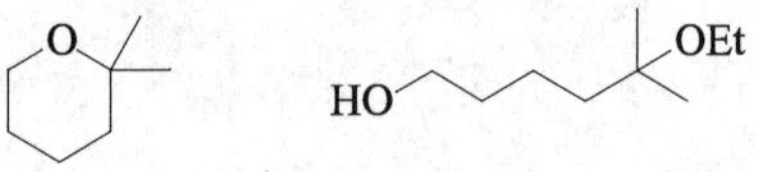 O HO OEt

(ⅱ) 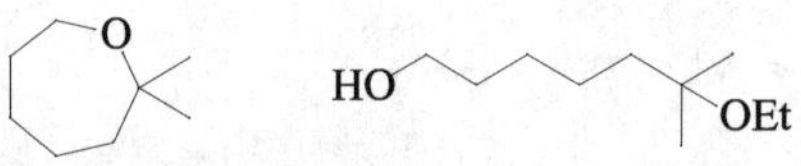 O HO OEt

(ⅲ) 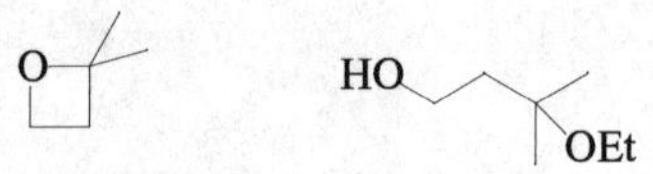 O HO OEt

b 六元环最易生成，所以（ⅰ）中环状产物的比例最高；

c 四元环的分子内张力最大，因此最不易生成，产物主要是链状的。

四、

A 两个取代基互处间位，因此—OH 肯定是后引入的。

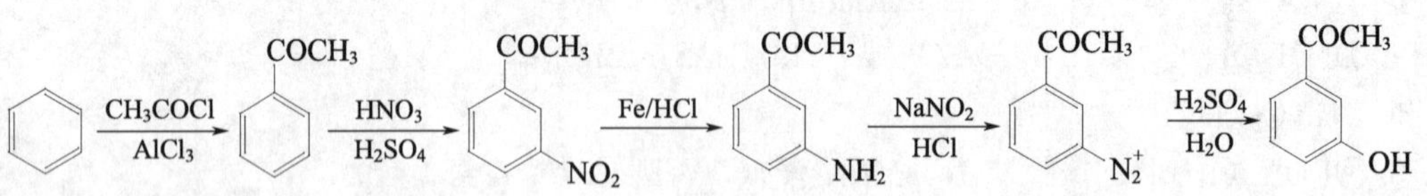

$\xrightarrow[AlCl_3]{CH_3COCl}$ $COCH_3$ $\xrightarrow[H_2SO_4]{HNO_3}$ $COCH_3$ NO_2 $\xrightarrow{Fe/HCl}$ $COCH_3$ NH_2 $\xrightarrow[HCl]{NaNO_2}$ $COCH_3$ N_2^+ $\xrightarrow[H_2O]{H_2SO_4}$ $COCH_3$ OH

B

O $\xrightarrow[2.\ EtONa]{1.\ Br_2/HAc}$ O $\xrightarrow{(\ \ \ CH_2)_2CuLi}$ O $\xrightarrow[2.\ H_2O_2/OH^-]{1.\ B_2H_6/THF}$ O HO

$\xrightarrow{PBr_3}$ O Br $\xrightarrow{EtONa}$ O

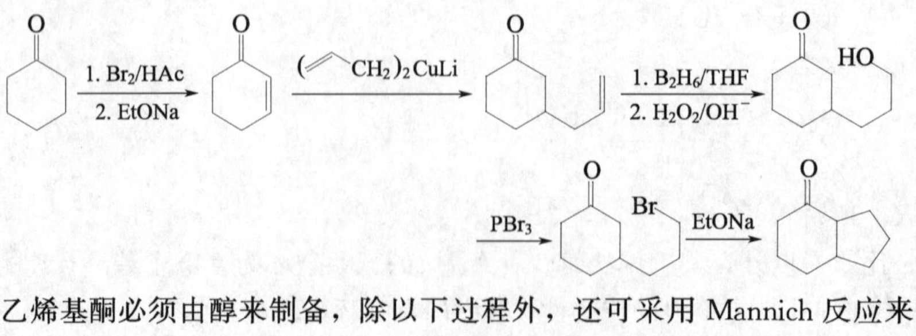

C 甲基乙烯基酮必须由醇来制备，除以下过程外，还可采用 Mannich 反应来制备甲基乙烯基酮。

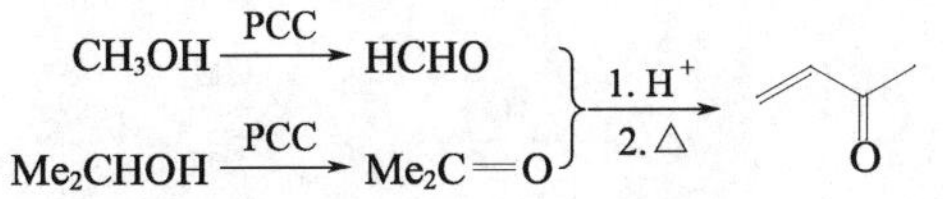

$$CH_3OH \xrightarrow{PCC} HCHO$$
$$Me_2CHOH \xrightarrow{PCC} Me_2C{=}O$$
$$\xrightarrow{1.\ H^+;\ 2.\ \triangle}$$

目标产物是一个内酯，可利用 $NaBH_4$ 的还原选择性将酮羰基还原而不影响酯的羰基；产生的醇与丙二酸酯的一个酯基发生酯交换得到产物。

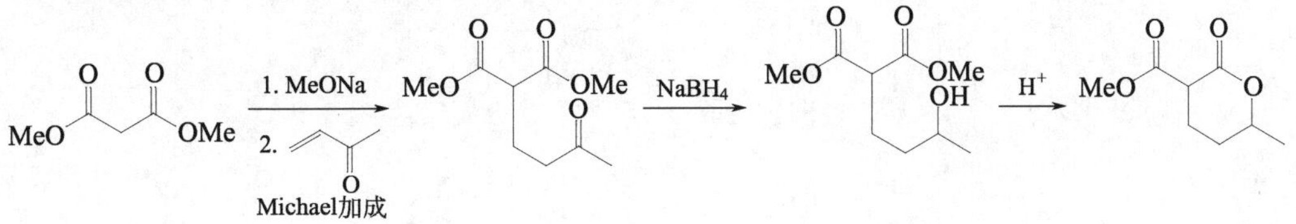

MeO OMe　1. MeONa　2.　Michael加成　MeO OMe　$NaBH_4$　MeO OMe OH　H^+　MeO O

D

OH　Cl Cl　O Cl　1. $FeCl_3$　2. OH^-

PhCHO +　1. LDA　2. H^+　Ph

O Ph O　CH_3

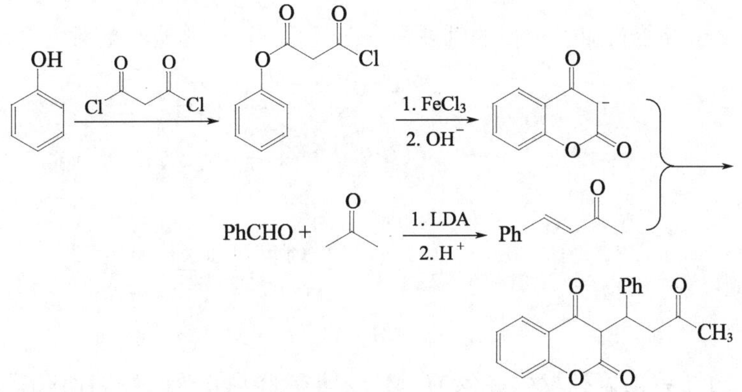

E　顺式二醇应来自烯烃双键的顺式氧化，而这个六元环烯以及环上的吸电子基羰基提示我们它应来自 Diels-Alder 双烯合成；至于亲双烯体，由于限定了用 4 个碳及以下的试剂，所以可采用丁酮与异丁醛发生指定的羟醛缩合：用一个位阻的碱即可在取代较少的甲基上而不是亚甲基上反应。

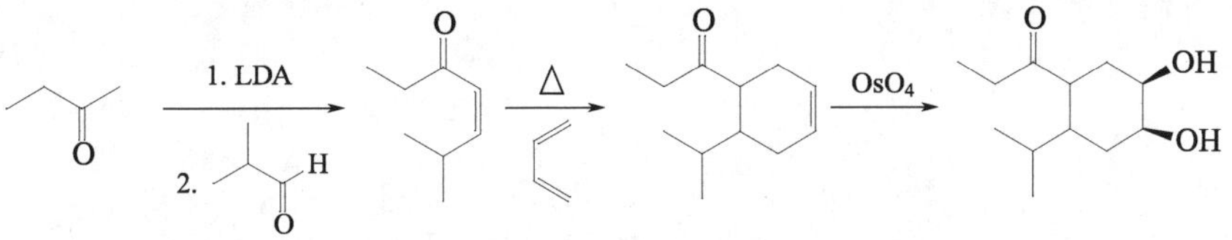

1. LDA　2. H　△　OsO_4　OH　OH

F　以下的 EtBr 可看成是乙酸酯用氢化铝锂还原得到的醇经溴代而得：

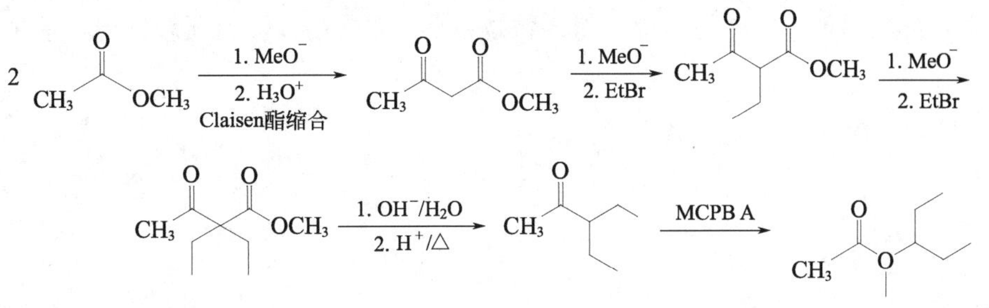

2 CH_3 OCH_3　1. MeO^-　2. H_3O^+　Claisen酯缩合　CH_3 OCH_3　1. MeO^-　2. EtBr　CH_3 OCH_3　1. MeO^-　2. EtBr

CH_3 OCH_3　1. OH^-/H_2O　2. $H^+/\triangle$　CH_3　MCPB A　CH_3 O

Baeyer-Villiger氧化

五、

1. 邻卤代醇（常见的为溴代醇）与卤化氢作用时，经历的中间体如同烯烃与卤素的加成一样，也是环汇离子；卤负离子进攻时是进攻更电正性的碳：

Br, CH_3, OH $\xrightarrow{H^+}$ Br, CH_3, O^+H_2 $\xrightarrow{-H_2O}$ Cl^-, CH_3, Br^+ ⟶ CH_3, Cl, Br

2. 环氧烷酸催化开环是碳正离子过程；开环后产生的碳正离子两次重排，导致了产物：

O, H $\xrightarrow{H^+}$ O^+H, H ⟶ +, OH, H ⟶ +, $\ddot{O}H$, H ⇌

O^+H, H $\xrightarrow{-H^+}$ O, H

3. 逆 Dieckmann 缩合反应。相似的机理题已出现过，比较典型的是两个六元环的反应物。

O, CH_3, O $\xrightarrow{^-OMe}$ O, OMe, CH_3, O^- ⟶ O, −, O, CH_3, OMe

⇌ O, −, O, OMe, CH_3 ⇌ O, O^-, OMe, CH_3 $\xrightarrow{MeO^-}$ O, O, CH_3

4. 这是一个分子内的亲核取代导致的。酰胺的氮原子与 C ═O 之间存在较强的 p-π 共轭，使得氧上具有负离子的特征，将 Cl 取代后经过重排导致产物的生成：

O, Me, $\ddot{N}$, Cl, Me, O ⟶ O, Me, N^+, Me, O, H_2O $\xrightarrow{-H^+}$ O, H, Me, N^+, Me, OH, O ⇌

O, Me, N, H, O, Me, O^+H $\underset{}{\xrightleftharpoons{-H^+}}$ O, Me, N, H, O, Me, O

5. 逆羟醛缩合，与酯缩合机理一样，这里也是加成-消除机理。本题很早以前就出现过。核心是：反应物是一取代的烯键，而产物是一个二取代的双键，比较稳定，重排的动力就在这。

O, OH^- ⟶ O, −, HO ⟷ O^-, HO $\underset{-OH^-}{\xrightleftharpoons{H-OH}}$ O, H−O, OH^- ⇌ O^-, O $\xrightleftharpoons{H-OH}$

O, H, O, OH^- ⇌ O, O ⇌ O, O^- $\underset{-OH^-}{\xrightleftharpoons{H_2O}}$ O, H, HO $\underset{(-H_2O/-OH^-)}{\xrightleftharpoons{OH^-}}$ O

六、

1. 解：(a) MS给出的是分子量；IR的3435cm^{-1}表明有一个OH (17)；1645cm^{-1}表明有一个烯键 (24或25)；碳氢元素分析表明C∶H=1∶2，可推出分子式为C_4H_8O。各种可能的结构为：

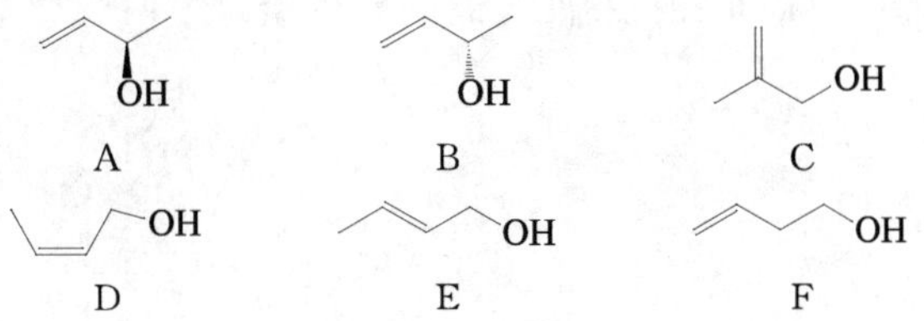

A　B　C

D　E　F

(b) 氧化后3435cm^{-1}消失，出现1685cm^{-1}，表明是醇氧化成了羰基。从出现的羰基吸收位置应该是酮而不是醛，因为醛的吸收在1735cm^{-1}，共轭导致IR吸收下降30cm^{-1}，不会这么低。所以a中的A、B均能满足所给的条件：

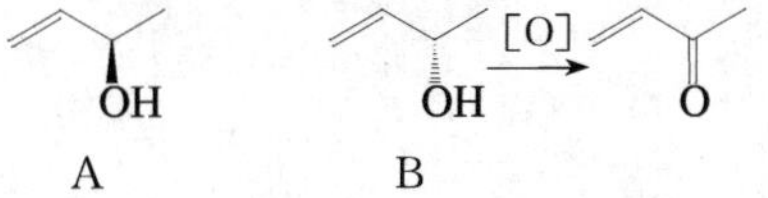

A　B　[O]

2. 解：　(a) 碎片峰$m/z=147$来自甲基的α-裂解[162－147=15(Me)]

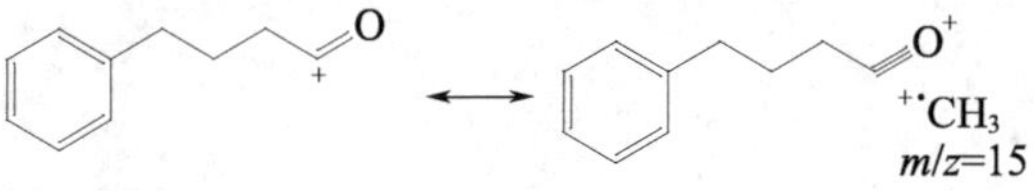

m/z=15

(b) 碎片峰91是典型的苄基裂解，因为它可以重排变为稳定的环庚三烯正离子，后者是芳香性的：

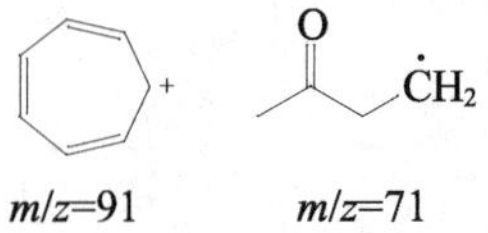

m/z=91　m/z=71

(c) 碎片峰除了M^+以外都应该为奇数（不含氮原子或含有偶数个氮原子，这叫做"氮规则"），如果出现偶数峰则表明发生了McLafferty重排。这个峰的出现可用来判断羰基上所连侧链的长短。

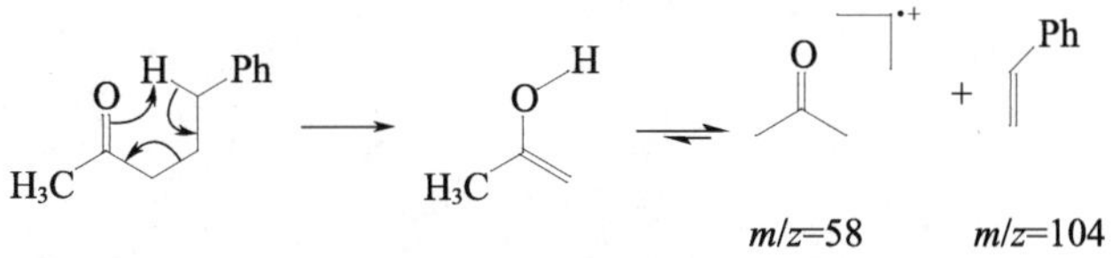

m/z=58　m/z=104

3. 解：从元素分析数据可知这是一个碳氢化合物 (1∶1.1)，结合$M^+=116$，该化合物的分子式为C_9H_8，不饱和度=6，从质谱的77可知该化合物含有一个苯环；IR的2075cm^{-1}为叁键的吸收，而在3300cm^{-1}附近无吸收表明不是端炔。^{13}C NMR谱中出现的峰的个数表明的是分子中有多少种碳：120以上的四个吸收是苯环四个环境的碳所至；1.1是饱和烷基产生的；另两个吸收属于叁键的两个碳：

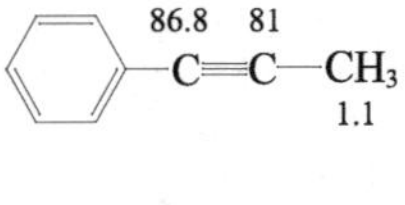

$C_6H_5-\underset{86.8}{C}\equiv\underset{81}{C}-\underset{1.1}{CH_3}$

4. 解：这是一个逆羟醛缩合反应。羟醛缩合和 Claisen 酯缩合反应都不能生成不稳定的产物，即便生成也会经历逆过程重新转变为稳定的产物。本题就是应该用甲基进行缩合，而不是用亚甲基缩合。

元素分析结合质谱的 $M^+=82$，可推出分子式为 C_5H_6O；^{13}C NMR 表明分子中有五种环境的碳：210 来自羰基；164 和 135 来自双键的两个碳；另两个为饱和碳所至。C 的结构及其生成机理如下：

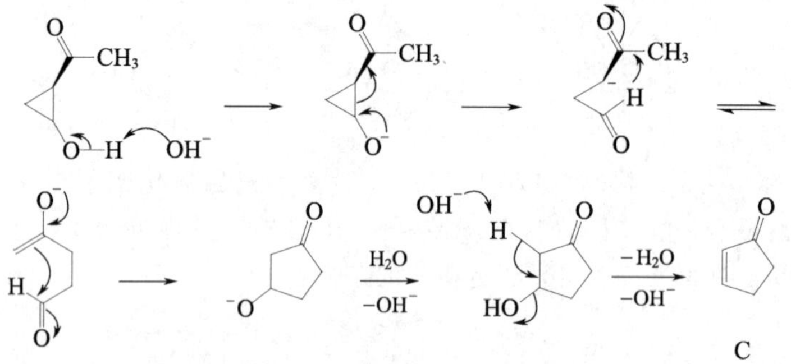

C